高等院校石油天然气类规划教材

古生物学与地史学概论

（第二版·富媒体）

肖传桃　主编

石油工业出版社

内 容 提 要

本书以地质历史时期有机界、无机界的演化为主线,以阶段论、活动论的思想为指导,系统介绍了古生物学、地史学的基本理论与基本知识,以及古生物各门类的主要特征和各地质时期中国东部地区地层系列、古地理概况、大地构造格局及其演化。本书第二版是在第一版的基础上针对石油地质类等行业发展的需要,完善了古生物学与地史学的理论和知识体系,更新了古生物学和地史学的理论与各论的内容,突出了一定的油气矿产领域特色。同时,本书以二维码为纽带,加入了富媒体教学资源,为读者提供更为丰富和便利的学习环境。

本书理论新颖,内容全面,系统性强,图文配合良好,便于教学使用,可作为高等院校及科研院所古生物学与地史学课程的教科书或参考书,也可供石油、地质、矿产、能源、环境、地震和旅游等行业相关人员以及博物馆工作者参考。

图书在版编目(CIP)数据

古生物学与地史学概论:富媒体 / 肖传桃主编. —2 版.
—北京:石油工业出版社,2017.8(2023.7 重印)
高等院校石油天然气类规划教材
ISBN 978 - 7 - 5183 - 1963 - 3

Ⅰ.①古… Ⅱ.①肖… Ⅲ.①古生物学 – 高等学校 – 教材
②地史学 – 高等学校 – 教材 Ⅳ.①Q91②P53

中国版本图书馆 CIP 数据核字(2017)第 159830 号

出版发行:石油工业出版社
　　　　(北京市朝阳区安华里二区 1 号楼　100011)
　　网　　址:www.petropub.com
　　编辑部:(010)64523579
　　图书营销中心:(010)64523633
经　　销:全国新华书店
排　　版:北京市密东股份有限公司
印　　刷:北京晨旭印刷厂

2017 年 8 月第 2 版　2023 年 7 月第 9 次印刷
787 毫米×1092 毫米　开本:1/16　印张:28.5
字数:726 千字

定价:59.90 元
(如出现印装质量问题,我社图书营销中心负责调换)

第二版前言

古生物学和地史学是地球学科中关系较为紧密的两个重要分支学科,也是国内各高等学校和科研院所石油类和地矿类专业重要的专业基础课程。第二版教材是根据石油类和地矿类学科发展的需要,在第一版(2007版)基础上修订完善而成。与第一版不同的是,根据古生物学和地史学各自内在的联系和独立性,第二版教材分为两篇,即上篇古生物学和下篇地史学。本版教材有如下特色:

首先,突出学科理论体系的完整性。将上篇古生物学的内容进行适当扩充,分为十章,理论和各论均为五章,同时,按五界系统介绍古生物分类体系和常见的门类,强调理论体系的系统性和完整性,并更新了古生物分类、生物演化和植物界以及中—新生代地史等内容,同时增加了原核生物界、原生生物界、古生物的遗迹以及古生物与古环境、古气候、古地理的理论内容。在地史学各论之后增加一章"地史时期地球主要圈层重大地质事件",旨在总结地史演化的关键节点及其特征,并突出了岩石圈演化与超大型含煤及含油气盆地形成的关系。

其次,突出知识体系之间的衔接关系。一是增加并完善了各章的引言。二是在上篇总论及古生物研究对象介绍之后,阐述古生物各论内容;在此基础之上,总结归纳古生物演化、古生物与古环境、古气候、古地理以及古生物研究意义等理论知识,遵循从简单理论—实践—再上升到更深层理论的循序渐进原则,使得各模块知识体系之间合理地衔接起来。三是地史学则是在介绍基本原理与方法基础上,对各大阶段地史内容进行阐述,最后一章归纳地史时期的重大地质事件。

第三,突出新成果的应用。将近年来本学科中出现的重要发现、理论以及学术成果应用到教材中,如按照新版国际地质年代表更新了全书相应的内容;在古生物学发展简史中引入地球生物学的概念,在生物进化理论中介绍分子古生物学的证据,在原核生物界中阐述了微生物岩的内容。在地层学理论中,应用了分子地层学方法,在地史学各论中,也吸收了国内外近年最新的研究成果。

第四,突出一定的油气矿产特色。在古生物学部分,增加了古生物的遗迹及应用,保留并加强了孢粉、牙形石、有孔虫和介形虫等微体古生物内容;在地史学部分,进一步强化了地层学的基本理论特别是勘探地层学的思想。在中—新生代地史中,突出了各大盆地的地层序列、古地理以及盆地演化特征,旨在使学生对含油气盆地或含煤盆地的发生、发展及其含油与含矿性有一个较全面的了解。

在第二版教材编写之前,石油工业出版社以及长江大学教务处专门组织长江大学、东北石油大学、西南石油大学、河南理工大学和长安大学相关老师和专家对教材的编写提纲进行了详细讨论并制定了编写分工。同时,在教材编写过程中反复论证并征求了长安大学王平,长江大学李罗照、姜衍文以及兄弟院校相关老师的意见和建议,以期精益求精。

本教材由长江大学肖传桃担任主编。具体编写分工如下:上篇第一、八、九章,下篇第一、四章由长江大学肖传桃编写;上篇第三、四、六章,第五章第四、六、七节,下篇第二、三、七、八章由东北石油大学秦秋寒编写;上篇第五章第一、二、三节和下篇第五、六章由长江大学李艺斌编写;上篇第二、十章,下篇第十章由西南石油大学王占磊编写;下篇第九章由长江大学董曼编写;上篇第五章第五、八、九节由长江大学黄云飞编写;上篇第七章由河南理工大学王敏编写。此外,董曼还修改了上篇第六章部分内容,并完成了下篇的思考题和拓展阅读编写,黄云飞还修改了上篇第五章第三节部分内容,并完成了上篇的思考题和拓展阅读编写。研究生肖胜、冉路尧、韩超、梁文君、杨志伟、田宜聪、许璺、叶飞、吴彭珊和周思宇帮助查阅了部分资料并绘制了部分图件。在本书初稿完成之后,肖传桃对全书进行了认真审阅、修改并最终定稿。

由于笔者水平有限,书中难免存在不妥或不足之处,敬请读者批评指正。

编　者
2017 年 2 月

第一版前言

古生物学和地史学是地质科学中的两个重要组成部分,也是国内各高等学校石油类和地质类专业的专业基础课程。由于古生物学和地史学之间的关系较为紧密,根据石油类学科专业发展的需要,将古生物学和地史学合编为一本教材,并将其分为古生物学基本理论、古生物各论、地史学基本理论和地史学各论四篇。

本教材在吸收国内同类学科的思想精华基础上,参考了国内外相关领域的最新成果,对教学内容进行了精选和更新。针对石油类学科专业的特点和需要,在古生物学部分,保留了微体古生物学的内容;在地史学部分,增加了地层划分和对比的理论内容和含油气盆地的地史学特征。全书以地质历史时期有机界、无机界的演化为主线,以阶段论、活动论的思想为指导,系统介绍了古生物学、地史学的基本理论和基础知识。在教学内容调整方面,加强了古生物学、地史学的基本概念、基本理论和基础知识等方面的内容。本书可作为国内石油类和地质类专业80 ~ 100学时的古生物学与地史学教材。

本教材由长江大学肖传桃主编。编写过程中反复论证,并征得长江大学李罗照、姜衍文、李伟同、李艺斌,大庆石油学院的曲淑琴、方德庆以及中国石油大学(北京)朱才伐等老师的意见和建议。长江大学地质系全体教师多次讨论、反复论证该教材的教学大纲。根据校内外专家的意见和建议,对教材编写大纲进行了修改,并分工进行了编写。本教材分工如下:第一篇第一、三、四章,第三篇第一、四章由肖传桃编写;第二篇第二、三、四章和第四篇第一、二章由李艺斌编写;第一篇第二章,第二篇第八、十一章,第四篇第五章由朱才伐编写;第二篇第一、五、九、十章,第三篇第三章由曲淑琴编写;第二篇第六、七章,第四篇第三、四章由方德庆编写;第三篇第二章由曲淑琴、方德庆编写。初稿完成之后,肖传桃对全书进行了认真审阅、修改并最终定稿提交审查。中国地质大学杜远生教授和中国科学院研究生院潘云唐教授对本教材进行了审核并提出了很好的修改意见和建议,在此基础上主编再次作了相应的补充修改。本教材难免存在不妥或不足之处,敬请读者批评指正。

编 者
2007 年 3 月

目 录

上篇 古生物学

下篇 地 史 学

富媒体资源目录

本教材富媒体资源由主编肖传桃提供，若教学需要，可向责任编辑索取，邮箱为 fzq1981@163.com。

上篇　古生物学

我们的地球是一个生命喧嚣的世界,生物的门类、种类和数量非常多,已被认识和分类定名的生物近200万种,它们遍布于地球的每个角落,并繁衍生息,为地球增添了无限生机。据估计,现代生物可能有千万种以上,若把曾经在地球上生存过的生物也算上的话,至少有上亿种之多。如此多姿的生物来自何方,它们又是如何发展演化成现今繁荣的景象;古生物有哪些门类,各门类又有什么特征;如何对古生物分类和演化进行研究,等等,这一切都是古生物学的研究范畴。

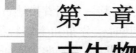

第一章
古生物学研究内容及发展简史

古生物学是用化石和古老生命痕迹进行生物学研究、探讨古代生命的特征和演化历史、讨论重大的生命起源和生物绝灭与复苏事件、探索地球演化历史和环境变化等方面的基础学科。同时,古生物学也是一门生命科学、地球科学和环境科学的交叉学科。通过古生物学研究,可以了解地史时期生命的起源和演化,确定地层层序和时代,推断古地理、古气候环境的演变及其与自然环境变迁之间关系等。古生物学的形成经历了较长的时间,它在科学发展历史上有力地促进了进化论的创立和发展。古生物学与进化发育生物学、分子系统学的交叉、融合对深入了解宏观演化的进程和模式正起到越来越重要的作用;同时,为地质科学领域诸多重大理论的建立和突破提供了重要依据。

第一节　古生物学及其研究内容

古生物学(Paleontology)是研究地质历史时期的生物界及其发生、发展、演化的科学。随着科学的发展,现在古生物学研究的范围已不仅限于古生物本身,而且还包括了各地质时代地层中所保存的一切与生物有关的资料。

古生物学属于广义的生物学范畴，与现代生物学相对应，可分为古动物学（Paleozoology）和古植物学（Paleobotany）。古动物学进而又可分为无脊椎古动物学（Invertebrate Paleozoology）和脊椎古动物学（Vertebrate Paleozoology）。随着生产发展的需要和科学研究的进展，古生物学得到了广泛的延伸——古生物学的外延。特别是石油、煤田、海洋地质和钻井勘探的发展，对许多形体微小的古生物门类或生物体某些微小部分的研究，起到了重要的作用，因而形成了古生物学中另一分科——微体古生物学（Micropaleontology）。随着鉴定方法和手段的发展，出现了专门研究植物繁殖器官孢子和花粉的孢粉学（Palynology），以及利用电镜等新技术研究超微浮游生物和机体微细构造的超微古生物学（Ultramicropaleontology）等分支学科。古生物学的外延还包括研究古生物与古环境关系的古生态学（Paleoecology）以及研究地史时期动、植物群的地理分布的古生物地理学（Paleobiogeography）。研究古代生物活动痕迹的古遗迹学（Paleoichnology）等也已逐渐发展为古生物学新的分科。此外，与古生物学结合而产生的边缘学科有：与地层学结合的生物地层学（Biostratigraphy）、与物理化学结合的分子古生物学（MolecularPaleontology）和古生物化学（Paleobiochemistry）。

古生物学研究的对象是化石（fossil）。化石是指保存在各地史时期岩层中的生物遗体或遗迹。严格地说，化石必须反映一定的生物特征，如形状、大小、结构、纹饰等，必须是地史时期的生物遗体或遗迹。随着古生物学的发展，化石的概念和范围也有所扩大。严格地说，古、今生物很难以某一时间界线来截然分开。但是为了研究方便，一般以最新的地质时代——全新世的开始（距今约1万年）作为古、今生物的分界。

从古生物学的发展趋势来看，古生物学将可能朝着两个方向发展：其一是朝着描述古生物学方向发展，该方向主要研究古生物化石的形态特征、分类位置及其时代分布和生态特征等，这些即所谓传统古生物学的研究内容；其二是朝着理论古生物学方向发展，该方向主要研究古生物进化方式、进化速率和进化机制等内容。

第二节　古生物学发展简史及分支学科

作为地质学主要分支之一，古生物学的发展和成熟经历了漫长的时间。19世纪以前，古生物学的发展基本处于萌芽和基本思想的诞生时期，最早对化石作出较完整科学说明的在国外首推古希腊时代哲学家色诺芬尼（Zenophanes，公元前约590年），在国内为唐代颜真卿（公元771年），他们都在各自的著作中提出高山上的贝壳曾一度是海洋的生物，其后经历了沧海桑田的变化的思想。1669年丹麦学者斯坦诺（N. Steno，1638—1686）指出：在层状岩层未经褶皱或断裂而颠倒的情况下，总是先形成的岩层在下，时代较老，后形成的在上，且时代较新。这就是著名的地层叠覆律（law of superposition），这一思想是相对地质年代赖以建立的基础。英国史密斯（W. Smith，769—1839）发现每一地层都有其特殊的生物群面貌，它们既不同于上覆地层，也和下伏地层不一样，称为生物层序律（law of succession）。这是化石应用于地质学，特别是为生物地层学的发展奠定了思想基础。

19世纪期间，专门记述古生物的论著纷纷问世，古生物学作为一门科学终于建立了，这一时期是古生物学的系统创立阶段。其中较为重要的作者有法国的拉马克（J. B. Lamarck，1744—1829），由于他对无脊椎动物分类系统和巴黎附近无脊椎动物化石的详细论述，被誉为古无脊椎动物学的创始人。法国居维叶（G. Cuvier,1769—1832）研究巴黎盆地的哺乳动物,于1812 年发表了重要论著《四足动物骨化石的研究》,创立了古脊椎动物学。他还倡导灾变论（catastrophism）,认为地球上生物的变化是地球创始以来经历了一系列巨大灾变的结果。这一思想能解释地质时期中一些重大的生物变革事件。法国布朗尼尔（A. T. Brongniart,1801—1876）提出了古植物的分类方案,系统阐述了研究古植物的一些原则,并著有《化石植物史》,他被视为古植物学的奠基人。在此期间,有关古生物学的重要著作还有:法国古生物学家奥比尔（A. Orbigny,1802—1857）的《普通古生物学入门》、戈德里（J. A. Gaudry,1827—1908）的《概论古生物学的哲理》、德国古生物学家齐特尔（K. A. Zittel,1839—1904）的《古生物学手册》和《古生物学基础》等。1895 年达尔文（C. Darwin,1809—1882）撰写的《物种起源》一书公之于世,他用现代生物学的大量实际资料系统论证了生物在足够长的时间内会发生逐渐演变,他把郝屯（J. Hutton,1726—1797）和莱尔（C. Lyell,1797—1875）的均变论的思想应用于生物学,提出了以自然选择为中心的生物进化原因的论述,为包括古生物学在内的生物学的发展奠定了理论基础。

20 世纪以来,古生物学不断向纵深发展,新的分支和边缘学科不断涌现,这一时期表现为古生物学外延的不断扩大。除了微体古生物学、孢粉学、超微古生物学以外,有研究生物和无机及有机环境关系的古生态学、研究古代生物地理分布的古生物地理学以及研究古代生物残留有机分子的组成及其演变的古生物化学、分子古生物学等,它们都逐渐发展成为古生物学新的分支学科。随着数学、化学和物理学等方面成果不断向古生物学渗透,特别是运用生物数理统计方法来研究古生物的分类、古生态等问题的越来越多,反映了古生物学从一个定性描述的科学逐渐发展为定量研究的阶段。同时,由于描述古生物学的不断成熟,新的演化理论如间断平衡理论等的出现以及新的生物化石群的不断发现,促使古生物学向着演化古生物学方向发展。

古生物学的发展不是独立的,其发展离不开地质学以及其他自然科学的发展和进步。近年来,由于地质学其他分支学科的不断发展和不断交叉,和古生物学相关的边缘学科也不断涌现,逐渐形成了生物地质学的学科体系。

20 世纪末至 21 世纪初,随着地球系统科学的兴起,出现了地球生物学（Geobiology）,它是地球科学（geo-）与生物学或生命科学（biology）的结合交叉,主要研究地球系统的生命运动,涉及地球环境与生命系统的相互作用。它的形成与发展既是当今科学技术发展的结果,也是当今世界对所面临重大人类—环境—资源问题的响应。分子地球生物学、地球微生物学、地球生态学、地球生理学等地球生物学中的二级学科还有待尽快突破,以形成地球生物学的成熟理论框架和方法体系。地球生物学继承了古生物学,但在学科涵义上超越并包含了古生物学。从Paleontology 到 Paleobiology 再到 Geobiology,这是一个继承过程,因为系统分类研究永远是一切交叉学科的基础;但这更是一个由描述到综合交叉,由单学科到二级学科交叉再到一级学科交叉的超越过程（谢树成等,2006）。可以预见地球生物学将为古生物学研究带来深远影响,开辟广阔前景。

复习思考题

1. 简述古生物学的研究范畴。
2. 古生物与现代生物的区别是什么?
3. 古生物学有哪些分支学科呢?

拓 展 阅 读

童金南,殷鸿福. 2007. 古生物学. 北京:高等教育出版社.

Clarkson E N K. 1993. Invertebrate Palaeontology and Evolution. 3rd edition. London: Chapman & Hall.

Doyle P. 1996. Understanding Fossils: An Introduction to Invertebrate Palaeontology. Chichester: John Wiley & Sons.

Raup D M, Stanley S M. 1978. Principles of Paleontology. 2nd edition. San Francisco: Freeman.

第二章
古生物学研究对象及其分类

古生物是生活在距今遥远的地史时期中的生物,在漫长的地质历史时期中,古生物的种类不仅繁多,而且留下大量化石,它们是地质历史时期形成并赋存于地层中的生物遗体和活动遗迹,包括植物、无脊椎动物、脊椎动物化石及其遗迹化石。它们是地球历史的鉴证,是研究生物起源和进化等的科学依据。但大部分古生物都已经灭绝了,很多类别没有留下后裔代表。那么如何研究这些古生物呢? 又怎样对它们进行分类和命名呢? 这是本章要回答的问题。

第一节　古生物学研究对象及化石的形成

古生物学的研究对象是化石,它的形成除需要一定的条件外,同时也经历了特殊的地质作用过程。

一、古生物学的研究对象

古生物学的研究对象是化石。化石(fossil)是保存在岩层中地质历史时期(一般指全新世以前或距今 1 万年以前)的生物遗体和生命活动留下的遗迹。化石必须具有一定的生物特征,如形态、结构、纹饰和有机成分等,能够说明地史时期有生物的存在;或者反映了生物活动遗留下的痕迹。在地层里也常常会发现一些在形态上与某些化石十分相似但与生物或生物生命活动无关的假化石,如姜结石、龟背石、波痕、放射状结晶的矿物集合体、矿质结核、树枝状铁锰质沉积物等。作为化石的另一个重要条件是,必须保存在地史时期形成的岩层中,而埋藏在现代沉积物中的生物遗体、人类有史以来的考古文物都不属于化石。

有些化石个体较大,利用常规方法在肉眼观察下就能直接进行研究,这些化石称为大化石(macrofossil)。但某些生物类别,如有孔虫、放射虫、介形虫、沟鞭藻和硅藻等,以及某些古生物类别的微小部分或微小器官,如牙形石、孢子和花粉等,形体微小,一般肉眼难以辨认,这些化石称为微化石(microfossil)。微化石的研究必须采取专门的技术和方法,将化石从岩石中处理、分离出来,或磨制成切片,通过显微镜进行观察和研究。有些化石比微化石更小(一般在 $10\,\mu m$ 以下),如颗石、几丁虫等,它们必须在电子显微镜或扫描电子显微镜下进行观察和研究,这些化石称为超微化石(nannofossil)。随着科学的飞速发展,在气相色谱—质谱联用仪和气相色谱—热转换—同位素比值质谱仪等高新设备上才能确切观察和研究地质体中那些来自生命活动的有机体,它们虽然经历了一定的后期变化(成岩作用、成土作用等),但基本保存了原始生物生化组分的基本碳骨架,具有明确的生物意义,这些有机分子称为分子化石(molecular fossil)或称为化学化石(chemical fossil)。

二、化石的形成条件

地史时期的生物并非都能保存成为化石。据伊思顿(Easton,1960)的统计,当时已有记载的动物化石种数约有 13 万种,它们主要来自寒武纪以来的化石记录,据劳普和斯坦利(Raup和 Stanley,1971)的推算,认为自寒武纪起的 6 亿年中,曾经生存过的物种可达 9.82 亿种,因此,已知动物化石的种类只占原有物种总数的 0.013%。由于这种推算是以物种的平均持续时间和分异度的某种假设为依据的,而伊思顿的统计又未包括植物化石种数在内,因而,这与当时的真实情况肯定会有不小的出入。但是,至少可以看出,已知化石的种数只是地史时期生存过的物种数的很小一部分。这种现象表明,地史时期的生物(古生物)之所以能够形成化石,必须满足一定的条件。

(一)生物本身的条件

生物本身条件是化石形成和保存首要条件。具硬体的生物保存为化石的可能性较大,如无脊椎动物的贝壳、脊椎动物的骨骼等。因为它们主要由矿物质组成(如方解石、磷酸钙等),能够较持久地抵御各种破坏作用。而霰石和含镁方解石等不稳定矿物,它们易于溶解,保存成化石的可能性则小。其次,具角质层、纤维质和几丁质薄膜的生物,如植物的叶子等,虽然易遭受破坏,但不易溶解,在高压下易碳化而保存成为化石。但是生物的软体部分,如内脏、肌肉等一般易腐烂分解或被摄食而消失,所以除特殊条件外很难保存为化石。在某些极为特殊的条件下,一些动物的软体部分有时也能保存成为化石,如我国抚顺松脂包裹的昆虫化石、波兰斯大卢尼沥青湖中的披毛犀化石、西伯利亚第四纪冻土中的猛玛象化石等。

(二)生物死亡后的环境条件

生物死亡后的环境条件也是影响化石保存的主要因素之一,如在高能的水动力环境下,生物遗体容易磨损。当 pH 值小于 7.8 时,碳酸钙组成的硬体容易遭溶解。氧化条件下有机质易腐烂,在还原条件下容易保存下来。此外,还会受到生活着的动物吞食、细菌腐蚀等因素的影响。

(三)埋藏条件

埋藏条件是影响化石形成的主要条件之一。生物死后如果能较快被埋藏,则容易保存为化石,如在海洋、湖泊等水体中沉积物迅速堆积的地方,生物遗体就能较快被埋藏,在这种条件下,生物遗体形成化石的机会就多。如果生物死后长期暴露在地表,就容易被风化分解。埋藏物的性质也影响化石的保存,如果生物遗体被化学沉积物、生物成因的沉积物所掩埋,硬体部分易保存,如我国山东山旺中新世硅藻土中保存的玄武蛙、中新蛇化石,云南早寒武世的澄江动物群,云南罗平县罗平生物群;加拿大中寒武世的布尔吉斯动物群;德国侏罗纪索伦霍芬石灰岩中的始祖鸟化石都是罕见的完整化石。若生物遗体被粗碎屑物质埋藏,则由于粗碎屑的滚动、摩擦和富孔隙,生物尸体易遭破坏。在特殊条件下,松脂的包裹或冻土的埋藏,可以保存完好的化石。

(四)时间条件

时间因素在化石的形成中也是必不可少的。生物遗体或其硬体部分必须经历长期的埋藏,才能随着周围沉积物的成岩过程而石化成化石。有时生物遗体虽被迅速埋藏,但在较短的时间内又因冲刷等自然营力的作用而暴露出来,仍然不能形成化石。

（五）成岩作用的条件

沉积物的成岩作用对化石的形成和保存具有显著影响。一般来说,沉积物在固结成岩过程中的压实作用和结晶作用都会影响化石的保存。碎屑沉积物的压实作用较为显著,常常导致碎屑岩中的化石很少保持原始的立体形态。化学沉积物的成岩结晶作用则常使生物遗体的微细结构遭受破坏,尤其是深部成岩、高温高压的变质作用和重结晶作用,可使已形成的化石严重破坏甚至消失。只有在压实作用较小且未经过严重重结晶作用的情况下,才能保存完好的化石。

三、化石化作用

生物遗体埋藏后要经历物理、化学的作用才能形成化石。使古生物遗体改造成为化石的过程,称为化石化作用(fossilization),包括充填作用、交代作用、碳化作用等。

（一）充填作用

充填作用(permineralization)指生物硬体内部的各种孔隙被地下水中的矿物质所充填的一种作用。无脊椎动物的硬体结构间或多或少留有空隙,如有孔虫壳的房室、珊瑚隔壁间隔及一些贝壳内层疏松多孔等;脊椎动物的骨骼,尤其是肢骨,因其骨髓消失而留下中空部分。当这些硬体和骨骼掩埋日久,孔隙被地下水携带的矿物质——主要是碳酸钙($CaCO_3$)所充填,就变得更加致密坚硬,重量增加,这种化石保留了原来生物硬体的细微构造。

（二）交代作用

生物遗体被埋藏后,原来生物的硬体部分,由于地下水的作用逐渐被溶解,而同时又由水中外来矿物质逐渐补充代替的过程称为交代作用(metasomatism)。如果溶解和交替的速度相等,且以分子相交换,即可保留原来硬体的微细构造。如华北二叠系中的硅化木,其原来的木质纤维均被硅质所代替,但微细结构如年轮及细胞轮廓都清晰可见。如果交替速度小于溶解速度,生物硬体的细微构造则被破坏,仅保留原物的外部形态。常见的交代物质有二氧化硅(称硅化)、方解石(称钙化)、白云石(称白云石化)和黄铁矿(称黄铁矿化)等。

（三）碳化作用

生物遗体被埋藏后,其中的易挥发成分(氢、氧、氮)经蒸腾作用而逃逸,留下较稳定的碳质薄膜,这种作用称为碳化作用(carbonization)。如植物的叶子,其主要成分为碳水化合物,经碳化作用仅碳质保存为化石。

四、化石的埋藏与保存

（一）化石的埋藏

研究生物死亡后埋藏在沉积物中随同沉积物变为岩石而本身经化石化作用形成化石过程的学科称为化石埋藏学(taphonomy)。生物从死亡到形成化石同样要受各种因素的影响。由于各种原因而死亡的生物尸体堆积称为死亡群(thanatocoenose)。死亡群可能属于同一生物群(biota),也可能包括几个生物群死后的尸体。现代海滨介壳滩或冲刷到河口附近的生物尸体堆积就是死亡群的典型实例。死亡群经过外力作用的风化破坏、搬运过程中的破碎及溶蚀或被其他动物所吞食等,往往有一定的损失。一个死亡群还可能与其他死亡群相混合,然后被沉积物覆盖,形成埋藏群(taphonocoenose)。埋藏群和死亡群的生物面貌不一,即使是死亡群就地被沉积物掩埋所形成的原地埋藏群,也会有一些成分损失掉。例如许多没有硬体的生物,死后很快就因细菌的侵蚀而腐烂,绝大部分损失了。经过搬运的异地埋藏群损失就会更大。随着沉积物的成岩作用,埋藏群本身经石化作用形成化石群(oryctocoenose)。化石群的成员和埋藏群没有什么区别,只是经过地下水的矿化作用或其他地球化学作用,改变了生物遗体的物质成分。

生物群死亡后埋藏在原生活位置的化石群为原地埋藏(autochthonous burial)。化石群的成员与原来生物群的成员一致,几乎全部未经移动,此化石群称原地化石群(autochthonous oryctocoenose)。若化石群中保存着原来生物群中的大部分成员,且保存着原地生活状态,但一小部分被搬运走了,这种原地埋藏的化石群称残留化石群(lipto-oryctocoenose)。生物死亡后经过搬运,离开原地而成异地埋藏(heterochthonous burial)。其化石中大部分成员属同一生物群,并未经搬运,但混入了搬运来的生物,其中有同时期的,或有不同时再沉积的,这种化石群叫混合化石群(mixed oryctocoenose)。有些化石群是生物全部搬运后再形成,它们可能来自几个同时代的生物群,此化石群称为搬运化石群(transported oryctocoenose)(图1-2-1)。原地埋藏的化石群对确定地层时代及恢复当时的环境非常有用,搬运化石群和混合化石群对研究古环境可提供有益的资料,如流水强度、水流方向、能量高低和沉积来源等。

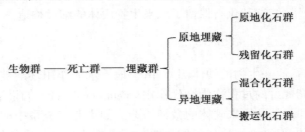

图1-2-1 化石的埋藏

从地层中发现一个化石群,研究及应用时首先应该判别它是原地埋藏还是异地埋藏,其辨别的主要标志有如下五个。

1. 化石保存的完整程度

一般埋藏在原地的化石,保存完整,很少受到破坏,且保存原来生活时的状态,如石炭纪森林中的鳞木(Lepidodendron),根部化石呈原位保存;又如山东山旺中新世硅藻土中产出的玄武蛙,不仅具有完整的骨骼,且有皮膜印痕。异地埋藏的化石,保存不完整,个体多破碎或被磨损。

2. 个体大小的分选性

原地埋藏的化石,个体大小极不一致,从中可以观察到从幼年期到老年期个体形态和大小的变化。异地埋藏的化石,因经过水流分选,往往同样大小的个体埋藏在一起,且有磨损现象。但要注意,外来化石可能经过分选又与原来未经搬运的化石混合在一起,个体大小也不相同。

3.两壳保存的分散性

原地埋藏的双瓣壳类化石,一般是两壳闭合,即使两瓣分离,同一地点或同一层位中,两瓣数量比例大致是1:1。而异地埋藏则同一属种两瓣比例极不一致,甚至仅见其中的某一瓣,缺失另一瓣。

4.生物的生长位置

原地埋藏的化石往往保持生物原来生活时的位置和方向,或稍有变动。异地埋藏的化石不保持原生活时的位置,例如多数珊瑚萼部呈朝下或珊瑚体全部呈平卧状态。

5.化石的生态类型与其埋藏环境是否一致

原地埋藏的化石群的居群组合与环境是一致的,例如围岩反映浅海沉积特征,化石群也是典型的浅海居群组合。异地埋藏的化石群则在浅海沉积中出现正常浅海生物,同时也有深海或陆生的生物群,如陆生脊椎动物和植物化石,它们可能是近岸河口冲刷搬运来的,这样就构成混合化石群。

另外,不同时代的化石保存在一起时,老的化石应该属于异地埋藏。这是保存在老地层中的化石被风化剥蚀出来后再次沉积到新地层中所致。生物生命活动过程中留下的痕迹一般为原地埋藏。

(二)化石记录的不完备性

由于化石的形成和保存需要种种严格的条件,因此各时代地层中保存的化石,只能代表地质历史中生物的一小部分。有人估计,古代生物一万个个体,可能只有一个个体变成了化石。生物门类不同,其现生种和化石种比例各不相同(图1-2-2)。据统计,在现生生物中,已描述的种约有150万种(Grant,1963),其中动物100万种,植物50万种。如果把现生种全部描

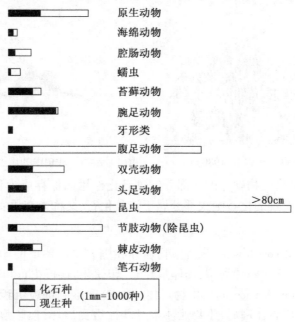

图1-2-2 现代种和化石种数目的大致比例

(据 U. Lehmann 等,1980)

述出来,估计有 450 万种(Grant,1963)。然而,已描述的古生物种只有 13 万种(Raupetal, 1971),约占已描述现生种的 8.7%。这一数字说明化石记录的不完备性。同时,还有一部分已形成的化石,在地层中尚未被发掘出来,这些有待发现的化石也表明,当前人们所观察到的化石资料是不完备的。

化石的形成和保存是受多种因素长期控制的一种动力学过程,只要化石在地层内没有被发掘出来,这种过程就没有终止。在地层中没有被发现出来的化石,它们仍然受着变质作用、风化作用等各种地质作用的控制,还可能遭受破坏。因此,严格的化石形成和保存条件,导致了化石记录的不完备性,这是古生物学中的基本事实,所以在研究古生物群面貌及其演化规律时,必须考虑这个事实,避免作出片面的结论。同时,古生物化石是珍品,要爱护来之不易的化石记录,使之发挥其应有的作用。

(三)化石保存的类型

地层中的化石,从其保存特点看,可大致分为四类:实体化石、模铸化石、遗迹化石和化学化石。

1. 实体化石

实体化石(body fossils)指古生物遗体本身几乎全部或部分保存下来的化石。可分为完整实体和不完整化石,前者是生物遗体在特别的条件下,避开了空气的氧化和细菌的腐蚀,其硬体和软体可以比较完整的保存而无显著的变化。例如在第四纪冰期西伯利亚冻土层里发现 25000 年以前的猛犸象(图 1-2-3),不仅其骨骼完整,连皮、毛、血肉,甚至胃里的食物都保存完好。此外,在我国抚顺煤田发现了大量琥珀,其中常保存完美的昆虫化石(图 1-2-4)。当然,像上述那样保存完好未经显著化石化作用或轻微变化的遗体,在化石记录中为数不多,又称为未变质实体化石。

图 1-2-3　猛犸象(据杨遵仪等,1980)　　　　　图 1-2-4　琥珀中的昆虫化石(据杨遵仪等,1980)

不完整实体化石是指生物硬体的一部分经过石化作用而保存成为化石,是绝大多数生物化石的保存形式,我们发现的化石绝大部分属于该类化石,又称为变质实体化石。

2. 模铸化石

模铸化石(mold and cast fossils)是指生物遗体在围岩中所留下的印模和复铸物。根据化石与围岩的关系又可以分为四种类型,即印痕化石、印模化石、核化石和铸型化石。

(1)印痕化石(impression fossils):生物尸体(软体)陷落到细粒沉积物中而留下生物软体的印痕,经腐蚀作用及成岩作用后,生物遗体本身往往遭受破坏,但印痕仍然保存。如加拿大布尔吉斯动物群和我国云南澄江动物群中可见大量的软躯体的印痕化石。

(2)印模化石(mold fossils):生物的硬体外表或内部在围岩中所留下的痕迹称为印模化

石,可分为外模和内模两种(图1-2-5)。外模是生物遗体硬体部分的外表印在围岩上的痕迹,它可以反映原来生物外表形态及构造;内模是指生物硬体的内面轮廓印在围岩上的痕迹,能够反映生物硬体的内部形态及构造特征,但外模、内模表面纹饰的凹凸情况与生物硬体本身相反。例如贝壳埋于砂岩中,其内部空腔也被泥沙充填,当泥沙固结成岩而地下水把壳体溶解之后,在围岩与壳体外表的接触面上留下贝壳的外模,在围岩与壳体的内表面的接触面上留下内模。

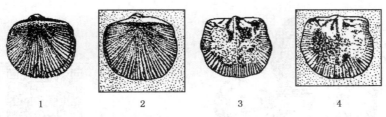

图1-2-5 腕足类的背壳及其印模化石(据童金南等,2007)

1—背壳外壳;2—外模;3—背壳内面;4—内模

(3)核化石(core fossils):由生物体结构形成的空间或生物硬体溶解后形成的空间,被沉积物充填后,便形成了与原生物体空间大小或形态类似的实体称为"核化石",可分为内核和外核。内核是指充填生物硬体空腔中的沉积物固结后,形成与原空形态、腔大小一致的实体,其表面就是内模。外核是指埋藏的硬体本身溶解后留下的空间,该空间经过沉积物充填后形成与原硬体同形等大的实体,其表面特征与原硬体表面特征相同(图1-2-6)。

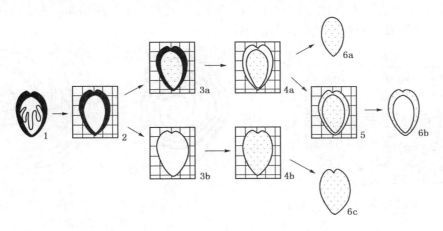

图1-2-6 模铸化石及其形成过程(据童金南等,2007)

1—双壳类内部软体;2—埋藏后软体腐烂;3a—壳内被充填;3b—4a—壳瓣溶解;
4b—原壳体所占空间被充填;5—原壳瓣处被充填;6a—内核;6b—铸型;6c—外核

(4)铸型化石(cast fossils):当生物体埋在沉积物中,已经形成外模及内核后,壳质全部溶解,而又被另一种矿物质充填,像工艺铸成一样,使充填物保存壳体的原形及大小,这样就形成了铸型化石。它的表面与原来壳体的外表面一样,内部还包有一个内核,但壳体的细微构造没有保存(图1-2-6)。

3. 遗迹化石

遗迹化石(ichnofossils,trace fossils)是指保存在岩层中的古生物生活活动的痕迹和遗物

（视频1-7-1）。大多数遗迹化石没有和真正实体化石同时存在，所以两者的关系很难确定。然而遗迹化石可以充分说明过去某些生物的存在，丰富了古生物记录的内容，在生产和实践中具有一定的意义。遗迹化石中最重要的是足迹，可以据此推断该动物当时生活的情况。从足迹的大小、深浅和排列情况，可以推测该动物身体轻重、行走速度。从足迹上的形状，可推知该动物的猎食特性。我国过去也发现不少足迹化石，如陕西神木东山崖侏罗系的禽龙足迹（图1-2-7），保存很好。

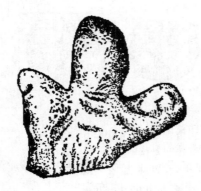

视频1-7-1 遗迹的形成：北戴河潮坪滤食沙球的形成过程——股窗蟹滤食

图1-2-7 禽龙足迹（据杨遵仪等，1980）

无脊椎动物中最常见的遗迹化石是蠕形动物的爬迹，蠕虫钻孔生活遗留下的管穴或U形潜穴（图1-2-8），蠕虫的觅食遗迹等（图1-2-9），节肢动物的爬痕、掘穴、钻孔以及生活在滨海地带的舌形贝所构成的潜穴等（图1-2-10）。而遗物主要是指动物的排泄物或卵（蛋化石）；各种动物的粪团、粪粒可形成粪化石（图1-2-11）。

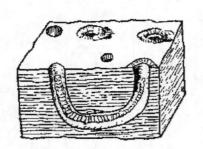

(a)   (b)

图1-2-8 U形潜穴（据杨遵仪等，1980）　　图1-2-9 觅食遗迹（据杨遵仪等，1980）

（b）图为（a）图的局部放大

4. 化学化石

地史时期生物的遗体，特别是软体部分易被破坏而不能保存下来，但生物死亡后，它的机体可分解成各种有机物质而保留在沉积物中。这种与古生物成因直接联系的有机物称为化学化石（chemical fossils）或分子化石（molecular fossils）。目前人们已从各时代沉积地层中检测出许多有机物质，如核酸、核酸碱基、氨基酸、脂肪酸及各种饱和烃等。在实体化石极其稀少的前寒武纪地层中发现了不少化学化石，这些重大发现推动了分子古生物学（molecular palaeontology）、古生物化学（paleobiochemistry）和生物成矿作用（biometallogenesis）等新兴学科的发展，对探索生命起源、了解生物在分子水平上的进化过程以及对生物成因的矿产的探查具有重要意义。

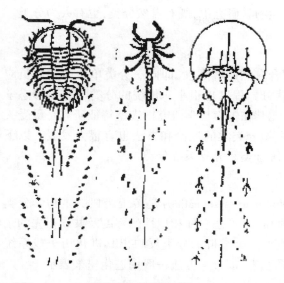

图 1 - 2 - 10　节肢动物的爬痕（据 Seilacher,1955）　　　图 1 - 2 - 11　鱼粪化石（据杨遵仪等,1980）

第二节　古生物的分类

生命最突出的特征是多样性,地球上的生物种类繁多,千差万别,以至在如此浩瀚的生物领域之中没有两个完全相同的个体,因此,要探索生物演化的奥秘,首先要做的是对古生物进行分类,在此基础上给予其命名和描记。

一、古生物的分类原则与方法

尽管地球上的生物种类之间千差万别,但各种生物之间也并非孤立无关的,根据生物的形态、生理、生化和生态等方面的异同,可把它们划分为各种类群。研究各类群的异同和亲缘关系的远近,加以分门别类,并给予统一的学名而建立分类系统的科学称分类学。

（一）分类原则

关于生物分类的原则,目前主要有自然分类和人为分类。

1. 自然分类

以亲缘关系来划分不同的分类单元称为自然分类（Natural classification）,这种分类原则在现代生物学研究中普遍采用,在亲缘关系不难搞清情况下,古生物学的分类也尽可能按照此原则进行。

2. 人为分类

根据生物形态表象的相似性而进行分类称为人为分类（Artificial classification）,该分类着重于用一些容易识别的特征区别不同的分类单元,而不强调它们之间的亲缘关系。由于年代太久远,化石常保存不完整或亲缘关系不易明确,多半依据形态特征而进行分类,因此,在古生物学研究中,有时采用人为分类。实际上,在古生物学研究中,既有自然分类,也有人为分类。

(二)分类方法

古生物学和生物学都追求系统分类能够符合自然的客观性,即同一分类单位内的成员应具有共同的祖先并有直接的亲缘关系,且其性状分异程度也很小。传统的分类学是以形态学为基础的,即根据表型特征识别和区分分类群,尤其在古生物学研究中表型特征研究是最受关注的。但随着进化理论和分子生物学的发展,生物分类学的理论和方法也有很大发展。以下介绍几种常用分类方法,综合系统分类、数值系统分类和分支系统分类。

1.综合系统分类或进化分类

综合系统分类或进化分类(synthetic or evolutionary systematics)是传统经典的生物学分类法,是以达尔文进化论和现代生物种的概念为基础,以形态总体相似性的程度及共同祖先的亲密程度为依据。综合(进化)分类学的目的是使每一个类群的分类反映出其进化历史或系统发生,使每一个种进入分类单元并通过进化联系起来,该分类方法一般用进化树来表示。

2.数值系统分类或表型分类

在20世纪60年代,有些分类学家为了避免特征分析中的主观性,将用于分类的表型特征数值化,并将生物所有特征的数值输入计算机,再由计算机根据特征的相似性将生物进行分类和等级排列。数值系统分类或表型分类(numerical or phenetic taxonomy)方法是以所研究的生物性状表征的总体相似性的程度进行分类的,它能较好地反映生物间性状差异的程度。其缺点是没有直接考虑生物间的演化关系,因此,可能与自然分类系统之间有一定的差别,在应用时应该认真分析。

3.分支系统分类

分支系统学(cladistics)是分类学中越来越受到重视的生物分类方法,它首次由德国昆虫学者 W. Hennig 在 1950 年提出,现为生物学者和古生物学者广泛地接受和运用。Hennig 认为,进化过程最关键之处是种的分裂。分裂总是一分为二,称为姐妹群,其中必有一个进化较快。通过特征分析可追溯其谱系分支,进而建立生物分类。种分裂时仍保存的祖先特征称为祖征,而衍生的变异特征称为离征。分支系统要求一个分类单元应包括一个共同祖先的所有已知后裔,即单系类群,各分类单元经过分支进化而产生,并根据分类单元之间的共同特征确定它们的谱系关系,用分支图解来表示系统发育关系。分支系统学越来越多地与分子系统学结合起来阐明生物之间的亲缘关系。

Ashlock(1987)以三叶虫的几个假想类别(图1-2-12)通俗地解释了以上几种分类学方法:(1)数值系统分类的第一步是把化石特征数值化(表1-2-1),然后做成数值矩阵(表1-2-2),并计算距离系数(表1-2-3),最后作成树状图

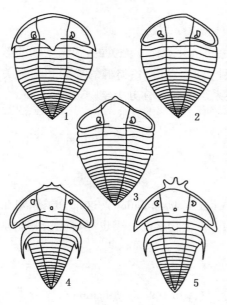

图1-2-12　五个假想的三叶虫类别
(据 Ashlock,1987)

[图 1-2-13(a)]，作为分类依据;(2)分支系统学根据各类之间的近裔祖征和各类自身独有的离征追溯类别之间的亲缘关系作成分支图[图 1-2-13(b)]，以相近的姐妹群作为分类依据;(3)综合系统分类学除了考虑各类之间的亲缘关系外，还主张以进化的等级作为分类依据，进化等级以特征的差异程度作为衡量标准，如分支系统学可能把 C、D、E 看作一类，故 A、B 和 C 可能归为一类[图 1-2-13(c)]。

表 1-2-1 5 个假想三叶虫特征

代码	数字	特 征	代码	数字	特 征
(1)	0	圆滑的面颊边缘		3	头前部具三刺
	1	有凹缺的面颊边缘	(7)	0	颈节无刺
(2)	0	圆形颊角		1	颈节具短刺
	1	刺状颊角		2	颈节具长刺
(3)	0	面颊宽等于头鞍宽	(8)	0	第二胸节无中刺
	1	面颊宽于头鞍		1	第二胸节具中刺
(4)	0	眼叶近面颊后缘	(9)	0	第三胸节无侧刺
	1	眼叶近面颊前缘		1	第三胸节具长侧刺
(5)	0	头鞍上无中瘤		0	第四胸节无侧刺
	1	头鞍上具中瘤	10	1	第四胸节具短侧刺
(6)	0	头前部无刺		2	第四胸节具长侧刺
	1	头前部具一刺	11	0	胸侧叶宽于中叶
	2	头前部具二刺		1	胸侧叶等于中叶

表 1-2-2 5 个假想三叶虫特征的数值化矩阵

特征代码	化石种				
	A	B	C	D	E
(1)	0	0	1	0	0
(2)	1	0	0	0	1
(3)	0	0	0	1	1
(4)	0	0	0	1	1
(5)	0	0	0	1	1
(6)	0	0	1	2	3
(7)	2	1	0	0	0
(8)	0	0	0	1	1
(9)	0	0	0	1	1
(10)	0	0	1	2	1
(11)	0	0	0	1	1

表 1-2-3 5 个假想三叶虫特征的距离系数矩阵

	A	B	C	D	E
A					
B	2				
C	6	4			
D	13	11	9		
E	12	12	10	3	

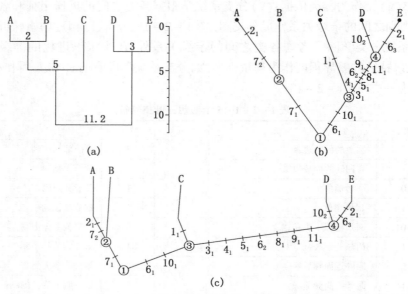

图 1－2－13　5 个假想三叶虫类别的系统分类图

(a)数字分类树状图;(b)分支系统分支图(数字代表特征见表 1－2－1);
(c)综合分类系谱图(数字代表特征见表 1－2－1)

随着现代分子生物学的迅速发展,生物分类除了根据生物最主要的形态特征来确定生物进化及亲缘关系外,又发展到根据生物在分子水平上的同源性和差异大小来进行系统排列,故产生了分子系统发生学方法。分子生物学研究显示,生物的许多性状(包括形态和功能特征)与蛋白质的组成紧密相关。由于决定蛋白质组成的氨基酸序列是线性的,且是稳定的,因此比较种间蛋白质的氨基酸序列或为其编码的基因的碱基序列,便可以提供种间亲缘关系的重要信息。例如,两个种的其他方面特征相同,如果它们编码血红蛋白基因的碱基序列越相似,那么这两个种的亲缘关系就越近;反之,同源性越小,亲缘关系越远。1999 年初,有学者对爬行动物进行分支系统研究,把在传统形态学中位于爬行动物进化树根基的无颞窝的龟鳖类提到进化树的树冠位置,作为双颞窝类的后代;同时把有鳞类放在了进化树的最底层,这一修订目前得到了较多专家的认同。

二、古生物的分类等级

古生物的分类和命名采用与现代生物一致的分类等级和命名方法。其主要分类等级包括:界(kingdom)、门(phylum)、纲(class)、目(order)、科(family)、属(genus)、种(species)。为了满足更精细分类的要求,还可在这些基本分类等级间加辅助分类等级,即在基本分类等级之前冠以"超"(super－)或"亚"(sub－)而成,如超科(superfamily)、亚属(subgenus)。

种,又称物种,是生物学和古生物学的基本分类单元,它不是人为规定的单位,而是生物进化过程中客观存在的实体。生物学上的物种是通过基因交流可产生可育后代的一系列自然居群(population)组成,它们与其他类似机体在生殖上是隔离的;同一物种有共同起源、共同形态特征,分布于同一地理区和适应于一定的生态环境。化石物种的概念与生物学上的物种概念相同,但由于对化石不能判断是否存在生殖隔离,故更着重以下特征:(1)共同的形态特征;(2)构成一定的自然居群;(3)居群具有一定的生态特征;(4)分布于一定地理范围。根据以上特征判明的化石种,与生物种一样都是自然的基本分类单位。有些种内由于居群的变异积累,可分亚种(subspecies)或变种,不同居群由地理隔离在性状上出现分异,而形成地理亚种。除地理亚种外,古生物学中还有年代亚种,它指在不同时代同一种内显示不同形态特征的不同居群。

属是种的综合,包括若干同源的及形态、构造和生理特征近似的种(有的属仅有一种)。一般认为属也同样应是客观的自然单元,代表生物进化的一定阶段。属以上的分类,由于分类原则不一,往往各家不同,含有人为成分。

值得指出的是,在化石材料中,有些较大的生物体的各部分因为分散保存在地层中,很难肯定它们原来是否属于同一个生物体的各个部分,而将各个部分分别命名为不同的属名,如古生代高大的石松植物的树皮、树根(干)以及孢子囊等分散保存,并分别命名为不同的属种名称,这种只按照形态特征的相似性而定的属名称为形态属(Morphologic genus)。因此,同一形态属名下,可能包括来源不同甚至亲缘关系十分疏远的生物。随着化石材料的不断发掘,人们会逐步搞清这些分散化石之间的亲缘关系。

古生物学和生物学都尽力使系统分类能符合自然的客观性,即同一分类单位内的成员应是:(1)同源的,即有共同的祖先;(2)有亲缘关系;(3)性状分异程度较小。把这些原则作为分类基础的称为系统学(systematics)。

三、古生物的分类体系

古生物也是曾经在地球上生活过的生物,因此,古生物学的分类体系仍然采用现代生物学的分类体系。近代进化论和分子水平生物学研究的重大进步,对生物分类体系产生了深刻影响。古生物学资料的大量积累和近年的一系列重大古生物学发现,为全面建立更加完善的生物系统树提供了重要线索。图 1 – 2 – 14 是一个由分子水平到各主要生物类别的假想系统树。树的基部表示细胞的生物化学进化。早期大气和大洋中的生物分子积累形成前生物体(prebionts),再演化为原细胞(protocell),虽然原细胞已经不存在,但由它演化为原核细胞(prokaryotic cell)。原核细胞是古细菌和真细菌的基础,真核细胞也起源于原核细胞。早期的真核细胞构成的生物可能属于原生生物界(protista)。由早期的原生生物再演变为动物界(animalia)、植物界(plantae)和真菌界(fungi)。

随着当代生物学,尤其分子生物学和生物化学的发展,尽管人们对微观生物界的认识有了飞跃,对生命系统的了解更加接近其自然本质,但建立在分子水平上的分类体系(图 1 – 2 – 14)的应用尚不够成熟。因此,传统上的分类体系仍然是生物学和古生物学研究中较为实用的分类框架。下面对五种在古生物学研究中习惯用的分类方案作一简单介绍。

（一）二界体系

人类在观察和研究生物的时候,很早就注意到可以将生物划分为两大类群,即固着不动的植物和能运动的动物。林奈于 1735 年提出的分类系统将生物分为植物和动物两大类,该分类已被教科书使用 100 多年。

（二）三界体系

1859 年达尔文的《物种起源》出版后,德国生物学家、进化论者海克尔(E. Haeckel)于1886 年提出一个力求反映生物亲缘关系的新分类系统。他把生物分为三界,即植物界和动物界外,增加一个原生生物界,后者包括所有单细胞生物及一些简单的多细胞动物和植物。

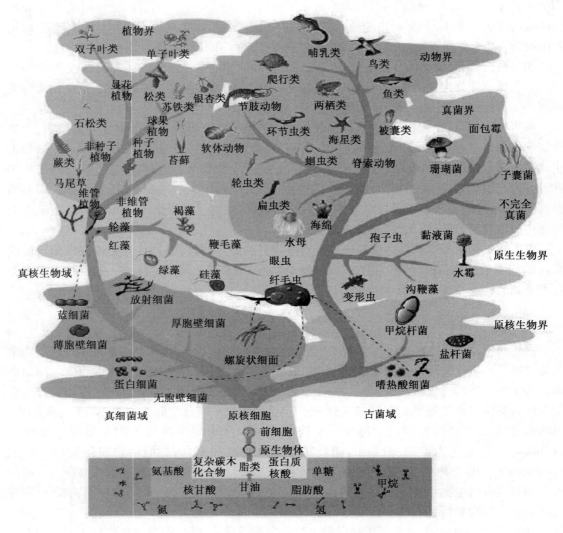

图 1 - 2 - 14 从分子到生物的系统树（据 Enger 等，2003）

（三）四界体系

由于发现真菌与植物和动物的上述明显差异，所以，惠特克（R. H. Whittaker）在 1959 年提出另立 1 个真菌界（fungi kingdom），建立四界（原生生物界、真菌界、植物界和动物界）分类系统。

（四）五界体系

惠特克（Whittaker）根据细胞结构和营养类型等在 1969 年将生物分为五界系统，即原核生物界、原生生物界、植物界、真菌界和动物界（图 1 - 2 - 15）。在二界系统中，细菌和蓝藻被划归植物界，但是它们的细胞结构显然是处于较低水平的，它们没有完整的细胞核，也没有线粒体、高尔基体等细胞器。蓝藻和某些细菌有光合作用，但不应因此就把它们放入植物界。它们有光合作用只是说明生命在进化到原核生物阶段就有利用日光能进行光合作用的能力，所以

Whittaker 根据细胞结构的重要差异而把细菌和蓝藻放在原核生物界中是可取的。本书也采用该分类体系。

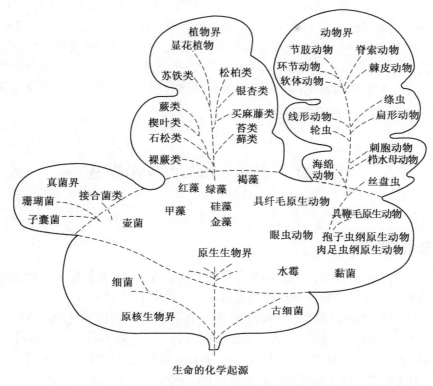

图 1－2－15　生物的五界分类系统(据 Whittaker,1969)

(五)六界体系

我国生物学家陈世骧提出了六界体系,他把生物界分为三个总界:无细胞生物总界,包括病毒一界;原核生物总界,包括细菌和蓝藻两界;真核生物总界,包括植物、真菌和动物三界。除了陈式的六界系统外,还有人主张在 Whittaker 五届系统之下,加了一个病毒界(viri),构成一个六界系统。由于病毒一般不被认为是生命形态,因此六界系统未受到重视。

目前五界分类系统已逐步为多数学者所接受。原核生物(prokaryotes)的细胞没有细胞核和膜包被的细胞器,这些生物与真核生物(eukaryotes)有本质上的差别,在进化上明显比真核生物更早,因此被列入原核生物界;另一类比较原始的真核生物,包括藻类生物和原生动物类,它们大多数是单细胞生物,生物体结构简单,生活一般离不开水体环境,这些生物被列入原生生物界;直接从外部吸收化学物质进行营养代谢并获得能量的真菌,单独列为真菌界;依靠光合作用将无机物转化为有机物并获取能量的植物,列为植物界;靠捕食其他生物获取能量并且能运动的动物归为动物界。对于古生物学研究来说,只有植物界、动物界及少数原生生物界的化石最为常见且得以较好的研究,最古老的化石来自原核生物界。

而关于真菌界,人们主要是通过现代生物认识的,真菌的细胞内不含光合色素,也无质体,是典型的异养生物。真菌的异养方式有寄生和腐生两种。从活的动物体、植物体上吸取养分的称为寄生(parasitism)。从动物、植物尸体以及从无生命的有机物质中吸取养分的称为腐生(saprophytism)。真菌的营养体有两种类型,一种为单细胞,另一种为纤细管状体—菌丝

（hyphae）。组成一个菌体的全部菌丝称为菌丝体（mycelium）。虽然真菌是不能移动的，但它们可以通过孢子传播。真菌化石最早出现于前寒武纪，但除了真菌孢子化石在中—新生代地层中比较常见外，它们的菌丝体主要保存在一些黑色燧石层和某些藻化石体内。另外，某些真菌的菌丝体与藻类或蓝细菌共生形成一种特殊的共生体，称为地衣（lichens）。最早的地衣化石出现于前寒武纪末期，现在地衣化石在各种环境广泛分布，从寒冷的北极到灼热的沙漠。藻类和蓝细菌需要水分，真菌包裹物保持了一个含水区域，而被包裹的光合菌藻为真菌提供了养料，因此，地衣是一种有机的共生物。由于真菌界的化石较少，且地层意义小，因篇幅所限，本书后面不单列一章进行详细介绍。

第三节　古生物的命名和描述

一、古生物的命名

古生物学中的各级分类单位和生物学一样都要有学名。学名根据国际动物或植物命名法则和有关文件而定。生物各级分类单位均采用拉丁文或拉丁化文字。

属和属以上单位的命名都用一个词表示，第一个字母大写，即用单名法。属以上的分类单位用正体。种名则用两个词表示，称为二名法（双名法）。一个完整的种名是该种所从属的属名加上种本名，全用斜体。种名后要用正体字注明命名者姓氏，属名首字母大写。亚种学名则用三名法，即由亚种名和所从属的种学名结合构成。亚种本名置于种名之后。

属种学名的含义，可代表生物突出特征，如 *Patypora triangulate*（三角形多管苔藓虫）；也可由人名变化而来，用以纪念知名学者或发现该种、属的人，如 *Yatsengia*（亚曾珊瑚）为纪念我国著名古生物学家赵亚曾；也可从地名变化，以纪念发现地点，如 *Pseudocardinia gansuensis*（甘肃假铰蚌）。科名、目名往往采用典型属名的词干，加一固定词尾而成。科和亚科的词尾在动物名称中分别用-idae，-inae；植物则分别用-aceae，-oidae。目的词尾在动物名称中一般用-ida。属种学名在印刷时用斜体字，书写时在其下方画横线。

以虎为例，其分类系统如下：

界：Animalia Linnaeus，1758（动物界）
　门：Chordata Haeckel，1874（脊索动物门）
　亚门：Vertebrata Linnaeus，1758（脊椎动物亚门）
　　纲：Manmmalia Linnaeus，1758（哺乳纲）
　　目：Carnivora Bowdich，1821（食肉目）
　　　科：Felidae Fisher et Waldheim，1817（猫科）
　　　　属：*Panthera* Oken，1816（豹属）
　　　　种：*Panthera tigris* Linnaeus，1758（虎种）

我国的东北虎（*Panthera tigris altaica*）、华南虎（*Panthera tigris amoyensis*）和南亚虎（*Panthera tigris sumatrae*）分别是 3 个地理亚种。

在命名法则方面应遵循"优先律"的原则，一个生物分类单位的有效名称，应符合国际动

（植）物命名法则的规定，以最早正式刊出名称为准。此后再有同一化石的命名，应作为同义名而废弃（同名律）。例如，腕足动物弓石燕属 *Cyrtospirifer* Nalivkin 是 1918 年最早命名的，后来 Grabau（葛利普）在 1931 年又命名为 *Sinospirifer*，后者应废弃。

此外，在古生物名称中常用一些拉丁语缩写词，现择其常见者简介如下：

cf. 为 conformis（相似、比较）的缩写。标本经鉴定可能为一已知种，但由于特征尚不充分，不能确切肯定为该种，则在种本名前加上 cf. ，例如 *Halobia* cf. *austriaca*（奥地利海燕蛤相似种）。

aff. 为 affinis（亲近）的缩写。所鉴定的标本同最接近的已知种之间，在特征上尚有区别，但由于材料不足等缘故，还不足以建立新种，则在最接近的那个种的种本名前加 aff. ，例如 *Ferganoconcha* aff. *estheriaeformis*（叶肢介形费尔干蚌亲近种），其可靠程度要低于相似种。

sp. 为 species（种）的缩写。标本经鉴定后不能归入任何已知种，但又无条件建立新种，则在属名之后加 sp. ，例如 *Redlichia* sp. （莱得利基虫未定种）。

sp. indet. 为 species indeterminata（不能鉴定的种）之意。标本很差，不能鉴定到种，则在属名后加：sp. indet. 。如果属也不能鉴定，则可在较高分类单位的名称后加 gen. et sp. indet. 。

sp. nov. 和 gen. nov. 分别为 species nova（新种）和 genus novum（新属）之意，加在新命名的种名或属名之后，以示新建立的种和属。

二、古生物的描述

首先对化石标本进行整理归类（生物门类）、修理或切制薄片等准备工作。然后进行鉴定，即确定其分类位置，从高级别的分类单位直到属和种的名称。确定名称时，需详细观察标本的特点，参考已有的古生物著作（古生物志、化石手册、古生物论文集等）的描记和图版，如标本和文献中所描述的某一化石特点相同，则可归在同一名称之下，如遍阅了有关文献后，确认该标本尚无任何人描记过，则可建立新属或新种。一般古生物鉴定的记述顺序和内容如下：

学名：鉴定者所确定的古生物分类名称。

插图：本次描述的化石所在的图版号及图号。

同异名汇集：由于某一分类单位（种、属）的名称，自建立以来常被给予不同的学名，这些不同的学名，即为所确定某分类单位名称的同异名。

模式标本：发表新种时，命名一个种的标准。从保存完整的标本中挑选一个来作为该种的标准，称为正模；其他次要的作为正模补充的标本称为副模。属的命名要指出模式种（属型种）。

特征：说明该化石简要的基本特点，便于与其他类型区分开。

描述：详尽地描记该化石的形态特征。

量度及其他数字资料：包括正模及副模的个体变化范围，化石各部分的相对大小、比例等测量数据。

讨论比较：讨论该化石命名的历史、争论及某一特点的审理评价等，对比该化石与其他类型的异同和系统发育的联系等。

时代及地理分布：为属及属以上分类单位所应用，种则用产地及层位。

复习思考题

1. 如何区分真、假化石？
2. 从化石的形成过程阐述化石记录的不完备性。
3. 什么是硅化？什么是交代作用？
4. 化石主要有哪些类型？
5. 简述内核与外核、外核与外模、内核与内模的联系及它们之间的区别。
6. 生物的基本分类等级有哪些？
7. 什么是生物的学名？
8. 如何处理古生物学中同物异名和异物同名的问题？
9. 简述生物的五界分类系统。

拓 展 阅 读

杜远生,童金南.1998.古生物地史学概论.武汉:中国地质大学出版社.

范方显.2007.古生物学教程.东营:中国石油大学出版社.

何心一,徐桂荣等.1987.古生物学教程.北京:地质出版社.

童金南,殷鸿福.2007.古生物学.北京:高等教育出版社.

武汉地质学院古生物研究室.1980.古生物学教程.北京:地质出版社.

张永辂,刘冠邦,边立曾等.1988.古生物学(上、下册).北京:地质出版社.

Clarkson E N K. 1993. Invertebrate Palaeontology and Evolution. 3rd edition. London：Chapman & Hall.

Donovan S K. 1991. The Processes of Fossilisation. London：Belhaven Press.

Doyle P. 1996. Understanding Fossils：An Introduction to Invertebrate Palaeontology. Chichester：John Wiley & Sons.

Raup D M, Stanley S M. 1978. Principles of Paleontology. 2nd edition. San Francisco：Freeman.

第三章
原核生物界

在漫长的生物演化史中,原核生物界是最古老的单细胞生物类别,它们曾是地球上唯一的生命形式,不仅独占地球长达20亿年以上,而且构成了地球上最低等级的微生物群落,它们大量参与沉积作用,在地史早期形成广泛发育的微生物岩如叠层石和凝块石等,然而当后生动物出现后这些微生物开始逐渐衰落,但每逢重大生物灭绝事件产生时生态环境又被原核生物群落快速占领,因此,地史中微生物的繁盛程度可能与后生动物有一定的消长关系。原核生物能从远古时代繁衍迄今,从生物学的观点而言,其成功的要素无疑是因为它们的细胞分裂速度快,以及代谢的多歧性。在生态学上,原核类生物在大自然中担任分解者的角色,它们可以分解动植物的遗骸而释放出能供植物利用的元素。那么原核生物有哪些类型?是否有特殊的存在形式呢?这些都是本章要回答的问题。

第一节　概　　述

原核生物界包括所有缺乏细胞核膜的生物,主要是细菌。原核生物(prokaryotes)是由原核细胞组成的生物,细胞中无被核膜包裹的成形的细胞核和其他细胞器,只有核区,具有细胞核功能。其个体微小,形态简单,一般仅1μm至几个微米,常见的有球状、杆状和螺旋状(图1-3-1),核糖体分布在细胞质中,能量代谢和很多合成代谢均在质膜上进行。常见的原核生物有细菌(真细菌)、放射菌、蓝藻(蓝细菌、蓝绿藻)、立克次氏体、衣原体、支原体和古细菌等,它们以分裂生殖繁殖后代。在地质历史上原核生物出现最早,早在35亿~33亿年前就产生了厌氧细菌类。

原核生物既有自养也有异养的,例如蓝藻门和原绿藻门为绿色自养生物,细菌门中也有少数光能或化能自养细菌,例如光合细菌和硝酸盐还原菌,但绝大多数细菌和其他各类均为异养、腐生或寄生,它们从有机化

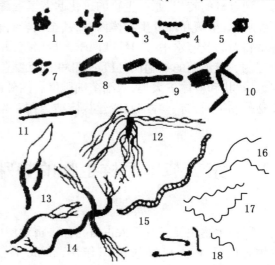

图1-3-1　细菌的形状和排列(据南京大学古生物地史学教研室,1986)
1~6为各种球菌;7~12为各种杆菌;
13~18为各种螺旋菌

合物中获得能量和碳源。

除古细菌以外的所有细菌均称为真细菌。细菌是微生物的重要组成部分,但除少数有矿物质硬鞘(如铁细菌)的种类外,绝大多数种类的细菌都难以形成化石,其个体微小[$0.5\mu m \times (0.5 \sim 5)\mu m$]、种类繁多、结构简单、细胞壁坚韧、以二等分分裂方式繁殖、水生性较强的单细胞原核微生物,细菌化石主要保存于燧石层、石灰岩、煤层等中。有的真细菌含细菌色素,具有坚韧的细胞壁,外形较固定,细菌还有鞭毛、纤毛等。细菌有球形、杆状、螺旋状三种基本形态,但形态受环境影响可以引起其形态发生变化。细菌化石在前寒武纪地层到新生代地层中均有发现,但是以前研究手段有限,研究方法不完善,现在,由于遗传学和分子微生物学的迅速发展以及各学科之间的相互渗透,使细菌分类学家的视野大大开阔,为细菌各类群之间的系统学分类及进化关系的研究提供了机会,对于前寒武纪地层划分和对比、研究生命起源、探讨某些矿产成因、追索地球大气圈演化历史提供了重要资料。

放线菌是细菌中的一种特殊类型,是一类呈菌丝状生长、主要以孢子繁殖和陆生性较强的原核生物,在医药工业上有重要意义,目前广泛应用的抗生素就是由其产生的,此外,放线菌还可用于烃类发酵、石油脱蜡和污水处理等方面。立克次氏体、衣原体、支原体是介于病毒和细菌之间寄生在真核细胞内的原核微生物。

古细菌与细菌具有类似的个体形态,但并不是细菌,与细菌的遗传基因不同,它们多生活于一些生存条件十分恶劣的极端环境中,例如厌氧、高酸、高碱、高盐、高寒等,由于古细菌所栖息的环境与地球生命起源初期的环境有许多相似之处,是地球上最早出现的生物,一般认为其可能是原核生物的祖先,古细菌中蕴藏着远多于真细菌和真核生物的未知的生物学过程和功能,所以深入研究古细菌,有助于阐明生物进化规律线索,是生命起源的活化石。

蓝细菌是古老的生物,旧名蓝藻或蓝绿藻,一类含有叶绿素 a、具有放氧光合作用的原核微生物。50 亿年前,地球本是无氧环境,使地球由无氧环境转化为有氧环境是由于蓝细菌出现并产氧所致,是生命进化过程中第一个产氧的光合生物,是藻类中最原始的类型,对地球从无氧到有氧的转变,原核生物的进化起着里程碑式的作用。蓝细菌广泛分布于自然界中,包括各种水体、土壤和部分生物体内外,甚至在岩石表面和其他恶劣环境都存在,许多蓝藻生长在池塘和湖泊及海水中,在夏、秋两季大量繁殖,并形成胶质团浮于水面,形成水华或赤潮,使水体变色。蓝细菌的细胞比一般细菌大,如巨颤蓝细菌,根据细胞形态差异,蓝细菌可以分为单细胞、丝状和群体三大类,蓝细菌细胞壁有内外两层,内层薄且坚固,外层能不断地向细胞壁外分泌胶黏物质,将一群细胞或丝状体结合在一起,形成黏质糖被或鞘,往往在地史中形成化石。

第二节 原核生物的特殊存在形式——微生物岩

原核生物主要发育于太古宙与元古宙地层中,它们都属于微生物,在地史早期由于这些微生物的广泛发育和参与沉积作用,形成了各类微生物碳酸盐岩。如蓝细菌在叠层石(stromatolite)的形成中起着十分重要的作用,蓝细菌的细胞在前寒武纪叠层石中就可以观察到,原核生物也是寒武纪后叠层石的主要贡献者。另外,在元古宙及以后的地层中由于微生物的参与作用还形成了凝块石、均一石、核形石和树形石等微生物岩,而当后生动物出现之后以及每逢重大生物灭绝事件产生时生态环境都被原核生物群落快速占领并形成微生物岩,微生物的繁盛程度可能与后生动物有一定的消长关系,由于上述原因,微生物岩现在为古生物学与沉积学的前沿热点领域。以下主要介绍叠层石和凝块石的基本特征。

一、叠层石

叠层石是分布最广的微生物岩类型之一,在地质历史时期较为发育,且类型多样。

(一)概述

叠层石被认为是地球上最古老的化石,代表了地球上最古老和原始的微生物生态系统,最老的叠层石见于 35 亿年前的始太古代,在澳大利亚西部距今 35 亿年的瓦拉伍纳群(Warrawoona Group)硅质岩中。在澳大利亚、北美和南非十几个地点年龄超过 25 亿年的太古宙沉积岩石中也发现了叠层石,元古宙的叠层石分布更加广泛,在全球范围内,几乎所有的元古宙碳酸盐沉积中都有叠层石,我国元古宇叠层石大量发育,其分布广泛、形态多样。奥陶纪以后叠层石骤然衰落。叠层石这一描述性的术语最早是在 1908 年由科尔柯乌斯基(Kalkowsky)提出,其使用和定义经历了逐渐的变化,是蓝细菌等微生物群体通过生长和代谢活动(分泌黏液)而吸收沉淀矿物质或捕获矿物颗粒,自一个点或一个表面单向增生,构成具有纹层的层状体所形成的生物沉积建造。

(二)形态构造

1. 基本层及柱体形态

一般认为白天或阳光充足季节时一种藻类向上生长,捕获和黏结沉积物颗粒,晚上或冬季另一种藻类水平生长,把沉积颗粒牢固地系住,它是生物作用和无机沉积作用的共同产物。

叠层石的基本构造单元是基本层,基本层又叫生长层,基本层是由一个富含有机质的暗带(富藻纹层)和一个以沉积物为主的亮带(贫藻纹层)构成。叠层石基本层通常向上拱或平坦,有拱形、锥形和箱形三种主要类型(图 1 – 3 – 2),基本层上下相互叠合或套合形成柱体,地质意义较大的叠层石柱体的形态受基本层形态的控制,同时也有环境的影响,根据柱体自上而下直径的变化,柱体形态可以分为两种基本类型。一种是柱体直径自下而上无显著变化,呈圆柱状或次圆柱状;另一种柱体一般较短,基部很窄,向上增宽快,呈杯状或茎块状。

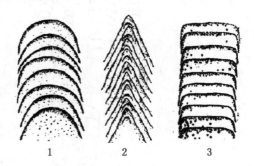

图 1 – 3 – 2 基本层形态(据赵文杰,1979)
1—拱形;2—锥形;3—箱形

2. 体饰和分叉

基本层在柱体侧部不同的变化形成各种体壁和体饰,基本层在柱体边缘下垂与下一个基本层边缘接触或不接触形成了四种体壁类型,即无壁型、局部壁型、单层壁型和多层壁型(图 1 – 3 – 3)。无壁型是指柱体基本层的边缘彼此不相接触;局部壁型为部分基本层的边缘下垂相接触;基本层的边缘下垂较短,仅上下两相邻基本层叠合形成单层壁;基本层的边缘下垂较长,伸达下面若干个基本层形成了多层壁。叠层石的体饰主要有刺、瘤、环檐、鞘及连接桥等(图 1 – 3 – 4),环檐是一个或几个相邻基本层边缘向外伸出,悬挂于柱体外侧;鞘是包在柱体外面的铁质、泥质或其他成分的包裹物;连接桥是连接相邻柱体的基本层,连接桥的基本层通常下凹。叠层石有分叉和不分叉两大类,叠层石的分叉方式是其主要特征(图1-3-5)。

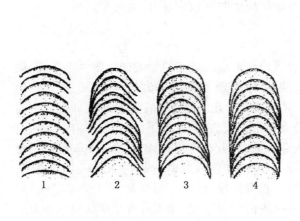

图1-3-3 侧壁分类示意图
(据国家地质总局天津地质矿产研究所,
内蒙古自治区地质局,1979)
1—无壁型;2—局部壁型;3—单层壁型;4—多层壁型

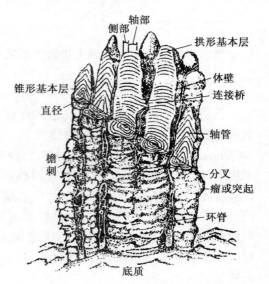

图1-3-4 叠层石生长方式及各部构造名称
(据傅英祺等,1981)

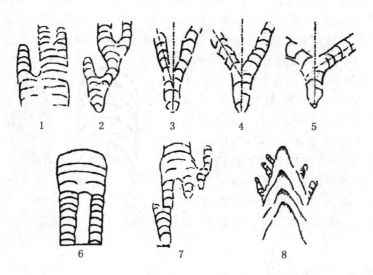

图1-3-5 叠层石分叉方式(据边立曾,1980;门凤岐等,1984)
1—简单平行分叉;2—加粗平行分叉;3—微散开分叉;4—散开分叉;
5—强烈散开分叉;6—合并式分叉;7—融合式分叉;8—轮生式分叉

3. 分类、生态及地史分布

叠层石的命名采用双命名法,分类级别上采用独特的类(type)、亚类(subtype)、超群(super group)、群(group)、型(form)五级分类系统。另外,有的根据成因分为骨骼叠层石、黏结叠层石、石灰华叠层石、细粒叠层石和陆生叠层石五类。还有的根据形态分为层状、波状、丘状、柱状和指状叠层石。

叠层石的生长需要以下条件:(1)蓝藻藻丛的生长发育;(2)有一定数量的细小沉积颗粒供蓝藻的胶鞘黏附;(3)水底的底流不太强烈,水底物质的位置相对稳定;(4)叠层石增长速度大于它的剥蚀速度;(5)叠层石在生长过程中应迅速得到固结,否则就会垮塌。

叠层石多半生活于潮坪环境中,在间歇性暴露、水动力很弱的潮上带和水动力条件较弱的潮间带上部主要发育近水平状、缓波状和小柱状叠层石;而在水动力条件较强潮间带中部和水动力条件很强潮间带下部至潮下带,叠层石以圆柱状为主,半球状和少量锥柱状以及围绕竹叶状砾屑生长的叠层石(图1-3-6)。

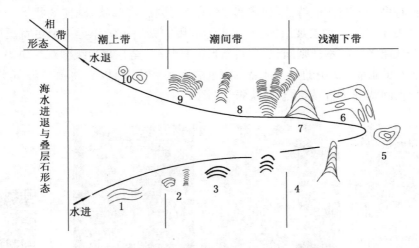

图1-3-6　水动力条件与叠层石形态的关系(据赵震,1994)
1—层状叠层石;2—微型柱状叠层石;3—穹形叠层石;4—柱状叠层石;5—球状叠层石(核形石);
6—含弥散粒的锥形叠层石;7—锥形叠层石;8—分叉柱形叠层石;
9—小型礁体叠层石;10—生物鲕球状叠层石

2000~700Ma 是叠层石最繁盛的时期,其分布最广,形态各异,是划分对比元古宇的重要标志之一。在 2000~1700Ma 之间,叠层石以 *Gruneria*(格鲁纳叠层石)和 *Kussiella*(喀什叠层石)为常见。在 1600~1200Ma,以 *Conophyton*(锥状叠层石)、*Pseudogymnosolen*(假裸枝叠层石)为主。自 1200~1000Ma 则多见 *Baicalia*(贝加尔叠层石),1000~800Ma 则多产 *Gymnosolen*(裸枝叠层石)及 *Linel*(林奈叠层石)等。

我国叠层石研究取得了多项成就:(1)建立了华北元古宙叠层石组合序列;(2)对某些新元古代叠层石的微生物组分和微生物席特征进行了初步揭示;(3)从理论上对矿化叠层石的成因提出了解释;(4)提出假裸枝叠层石科;(5)利用迷雾山组的叠层石标本开展了古生物种研究的尝试。

二、凝块石

凝块石(Thrombolite)一词最早由 Aitken(1967)提出,系指与叠层石相关的隐藻组构,但缺乏纹层而以宏观的凝块结构为特征的一类岩石。

关于凝块石的成因有三种观点:(1)认为由原先的叠层石经生物扰动改造而成,原因是凝块石和叠层石外部形态有相似性。这种观点解释了随着显生宙后生动物出现、衍射,原始叠层组构明显下降,凝块石开始大量出现;Walter 和 Heys(1985)也认为凝块石形成是由后生动物的挖洞和钻孔所形成。(2)认为凝块组构可能通过有机物质的降解形成;Kobluk 和 Crawford(1990)提出了类似的看法,认为凝块石的凝块可能是叠层石内部细菌硫酸盐还原石膏降解而成。(3)认为凝块组构是由微生物群落本身的差异所引起的,与球形菌占主导的微生物群体同期生长和钙化作用有关,而并非原始叠层构造的瓦解或改造。

曹仁关(1980)对我国南方震旦系灯影组以及 Aitken 等(1989)对该时期的兰花组和里菲系凝块石的研究排除了凝块石系由后生动物扰动的成因说,并认为可能存在由微生物活动或钙化作用所形成的原生凝块石。

凝块石具有多种宏观构造特征:如层状、团块状、指状、穿窿状、礁体块状等。尽管 Aitken(1967)将凝块石定义为一种宏观组构,但在实际应用中凝块石常作为一个更宽泛的概念。凝块的范围可以从厘米级的不规则圆状,到长条形的枝状,甚至是毫米级微观凝块等。

根据凝块石的形状、凝块的外部形态、凝块的大小和内部结构,将凝块石划分为 3 个亚类:斑状凝块石、网状凝块石、树枝状凝块石等(图 1-3-7)。

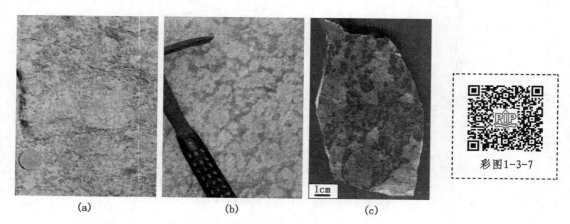

彩图1-3-7

(a)   (b)   (c)

图 1-3-7 凝块石野外特征(据陈金勇等,2014)
(a)斑状凝块石;(b)网状凝块石;(c)树枝状凝块石

现代凝块石通常发育在浅潮下带环境,而且沉积水深通常大于叠层石。古代凝块石的发育和现代凝块石具有相似的沉积环境,从现在凝块石的相关报道来看,凝块石主要发育在潮下带,且可能代表一种在浅海缺氧环境条件下形成的微生物岩。

复习思考题

1. 简述原核生物界的主要特征及化石代表。
2. 简述叠层石的特点及形成过程。
3. 阐述叠层石的研究意义。
4. 什么是凝块石?
5. 什么是微生物岩?其繁盛程度与后生动物发育之间有何关系?为什么?

拓 展 阅 读

曹瑞骥,袁训来.2006.叠层石.合肥:中国科学技术大学出版社.

朱士兴等.1993.中国叠层石.天津:天津大学出版社.

Arp G,Reimer A,Reither J. 2003. Microbialite formation in seawater of increased alkality,Satonada Crater Lake,Indonesia. Journal of Sedimentary Research,73(1):105 − 127.

Feldmann M,Mckenzie J A. 1997. Messinian Stromatolite − thrombolite associations,Santa Pola,SE Spain:an analogue for the Palaeozoic? Sedimentology,44:893 −914.

Golubic S. 1973. The relationship between blue-green algae and carbonate deposits//Carr N G, Whitton B A,ed. The biology of blue − green algae,Chapter 21. Blackwell Scientific Publications, 434 −472.

Kalkowsky E. 1908. Oolith and stromatolith in norddeutschen Buntsandstein. Z. Deut. Geol. Ges,60: 68 − 125.

Semikhatov M A,Raaben M E. 1996. Dynamics of the global diversity of Proterozoic stromatolites, Article Africa,Australia,North American,and general synthesis. Stratigr. Geol. Corr,4:24 − 50.

Visscher P T,Gritzer R F,Leadbetter E R. 1999. Low-molecular weight sulfonates:a major substrate for sulfate reducers in marine microbial mats. Appl. Environ,Microbiol,65:3272 −3278.

Visscher P T,Reid R P,Bebout B M. 2000. Microscale observations of sulfate reduction:Correlation of microbial activity with lithified micritic laminae in modern marine stromatolites . Geology,28 (10):919 − 922.

第四章
原生生物界

　　原生生物是一些最简单的真核生物。该界生物一般都是单细胞个体,个体较小,也有些原生生物为多个细胞的群体或多细胞体。自然界中原生生物多样性很高,生活于淡水、海水或陆上潮湿土壤中,也有些类型营寄生或与其他生物共生。由于该界生物在形态、代谢和繁殖方式上十分多样,因此有人认为它们不是一个自然分类群。但从演化线系上看,将它们归在一起还是有利于理清生命系统的发育历史。从原核生物演变成真核细胞后,真核生物沿着几条不同的路径发展,其中3条路径最为明确,即植物状的自养生物(藻类)、动物状的异养生物(原生动物)和真菌状的异养生物(黏菌类),正是由这3条路径分别演化产生了植物界、动物界和真菌界。

　　原生生物化石十分丰富,它们通常有重要的经济价值。由于它们个体微小,数量巨大,在很小的样品中就能研究,因此在钻井样品分析中十分有用,尤其在海相沉积物研究中应用十分广泛。

第一节　动物状原生生物——原生动物

　　原生动物(protozoans)是一类无叶绿素、缺少细胞壁的异养真核单细胞原生生物。它们由单细胞所组成,能够运动;但是有些物种介于植物和动物之间,如眼虫,因为它们能进行光合作用;它们又能运动,并像真正的动物那样进食。

一、概述

　　原生动物是最低等的一类动物状原生生物,是与多细胞后生动物相对应的真核单细胞动物,其个体微小,大的可达 $30 \sim 60$ mm,甚至超过 100mm,一般均在 $250 \mu m$ 以下,所以必须要用显微镜才能看到。虽然,整个生物体仅由一个细胞组成,但却是一个能独立生活的有机体。原生动物不像多细胞动物具组织器官,它没有真正的器官,其细胞产生分化,形成了"类器官"或"胞器",专司一定的功能,例如纤毛、伪足或鞭毛就是它的运动类胞器、食物泡是进行消化的胞器等。通过类器官的各种功能来完成诸如新陈代谢、运动、呼吸、感觉、生殖等各种生理机能。

　　原生动物是由一团细胞质和细胞核组成,有些原生动物具有骨架或分泌坚硬的外壳。这类动物分布十分广泛,多生活在淡水或海水中,有些生活在潮湿的土壤中,或营寄生在其他生物体内,底栖或浮游。

　　根据类器官的有无和类型,原生动物可分四个门,分别为:肉鞭毛虫门、顶复虫门、微孢虫纲和纤毛虫门。其中肉鞭毛虫门又可以分为鞭毛虫亚门（Mastigophora）和肉足虫亚门（Sarcodina），后者化石较多，这类生物具有重要的生物地层学和古生态学意义，以下重点介绍其中的放射虫纲和有孔虫纲。

二、肉足虫亚门

肉足虫亚门（Sarcodina）生活于淡水、海水，少数寄生。部分肉足虫具硬壳，可保存为化石，较重要的是放射虫纲（Radiolaria）和有孔虫纲（Foraminifera）。

（一）放射虫纲

1. 概述

放射虫是形体微小海生原生浮游单细胞动物，属肉足虫亚门（Sarcodina）。其细胞质内有一个几丁质的中心囊，表面包以带孔的有机质角质膜，将细胞质分为囊内、囊外两部分，角质膜上的孔可以使囊内外的细胞质相互沟通。从中心囊向外放射状排列着线状伪足，放射虫囊内有核，司营养和生殖；囊外细胞质常有许多空泡以调节体重，控制沉浮（图 1-4-1）。

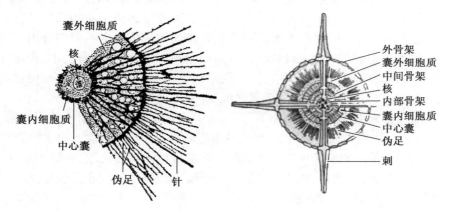

图 1-4-1　放射虫的软体及硬体构造（据何心一，1993）

2. 形态及分类

放射虫的硬体（骨架）微小，个体直径 0.1~2.5mm，群生可大于 15mm。放射虫的骨架常包藏在细胞质中，由细胞质分泌，骨架成分因类而异，多为硅质或含有机质的硅质，少数含硫化锶。放射虫的形态多样，通常为球形、钟罩形、卵形、圆锥形等（图 1-4-2）。根据中心囊、硬体成分特征及骨架形态特征进一步划分。人们所接受的方案是将放射虫分为棘针放射虫（acantharians）、泡沫放射虫（spumellarians）、织笼放射虫（nassellarians）和暗囊放射虫（phaedarians）四类。

3. 骨骼

放射虫的骨骼清晰透明，透射光下呈玻璃状，硬且脆，无弹性。放射虫的骨骼有四种主要类型：（1）松散结构——互不连接或接合不坚实的杆、骨针及刺；（2）网格状——由小棒按一定几何模式在二维空间排列形成不规则形状，并相连成网状，孔的大小和形状是重要的鉴定特征；（3）海绵状——细短的小棒三维空间连接而成，常分辨不出清晰的孔形；（4）孔板状——壳壁致密均匀，可见稀疏、大小不等的孔。

图 1 - 4 - 2 放射虫的常见形状(据魏沫潮,1990)

1—球形;2—钟罩形;3—卵形;4—圆锥形

4. 生态及地史分布

放射虫全为海生,多为窄盐性远洋漂浮生物,一般生活于盐度正常的海域,放射虫的生存和分布受海洋水域的盐度、温度、深度、洋流和水团等环境因素的影响。放射虫可生活于不同纬度的海域,但多为喜暖性生物,主要分布于低纬度温暖海洋远离海岸的远洋区,由赤道向两极迅速减少,尤其是赤道地区放射虫丰富多彩。在现代海洋依温度不同划分出极区带、近极带、亚热带、热带等典型表层放射虫动物群。一般暖水种多个体小、壳薄孔小、构造纤细;冷水种个体大、数量少、壳厚刺粗短、构造致密。不同水深也有不同的放射虫组合,例如:根据五峰组的放射虫化石,可知五峰组页岩为深海远洋沉积(肖传桃等,1996)。

放射虫死后下落到海底的硅质壳体不易溶解,可大量富集形成放射虫软泥。据统计世界海底面积的3.4%都被这种软泥所覆盖,现代放射虫软泥主要分布在太平洋和印度洋,大西洋未见真正的放射虫软泥。它们集中出现在碳酸盐溶解补偿面深度之下,在碳酸盐溶解补偿面深度之上,一些生物的硅质硬体,被众多生物的硅质硬体所掩盖。而在此深度之下,放射虫和浮游有孔虫等一起,成为大洋海底划分和对比的主要依据,一些生物的钙质硬体溶解殆尽,仅有放射虫、海生硅藻的硬体堆积海底,构成硅质软泥,因而成为很好的深海沉积标志。放射虫可作水深、水温和水团性质的指示生物,还可利用放射虫来分析洋流和碳酸钙补偿面的变化史。放射虫化石常保存在诸如燧石岩、石灰岩、硅质页岩、钙质页岩等高硅质岩石中。主要由放射虫残骸堆积起来的硅质岩石称放射虫岩。

放射虫始见于寒武纪,泥盆纪后期至石炭纪繁盛,侏罗纪、白垩纪放射虫经历了一次大的辐射,其壳形趋于复杂化,出现了许多新类型;新生代放射虫极盛。

(二)有孔虫纲

1. 概述

有孔虫是肉足虫亚门的一种具壳和伪足的微小单细胞原生动物。壳径一般0.02～110mm,多小于10mm。壳上有许多开口或小孔,故名有孔虫。有孔虫由一团原生质构成,细胞质有内质和外质之分,内质在壳内,颜色较深,司消化和生殖功能,外质薄而透明,伸出许多伪足,可分泌外壳或分泌物胶结外来颗粒构成有孔虫壳。

大多数有孔虫营底栖生活在正常海域,少数浮游生活。还有少数有孔虫生活在潟湖、沼泽、河口等滨海边缘或残留海水等半咸水环境,仅个别具假几丁质壳的属种生活在淡水环境。

有孔虫一般以有性和无性两种生殖方式交替进行繁殖,这种现象称世代交替(图1-4-3)。无性生殖时,成年裂殖体具有多个细胞核,发育到一定程度后,每一细胞核四周聚集一些原生质,一个一个地离开母体,称为裂殖子(单倍体),裂殖子首先分泌一初房,然后增加新壳室,形成初房大、壳室少、个体小的有性世代显球型壳;显球形壳以类似的方法分裂成若干小的幼体,形成配子,这些配子遇到其他个体的配子相互结合成合子(双倍体),这个合子先分泌一个初房,然后增加壳室形成初房小、壳室多、个体大的无性世代微球形壳,同一种有孔虫有了微球形壳和显球形壳两种形态不同的壳体,这种现象称世代双形。

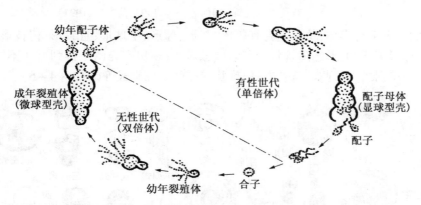

图1-4-3 有孔虫的世代交替示意图(据范方显,1994)

最早的有孔虫发现于寒武纪,石炭纪和二叠纪繁盛,三叠纪曾一度衰退,侏罗纪再度兴起,白垩纪甚为繁盛,古近—新近纪是有孔虫全盛时期,不少类别一直延续到现代。

2. 壳的形态及构造

有孔虫的壳是由房室构成的,最简单的有孔虫只有一个空腔(图1-4-4),称为房室,房室的顶端有一个圆形的开口,称为口孔(壳口)。大多数有孔虫的壳是由若干房室构成,其中最早形成的房室称为初房,其后陆续分泌其他房室。最后一个房室称终室,其顶端的开口就是口孔。分隔房室的壳壁称隔壁。隔壁与壳壁的相交线称缝合线。有孔虫的壳面上,有的光滑,有的则带纹线、刺、网格、肋脊、疣刺等(图1-4-5)。

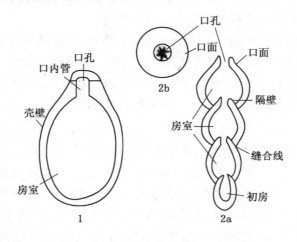

图1-4-4 有孔虫壳的基本构造(据何心一等,1993)

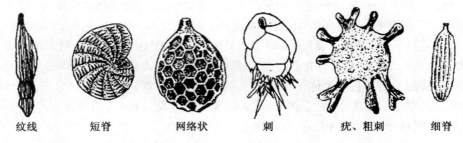

纹线　　　短脊　　　网络状　　　刺　　　疣、粗刺　　　细脊

图 1 - 4 - 5　有孔虫的壳饰(据何心一等,1993;范方显,1994)

　　有孔虫的形态多种多样,单房室壳有瓶形、梨形、球形、半球形、直管形、树枝形等;双房室壳有圆盘形、球形等,壳的形态随管状房室的形态而变;多房室壳由于排列方式不同而有复杂多样的壳形,如单列式、双列式、三列式、包旋状、螺旋状、绕旋式等(图 1 - 4 - 6)。

图 1 - 4 - 6　有孔虫的壳形(据魏沐潮,1990;何心一等,1993)

a ~ h—单房壳;i ~ n—双房壳

3. 壳质成分

　　有孔虫的壳质成分是分类的重要依据,从低级到高级,依次分为:

　　(1)蛋白质有机壳:又称假几丁质壳,由蛋白质和多糖类组成的有机质组成,薄而不坚实,很少保存为化石。

　　(2)胶结壳:由有孔虫分泌的胶结物胶结外来岩矿或生物碎屑而成的壳。胶结物主要是假几丁质,少数为钙质和铁质。胶结壳壁多为粒状结构。

　　(3)钙质壳:由细胞质分泌矿物质组成,主要为碳酸钙,常结晶为方解石,由于其微细构造不同,可分为似瓷质壳,钙质微粒壳和钙质透明微孔壳。似瓷质壳方解石晶体排列无方向性,壳不透明,一般无微孔;钙质微粒壳粒状方解石排列紧密,微粒若排列成行,壳壁则出现纤维状壳层;钙质透明微孔壳壁具微孔,半透明,结构为粒状或纤维状。

4. 分类

　　依据壳壁成分及其结构、口孔特征、房室多少及排列方式和形状分为六个目。(1)奇杆有孔虫目:壳假几丁质,单房室,见于寒武纪至现代,化石少。(2)串珠虫目:胶结壳,粒状结构,单房室至多房室,见于寒武纪至现代。(3)内卷虫目:钙质微粒壳,单房室至多房室,见于奥陶纪至三叠纪。(4)小粟虫目:钙质微粒无孔壳(似瓷质),单房室至多房室,见于石炭纪至现代。(5)轮虫目:钙质透明多孔壳,具放射状或微粒结构,单房室或多房室,见于晚石炭世至现代,中—新生代繁盛。(6)䗴目:形成化石丰富,将单独介绍。

5. 蜓目

有孔虫纲中最重要的就是蜓目（Fusulinida），蜓又名纺锤虫，是一类早已绝灭的具钙质微粒多房室包旋壳的有孔虫。一般 3~6mm，最小不足 1mm，大者可达 30~60mm。

1）壳体形态及构造

蜓目常呈纺锤形或椭圆形，有时呈圆柱形，少数呈球形、透镜形。蜓类演化迅速，分布广泛，有重要的生物地层学意义。

蜓的初房位于壳中央，一般呈圆形。初房上的圆形开口是细胞质溢出的通道。细胞质不断增长并阶段性地分泌壳质，蜓壳由多个房室绕一个假想的旋转轴旋卷而成的。新房室在朝着旋卷方向增加的同时，又朝着假想旋转轴的两端伸展包住初房和先形成的房室，这样阶段性地生长，便形成了一个两侧对称的多房室包旋壳［图 1-4-7(a)］。此旋转轴称为旋轴，旋轴的两端称为两极。各个房室外部壳壁相连的部分称旋壁，旋壁围绕着初房旋转，旋壁绕旋轴一圈即构成一个壳圈。每当形成一个新的房室旋壁前端向内弯折形成隔壁，先后房室之间以隔壁相隔开。终室前边的壳壁称前壁，前壁上不具口孔，而靠隔壁孔与外界相通。

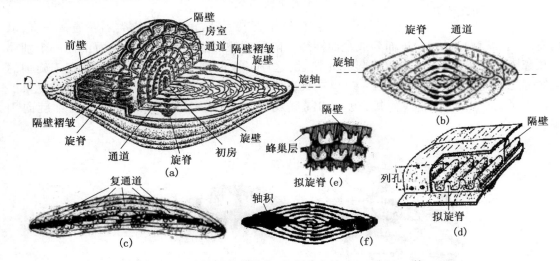

图 1-4-7　蜓壳构造及常见化石（据范方显，1994；何心一等，1993）

蜓壳隔壁基部中央有一开口称为口孔，各隔壁的口孔彼此贯通形成通道。通道两侧有随通道从内到外盘旋的次生钙质堤状堆积物，称为旋脊。旋脊的横切面一般近三角形，其较陡的一侧面向通道［图 1-4-7(b)］。有的蜓壳内隔壁基部有一排小孔，称为列孔，各隔壁的列孔贯通形成复通道［图 1-4-7(c)］。位于列孔两旁堤状多条次生钙质堆积物称为拟旋脊［图 1-4-7(d) 和 (e)］。部分旋脊不发育的蜓，沿轴部可有次生钙质物充填，称轴积［图 1-4-7(f)］。

2）蜓旋壁的变化

蜓旋壁的分层及其结构繁简不一，在透射光下，组成分层旋壁的微细壳层可分为五种（图 1-4-8）。原始层为一浅灰色、不透明的疏松状壳层。这是一种尚未分化的原始壳层，最低级蜓类的旋壁往往只有原始层一层组成；致密层薄而致密，在显微镜下呈一条黑线，除最低等的蜓都有此层；透明层位于致密层之内，为一浅色透明的壳质层；疏松层呈不太致密不均匀的灰黑色，附在致密层的内、外，分别称为内、外疏松；蜂巢层在致密层之内，呈较厚的蜂巢

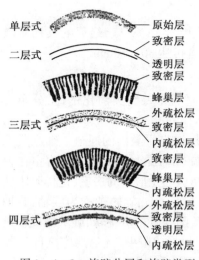

图 1 - 4 - 8　旋壁分层和旋壁类型
（据范方显，1994）

状，在垂直旋壁的切面上呈梳状，蜂巢层下延可形成副隔壁，见于较高级或高级的䗴壳中。

旋壁微细壳层最多可组合为单层式、双层式、三层式和四层式四种类型，是鉴定䗴类的重要依据之一。单层式旋壁仅由原始层或致密层组成，如假桶䗴（*Pseudodoliolina*）；双层式分为两种类型，一种是旋壁由致密层和透明层组成，如古纺锤䗴（*Palaeofusulina*），另一种旋壁由致密层和蜂巢层组成，如麦䗴（*Triticitites*）；三层式旋壁由致密层和内、外疏松层组成，如原小纺锤䗴（*Profusulinella*），在一些高级䗴类中，旋壁由致密层、蜂巢层及内疏松层组成，如费伯克䗴（*Verbeekina*）；四层式旋壁由致密层、透明层及内、外疏松层组成，如小纺锤䗴（*Fusulinalla*）。

3）䗴隔壁的变化

䗴隔壁平直或褶皱，较低级的䗴类隔壁通常平直，以后发展到隔壁两端褶皱，进而变成全面褶皱。隔壁褶皱的强烈程度因属种而不同。个别属其相邻隔壁的下部褶皱，相向挠起彼此接触，这样形成的空隙常贯通形成一垂直于旋轴的连续通道，称为旋向沟（图 1 - 4 - 9）。在具有蜂巢层的一些高级䗴类中，房室顶部的蜂巢层局部下延，犹如隔壁，但薄而短，也不如隔壁规则，称为副隔壁。与旋轴垂直的称旋向副隔壁。

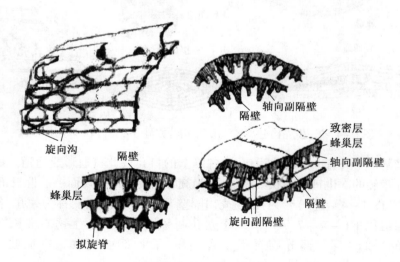

图 1 - 4 - 9　䗴壳的旋向沟及隔壁（据何心一等，1993）

䗴个体小，其内部构造必须切制薄片在显微镜下观察，其切片主要有三种。即：通过初房平行旋轴的轴切面；通过初房垂直旋轴的旋切面；未通过初房平行旋轴的弦切面（图 1 - 4 - 10）。

4）䗴的分类及演化

根据䗴的旋壁类型和隔壁等特征以及旋脊和拟旋脊的有无，分为两个超科，六个科，各超科和科的特征见表 1 - 4 - 1。

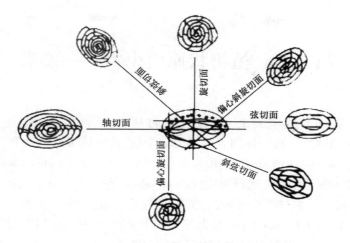

图 1 - 4 - 10 蜓壳切面方向(据何心一等,1993)

表 1 - 4 - 1 蜓目各超科和科的主要特征及时代分布表

超科	科	旋脊或拟旋脊		旋壁类型	隔壁	壳型	时代
纺锤蜓超科	小潭蜓科	旋脊发育	无蜂巢层	三层式,少数一、四层式	平直	短轴型,少数等轴型	C - P
	苏伯特蜓科	旋脊有或无		壁薄,二层式,少数三层式	平直至褶皱	长轴型	C₂ - P
	纺锤蜓科	旋脊多发育		四层式,少数二、三层式	平直至褶皱	长轴型	C₂₋₃
	希瓦格蜓科	旋脊有或无	有蜂巢层	二层式	褶皱,可有串孔	长轴型,少数等轴型	P₁
费伯克蜓超科	费伯克蜓科	有拟旋脊	有蜂巢层	二层式,少数三层式,无副隔壁	平直	等轴至长轴型	P₁
	新希瓦格蜓科			二层式,少数一层式,有副隔壁	平直	长轴型,少数近等轴型	

蜓自早石炭世后期出现到二叠纪末绝灭,其构造发生了迅速而有规律的变化,归纳如下:壳体不断变大;在变大的同时,也由短轴型经等轴型发展到长轴型;旋壁由单层变为多层、晚石炭世出现蜂巢层、由蜂巢层又演化出副隔壁;隔壁由平直变得褶皱越来越强烈,但也有不少进化代表隔壁是平直的,例如具拟旋脊蜓类隔壁始终保持平直,说明它们不是同一演化序列;旋脊由粗大变细小、最后消失,部分原始蜓类的旋脊发育成拟旋脊。

蜓类特征明显,演化迅速,生存时间短、分布广泛,有重要的生物地层学意义,是地层对比较好的标准化石。我国具丰富的蜓类化石,是主要的产蜓国家。我国各地区分别建立了相应的蜓类化石带。盛金章(1988)将石炭至二叠纪蜓类归纳了十四个化石带。

6. 有孔虫的生物地层学意义

浮游有孔虫地理分布广,在不同深度沉积物中均有发现,因此可用于洲际地层之间的对比。底栖有孔虫虽然分布局限,但对局部地区的地层对比仍有一定的价值。现生有孔虫的发育和分布,在很大程度上受到海洋中海水温度、盐度、光线、海底性质、氧气、水深、水动力条件等物理化学因素和生物因素的影响。对现生有孔虫生态研究所得出的一般规律,运用"将今论古"的原理可以为研究古沉积环境、古气候、古地理、古构造提供依据。例如,从底栖有孔虫分布可以推测古海盆的深度变化及海岸线的位置;分析有孔虫不同地质时期的地理分布,可以推断一些地壳运动史。然而恢复地质时期的地理环境需要与其他相关资料综合分析印证,还要考虑生物本身在不同时期的生态变异,方能得出正确结论。

第二节　植物状原生生物——藻类

藻类(algae)是一种具有纤维素细胞壁的植物状原生生物。它们含有叶绿素(chlorophyll),因而能够进行光合作用。藻类为单细胞、群体或多细胞生物,分布于海洋和淡水各种生态区域,主要有两种生态习性,即浮游和底栖。浮游藻类(phytoplankton)是一些细小漂浮或微有游动能力的微生物。底栖藻类(benthic algae)附着于水体底层或其他物体上生活,通常个体微小,但也有少数种类个体较大,如海带长达几米,一些巨型藻类长可达百米以上。由浮游藻类组成的浮游生物(plankton)是大部分水生生物食物链的基础。浮游和底栖藻类是大气氧的主要源泉,估计其产氧量分别占大气氧的30%和50%。

藻类的进一步划分主要依据所含色素的种类,结合细胞构造、细胞壁的化学成分、生物体形态及其鞭毛有无、数目、着生位置和类型等,主要类型可以归纳为以下十个门:绿藻门、裸藻门、轮藻门、金藻门、黄藻门、硅藻门、甲藻门、蓝藻门、褐藻门和红藻门。像蓝藻、绿藻、红藻、轮藻和颗石藻这样能分泌或沉淀钙质的通称为钙藻,钙藻形成的藻礁孔隙度、渗透性均较好,是重要的油气储集岩。以下重点介绍化石较多的绿藻门、轮藻门、硅藻门、甲藻门和金藻门。

一、绿藻门

绿藻可能是地球上最早出现的真核生物,植物体大小形态多样,有单细胞、群体、多细胞、丝状体、管状体、叶状体等。与高等植物相似,细胞壁的成分主要是纤维素。始见于寒武纪,延续至今。富含与高等植物相同的叶绿素,常呈鲜艳的绿色,一般认为由其演化了高等植物,浮游或底栖于各种水体之中,但90%见于淡水。

绿藻化石按保存特点和藻体形态可以分为非骨架绿藻和骨架绿藻两大类,前者多为漂浮生活,如油田白垩系至上新统常见的盘星藻。

盘星藻(*Pediastrum*)很小,一般几十微米,浮游或附着于底栖生物上,由4~128个细胞呈同心状沿一个平面排列成盘状,其边缘细胞常有突起,呈星射状,故名(图1-4-11)。现代盘星藻主要生活于水深小于15m的淡水之中,化石在白垩纪、古近—新近纪常见,常被作为淡水湖泊沉积相的指示植物如辽宁、山东、苏北等油田均发现盘星藻化石。

图1-4-11　盘星藻
(*Pediastrum*)

二、轮藻门

轮藻是构造较复杂的多细胞大型沉水植物状个体,多数生活在深度不大的淡水,少数生活于半咸水,体形较大(高10~50cm),其色素种类与绿藻相同,所以有人也将其归入绿藻门。轮藻在下部用假根固着于水体的泥砂中,上有轮生的"茎""叶","茎"有节和节间之分,在节上轮生有相当于叶的小枝,故名(图1-4-12)。

轮藻可进行营养和有性生殖,其雄性生殖细胞为藏精器,雌性生殖细胞为藏卵器,藏卵器常钙化保存为化石,它是油田常见的微体化石。

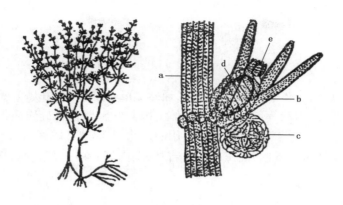

图1-4-12 现代轮藻的形态构造(据 Migula,1970)
a—皮层;b—苞片;c—藏精器;d—藏卵器;e—冠

化石藏卵器一般大小0.2～3.5mm,形态多样,有球形、椭球形、卵形、梨形、圆状形等,藏卵器外壁由5～20条长管状的螺旋细胞环绕形成,其间包围着一个卵细胞,螺旋细胞之间的交接线称为缝合线,当螺旋细胞直立不旋转也称包围细胞,按螺旋细胞旋转排列的方向可以分为不旋转的直立型、逆时针旋转的左旋和顺时针旋转的右旋三种类型(图1-4-13)。

图1-4-13 轮藻(据傅英祺,1981)
1—直立轮藻(*Sycifium*);2—右旋轮藻(*Trochiliscus*);3—左旋轮藻(*Tectochara*)

藏卵器的底部有一孔,称为底孔,底孔内有底板(底塞),有时螺旋细胞在顶部不聚合也可形成一个孔称顶孔,一般较古老的类型有顶孔。轮藻顶底之间的最大距离为长度,垂直于长度的最大距离为宽度。轮藻藏卵器的演化有一定趋势:(1)螺旋细胞由直立变为左、右旋转;(2)螺旋细胞的数目逐渐减少;(3)顶孔逐渐缩小至消失。

钙化好的包围细胞发育凸起的细胞脊和缝合线附近相对凹入的细胞间沟,钙化弱的螺旋细胞下凹发育细胞沟和缝合线附近相对凸起的细胞间脊,藏卵器表面有瘤、粒状突起、横棒、次生脊等装饰。螺旋细胞排列的方式、数目、顶孔的有无及螺旋细胞与水平面的交角和侧视时螺旋的数目(即螺旋环数)都是其分类鉴定的依据。

轮藻始现于晚志留世,延续至今,古生代的轮藻为陆—海生藻类,中—新生代轮藻大都为陆生的。直立轮藻化石见于上志留统至下石炭统,右旋轮藻见于上志留统至二叠系,左旋轮藻见于中泥盆统至新生界。现代轮藻主要生活在0.5～5m深含钙高的清静淡水中,少数种类生活在河口湾、三角洲和含盐度较高的水体中。

三、硅藻门

(一)概述

硅藻是单细胞藻类,个体微小,2～600μm,通常20μm左右,常由几个或很多细胞个体连结成链状、带状、丛状、放射状等各式各样的群体。因其细胞壁富含硅质而得名,硅藻繁殖快,死后可大量堆积形成硅藻土矿床,可制造工业用的过滤剂、隔热及隔音材料等。硅藻细胞内的脂肪是生成石油的重要母质,许多油田(山东、吉林、湖南等)在白垩系和古近—新近系发现硅藻化石。

(二)形态构造

硅藻个体形似小盒,由两个大小不等的壳瓣套合组成,稍大点的称上壳,套在小壳之上,两壳之间的接合带为壳环或壳环带,上下壳的顶底面称壳面,壳面上常有点、纹、网眼、棘刺、肋纹等纹饰,纹饰是分类的依据之一。

两侧对称　　辐射对称

图1－4－14　硅藻(据傅英祺等,1981)

(三)分类

据壳形可分为两侧对称的羽纹硅藻和辐射对称的中心硅藻两类(图1－4－14)。羽纹硅藻壳面多为椭圆形、纺锤形、棒形,壳面许多肋纹垂直长轴排列成两侧对称的羽状;中心硅藻壳面为圆形、多角状等,纹饰自壳面中心散开呈放射状排列。

(四)生态及地史分布

硅藻多数浮游水生,少数生活于潮湿土壤,不同环境有不同的种类,对于推断古地理环境具有重要意义。羽纹硅藻生活于古近纪至现在的淡水中;中心硅藻始现于侏罗纪,延续至今,多数浮游于海水中。

四、甲藻门

(一)概述

甲藻是一类微小的具有双鞭毛的单细胞集合群,细胞一般呈球形、卵形、针形至多角形,其细胞壁由纤维素组成的小甲片构成,故名。甲藻的形状有球状、丝状不定形和变形虫状等。本门可以分四个纲,油田中常见的化石主要是沟鞭藻。

(二)沟鞭藻

沟鞭藻一般20～250μm,因其细胞中腰处有横鞭毛和纵鞭毛分别从横沟、纵沟内的鞭毛孔中伸出,故名(图1－4－15),沟鞭藻之所以能在水中作运动,就是靠着这两根鞭毛相互配合运动的结果。沟鞭藻细胞壁小甲片的排列方式不同,呈现球形、卵形、多角形、椭球形等不同的壳形,其休眠孢子常保存为化石。

沟鞭藻化石始见于晚三叠世,晚侏罗世时分异度增加。晚白垩世极其繁盛,末期,大量属

Areoligera   Hystrichosphaeridum   Defland

图 1-4-15　甲藻(据门凤岐等,1984)

种绝灭,至古近纪又获得了新的发展,出现了一些新的类型,新近纪末很多属种灭绝。沟鞭藻主要生活于海水,少数生活于淡水和半咸水中,研究表明:沟鞭藻在地层划分对比、古环境、中新生代生物地层格架的确立、生物地理分区、古生态、古气候的研究中均具有重要意义。

五、金藻门

金藻门的个体多为单细胞或群体,少数为丝状体,细胞裸露或在表质上具有硅化鳞片、小刺或囊壳,共可以分为 5 个目,还有两个分类位置不定的藻类,颗石藻就是其中之一。

颗石藻是浮游单细胞藻类,细胞呈球形到卵形(图 1-4-16),细胞膜外为鳞片,鳞片外是钙质小盘,即颗石,死亡后,解体为许多颗石,并可形成化石而保存下来。颗石的直径甚小,一般 1~15μm 左右,属于超微化石,由许多微小的方解石薄片组成,每个这样的方解石晶体称为晶粒,它数量多,是形成大洋底钙质软泥的主要成分。地层学和海洋学意义重大。因体内叶黄素占优势,藻体呈现金黄色或棕色,所以一般将其归入金藻门。

颗石藻始见于晚三叠世,繁盛于晚白垩世至新近纪,延续至今,是白垩纪以来白垩土的主要成分之一。现代颗石藻主要分布于广海,极少数生活于滨岸潟湖及淡水中,化石常见于海相地层。

除上述原生生物之外,还有一类真菌状原生生物(funguslike protists),该类生物有一个活动性的似变形虫繁殖阶段,因此与真菌(fungus)不同。主要有两种真菌状原生生物——黏菌(slime molds)和水霉(water molds)。黏菌主要生活于森林中阴暗和潮湿的地方,在腐木、落叶或其他湿润的有机物上生长。水霉是水生生态体系中重要的腐生和寄生生物,常大量生长在水中漂浮的死鱼或其他有机体上。这类生物的化石十分罕见。

Coccolithus

图 1-4-16　颗石藻
(据门凤岐等,1984)

复习思考题

1. 原核生物有哪些特殊存在形式? 为何它们是目前的研究热点领域?
2. 简述原生生物界的主要特征及化石代表。
3. 简述有孔虫的分类位置。
4. 有孔虫的房室排列情况分为哪几种类型?
5. 简述鲢类的分类位置及主要的基本特征。
6. 简述鲢类的生活环境、生活时代及意义。
7. 简述藻类的基本特征。

拓展阅读

刘志礼.1990.化石藻类学导论.北京:高等教育出版社.

徐炳川.2006.中国重要地区的䗴及非䗴有孔虫.北京:科学出版社.

Flugel E.1984.化石藻类.曹瑞骥,等,译.北京:科学出版社.

Moore R C.1954. Treatise on Invertebrate Paleontology, Part D, Protista 3. Lawrence: Geological Society of America and University of Kansas Press.

Moore R C.1964. Treatise on Invertebrate Paleontology, Part C, Protista 2. Lawrence: Geological Society of America and University of Kansas Press.

第五章
动物界

本书中的动物界是五界分类系统中的动物界,是指多细胞后生动物。作为动物分类中最高级的阶元,动物界不仅种类繁多,而且分布广泛,见于地球上所有海洋、陆地,包括山地、草原、沙漠、森林、农田、水域以及两极在内的各种生境,成为自然环境不可分割的组成部分。动物界是生态系统里面的一个组成部分,是大自然的消费者。大多数化石中的动物门类多是在5亿4千万年前的寒武纪大爆发时的海洋物种。以目前遗传学的研究结果来看,动物界的祖先应是来源于多种原生生物的集合,然后发生细胞分化演化而来。在所观察和记述的生物中,大约有2/3以上的种类属于动物。动物一般都具有运动能力并表现出各种行为、异养、体内消化等特征。一般根据其是否有脊椎可以明显地划分为两类,一类是无脊椎动物,另一类为脊椎动物,且大多数门类属于无脊椎动物,它们的进一步划分主要依据动物体组织结构的分化及其功能器官的发育特点,以下分别介绍。

第一节 海绵动物门与古杯动物门

海绵动物(Spongia)和古杯动物(Archaeocyatha)均为较低等的多细胞动物,它们的共同特征是均为侧生动物,具有两胚层,均具有硬体构造,化石较多,在地质历史时期是生物礁的缔造者,其中,海绵动物礁含有丰富的油气资源。

一、海绵动物门

(一)概述

海绵动物门(Spongia)或称多孔动物门(Porifera),它的体壁具有许多小孔。从寒武纪以前出现并一直延续到现代,是多细胞动物中最原始、最简单的一类,其细胞虽已分化,但无组织与器官。没有真正的胚层,属二胚层多细胞动物。海绵动物多为群体,少量单体,其外形变化较大,群体常呈树枝状、块状、片状或不规则状。单体一般为高脚杯形、瓶形、球形或圆柱形。海绵体大小不一,小者数毫米。大者可达2m。

海绵体壁多孔,有水道贯穿其中,体内有一个中空的中央腔,其上端开口,为出水孔,体壁外表上为入水孔,水从体表的入水孔经体壁进入海绵腔,又经出水孔排出体外,借以完成呼吸、获食、排泄等生理活动。大多数海绵具有机质、硅质或钙质骨骼。

海绵动物具特有的贯穿体壁的许多沟道,以供水流出入,称水道系统(或水沟系),水沟系简单或复杂,基本类型有三种(图1-5-1):(1)单沟型:水自入水孔流入海绵腔,经出水孔排出体外,由襟细胞组成海绵腔的内壁,为简单类型。(2)双沟型:较复杂,相当于单沟型的体壁凹凸折叠而成,襟细胞在鞭毛室的壁上,水流由入水孔经鞭毛室到海绵腔,再从出水孔排出;(3)复沟型:最为复杂,管道分叉多,中胶层内有具襟细胞的鞭毛室,水流经过入水孔、流入沟、鞭毛室、流出沟到达海绵腔。绝大多数海绵属复沟型。海绵动物营水生底栖固着生活,海绵即从流经体内的水流中获取食料和氧气,同时将废物排出体外。海绵的消化作用和原生动物一样,在细胞内进行,没有形成专司消化的组织。

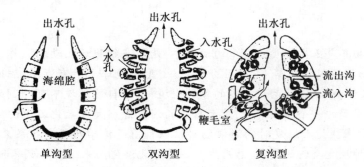

图1-5-1 海绵纵剖面模式图,示水道系统(据杨家骈,1980)

海绵具无性和有性两种生殖方式,无性生殖时,在母体中产生芽体,芽体通常不脱离母体,所以形成群体。有性生殖时,生殖细胞位于中胶层中,受精卵发育成幼虫,经出水孔排出体外,在水中漂浮一段时间后,沉落水底定居下来,发育成新个体。

(二)硬体特征

多数海绵具有骨骼,且能形成化石,其骨骼由中胶层内造骨细胞分泌而成,主要有两类:一为骨针,即针状、刺状小骨骼;另一种叫骨丝,即丝状骨骼。骨丝(海绵丝)是一种有机质的丝状骨骼,易腐烂而不易保存成化石,可单独存在或连接骨针。

骨针为钙质或硅质,通常位于海绵体内,用以支撑身体,但也有突出体外者。骨针或分散,或相接,或互相穿插成骨架,成骨架者保存成化石后,可以保持海绵体原有的外形。骨针按其大小区分为大骨针和小骨针两类,通常所见化石多属大骨针,其长度大于$100\mu m$;而小骨针多星散在中胶层内,不易形成完整化石,其长度介于$10\sim100\mu m$之间。

描述骨针形态常用"轴""射"两词,"轴"指骨针数目,大骨针一般可分为单轴针、双轴针、三轴针及四轴针四种(图1-5-2)。"射"指骨针自中心向外放射的方向,即尖端的方向。单轴针可分为单轴单射针和双射单轴针,双轴针常为四射,三轴针有三射、四射、五射和六射,四轴针一般为四射和八射。有的骨针为多轴多射。骨针表面一般光滑,但某些硅质骨针具瘤、节、刺或末端分叉或呈不规则形状。

海绵动物门的分类主要根据骨骼性质和成分,但各家分类不一。可分为四个纲:钙质海绵纲(Calcarea)、普通海绵纲(Demospongia)、六射海绵纲(Hexactinellida)、异射海绵纲(Heteractinellida),另外还有分类位置不明的托盘类或称葵盘石类(Receptaculitida)。

(三)生态及地史分布

现代海绵动物绝大多数生活在海洋里,淡水中生活的只有角针海绵目的少数代表。它们在水底固着生活,靠吸收、消化水中微小生物而生存,并与许多小型动物和植物共生,有的微小动物甚至可寄生在海绵动物体内,同时它又是许多腹足动物等的食料。

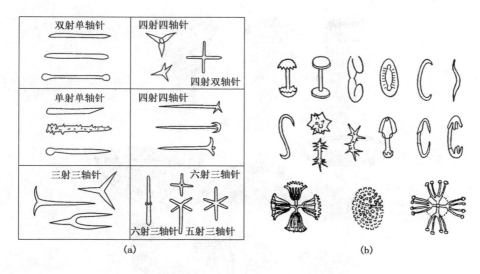

图 1 – 5 – 2　海绵骨针形态（据杨家骡,1980）

(a)大骨针形态 ;(b)小骨针形态

钙质海绵动物主要生活在水深小于 100m 的范围之内,但从滨海至深水（最深 2195m）都有分布。海生普通海绵动物分布于滨海至半深海。六射海绵动物主要生活于大陆斜坡及其以下的深海底。少数发现于 90 ~200m 水深的范围内。在南极水层之下的六射海绵生活于较浅水域。现代海绵可在各种纬度出现。普通海绵主要出现于温暖海洋,少数可出现在高纬度海域。六射海绵集中于亚热带和热带区域,少数出现于南极洋附近。钙质海绵生活于温热的海域。海绵动物的形态、骨针类型可以作为推测水深、温度、水质、盐度、能量的标志。

海绵动物化石据统计约有 1000 余属,它们在前寒武纪即已开始出现,但数量不多,如非洲刚果前寒武纪地层中有保存不好的钙质海绵化石。前苏联卡累利阿和叶尼塞山的中元古代地层中找到过硅质单轴海绵骨针化石。我国南方震旦系陡山沱组中有 Protospongia。寒武纪海绵动物出现了三个纲的代表,其中以六射海绵类和普通海绵类数量较多。至泥盆纪出现了真正的钙质海绵纲的代表。石炭—二叠纪硅质及钙质海绵化石均较丰富。三叠纪数量较少,异射海绵类在中三叠世后绝灭。侏罗—白垩纪又是海绵的繁盛时期,三个纲都很发育,并出现了淡水类型。新生代海绵化石较少。

二、古杯动物门

(一)概述

古杯动物(Archeocyatha)是早已绝灭的海生底栖动物。多数为单体,少数为复体,因外形似杯,故有"古杯"一名。单体古杯动物常见的为倒锥形、圆柱形、环形、盘形等。复体古杯多呈链状、树枝状或块状(图 1 – 5 – 3)。杯体相差悬殊,小的杯体直径仅 1.5 ~3 mm,大者可达 500 ~600mm,一般为 10 ~25mm。

到目前为止,对古杯动物软组织的了解是有限的,沃罗格金(А Г Вологдин)根据一块具有柔软组织痕迹的 Ajacicyathus (阿雅斯古杯)的研究,认为多层状的柔软组织充满了中央腔、壁间及外壁表面,呈弯曲管道状,可能营消化与呼吸作用。

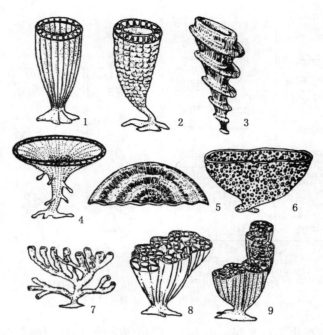

图 1 – 5 – 3　古杯动物外形（据 Rigby, Gangloft, 1987）

1～6—单体；7～9—复体

（二）硬体特征

古杯动物的杯体是由两层互不接触且距离保持不变的倒圆锥形钙质骨骼套合而成。外面的多孔钙质薄板称外壁，常带有各种形状的大小突起。里面的多孔钙质骨板称内壁，内壁通常较厚；内壁孔粗大，内壁上的孔向中央延伸出鳞片状、刺状或筒状等各种附连物。内壁形成较外壁晚，在杯体的始端没有内壁。有的个体里只有外壁而无内壁。

内外壁间的空间称壁间，内具纵列和横列的钙质骨板或管状骨骼，以加固杯体和支持软体。隔板为壁间内放射状纵向排列的规则薄板，与内外壁相垂直，其上有孔，孔径比外壁孔大，比内壁孔小。由隔板将壁间分割成许多长条形空间，称壁间室。有些古杯壁间具曲板，曲板是一种多孔的大小厚度不一且强烈弯曲与分叉的板，有纵向分布的趋势。一般认为，曲板是不规则的隔板。壁间有时还有一种横向排列的平直或微拱具孔的薄板叫横板。横板孔大小与隔板孔一致。在壁间和中央腔内还有一种无孔上拱的泡沫状小板叫泡沫板。有的隔板（或曲板）之间有断面呈圆形的棒状骨骼相联结，称骨棒。少数古杯动物的壁间具管状骨骼。

内壁所包围的空间叫中央腔，腔底部可有泡沫板或次生沉积物。在杯体的始端或底部常有一似带状、管状或根状的钙质物将杯体固着于海底，叫固着根。

古杯动物骨骼发展过程中，在个体发育早期仅生长外壁，然后局部产生隔板和内壁，随个体的增长逐渐完善。较原始类型一般只有外壁；有的虽有内壁，但壁间无任何骨骼，有的壁间被厚薄不均排列不规则的曲板所填充。

古杯动物主要根据内壁的有无，隔板形态，横板、泡沫板和壁孔类型等特征作为分类依据。古杯动物可分为四个纲：单壁古杯纲（Monocyathea）、隔板古杯纲（Septoidea）、曲板古杯纲（Taenioidea）和管壁古杯纲（Aphrosalpjngidea）。

（三）生态及地史分布

古杯动物是海生底栖生物，大多数营固着生活。古杯动物化石多保存在各种石灰岩中，并经常和三叶虫、腕足动物、软舌螺、层孔虫等共生，说明古杯动物生活在正常的浅海环境。据共生的蓝绿藻推测，20～50m 的水深区域是古杯动物最繁盛的地区，且往往与藻类等共同造礁；而在 50～100m 深度之间，古杯大多为单体，壁薄、壁间窄，数量少；在超 100m 深度的地区，很少发现它们的踪迹。由此古杯动物的丰度与形态可作为推测水深的标志。

古杯动物喜居于温暖较清洁的海水中，若海水浑浊，泥沙过多，容易堵塞壁孔或将杯体掩埋，不利于杯体的生长。因此，碎屑岩为主的地层内往往不含古杯。古杯动物礁较少见，常见的是古杯丘或古杯层，估计可能在南北回归线之间的温暖海洋中形成。古杯动物适于正常盐度的海水，在氧化镁含量高的白云岩中难于发现此类化石。因而古杯动物也是一类很好的指相化石。

从寒武纪一开始就出现了古杯动物的代表，并且四个纲同时存在，推测其始祖起源于寒武纪之前，目前已发现一些可疑化石。早寒武世为古杯动物最繁盛时期，它遍布世界各地。由于古杯动物对环境的适应能力差，到中寒武世仅存在于少数地区，如前苏联、南极洲等，以后基本绝灭，仅在前苏联乌拉尔的志留系中发现少数孑遗属种。现在已描述的古杯化石达 370 余属 600 余种。

我国古杯动物绝大多数产于早寒武世中后期（沧浪铺期）上扬子海盆大陆架地区，属远岸浅水区，沿川陕、川鄂湘、黔北、滇东北以及滇东南等地，近于弧形分布。该地区的西部由于靠近古陆，碎屑物质过多，海水浑浊，不利于古杯动物生存；该地区的东南，湘、桂、粤一带，海水较深，水流滞缓，海底处于还原环境，极不利于古杯动物生存。同时期华北广大地区也无古杯动物生存，可能是由于碎屑物质过多，气候过于炎热，含盐度高的缘故。在新疆库鲁克塔克、吉林科尔沁右翼前旗有古杯类发现。

第二节　腔肠动物门

一、概述

腔肠动物（Coelenterata）是二胚层动物，体壁具有外胚层和内胚层。在两胚层之间还有中胶层。有组织，无器官。多为海生固着生活，有单体和群体之分，身体呈辐射或两侧对称。外胚层细胞可分泌角质或钙质骨骼。个体内有一袋形的消化腔，其上中心有口，同时是食物和排泄物的进出口。口的周围具一圈或多圈的触手。绝大多数腔肠动物外胚层中具刺细胞，有御敌作用。

根据刺细胞的有无、软体构造特点、有无骨骼及其特征，可分为两个亚门：

（1）刺胞亚门：刺胞亚门可根据软体特点和生活史以及骨骼有无和性质等分为水螅纲、原始水母纲、钵水母纲、珊瑚纲。

（2）无刺胞亚门：又称栉水母亚门，本亚门无化石。

其中珊瑚纲的化石最多，在地史上占有重要地位。珊瑚纲包括现代的海葵、石珊瑚、红珊瑚和已绝灭的四射珊瑚、横板珊瑚等，全为海生。单体或群体。大多具外骨骼，以钙质为主。根据软体和硬体的特点，如触手、隔膜的数目与排列、骨骼性质及特征，本纲一般可分为6个亚纲，其中有重要地层意义的是四射珊瑚亚纲、六射珊瑚亚纲、横板珊瑚亚纲、钝胶珊瑚亚纲、八射珊瑚亚纲和菟海葵珊瑚亚纲（又称多射珊瑚亚纲）。

二、四射珊瑚亚纲

四射珊瑚（Tetracoralla）已经绝灭，据其软体构造和分泌骨骼的机能推想可能与现代的六射珊瑚相似。活着的珊瑚软体称珊瑚虫。它分泌的全部骨骼称为珊瑚体。珊瑚虫营单独生活的称单体；群集在一块生活的称群体。保存为化石的均属珊瑚的硬体部分，所以四射珊瑚硬体又可分为单体和复体。

四射珊瑚具有六个原生隔壁，后生的一级隔壁仅在四个部位按一定顺序生长，每轮仅增生四个。因此隔壁数为4的倍数，故称这类珊瑚为四射珊瑚。又因珊瑚体外壁上，尤其是单体珊瑚，常具纵脊与横的皱纹，所以这些珊瑚又称皱珊瑚（Rugosa）。

（一）珊瑚体外形

1. 单体外形

单体珊瑚适应性较强，外形变化多，但多数呈角锥状或弯锥状。又可根据珊瑚顶角大小和弯直程度细分为：狭锥状——顶角尖锐，约20°；阔锥状——顶角约40°；陀螺状——顶角约70°，荷叶状——顶角约120°；圆盘状——顶角近180°；圆柱状——除始端成锥状外，珊瑚体在生长过程中，直径保持不变；如生长方向有变化，而珊瑚体直径不变，就形成曲柱状。另外，有一面扁平，一面凸起的拖鞋状；也有四面扁平，扁平面在始部成一定角度相交的，称方锥状（图1-5-4）。

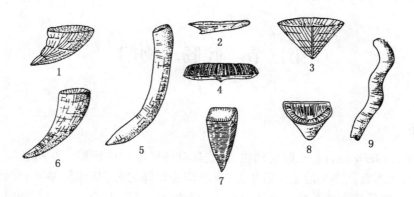

图1-5-4　四射珊瑚单体各种外形（据何心一等，1980）

1—阔锥状；2—荷叶状；3—陀螺状；4—盘状；5—圆柱状；6—狭锥状；7—方锥状；8—拖鞋状；9—曲柱状

2. 复体外形

由于群体出芽及个体间接触的方式不同，可形成各种复体。复体外形分两大类：(1) 丛状——个体间均有空隙，又分枝状（个体间彼此不平行）和笙状（个体彼此近平行排列）。(2) 块状复体即个体紧密连接，又分为多角状（相邻个体的间壁基本保存完好）、多角星射状[相邻单体的部分间壁(外壁)消失,但其隔壁仍彼此交错]、互通状(间壁全部消失,相邻单体的隔壁互通连接)和互嵌体(间壁全部或部分消失,个体间以泡沫带相接)。各种复体外形见图1-5-5。

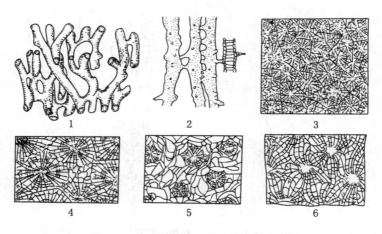

图1-5-5 四射珊瑚复体类型(据何心一等,1980)
1—柱状;2—笙状;3—多角状;4—多角星射状;5—互嵌状;6—互通状

(二)四射珊瑚骨骼基本构造

1.外部构造

四射珊瑚骨骼包括外壁、表壁、萼部等:(1)外壁是珊瑚个体周围的墙壁,有时不是独立的构造,它由隔壁外端加厚联接而成。(2)表壁位于外壁表面,细的称生长线或横纹,较粗的称生长皱。生长线与生长皱的形成,则与珊瑚生长周期有关。(3)萼部是珊瑚体的末端,常具杯状凹陷,为珊瑚虫生活栖息之所(图1-5-6)。

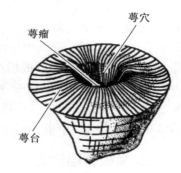

图1-5-6 珊瑚体萼部构造

2.内部构造

(1)隔壁发生及排列:四射珊瑚隔壁的发生有一定顺序,以单体弯锥状珊瑚为例,幼年期只有6个原生隔壁,最先长出主隔壁和对隔壁。然后在主隔壁两侧生出两个侧隔壁,再后,在对隔壁两侧生出两个对侧隔壁。6个原生隔壁形成后,其他一级隔壁只在主隔壁和侧隔壁之间的主部以及对侧隔壁和侧隔壁之间的对部生长,每次共长出4个一级隔壁,直到成年期为止。原生隔壁和一级隔壁的发生方式均为序生。一级隔壁数一般为4的倍数。一级隔壁之间的二级次级隔壁为轮生。四射珊瑚一般仅有一级和二级隔壁,但进化属种可发育三级或四级隔壁(图1-5-7)。

在主隔壁和侧隔壁处常有较大空隙,推知生活时有较多的软体凹入,即分别形成主内沟和侧内沟。在标本上主内沟表现为主隔壁两侧有较宽的空隙,主隔壁一般较短。

(2)隔壁沟的排列:隔壁沟是隔壁在外壁上反应的一条纵沟,只有当表壁脱落或不发育时才能看到。在主部侧面隔壁沟表现与主隔壁相交,而在对部的隔壁沟与对隔壁平行。在外壁上隔壁沟与隔壁沟之间纵向脊凸称为间隔壁脊。

(3)横板:可分为完整横板与不完整横板,前者指直接横越珊瑚体空腔的横板,后者指上

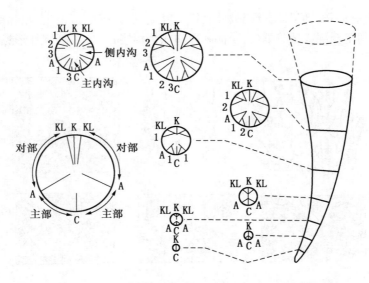

图 1 - 5 - 7　隔壁的发生及主内沟和侧内沟位置(据何心一等,1993)

A—侧隔壁;C—主隔壁;K—对隔壁;KL—对侧隔壁

下横板有交错或有分化。横板分化一般分为中央横板与边缘斜板,在进化类型,横板分化为密集上凸的内斜板与边缘横板。

(4)鳞板、泡沫板:鳞板位于隔壁之间,大小形状比较规则。鳞板变化较多,常见有规则鳞板、人字形鳞板和马蹄形鳞板。泡沫板有两种:边缘泡沫板,可切断隔壁;另一种只是泡沫型珊瑚具有的小泡沫板,充满个体内腔。鳞板与泡沫板一般不共生于同一珊瑚体,鳞板带(或泡沫带)与横板带在宽度上形成相互消长的关系。

(5)轴部构造:①中轴一般由对隔壁在内端膨大形成,在横切面上呈椭圆形、凸镜状或薄板状孤立于中心或与主、对隔壁相连。②中柱由内斜板和一级隔壁在内端分化出来的辐板组成。中柱内常有一中板,由对隔壁末端伸入而成。中柱在横切面上表现为蛛网状。

三、横板珊瑚亚纲

横板珊瑚(Tabulata)多数具发育的横板,因而得名。它最早出现于晚寒武世,在晚奥陶世至早二叠世繁盛,至晚二叠世大多绝灭,少数残存于中生代。世界广布。这类瑚珊主要特点有:一是横板发育,而隔壁多不发育;二是均为复体,由出芽或分裂繁殖而成;三是个体一般较小,个体间多具联接构造或共骨。

(1)复体类型:可分块状、丛状和蔓延状复体。块状复体外形多样,有球状、半球状、不规则结核状、铁饼状和皮壳状等。丛状复体可分为:①笙状,个体间由联接管连接;②分枝状,个体间不平行;③链状,由个体侧向连接,有的具中间管。蔓延状复体个体紧附于固着物,多组成网状,个体末部向上伸起,如喇叭孔珊瑚(Aulopora)。

(2)联接构造:是沟通个体内腔或使个体间相互连接的一种特征构造,可分三类:①联接孔,在某些块状复体中发育,孔为圆形或椭圆形,沟通相邻个体,可分为角孔与壁孔,前者分布在个体的棱角上,后者分布在个体的体壁上;②联接管,在某些丛状复体中发育,连接相邻个体,其外形呈水平管状;③联接板,一般呈水平分布,是由两种构造组成,即壁上环状排列的壁孔和个体之间相连的水平板(图1-5-8)。

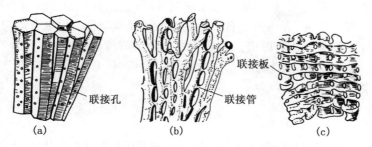

联接板

联接孔

联接管

(a)   (b)   (c)

图 1-5-8　横板珊瑚块状、丛状外形及联接构造(据何心一等,1993)

(a)块状;(b)、(c)丛状

（3）横列构造:包括横板、泡沫板等,完整横板可水平、倾斜或下凹,漏斗状横板是一种特殊类型。有时横板中部下弯、上下相连形成轴管。不完整横板彼此交错或呈泡沫状。边缘泡沫板只在高级属群中才发育。

（4）隔壁构造:在横板珊瑚分类上有重要意义。板状隔壁(隔板)并不多见,通常发育分散和长短不定的隔壁刺。此外还有隔壁脊、隔壁鳞片等。隔壁鳞片比较独特,呈舌状延伸,往往位于壁孔上方,如 *Squameofavosites*(鳞巢珊瑚)。

（5）轴部构造:横板珊瑚不具中轴,仅在 *Billingsia* 属中见及。在日射珊瑚类中,有的轴部构造是由隔壁内端扭结而成。

四、珊瑚的生态及地史分布

珊瑚动物全为海生,一般生活于180m 深度以内温暖正常浅海里,少数可生活在深海低温环境。造礁型珊瑚其生态适应性很窄,需要 20~30℃的水温,正常盐度和清洁的海水,不能有过多泥沙,水深一般不超过100m。而在水深 20m 左右,水温 25~29℃的清澈动荡环境,珊瑚礁最为发育。因此现生的造礁珊瑚只分布在赤道南北 28°纬度之间的温暖浅海中。非造礁型珊瑚,多为单体单带型珊瑚,其生态适应性较广。

横板珊瑚最早出现于晚寒武世,在晚奥陶世至早二叠世繁盛,至晚二叠世大多绝灭,少数残存于中生代。四射珊瑚始现于中奥陶世,至二叠纪末绝灭。在其发展历程中有四个繁盛期,分别是晚奥陶世至中志留世、早中泥盆世、早石炭世和早二叠世。

第三节　软体动物门

一、概述

软体动物(Mollusca)在无脊椎动物中属第二大门类,种类众多,仅次于节肢动物。它们分布广泛,生活适应能力强,陆上和海中均有代表,如蜗牛、田螺、河蚌、海螺、乌贼和章鱼等。

软体动物的身体柔软而不分节,一般可分为头、足、内脏团和外套膜四部分。头位于身体前端,各类别发育程度有异,头部具口,除双壳类外,其他各类软体动物的口腔内具颚片和齿舌。足具发达的肌肉,常位于头后方身体的腹部,为行动器官,因生活方式的不同而有各种不同的形状。内脏团是各种内部器官所在之处,为动物躯体部分。

外套膜常分泌钙质的硬壳,位于体外的硬壳叫外壳(大多数),位于体内的称内壳(少数)。除大多数成年期腹足动物外,壳体为左右或两侧对称。软体动物的水生者以鳃呼吸,陆生者多以外套膜内面密布的微血管进行呼吸。大多数软体动物雌雄异体,一般为卵生。根据软体和硬壳形态等特征,本门动物可分为十个纲,即单板纲、多板纲、无板纲、掘足纲、喙壳纲、腹足纲、双壳纲、头足纲、竹节石纲和软舌螺纲。

二、腹足纲

腹足纲(Gastropoda)是软体动物中最大的一个纲,数量种类在动物界中仅次于节肢动物门中的昆虫纲,现代约有 10 万余种,分布很广,海水、半咸水、淡水及陆地均有,常见的如蜗牛、田螺、海螺等。

腹足动物由于营底栖爬行生活,头部发育,具发达的触角和眼。口内有齿舌,呈带状,是一条软体基膜上着生的许多排横列小齿,用于锉碎食物。齿的数目、排列与形状各不相同,为现代腹足动物分类的重要依据之一,但齿舌化石很少。足位于身体腹面,扁平状。为爬行器官,故称腹足动物。

腹足动物的软体在个体发育过程中发生扭转,形成扭转的内脏团和螺旋状的外壳,使身体左右不对称。

(1)壳形:腹足类螺壳的形状多样,常见的有笠状壳、左右对称的平旋壳、壳轴短的盘形壳、壳轴较高的卵形、锥形及塔形壳(图1-5-9)。

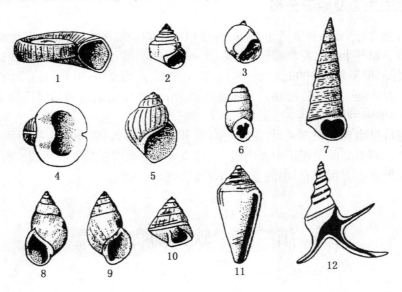

图1-5-9 腹足类壳形 (据何心一等,1993)

1—盘旋壳;2—陀螺壳;3—卵形壳;4—包旋壳;5—圆锥形壳;6—蛹形壳;7—塔形壳;
8—左旋壳;9—右旋壳;10—锥形壳;11—双锥形壳;12—指状突起

(2)定向:螺壳的定向为:将壳顶朝上,壳口面向观察者,壳口位于壳体右侧者为右旋壳(绝大多数),极少数位于左侧叫左旋壳。壳顶端叫壳顶,为后方,与壳顶相对的壳口一端叫壳底,为前方。口侧是腹方,相反的一侧称背方。

(3)螺壳构造:螺壳是一个内部不分隔的螺旋状空壳,由许多螺环组成。螺壳沿壳轴旋转一周为一螺环。壳顶端为胚胎期分泌的壳,叫胚壳。胚壳薄而光滑,壳饰与螺壳其他部分不同,旋向亦可不同。螺壳的最后一螺环叫体螺环,是生活时容纳头部和足之处。体螺环之外的所有其余螺环(包括胚壳)合称螺塔。相邻螺环的外接触线叫缝合线,如缝合线深凹则称缝合沟。有些腹足动物的螺环中、上部壳面有明显转折的棱叫肩,肩以上至缝合线间的壳面叫上斜面,或称肩部,棱可多于一条。直径最大的螺环圆周线叫周缘。整个螺壳两侧切线的交角叫螺角或侧角,最初几个螺环的切线交角叫顶角,两者相等或不等。

(4)轴和脐:当螺环互相紧接地旋转,其内壁互相接触,则沿旋轴形成实心的壳轴,若不旋紧,内壁互不接触,每个螺环中央留下孔,整个螺壳便在旋轴处形成漏斗形空间叫脐。通过壳轴或脐中央的切面叫螺环横切面,切面圆滑或具棱。

(5)壳口:为体螺环的开口处,也是动物软体的进出之处。壳口形状、大小随种属不同而异。壳口可有角质或钙质的口盖,或无口盖。

(6)壳饰:腹足类的壳饰变化多端,大致分为两组——横穿螺环并与缝合线以角度相交,称横向饰或轴向饰;与螺环平行的称为旋向饰。两者相交则呈网状纹饰,每组纹饰又按粗细、形态分为棱、脊、线或纹,有的还有刺、瘤。壳质增长的线条叫生长线,属横饰。生长线与口缘平行,其粗细和弯曲形状反映壳口的轮廓。

三、双壳纲

(一)一般特征

双壳类(Bivalvia)全为水生软体动物,两侧对称,具左右两片外套膜分泌的两瓣外壳(图1-5-10),如海扇(Pecten)、蚶(Arca)、珠蚌(Unio)等,故最早被命名为双壳纲;它们的头部退化,所以又名为无头纲(Acephala),两侧外套膜之间的空腔叫外套腔,腔内具瓣状鳃,故有人称瓣鳃纲(Lamellibranchiata)。鳃是呼吸器官,其结构由简单变复杂,可分原鳃、丝鳃、真瓣鳃和隔鳃四种。双壳类的肉足位于身体的前腹方,常似斧形,因此又被称为斧足纲(Pelecypoda)。足出于两壳瓣之间,用于挖掘泥沙、移动身体或钻孔等。某些双壳类还在足后伸出一簇丝状的足丝,用于附着在外物上。足丝发育的成年个体,足常退化。

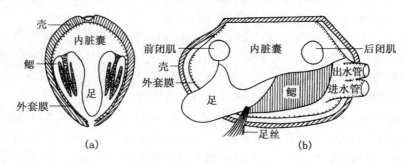

图1-5-10 双壳纲解剖图(据殷鸿福等,1980)
(a)横剖面;(b)纵剖面

有些穴居双壳类的后部外套膜边缘连结成水管,上面的为出水管,下面的为入水管。两管伸达地表面,并分开出、入水流。入水流带来食物和氧气,出水流排出新陈代谢的废物。不是穴居者无水管。靠外套膜上纤毛有规律的运动,造成出、入两股水流。

（二）硬体构造

（1）壳形：双壳类一般具有互相对称、大小一致的左右两壳瓣。每瓣壳本身前后一般不对称。成年壳体大小从小于 1mm 至大于 2.5m，质量由几毫克至 250kg。常见的壳形如图 1-5-11 所示。有些种类由于对固着、漂游或偃卧生活的长期适应，造成两瓣不等。

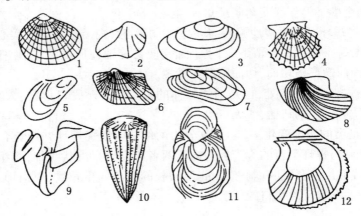

图 1-5-11　双壳类壳形（据殷鸿福等，1980）
1—圆形；2—三角形；3—卵形；4—扇形；5—壳菜蛤形；6—四边形；7—偏顶蛤形；
8—斜扇形；9—不规则形；10—珊瑚形；11—左壳掩覆；12—左凸右平（侧视）

（2）壳的外部结构：最早形成的壳尖叫做喙（壳嘴），喙多数向前指（前转），也有垂直向上（正转）或向后指（后转）者。包括喙在内的壳顶部最大弯曲区叫壳顶区。有些种类由喙向后腹方伸展一条隆脊，叫后壳顶脊，后壳顶脊与后背缘之间的壳面叫后壳面。少数种类有前壳顶脊。在喙下常有一个或平或微凹的面，叫基面，它是两韧式外韧带附着处。有的是限于喙前呈心脏形的凹陷，叫新月面；有的是限于喙后呈长槽形凹陷，叫盾纹面，后两者可以并存。有些种类铰缘下前端或后端有翼状的伸出部分，称为前耳或后耳（翼）。它与其余壳面或呈过渡，或以楔状凹陷隔开，此凹陷称为耳凹。足丝在前耳凹与前缘相交处伸出，通常在右瓣造成前缘内凹和缺口，叫足丝凹口；在左瓣内凹较浅，叫足丝凹曲。有时两壳不能完全闭合，在后方的开口是水管伸出处，少数在前方开口，是足伸出处（图 1-5-12）。

（3）壳饰：壳饰与腕足类相似，除少数光滑者外，通常分为同心与放射两类。每类又各按强度分为线、脊、褶（或层）。同心饰反映生长的过程，也可叫生长纹（最细一级）、线、脊、层等。有的种类同时具以上两类壳饰，相交成网状。有的具瘤、节或刺。

（4）壳的内部构造：壳的内部构造基本上属于以下四类：

①外套膜附着痕：外套膜的近外缘部分附着于壳内面上所留下的痕迹叫外套线，它与腹缘大致平行，在背部左右两瓣外套膜互相连接，没有外套线。具水管的壳，当双瓣关闭以御敌或阻止泥沙进入时，须将水管拉入壳内，外套膜附着线因此向内移动，使外套线形成弯曲，弯曲状的附着痕迹叫外套湾。在海底表面或浅埋生活的双壳类通常没有水管，其外套线均无外套湾。钻入海底泥沙或岩石生活的种类具有伸长的水管；水管越长，则当收入壳内时水管越向内部深入，外套湾也就越深。

②肌肉附着痕：肌肉主要是司壳的闭合的闭肌，双柱类有两个闭肌，分同柱类和异柱类两种。同柱类的前闭肌和后闭肌近于相等；异柱类的后闭肌大，前闭肌小。单柱类只有一个闭肌，位于壳内近中央处略偏后。

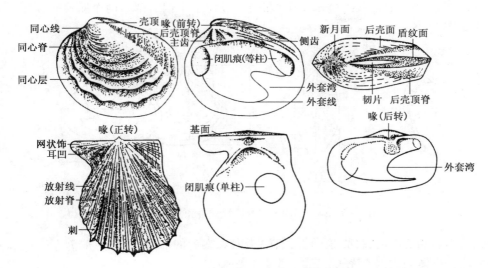

图1-5-12　双壳类的基本构造(据殷鸿福等,1980)

③韧带附着痕:韧带是连接两壳的弹性有机物,它的作用是与闭肌配合司壳的开闭,同时与铰合构造配合,连接两壳,封闭时不使壳左右移动。

④齿系:齿系在外壳构造中最具有分类意义和化石鉴定意义。它位于铰缘之下,司两瓣的铰合,由齿及齿窝组成,通常位于沿铰缘分布的铰板上。与腕足类不同的是:每一瓣上齿与齿窝相间,且与另一瓣上间列的窝与齿相对应。齿系在演化中分异为主齿和侧齿。主齿位于喙下,较粗短,与铰缘呈较大角度相交;侧齿远离喙,多呈片状,与铰缘近平行(图1-5-13)。

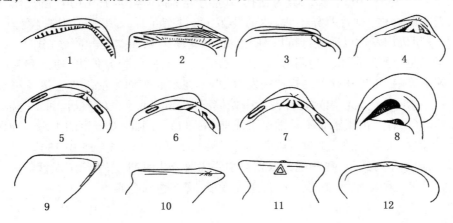

图1-5-13　双壳纲的齿系(据殷鸿福等,1980)

1—古栉齿型;2—新栉齿型;3—假异齿型;4—裂齿型;5—满月蛤齿型异齿;6—北极蛤齿型异齿;
7—女蚬齿型异齿;8—厚齿型;9—原始栉齿型;10—原始射齿型;11—弱齿型;12—贫齿型

(三)壳的定向和度量

壳分前、后、背、腹、左、右。两壳铰合的一方称背方,相对壳开闭的一方为腹方。确定壳的前后可据下列特点:(1)一般喙指向前方;(2)壳前后不对称者,一般后部较前部为长;(3)放射及同心纹饰一般由喙向后方扩散;(4)新月面在前,盾纹面在后;(5)有耳的种类,后耳常大于前耳;(6)外套湾位于后部;(7)单个肌痕时,一般位于中偏后部。两个肌痕有大小不同时,前小后大见图1-5-14。

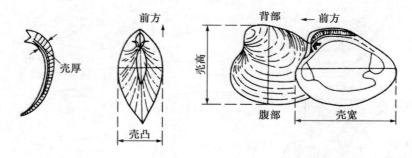

图1-5-14　壳的定向及度量(据何心一等,1993)

当壳的前后确定以后,将壳顶向上,前端指向观察者的前方,左侧壳瓣为左壳,右侧为右壳。一般测量壳体的数据有壳长、壳高、凸度和壳厚。

(四)双壳纲生态及地史分布

双壳类是水生无脊椎动物中生活领域最广的门类之一,由赤道至两极,从潮间带至5800m深海,由咸化海至淡水湖沼都有分布,但以海生为主。双壳纲的生活方式复杂多样,基本生活方式为钻孔、壳体固着、正常底栖、足丝附着、深埋穴居5种,5类长期适应演化,在形态、齿系、肌肉、足丝、水管等各方面形成独自的特点,形成不同的类别(亚纲和目)。第一类为壳体固着的类型(图1-5-15中10)。第二类为钻孔、穴居生活(图1-5-15中14、15),第三类正常底栖,通常壳两瓣对称,前后差异不大,水管不发育,没有足丝及其相关构造(足丝凹口、耳等),铰合及开闭机构发达以适应抵抗风浪、急流、敌害等。第四类足丝附着(图1-5-15中3、11、12),是以足丝暂时或永久地附着于水中物体上,足丝向前腹方伸出,使足和壳的前部退化,壳形显著不等侧,与足丝有关的构造很发育,由于在水底表面生活无外套湾。第五类深埋穴居(图1-5-15中1、2、4~9),是在泥沙中挖掘洞穴,长期或永久的穴居,通常壳体伸长,喙不突出,外套湾深,有些由于水管不再缩回形成前、后张口。因此,双壳纲的生态与硬体结构构造具有密切的内在联系,此外,少数可以营漂游或游泳生活(图1-5-15中13)。

双壳类始现于早寒武世,奥陶纪为双壳类主要辐射分化时期,志留纪至泥盆纪进一步分化许多新类别,并出现了淡水类型,至中生代迅速发展,现在达到全盛。

四、头足纲

(一)概述

头足纲(Cephalopoda)是软体动物门中发育最完善、最高级的一个纲,包括地史时期曾非常繁盛并具有重要意义的鹦鹉螺类、杆石、菊石、箭石和现代乌贼、章鱼等。头足动物两侧对称,头在前方而显著,头部两侧具发达的眼,中央有口。腕的部分环列于口的周围,用于捕食,另一部分则靠近头部的腹侧,构成排水漏斗,是独有的运动器官。头足类的神经系统、循环系统和感觉器官等都较其他软体动物发达。雌雄异体。鳃四个或两个,二鳃类壳体被外套膜包裹而成内壳或无壳,如乌贼、章鱼。四鳃者具外壳,化石多。

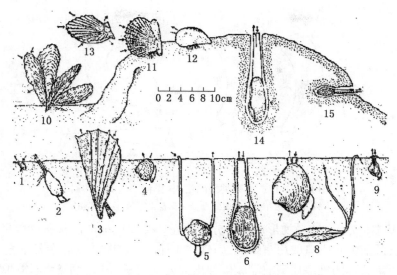

图 1-5-15　双壳纲不同生活方式（据 Stanley，1968）

（二）外壳类基本特征

（1）壳形：外壳类壳形多种多样（图 1-5-16），其中平旋壳每旋转一周称为一旋环，最后旋成的环为外旋环，外旋环以内的所有旋环为内旋环。据旋卷程度，可以划分为四种：外旋环与内旋环接触或仅包围其一小部分称外卷，外旋环完全包围内旋环或仅露出极少部分的为内卷，介于这两者之间的则为半外卷和半内卷。

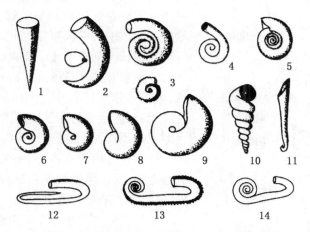

1-5-16　头足类的外壳形状（转引自武汉地质学院古生物教研室，1983）

1—直形；2—弯形；3—环形；4—半旋形；5~9—旋卷形（6—半外卷；
7—半内卷；8~9—内卷）；10—锥旋；11~14—松旋

（2）定向：在直壳或弯壳中，壳的尖端为后方，壳的口部为前方；与体管靠近的一侧为腹方，另一方则称背方。在平旋壳中，壳口为前方，原壳为后方，旋环外侧为腹方，内侧为背方（图 1-5-17）。

（3）壳饰：外壳类壳面光滑或具装饰。在壳的生长过程中形成平行壳口边缘的纹、线称为生长纹、生长线。与壳体旋卷方向平行的纹、线叫纵旋纹、纵旋线。与壳体旋卷方向相垂直的肋叫横肋。有时横向与纵向线相交成网状纹饰。不少类别还具有壳刺和瘤状突起。

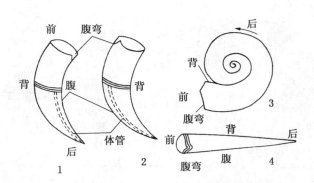

图 1 - 5 - 17　外壳类型的定向(据何心一等,1993)

1—内腹式壳;2—外腹式壳;3—旋卷壳定向;4—直壳定向

(4)壳的基本构造:壳体最初形成的部分为原壳。壳壁内横向的板称为隔壁,隔壁把壳体分为许多房室,最前方具壳口的房室最大,为软体居住之所,叫住室,其余各室充以气体和液体叫气室,所有气室总称闭锥。住室前端软体伸出壳外之口称壳口。平旋壳体的两侧中央下凹部分称为脐,脐内四周壳面叫脐壁,脐壁与外旋环壳侧面转折处为脐棱或称脐线或脐缘。内、外两旋环的交线称脐接线(脐缝合线)。

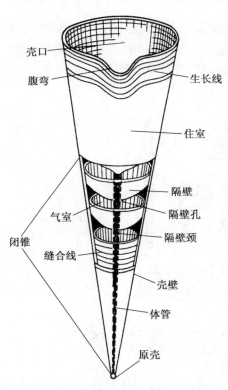

图 1 - 5 - 18　直角石壳的构造

(据何心一等,1993)

软体后端有一肉质索状管(体管索),自住室穿过各气室而达原壳。因此隔壁上都具有被体管索所经过的隔壁孔。沿隔壁孔的周围延伸出的领状小管称为隔壁颈,隔壁颈之间或其内侧常有环状小管相连,这种环状物称为连接环。由隔壁颈和连接环组成一条贯通原壳到住室的灰质管道,称为体管,体管一般位于壳体中央或偏腹侧,少数位于背方。体管形状一般为细长的圆柱形或串珠状(图 1 - 5 - 18)。

一般根据隔壁颈的长短、弯曲程度和连接环形状,体管可分为五个类型(图 1 - 5 - 19):①隔壁颈甚短或无,无连接环的无颈式;②隔壁颈短而直,连接环直的直短颈式;③隔壁颈短而直,仅尖端微弯,连接环微外凸的亚直短颈式;④隔壁颈短而弯,连接环外凸的弯短颈式;⑤隔壁颈向后延伸,达到或超过后一隔壁,连接环有的存在的全颈式。

头足类隔壁边缘与壳壁内面接触的线叫缝合线。一般情况下,只有外壳表皮被剥去以后才露出缝合线。隔壁不褶皱的类别,其缝合线平直,反之缝合线显著地弯曲。平旋壳的缝合线可以分为内外两部分,自腹中央经两侧到脐接线的部分为外缝合线;自脐接线经过背部到另一面的脐接线称为内缝合线。缝合线向前弯曲的部分称为鞍,向后弯曲的部分称叶。头足类缝合线根据隔壁褶皱的程度,分为五种类型(图 1 - 5 - 20):

①鹦鹉螺型,平直或平缓波状,无明显的鞍、叶之分;②无棱菊石型,鞍、叶数目少,形态完

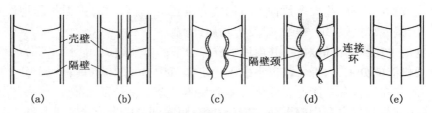

图1-5-19 鹦鹉螺类体管类型(转引自何心一等,1993)

(a)无颈式;(b)直短颈式;(c)亚直短颈式;(d)弯短颈式;(e)全颈式

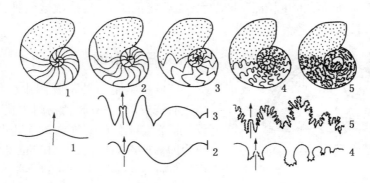

图1-5-20 头足类缝合线的类型(据武汉地质学院古生物教研室,1983)

1—鹦鹉螺型;2—无棱菊石型;3—棱角菊石型;4—齿菊石型;5—菊石型

整,侧叶宽,浑圆状;③棱菊石型,鞍、叶数目较多,形态完整,常呈尖棱状;④齿菊石型,鞍部完整圆滑,叶再分为齿状;⑤菊石型:鞍、叶再分出许多小叶。

(三)头足纲生态及地史分布

现代头足动物都是海生的,化石头足类都保存在有其他各种海生生物化石的地层内,因而可以认为地史时期头足类也是海生的。现代外壳类头足动物只有一属,即鹦鹉螺。生活于浅海区,也可达较深的海区,营游泳及底栖爬行生活。化石外壳类都具气室,壳壁较薄,壳面的脊和瘤内部也是空的,因此推测外壳头足类都具有一定的游泳能力。但因壳形不同,游泳能力有所差别,一般来说,体管小气室大的种类其游泳能力较强,可以适应较深的水体,而体管大气室小的类别则只能适应浅水底栖游泳或跳跃式游泳。

头足类始现于晚寒武世,延至现代,早古生代全为鹦鹉螺类,晚古生代至中生代菊石较繁盛,尤其是中生代,称为"菊石时代",白垩纪末期菊石全部灭绝。新生代则以内壳类繁盛为特征。

第四节 节肢动物门

一、概述

节肢动物门是动物界种类最多、分布最广的一门动物,全世界约有110万～120万现存种,占动物总数的4/5,这与其形态结构和生理特性的高度特化有关。在无脊椎动物中,它是登陆取得巨大成功的类群,绝大多数种类演化成为真正的陆栖动物,占据了陆地的所有生境。人们熟知的虾、蟹、蜘蛛、蚊、蝇、蜈蚣、蜻蜓等均属此类。

节肢动物门生物身体两侧对称,并由许多异律分节的体节组成,即不同部分的体节出现了形态的分化及机能的分工,内脏器官也集中于一定体节中,每个体节具有一个分节的附肢,故名,各部分的附肢在结构和功能上有分化。体节整体可分头、胸、腹三部分,或头部与胸部愈合为头胸部,或胸部与腹部愈合为躯干部,也有头、胸、腹三部分整个愈合在一起的。节肢动物外皮表面能分泌几丁质及含钙几丁质的外壳,以保护身体和防止体内水分的蒸发,外壳的伸展有一定的限度,它不能随动物的生长而不断增大,需要定期蜕壳,蜕壳次数随种类而异。多数节肢动物雌雄异体,且往往雌雄异形,卵生。

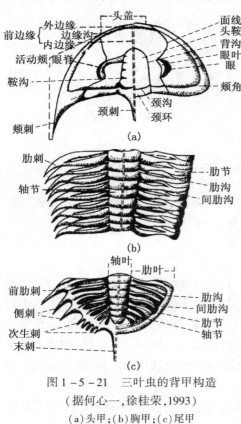

图 1-5-21 三叶虫的背甲构造
(据何心一,徐桂荣,1993)
(a)头甲;(b)胸甲;(c)尾甲

二、三叶虫纲

三叶虫纲是节肢动物门中已绝灭的一个纲,属于有鳃亚门,是节肢动物门中化石最多的一类。仅生活在古生代的海洋中。三叶虫背视的形态一般为卵形或椭圆形,长 3~10cm,宽 1~3cm,有的长可达 70cm,也有不到 6mm 的。身体扁平,躯体背面覆以坚固的矿物质外骨骼,称为背甲,腹面有柔软的腹膜和附肢。背甲由前向后横分为头甲、胸甲、尾甲三部分(图 1-5-21)。背甲上还有两条由前向后延伸的纵沟,称为背沟,它把背甲在纵向上分成中间的轴部和两侧的肋部三部分,故名三叶虫。

(一)背甲构造

1.头甲

三叶虫头甲是种类划分的主要依据,多呈半圆形,头甲中间常隆起,称为头鞍和颈环,头鞍光滑或有 2~3 对(最多 5 对)横向或斜向凹浅沟称头鞍沟,是体节愈合的痕迹,它把头鞍分成若干鞍叶,最前面的称头鞍前叶,最后面的称头鞍基底叶。头鞍沟与背沟衔接或不衔接,成对头鞍沟之间中央有时可相连[图 1-5-21(a)]。颈环与头鞍之间的沟称颈沟,颈环表面光滑或具瘤、疣或刺。

头鞍之前的部分称前边缘,被头甲边缘的边缘沟分为内外两部分,边缘沟外侧的边缘称外边缘,呈隆起的凸边,内侧的部分称内边缘,当头鞍向前延伸时,内边缘消失。

头鞍和颈环两侧为颊部,头甲后缘与侧缘的夹角称颊角,颊角向后延伸可成颊刺。颊部中央常有一对未被矿化物充填硬化的窄缝所切穿,此缝称为面线。面线将头甲分为头盖和活动颊。活动颊很容易脱落,所以活动颊和头盖常单独保存为化石。颊部除活动颊以外还包括固定颊,它是指面线以内除头鞍之外的区域。面线内侧头盖外缘豆状、半圆状或肾状凸起称眼叶,对眼起支持作用。眼叶前端与头鞍前侧角相连的隆起细脊称眼脊。面线可分前支、后支,眼叶之前的部分称面线前支,眼叶之后的部分称面线后支。面线前支以不同的角度向前延伸,有的面线前支可在头鞍前方会合成一条连续线。

　　三叶虫面线可根据面线后支延伸方向分四种类型(图1-5-22):后支交于后边缘的称为后颊类面线;交于侧缘的称前颊类面线;交于颊角的称角颊类面线。一些无眼的三叶虫,面线沿着头部边缘延伸,背视时看不到,称为边缘式面线,也称隐颊类面线。三叶虫面线类型是三叶虫分类的重要依据。

| 后颊类面线 | 前颊类面线 | 角颊类面线 | 边缘式面线 |

图1-5-22　三叶虫面线主要类型(据傅英祺等,1994)

2. 胸甲

　　胸甲由若干形状相同、互相衔接、可以自由弯曲的胸节组成。每一胸节以背沟为界分为中央的轴节和两侧肋节三部分。轴节以半环和关节沟相互衔接,有的轴节上有瘤或刺,间肋沟(每个肋节上的横沟)将各肋节分隔,肋节末端较圆润或延伸成肋刺[图1-5-21(b)]。

3. 尾甲

　　尾甲大多呈半圆形或近三角形,由若干尾节组成,尾轴节与其两侧的尾肋节数目大多相等,尾轴节和尾肋节向后延伸可形成各种形状的尾刺。从尾甲两侧伸出的尾刺是侧刺;从尾轴延伸成的长刺是末刺。尾甲周围有一明显低陷或隆起的边缘称为尾缘[图1-5-21(c)]。

　　根据尾甲与头甲的相对大小,可分为尾甲极小的小尾型,尾甲稍小于头甲的异尾型,头甲与尾甲近等大的等尾型和尾甲大于头甲的大尾型。

(二)分类及演化

　　根据头鞍构造特点、面线类型及胸、尾等特征,一般将三叶虫分为球结子、莱德利基虫、褶颊虫、耸棒头虫、镜眼虫、裂肋虫、齿肋虫七个目,其化石代表如图1-5-23所示。

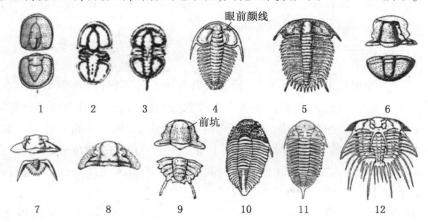

图1-5-23　三叶虫化石代表

1—*Ptychagnotus*;2—*Eodiscus*;3—*Pagetia*;4—*Redlichia*;5—*Damesella*;6—*Chuangia*;7—*Drepanura*;

8—*Asaphus*;9—*Dorypyge*;10—*Coronocephalus*;11—*Dalmanitina*;12—*Odontopleura*

总体来说,三叶虫演化具有如下趋势:(1)头鞍锥形到头鞍前缘膨大型,头鞍沟数目逐渐减少,逐渐由连通变为不连通;(2)眼叶、眼脊由发育变为微弱,眼叶由短且后端远离头鞍变为眼叶长且后端靠近头鞍;(3)胸节数目减少,尾甲类型由小尾型逐渐变为大尾型。

早寒武世三叶虫总体上呈现头大、尾小、胸节多,头鞍长、锥形,鞍沟显著,眼叶发育,靠近头鞍,胸节肋刺发育的特点。中、晚寒武世与早寒武世比较总体呈现尾甲加大,多为异尾型,胸节数减少,头鞍较短、多具内边缘,眼叶较小,鞍沟数量较少,且很少穿越头鞍的特点。奥陶纪与寒武纪三叶虫比较呈现出较大变化,尾甲更大,多为等尾型和大尾型,胸节数量更加减少,头鞍向前扩大,鞍沟、背沟,甚至颈沟均不发育。

(三)生态及地史分布

三叶虫化石全部发现于海相地层中,常与浅海生动物化石共存,所以推断主要是底栖生活在盐度正常的浅海环境。球结子类是一种特殊的三叶虫,由于其壳小、体轻、结构简单,常见于含黄铁矿黑色页岩或石灰岩中,说明是营远洋漂浮生活,对环境鉴定和远距离地层对比意义重大。

三叶虫早寒武世出现,以寒武纪最盛,寒武纪被称作三叶虫时代。奥陶纪较繁盛,志留纪、泥盆纪逐渐衰退,石炭纪仅有少数代表生存,二叠纪末绝灭,因此三叶虫仅限于古生代生存。我国地层中含丰富的三叶虫化石,根据三叶虫特点建立了三叶虫化石带。

三、介形虫纲

(一)概述

介形虫(Ostracods)属于节肢动物门甲壳超纲,其软体包裹在两枚壳瓣的壳体中,两壳一般不等大,较大的壳在边缘包覆小壳,称包缘或超覆。介形虫地理分布广,海洋、半咸水、淡水,甚至湿润的森林土壤中均有分布,但大多数海生。介形虫种类繁多,壳体、形状多种多样,通常呈卵形、肾形和豆形。其个体微小,一般长 0.4 ~ 2.0 mm,少数可小于 0.4mm 或大于 70 mm。在个体发育过程中有脱壳的现象,因此壳上无生长线。

(二)壳的基本构造

为描述方便,将介形虫的壳面分为前、后、腹、背和中部等不同区域(图 1 - 5 - 24),两壳瓣间具铰合构造的一侧为背缘,两壳瓣在背缘全部或部分紧密结合,此结合的部分称固定边缘或铰合边。背缘相对一侧为腹缘。介形虫头部所在一侧为前缘,相对一侧为后缘。前缘、后缘和腹缘不结合,可自由启闭,故称自由缘或活动缘。前、后缘与背缘的交角分别称前、后背角。介形虫前缘和后缘之间的最大距离为壳长;背缘和腹缘之间的最大距离为壳高;左右壳之间的最大距离为壳宽(图 1 - 5 - 25)。

介形虫壳有内、外两层壳壁,外层一般由内外几丁质层和夹于其间的厚的钙质层构成,内层为薄几丁质层,但其活动边缘可钙化。内壁的钙化部分称钙化襞,钙化襞与外壁在自由缘叠合在一起,在内侧呈分离状,分离状的钙化襞称内板。钙化襞与外壁叠和带内分布着许多由里向外呈放射状平行壳面分布的毛细管,这一叠合部分称边缘毛管带。分布在壳面其他部分的毛细管与壳壁垂直,称垂直毛细管(图 1 - 5 - 26)。

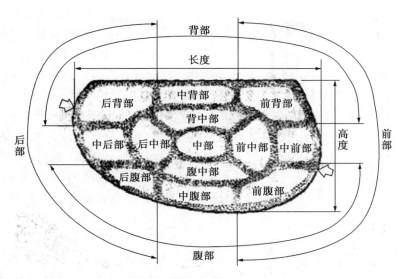

图1-5-24　介形虫壳定向术语(据何心一,徐桂荣等,1993)

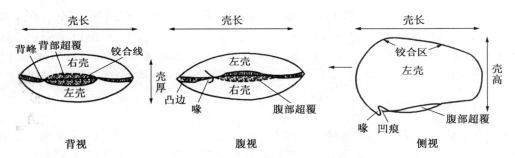

图1-5-25　介形虫壳的定向和各部分名称

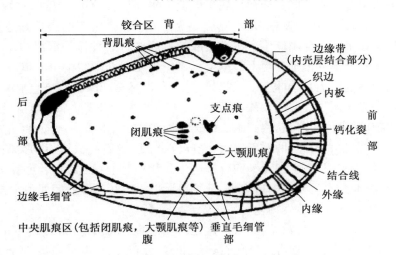

图1-5-26　介形虫内部构造(据何心一,徐桂荣等,1993)

铰合构造是介形虫分类的一个重要依据。铰合构造是由凸起的齿或脊及凹入的窝或槽构成。其组合类型常分三大类(图1-5-27)。一元型又称单元型、单节型或无齿型,由一个壳上的一条槽和另一壳上的一条脊组成。三元型(三节型)铰合其铰合构造由前节、中节、后节

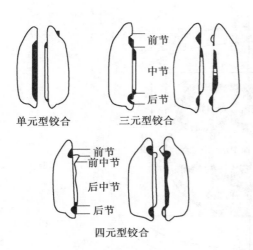

单元型铰合　　　三元型铰合

前节
前中节
后中节
后节

四元型铰合

图 1-5-27　介形虫铰合构造类型
（据何心一、徐桂荣等,1993）

三个单元组成,其前、后两节为齿或窝,中节为脊或槽。四元型（四节型）铰合其铰合构造由前节、前中节、后中节、后节四个单元构成,前中节较短,后中节较长。前、后节及前中节为齿或窝,后中节为脊或槽。

介形虫内肌肉附着的地方在壳壁内留下的痕迹称肌痕,它也是分类的又一重要依据。不同类型肌痕的数目、形状及排列方式不同。化石常保存大颚肌痕和闭壳肌痕。大颚肌痕位于壳内前部,通常两枚,闭壳肌痕在大颚肌痕之后,最少三枚,多则几十甚至上百个。

介形虫定向较复杂,一般可以根据以下标志来判断:(1)具铰合构造一侧为背,相对一侧为腹,若倾斜则后倾;(2)眼点是眼部构造的斑痕,它一般位于前背部;(3)喙为壳边缘喙状突起,其后有一浅沟状凹陷称凹痕,喙及凹痕位于前腹部或前端;(4)卵囊位于前腹部;(5)如果壳面有一大刺或翼形刺,其末端指向后方,若是锯齿状端缘刺,前端常较后端发育;(6)前部铰合构造比后部的复杂;(7)闭壳肌痕位于壳中央偏前方,大颚肌痕位于闭壳肌痕前方;(8)毛细管带和内板在前端较后端发育。

介形虫壳面有的光滑无壳饰,有的具各种壳饰。常见的有瘤、刺、斑点、网格、蜂窝等。

（三）生态及地史分布

现代介形虫分布极广,几乎各种水体都有分布,但主要以浅海和湖泊中最为普遍。介形虫多为移动底栖生活,少数可浮游生活。自然地理条件及环境差异可导致不同水域或同一水域不同地段,介形虫组合面貌不同。介形虫属于广盐生物,但其在不同盐度的水域中有其特有的类型。介形虫壳面瘤或凹坑的变化,是水域盐度变化的结果。突起的出现是适应水域盐度降低的结果,而且多在半咸水环境产生。国外一般把具瘤的各属种作为滨海边缘环境或海岸线的辨认标志,因此介形虫在识别环境上有重要意义。温度对介形虫的分布和发育也有一定影响,一般来说随着纬度增加其个体有增大趋势,种类和数量有减少的趋势。水深的影响是最重要的一个因素,一般在泥质底质的较深水环境中,介形虫种类和数量都较丰富,且多两瓣对称,壳饰明显,壳壁较薄,壳体相对较大,具眼点的类型减少;在浅水砂质底质中,介形虫不发育或极少,甚至没有,且多为光滑壳,两瓣不等大,壳体较小,壳壁较厚,具眼点的类型多。铰合构造也与介形虫生活环境密切相关,四元型铰合构造为海相所特有,极少为单元型,闭肌痕常见四五枚排成一行。淡水介形类铰合构造简单,常见单元型,少数三元型,闭肌痕常排列成梅花状。各种环境的区分还要结合其他生物化石。

介形虫化石在各油田极为常见,如松辽盆地白垩纪淡水沉积中,除火石岭组和登楼库组未发现介形虫化石外,其他层位均有。其化石数量丰富、分布广泛、保存完整、纹饰结构特征清晰且具明显的阶段性,在地层划分对比中具较高精度和准确性,为认识深化松辽盆地白垩纪的地层层序起到了关键作用。通过研究,建立了较系统的介形类化石组合序列,对扶余、杨大城子、高台子、葡萄花、萨尔图、黑帝庙油层自下而上建立了38个化石带,有效地用于油层对比;并通过对介形类化石的生态研究,对各组段的沉积环境进行了分析,建立了生物相标志。

介形类最早见于寒武纪,奥陶纪开始繁盛,尤其是晚古生代最为繁盛,三叠纪衰退,白垩纪再次繁盛直至现代。

四、叶肢介目

(一)概述

叶肢介是一类水生的微小的动物,属于节肢动物门甲壳纲鳃足亚纲,有叶状附肢,故名,现代水泡中的蚌壳虫即属此类,其软体形态似虾,躯体侧扁且分节,由头、胸腹部和一个尾节组成(图1-5-28)。个体壳长一般5~10mm,有时可达40cm。叶肢介的外壳没有明显的铰合构造,两壳的开合依赖于闭壳肌的伸缩控制。叶肢介可以分为三个亚目,分别为没有生长线的光尾叶肢介亚目,不带放射脊的瘤模叶肢介亚目和带放射脊的李氏叶肢介亚目,其中瘤模叶肢介亚目的化石最常见。

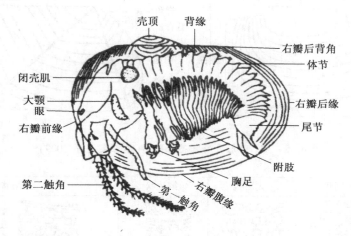

图1-5-28　叶肢介形态构造示意图(据何心一,1993)

(二)壳形与构造

叶肢介有两个薄的半透明的几丁质外壳,两壳大小相等,形态相同,分别称左右壳,每瓣壳的前后不对称。无铰合构造,两壳靠肌肉和韧带连在一起,侧视多为圆形、半圆形、卵形、长方形等(图1-5-29)。壳面上最先长出的部分称胎壳,胎壳所在的一方为背,相对一侧为腹,胎壳一般位于背缘的中前部或前端,其上较膨凸的部分叫壳顶,壳顶一般指向前,有的类型壳顶低于背缘。叶肢介壳面的显著构造之一是具有生长带(图1-5-30),生长线从前背缘开始,围绕胎壳呈弧形伸到后背缘,中间无间断、分叉或尖灭现象,非常规则,一般生长线在前端较密,后端稀疏。两条生长线之间的壳面带状区域称为生长带。生长带上常有线脊状、网状、树枝状、鱼鳞状、瘤状等各种微细纹饰(图1-5-31)。有的类别自壳顶向腹缘和后缘伸出数条放射脊,或生有瘤、刺及各种突起。叶肢介的纹饰在其演化及分类的方面极为重要。

叶肢介的壳面分区和度量方法与介形虫相同,其背缘与前、后缘的交角分别称为前、后背角。叶肢介具有性双形现象,即同种叶肢介其雌性和雄性个体壳的形态不同,这种现象主要表现在雄性壳的背缘上拱较强,生长线较多。叶肢介个体发育过程中周期性脱皮,但不脱壳。

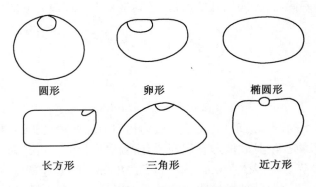

圆形
卵形
椭圆形
长方形
三角形
近方形

图 1－5－29　叶肢介常见侧视壳形

后背缘
前背缘
胎壳
后缘
前缘
壳高
生长带
生长线
腹缘
壳长
前脊角
后脊角
前缘
前脊
背脊
后背角
后缘
后脊
腹缘

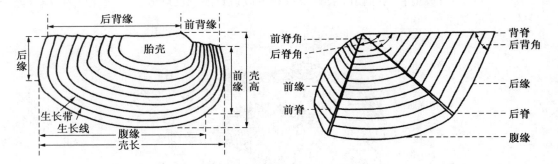

图 1－5－30　叶肢介壳瓣各部构造(据郭宝炎等,2009)

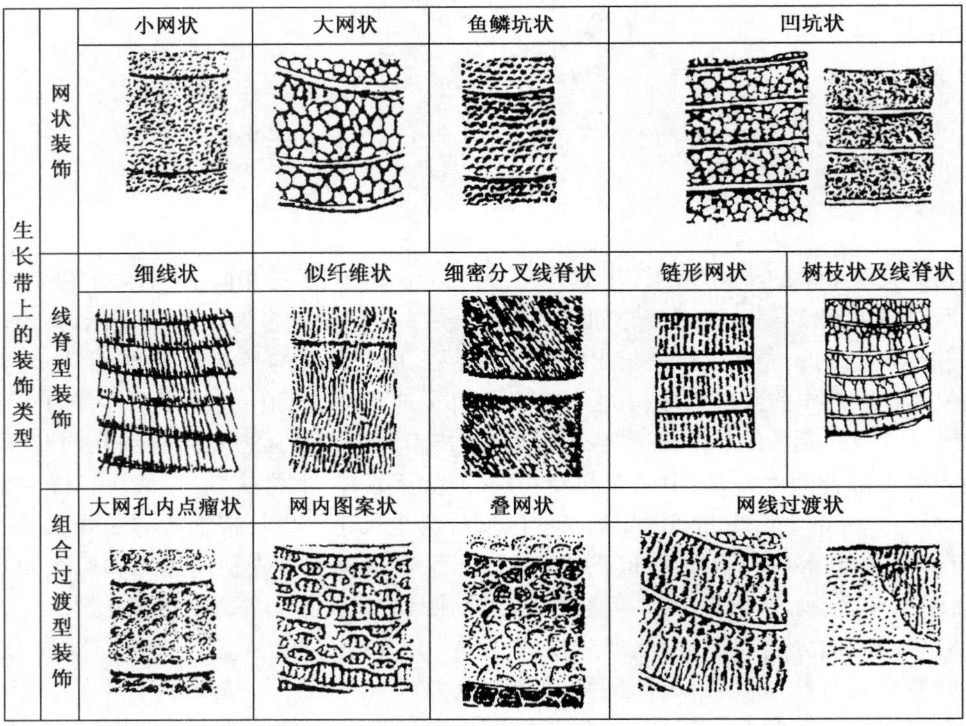

生长带上的装饰类型
网状装饰
小网状
大网状
鱼鳞坑状
凹坑状
线脊型装饰
细线状
似纤维状
细密分叉线脊状
链形网状
树枝状及线脊状
组合过渡型装饰
大网孔内点瘤状
网内图案状
叠网状
网线过渡状

图 1－5－31　叶肢介生长带上的纹饰(据孙跃武,2006)

（三）生态及地史分布

叶肢介化石最早出现在泥盆纪，一直延续至今，现生类型主要分布于热带至温带地区的内陆沼泽、池塘及沟渠等一些小的临时性的略碱性的水体中，在较大的水域很少见到。其休眠卵可抵御干、冷等不良环境，在干涸的临时性水体底部，其休眠卵可通过风、鸟、昆虫等携至各地，遇到合适的条件又可繁殖，所以叶肢介化石分布较广，晚古生代和三叠纪的叶肢介化石与海生的生物三叶虫、腕足生物化石等共生保存在一起，推测其当时生活在浅海，但侏罗纪以来的叶肢介化石多见于陆相地层之中，常与介形虫、软体动物、鱼类及植物碎片等一起保存于泥页岩中。

第五节　苔藓动物门与棘皮动物门

一、苔藓动物门

（一）概述

苔藓动物门（Bryozoa）是一种真体腔动物，介于原口动物和后口动物之间，有助于研究无脊椎动物类群的系统演化。苔藓动物门水生，大多数为海生，营固着生活，外形似苔藓植物，故名苔藓动物门。苔藓动物门为群体生物，每一个个体（即苔藓虫）很小，直径一般不超过 $0.5 \sim 1mm$，需要借助显微镜在薄片下观察研究。苔藓虫的软体部分称虫体，虫体外侧具有由外胚层分泌的钙质或角质骨骼，称为虫室；许多虫室聚在一起形成的骨骼为硬体。苔藓虫虫体结构大体相同，通常为梨形、瓶形、管形等，虫体的主要组成部分包括触手环、消化管以及相关联的肌肉等。虫体前端体壁外突，在口部周围形成圆形或马蹄形的触手环，触手上具纤毛，触手环是摄食器官，摄食时借助体壁变形使得触手环伸出体外。消化管弯曲呈"U"字形，由口、咽、胃、直肠和肛门组成，口位于触手环的中部，而肛门位于触手环之外，故又称外肛动物门。体壁与消化道之间为体腔，其中有控制和固定消化道的牵引肌，当肌肉收缩时可将触手环拉回（图 1 – 5 – 32）。

苔藓动物门通常为雌雄同体，具有有性和无性生殖两种繁殖方式，当有性生殖产生的幼虫经过短暂的浮游生活固着于水底后慢慢发育为成虫，成虫以出芽这种无性生殖方式形成群体。最初一个虫室称为原虫室，第一个出芽生成的个体称为祖虫室，然后依次发育若干虫室，形成多种多样的复体外形。

苔藓动物门现存种类约 4000 多种，化石种约 15000 种，依据触手环形状、口部有无唇、虫室壁的成分以及群体的构造特征等可分为窄唇纲、裸唇纲和护唇纲。窄唇纲全为海生，包括从早奥陶世至中白垩世地层中所发现的绝大多数属，本纲分为 4 个目，分别是环口目、变口目、泡孔目和隐口目；裸唇纲绝大多数为海生，触手环呈圆圈状，口部无护唇，早白垩世后开始大量繁盛；护唇纲全为淡水生，触手环呈马蹄形，口部有唇保护，无坚硬外壳，难以保存为化石。

（二）硬体构造

苔藓动物复体外形多样，主要有枝状、块状、羽状、扇状、螺旋状、球形、半球形等（图 1 – 5 – 33），表面有时发育纹饰，如褶皱、瘤状或星状突起、凹面、斑点等。

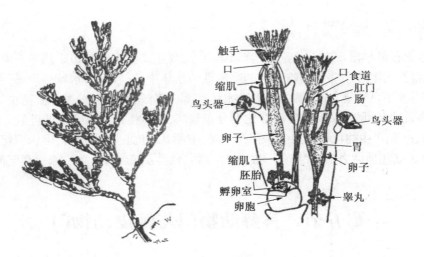

图 1 - 5 - 32　苔藓虫 *Bugula* 群体外形与个体结构图(据 Bassler,1953;何心一等,1993)

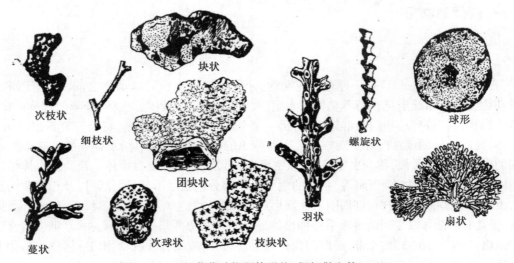

图 1 - 5 - 33　苔藓动物硬体形状(据杨敬之等,1965)

苔藓虫的硬体是由许多虫室及其他骨骼构造所组成,虫室是虫体居住之所,由苔藓虫外胚层分泌钙质或角质骨骼而成。虫室少数中空,多数具有分隔的完整横板,是个体发育各阶段的产物。有时除横板外,还有弯曲叠覆的泡沫板,见于少数变口目苔藓虫化石。部分苔藓虫的虫室薛间充满泡状组织(图 1 - 5 - 34),是由一系列的泡沫板组成,其有无可以作为分类的依据之一。

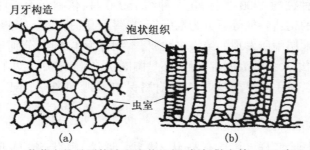

图 1 - 5 - 34　苔藓虫的月牙构造和泡状组织(据杨敬之等,1965;何心一等,1993)
(a)横切面;(b)纵切面

虫室的前端或近顶端的开口称为虫室口,多为圆形至多边形,在室口的后方管壁上有的可见到月牙形外凸部分,称为月牙构造(图1-5-34)。当月牙构造发育显著时,其两端即挤入虫室内形成假隔壁。

变口目苔藓虫的复体通常分为未成熟带和成熟带,即两个生长阶段形成体壁厚薄及虫室的形状不同,其横切面、纵切面特征有所不同(图1-5-35)。有时在虫室之间发育细小管,横板密集,称为间隙孔,主要在成熟带发育,其横切面为圆形至多边形(图1-5-35和图1-5-36);多边形虫室管壁交角处或间隙孔交角处有时发育刺孔,刺孔比间隙孔更为细小,与虫室管壁平行而穿入管壁内,横切面为实心的小圆点或中空的小圆圈。

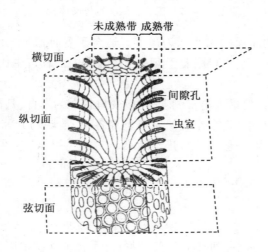

图1-5-35　变口目苔藓虫各切面特征示意图(据 Boardman 等,1987)

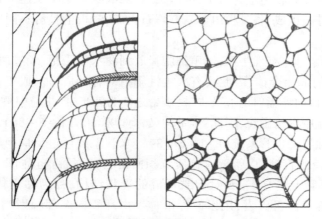

图1-5-36　变口目苔藓虫间隙孔纵切面、横切面特征(据 Ross,1962)
左图为纵切面;右图为横切面

隐口目的网状复体由许多分枝组成,相邻两枝间有横枝相连,每枝上有2~8排虫室,每排虫室之间发育的隆起称为中棱,各枝之间形成的孔隙称为窗孔(图1-5-37)。

(三)生态及地史分布

苔藓动物以海生为主,能适应于各种温度和水深,主要繁盛于正常海水盐度和较清洁的浅

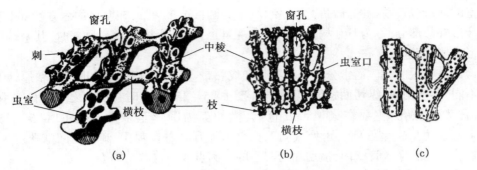

图 1 - 5 -37　隐口目网状复体硬体构造

海环境,尤其是在 25 ~ 60m 深的水底区为最多。适合于各种底质,固着生活,可附着于腕足类、珊瑚或软体动物的壳体上,也可附着于海藻上随波漂游。在古生代和中生代海相地层划分对比中具有较重要的意义。

古生代以变口目、隐口目最为丰富,奥陶纪以变口目最为发育,其次是隐口目,志留纪是苔藓动物发育史上的低潮时期。泥盆纪开始遍布世界各地,地层划分和古生态意义较大。石炭纪和二叠纪,仍以隐口目为主,但总趋势是不断衰退。

二、棘皮动物门

(一)概述

棘皮动物门(Echinoderm)是真体腔后口动物,是无脊椎动物中进化非常高级的一门,包括现生的海胆、海星、海参、海百合等,其卵裂方式、左右对称的幼虫和具有纤毛环等均与脊索动物个体发育相似。棘皮动物门全为海生,单体,中胚层细胞分泌出发达的钙质内骨骼,内骨骼由许多分开的钙质骨板组成,各骨板由单晶方解石组成,骨板上具有不同形状的棘刺或突瘤,为本门动物命名由来。

棘皮动物门雌雄异体,有性生殖,生殖细胞释放到海水中受精,经过两侧对称的幼虫阶段发育为五辐射对称的成年个体,因此具有次生性辐射对称的后口。成年个体一般为球形、梨形、心形、星形等,由口向外辐射出五条步带,步带之间为间步带,步带中央有一条步带沟,借沟中纤毛摆动获取水流中食物微粒,因此,步带沟又称食物沟(图 1 - 5 - 38)。

棘皮动物具有独特的水管系统(图 1 - 5 - 39),水管系统通过反口面的筛板与外界相通,由筛板囊连接到下面的石管(以管壁有钙质沉积而得名),石管垂直向下至口面附近后与环管相连,间步带的环管上具有 4 ~ 5 对褶皱形成的囊状结构,称为贴氏体;同时环管上还有 1 ~ 5 对具管的囊,称为波里氏囊,用以储存液体。由环管向腕部辐射出五条辐管直达腕的末端,辐管位于步带沟中骨板的外面,辐管向两侧伸出成对的交替排列的侧管,侧管末端膨大,穿过腕骨板向内进入体腔形成坛囊,坛囊的末端形成管足进入步带沟中,管足司运动或吸附。

根据其结构、骨板构造和生活方式等,可以划分为有柄亚门和游走亚门。其中,有柄亚门在生活史上至少有一个时期具固着用的柄,可分为海百合纲、海林檎纲和海蕾纲,而游走亚门在生活史上完全没有一个具固着作用的柄,可分为海星纲、蛇尾纲、海胆纲和海参纲等。海百合纲化石极为丰富,可形成海百合茎灰岩。

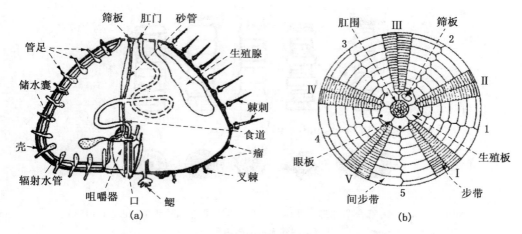

图1-5-38　海胆内外部构造与顶系(据何心一等,1993)

(a)现代海胆 *Echinas*,口肛向切面,示内部构造;(b)胆壳构造,顶面观察

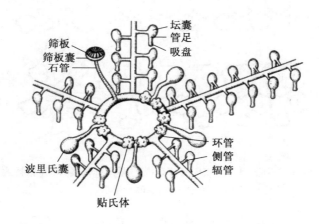

图1-5-39　海星的水管系统(据 Ruppert 等,2004)

(二)棘皮动物门的硬体构造

由于海百合纲和海胆纲的化石相对其他纲稍多一些,本书主要介绍它们的硬体构造。

1. 海百合纲

海百合身体结构辐射对称,很像百合花,故名,在地史时期曾几度繁盛,尤其是在石炭纪、二叠纪最繁盛。海百合硬体可分为冠部(萼、腕)、茎部、根部三部分,茎长短粗细不一,长可达数米,由一系列钙质茎环连接而成。茎环呈圆形、椭圆形或多边形。茎环中央穿孔,孔多为圆形、方形、五角形等,茎环上下有放射状或齿纹状,是肌肉纤维附着处,使茎环紧密相连(图1-5-40)。茎底有时生根,形状不一。

萼是冠部的主体,由底板及辐板各5块组成,底板也可减为三块,较高级类型在底板下方增加一圈内底板,这称为双环海百合,与之相对的是无内底板的单环海百合(图1-5-41)。

萼的口面,有的具萼盖,将口孔食物沟等覆盖于内,萼盖由若干小盖板组成。腕由许多腕板组成,位于辐板上,单列或双列,腕分叉或不分叉,分叉方式不一。

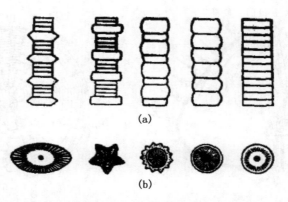

(a)

(b)

图 1 – 5 – 40　海百合茎部形态及单个茎环类型（据 Shrock 和 Twenhofel, 1953）

(a) 纵切面；(b) 横切面

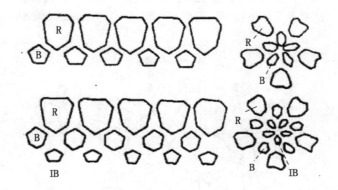

图 1 – 5 – 41　单环海百合（上）与双环海百合（下）萼板排列展开图（据杨遵仪等, 1957）

R—辐板；B—底板；IB—内底板

2. 海胆纲

海胆为自由移动的棘皮动物，壳体多为球形、扁球形或心形，由钙质骨板紧密结合而成，壳体骨板多数辐射对称，少数两侧对称。口面向下，水管径向生长。

胆壳可分为冠部、口围、肛围和顶系，口位于腹方，肛门位于背面。冠部由步带及间步带各五条组成，每条步带上具有 2 至 20 排步带孔板，其上有孔，为水管管足通过之处，每条间步带则有 1～14 排间步带板，板上无孔。口围圆形至多边形，位于口面中央或移至前方，口围中可具咀嚼器（5 个牙齿）；肛围在顶系以内，由小板及薄片层组成；顶系由眼板及生殖板各 5 块组成，眼板较小，其上有感光小孔，生殖板较大，上有生殖孔，其中的一个生殖板为筛板（图 1 – 5 – 38）。

根据壳形和对称性质可分为规则海胆亚纲和不规则海胆亚纲，规则海胆亚纲呈球形或扁球形，步带呈辐射状排列，而不规则海胆亚纲多呈心形或扁卵圆形，两侧对称。

（三）棘皮动物的生态和地史分布

棘皮动物全部海生，能适应于各种温度和水深，可从潮间带到深海海沟，多生活于氧化水体中，为窄盐性生物，接近于正常海水盐度（35‰）。棘皮动物营固着或暂时固着生活，少数营浮游生活，自由活动类型能够缓慢移动。

现代海百合多生活于深海中,而古生代和中生代的海百合因常与浅海相的珊瑚、腕足类共生,指示它们是浅海生物。古生代海百合常成堆聚集在岩石中,但完整保存下来的较少,有时茎干大量堆积,且定向排列,表明经过水流搬运,不是原地埋藏。而海胆由于没有柄或茎,推测海胆可能是营海底自由移动方式生活。

棘皮动物门始现于早寒武世,为海百合的早期祖先类型,古生代以海百合纲的繁盛为主,晚古生代也有较丰富的海蕾和海参。海蕾在二叠纪末期灭绝;三叠纪开始至今,海参进入繁盛期;侏罗纪以来,海胆、海星、海参极为繁盛。

第六节　腕足动物门

一、概述

腕足动物门(Brachiopoda)是一类底栖固着生活,单体群居,具体腔、触手环,不分节,身体两侧对称的海生无脊椎动物。大小一般 3 ~ 8cm,最大可达 40cm。腕足动物软体外面有两片外套膜和由外套膜分泌形成的两瓣大小不等的钙质或几丁磷灰质的外壳。腕足幼虫约有几天至几周的浮游期,浮游期长者可以漂移较远的海域。幼虫沉落水底后产生胚壳并以肉茎附着于海底生活,也有的肉茎退化以次生胶结物或壳刺固着于海底,或自由躺卧。其为滤食性生物,摄食器官是纤毛腕,双壳开启时海水流进腕腔内,把新鲜的海水带来的微生物和有机碎屑等沿纤毛腕上的细沟引入口中,故名。

现代生活的腕足类约有 100 属 300 余种,但在地史时期相当繁盛,已描述的约有 3500 属33000 种,最早出现于寒武纪早期,古生代是其最盛时期,中生代起大大减少,一直延续到现在。

二、硬体的基本特征

(一)壳体定向与度量

腕足动物是由大小不等的两壳组成,每瓣壳的本身是左右对称的,一般较大的壳为腹壳(茎壳),另一较小壳为背壳(有时背壳也可以大于腹壳),喙的下方有肉茎伸出的小孔称为肉茎孔。最早分泌的硬体部分呈鸟喙状称壳喙,背腹壳均具壳喙,一般腹喙较大、明显,背喙较小。喙的一方为后方,边缘为后缘,相对的一边即壳体可以自由开关的一方为前缘。壳体两侧为侧缘。有铰腕足类壳面对称中心宽阔的隆起称为中褶(中隆),如果是凹槽称为中槽,中褶通常位于背壳上,中槽位于腹壳上;无铰腕足类壳面上没有中槽或中褶。

壳体长度是从后缘的壳喙到前缘之间的最大距离;两侧缘之间的最大距离为壳宽,背壳与腹壳之间的最大距离为壳厚(图 1 – 5 – 42)。

(二)壳体外形

腕足动物壳体的外形主要通过正视、侧视、前视来观察描述。(1)正视:从背壳或腹壳方向来观察壳体轮廓(背视或腹视),常见的有圆形、长卵形、三角形、五角形、横方形、方形、横椭

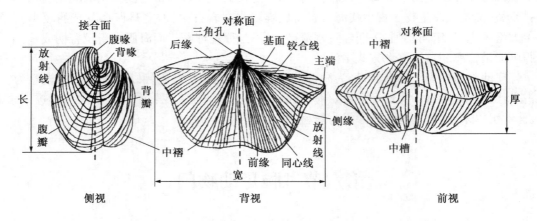

图 1 - 5 - 42　腕足动物外壳形态构造（据杨遵仪等，1957）

圆形等（图 1 - 5 - 43）；(2)侧视：从侧缘的方向观察壳体凸度，依据两壳凸凹程度，一般可以分为双凸形、平凸形、凹凸形、凸凹形、双曲形（颠倒形）等（图 1 - 5 - 44），侧视壳形描述中的前一个字代表背壳特征，后一个字代表腹壳特征，其中双曲形的幼年壳为凹凸形，成年壳变为凸凹形；(3)前视：从前缘方向观察前缘结合缘的变化，前缘结合线近直线称直缘型，中槽在腹壳，中褶在背壳则在结合缘形成褶曲的线为单褶型，若中槽在背壳，中褶在腹壳则在结合缘形成单槽型前缘。有些类型中槽、中褶上还有次一级的槽、褶，即由单槽、单褶型演化出其他类型（图 1 - 5 - 45）。

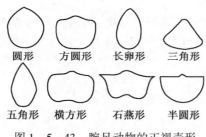

图 1 - 5 - 43　腕足动物的正视壳形
（据郭宝炎等）

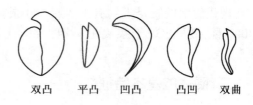

图 1 - 5 - 44　腕足动物的侧视壳形（据武汉
地质学院古生物教研室，1980）

（三）外部构造及壳饰

腕足类壳喙附近壳面凸起最大的部分称为壳顶，两壳开闭时的接触线称铰合线，其二端称主端，主端圆或方，或伸展成翼状。自壳喙向两侧延伸至主端的壳面称为壳肩，呈棱脊状的壳肩又叫喙脊。壳肩与铰合线包围的三角形壳面称基面（铰合面），通常腹基面较发育，背基面很小或不发育。基面可平可曲，大小不一。腹喙铰合面上的圆形或椭圆形孔为茎孔，是软体肉茎伸出之处，有些腕足类由于肉茎在成年期退化而无茎孔。铰合面中央呈三角形的孔洞称三角孔，在

直缘型

背瓣
腹瓣

单槽型　　单褶型

内褶型　旁褶型　内槽型　旁槽型

下褶型　　上槽型

图 1 - 5 - 45　腕足动物两壳前结合缘
的变化类型（据王钰，1966）

背壳上称为背三角孔,腹壳上为腹三角孔。三角孔经常部分或全部被覆盖,覆盖物有两种,单个三角形板称三角板,若有两块板,中间可见两板的结合线,称三角双板。

除少数壳面平滑无壳饰外,大多有壳饰,可以将壳饰分为三种类型。(1)同心状纹饰:在壳体增长过程中,受季节昼夜等的变化导致生物生长速率的变化所形成的。根据壳饰的粗细可以分为同心纹、同心线、同心层和波状起伏的同心皱;(2)放射状纹饰:自壳喙附近向前缘和侧缘放射的壳饰,根据粗细可以分为放射纹、放射线和放射褶。有时同心状纹饰和放射状纹饰相交形成网状纹饰;(3)刺状壳饰:某些腕足类特别是长身贝类,其壳表具有各种突起,较短的为刺,长的为针,刺针的残留物或不发育的刺状突起,细的称壳粒,粗的叫壳瘤。

(四)内部构造

腕足类铰合构造由铰齿和铰窝构成,腹三角孔的前侧角上各有一个为铰齿,背壳上对应的部位是一对铰窝(牙槽),铰齿下沿三角孔的侧缘有一对向下延伸有支板称齿板。齿板有时相向延伸联合成一个匙状物,称为匙形台(匙板)。匙形台底悬空,或有一个沿壳中线延伸的支板所支持,这种支板称为中隔板。由一个中隔板支持的称为单柱型匙形台,由一个双板型中隔板支持的为双柱型匙形台。与齿板相对应,在背壳铰窝下也有支持的铰窝支板。腕足类背三角孔后端中央有一个凸起称为主凸起,是开壳肌在背壳上的附着处。

腕足动物纤毛腕的支持构造是腕骨,腕骨附着生长于腕基之上,腕基是位于背三角孔两个前侧角的凸起,其下方可有腕基支板。腕骨可以分为三种:(1)腕棒:自腕基向前伸出的短棒状或镰刀状构造;(2)腕环:腕环向前延伸连接成环带状;(3)腕螺:自腕棒向前作螺旋状延伸形成,腕螺主要有螺顶指向主端的石燕贝型、螺顶指向两侧的无窗贝型和螺顶指向背方的无洞贝型三种(图1-5-46)。

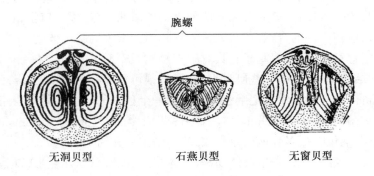

图1-5-46　腕骨类型示意图(据王钰等,1966)

三、分类、生态和地史分布

传统上,根据壳质成分、铰合构造及腕骨有无等特征,腕足动物门可以分为无铰纲和有铰纲。无铰纲壳质多为几丁磷灰质,少数为钙质,无铰合构造,有铰纲壳为钙质,具铰合构造。

现代腕足动物种类已经不多,都固着底栖生活在近35‰的正常盐度、避光、安定的环境中,以温带200m左右的浅海中最为集中,并常成群聚居在一起,少数种类能忍受不正常的盐度。但中生代以来发现它们与某些深水生物共生。腕足动物生活方式主要是固着和自由躺卧,固着生活的大都以肉茎固着于坚固的物体上,或以肉茎营潜穴生活,有的除了肉茎外,还有茎丝辅助肉茎固着,有的以后缘刺锚在海底,有的以基面楔入泥沙中;自由躺卧生活的一般幼年时有肉茎,成年时退化,以腹壳自由躺卧,或以腹壳的刺支撑,还有的以腹壳胶黏在硬物体上。由于生活方式的不同,不同种类的腕足类对基底有一定的要求。一般在沙底、岩底、碎砾和黏土泥底都有分布,但穴居的喜欢沙质底,固着生活的喜欢岩底和有碎砾、碎壳的海底,自由躺卧或用刺固着的喜欢泥质海底。因此是很好的指相化石。

在整个地史时期中,腕足类有三个繁盛期。化石始现于早寒武世,多数为无铰纲,有铰纲少;奥陶纪是腕足类发展的第一个繁盛期,有铰纲占绝对优势;志留纪相对衰退,到泥盆纪腕足类进入了第二个繁盛期,有铰纲大发展,但到泥盆纪晚期有些衰退;石炭纪和二叠纪是腕足类最末一个繁盛期,二叠纪末开始急剧衰退。进入中生代虽然还有一些类别数量较多,但已明显进入衰退期,新生代只剩下少数属种。

第七节　半索动物门

一、概述

半索动物(Henichordata)又称隐索动物(Adelochorda),是一类种类很少的小型海生无脊椎动物,这个动物门比较特殊,是介于非脊索动物与脊索动物之间的过渡类型。

半索动物门的主要特征是身体前部具有原始的背神经脊索,是背神经管的雏形,并在消化管前端具有鳃裂,为呼吸器官;口腔背面向前伸出一条短的盲管,称为口索,它可能是脊索的前身,有人认为这是最初出现的脊索,还有人认为它相当于未来的脑垂体前叶。半索动物曾作为一个亚门,归属于脊索动物门,但基于它具有腹神经索及开管式循环,肛门位于身体的最后端等非脊索动物的结构,而且根据一些研究报告,口索很可能是一种内分泌器官,和脊椎动物的脊索不是同源器官,目前多数学者把半索动物作为一个独立的门。半索动物门分三个纲,肠鳃纲(Enteropneusta)和翼鳃纲(Pterobranchia)是两类现生类型,笔石纲(Graptolithina)为一类已绝灭类型。因笔石纲化石很多且地层意义大,故本书主要介绍笔石纲。

笔石纲是一类已经绝灭的海生群体动物,个体很小,通常只有几毫米,以胞管作为栖息所。由于其分泌的几丁质($C_{15}H_{26}N_2O_{10}$)的骨骼升馏作用后被压扁,在岩石表面保存碳质薄膜化石,好像铅笔写上的象形文字,因此而得名。

二、笔石纲的硬体构造

笔石纲分六个目,化石较常见的就是树形笔石目和正笔石目(图1-5-47),为单枝或多枝状。树形笔石目笔石枝多,不固定,规则或不规则,枝间有横向连接构造,称横耙,呈树枝状或丛状。具有正胞管、茎胞管(茎系)和副胞管三种胞管。正笔石目笔石体枝数少,不同种类笔石枝数量固定,仅有一种正胞管,胞管排列有单列、双列、四列等,个别还有三列式。笔石的硬体构造主要由胎管、胞管、笔石枝、笔石体和笔石簇构成。

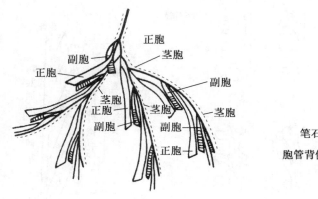

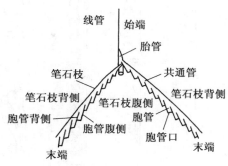

图 1 - 5 - 47　树形笔石和正笔石形态及构造(据穆恩之等,1960;武汉地质学院古生物教研室,1980)

(一)胎管

　　胎管是笔石的第一个个体最初分泌形成的圆锥形外壳,是笔石体生长发育的始部,每个笔石群体只有一个胎管。一般开口朝下,尖端朝上。胎管由基胎管(原胎管)和亚胎管两部分组成(图 1 - 5 - 48),基胎管为胎管的尖端部分,表面常具螺旋状纹饰,近口端部分为亚胎管,表面常具平行于口缘的生长线。在亚胎管一侧由管壁中生出一条长而直的刺,其方向与胎管的延长方向一致称为胎管刺,沿亚胎管口缘横向延伸形成口刺。在基胎管尖端反口方向延伸出一条纤细的线状管,称为线管。正笔石目的有轴笔石亚目,其线管硬化,称为中轴。

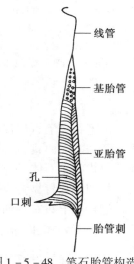

图 1 - 5 - 48　笔石胎管构造
(据孙云涛等,1957)

(二)胞管

　　胞管是笔石体的基本单位,第一个胞管是由胎管侧面的一个小孔出芽生出,这个小孔称芽孔,芽孔既可以位于基胎管也可位于亚胎管上,胎管是虫体的管状住室,是笔石体的外壳,也是笔石鉴定的主要依据。树形笔石的正胞管较大,副胞管较小,它们均向外开口,茎胞管将它们连接在一起规则地发育成为枝体(图 1 - 5 - 47)。正笔石的虽然只有正胞管,但其胞管形态复杂多样,或直或弯或褶皱,可分为十种类型(图 1 - 5 - 49),是分类的重要依据。

(三)笔石枝

　　成列的胞管构成笔石枝(图 1 - 5 - 50),每个笔石枝上,胞管口所在的一侧为腹侧,相反的一侧为背侧。笔石枝上靠近胎管的一端为始端,远离胎管不再增长的一端为末端。正笔石目的笔石枝的背部有连通各个胞管的管状构造,称为共通管(沟),它起着类似于树形笔石的茎胞管的作用。每个胞管的共通管一侧为背侧,相对一侧为腹侧,相邻两胞管间有重叠,重叠程度随种类不同而有区别。

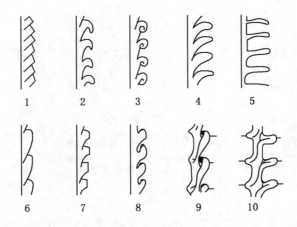

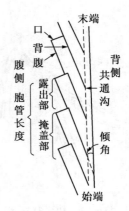

图 1－5－49　正笔石目胞管形状(据何心一,1993)

1—均分笔石式,直管状;2—单笔石式,胞管外弯,呈钩状;3—卷笔石式,
胞管向外弯曲,呈球状;4—半耙笔石式,胞管向外扩展,大部分孤立,呈
三角形;5—耙笔石式,胞管孤立,呈耙形;6—纤笔石式,胞管腹缘作波状
曲折;7—栅笔石式,胞管强烈内折,具方形口穴;8—叉笔石式,胞管口部
向内转曲;9—瘤笔石式,形成背褶,口部内转,腹褶弱;10—中国笔石式,
形成背褶及柱状腹褶

图 1－5－50　笔石枝构造
(据何心一,1987)

正笔石目笔石枝都有一定的生长方向,以胎管尖端向上,口部向下为基准,可以分为下垂式、下斜式、下曲式、平伸式、上斜式、上曲式、上攀式七种类型(图 1－5－51)。下垂式、下斜式和下曲式的笔石体,笔石枝彼此以腹侧相对;上斜式和上曲式的笔石体,笔石枝彼此以背侧相对。数列胞管背靠背或以枝的侧面相靠沿中轴攀合,称为上攀式。

笔石枝上只有一列胞管称为单列式;两个笔石枝攀合生长成一枝时,笔石枝上具有两排胞管车称为双列式;四个笔石枝攀合,笔石枝四侧均有胞管称为四列式。

(四)笔石体和笔石簇

由一枝以上的笔石枝构成笔石体,正笔石目的笔石体有一个到数十枝笔石枝不等,各类笔石体的数量是一定的,有较强规律。树形笔石目笔石体分枝复杂,一般呈树枝状、网状或羽状。许多笔石体聚在一个浮胞上,以中轴相连形成的综合体称为笔石簇(图 1－5－52)。

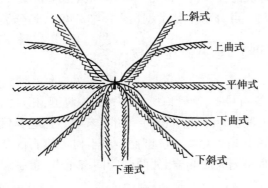

图 1－5－51　笔石枝生长方向的综合表示

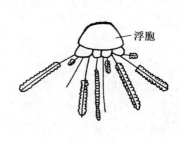

图 1－5－52　一个笔石簇(据杜远生等,1998)

三、演化趋势

笔石体的演化趋势是：总体上来说，正笔石类以笔石体的简化为主流，但有些类别由于侧枝的增多，次枝、幼枝的发生，笔石枝增多而变得复杂。原始的正笔石是由树形笔石演化而来的，笔石枝较多。从早奥陶世到早泥盆世各类笔石体中笔石枝由多逐渐减少，笔石体趋于简化，最后，一个笔石体只有一个笔石枝。

笔石枝生长方向变化趋势是：从早奥陶世开始，笔石枝的各种生长方式均已经存在，但总的趋势是下垂、下斜式→平伸式→上斜式、攀合式；到中志留世，双列攀合式最后消失，只存在单列式。

胞管形态变化趋势是：总体上来说是由简单变为复杂。较原始的胞管都是直管状的，早奥陶世胞管发生褶曲；中、晚奥陶世胞管向内弯曲；志留纪笔石的胞管都是向外弯曲的，有的变为孤立。

四、生态和地史分布

笔石动物都为海生，其生活方式有底栖固着和漂浮两种，树形笔石有类似茎、根及底盘的结构，因此大部分固着底栖生活，常与三叶虫、腕足、珊瑚类化石保存在黄色、黄绿色等页岩、泥岩、粉砂岩中，代表正常浅海环境，属于混合相。在碳酸盐岩中也可以有少量笔石化石保存，但有许多介壳化石，也代表正常浅海环境，称为介壳灰岩相。正笔石目及一小部分树形笔石胎管明显，具有线管或中轴，末端有浮胞，浮游生活，一般沿岩层面大量地被保存在黑色页岩中，很少或完全不保存其他类别的化石，含有较多碳质和硫质成分，常见黄铁矿，代表一种较深水缺氧的滞留还原环境，称为笔石页岩相。正笔石目笔石特征明显，演化迅速，分布广，是重要的标准化石和指相化石。

笔石动物始现于中寒武世，树形笔石在中、晚寒武世及早奥陶世较多，早石炭世绝灭。正笔石目始现于寒武纪末期，奥陶纪极为繁盛，志留纪开始衰退，早泥盆世末绝灭。

正笔石目在地质历史上分布有一定的规律，可简单划分为四个阶段：(1)早奥陶世早期，以多枝的树形笔石为主；(2)早奥陶世中至晚期，以八枝到二枝的正笔石为主，其次有单枝双列的正笔石，除个别正笔石的胞管发生褶皱外，绝大多数正笔石胞管都是直管状的；(3)中奥陶世至晚奥陶世，以二枝的正笔石最为丰富，其次为单枝双列正笔石，绝大多数正笔石的胞管都是内弯的；(4)志留纪至早泥盆世只有单枝双列的正笔石，胞管外弯状，甚至呈孤立状。

第八节　分类位置未定的化石——牙形石

一、概述

牙形石（Conodonts）又名牙形刺，是一类已经灭绝的海相动物骨骼器官的微小组成部分，其外表形似齿状，故命名为牙形石，其生物分类位置至今尚未解决。牙形石大小一般在 $0.1 \sim 0.5mm$ 之间，最大可达 2mm。牙形石颜色可呈琥珀褐色、灰黑色或黑色、浅灰色等，透明或不透明。化学成分主要为磷酸钙,质地坚硬,不溶于弱酸。

自寒武纪至三叠纪各种海相地层中均有牙形石的发现,因其形体微小、种类繁多、演化迅速而分布广泛,对于地层划分对比和油气地质勘探极为重要。

二、牙形石的形态构造

牙形石是某种海生动物的骨骼器官,组成骨骼器官的微小分子的形态各不相同,种类繁多,通常呈分散状态保存。分离的牙形石骨骼分子的形态类型主要有单锥型、分枝型、耙型和梳型。

(一)单锥型

形如牛角或呈弯曲的齿状,这种牙形石由齿锥(也称主齿)和基部两部分组成(图1-5-53)。齿锥是一个向尖顶逐渐变尖的弯曲的齿状锥,齿锥表面光滑或饰以纵向的脊线、沟线、肋等,其横切面呈现各种形状,如菱形、透镜形、圆形、近三角形、不规则形等。基部与齿锥紧密相接,常常明显放宽,内有一个大小不一、深浅不等的圆锥形凹穴,称为基腔或髓腔。重要化石代表有 *Drepanodus* Pander,1856(镰刺);*Oistodus* Pander,1856(箭刺);*Panderodus* Ethington,1959(潘德尔刺)。

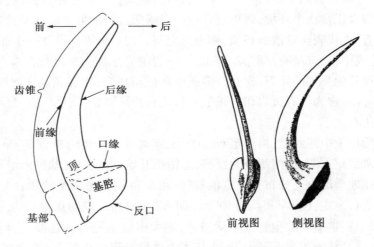

图1-5-53 单锥形分子的形态和构造术语(据童金南和殷鸿福,2007)

(二)分枝型

分枝型又称齿棒状分子,至少在基部的侧面或者基部边缘的一面从主齿的侧方、前方或后方伸出的一个齿突,齿突上具细齿(图1-5-54)。每个分枝型分子都具有两个基本的部分,即基部和主齿。基腔的大小及其范围变化较大,多为亚圆锥形的凹穴。重要化石代表有 *Ligonodina* Bassler,1925(锄刺);*Ozarkodina* Branson and Mehl,1933(奥泽克刺)。

(三)耙型

外形与单锥型分子相似,但在主齿后缘发育1个至数个细齿(图1-5-55)。耙型分子侧扁,两侧不对称,基腔深,后缘有明显的"踵",在踵和主齿尖端之间有多个细齿。

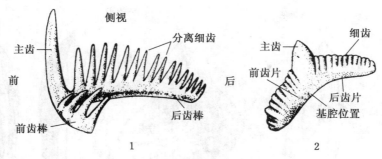

图 1 – 5 – 54　分枝型分子代表形态（据 Hass，1962）

1—内侧图；2—侧视图

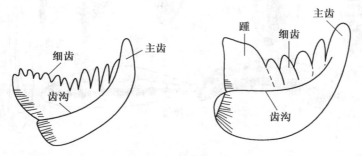

图 1 – 5 – 55　耙型分子形态图（据童金南和殷鸿福，2007）

（四）梳型

　　一类类似于分枝型分子，从主齿延伸出 1～4 个以上的齿突，但齿突比分枝型分子齿突高，细齿较窄、愈合；另一类是基部扩大而成平台状，刺体由平台和齿片组成（图 1 – 5 – 56）。齿片位于平台型刺体窄的一端，齿片上的细齿较高，排成一列。细齿延伸到平台上时，这列细齿往往不高，称为隆脊。平台上还可具有横脊、齿瘤等装饰。平台的下面有基腔，有的类型基腔很小呈坑状称为基坑或凹窝。在平台的下面有一条突起称为龙脊，与平台上的隆脊相对应。其化石代表有 *Gondolella* Stauffer and Plummer，1932（舟刺）；*Icriodus* Branson and Mehl，1938（贝刺）；*Palmatolepis* Ulrich and Bassler，1926（蹼鳞刺）；*Polygnathus* Hinde，1978（多颚刺）。

三、牙形石自然群集

　　牙形石一般以单个的、分离的形式保存为化石，但有时在岩层面上能观察到不同形态的牙形石分子有规律地成对成行地排列在一起，形成牙形石骨骼分子组合，这种组合是牙形石动物器官的一种支持构造，这种牙形石化石的集合体称为牙形石的自然群集（natural assemblage）（图 1 – 5 – 57）。自然群集中的牙形石骨骼分子成镜像对称排列，群集包含多种不同的形态分子，一个牙形石器官属一般由以下几种分子所组成，即 M 型分子、S 型分子和 P 型分子。目前，世界上发现的群集标本数量很少，已知的群集标本多见于泥盆系、石炭系和三叠系，而以石炭系黑色页岩中最多，可能与静水还原环境有关。群集的研究为牙形石的自然分类提供了基础。

四、牙形石的分类位置

　　关于牙形石的分类归属问题，不同学者之间分歧很大。20 世纪 70 年代有人在美国蒙大

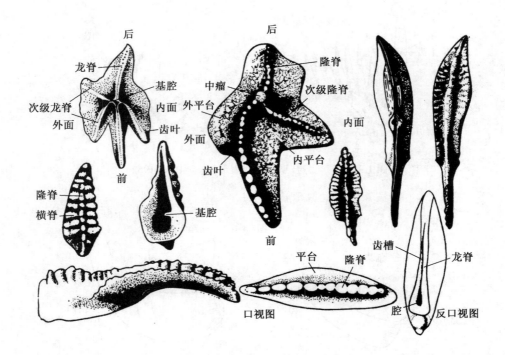

图 1 - 5 - 56 梳型分子形态和结构图(据 Hass,1962; Lindstrom,1964; 王成源等,1978)

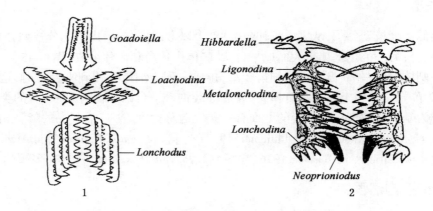

图 1 - 5 - 57 牙形石的自然群集(据 Rhodes,1962)

1—*Illinella*;2—*Duboisela*

拿州下石炭统熊溪灰岩中发现外形像文昌鱼的软体印痕标本,在其腹部发现成堆的牙形石化石。据此他们把这种含牙形石类的动物定名为牙索动物亚门,归入脊索动物门。20 世纪 80 年代有人在苏格兰爱丁堡北部下石炭统格兰顿砂岩的纹层灰岩夹层中发现另一种动物的软体印痕,在其头部发现三个牙形石群集(图 1 - 5 - 58),他们把这类动物命名为牙形石动物门。近年来,有关牙形石分类归属问题的研究又有新的进展。英国学者 Sansom、Donoghue 以及北京大学董熙平等通过牙形石比较组织学的研究为牙形石与脊椎动物的亲缘关系提供了新的证据,认为牙形石是脊椎动物的一个姊妹群。因此本书将牙形石放在半索动物门之后介绍。

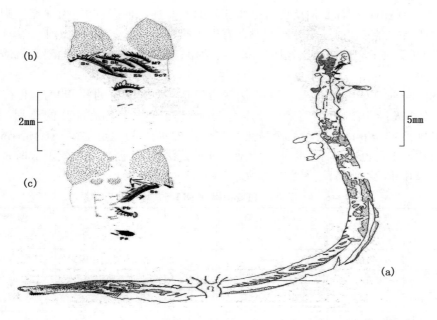

图 1 − 5 − 58　苏格兰爱丁堡北部下石炭统发现含牙形石群集的动物软体印痕

（据 Eriggs，Clark，Aldridge，1983）

（a）纵切面；（b）（c）横切面

五、牙形石的地史分布及生态

　　牙形石广泛分布于世界各地，自寒武纪至三叠纪末各种海相地层中均有发现。目前已知最早的牙形石类见于中寒武世。奥陶纪是牙形石第一个鼎盛时期，早期以单锥型牙形石为主，中、晚期出现较多的分枝型和梳型牙形石。泥盆纪是牙形石的又一个繁盛期，以梳型分子占优势。石炭纪牙形石与泥盆纪有较大区别，锥形分子近于灭绝。二叠纪牙形石类数量减少，但三叠纪有所回升，以分枝型占优势，平台型减少。三叠纪末牙形石类完全消失。总体上，不同时期牙形石的演化较为迅速，组合面貌有着明显的差异，分布较为广泛，是地层划分和对比的良好的标准化石。

　　牙形石可以与许多海生动物门类化石共生，但丰度各异。一般而言，牙形石在与头足类化石鹦鹉螺、菊石类和鱼类化石碎片共存的地层中含量丰富；在含小腕足类、双壳类、腹足类、三叶虫、海百合茎、笔石的岩层中也有一定的含量；但在含层孔虫、礁状珊瑚、大腕足类和介形类的石灰岩中则含量较少。由于牙形石类在古生代的海相地层中广泛分布，长期以来被认为是远洋浮游动物。近年来逐渐认识到有许多牙形石类别对海水深度、盐度和温度等有一定的要求。古生代各时期牙形石类的地理分布表明，平行于古赤道的地区，化石特别丰富。奥陶纪的牙形石类在北半球可以划分为两个主要动物区：北美—中部大陆区和安加拉—斯堪的纳维亚区，两大动物区的化石种差别很大。牙形石类对营养要求不同，其分布能反映不同的生态环境。在深水沉积中，由于营养的贫乏，牙形石类稀少或不存在。

六、牙形石的色变及其应用

　　未经变化的牙形石颜色主要是琥珀褐色、灰色或淡黄色。据近年来的实验研究证实，地史时期的牙形石随着埋藏时间和深度的增加，受温度的影响越大，它的颜色随地层变质而有各种各样的变化。颜色由浅变深是由所含有机质变质的不断加深而引起的;由深变浅则是由于去碳化作用的结果。温度和时间是牙形石所含有机质变质深浅的主要控制因素。由于牙形石色变是不可逆的,反映了它所在地层经历的最大古地温,因此,是碳酸盐岩地层有机质热变质作用的良好指标。

Anita 和 Harris 在研究牙形石色变的深浅程度时,根据颜色的深浅将牙形石色变指标(CAI)划分为 8 级,各级颜色以门塞尔土壤色为标准,它们之间均有明显的差别(表 1 – 5 – 1)。根据 CAI 值,G. Epstein 建立了接触空气热效应 CAI 值的阿里尼厄斯(Ahrrenius)坐标。利用 CAI 值和阿里尼厄斯坐标可以求得古地温和埋藏深度,从而估算油气形成时古温度的上限,这对油气勘探以及远景评价具重要意义。

表 1 – 5 – 1　牙形石色变指标(CAI)与古地温对应关系

CAI	颜色	温度范围,℃	CAI	颜色	温度范围,℃
1	浅黄色	<50 ~ 80	5	黑色	300 ~ 480
1.5	很淡的褐色	50 ~ 90	6	中度暗灰色—中度灰色	360 ~ 550
2	褐—深褐色	60 ~ 140	7	极度灰色—白色	490 ~ 720
3	深灰褐色—紫褐色		8	无色透明晶体	>600
4	黑褐色—黑色	190 ~ 300			

第九节　脊索动物门

脊索动物门由低级到高级大致包括三个亚门,即尾索动物亚门、头索动物亚门和脊椎动物亚门。其中,后者最高级,包括最具智慧的人类。

一、概述

(一)脊索动物门的主要特征及分类

脊索动物门(Chordata)是动物界中最高等的类群,其结构复杂,形态及生活方式极为多样。脊索动物门主要特征:(1)身体背部具一条富弹性而不分节的脊索支持身体,低等的种类脊索终生保留,有的仅见于幼体,而多数高等种类只在胚胎期保留脊索,成长时即由分节的脊柱(脊椎)所取代;(2)具背神经管,位于身体消化道的背侧,脊索(脊柱)位于其下方;(3)具咽鳃裂,水生脊索动物终生保留鳃裂,陆生脊索动物仅见于胚胎期或幼体阶段(如蝌蚪)(图 1 – 5 – 59)。

脊索动物门包括三个亚门,即尾索动物亚门、头索动物亚门和脊椎动物亚门。其中脊椎动物为脊索动物中最高等的一类,脊索仅在胚胎发育过程中出现,随即被由若干单个脊椎骨组成的脊柱所取代,故名脊椎动物。

(二)脊椎动物亚门的特征及分类

1. 脊椎动物的主要特征
脊椎动物身体有头、躯干和尾的分化,故又称有头类。多数种类中,脊索只见于个体发育

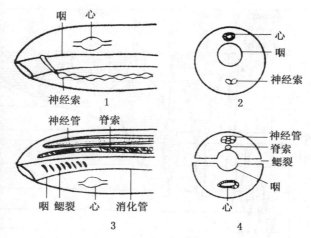

图1–5–59 脊椎动物与无脊椎动物的比较（据惠利惠，1958）

1、2—无脊椎动物体的纵切面和横切面；3、4—脊索动物体的纵切面和横切面

的早期，以后即为脊柱所代替。躯干部具附肢（偶鳍或四肢），有少数种类附肢退化或消失。除无颌纲外，均具备上、下颌。此外，具有完善的中枢神经系统，位于身体背侧，其前端发育为大脑；循环系统位于身体腹侧；具内骨骼。

2. 脊椎动物亚门的分类

脊椎动物分类有不同的划分方案。本书采用 Romer（1966）在《古脊椎动物学》一书中的分类，把脊椎动物亚门分为两个超纲、九个纲（图1–5–60、图1–5–61）。

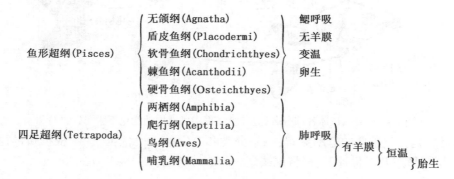

图1–5–60 脊椎动物亚门的分类

Romer 提出的分类方案在纲的划分上是目前多数人所同意的，只是在超纲一级的划分上，未能体现出无颌类与有颌类两类大的进化阶段。

二、鱼形动物超纲

（一）鱼形动物的一般特征

鱼形动物（Pisces）包括全部水生、冷血、鳃呼吸、自由活动的脊椎动物。它们的身体多呈纺锤形，不具五趾的肢骨而具发育的鳍。其中背鳍、臀鳍和尾鳍不成对，位于身体的对称面上，统称奇鳍。胸鳍及腹鳍成对，在身体左、右两侧，统称偶鳍。鳍内有骨质棘，称鳍棘。鳍在身体的部位及相互关系，鳍刺及鳍条的排列情况，对鉴定鱼类化石有重要意义（图1–5–62）。

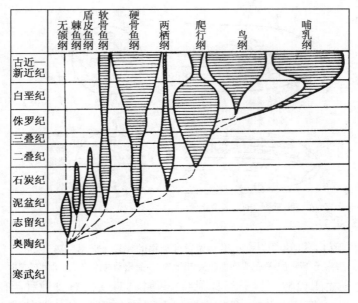

图 1 - 5 - 61　脊椎动物亚门各纲地史分布(据 Colbert,1980)

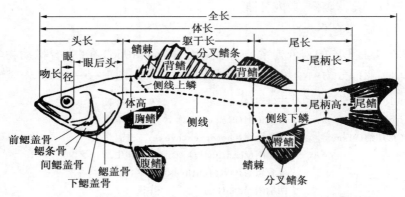

图 1 - 5 - 62　鱼体各部分名称及度量(据中国脊椎动物化石手册,1979)

（1）尾鳍:是鱼类重要的运动器官,也是分类和鉴定的重要依据之一,根据鱼的尾部脊柱延伸状况、尾鳍形态及对称性等,可将尾鳍划分为 6 种类型(图 1 - 5 - 63)。

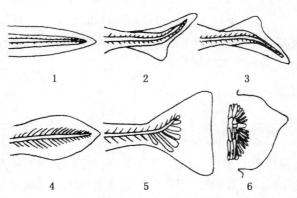

图 1 - 5 - 63　尾鳍类型(引自武汉地质学院,1980)
1—原尾;2—歪尾;3—倒歪尾;4—对生尾;5—正形尾;6—桥尾

（2）鳞：多数鱼类体表披鳞，具保护作用，一般可分为 4 种：①盾鳞，外形似盾，基板部分埋于皮层内，尖锥状小棘突露出体外；②硬鳞，多为菱形，厚板状，表面具珐琅质层；③圆鳞，为骨质鳞，表面无珐琅质，可见同心状生长线纹；④栉鳞，也是一种骨质鳞，只是鳞片表面具小棘，后缘具小锯齿（图 1-5-64）。

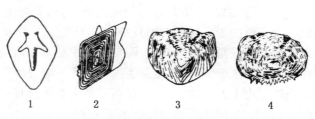

图 1-5-64　鱼鳞类型（据薛德育，1952）
1—盾鳞；2—硬鳞；3—圆鳞；4—栉鳞

（二）鱼类的演化与陆生四足动物的起源

现代的各种鱼类是由盾皮鱼（Placodermi）发展演化而来的。盾皮鱼类化石发现于志留纪后期地层中，繁盛于泥盆系，因具成对鼻孔、颌及偶鳍，从而增强其感觉、取食和运动的能力。国内常见化石有胴甲目的 *Bothriolepis*（沟鳞鱼），该属在中、晚泥盆世全世界广布（图 1-5-65）。泥盆纪时，由于地壳运动，古地理环境发生巨变，原在淡水栖息的鱼类，有的不能适应炎热干涸的环境而逐渐绝灭，也有部分由陆地水域被迫迁居海中。

盾皮鱼的一支演变出早期软骨鱼类，即是淡水鱼类迁至海洋生活的代表。另一支为适应抗旱能力，体内长出一对囊状突起，起原始肺脏的作用，以代替鳃的功能，因此演变为早期的硬骨鱼类。

硬骨鱼纲的肺鱼类、总鳍鱼类的扇鳍鱼类具有内鼻孔及肉质偶鳍，能在环境多变的淡水水域中生活（图 1-5-66）。总鳍鱼类具两个背鳍，胸鳍和腹鳍发达，具内质基，其内支持骨呈叶状排列，眼孔大，具原始两栖类的迷齿型牙齿，歪形尾或原型尾，身披整列骨鳞。总鳍鱼类出现于泥盆纪中期，中生代该类群较多，后趋于绝灭，*Latimeria*（矛尾鱼或拉蒂迈鱼）是该类唯一现生代表，过去认为总鳍鱼类在白垩纪后即已绝灭，但在 1938 年，有人在东非海岸捉到活的拉蒂迈鱼，因而称它为活化石（图 1-5-66）。肺鱼类繁盛于晚泥盆世至石炭纪，现今只有少数代表，生活于非洲、澳洲和南美的赤道地区。肺鱼类内骨骼退化，硬骨不发达，终生有残存的脊索，椎体尚未形成。头骨骨件极为特殊。除鳃呼吸外，还能用鳔代肺呼吸，具有内鼻孔。偶鳍具肉质基，但支持骨为单列式。本亚纲化石代表 *Ceratodus*（角齿鱼），化石多为齿板，中生代地层中常见。

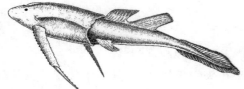

1-5-65　*Bothriolepis*（沟鳞鱼）（据 Stensio，1948）　　　1-5-66　拉蒂迈鱼（转引自何心一等，1993）

过去多认为总鳍鱼类是陆生四足动物的祖先，但近年来新的资料表明，两栖类不一定由总鳍鱼类演化而来，有人重提肺鱼类可能是有尾两栖类的祖先。总之，陆生四足动物的起源问题还未真正解决。

三、两栖纲

两栖纲(Amphibia)最主要的特征是在个体发育过程中幼体以鳃呼吸,无成对附肢,生活于水中,而成年个体则用肺呼吸,具有四肢,但它的肺还不完备,需要靠湿润的皮肤(富于腺体)帮助呼吸。此外,两栖类头骨多扁平,骨片数目较鱼类减少,鳃盖骨化。

两栖纲的进步表现在初步解决了登陆所必须具备的若干条件:(1)有肺,可以在空气中呼吸,但肺不完备,需要靠湿润的皮肤帮助呼吸;(2)具有能支撑身体和运动的四肢;(3)早期两栖类身披骨甲或硬质皮膜来防止水分蒸发,现生种类则靠生活于阴湿处和分泌黏液进行保护。两栖类的出现是脊椎动物进化史上的一件大事,不过两栖类仍然未能真正摆脱水环境,集中表现为在水中产卵,幼体生活在水中,成年后肺和皮肤不够完备。

两栖纲始现于晚泥盆世,繁盛于石炭纪和二叠纪,并一直延续至现代。两栖纲可分为三个亚纲,其中的迷齿亚纲属于原始两栖类。发现于格陵兰晚泥盆世淡水沉积中的鱼石螈(*Ichthyostega*)(图1-5-67)是该类最早期代表。其头骨、脊椎骨、肢骨的形态、基本构造特征以及牙齿的特点均与古总鳍鱼类(*Sauripterus*)相似,两者头骨与肢骨构造可以比较。鱼石螈具五趾形四肢,无鳃盖片等显示了陆生脊椎动物的特点。因此,可以认为鱼石螈为鱼类向两栖类演化的过渡类型。还值得提出的是迷齿亚纲的蜥螈(*Seymouria*),它具有两栖类与爬行类的特点,迷齿型(图1-5-68),头骨具单一枕髁等,有人认为这种两栖动物有可能演变为中生代爬行类,也有人把蜥螈置于爬行纲中的无孔亚纲,因它出现较晚(早二叠世),因此可能是两栖类向爬行类进化中一绝灭的旁支。

图1-5-67　鱼石螈(*Ichthyostega*)(转引自何心一等,1993)

图1-5-68　蜥螈(*Seymouria*)及迷齿型(转引自何心一等,1993)

四、爬行纲

(一)一般特征

爬行动物(Reptilia)区别于两栖动物之处,表现在头骨骨片减少,具一个枕髁。头骨具颞颥孔(图1-5-69)。牙齿大多生于颌骨边缘,多为侧生齿,有的种类为槽生齿,少数仍为端生齿。四肢强大,趾端具爪。体披角质鳞片或具骨板,骨骼全面硬骨化。爬行类比两栖类更为进步之处,就是出现羊膜卵(图1-5-70),使其完全能在陆上进行繁殖,这是脊椎动物进化史上又一次重大变革。

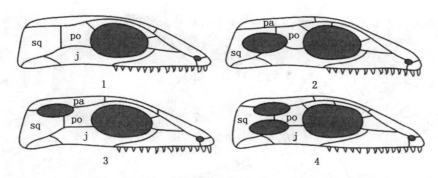

图 1 - 5 - 69　爬行动物颞颥孔(据 Romer,1966)

1—无孔式;2—下孔式;3—上孔式;4—双孔式;j—颧骨;pa—顶骨;po—眶后骨;sq—鳞骨

(二)羊膜卵的形态构造和功能

爬行动物的卵不但具有石灰质的硬壳,可以预防损伤,减少卵内水分蒸发;而且在胚胎发育过程中还产生一种纤维质厚膜,称为羊膜,它包裹整个胚胎,形成羊膜囊,其中充满羊水,使胚胎悬浮在液体环境中,能防止干燥和机械损伤。卵黄可供给胚胎充分的养料,卵内尿囊则可收容胚胎的排泄物。因此,卵内可完成各阶段的胚胎发育。

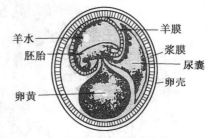

图 1 - 5 - 70　羊膜卵(据周明镇等,1978)

羊膜卵的出现使四足动物征服陆地成为可能,并向各种不同的栖居地纵深分布和演变发展,这是中生代爬行类在地球上占统治地位的重要原因。

(三)爬行动物的分类及地史分布

爬行动物依据颞颥孔的类型(图 1 - 5 - 69)可分为四个亚纲:无孔亚纲、双孔亚纲、上孔亚纲和下孔亚纲。爬行类始现于晚石炭世早期,二叠纪逐渐增多,全盛于中生代,故中生代又称爬行动物时代。尤其是双孔亚纲的蜥臀目和鸟臀目,也就是俗称的恐龙(图 1 - 5 - 71),曾经在中生代显赫一时,因而中生代又称为恐龙时代,恐龙到白垩纪末全部绝灭。现生爬行类仅有四个目,其中只有龟鳖类及蛇蜥类能适应环境而繁衍,种类多而分布广。鳄类只有 8 属,生活于热带及亚热带大河流域及海域。

(四)恐龙的绝灭问题

曾经在中生代显赫一时的恐龙,到白垩纪末全部绝灭,这个问题引起地质学界和人们的广泛注意和兴趣,虽久经争论,仍未真正解决。一般认为在中生代晚期地球上气候变干燥,恐龙不能适应,尤其植物大量减少,威胁恐龙生存。此外,地外因素,如超新星爆炸、宇宙射线增强、陨石雨撞击地球,从而影响植物生长;或因植物产生毒素使恐龙食之慢性中毒而死亡。所有这些假说,均还缺乏有力的证据和充分的说服力。化石记录表明,恐龙绝灭决不仅是地内或地外突然带来的灾难,更不是白垩纪末恐龙同时归于绝灭。事实上,恐龙绝灭现象是在中生代后期相当长的地质历史时期内发生的,各类恐龙的绝灭时期不一,如剑龙亚目在白垩纪初绝灭,蜥脚亚目在白垩纪后期已经减少并最后趋于绝灭。地理和气候环境的巨变,引起食物链的中断和生存环境的破坏,可能是恐龙绝灭直接和主要的原因。

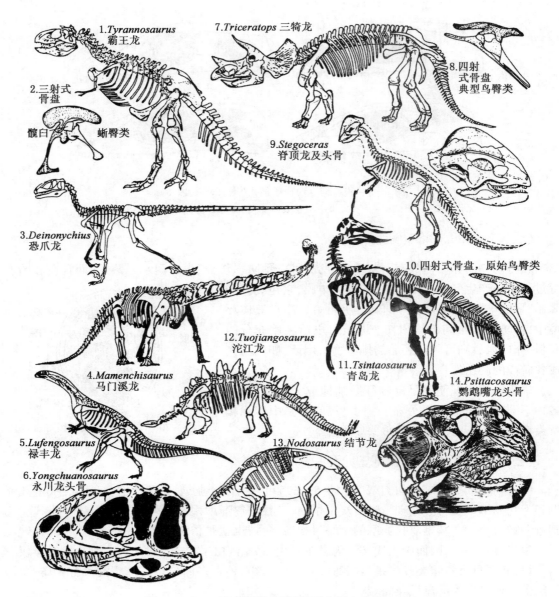

图 1-5-71　恐龙类代表属(转引自何心一等,1993)

五、鸟纲

鸟类(Aves)是对飞行适应最成功的一类脊椎动物。它的主要特征是体表覆以羽毛,有翼,恒温和卵生,骨骼致密、轻巧,髓腔较大,许多部分骨骼愈合,胸骨发达,这些都是鸟类与其他脊椎动物的根本区别。

鸟类起源于爬行动物,但其直接祖先尚未查明。最早的鸟类化石产于德国巴伐利亚索伦霍芬晚侏罗世"索伦霍芬石灰岩"中的始祖鸟(Archaeopteryx)(图1-5-72),其特点是除具有羽毛外,其余骨骼特点均与爬行类一致,如有尾,有牙,前肢末端仍具爪等。现在一般认为始祖鸟不是现代鸟类的直接祖先,只是进化中的一个侧支,真正鸟类的祖先可能出现得更早。我国新疆、甘肃的白垩纪、青海的始新世地层发现过零星的鸟骨化石。1996年,我国辽西侏罗纪地层中采到一块珍稀鸟类化石,取名中华龙鸟,中华龙鸟也同时具有鸟类和爬行类的特点,有人认为它是一只恐龙,不管是鸟还是恐龙,至少也是鸟类起源于爬行类的又一证据。

彩图1-5-72

图1-5-72 始祖鸟(*Archaeopteryx*)

六、哺乳纲

哺乳类(Mammalia)是脊椎动物中最高等的一类,它具有更完善的适应能力。恒温、哺乳、脑发达、胎生(除单孔类外)等是其主要特点。哺乳动物的进步性还表现在以下几方面:(1)具有高度发达的神经系统和感官,能适应多变的环境条件;(2)牙齿分化,出现口腔咀嚼和消化,提高了对能量的摄取能力;(3)身体结构比爬行动物更为进化和坚固,一般具快速运动的能力。

哺乳动物的牙齿是其硬体中最坚硬的部分,易保存为化石,其组合形态随动物食性不同而多变化,因此,对分类具有极为重要的意义。哺乳动物的牙齿一般分化为门齿、犬齿、前臼齿和臼齿四种,前臼齿和臼齿合称颊齿。根据其形态和食性关系大致可分三种类型:(1)切尖型,食肉动物;(2)脊齿型,食草动物;(3)瘤齿型,杂食动物(图1-5-73)。

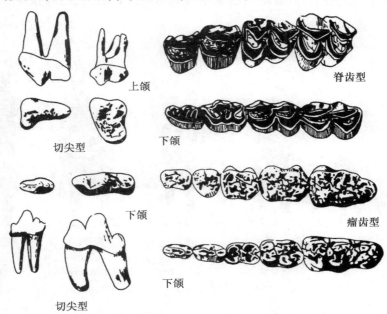

图1-5-73 哺乳动物的牙齿类型(引自Schmid,1972)

哺乳动物最早出现于三叠纪，经过中生代的进化，到新生代获得了极大成功，取代了爬行动物，并占绝对优势。通过适应辐射，其生态领域扩展到海、陆、空等各种环境，故新生代又称为哺乳动物时代。

哺乳动物中最高等的一类是灵长目。灵长类脑颅很大，眼睛大而前视，前肢得到进一步发展。该目包括三大类群，较原始的原猴类和较高等的猴类和猿类。猿类包括人类化石，目前发现的化石数量并不多，但关系到人类的进化和起源问题，因而受到人们极大重视。

七、人类的起源与演化

人类在系统学分类上属于哺乳纲、灵长目、人科、人属（*Homo*）、智人种（*Homo sapiens*），由古猿的一支演化而来。科学家们在非洲持续寻找人类祖先的化石，取得的突破有：距今 600 万 ~ 700 万年的撒海尔人乍得种（*Sahelanthropus tchadensis*）、距今 600 万年的原初人图根种（*Orrorin tugenensis*）（俗称"千禧人"）、距今 580 万年的地猿始祖种（*Ardipithecus ramidus*）、距今 440 万年的南方古猿始祖种（*Australopithecus ramidus*）等。是否习惯性的以两足直立行走作为主要的行动方式，是目前学术界采纳的区分人类和猿类的标准，能否制造工具已不再是区别标准。因此，能够两腿直立行走，但还不会制造工具的南方古猿是最早的人类成员。

从南方古猿到现代人，经历了以下四个阶段（图 1 – 5 – 74）：（1）南方古猿，距今 440 万年 ~ 100 万年前，主要分布在非洲南部和东部，以具有粗壮的颌及厚层珐琅质的齿为特征，能够直立行走，脑容量 400 ~ 500mL；（2）能人，距今 250 万年 ~ 160 万年前，头骨壁薄，眉脊不明显，脑容量 500 ~ 700mL，颊齿，最著名的化石代表是发现于肯尼亚的 1470 号头骨，脑容量可达 775mL，肢骨基本上与现代人相似；（3）直立人，距今 180 万年 ~ 30 万年前，为旧石器时代早期，我国已发现的直立人化石较多，如云南元谋人、陕西蓝田人、北京猿人、南京汤山人等，其中北京周口店的北京猿人最为著名，其头盖骨高度远比现代人小，额向后倾斜，平均脑容量为 1088 mL，眉脊非常粗壮而前突，头骨厚度大，牙齿硕大，面部相对的较短而前突，是已知最早的用火者，使用的石器类型有砍砸器、刮削器和尖状器等；（4）智人，又可分为早期智人和晚期

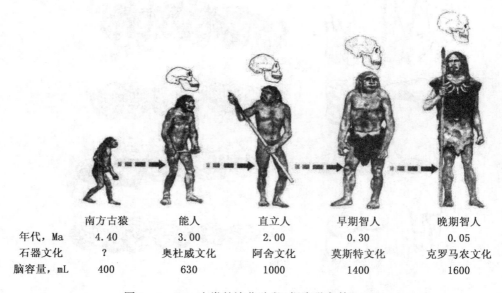

	南方古猿	能人	直立人	早期智人	晚期智人
年代，Ma	4.40	3.00	2.00	0.30	0.05
石器文化	？	奥杜威文化	阿舍文化	莫斯特文化	克罗马农文化
脑容量，mL	400	630	1000	1400	1600

图 1 – 5 – 74　人类的演化阶段（据陶世龙等，1999）

智人,早期智人距今20万年~10万年前,具有大脑壳,脸平、头骨薄,骨骼纤细,脑容量已达现代人水平,主要代表是德国的尼安德特人、广东的马坝人、湖北的长阳人、山西的丁村人等;晚期智人,在形态上已非常像现代人,出现于10万年前,与早期智人的区别是前额高,脑壳短、高,骨骼轻薄,主要代表有法国的克罗马农人、广西的柳江人、四川的资阳人、内蒙古的河套人和北京的山顶洞人等。

复习思考题

1. 四射珊瑚有哪些构造组合类型？每种类型包括哪些构造？
2. 四射珊瑚的隔壁是怎样发生的？
3. 比较四射珊瑚与横板珊瑚的不同点。
4. 双壳纲是如何定向的？
5. 简述头足纲的缝合线类型及其特征。
6. 简述头足纲的体管类型及其特征。
7. 简述三叶虫的面线类型及其特征。
8. 根据头甲与尾甲的大小关系,可以分为几种尾甲类型？
9. 腕足动物的腕螺可以分为几种类型？
10. 简述双壳纲与腕足动物在硬体构造上的区别。
11. 判断笔石枝生长方向的依据是什么？
12. 简述正笔石的主要胞管类型及其特点。
13. 笔石页岩相代表的海洋环境是什么？
14. 简述脊索动物的主要特征。
15. 简述脊椎动物亚门的主要特征。
16. 简述人类演化的四个阶段。

拓 展 阅 读

顾知微,等.1976.中国的瓣鳃类化石.北京:地质出版社.

季强,等.2004.中国辽西中生代热河生物群.北京:地质出版社.

林宝玉,等.1995.皱纹珊瑚与异形珊瑚.北京:地质出版社.

林宝玉,等.1988.床板珊瑚形珊瑚.北京:地质出版社.

卢衍豪.1965.中国的三叶虫.北京:科学出版社.

穆恩之,等.2002.中国笔石.北京:科学出版社.

童金南,殷鸿福.2007.古生物学.北京:高等教育出版社.

王成源.1987.牙形刺.北京:科学出版社.

王成源.1993.下扬子地区牙形刺:生物地层与有机质变质成熟度指标.北京:科学出版社.

王钰,等.1964.中国的腕足动物化石.北京:科学出版社.

汪啸风,等.2008.关岭生物群:世界上罕见的晚三叠世海生爬行动物和海百合化石公园.北京:地质出版社.

俞昌民,等.1963.中国的珊瑚化石.北京:科学出版社.

赵金科,等.1965.中国的头足类化石.北京:科学出版社.

周正毅,甄勇毅.2008.中国三叶虫属的厘定.北京:科学出版社.

Benton M J. 2005. Vertebrate Palaeontology. Third Edition. Malden：Blackwell Publishing.

Clarkson E N K. 1993. Invertebrate Palaeontology and Evolution. Third Edition. London：Chapman & Hall.

Doyle P. 1996. Understanding Fossils：An Introduction to Invertebrate Palaeontology. Chichester：John Wiley & Sons.

Moore R C. 1953. Treatise on Invertebrate Paleontology, Part G, Bryozoa. Geological Society of America and University of Kansas Press,Lawrence.

Moore R C. 1955. Treatise on Invertebrate Paleontology,Part V,Graptolithina. Geological Society of America and University of Kansas Press,Lawrence.

Moore R C. 1955. Treatise on Invertebrate Paleontology,Part E,Archaeocyatha,Porifera. Geological Society of America and University of Kansas Press,Lawrence.

Moore R C. 1956. Treatise on Invertebrate Paleontology,Part F,Coelenterata. Geological Society of America and University of Kansas Press,Lawrence.

Moore R C. 1957. Treatise on Invertebrate Paleontology,Part L,Mollusca 4. Geological Society of America and University of Kansas Press,Lawrence.

Moore R C. 1959. Treatise on Invertebrate Paleontology,Part O,Trilobitomorpha. Geological Society of America and University of Kansas Press,Lawrence.

Moore R C. 1964. Treatise on Invertebrate Paleontology,Part K,Mollusca 3. Geological Society of America and University of Kansas Press,Lawrence.

Moore R C. 1965. Treatise on Invertebrate Paleontology,Part H,Brachiopoda. Geological Society of America and University of Kansas Press,Lawrence.

Moore R C. 1967. Treatise on Invertebrate Paleontology,Part S,Echinodermata 1. Geological Society of America and University of Kansas Press,Lawrence.

Moore R C. 1969. Treatise on Invertebrate Paleontology,Part T,Echinodermata 2. Geological Society of America and University of Kansas Press,Lawrence.

Moore R C. 1969. Treatise on Invertebrate Paleontology,Part N,Mollusca 6. Geological Society of America and University of Kansas Press,Lawrence.

Raup D M,Stanley S M. 1978. Principles of Paleontology. 2nd ed. San Francisco：Freeman.

第六章
植 物 界

虽然早在距今35亿年前的澳大利亚西部太古宙地层中就已发现了原核生物界蓝藻类或细菌类化石,然而在生物演化的历程中,海洋等水体中繁衍的原核生物界和原生生物界却经历了极其漫长的演化过程。直到距今4亿多年前的志留纪晚期,才开始出现具有维管束的植物界,维管植物的出现不仅促使生物演化由水域扩展到陆地,并具有划时代意义,重要的是它的出现开启了陆地高等生命的演化征程。陆生植物的出现,使大地第一次披上了绿装,也促进了原始大气中氧气的循环和积累,这为其他陆生生命演化提供了必要的先决条件,使地表有了今天山花烂漫的缤纷世界。在不同时期和不同环境中有不同的植物群,所以古植物化石在划分对比地层和恢复古地理古气候及找矿等方面有重要意义,如古植物本身也参与成矿作用,是各地史时期煤层的物质基础。那么古植物包含哪些类别呢?各类别又有哪些特征?古植物的结构和生态功能之间有何关系?它们是如何促进氧气循环的呢?其营养和繁殖方式有何特点呢?通过对本章内容的学习,这些问题都可以找到答案。

第一节　植物的形态与繁殖方式

植物是适应于陆地生活、具有光合作用能力的多细胞真核生物。植物与绿藻有许多共同点,它们都含有相同光合色素,所储存的养分(糖类)都是淀粉,细胞壁的成分也都是纤维素。植物与绿藻的重要区别是,前者适应于陆地生活并形成了相应的形态和组织结构,后者只能在水中生活。除原始类群外,植物一般都具有根、茎、叶等器官的分化,有利于它们在陆地环境中吸收水分和养分,并高效地进行光合作用。植物的茎不仅使其得到坚固的支持,茎上的叶片在不同空间位置伸展和分布,能够接受和吸收更多的光能。茎内逐渐发达的由特殊细长型细胞形成的维管束(vascular bundle)可保证植物体内水分及养分物质纵向运输和交流。

一、植物的形态结构

植物形态结构复杂,除原始类群外,都已分化出真正的根、茎、叶和生殖器官等部分,并有具输导作用的维管系统。

(一)根

根(root)是植物的营养器官,是长管状的具吸收作用的结构,根的主要功能是吸收水分和无机盐,支持、固着植物体。根的形态除因类别而不同外,常因环境不同而异,旱生植物的根系能扎入深层土壤或膨大;潮湿地区植物根系较浅,常水平延伸或在茎的下部形成不定根或板状根以加强支撑。根部化石最常见于煤层的底板层中。

根根据形态可以分为主根和侧根，根据来源可以分为定根和不定根。纵向上根分为老根和根尖（幼根），根尖由顶端依次可分为根冠、分生区、伸长区、根毛区（成熟区）四部分构成：根冠具有保护作用；分生区属于分生组织，细胞具有很强的分裂能力，能够不断分裂产生新细胞，向下补充根冠，向上转化为伸长区；伸长区是根伸长最快的地方；根毛区细胞停止伸长，是根吸收和输送水分和无机盐的主要部位。

（二）茎

茎（stem）是连接叶和根的轴状结构，一般生长在地面以上（也有些生长在地下和水中）。

1. 茎的功能

茎是植物的营养器官之一，是连接植物叶和根的轴状结构，一般生于地上或部分生于地下，具有分枝和形成大量叶的能力，其功能是吸收水分、无机盐和有机养料，支持树冠。

2. 茎的形态及分类

茎的形态多样，结构复杂，外形为圆柱状，但也有少数植物的茎呈三角形、方柱形、扁圆形或多角柱形。因生长习性不同可分为直立茎、攀援茎、缠绕茎和匍匐茎（图1-6-1）。根据茎的质地，植物可分为木本植物和草本植物。木本植物为多年生，茎可次生增粗。木本植物又可分为具有高大显著主干的乔木，没有明显主干、分枝接近地面或从地面丛生的灌木，具有攀援或缠绕茎的藤本。草本植物有一年生或多年生的，茎一般不能次生增粗。一年生草本植物地面部分于生长季节之末死亡；多年生草本植物地下部分多年生，而地面部分仍每年死亡。

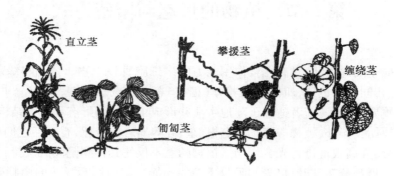

图1-6-1　茎的生长习性类型（据高信曾等，1979；吴国芳等，1985）

3. 茎的分枝

茎在生长过程中引起分枝，茎的分枝方式主要有二歧式和侧出式两种主要类型（图1-6-2）。二歧式分枝是比较原始的分枝方式，分为等二歧式和不等二歧式两种，是由顶端分生组织均等或不等二歧分叉形成，苔藓和蕨类植物主要是这种分枝；具有明显的不等二歧式分枝就形成了具"之"字形的轴和较短的"侧枝"，称为二歧合轴式分枝。侧出式分枝（单轴式分枝）是比较进化的分枝方式，其主枝生长快，成为较粗的中轴，主轴的侧芽发育慢，成较细的侧枝，蕨类和裸子植物主要是这种分枝方式，部分被子植物也有。种子植物的合轴分枝式被认为是由单轴分枝式进化而来的。

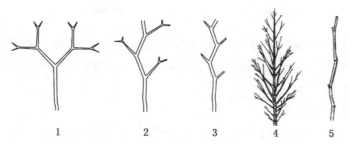

图1-6-2 茎的分枝方式(据杨光秀,1993;周云龙,1999)

1—等二歧式;2—不等二歧式;3—二歧合轴式;4—单轴式分枝;5—合轴式分枝

4.茎的结构

地质历史时期的地层中常见植物茎干化石,有些化石清晰地显示茎的结构,其由外向内由表皮、皮层、维管柱组成。表皮外壁角质化或具角质层,具有保护功能;皮层是由薄壁细胞组成,司营养;维管柱是输导组织,维管束所在处,由外向内由韧皮部、形成层和木质部组成。韧皮部由筛管和筛胞构成,功能是输送养料;形成层细胞分裂能力强,向外补充韧皮部,向内补充木质部;木质部的功能是向上输送水和无机盐。位于木质部中心的薄壁细胞称为髓,横向连接髓和皮层的薄壁细胞称为射髓,呈辐射状(图1-6-3)。原始高等植物的茎中央无髓,称为原中柱;逐步演化为有髓的管状中柱、网状中柱和散生中柱等。高等植物茎的中柱类型反映其进化规律。

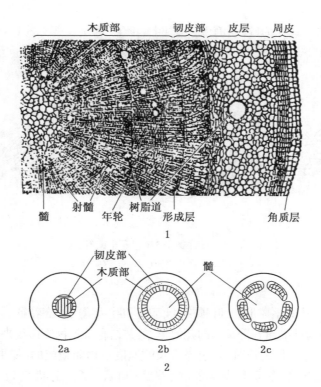

图1-6-3 维管植物茎的解剖结构(据童金南等,2007)

1—松茎横切面的一部分;2—中柱类型(2a—原生中柱;2b—管状中柱;2c—网状中柱)

(三) 叶

叶(leaf)是植物的营养器官,其主要功能是光合作用、蒸腾作用。由于植物的叶小、数量多,表面具有角质层保护,被埋藏后更容易保存为化石。叶的形状和叶的多样性在一定程度上反映各植物种的特征。

1. 叶的组成和叶的类型

完整的植物的叶由叶片、叶柄和托叶三部分组成。如果缺少了某一部分称为不完全叶,没有叶柄的称无柄叶,叶柄上只有一枚叶片的称为单叶;叶柄上有两片以上叶片称为复叶,复叶根据叶片的排列方式可分为多种类型(图1-6-4)。

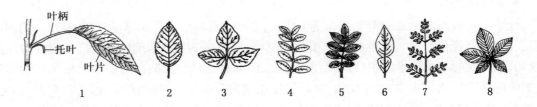

图1-6-4 单叶和复叶(据高信曾,1978)

1—完全叶的组成(单叶);2—单叶;3—三出叶;4—偶数单羽状复叶;5—奇数单羽状复叶;
6—单身复叶;7——次羽状复叶;8—掌状复叶

2. 叶序

叶在枝上排列的方式称为叶序,有互生、对生、轮生、螺旋生等(图1-6-5),其排列的规律是使相邻叶之间互不遮盖,使叶以较大面积接受阳光。

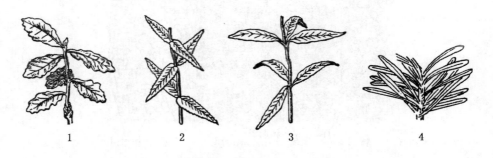

图1-6-5 叶序的类型(据童金南等,2007)

1—互生;2—对生;3—轮生;4—螺旋排列

3. 叶的形状

叶的形状,包括叶片的整体形状、叶顶端、叶基部和叶边缘的形态特征。叶的形态通常以长、宽之比及最宽处部位为标准而划分基本的几何形态,并结合常见物体形象来命名(图1-6-6)。

叶缘的各种形态是叶片生长时,叶边缘生长的速度不均而造成的,如果叶边缘以均匀速度生长,形成全缘叶,速度不均可形成锯齿状、波状、羽状浅裂、羽状全裂和掌状分裂等类型(图1-6-7)。叶顶端和基部的各种形态也是叶片局部生长情况不同形成的,其形态多种多样(图1-6-8)。

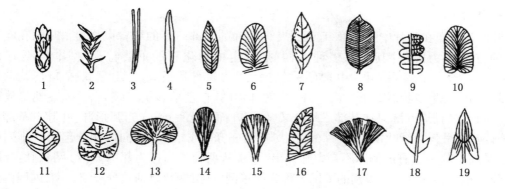

图 1 - 6 - 6　叶的各种形状(据童金南等,2007)

1—鳞片形;2—锥形;3—针形;4—条形;5—披针形;6—卵形;7—长椭圆形;

8—矩圆形;9—方形;10—舌形;11—菱形;12—心形;13—肾形;14—匙形;

15—楔形;16—镰刀形;17—扇形;18—戟形;19—牙形

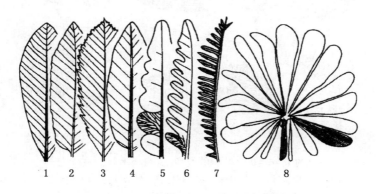

图 1 - 6 - 7　叶缘形态(据童金南等,2007)

1—全缘;2—锯齿;3—重锯齿;4—波状;5—羽状浅裂;6—羽状深裂;7—羽状全裂;8—掌状全裂

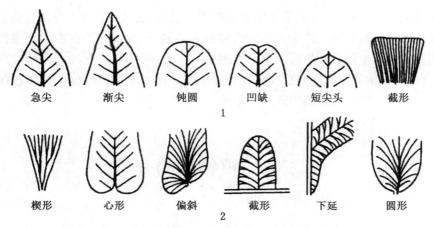

图 1 - 6 - 8　叶顶端和基部形态(据杨关秀,1994)

1—叶顶端;2—叶基部

4. 叶脉

叶脉是分布在叶片中的维管束,通过叶柄或叶的基部与茎的维管束相连。叶脉在叶片中排列的方式称为脉序,其形态多种多样,是鉴定植物化石的重要特征,基本类型有8种(图1-6-9)。(1)单脉:叶片中只有一条叶脉,自茎部伸达顶端。(2)扇状脉:叶脉均匀地几次二歧式分叉,呈扇状展布于叶面。(3)放射脉:叶脉自基部多次二歧分叉,较直地呈放射状伸出。(4)平行脉:叶脉只在基部二歧分叉,伸至叶面彼此平行。(5)弧形脉:叶脉自基部伸出后,平行叶缘呈弧形至叶顶汇合。(6)羽状脉:有一条中脉,自中脉向两侧分出羽状排列的侧脉(分叉或不分叉),有的侧脉不自中脉伸出,而是从羽轴长出称为邻脉。(7)网状脉:叶脉二歧式分叉相互联结成同一级别的单网者称为简单网状脉;侧脉单轴式分枝结成网,网眼内又有细脉单轴式分枝组成次一级小网,依次可达3~4级网脉套叠,称为复杂网状脉。(8)掌状脉:叶内有几条等粗的脉(主脉),自基部辐射状伸出,侧脉也相互联结成网。

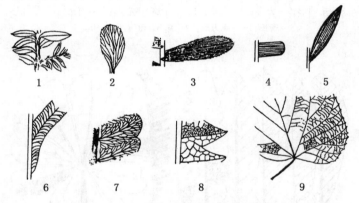

图1-6-9 叶脉的类型(据童金南等,2007)
1—单脉;2—扇状脉;3—放射脉;4—平行脉;5—弧形脉;6—羽状脉及邻脉;
7—简单网状脉;8—复杂网状脉;9—掌状脉

二、植物的繁殖方式

植物的繁殖方式多种多样,低等植物主要是营养繁殖,通过植物体本身的分裂直接发育成新个体。孢子植物是植物体上产生无性生殖细胞——孢子,再由孢子直接发育成新个体的无性繁殖方式。如果植物体上产生有性生殖细胞——配子,配子经过有性结合形成合子或受精卵,然后发育成新个体的方式繁殖后代称为有性生殖。高等植物和部分低等植物在生活史中采用无性世代和有性世代交替的方式进行繁殖。

第二节 植物界的分类

植物种类繁多,按发育的完善程度、生活史类型、营养及繁殖方式等特征进行分类(图1-6-10),其分类系统与现代植物基本一致。植物根据适应陆地生活的能力和进化的形态,可以分为苔藓植物(Bryophytes)、蕨类植物(Pteridophytes)、裸子植物(Gymnosperms)和被子植物(Angiosperms)四类。由于苔藓植物和蕨类植物形成孢子,以孢子进行繁殖,故称孢子植物;裸子植物和被子植物都以种子进行繁殖,称为种子植物。这些植物中除苔藓植物均有具有疏导作用的维管组织,又称维管植物。因篇幅有限,本书只介绍常见的蕨类植物、裸子植物和被子植物的主要特征。

苔藓植物门(Bryophyta)……早古生代—现代
原蕨植物门(Protopteridophyta)……晚志留世—泥盆纪
石松植物门(Lycophyta)……泥盆纪—现代,石炭纪、二叠纪盛 } 蕨类植物
节蕨植物门(楔叶植物门)Arthrophyta(Sphenophyta)……泥盆纪—现代,石炭纪、二叠纪盛
真蕨植物门(Pteridophyta)……泥盆纪—现代,石炭纪、二叠纪、中生代盛

前裸子植物门(Progymnospermophyta)……中、晚泥盆世—二叠纪
种子蕨植物门(Pteridospermophyta)……晚泥盆世—早白垩世
苏铁植物门(Cycadophyta)……晚石炭世—现代,中生代盛 } 裸子植物
银杏植物门(Ginkgophyta)……二叠纪—现代,中生代盛
松柏植物门(Coniferophyta){ 科达纲(Cordaitopsida)……晚泥盆世—早三叠世,石炭纪、二叠纪盛
松柏纲(Coniferopsida)……晚石炭世—现代,中生代盛 } 种子植物
买麻藤植物门(Gnetophyta)

有花植物门(被子植物门)Anthophyta(Angiospermae){ 双子叶纲(Dicotyledones)
单子叶纲(Monocotyledones) } 早白垩世晚期—现代 } 被子植物

图 1-6-10 植物界分类系统(据童金南等,2007)

第三节 蕨类植物

一、概述

蕨类植物是进化水平最高的孢子植物,蕨类植物一般具同孢,但高等类型已出现异孢现象,除无叶植物外,都有根、茎、叶的分化。蕨类植物显著的繁殖器官是孢子体上的孢子囊,其结构和着生位置变化较大,是划分蕨类植物类型的重要依据。蕨类植物世代交替明显,无性世代的孢子体和有性世代的配子体均能独立生活,但以孢子体占优势。蕨类植物的有性生殖过程借助于水,大多生长于潮湿环境。蕨类植物分为原蕨植物门、石松植物门、节蕨植物门和真蕨植物门。

蕨类植物从志留纪晚期开始出现,石炭、二叠纪繁盛,中生代晚期起逐渐衰退。现代的蕨类多为草本植物,主要生活于热带、亚热带湿热地区。

二、原蕨植物门

原蕨植物(Protopteridophyta)也称裸蕨植物或无叶植物,是最早而原始的陆生高等植物,植体矮小,茎二歧分叉,无叶,具假根(图1-6-11),可以分为三个纲(表1-6-1)。孢子囊单个着生于枝的顶端,少数聚集成孢子囊穗。裸蕨始现于晚志留世,早、中泥盆世繁盛。由于只有简单的维管束称为原生中柱,只能生活于滨海沼泽或暖湿低地。因不能适应复杂多变的陆地环境于泥盆纪末期绝灭。

原蕨植物是生物征服陆地的先驱，是生物进化史上的重要转折点，其茎轴表面具有角质层和气孔，能减少防止水分蒸发和调节气体，减少了对水的依赖，完成了生物从水域扩展到陆地的飞跃。陆地环境复杂多样，促进了原蕨植物迅速分化，在早泥盆世中、晚期，除了原蕨植物外，还出现了一些形态、结构较为进步，但仍具原始特征的新型植物，这些过渡化石说明石松植物门、节蕨植物门、真蕨植物门和前裸子植物与原蕨植物之间有密切的关系。

表 1-6-1　无叶植物的分类、主要特征及代表属例(据孙跃武,2006,有修改)

纲	植物体特征	茎表特征	中柱类型	孢子囊形状及着生	时代	代表属例(图 1-6-11)
瑞尼蕨纲	植物体矮小、纤细,形体结构简单,呈二分叉的枝	光滑无叶,表皮具厚角质层	原生中柱,与茎径相比较小	孢子囊较大,呈球形或纺锤形,顶生	S_2—D_2	*Cooksonia*(S_2—D_2)、*Rhynia*(D_1晚期)
工蕨纲	植物体小,簇状丛生,上部露出水面,基部二歧式分叉,呈 H、K 形的似根状茎或假根	光滑无叶的直立枝,表皮角质化且具气孔	原生中柱	孢子囊呈肾形或圆形,具短柄聚集成穗或不成穗	D_{1-2}	*Zosterophyllum*(D_1)、*Discalis*(D_1)
三枝蕨纲	植物体高达 2m,单轴式分枝,侧枝呈二歧式或三歧式复杂分枝	表面光滑或具刺,具气孔	原生中柱,木质部与茎径相比,较为粗大	孢子囊多达 32个,簇生于生殖枝顶端,具开裂构造	D_1晚期—D_3	*Psilophyton*(D_1)、*Trimerophyton*(D_1)

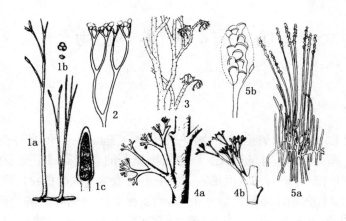

图 1-6-11　原蕨植物的代表(据杨关秀,1994;克里升托夫,2001;傅英祺等,1991)
1—瑞尼蕨(1a—复原图;1b—四分孢子;1c—孢子囊);2—库逊蕨;3—裸蕨;
4—三枝蕨(4a—二分枝;4b—三分枝);5—工蕨(5a—复原图;5b—孢子囊)

三、石松植物门

石松植物门(Lycophyta)有乔木、灌木和草本,茎二歧式分枝。孢子囊单个着生于叶腋或叶的上表面近基部。无柄的小单叶呈螺旋状密布于茎、枝上,单脉。叶基部膨大、叶脱落后在茎枝表面留下的痕迹称为叶座,叶座常为菱形。石松门的典型化石鳞木类就是叶座在茎枝上排列成鱼鳞状而得名,鳞木是高大乔木,茎高 30m,粗 2m,上部二歧式分枝形成伞状树干,叶细长。

叶座的中上部微凸的部分称为叶痕(叶着生的痕迹),叶痕呈心形、菱形等;叶痕表面横列有三个小点痕,中间的是叶脉痕迹,称为束痕;束痕两侧为通气道痕或称侧痕。有的类型叶痕之下另有两个通气道痕,叶痕上方有叶舌留下的叶舌穴(图1-6-12)。

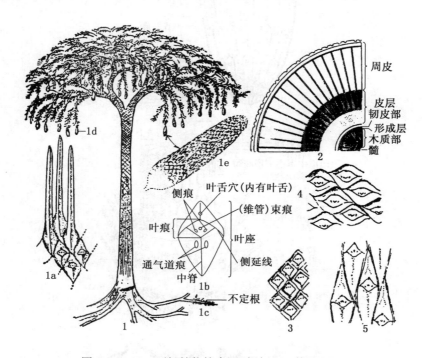

图1-6-12　石松植物综合图(据何心一等,1993)

1—鳞木植物复原图(1a—叶在茎枝上的生长状态;1b—叶座;1c—不定根;1d—鳞孢穗;1e—鳞孢穗放大);
2—鳞木茎切片;3—不定华夏木;4—猫眼鳞木;5—斯氏鳞木

叶痕的下方或上、下方正中有微凸的中脊。叶座的形状、结构及排列方式是鳞木类进一步分类的依据。

石松门始现于泥盆纪,石炭纪极盛,成为当时重要的造煤植物,二叠纪后期地壳运动活跃,气候干旱,石松开始衰退,现在仅存少数适应性较强的草本类型,如卷柏等。石松叶小,单脉,茎二歧分枝,与裸蕨的某些类型相近,一般认为石松的起源与裸蕨有关。

四、节蕨植物门

节蕨植物(Arthrophyta)也称楔叶植物门(Sphenophyta),茎单轴式分枝,茎上分节,节又分节和节间,故名。节间有相互平行突起的纵肋和凹下的纵沟,上下节间的肋、沟直通或不同程度错开。叶小,呈线形、楔形等,其枝、叶轮生于节上(图1-6-13)。孢子囊着生于孢囊柄上聚集成孢子囊穗。节蕨门的叶、茎及其髓部空腔被沉积物充填而成的茎髓模常保存为化石,木贼科节部横断面的节隔膜化石,在三叠系和侏罗系常见。

节蕨始现于泥盆纪,石炭、二叠纪为其全盛期,有乔木、草本等各种类型,如芦木类当时常形成大片森林,中生代以来衰退,至新生代则处于更加衰退的低位,到现在仅存陆生的草本木贼属。

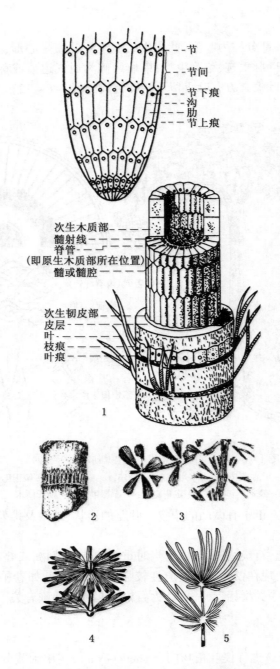

图 1 - 6 - 13　节蕨植物(据何心一等,1993;傅英祺等,1981)

1—芦木茎的构造;2—*Calanites*;3—*Sphenophyllum*;4—*Labotannularia*;5—*Annularia*

五、真蕨植物门

　　真蕨植物门(Pteridophyta)是现存数量最多的蕨类植物,茎不发育,叶大,多为羽状复叶,也有单叶或掌状分裂叶,总称蕨叶。孢子囊着生于叶的背面。由于化石常常保存不全,不易确定蕨叶分裂的次数,所以通常从蕨叶的最小单位开始计算羽次[图 1 - 6 - 14(a)]。羽状复叶的小叶称为小羽片,小羽片长在末级羽轴上,如果小羽片长于末二次羽轴上,则称为间小羽片;小羽片加末级羽轴构成(末次)羽片,羽片长在末二级羽轴上,长于末三次羽轴上的羽片,称为间羽片。小羽片是鉴定蕨叶的基本单位。不同种类小羽片的轮廓及其基部、顶端、边缘、叶脉等特征各不相同[图1-6-14(b)]。真蕨门的蕨叶与种子蕨的叶极为相似,在未见生殖器官的情况下,一般依形态建立形态属。

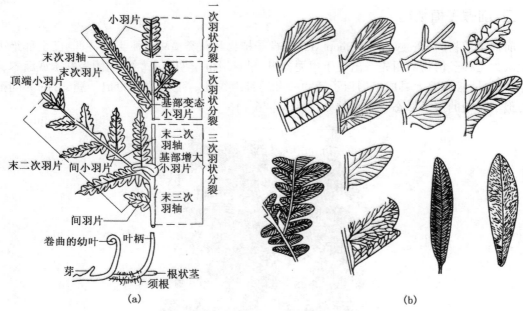

图1-6-14 蕨叶示意图(据何心一等,1993)
(a)羽状复叶;(b)蕨叶类型

真蕨植物主要在陆地生活,仅少数生长于沼泽、池塘或附生于其他植物茎或枝上。真蕨门始现于中泥盆世,石炭纪开始大量发展,是石炭、二叠纪潮湿热带森林的主要成分;晚三叠至早白垩世进入一个新的极盛期;晚白垩至上新世又出现一些新兴类型,延续至今,但在植物界中逐步成为次要类群。

第四节 裸 子 植 物

一、概述

裸子植物介于蕨类和被子植物之间,是种子植物中较低级的一类,既保留了颈卵器,且产生花粉管和种子的一类高等植物。裸子植物的种子无果实包被而裸露,故名。裸子植物没有真正的花,孢子叶形成球果状,称为球花。裸子植物世代交替不明显,孢子体特别发达,配子体密生在孢子体上。小孢子萌发花粉管,使雄配子通过花粉管与胚珠内的卵细胞相结合发育成种子。其受精过程不再借助于水体,是适应陆生环境不断进化的结果。裸子植物大多数是多年生木本植物,多数为单轴式分枝的高大乔木,具强大的根系。维管系统发达,叶的类型多样,有大型羽状复叶、带状单叶、小型的针状、鳞片状、扇状叶等，呈螺旋状排列在长枝上。

裸子植物出现于泥盆纪，石炭纪至侏罗纪繁盛，中生代末期退居次要地位。根据植物体形态、叶片、脉序、次生木质部和繁殖器官特征，裸子植物可以分为前裸子植物门（Progymnospermophyta）、种子蕨植物门（Pteridospermophyta）、苏铁植物门（Cycadophyta）、银杏植物门（Ginkgophyta）、松柏植物门（Coniferophyta）和买麻藤植物门（Gnetophyta）。

二、前裸子植物门

前裸子植物门（Progymnospermophyta）具裸子植物和蕨类植物过渡类型特征，已全部绝灭，一般认为是种子植物的祖先。出现于中泥盆世，早石炭世早期绝灭。植物体为乔木或灌木，具次生木质部，管胞壁上具成组的裸子植物特有的具缘纹孔。生殖器官为孢子囊，有的为同孢，有的孢子囊中的孢子形态有大小的分化（图1－6－15）。

图1－6－15　种子蕨植物综合图（据童金南等，2007）

1—种子蕨的髓木复原图；2—带种子的羽状叶；3—茎的横切面

三、种子蕨植物门

种子蕨植物门（Pteridospermophyta）是裸子植物中较原始的一类，与真蕨类极为类似，一般为小乔木或灌木，茎细长，分枝少。常见化石为大型羽状复叶，和蕨类植物不同的是种子蕨生殖叶的中脉或羽轴上长有种子（图1－6－15），其茎部次生木质部和叶部的气孔结构等特点与裸子植物类似，种子蕨常有间小羽片。如果叶片与种子分离，茎、叶的微细结构未保存，则很难区别种子蕨叶片与真蕨叶片，所以常给予形态属名。

化石种子蕨始现于晚泥盆世，石炭、二叠纪繁盛，少数延至中生代，早白垩世末期绝灭。常见化石有脉羊齿（*Neuropteris*）、舌羊齿（*Glossopteris*）、栉羊齿（*Pecopteris*）、大羽羊齿（*Gigantopteris*）等。

四、苏铁植物门

苏铁植物门（Cycadophyta）包括苏铁纲（Cycadopsida）及已绝灭的本内苏铁纲

（Bennettiopsida）。现生苏铁多为矮粗的常绿木本，雌雄异株，化石苏铁的茎较细，通常不分枝或很少分枝。茎顶丛生坚硬革质的一次羽状复叶或单叶。叶多具平行脉、放射脉，少数具网脉、单脉（图1-6-16）。叶表面角质层厚，气孔下陷。生殖器官集成球花位于茎顶。幼叶卷曲，叶落后叶基常残留在茎上。茎内皮层和髓部发育，次生木质部很薄，与种子蕨相似。

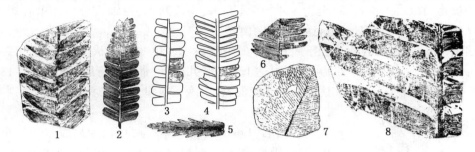

图1-6-16　苏铁植物化石代表（据孙跃武等，2006）

1—耳羽叶（*Otozamites*）；2—焦羽叶（*Nilssonia*）；3—异羽叶（*Anomozamites*）；4—侧羽叶（*Pterophyllum*）；
5—新似查米亚（*Neozamites*）；6—毛羽叶（*Ptilophyllum*）；7—大网羽叶（*Anthrophyopsis*）；8—蓖羽叶（*Ctenis*）

苏铁始现于晚石炭世，晚三叠至早白垩世繁盛，现存少数属种分布于热带、亚热带地区，大多为粗壮、直立、茎干不分叉的圆状形，早白垩世之前以细茎类型为主。常见化石有焦羽叶（*Nilssonia*）、侧羽叶（*Pterophyllum*）等。

五、银杏植物门

银杏植物门（Ginkgophyta）为高大落叶乔木，可高达30m以上，单轴分枝，有长、短枝之分。长枝上单叶稀疏螺旋排列，短枝上叶密集成簇。单叶扇形、肾形、宽楔形或分裂成细长的裂片；叶脉自基部伸出二条，之后多次二歧式分叉形成扇状脉（图1-6-17），生殖器官为单性球花，雌雄异株。

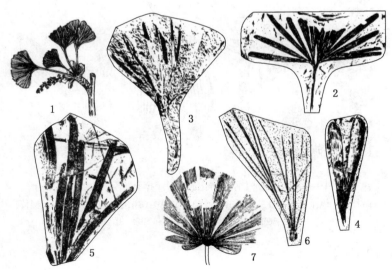

图1-6-17　银杏植物

1—二裂银杏（*Ginkgo biloba*）；2—似银杏（*Ginkgoites*）；3—拜拉（*Baiera*）；4—楔拜拉（*Sphenobaiera*）；
5—拟刺葵（*Phoenicopsis*）；6—茨康叶（*Czekanowskia*）；7—扇叶（*Rhipidopsis*）

可靠的银杏化石始现于二叠纪,侏罗纪、早白垩世极盛,几乎遍及全球,早白垩世晚期突然衰退,现仅存一属一种,分布于我国和日本,人们称其"活化石"。

六、松柏植物门

松柏植物门(Coniferophyta)全为木本,多为乔木,少数灌木,单轴式分枝。单叶螺旋状排列,雌雄同株或异株。本门包括科达纲和松柏纲。

科达纲(Cordaitopsida)为直径不超过 1m 的细高乔木。单叶螺旋状排列,无柄,带形至舌形,长者可达 1m,短者几厘米,常具平行脉(图 1-6-18)。科达纲始现于晚泥盆世,晚石炭世至早二叠世繁盛,个别残存至三叠纪。

松柏纲(Coniferopsida)多为乔木,少数灌木。叶小,常为鳞片状、锥形、针形、披针形(叶基宽、顶窄)、条形等,具单脉或平行脉。叶排列方式多样,有对生、互生、簇生、轮生及螺旋排列等(图 1-6-19)。叶角质层厚,气孔下陷,生殖器官多为单性的球花。

松柏纲始现于晚石炭世,中生代繁盛,新生代仍是裸子植物中最多的类群,现存松柏类常形成大片针叶林,水杉、水松、台湾杉都是仅存我国的活化石。

图 1-6-18 科达纲植物 *Cordaites*
(据童金南等,2007)

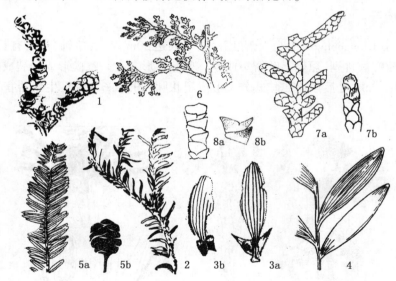

图 1-6-19 松柏纲植物化石代表(据孙跃武等,2006)
1—鳞杉;2—纵型枝;3—准苏铁果的枝叶(3a)和球果(3b);4—苏铁杉;6—柏型枝;
7—短叶杉;8—缝鞘杉的枝(8a)和叶(8b)

七、买麻藤植物门

买麻藤植物门(Gnetophyta)多为灌木或木质藤本,少数为乔木或草本状小灌木。次生木质部常具导管,叶对生或轮生,革质,叶长圆形或椭圆形或披针形,雌雄异株或同株。孢子叶球有类似于花被的盖被,也称假花被,或有两性的痕迹。胚珠 1 枚,珠被 1~2 层,具珠孔管;颈卵器极其退化或无;成熟大孢子叶球球果状、浆果状或细长穗状。种子包于由盖被发育而成的假种皮中。这些特征是裸子植物中进化程度最高的类群。

买麻藤植物始见于侏罗纪,现生买麻藤共有3属约80种,现主要分布于我国云南、广西、广东,越南,缅甸,泰国,老挝,印度等地。

第五节　被子植物

被子植物(Angiospermae)为植物界发育最完善的类型,种类繁多,分布最广,因胚珠被包在雌蕊的子房内,成熟后胚珠成为种子,种子外有果实包被而得名。其生殖器官是明显的花,所以也称显花植物,又因其花的重要部位是雌蕊称为雌蕊植物。被子植物的花由花柄、花托、花冠(花瓣)、雄蕊群和雌蕊群构成真正的花(图1-6-20)。被子植物具双受精作用,故融集了双亲的遗传因子,提高了种子的变异性和繁殖能力,更能适应各种复杂的环境。

生活于陆地、水中或寄生,有乔木、灌木、藤本或草本;单叶或复叶,形态多样;主脉羽状或弧形,细脉结成网状。现代被子植物可根据种子内胚的子叶数不同分为双子叶纲(Dicotyledones)和单子叶纲(Monocotyledones),见表1-6-2。单子叶植物多为草本,主根不发达,多为须根系,叶的形态较简单,叶脉平行或弧形,少数网状或羽状。单子叶植物出现于早白垩世,古近纪、新近纪开始繁盛,保存下来的化石不多;双子叶植物乔木、灌木和草本都有,主根发达,多为直根系。双子叶植物叶化石较常见,叶的形状多样,有单叶和各种类型的复叶。叶脉多为复杂的网状(图1-6-21、图1-6-22)。双子叶植物类型多样,在白垩纪晚期大部分皆出现,但种属没有现代的多,古近纪和新近纪形成的热带植物群与现代接近,渐新世之后形成的温带森林植物与现代温带植物相似。

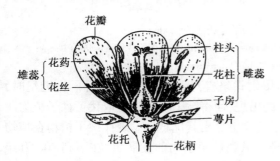

图1-6-20　被子植物的花(据童金南等,2007)

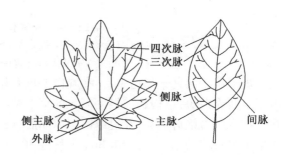

图1-6-21　被子植物的叶(据童金南等,2007)

表1-6-2　被子植物门的分类、特征及代表属例(据孙跃武,2006)

纲	植物体特征	茎内维管束特征	叶部特征	叶脉性状	花	时代	代表属例
双子叶纲	结构复杂,主轴发达,有乔木、灌木、藤本和草本	维管束呈环状排列,具形成层,可次生增粗,出现年轮或无	单叶或复叶,羽状复叶,三出复叶和掌状复叶。叶形、叶缘变化较大,全缘、锯齿、重锯齿	羽状脉、掌状脉或网状脉	花各部分的数目为4或5的倍数	J_3? K_1 - Rec.	*Magnolia* (K_2 - Rec.) *Quercus* (K_2 - Rec.) *Acer* (K_2 - Rec.)

纲	植物体特征	茎内维管束特征	叶部特征	叶脉性状	花	时代	代表属例
单子叶纲	结构简单,主轴不发达,以草本为主	散生孤立的维管束,无形成层和次生增粗	单叶,全缘为主,基部呈半抱茎状	多为平行或弧形脉,有横脉彼此相联结	花各部分的数目为3的倍数	K$_2$ – Rec.	*Sabalites*（K$_2$ – Rec.）

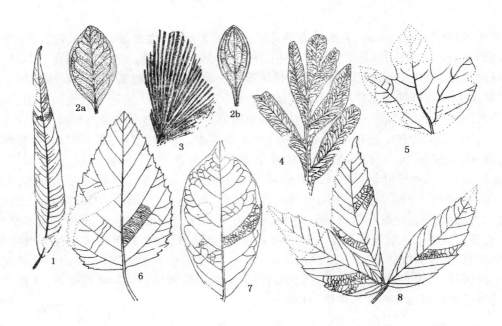

图 1 – 6 – 22　被子植物化石代表(据孙跃武等,2006)

1—*Salix*(柳);2—*Ficophyllum*(榕叶);3—*Sabalites*(似沙巴桐);4—*Sapindopsis*(似无患子);5—*Sassafras*(檫木);
6—*Betula*(桦木);7—*Magnolia*(木兰);8—*Acer*(槭)

被子植物始见于早白垩世,在晚白垩世开始爆发式繁盛,并迅速统治植物界。古近纪时,由于生活周期短,结构趋向极度简化的草本植物的出现,使得被子植物迅速取代了裸子植物而在植物界中占绝对优势,经过第四纪冰期后,被子植物更显出其优越性。现代被子植物在植物界中占绝对统治地位,已知有 300 余科近 30 万种。纵观被子植物的发展史,在不到 500 万年的较短的时间里,被子植物发生了不可思议的分化,这种迅速分化常被称为"大爆炸"。然而对于被子的起源问题,却一直困扰着诸多学者。早在 100 多年前,英国生物学家达尔文曾因被子植物突然在白垩纪大量出现,却找不到它们的祖先类群和早期演化线索而困惑不解,称之为讨厌之谜。近些年来,在我国辽西被认为是晚侏罗世的义县组中,采获到了早期被子植物化石(图 1 – 6 – 23)。其中辽宁古果(*Archaefructus liaoningensis*)被誉为"迄今世界最早的花"或"第一朵花",它是水生草本被子植物,没有花萼,也没有花瓣,蓇葖果包裹种子。随后还发现了中华古果(*Archaefructus sinensis*)(第二朵花)、十字里海果(*Hyrcantha decussata*)(第三朵花)、李氏果(*Leefructus mirus*)(第四朵花)。这些都是迄今已知最古老的被子植物,并为研究被子植物起源和早期演化提供了重要证据。

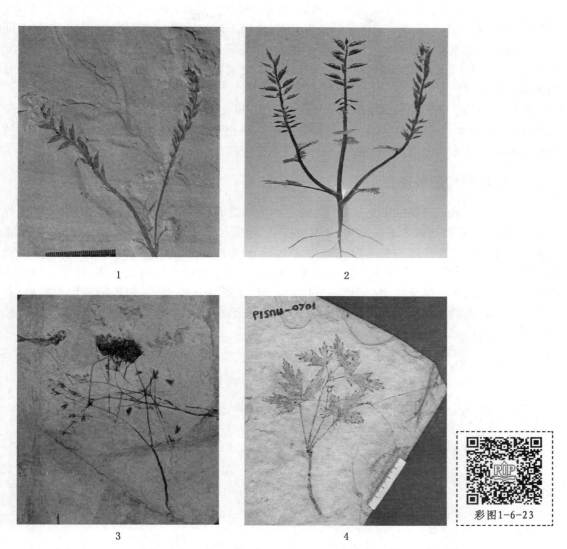

图 1 – 6 – 23　迄今最早的被子植物化石(据 Sun 等, 1998, 2002,2007,2011)

1—辽宁古果(*Archaefructus liaoningensis*) ;2—中华古果(*Archaefructus Sinensis*) 植物体复原图;

3—十字里海果(*Hyrcantha decussata*) ;4—李氏果(*Leefructus mirus*)

第六节　孢　　粉

一、概述

　　孢粉是孢子和花粉的简称。它们都是植物繁殖器官的组成部分。孢子是孢子植物的生殖细胞,花粉是种子植物的雄性生殖细胞。孢子未成熟之前聚集在孢子囊里,同胞植物产生的孢子大小基本相当,形态相同;异孢植物产生大小两种孢子,小的是雄性,大的为雌性。孢粉粒一般为 20 ~ 100μm,大孢子可达 200μm,也有小于 10μm 的。

孢粉数量多,保存下来的可能性大,可以用统计的方法研究,提高了准确性;孢粉体积小、重量轻,易于被其他介质搬运到很远的地方,不仅应用于陆相地层,而且使海相、陆相两种不同沉积环境的地层也可以直接对比;孢粉壁坚固,它耐高温、高压、强碱、浓酸,易于保存;形态复杂多样,不同时代的孢粉形态特征不同,便于地层划分对比。由于孢粉具有以上特点,因此发展迅速,应用广泛。

孢粉是由孢子囊和花粉囊中的母细胞发育而成,母细胞通常分裂两次,产生四个相连的子细胞,称为四分体。子细胞成熟后相互分离,形成四个孢子或花粉粒(图1-6-24)。有些植物的花粉可进行多次分裂,子细胞不分离,形成复合花粉。

二、孢粉的构造及形态

为便于统一描述孢粉的形态、大小及确定构造的分布位置等,人为地给予孢粉两极的性质,称为极性。它包括八个基本要素,分别为极轴、近极点、远极点、近极面、远极面、赤道、赤道面和赤道轴。对于每个孢粉粒来说,极轴指通过四分体中心和孢粉中心所引的一条假想的直线;人们将每个孢粉粒在四分体中心的点称为近极点,其附近的面称为近极面;近极点与每个孢粉粒中心点的连线延至外面(远离四分体中心)的点称为远极点,其附近的面称为远极面;近极面和远极面的交线称为赤道,其附近的面称为赤道面,通过赤道垂直极轴的线称为赤道轴(图1-6-25)。

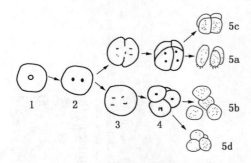

图1-6-24 花粉形成图(据魏沐朝,1990)

1—花粉细胞;2—第一次分裂;3、4—第二次分裂;
5a、5b—单粒花粉;5c、5d—四分体

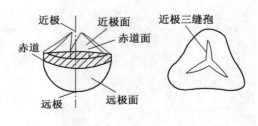

图1-6-25 三缝孢子极性(据范方显,1994)

孢粉具有多种形状,具左右对称的孢子,一般为椭球形和豆形。具辐射对称的孢子一般为圆球形、角锥体形,花粉粒通常为圆球形、椭球形。

孢粉一般都有内外两层壁。内壁是孢粉里面的一层壁,不易保存为化石。外壁主要由孢粉素组成,致密坚硬,不易被破坏,容易保存为化石。外壁光滑或有各种纹饰。是属种鉴定的重要依据。有些孢子外壁之外还有周壁,它是一层薄而透明的壁,不易保存。孢粉外壁常见的纹饰有颗粒状、脑纹状、刺状、穴状、瘤状等(图1-6-26),观察孢粉时注意平面形态和剖面形态结合分析,才能正确判断。例如:若仅观察平面形态,瘤、疣、刺、棒就很难区分,必须结合剖面特征分析。还要利用各种纹饰在不同焦距下的明暗变化来确定纹饰类型。

孢粉是靠萌发构造来完成繁殖的。萌发构造指孢粉壁上的开口或薄弱部分,当孢粉成熟时,由此出芽或生出花粉管进行繁殖。孢子的萌发构造通常是位于近极面的射线或裂缝,其形态取决于四分体的排列方式。四面体型的四分体中每个孢子与其他三个孢子的接触处形成三射线(裂缝),两侧对称的四分体中每个孢子与其他三个孢子的接触处形成单射线(裂缝),藻类的孢子无射线裂缝,其萌发构造为外壁上的薄弱区(图1-6-27)。种子植物的萌发构造多是远极面的圆形开口—孔和长条形凹口—沟,不同植物花粉孔、沟的数量、形状、排列方式各不相同。

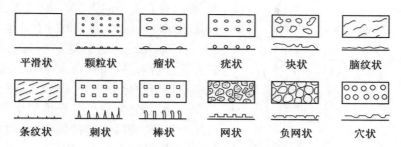

平滑状　颗粒状　瘤状　疣状　块状　脑纹状

条纹状　刺状　棒状　网状　负网状　穴状

图1-6-26　孢粉外壁纹饰类型(据张永辂等,1988)

每一图的上面示表面图像,下面示光切面表现

三、各种类型孢粉形态

蕨类植物孢子的形态依萌发构造和对称性可分三类:无射线裂缝的近球形;辐射对称、具有三射线(裂缝)的近三角形、圆三角形等;二侧对称、具单射线(裂缝)的豆形等(图1-6-28)。

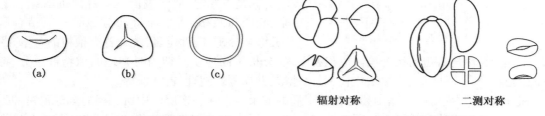

(a)　　　(b)　　　(c)　　　　　　　辐射对称　　　　二测对称

图1-6-27　孢子萌发构造类型　　　　　　图1-6-28　蕨类孢子形态

（据张永辂等,1988）　　　　　　　　　（据王开发,王宪曾,1983）

（a)单射线;(b)三射线;(c)无射线

裸子植物花粉有五种基本形态,即松型、杉型、柏型、苏铁型和麻黄型(图1-6-29)。

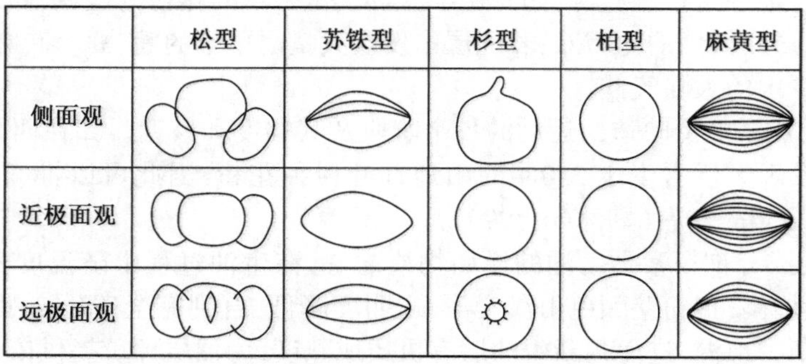

	松型	苏铁型	杉型	柏型	麻黄型
侧面观					
近极面观					
远极面观					

图1-6-29　裸子植物花粉基本形态示意图(据中国科学院植物研究所形态室孢粉组,1960)

被子植物花粉复杂多样,有球形、椭球形、多边形、多裂圆形等形状及四合、十六合等复合花粉;其萌发构造有单孔、单沟、二孔、二沟、三孔、三沟、三孔沟、多孔、多沟、多孔沟、散孔、散沟、散孔沟、环沟、螺旋沟等,也有无孔沟等19种类型(图1-6-30)。

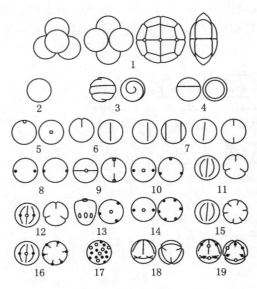

图 1-6-30 被子植物花粉形态

1—复合花粉；2—无孔沟；3—螺旋沟；4—环沟；
5—单孔；6—单沟；7—双沟；8—双孔；9—双孔沟；
10—三孔；11—三沟；12—三孔沟；13—四异孔；
14—多孔；15—多沟；16—多孔沟；17—散孔；
18—散沟；19—散孔沟

四、地质应用

在同环境不同地质时期，或同时期不同地理环境中，存在着不同类型的孢粉，因此可以利用其确定地层地质时代，进而划分对比地层。

（1）利用孢粉进行地层划分对比，主要是通过孢粉分析来进行的。孢粉分析就是把地层中的化石孢粉用物化方法分离出来，进行鉴定、统计、绘制孢粉图表，并分析其在地层中的变化规律进行地质解释，其内容包括采样、室内处理、镜下鉴定、地质解释四个方面。

①采样：应尽力选择富含有机质的暗色细粒岩石采集，而且要避开裂隙和风化面，采样的间距及数量可依岩性、岩层厚度和研究目的而定。

②室内处理：应根据样品的岩性选择不同的处理方法，处理过程中各种器皿要清洗干净以免不同样品的孢粉混杂。

③镜下鉴定：要将极面观与赤道面观结合起来，绘图和照相，将平面特征与剖面特征结合起来，综合分析，准确定名，统计各类孢粉的含量。

④地质解释：将孢粉组合绘制成孢粉图式，分析不同地质时期当时当地的植物群成分、特征及类型、分布规律。确定地层年代，对比地层，并恢复古地理、古气候等。

孢粉组合和孢粉图式是孢粉分析鉴定后的成果整理。一定层位中所获得的全部孢粉种类称为孢粉组合；表达孢粉组合的图表即孢粉图式，通常以地层剖面为纵坐标，孢粉百分含量为横坐标，常见的有百分含量曲线图、棒带图、水平柱状图等。

（2）恢复孢粉样品所在层位地质时期的古植被、古地理、古气候的方法是基于植物生长受控于古地理、古气候。不同环境有不同的植物群，产生不同的孢粉化石组合，反之根据植物的孢粉化石可推断古地理、古气候。例如海篷子、盐蒿、盐云草的花粉耐盐碱，如果在地层中发现大量化石，可指示滨海低地的盐碱滩；若地层中发现大量耐干旱的蒿、藜、菊、麻黄等花粉，说明当时当地是干旱少雨的大陆气候。

（3）孢粉学的成果能反映造山运动的各个阶段及其幅度和广度。如在西藏某地区的海拔500m中新统中，发现大量喜生于250m的山地针叶树种花粉，因此可以推断，从中新统至现在，该地区上升了250m左右（魏沐朝，1990）。

（4）孢粉壁的成分孢粉素是生油的原始物质之一，在生油过程中随温度升高而发生热变质，碳化程度不断增高，孢粉壁颜色由浅变深，透明度降低，直到完全碳化变黑。因此，可以利用孢粉颜色来推断古地温，进而判断生油层有机质成熟度，为油层评价提供依据。

（5）生油层中的部分孢粉可随油气运移带到储集层内，通过研究储油层中的孢粉可以探明生油层时代，寻找油源。

应用孢粉资料时要谨慎，采样和处理不慎均可造成不同时代孢粉混杂，还要辨别再沉积孢粉化石，另外，各种孢粉产量、外壁的坚固程度、传播能力各不相同，如松粉传播能力强，没有松树林的地方仍可能有松树花粉。要综合分析各种因素，以免作出错误结论。

第七节　植物的起源与演化

一、植物的起源与分化

绿藻具有纤维素组成的细胞壁,细胞内含叶绿素、胡萝卜素等。绿藻细胞能储存淀粉,有性生殖为卵式生殖,因此一般认为陆生维管植物可能起源于绿藻。世界上发现的最早的陆生维管植物大化石为产自于早志留世晚期的黔羽枝,同时,根据分散植物碎片和孢粉分析,推断我国西南地区早志留世早期存在多种类型的早期陆生维管植物。

（一）叶的起源与分化

目前有突出说和顶枝说两种观点,且都有理论和化石依据,可能植物叶的形成、分化是多方向的。突出说认为原始的叶是由枝轴表面的突起逐步维管化而形成的,从无叶的库逊蕨经具叶的星木而发展为具叶脉的石松,形象地解释了小叶植物叶的形成;顶枝说认为叶是由枝的扁化合并而形成大型叶的,而对于小叶植物的叶则认为是由顶枝群的退化而形成的。

（二）中轴的分化

中轴是植物的输导系统,其演化具有一定规律。原始中轴是由初生韧皮部包围中央初生木质部束组成的,最古老的裸蕨、石松、节蕨植物及原始的真蕨植物的幼茎内均具这种中轴。原始中轴进化方式有三种:一种是由星状中柱进化为编织中柱,如一些进化类型的石松和部分前裸子植物由星状中柱演化为具编织中柱的原始真蕨植物;第二种是由管状中柱进化为网状中柱,如具管状中柱的某些蕨类和种子植物演化为某些具网状中柱的真蕨和种子蕨植物;第三种是由真中柱进化为散生中柱,如某些具真中柱的松柏和双子叶植物演化为具散生中柱的双子叶植物。

（三）繁殖器官的进化

最原始植物的繁殖器官是同孢,后来出现异孢,大孢子的出现可能是细胞数目减少和四分体中细胞发育不平衡造成的。大孢子的出现在一定程度上代表了种子的原型,后期演化为胚珠,小孢子则进一步演化为孢粉。

（四）裸子和被子植物的起源

裸子植物起源于异孢植物,前裸子植物可能是由蕨类植物向裸子植物演化的中间环节。关于被子植物起源有真花说和假花说两种观点。假花说认为由于买麻藤植物与被子植物有很多相似之处,因此被子植物是由买麻藤植物演化而来的;真花说认为由于本内苏铁具有明显的似花的两性结构,因此被子植物是由已灭绝的本内苏铁演化而来的。

二、植物演化的主要阶段

与动物一样,植物的演化也遵循由水生到陆生、由低级到高级、由简单到复杂的规律。早泥盆世以前,所有生物都生活在水中,植物为了有效地适应陆生环境,不断完善自身的生殖和维管系统,按此线索植物的演化可分四大主要阶段。

(一)早期维管植物阶段

志留纪末至中泥盆世,裸蕨占主导地位。早古生代末期的地壳运动使许多地区发生海退,迫使植物由水域扩展到陆地。晚志留世第一批陆生植物——裸蕨出现,它使光秃的大地第一次披上绿装。由于它只有简单的维管束,所以只能生活于滨海沼泽或暖湿低地。陆地环境的复杂多变,促使裸蕨进一步分化,又演化出石松、节蕨、真蕨,而裸蕨则于泥盆纪末期绝灭。

(二)蕨类和古老的裸子植物阶段

晚泥盆世至早二叠世,石松、节蕨、真蕨、前裸子植物及古老的裸子植物种子蕨和科达占植物界的主导地位。它们都有根、茎、叶的分化,输导系统进一步发育,真蕨和种子蕨的大型叶扩大了光合作用面积,裸子植物的繁殖过程脱离了对水的依赖。它们在早石炭世形成小片滨海沼泽森林,古生代植物群的面貌基本形成。晚石炭世至早二叠世,古生代植物群极盛,形成广阔的森林,成为石炭、二叠纪重要的成煤物质。

由于长期适应不同的气候地理条件,自晚石炭世中期开始,逐渐形成了不同的植物地理区,二叠纪各区都有独特的标志植物和生态类型。

(三)裸子植物阶段

晚二叠世至早白垩世,以裸子植物中的苏铁、银杏、松柏类和中生代型的真蕨类为主,其中,晚二叠世至早、中三叠世,多数地区气候干旱,中生代型植物开始发展;晚三叠世至早白垩世中生代植物群极盛,为中生代的重要成煤物质,此时北半球又分化为不同的植物地理区。

(四)被子植物阶段

晚白垩世至今,被子植物以它对环境的高度适应,迅速占据植物界的主导地位,为古近纪和新近纪重要成煤物质。更新世冰期以后植物界面貌与现在相似。

复习思考题

1.简述古植物的分类系统。
2.植物的叶序和脉序有哪些基本类型?
3.原蕨植物在生物进化中意义是什么?
4.简述石松植物鳞木类叶座的结构。
5.简述裸子植物各门的主要特点。
6.如何利用植物化石分析古环境?
7.简述植物演化的主要阶段及各阶段特点。
8.古生代和中生代主要造煤植物有哪些?

拓 展 阅 读

何心一,徐桂荣,等.1993. 古生物学教程. 北京:地质出版社.

斯行健,等.1963. 中国植物化石. 北京:科学出版社.

童金南,殷鸿福.2007. 古生物学. 北京:高等教育出版社.

Bora L. 2010. Principles of Paleobotany. Daryagan: International scientific Publishing Academy.

Dilcher D L, Sun G, Ji Q, Li H Q. 2007. An early infructescence Hyrcantha decussata (comb. nov.) the Yixian Formation in Northeastern China. PNAS, 104(22). 9370 – 9374.

Stewart W N, Rothwell G W. 1993. Paleobotany and the Evolution of plants. Cambridge: Cambridge University Press.

Stewart P,Giobig S. 2011. Vascular Plants and Paleobotany. Oakville: Apple Academic Press.

Sun G, Dilcher D L, Wang H S, Chen Z D. 2011. An eudicot of Early angiosperms China. Nature, 471:625 – 628.

Sun G, Dilcher D L, Zheng S L,et al. 1998. In search of the first flower: a Jurassic angiosperm, Archaefructus, Northeast China. Science, 282 (5394):1692 – 1695.

Sun G, Ji Q, Dilcher D L , et al. 2002. Archae – fructaceae, a new basal angiosperm family. Science. 296(5569). 899 – 904.

Taylor L, et al. 2009. Paleobotany: the Biology and Evolution of Fossil Plants. Amsterdam: Elsevier.

第七章
古生物的遗迹

遗迹学(Ichnology)是一门新兴的边缘学科,它介于古生物学、地史学、沉积学和岩相古地理学等学科之间,是这些学科发展的产物,同时也为它们提供了非常有用的地质学和古生物学信息。遗迹学涉及生物(动物和植物)在沉积基底上或基底中产生的一切沉积构造,包括生物扰动构造、生物侵蚀构造和生物沉积构造。与我们通常熟悉的化石(实体化石)相比,遗迹化石具有其特殊性:遗迹化石是古代生物活动而产生的沉积构造,反映了生物生命活动、行为习性的信息;遗迹化石的原地保存性是沉积环境的灵敏指示者;大量的遗迹化石可保存在不发育实体化石的地层中,从而对恢复当时的生物群落面貌、地层对比有重要意义;遗迹化石的深入研究还为生命的起源、后生动物的演化提供重要的理论支撑;遗迹化石对油气储层也有很大的影响。那么,遗迹化石有哪些典型特征?如何识别遗迹化石?遗迹化石或遗迹化石组合的哪些特征能够提供古环境信息?遗迹化石对储层性质有怎样的影响?通过本章学习,我们将学会认识和识别遗迹化石,并逐渐体会遗迹学这一交叉学科的重要意义。

第一节 概　　述

一、遗迹化石的定义

遗迹化石(trace fossil)是指古代生物在沉积物表层或其内部进行各种生命活动产生的遗迹,被后续的沉积物充填、埋藏之后,经后期成岩的石化作用而形成。

古代生物在底层上能留下遗迹的生命活动行为方式通常包括10种:(1)跑动:生物在层内或层面上的快速运动,可分层内逃跑(escaping)和层面上跑动(running),前者是在沉积物底层受到加积或侵蚀时,生物为保持与水—沉积物界面一定的距离而产生的向层内上、下快速运动;后者是生物在底层层面上因某种刺激而产生的一种快速运动,一般与沉积作用无密切关系。(2)走动(walking):生物在层面上进行的行走运动。(3)爬动(crawling):生物使用其所具有的足趾或附肢在层面上进行爬动的运动,但身体往往不接触地面。(4)蠕动(creeping):生物使用其身体的一部分接触地面而进行的爬行运动。(5)休息(resting):生物在底层层面上活动时突然停栖下来,旨在躲避食敌或消除疲劳。(6)觅食(grazing,亦称牧食):生物在层面或层面附近的挖食或捕食活动。(7)进食(feeding,也称摄食):生物由层面向层内深部活动并探索取食的行为。(8)居住(dwelling):通常是指生物为了寻求庇护所而向层内进行挖掘或钻孔的活动。(9)游泳(swimming):水中各种动物在水与沉积物界面附近进行的游泳活动。(10)飞行(flying):动物突然离开底层层面向空中飞行的运动。

古代生物活动的底层(substrata/substratum)常见类型有7种：(1)硬底(hard ground)：指胶结成岩的岩石质底层或完全硬化的(fully indurated)底层；(2)固底(firm ground)：指固结但未胶结的沉积物底层；(3)僵底(stiff ground)：指硬但没有完全固结的底层；(4)软底(soft ground)：指松软尚未固结的砂或砂泥质沉积物底层；(5)汤底(soup ground)：指被水浸成泥浆状或淤泥状的沉积物底层；(6)壳底(shell ground)：指生物介壳堆积的沉积物底层；(7)木底(wood ground)：指树木堆积为主的沉积物底层，生物往往寄生在木质物上进行钻孔或觅食活动。

上述各类生命活动在相应底层上留下的遗迹都有可能保存为遗迹化石，主要包括软底沉积物中的动物遗迹、硬质底层上的生物侵蚀构造。另外，遗迹化石还包括软底沉积物中的植物遗迹、动物的排出物以及机械成因的各种球粒构造等。

(一)软底沉积物中的动物遗迹

(1)足迹(tracks)：两栖类、爬行类、哺乳动物及昆虫和鸟类等动物在沉积物层面上走动或跑动时留下的不连续单个足趾印迹(图1－7－1)。

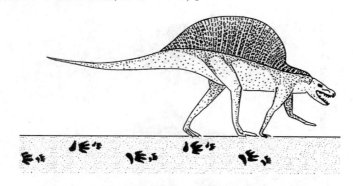

图1－7－1　四足动物的足迹(据Seilacher,2007)

(2)行迹(trackways)：多足的节肢动物或四足动物，如三叶虫和古蝎类等在层面上作一定方向运动时留下的一系列成行、成组或成倍数又不连续的足趾印痕(图1－7－2)。

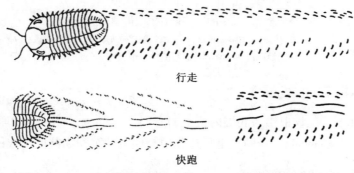

行走

快跑

图1－7－2　三叶虫的足迹双趾迹 *Diplichnites*(据Seilacher,2007)

(3)拖迹(trails)：食泥动物连续运动时身体的一部分接触底层并在底层面上蠕动、爬行或移动造成的连续沟槽痕(图1－7－3)。

(4)爬行迹(crawling traces)：蠕虫动物或节肢动物在未固结沉积物底层面上利用其运动器官或附肢等爬行留下的遗迹[图1－7－4(f)]。

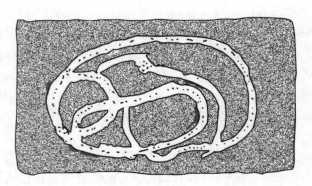

图 1-7-3　无脊椎动物的觅食拖迹(据胡斌等,1997)

（5）停息迹（resting traces）：动物在松软沉积物底层面上运动时因疲劳或遇到食敌等时间中断运动或正常休息停留时形成的遗迹[图1-7-4(d)、(e)]。

（6）潜穴（burrows）：舌形贝、蠕虫等动物向沉积物内部挖掘各种洞穴留下的遗迹[图1-7-4(a)、(b)、(c)]。

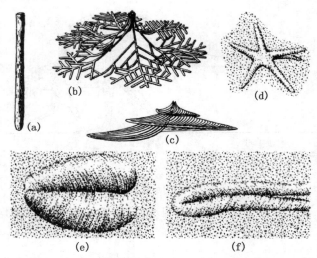

图 1-7-4　常见软底中的遗迹化石模式简图(据 Frey,1975)

(a) 石针迹(Skolithos)；(b)丛藻迹(Chondrites)；(c)动藻迹(Zoophycos)；(d)海星迹(Asteriacites)；
(e)皱饰迹(Rusophycus)；(f)二叶石迹(Cruziana)

（二）软底沉积物中的植物遗迹

（1）根迹（rhizolith）：植物根渗入底层内留下的遗迹。

（2）叠层石（algal stomatolites）：藻类生长过程中与伴生的沉积物共同形成的遗迹。

（三）硬质底层上的生物侵蚀构造

（1）钻孔（borings）：动物为了居住、固定或躲避敌人袭击等在坚硬的岩底、壳底或木底上钻凿的不规则孔洞形成的遗迹,形状有袋形、棒槌形、椭圆形等。

（2）钻洞迹（drill hole, drilling mark）：有一些食肉的头足类及腹足类为便于取食而在硬质底层上钻凿孔洞,或在被侵袭动物的壳上磨蚀出孔洞而形成。

（3）磨蚀迹（raspings）：腹足类或海胆类在藻盖层上觅食留下的遗迹。

（4）咬迹（bite traces）：动物咬食其他生物的壳体或啃食植物的叶片等留下的遗迹。

（四）动物的排出物

动物生命活动过程中体内排出的产物，包括粪化石、蛋化石等。鱼粪化石最为常见，其次有卵、爬行类和鸟类的蛋化石。

（五）机械成因的球粒

并非生物体内产生的排出物，而是生物在沉积底层上活动时因某种机械作用造成的，如甲壳动物在沙滩上挖掘潜穴时形成的一种砂泥质颗粒堆积物。

二、遗迹化石的特征

遗迹化石与实体化石（body fossils）是不同的。二者的主要区别是：前者表现的是生物与底层间的关系，直接反映生物生命活动时的习性规律及其所处的生态环境因素；后者表现的主要是生物体本身的形态、结构和构造特征，更多的反映生物的发展演化规律和生物群落的生态条件。遗迹化石的独特性反映了遗迹化石的形成模式和埋藏过程，也正是通过这些特性的研究，使遗迹学应用于众多研究领域（例如古生态学、沉积物、地层学）。遗迹化石的一般特性包括以下十个方面：

（一）提供生物的行为习性证据

分析遗迹化石的形态特征及潜穴建筑格架能够提供其造迹生物的解剖学和行为学意义（例如，生活方式、营养类型、运动机制等），而这些正是遗迹化石生态分类的基础。行为习性研究的范围很广泛，包括从简单的蠕虫类生物穿过沉积物形成的遗迹到复杂的群居昆虫构筑的巢穴。

（二）同种生物可能产生多种遗迹（一物多迹）

同一生物可有多种行为习性，从而可留下多个遗迹属种。经典的例子是三叶虫从休息到大步向前留下的一连串沉积构造（图1-7-5）：三叶虫休息的时候身体压在沉积物上，嵌入沉积物中，形成皱饰迹（*Rusophycus*），边移动边进食形成二叶石迹（*Cruziana*），然后大步前进时仅附肢与沉积物接触形成双趾迹（*Diplichnites*）。

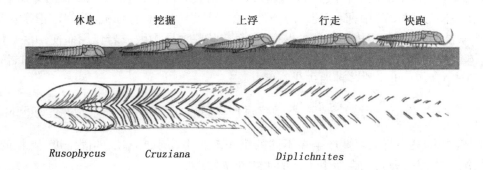

图1-7-5　三叶虫从静止到快跑的行为习性留下三种不同的遗迹化石（引自 trilobites. info/trace. htm）

(三)一种遗迹可能由多种生物产生(异物同迹)

同一个遗迹类型可能由多种不同的生物产生,代表了行为习性的一致。很多情况下,生物与生物成因的构造之间并不能建立一一对应的关系。通常,越是简单的遗迹化石,造迹生物的限定性越弱。例如,简单的垂直潜穴 *Skolithos*,其造迹生物可能是环节动物、帚虫动物、甲壳动物以及昆虫和蜘蛛等。

(四)一个复杂的潜穴系统可能由几种生物共同建造

所谓生物遗迹的复合性变化是指两种或多种不同的生物生活在一起,可以共同建造一种特殊的互相内联的潜穴系统。在已知的潜穴中,这种共生或共栖现象的例子是很多的。例如,苏格兰岸外的鲍鱼(goby fish)、龙虾(lobster)和短尾蟹(brachyuran crab),都可产生像 *Thalassinoides*(海生迹)的潜穴并有连接三者的内联构造,使之共同成为一种复杂的潜穴系统(图 1-7-6)。

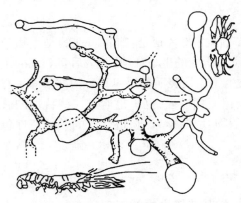

图 1-7-6 由鱼、螃蟹和龙虾共同营造的复合潜穴系统(据 Ekdale 等,1984)

(五)造迹生物通常为软体生物

实体化石的保存条件之一是发育硬体组织,而遗迹化石恰恰相反,通常记录的是软体生物的活动。遗迹化石的保存更倾向于在沉积物内部的活动痕迹,而沉积物底层内部并不利于硬体组织的生物生活。因此,遗迹化石很难与其造迹生物同时保存下来。

(六)通常在缺乏实体化石的地层记录中保存遗迹化石

这个特征一方面取决于遗迹化石的造迹生物多为软体组织生物,保存为实体化石的机会很小。另一方面,取决于遗迹化石与实体化石的保存岩性的差异,这就是在野外考察中为什么会出现两批分流:古生物学家奔向泥岩,而遗迹学家迫不及待地跑向砂岩与泥岩的交界处。另外,成岩作用对实体化石通常具有破坏作用,而往往对遗迹化石有加固作用。实体化石的保存前提不仅仅是生物自身的硬体组织,还对保存岩性有较为苛刻的要求。实体化石大多存在于中—低能环境条件下形成的碳酸盐岩(如石灰岩、泥灰岩、白云质灰岩等)和细碎屑岩(如泥岩、砂质泥岩、粉砂岩等)中,而高能环境条件下的碎屑岩(如河流、浊流、滨岸波浪水流形成的砂岩、砂砾岩等)中完整实体化石极少保存,甚至在某些地层中因成岩作用而使一些具碳酸钙质的实体化石被溶解掉。但是遗迹化石一般不受这些岩性条件限制,即使在高能的岩石岸线或深水浊流沉积中,也常有各种遗迹化石保存。

(七)同一生物同一行为习性在不同的沉积物基底中会保存为不同的生物遗迹构造

同一生物的某个行为习性产生在不同的沉积基底中(例如,基底的固结度、颗粒的粒度、含水量、沉积物深度等),均会留下不同的生物遗迹构造。

（八）较长的地史延续时限

大部分的遗迹化石起源于古生代，少部分的遗迹化石，尤其是很简单的类型（如*Helminthoidichnites*、*Palaeophycus*）起源于埃迪卡拉纪。该现象并不代表其造迹生物延续整个地史时期，而是显生宙以来不同类型的生物的行为习性可产生同一种遗迹类型。造成这一现象有两种原因：一是因为生物体细微的基本构造往往比生物的行为习性在地史进化过程中更易于发生变化；二是不同时期有相同的生态环境，那么同一环境条件下常常发育相同的生物活动遗迹。

（九）遗迹化石通常分布在窄环境中

尽管这个特征更精确的是指遗迹化石的组合（而非单一的遗迹化石类型）能够指示某种特定的沉积环境，这足以表明生物成因构造受到某种特定沉积环境的制约。例如，一些遗迹属是深海环境的专属，包括纽带迹（*Desmograpton*）、盘旋迹（*Helicolithus*）、螺线迹（*Spirorhaphe*）等。这个特性为分析古生态提供了很好的材料。

（十）遗迹化石具有原地保存性

绝大多数生物遗迹，无论它产生于底层层面还是层内（除了动物的排出物和机械成因的球粒等）一般都会在原生物活动的地方保存下来，不会被水流和风等这样的自然营力所搬运走，而总是随着底层沉积物的成岩作用固结在原地。

第二节 遗迹化石的识别及命名

一、遗迹化石的识别

遗迹化石的识别主要根据以下特征：（1）其形状与某种生物的形状或部分形状类似，如海星短暂停留产生的海星迹、三叶虫产生的皱饰迹（*Rusophycus*）；（2）生物扰动构造的宽度较为均一且具有连续性；（3）同一类遗迹化石在同层位通常不会孤立产出；（4）部分遗迹化石在形态上为有规律的、复杂的和重复出现的几何形态，例如规则的六边形网状构造的古网迹、动藻迹等。

二、遗迹化石的命名

目前，遗迹化石划分为两级：遗迹属（ichnogenus，简称 igen.）和遗迹种（ichnospecies，简称 isp.）。因此，通常命名采用"国际动物命名法则"所规定的"二名法"，即遗迹化石的名称为"属名＋种名＋命名者＋命名日期"，各分类单位均采用拉丁文或拉丁化的命名。书写格式为属名首字母大写，属名和种名均用斜体，例如，常见的垂直潜穴线形石针迹 *Skolithos linearis*（Haldemann，1840）。

遗迹化石属种划分依据主要有以下五个方面：

（1）总体形态：遗迹化石的总体形态代表了其基本形态特征，包括外形、方位和在地层中的保存状态,是遗迹属种鉴定的主要依据。外形是指遗迹化石各组成部分的空间展布,也就是其最直观的外部形态,如六边形网状潜穴古网迹。方位指遗迹化石在地层中的产出状态,如垂直的、倾斜的、水平的等。在地层中的保存状态主要是指遗迹化石保存为底迹、表迹、内生迹等。

(2)潜穴壁和衬壁:潜穴壁和衬壁的存在与否、结构构造、厚度等对遗迹化石的定名具有非常重要的意义。造迹生物根据需求及沉积底质的性质决定潜穴壁和衬壁的特征。通过潜穴壁与衬壁的精细研究,可以获得造迹生物的营养类型、潜穴技术及生物之间的亲缘关系等重要信息。潜穴壁上有无纹饰、潜穴壁和衬壁的厚薄、结构等,均决定了遗迹化石的属种划分。

(3)遗迹的分枝:很多遗迹属是根据分枝情况来划分的。分枝方式、角度疏密程度等反映了不同的行为习性和生物对资源的利用能力。另外,潜穴之间相互交切、叠覆现象类似分枝,但实际上是假分枝。

(4)潜穴填充物:无脊椎动物的潜穴填充可以分为两类:主动填充和被动填充。主动填充是指食沉积物的生物在生活期间以沉积物和排泄物混合形成的物质充填到潜穴管内,其充填物特征与围岩不同,典型的回填构造是新月形回填构造(图1-7-7),反应的是造迹生物的营养类型和进食策略。被动填充是指动物在生活期间潜穴为开放的,生物死亡后空的潜穴管被沉积物或后期胶结物充填,填充物与围岩相同或不同,更多地提供了沉积物和层序地层学的信息。

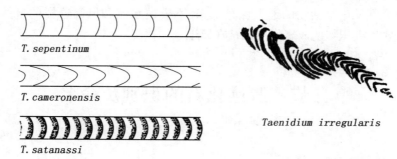

图1-7-7 条带迹(*Taenidium*)各遗迹种新月形回填构造的特征素描图(据杨式溥等,2004)

(5)蹼状构造:造迹生物长期居住在潜穴中,为了保持在沉积物—水界面以下位置或觅食、成长需求,要上下或侧向移动在潜穴中位置,因此形成一系列片状纹层构造,称为蹼状构造。蹼状构造的存在与否是鉴定遗迹属的重要标志,例如,同为U形管状潜穴的*Diplocraterion*具有蹼状构造,而*Arenicolites*则没有蹼状构造(图1-7-8)。

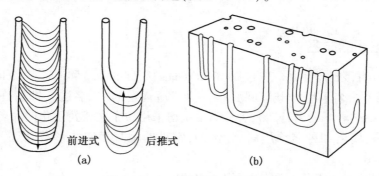

图1-7-8 U形潜穴和素描图

(a)双杯迹(*Diplocraterion*);(b)似沙蠋迹(*Arenicolites*)

第三节　遗迹化石的分类

遗迹化石的分类方案很多,包括按造迹生物分类、沉积环境分类、形态分类、保存分类、生态习性分类等。这里介绍最常用的两个分类方案:保存分类和生态习性分类。

一、保存分类

保存分类是指依据遗迹化石在地层中的位置以及它们同沉积物的关系对其进行分类,这种分类对于正确鉴定遗迹化石、分析其形成过程中的沉积作用及沉积环境等具有重要意义。根据生物遗迹与底层或岩层的内外和上下关系可分为以下三种类型(图1-7-9):

(1)全浮雕:保存在岩层层内轮廓完整的生物遗迹。

(2)半浮雕:保存在两种不同岩性界面之间,可以沿界面分开;又可分为上浮雕和下浮雕,前者位于岩层顶面的半凸起或凹槽,后者位于岩层底面的半凸起或凹槽。

(3)劈面浮雕:表面遗迹压入层内形成,使岩层内纹层发生变形,沿风化劈理剥裂可揭示出一定的半浮雕构造。

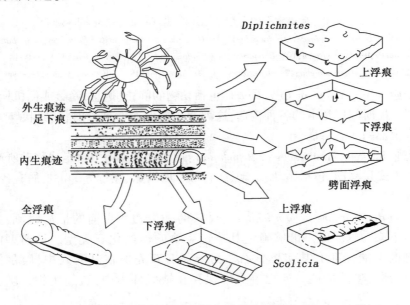

图1-7-9　Seilacher(1964)提出的保存分类术语图解(据 Ekdale 等,1984)

二、生态习性分类

由于遗迹化石是古代生物行为习性的证据,并且其主要的研究目的也是恢复造迹生物的行为类型,因此,有必要根据遗迹化石反应的生态类型进行分类。目前主要有以下生态类型(图1-7-10):

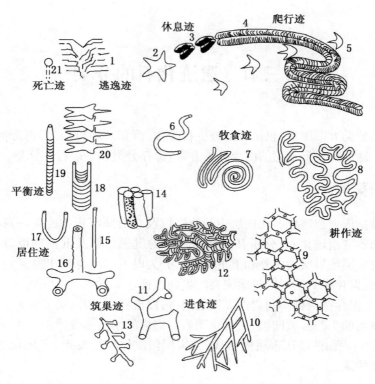

图 1 - 7 - 10　遗迹化石的生态习性分类（据 Gerade 和 Bromley，2008）

1—escape trace；2、20—*Asteriacites*；3—*Ruzophycus*；4—*Cruziana*；5—footprint；6—*Planolites*；7—*Helminthoida*；
8—*Cosmorhaphe*；9—*Paleodictyon*；10—*Chondrites*；11—*Thalassinoides*；12—*Phycosiphon*；13—nests；14—tubes；
15—*Skolithos*；16—*Ophiomorpha*；17—*Arenicolites*；18—*Diplocraterion*；19—adjustment trace；21—death trace

（1）休息迹（resting traces or *Cubichnia*）：包括动物的静止、栖息、隐蔽或伺机捕食等行为在沉积物上停留一段时间所留下的各种构造，这种遗迹的形态常呈星射状、卵状等，反映了造迹生物的侧面或腹部的形态特征。

（2）爬行迹（locomotion of traces or *Repichnia*）：指生物在层面上行走或移动所产生的构造。其主要的运动方式是移动，包括跑动、走动、爬行、蠕动、游泳、飞行等。常见的有各种动物的足迹、行迹、移迹等。

（3）死亡迹（death traces or *Mortichnia*）：反映的是生物死亡前的最后时刻，并且实体与遗迹同时保存下来。这是唯一能够确定其造迹生物的遗迹化石类型。最典型的例子是节肢动物的拖迹的末端保存有其实体化石。另外还有双壳类在其潜穴中、腹足类在拖迹末端、鱼类及其尾部产生的遗迹。死亡迹通常保存在缺氧环境中，造迹生物是随浊流进入缺氧环境。

（4）牧食迹（grazing traces or *Pascichnia*）：是动物边运动边取食形成的，可形成于沉积物表面，也可产生在沉积物内部。该遗迹类型通常不分枝、水平状、从简单平直的细凹槽状到紧密排列的弯曲环形。常见的类型有 *Gordia*、*Mermia*、*Helminthoida*、*Nereites* 等。

（5）进食迹（feeding traces or *Fodinichnia*）：通常是内栖生物一边挖掘并进食沉积物、一边形成潜穴，同时在潜穴中排泄沉积物而形成的潜穴构造。因此，该类潜穴通常具有新月形回填构造，如条带迹（*Taenidium*）；或通过中心向四周呈辐射状的星瓣迹（*Asterosoma*）等。

（6）居住迹（dwelling traces or *Domichnia*）：内生动物的永久或半永久居住潜穴。造迹生物主要是悬浮物进食者和被动食肉动物，另外，还包括一些主动食肉动物和沉积物进食者。永久性的居住潜穴往往具有厚的潜穴衬壁，或者建造在硬底上钻孔居住；半永久性或临时的居住潜穴通常不具有衬壁构造。居住迹通常为垂直的管状潜穴或具有分枝构造。

（7）耕作迹（traps and farming traces or *Agrichnia*）：包括复杂并且非常规则的水平潜穴巷道，非常漂亮而类似雕画。这种构造代表了居住和进食行为，进食包括耕作和诱捕相结合的方式，形成各种水平的复杂几何形态，例如，蛇曲迹（*Helicolithus*）、六边形的古网迹（*Paleodictyon*）等，常出现在深水或半深水的细粒沉积物中。

（8）逃逸迹（escape traces or *Fugichnia*）：主要由于沉积物的快速变化而使生物迅速逃跑形成的构造，常见于事件沉积中。当快速沉积发生时，生物快速向上移动；当沉积物表层被侵蚀时，生物迅速向下运动，从而保持与沉积物表面的合适距离。典型的逃逸构造在地层中多呈人字形叠覆构造。

（9）平衡迹（equilibrium traces or *Equilibrichna*）：是指沉积物在逐渐沉积和缓慢侵蚀的过程中，内生生物不断调整其位置而形成的构造。

（10）捕食迹（predation traces or *Praedichnia*）：该遗迹种类反应了生物的捕食行为。最普遍的是在硬底（例如贝壳、骨骼等）中的钻孔。

（11）筑巢迹（nesting traces or *Calichnia*）：成年昆虫为了繁殖后代建造或挖掘的潜穴，幼虫被成虫分配到特定的房室内成长。筑巢迹对基底的要求很严格，尤其是基底的湿度，湿度太大使得巢穴中的食物腐烂，而湿度不足又使幼虫脱水而死亡。筑巢迹的典型代表有甲虫的巢穴和蜂巢。

第四节　遗迹相及遗迹组构

一、遗迹相概念及模式

遗迹相（Ichnofacies）是地史时期相同或相似的沉积环境下具有相同的遗迹化石组合。因此，遗迹相代表了一定的沉积环境。一个遗迹相包括两个方面：（1）不同时代的代表性遗迹群落的关键属性（例如占优势的个体行为学、遗迹化石分异度、进食策略等）；（2）这些关键属性与生态因素和沉积过程的密切关系。任何一个遗迹相都是建立在大量且具有普遍性的遗迹学研究的基础上，而绝非遗迹化石的简单罗列或某一区域的遗迹组合的研究。最经典的遗迹相包括海相软底遗迹相 5 个、陆相遗迹相 6 个、受底质控制的遗迹相 4 个。

（一）海相软底遗迹相

（1）*Psilonichnus* 遗迹相（图 1-7-11）：主要是由沙蟹类建造的 J 形、Y 形、U 形垂直居住潜穴，也有一些蜘蛛或昆虫建造的基部膨大的细小垂直居住潜穴；还可能有脊椎动物的足迹、无脊椎动物的拖迹，植物根迹、粪化石；低的遗迹分异度、低丰度。该遗迹相受能量、沉积物粒度、盐度的影响，主要分布在前滨最上部、滨后、海岸沙丘、潮坪等沙泥软底环境。

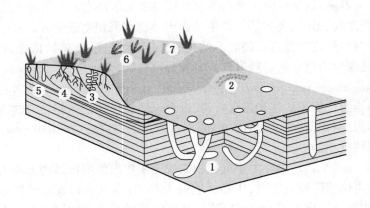

彩图1-7-11

图1-7-11　*Psilonichnus* 遗迹相模式图

（据 Buatois 和 Mángano,2011）

1—*Psilonichnus*;2—*Coenobichnus*;3—*Cellicalichnus*;4—root traces;5—*Macanopsis*;
6—Vertebrate traces;7—Arthropod tracks and trails

（2）*Skolithos* 遗迹相（图1-7-12）：主要由悬浮物滤食生物或被动捕食生物建造的垂直或高角度倾斜的柱状、U 形潜穴组成；遗迹化石的分异度较低,但丰度通常很高。形成环境是中等到较高能量水体、纯净并分选良好的沙质软底的潮间带下部到潮下浅水地带,如高能的前滨、临滨带等。

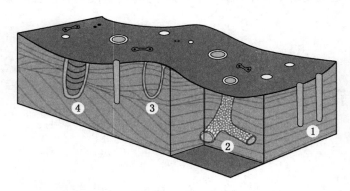

彩图1-7-12

图1-7-12　*Skolithos* 遗迹相模式图（据 Buatois 和 Mángano,2011）

1—*Skolithos*;2—*Ophiomorpha*;3—*Arenicolites*;4—*Diplocraterion*

（3）*Cruziana* 遗迹相（图1-7-13）：由食沉积物、食悬浮物、食肉和食腐等底栖动物产生的以表面遗迹及水平进食潜穴为主,有少量分散的垂直潜穴。遗迹化石的分异度高,丰度也较高。沉积环境为低能的浅海环境。

（4）*Zoophycos* 遗迹相（图1-7-14）：主要由简单或复杂的具有蹼状结构的进食潜穴组成,其次是牧食迹,多为深阶层潜穴;遗迹化石分异度低、丰度高。该遗迹相主要出现在富含有机质的泥、灰泥或泥质砂等低氧的静水环境,如半封闭的局限海湾、潟湖、半深海或深海环境。

（5）*Nereites* 遗迹相（图1-7-15）：主要以捕食微生物的生物建造的水平、复杂的耕作迹为主,伴随有复杂的牧食拖迹和进食迹。遗迹化石分异度、丰度均较高。该遗迹相一般出现在半深海到深海的安静、富氧软泥环境。

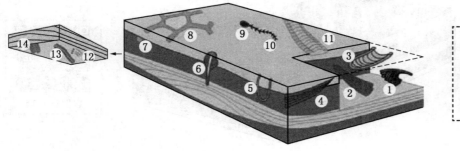

图 1 - 7 - 13　*Cruziana* 遗迹相模式图（据 Buatois 和 Mángano,2011）

1—*Arthrophycus*;2—*Phycodes*;3—*Rhizocorallium*;4—*Teichichnus*;5—*Arenicolites*;
6—*Rosselia*;7—*Bergaueria*;8—*Thalassinoides*;9—*Lockeia*;10—*Protovirgularia*;
11—*Curvolithus*;12—*Dimorphichnus*;13—*Cruziana*;14—*Rusophycus*

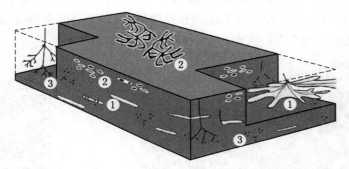

图 1 - 7 - 14　*Zoophycos* 遗迹相模式图（据 Buatois 和 Mángano,2011）

1—*Zoophycos*;2—*Phycosiphon*;3—*Chondrites*

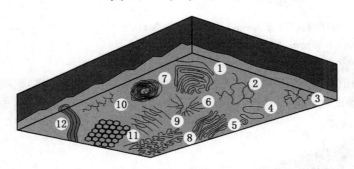

图 1 - 7 - 15　*Nereites* 遗迹相模式图（据 Buatois 和 Mángano,2011）

1—*Nereites*;2—*Megagrapton*;3—*Protopaleodictyon*;4—*Spirophycus*;
5—*Helminthorhaphe*;6—*Glockerichnus*;7—*Spirorhaphe*;8—*Cosmorhaphe*;
9—*Urohelminthoida*;10—*Desmograpton*;11—*Paleodictyon*;12—*Scolicia*

（二）陆相遗迹相

（1）*Mermia* 遗迹相（图 1 - 7 - 16）:以食沉积物生物产生的水平或近水平觅食迹和进食迹为主,其次是游移迹;遗迹分异度和丰度相对较高。该遗迹相分布在水体富氧、低能、永久水下湖泊体系的细粒沉积物中。

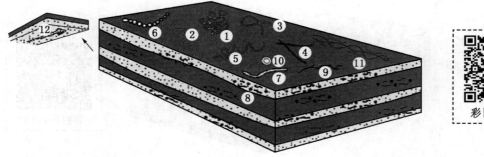

图 1 - 7 - 16　*Mermia* 遗迹相模式图(据 Buatois 和 Mángano,2011)

1—*Mermia*;2—*Cochilchnus*;3—*Gordia*;4—*Helminthoidichnites*;5—*Helminthopsis*;
6—*Tuberculichnus*;7—*Palaeophycus*;8—*Planolites*;9—*Treptichnus*;10—*Circulichnis*;
11—*Undichna*;12—*Vagorichnus*

(2)*Scoyenia* 遗迹相(图 1 - 7 - 17):主要由食沉积物生物产生的水平的、具有新月形回填构造的潜穴组成,还包括游移迹、行迹和拖迹、简单的居住迹、脊椎动物和植物的遗迹等;遗迹化石的分异度低到中等,丰度较高。该遗迹相出现在周期性暴露地表和被水淹没的低能环境。

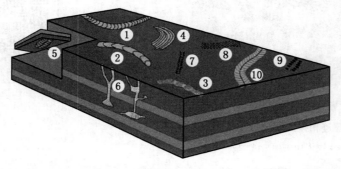

图 1 - 7 - 17　*Scoyenia* 遗迹相模式图(据 Buatois 和 Mángano,2011)

1—*Taenidium*;2—*Beaconites*;3—*Scoyenia*;4—*Fuersichnus*;5—*Rusophycus*;
6—*Camborygma*;7—*Diplichnites*;8—*Mirandaichnium*;9—*Umfolozia*;10—*Cruziana*

(3)*Coprinisphaera* 遗迹相(图 1 - 7 - 18):主要由甲虫、蚂蚁、蜜蜂等昆虫的巢穴、粪化石、新月形回填构造的潜穴、脊椎动物的足迹、植物根等组成;中等到高的遗迹分异度、高丰度;多发于在草木生态的古土壤系统中。

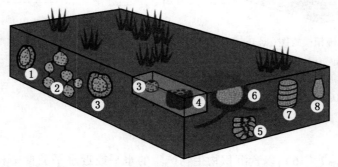

图 1 - 7 - 18　*Coprinisphaera* 遗迹相模式图(据 Buatois 和 Mángano,2011)

1—*Palmiraichnus*;2—*Attaichnus*;3—*Coprinisphaera*;4—*Rosellichnus*;5—*Uruguay*;
6—*Tacuruichnus*;7—*Eatonichnus*;8—*Celliforma*

（4）*Celliforma* 遗迹相（图 1-7-19）：主要以蜂巢为主的筑巢迹，伴生有朴树皮和淡水蜗牛壳；分异度中等，丰度很高。主要分布在富碳酸盐古土壤中，最常见的是沼泽环境。

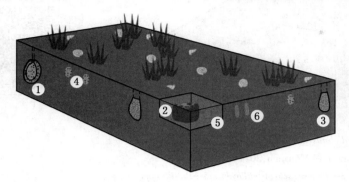

彩图1-7-19

图 1-7-19　*Celliforma* 遗迹相模式图（据 Buatois 和 Mángano，2011）

1—*Palmiraichnus*；2—*Rosellichnus*；3—*Celliforma*；4—*Rebuffoichnus*；5—*Pallichnus*；

6—*Teisseirei*

（5）*Termitichnus* 遗迹相（图 1-7-20）：主要是白蚁类的遗迹化石；分异度低、丰度高。该遗迹相主要发育在温暖潮湿的密生林古土壤里。

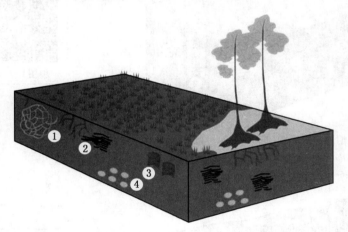

彩图1-7-20

图 1-7-20　*Termitichnus* 遗迹相模式图（据 Buatois 和 Mángano，2011）

1—*Termitichnus*；2—*Krausichnus*；3—*Fleaglellius*；4—*Vondrichnus*

（6）*Entradichnus-Octopodichnus* 遗迹相（图 1-7-21）：节肢动物的行迹、垂直的居住潜穴等；分异度低，丰度低到中等，发育在沙漠环境。

（三）受底质控制的遗迹相

（1）*Glossifungites* 遗迹相（图 1-7-22）：主要为连续进食生物或被动捕食者建造的居住潜穴，潜穴壁光滑或有纹饰、不发育衬壁、被动填充；潜穴多呈垂直或近垂直、简单或具有蹼状的 U 形，可分枝；遗迹化石分异度低，丰度高。该遗迹相发育在固底上（例如脱水的泥，压实紧密的沙），沉积环境多为滨海和潮下带或常暴露于地表的潮间带和潮上带。

（2）*Trypanites* 遗迹相（图 1-7-23）：主要以群居的深阶层的钻孔为特征，多为柱状、瓶状、泪滴状、U 形或不规则的形状等；该遗迹相的典型沉积环境为滨海潮下带停积面，包括石质海岸和海滩、生物礁、介壳底等。

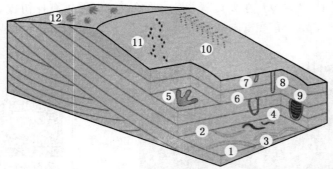

彩图1-7-21

图 1 - 7 - 21　*Entradichnus-Octopodichnus* 遗迹相模式图
（据 Buatois 和 Mángano,2011）

1—*Entradichnus*；2—*Taenidium*；3—*Palaeophycus*；4—*Planolites*；5—*Brasilichnium*；
6—*Arenicolites*；7—*Digitichnus*；8—*Skolithos*；9—*Diplocraterion*；10—*Paleohelcura*；
11—*Octopodichnus*；12—*Chelichnus*

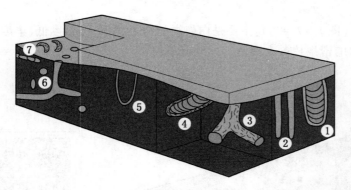

彩图1-7-22

图 1 - 7 - 22　*Glossifungites* 遗迹相模式图（据 Buatois 和 Mángano,2011）

1—*Diplocraterion*；2—*Skolithos*；3—*Spongeliomorpha*；4—*Rhizocorallium*；
5—*Arenicolites*；6—*Thalassinoides*；7—*Fuersichnus*

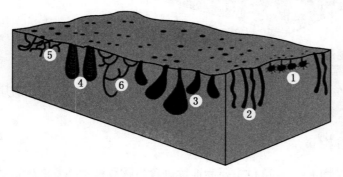

彩图1-7-23

图 1 - 7 - 23　*Trypanites* 遗迹相模式图（据 Buatois 和 Mángano,2011）

1—*Entobia*；2—*Trypanites*；3—*Gastrochaenolites*；4—*Caulostrepsis*；
5—*Maeandropolydora*；6—*Conchotrema*

（3）*Gnathichnus* 遗迹相（图 1 - 7 - 24）：主要是以浅层牧食迹为主,同时还有休息迹、居住迹和捕食迹,少量的深层潜穴或钻孔、低—中等遗迹分异度、高丰度。该遗迹相代表了短期的生物侵蚀构造被快速的沉积作用打断。

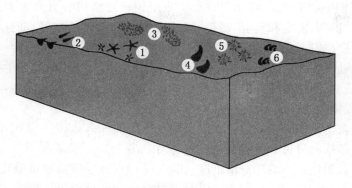

图1-7-24 *Gnathichnus*遗迹相模式图(据Buatois和Mángano,2011)

1—*Gnathichnus*;2—*Rogerella*;3—*Radulichnus*;4—*Centrichnus*;

5—*Podichnus*;6—*Renichnus*

(4)*Teredolites*遗迹相(图1-7-25):主要由棍棒状钻孔组成,钻孔的壁上有纹饰;遗迹分异度很低,并且通常是由单一的遗迹属种组成,丰度较高,但是钻孔之间很少有相互连通。该遗迹相的基底是木质基底,例如漂流的伐木和泥炭沉积。该遗迹相通常在浅海和边缘海中的沉积间断面上,例如河口、海湾、潟湖、三角洲环境。

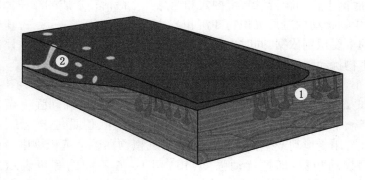

图1-7-25 *Teredolites*遗迹相模式图(据Buatois和Mángano,2011)

1—*Teredolites*;2—*Thalassinoides*

二、遗迹组构

(一)遗迹组构的概念

遗迹组构(Ichnofabrics)是指沉积物(岩石)中生物扰动和生物侵蚀作用所遗留下来的总体结构和内部构造特征,是各期扰动生物在沉积物中活动历史的最终记录。它是物理过程和生物过程相互作用的产物。遗迹组构的物理控制包括幕式沉积的速率和性质、总体沉积速率、成层厚度、沉积物颗粒大小与分选程度以及侵蚀的速率和性质。遗迹组构的生物控制包括动物群的生活习性、生物个体大小和生物殖居底质的速率。传统的遗迹学研究多侧重于单个遗迹化石的研究,而遗迹组构不仅仅包括清晰的遗迹化石,同时也包括模糊不清的生物扰动构造,更强调生物活动与沉积物之间的相互关系。另外,遗迹组构的研究通常建立在认真观察潜穴之间的交切关系和阶层结构的评估上。遗迹组构研究更重视内栖生物群落的群体生态学。

自从 Bromley（1990）将底栖生物群落垂向分带的概念应用到遗迹组构的研究中去，遗迹学研究不再局限于遗迹化石的识别、鉴定和解释，而扩展到沉积物中遗迹化石之间在时间和空间上的相互关系，以及不同深度（或阶层）的遗迹化石保存的可能性与特定条件等方面。加之对无法辨认形态的生物扰动基底的重视，遗迹组构分析更能充分利用沉积物中的遗迹学信息，因而更能精确地解释沉积环境，并能解释传统的遗迹相分析感到困惑的问题，如浅海相与深海相遗迹化石共生于同一层沉积物中的情况等。

通过遗迹组构分析，可以获得沉积岩形成过程中以下四个方面的深入认识：（1）沉积物中内栖生物群落的生态特征，包括垂向分带和营养关系；（2）原始沉积物表层及表层以下的稳定性和固结程度，这些物性可以从遗迹化石的相对清晰度、压实、变形程度等方面加以确定；（3）深层生物进食构造，如 *Chondrites* 和 *Zoophycos* 的丰度以及保存特征，可用来解释原始沉积底层的氧化还原特征；（4）不同类型的遗迹化石（生物扰动）对沉积物的早期成岩作用，包括压实、胶结和次生矿化作用等，都会产生特殊影响。

（二）遗迹组构和生物扰动描述

对遗迹组构的描述，包括以下四个方面的内容：（1）生物扰动强度；（2）系统遗迹学；（3）遗迹分异度；（4）遗迹形成的先后顺序或遗迹群落的阶层结构。

生物扰动可概括为由于底栖生物的爬行、摄食、掘穴和栖息等生命活动造成的沉积物颗粒的混合和沉积构造的改变。生物扰动构造是沉积物和沉积岩中的基本特征之一，是古环境恢复和重建、地层划分与对比的重要识别依据，同时也是储层的孔隙度、渗透性和连通性评价中的重要考虑因素。因此，对生物扰动强度做出正确评估是非常重要的。

由于生物成因构造的大小、形态、类型等各不相同，给生物扰动强度的计算带来了困难。尽管如此，很多学者开始尝试着解决这个问题。Schäfer（1956）最早对生物扰动强度做出分析，当时简单地分为极少、中等、丰富三个定性的等级。该描述方法简单，但是过于笼统，随后一些学者提出半定量化的方法，用受搅动或生物挖掘的那部分沉积物在整个沉积物中所占的百分比来表示并引入了生物扰动指数，即把扰动强度（BI）用 1～6 不同的等级表示出来（表 1-7-1），再配有图解加以辅助描述（图 1-7-26）。该方案的优点是术语简单，易于识别，考虑到了群落结构的影响，认识到高的生物扰动强度，往往是不同组合的遗迹相互叠加的结果。

表 1-7-1　根据相对于原始沉积组构的改造量而划分的生物扰动等级（据 Taylor，1993）

扰动等级	扰动量，%	描　　述
0	0	无生物扰动
1	1～5	零星生物扰动，极少清晰的遗迹化石和逃逸构造
2	6～30	生物扰动程度较低，层理清晰，遗迹化石密度小，逃逸构造常见
3	31～60	生物扰动程度中等，层理界面清晰，遗迹化石轮廓清楚，叠复现象不常见
4	61～90	生物扰动程度高，层理界面不清，遗迹化石密度大，有叠复现象
5	91～99	生物扰动程度强，层理彻底破坏，但沉积物再改造程度较低，后形成的遗迹形态清晰
6	100	沉积物彻底受到扰动并因反复扰动而受到普遍改造

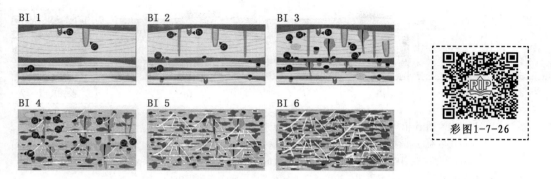

图1-7-26　不同生物扰动等级图解说明(据Taylor和Goldring,1993)

系统遗迹学描述记录的是遗迹化石的基础数据,如潜穴的形态、大小、排列方向等,从而对每一遗迹化石类型加以命名。一旦确定其化石名称,便将其归入一定的生态类型中去,并对其相对丰度作出评估。遗迹化石相对丰度可划分为以下3个等级,用该遗迹化石在切面上所占的面积比表示。(1)稀少:遗迹化石存在,但不超过10%;(2)普遍:遗迹化石在10%~50%之间;(3)丰富:遗迹化石超过50%。由此可见,采用这种划分方案,在任何一层段中,丰富的遗迹化石可能只有一种,而这种遗迹化石对遗迹组构的命名是非常重要的。

遗迹化石的分异度是对一定沉积物中出现的不同遗迹化石类型的记录,至少对单类型遗迹化石组构和多类型遗迹化石组构进行识别是有意义的。

描述的最后一项重要内容是潜穴形成的先后顺序和阶层结构。弄清潜穴形成的先后顺序或遗迹化石的阶层结构,可以了解到埋藏学、沉积作用过程、氧含量以及底层岩化作用等方面的信息。识别潜穴形成先后顺序或阶层结构的标志有以下3点:(1)遗迹化石的相互穿插关系;(2)潜穴轮廓的清晰度,越清晰者,形成时间可能越晚;(3)潜穴充填物成分及颜色的差别等。

(三)遗迹组构的类型

根据遗迹组构的复杂程度可有两个基本类型:简单遗迹组构和复合遗迹组构。简单遗迹组构是单一生物扰动事件的产物,即在特定的时间段内由一个生物群落对底层进行扰动留下的沉积构造。这类遗迹组构通常是机会生物活动留下的单一梯阶构造[图1-7-27(a)],事件沉积层的顶部就是遗迹组构的上界面。然而,更多的情况下,遗迹组构是由不同的、相继出现的内栖生物群落或不断向上移动的同一内栖生态群落叠加扰动的结果,即复合遗迹组构。前者是由于环境参数的变化引起内栖生物群落的变化,例如,随着沉积底质的越来越固结,生物沉积构造由潜穴逐渐被潜穴和钻孔取代[图1-7-27(b)];后者是海平面缓慢上升,沉积环境稳定,随着沉积物的缓慢堆积,造迹生物向上移动[图1-7-27(c)]。复合遗迹组构中如何识别每一期次的殖居界面是至关重要的,可以为阐明沉积过程以及相关的沉积环境提供重要依据。潜穴的交切关系和填充物、遗迹化石的垂向分带可以识别出殖居界面。

(四)遗迹组构组分图解

生物扰动指数仅仅记录沉积物的生物扰动情况,而遗迹群落的分异度、丰度和遗迹化石的侵位秩序则反映不出来。

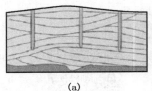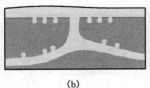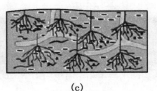

(a)   (b)   (c)   彩图 1-7-27

图 1-7-27　遗迹组构的类型模式图（据 Buatois 和 Mángano, 2011）

(a) 简单遗迹组构反应了风暴沉积后的单期次生物殖居状态；

(b) 固底遗迹化石组合被到硬底遗迹组构取代的复合遗迹组构；

(c) 随着沉积物的不断缓慢堆积生物群落向上移动产生的复合遗迹组构

　　在遗迹组构的分析中既要考虑到物理因素的影响，又要考虑生物因素的影响。Taylor 和 Goldring(1993) 提出了一种十分直观地描述遗迹组构的图示方法（图 1-7-28）。他们将遗迹组构中的遗迹化石属种、分异度、丰度及相互穿插关系等加以分解并标绘在同一张图上。在遗迹组构组分图解的横坐标上，用对数标尺表示各类原生和次生构造（包括生物成因构造和物理成因构造）在岩石中所占的面积百分比，这可以用求积仪或网格法在光片、揭片或照片上求出。由于使用了对数坐标，因而可以突出微小的遗迹化石，提高分辨率。在纵坐标上，自上而下按生成的先后次序来排列，纵坐标上的尺度为各种组分所影响的地层厚度。不同的遗迹用不同的符号来表示，其穴径最大者按比例标出。出现沉积间断时，用常规地质符号（曲线）表示，在间断后再侵位的生物遗迹应放在间断面之下列出。

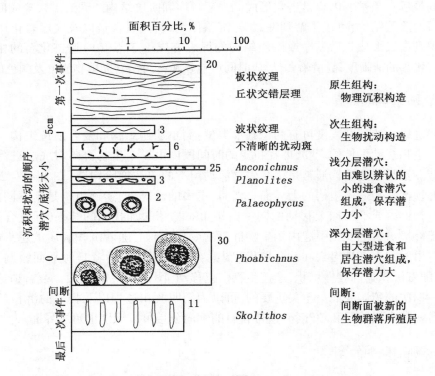

图 1-7-28　遗迹组构组分图解（据 Taylor 和 Goldring, 1993）

　　如图 1-7-28 所示，原生组构（primary fabric）为物理沉积构造，包括板状纹层和丘状交错层理，在层段中占据的面积为 20%。次生组构（secondary fabric）为生物扰动构造，其中浅分层潜穴保存潜力较低,主要为一些小的进食潜穴,如 *Anconichnus*、*Planolites*;深分层潜穴保存潜力较大,由大的进食潜穴和居住潜穴组成,包括 *Palaeophycus*、*Phoebichnus* 等。间断面之下发育 *Skolithos*,之上被新的生物群落所殖居开发。

第五节　遗迹化石的研究意义

一、遗迹化石的古环境意义

生物群落受控于诸多环境因素:对水生底栖生物而言,主要受控于水体深度、盐度、含氧量、水体能量、基底的性质、食物的供给等;陆上生物则主要受到地下水位的分布、温湿度、气候等的控制。这些控制因素相互联系,对生物群落的影响主要表现在属种分异度、生物个体的大小、生物行为习性等,从而在沉积地层中留下不同的遗迹化石、遗迹组构等。生物的行为习性对某些环境参数(例如水体盐度、含氧量)反应很灵敏。所以,遗迹学研究可提供沉积环境的某些重要参数信息。

水体能量影响生物的行为习性以及生物成因构造的保存状况,因此是控制遗迹化石分布的一个重要因素。高能环境和低能环境保存下来的遗迹化石是完全不同的两个组合:低能环境的遗迹组合特征是沉积物进食生物和主动捕食生物建造的水平进食迹和耕作迹为主,遗迹丰度和分异度较高;高能环境下遗迹化石主要为悬浮物滤食生物和被动捕食生物建造的垂直居住潜穴,遗迹分异度低,丰度较高。沉积基底的类型和性质(例如颗粒大小、分选性、含水量、有机物质含量等)决定内栖生物群落的生物组成和造迹生物的掘穴技术。通过生物扰动的清晰和边界的光滑程度、衬壁的发育、有无压实变形等特征推断沉积基底的类型和性质。生物对水体中的含氧量很敏感,因此底栖生物及遗迹可以指示氧含量的变化:以居住迹为主的遗迹组合、生物扰动复杂代表富氧环境;遗迹分异度低、潜穴个体小、下潜深度低,以觅食迹为主的遗迹组合(如 *Chondrites*、*Zoophycos*),代表贫氧环境;无生物扰动、保存原始层理、黑色或暗色纹层代表缺氧环境。水体中的盐度变化对于水生生物的影响至关重要,半咸水和微咸水环境下的遗迹化石一般特征为:低分异度甚至属种单一、内生迹为主、潜穴结构简单、丰度变化很大、个体小;正常海洋盐度的遗迹化石组合特征为:高分异度、内生迹和表生迹共存、结构简单和复杂的遗迹化石共存、高丰度、潜穴直径变化范围大;正常淡水环境下遗迹组合特征为:中—高遗迹分异度、陆相环境遗迹类型为主、层面的拖迹和新月形回填构造的遗迹为主、潜穴直径较小。

另外,个别的遗迹化石可以像"标准化石"一样,指示某些特殊的环境,如 *Chondrites*、*Zoophycos*,可指示缺氧或贫氧环境;*Ophiomorpha* 指示浅水彼岸砂质基底;耕作迹(如 *Paleodictyon*)往往产生在深水浊流沉积相中;昆虫潜穴及植物根迹则指示陆上土壤环境和淡水沉积。

二、遗迹化石的地层学意义

遗迹化石研究和层序地层学有密切的关系,两学科的形成和发展都与油气勘探和开发紧密相连。

利用层序地层中遗迹化石的特点及保存状况可为准确判别层序界面的性质提供信息,一些情况下遗迹化石是唯一的层面指示者,例如在海岸平原的下部。一些遗迹化石可指示界面的性质,如 *Diplocraterion parallelum*(平行双杯迹)指示海泛面;植物的根迹指示该地层曾经暴露于空气中。

利用遗迹化石识别层序界面通常利用受基底控制的遗迹相。受基底(硬底、固底、木底)控制的遗迹相 *Trypanites* 遗迹相、*Teredolites* 遗迹相、*Glossifungites* 遗迹相全部与侵蚀挖掘的底质有关。这些侵蚀性挖掘底质的形成过程是:(1)先受上覆沉积物的压实、脱水、胶结,使原先的软底变成固底;(2)遭受剥蚀后露出在水中,形成固底底质;(3)*Glossifungites* 遗迹相的遗迹化石出现并切穿,底质固化前形成软底遗迹化石。因此,受固底底质控制的 *Glossfungites* 遗迹相在层序地层中通常代表重要的不连续面(图1-7-29)

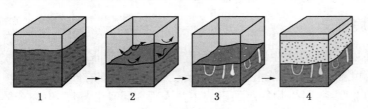

彩图1-7-29

图1-7-29 *Glossifungites* 遗迹相的形成过程(据 Buatois 和 Mángano,2011)
1—埋藏并压实;2—侵蚀并暴露;3—侵蚀面上殖居;4—沉积并被充填

凝缩层(时间跨度大而沉积厚度小的层段)的遗迹学特征与凝缩层的成因和环境位置有密切关系。向陆一侧,由于水体相对较浅,沉积速率又低,因此生物有足够的时间对沉积底质进行充分的扰动,留下强生物扰动层;而向盆地一侧,由于水位最高,底层含氧量很低,因此无生物扰动或只有少量耐低氧的生物(如 *Zoophycos*、*Chondrites* 的造迹生物)得以存活,且潜穴个体细小。

另外,遗迹化石在地层的划分与对比中也有很大的作用,尤其是在缺少实体化石的地层中,如由于缺少硬体组织的生物而很难保存有化石的前寒武地层、由于动荡的高能环境下的粗碎屑岩地层等。针对这种无实体化石记录的地层中,遗迹化石的存在就非常重要了。例如,前寒武系—寒武系界限的全球层型定在加拿大纽芬兰的幸运角剖面,层型点确定在遗迹化石 *Tricophycus pedum* 的首现记录位置。

三、遗迹化石的油气储层意义

一般来说遗迹化石存在于储集层中会破坏岩层,降低岩层的均质性,国外学者也一度认为生物扰动的存在会使储集层物性降低。然而,根据近年来国内外学者的研究发现,生物扰动对储层孔隙度和渗透率的提升也是非常巨大的。

生物扰动影响储层物性的因素主要包括:遗迹化石殖居岩石的类型、遗迹化石中充填物的性质、遗迹化石的种类、遗迹化石的交切关系、遗迹化石的分布密度、遗迹化石是否发育衬壁以及遗迹化石中黏土级矿物的含量和潜穴中颗粒的胶结方式等。

遗迹化石对储层的影响主要集中在改变岩石的孔隙性和渗透性。(1)遗迹化石改变岩石的孔隙性主要取决于潜穴中充填物与围岩粒度的差异。一般来说,当充填物的颗粒大于围岩颗粒的时候,会提升整体的孔隙度;当充填物颗粒小于围岩颗粒的时候,会降低整体的孔隙度。但遗迹化石对孔隙度的影响并不完全是这两种情况,如在碳酸盐岩地层中发育的遗迹化石常常会发生溶蚀,产生大孔隙,即使是碎屑岩地层中遗迹化石由于受成岩作用、胶结类型的不同也会使孔隙性发生变化。所以遗迹化石对孔隙性的影响并不是仅仅取决于围岩与潜穴充填物粒度的差异,成岩作用、胶结作用、地下水的溶蚀作用都会造成孔隙性与理想孔隙性有较大的差异,甚至是完全相反。(2)遗迹化石改变岩石的渗透性主要通过改变充填物与围岩的化学特征、改变岩石的孔隙喉道的分布、生物扰动过的沉积物在成岩早期较容易发生胶结或者溶蚀作用、连通的生物扰动构造常作为流体运移通道,提升垂向与水平方向的渗透率。

生物扰动对储层的改造作用主要有以下五种:(1)沉积混合作用:生物对沉积物进行不加选择的混合,会提升沉积物的各向同性。造成各向同性的原因是通过生物扰动可以将原来定向排列的颗粒变得无定向性,甚至破坏沉积纹层,打破各个岩层之间阻碍流体移动的障碍,例如穿透致密的泥岩层,从而连通上下砂岩层。(2)沉积洁净作用:生物体在沉积物中摄食的时候会有选择性的将有机质、黏土级颗粒摄取进体内,经过消化吸收其中的营养物质,然后将无法消化的物质排泄到潜穴上部的水体中。在这种情况下潜穴中充填的物质,经过了有机体有目的性的分选,其黏土级颗粒相较于围岩要少很多。这样就会提升潜穴充填物的分选性,从而进一步提升岩石的孔隙度与渗透性。(3)沉积压实作用:与沉积洁净作用相反,沉积压实作用是生物在进行活动时会摄取周围沉积物中的黏土级和有机质,然后将废弃物压实到潜穴中或者是潜穴的衬壁以及潜穴周围的围岩中,从而降低潜穴内以及潜穴周边沉积物的孔隙度以及渗透性。(4)沉积洁净与沉积压实作用的共同作用:生物体在进食的时候不再将排泄物释放到水中,而是将其压进周围的孔隙中,从而造成物性的下降。(5)生物体的造管作用:发生在固底的岩层中,生物从固底的表层向下建造一个半永久性的管状潜穴,其效应还是取决于潜穴管中充填物质的种类:如果其中充填的是粗粒的沉积物,那么这种作用就会使物性升高,而如果其中充填的是细粒的沉积物,那么其对岩石物性的负面影响是显而易见的。

彩图1-7-30

生物扰动引起的结构非均质性主要有五种类型(图1-7-30):(1)层面约束的结构非均质性:主要发育在 *Glossifungites* 遗迹相中,在海侵侵蚀

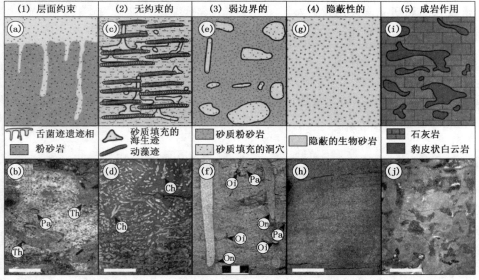

图1-7-30 钻井岩心中生物扰动引起的结构非均质性的五种类型(据 Gingras 等,2012)

(1)层面约束的结构非均质性:(a)模型;(b)德国侏罗系发育 *Thalassiondes*(Th) 和 *Palaeophycus*(Pa) 的实例。

(2)无约束的结构非均质性:(c)模型,(d)密西西比 Debolt 组发育 *Chondrites*(Ch) 的实例。

(3)弱边界的结构非均质性:(e)模型;(f)北海侏罗系发育 *Ophiomorpha irregulaire*(Oi)、*O. nodosa*(On) 和 *Palaeophycus*(Pa) 的实例。(4)隐蔽生物扰动产生的结构非均质性:(g)模型,(h)北海侏罗系的实例。

(5)成岩作用的结构非均质性:(i)模型,(j)加拿大亚伯达泥盆系 Wabamun 组实例面上发育的生物潜穴被后来的粗粒物质充填,而围岩的颗粒大小一般为粉砂质砂岩等细粒物质,所以会造成岩石的各向异性。(2)无约束的结构非均质性:与层面约束的结构非均质性类似,区别在于遗迹化石发育的形态多为垂直和水平状,且生物扰动并不仅仅在海侵侵蚀面上发育。(3)弱边界的结构非均质性:由于潜穴充填物的粒度大小与围岩相比几乎没有差异,所以被称为弱边界。(4)隐蔽生物扰动产生的结构非均质性:主要是由于一些小的底栖生物在纹层状沉积物中活动,在其活动的过程中会使得沉积岩层的纹层遭受破坏、扰乱,也可能是一些掘穴生物进食的时候有选择性地摄入特定颗粒大小的岩石所导致,由此所产生的结构非均质性虽然在表面看来倾向于物性的均一,但经过细细分辨仍能识别出生物扰动,对其渗透率进行测试的时候仍能发现其各区域渗透率有规律的差异。(5)成岩作用的结构非均质性:大多发生在石灰岩中,由于受到生物扰动的影响,那些生物潜穴中充填的石灰岩常常会受到成岩作用的影响发生白云岩化,由此在白云岩化的影响下会形成岩石在物理性质以及物质组成上的非均质性。

复习思考题

1. 遗迹化石与实体化石的区别是什么?
2. 遗迹化石的特征有哪些?
3. 简述遗迹化石的生态分类。
4. 简述遗迹相的基本类型及环境意义。
5. 简述遗迹组构的描述方法。
6. 什么是遗迹化石、遗迹相和遗迹组构?
7. 遗迹化石的研究意义是什么?

拓 展 阅 读

胡斌,王冠忠,齐永安.1997.痕迹学理论与应用.徐州:中国矿业大学出版社.

齐永安,胡斌,张国成.2007.遗迹学在沉积环境分析和层序地层学研究中的应用.徐州:中国矿业大学出版社.

杨式溥,张建平,杨美芳.2004.中国遗迹化石.北京:科学出版社.

Buatois L, Mángano M G. 2011. Ichnology:Organism – Substrate Interactions in Space and Time. Cambridge:Cambridge University Press.

第八章
生命的起源与生物进化

我们居住的蓝色星球其神秘之处不仅体现于其有着46亿年的漫长历史,而且令人们不可思议的是地球表层几乎布满了生命,这些生命实际上是遵循着"从简单到复杂、从低等到高等"的规律进化而来。如果把地球生命的进化史看成是生长在荒漠中的一棵枝繁叶茂的大树,它的顶冠就代表了我们现今地球上的所有生命,而不断分支的树干和年复一年凋落的枝叶就象征着漫长岁月里地球生命演化过程中所发生的种种事件。可能你不禁要问:这些生命究竟是如何起源和发生的? 它们起源于何时呢? 其最初的形式是什么? 其演化过程是在地球上发生的吗? 什么因素促使生物不断从由低级向高级形式进化? 其进化过程中经历过哪些重大事件? 又有哪些演化特点和规律? 这些都是本章要回答的问题。

第一节 生命的起源和进化历程

生命起源是一个亘古未解之谜,地球上的生命产生于何时何地? 是怎样产生的? 千百年来,人们在破解这一谜团之时,遇到了不少陷阱,同时也见到了光明。

一、生命的起源

有关生命起源的假说,曾经出现过三种不同的认识,一种观点认为地球上一切生命都是上帝设计和创造的,即神创论。在中世纪的西方,人们对《圣经》上的故事深信不疑,在1650年,一位爱尔兰大主教根据《圣经》上记载的历史事件,向前推算出上帝创世的时间是公元前4004年;而另一位牧师甚至把创世时间更加精确地计算到公元前4004年10月23日上午9:00。也就是说,生命起源发生在距今6000多年前。很显然,这与人类现今认识的地质年龄相差很远。第二种观点认为生命宇宙固有,地球上的生命来自地球之外,即地外起源论。第三种观点认为地球上的生命是在特殊的条件下,通过化学的途径实现,即自然起源论。由于第一种观点违背了辩证法和自然规律,以下主要介绍后两种观点。

(一)地外起源论

19世纪70年代流行的生源说(胚种说),认为生命来源于宇宙,他们认为地球上的生命起源于地球外部。过去曾认为,星际空间不存在任何物质,是绝对的真空。20世纪50年代以来,由于红外和射电观测技术及实验波谱研究手段的进步,越来越多的星际物质被探测出来。特别是1969年斯奈德(L. E. Snyder)观测到有机分子甲醛($HCHO$)的6cm谱线,轰动了世界,被誉为20世纪60年代天体物理的重大发现,他的发现还激发了天文学家去探索星际分子的热情。

到 1991 年,已发现 92 种星际分子,2000 多条分子谱线。最新的消息是美国伊利诺斯州立大学的射电天文学家路易斯·辛德通过频谱在靠近银河系中心的星云中发现了生命分子——氨基酸,这一发现有可能解释生命的起源问题。星际有机分子的普遍存在启示我们,在宇宙的恒星体系中,具备产生生命条件的行星(类地球)为数不少,在那些行星上必然会出现生命,乃至进化为智慧生物。因此,探索宇宙生命将是人类在搞清自己之后的下一个探求目标。

彗星是一种很特殊的星体,与生命的起源可能有着重要的联系。彗星中含有很多气体和挥发成分。根据光谱分析,主要是 C_2、CN、C_3,另外还有 OH、NH、NH_2、CH、Na、C、O 等原子和原子团。这说明彗星中富含有机分子。许多科学家注意到了这个现象:也许,生命起源于彗星! 1990 年,美国宇航局(NASA)的 Kevin. J. Zahule 和 Daid Grinspoon 对白垩纪 – 古近纪界线附近地层的有机尘埃作了这样的解释:一颗或几颗彗星掠过地球,留下的氨基酸形成了这种有机尘埃;并由此指出,在地球形成早期,彗星也能以这种方式将有机物质像下小雨一样洒落在地球上——这就是地球上的生命之源。

陨石(meteorite)是落到地面的流星体,是太阳系内小天体的珍贵标本。因此,研究陨石为研究太阳系的起源和演化、生命起源提供了宝贵的线索。陨石分为两类:球粒陨石和非球粒陨石。球粒陨石对生命起源有较重要的意义。它们只可能来自宇宙,不仅含有氨基酸,还有烃类、乙醇和其他可能形成保护原始细胞膜的脂肪族化合物。生物化学家 David. W. Dreamer 用默奇森陨石中得到的化合物制成了球形膜即小泡,这些小泡提供了氨基酸、核苷酸和其他有机化合物,及其进行生命开始所必需的转变环境,也就是说,当陨石撞击地球时,产生形成生命所需的有机物及必需的环境——小泡。1969 年 9 月 28 日,科学家发现,坠落在澳大利亚麦启逊镇的一颗碳质陨石中就含有 18 种氨基酸,其中 6 种是构成生物的蛋白质分子所必需的。科学研究表明,一些有机分子如氨基酸、嘌呤、嘧啶等分子可以在星际尘埃的表面产生,这些有机分子可能由彗星或其陨石带到地球上,并在地球上演变为原始的生命。

生命有可能在彗星上产生而带到地球上,或者在彗星和陨石撞击地球时,由这些有机分子经过一系列的合成而产生新的生命。当然对这种胚种论也存在着不同的观念,它有两种致命的弱点,一个是生命是否能在宇宙中进行长期的迁移? 还能不能够存活? 我们知道天体之间的距离是以光年来计算的,天体之间交流可能需要成千上万年,从一个星球到了另外一个星球。那在这种真空里面,暴露在大量的宇宙射线之中,存活的生命在千万年中还能否继续萌发呢?

如果说生命是宇宙之中一个普遍现象,那么地球之外的其他天体是否也有类似于地球早期或现今的环境呢? 它们过去或现今是否也有生命存在? 对地外行星的探索也许能为研究地球生命起源打开一扇新的窗口。随着宇航技术的发展,自 20 世纪 60 年代之后,人们对生命的探索从地球扩展到外地行星,并诞生了一门新学科——太空生物学(astrobiology 或 exobiology)。

人类第一个探索的地外星体是月球。地质学家认为,月球可能是在 40 亿年前,一颗较大的行星撞击地球后,由迸发出去的地球碎片所形成。现今的月球表面形态几乎停滞在 40 亿年前的状态,月球也许能够提供早期生命或生命起源的环境信息。在中国古代神话中有嫦娥奔月的说法,月球上有月桂、月兔,但在 20 世纪六七十年代,随着苏联和美国的宇航员登月的成功,这个神话彻底破灭了,月球其实是一个没有水、没有大气,不适合生命生存也没有生命遗迹的荒漠星球。

1975年,美国的"海盗号"航天器对火星观察的结果是:火星上没有生命,没有液态水的存在,它是一个荒芜干枯的红色星球。20世纪90年代至21世纪初,国际上,特别是NASA和欧洲宇航局(ESA)加大了对火星的探测力度,通过火星"探测者号"、火星"拓荒者号"、"勇气号"、"火星快车号"、"盖亚号"和"哈勃"天文望远镜等一系列航天器得到的信息显示,火星很可能曾经有过液态水的存在,主要依据是:(1)火星的地貌有类似于地球表面干涸河道(或河床)的构造。(2)部分岩石表面留下了可能是被水侵蚀的痕迹。(3)具有赤铁矿和硫酸盐矿物,它们的形成与液态水紧密相关。(4)火星的极冠含有大量的冰。另外,通过光谱分析,在火星的大气层中还发现了甲烷(CH_4)气体,科学家推测现今的火星上也许存在产甲烷的细菌。

木卫二(Europa),它的大小跟地球类似,1997年美国的"伽利略号"航天器对木卫二进行了观察,发现在木卫二表面覆盖了一层厚厚的冰,冰的表面还有大量纵横交错的裂痕。这些信息显示,这个星球也许在过去某个时期或某几个时期,冰曾经溶化,或许冰层之下就是液态水。有液态水的存在就具备了生命存在的基本条件,但木卫二是否有生命还是一个未知数,需要更进一步的观察和研究。

总之,随着航天科技和其他相关技术的进一步发展,地外生命的探索,为研究生命的起源开辟了一个新的途径。

(二)自然起源论

多数学者认为,生物的形成和发展是在地球上进行的,这种观点称为自然起源论。他们认为,地球上的无机物在特定的物理化学条件下,形成了各种有机化合物,这些有机化合物再经过一系列的变化,最后转化为有机体。关于生命是如何在地球上起源的,曾出现过不同的观点,如深海烟囱说、原始生命的有机汤、生物单分子说以及火山起源说等。

随着深海探测的深入研究,特别是20世纪70年代对加拉巴哥斯群岛(Galapagos Islands)洋中脊的火山喷口的研究表明,海水在深海烟囱(deep-sea vent)中经历了巨大的温度和化学梯度的变化,可能形成多种溶解物,包括原始生物化学物质。深海烟囱巨大的热量,可以产生在大陆火山区里的那种缩合物。因此,美国霍普金斯大学的地质古生物学家斯坦利(S. M. Stanly,1985)提出生命的深海底烟囱起源说。在洋中脊,深海烟囱与炽热岩浆直接连通,温度高达1000℃,使周围海水沸腾,冒出的滚滚浓烟里富含金属、硫化物,热水中富含CO_2、NH_3、CH_4和H_2S,这是一个既有能量又有生命起源所必需的物质的还原环境,于是有机化合物在这里发生,并且按照温度递降出现了一系列化学反应梯度区。由H_2、CH_4、NH_3、H_2S、CO_2经高温化合形成氨基酸,继而硫和其他复杂化合物形成多肽、核苷酸链,形成似细胞体的合成物。有趣的是,这些成分在高热作用下化学合成了硫细菌。鉴于现代深海形成硫细菌的事实,斯坦利推想,在太古代绿岩带里面也一定存在类似于现代深海洋中脊的地质条件,存在深海烟囱,生命化学合成的一系列反应就在那里发生,生物有机高分子在那里缩合而成,最后原始生命就在那里诞生。据美国《华盛顿邮报》报道(1992),加利福尼亚大学洛杉矶分校的分子生物学家詹姆士·莱克在大洋底烟囱附近找到了在黄石公园热泉里生存的嗜硫细菌,为海底烟囱热泉生命起源的非常规理论提供了证据。

深海黑烟囱的发现为"生命起源于热水模式"的提出奠定了基础,1980年的巴黎国际地质大会上,克里丝(Corliss)和他的同事们就提出了"生命起源于热水的模式"。归纳起来,"热水模式"主要有以下五个方面的有利证据:第一,早期地球的温度较高,最早的生命形式应该是一些能适应高温的生物,而热泉中的生物恰恰就是嗜热的微生物;第二,热泉的环境与早期的地球环境有类似之处(高温和含有还原性气体);第三,热水环境可能有利于小分子的有机化合物脱水并聚合成有机高分子,特别是在热水口附近的硫化物(如FeS等)表面,更有利于高分子的合成(硫化物有催化剂的作用);第四,热泉口向外层海水之间有一个温度和水化学渐变的梯度,可能有利于多种连续的化学反应;第五,热泉中的嗜热微生物是分子进化树的"基部"类型。但是该模式也存在一些缺陷,例如,大多数生物化学反应在100℃并不能很好地发生;现代生物的20种氨基酸和嘌呤、嘧啶、戊核糖骨架在高温下非常不稳定,在这样的极端环境条件下,它们的生命只能维持几秒钟;任何一个合理的"生命起源模式"不仅要解释生命在这样的环境下是如何起源的,还要解释高温起源的嗜热生物是如何进化到现存生物的。

简单的有机合成在地球形成之初就开始了,主要发生在大气圈中,所形成的简单低相对分子质量有机物与地壳表面的水体作用,形成含有机化合物的水溶液,在某些火山活动区域有可能形成浓的溶液。这些稀的和浓的溶液最后汇集到大的水体或原始海洋中。这就是现今流行的观点:生命起源于早期地球"温暖小水池"的"有机汤"中。

在原始地球条件下,生物单分子是从无到有创造出来的,即由生命元素在外动力(能源)的推动下,通过无机化合而成。生命元素在原始地球的大气中广泛存在,外动力无疑也是不成问题的。现在的研究资料表明,放电、紫外线、热能都可以促使生命元素合成生物单分子。所以,原始大气是生物单分子的诞生地,并使生物单分子在原始地球上普遍分布,从而能使其中一部分生物单分子在一定条件下形成生物大分子。第一个模拟原始大气进行放电实验获得氨基酸的是米勒(S. L. Miller,1953)。米勒等人的实验给予人们一个非常重要的概念:在早期的地球上,如果大气圈含有大量的还原性气体,比如甲烷、氨气、氢气等,并存在原始海洋,它们就有可能在闪电或其他的能源作用下合成多种氨基酸和其他简单的有机化合物,这些有机化合物可能在原始地球的某处(如潟湖)浓缩,再进一步聚合成蛋白质、多糖类和高分子脂质,也许在一定的时候能够孕育成生命。

原始地球火山活动频繁,形成局部高温缺氧地区,使得附近水池里的有机物形成大量的氨基酸和核酸。当水池由于高温蒸发干枯时,氨基酸弱聚合脱水反应形成多肽等高聚物,后由雨水搬运到海洋,氨基酸自我装配形成蛋白质。这样,就为生命起源提供了所需的有机分子,即所谓火山起源说。

总的来说,生命起源还存在很多未解的谜团,但人们已经在理论和实验中都取得了可喜的进步。生命起源以前的化学模拟过程与古老陨石的有机组分分析大体一致,但实验的结果和现存最简单的生物间的差别还是非常巨大。对生命起源一系列事件的研究要跨越不同的科学领域,生命起源以前的生化单体和有机聚合物的合成化学环境还有待于进一步验证。

二、生命的演化历程

生命在地球上出现以后,就一直沿着从简单到复杂,从低级到高级的方向不断演化,其演化历程大致经历了元素演化、化学演化和生物学演化历程(图1-8-1)。

(一)元素演化和化学演化历程

生命元素和化学演化是和宇宙的起源与演化密切关联的,生命构成元素如碳、氢、氧、氮、硫和磷等是来自"大爆炸"后聚合而成的元素。在星系演化中某些生物单分子,如氨基酸、嘌呤、嘧啶等形成于星际尘埃或凝聚的星云中,接着在一定的条件下产生了像多肽、多聚核苷酸等生物高分子。这一过程称为生命的元素演化过程(图1-8-1)。

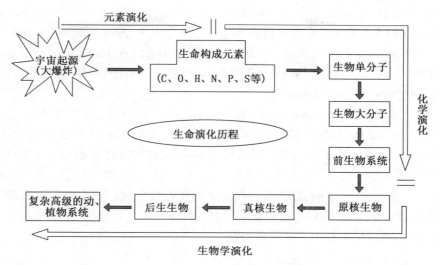

图 1 – 8 – 1　生命的演化历程

发生在地球上最简单的生命(有细胞结构)出现之前的演化过程,称之为前生物的化学演化。这个阶段可以分为两个阶段:(1)生物单分子的形成:例如氨基酸、嘌呤、嘧啶、单核苷酸、ATP 等高能化合物、脂肪酸、卟啉等化合物的非生物合成;(2)生物高分子的形成,即生物单分子聚合为生物大分子(多聚化合物),例如由氨基酸聚合为多肽或蛋白质,由单核苷酸聚合为多核苷酸等。其后的演化为生物学演化;而介于化学演化和生物学演化之间的还有一个特殊的过渡阶段——前生物演化。

最简单的原始生命与最复杂的化学分子之间的差异仍然是极大的。介于化学分子结构与原始生命之间有许多不同的名称,例如,原生体(protobions)、原细胞(protocells)、前生物学系统(prebiological systems)、前生物学生命(prebiological life)等等,究竟是怎样过渡的现在仍不甚了解,但大体上应包含三个过程:(1) 生物大分子自我复制系统的建立;(2) 遗传密码的起源;(3)分隔的形成。

(二)生物学演化历程

地球上第一个单细胞原始生命的出现标志着生命演化进入了生物学演化。原始生命出现之后的演化称为生物学演化。生物学的演化又可以分为早期细胞演化阶段和晚期组织器官演化阶段或系统演化阶段。细胞演化阶段是从原始单细胞生命产生到后生动植物的大量出现,持续了 25 亿年以上。后生动植物出现后,生物进入系统演化阶段,在大约 7 亿年的时间内,数以千万计的物种经历了形成和绝灭的演化历程。生物学的演化经历了以下几个重要发展阶段。

1. 原核细胞生物的出现

地球上最早出现的生命是原核生物,细胞没有细胞核,遗传物质分散在细胞质中或集中在细胞的某些部位而形成"核区"。原核生物是地球上已知的最原始的生命存在形式,它们在地球上生存的时间最长,在 35～33 亿年以前就已经出现;分布的区域最为广泛,在现代地球上的表层几乎都能找到它们的踪迹。自地球上生命起源之后,这类生物主宰着距今 35 亿年前到25 亿年前超过 10 亿年的地球生命史。这些数据主要来自地球的岩石,地球上最古老的沉积岩石年龄约 38 亿年,主要分布在格陵兰西部,从它的条带状铁建造(Banded Iron Formation,简称 BIF)和稳定碳同位素资料来看,这个时期地球上某些地区可能已经出现了释放氧气的微生物。但这些岩石中并未发现可靠的生物实体化石。迄今为止,地球上最早的、可靠的生命记录是保存在距今约 35 亿年的澳大利亚太古代硅质叠层石中的原核生物化石,它们与现代蓝藻在形态上极为相似,是一类主要以太阳光为能源的自养生物。这类生物在地球早期海洋中可以形成较大规模的"叠层石—微生物席"。

叠层石—微生物席(stromatolite—microbial mats)是原核生物(主要是蓝藻、光合细菌及其他微生物)的生命活动所引起的周期性的矿物沉积和胶结作用,形成叠层状的生物沉积构造称为叠层石(stromatolite,图 1 - 8 - 2),而形成叠层石的微生物群落称为微生物席(microbial mats)。由叠层石—微生物席组成的生态系统是地球上最早出现的和最原始的生态系统,最老的叠层石可以追溯到 35 亿年前,最古老的原核生物化石就发现于澳大利亚西部距今 35 亿年的瓦拉伍纳群(Warrawoona Group)硅质叠层石中。已经在澳大利亚、北美和南非十几个地点、年龄超过 25 亿年的沉积岩石中发现了叠层石。

2. 真核细胞生物的出现与演化

在地球早期生命起源和进化的事件中,最引人注目的进化事件之一是真核生物的出现。自原核生命在地球上出现以后,经过近 10 亿年的地质演化和原核生命的作用,大约在距今 27 亿~25 亿年前,地球大气圈中的氧气含量有一个明显增加,也只有大气圈中氧含量达到一定程度时,真核生物才可能出现。这不仅是因为真核生物进行有氧代谢,真核细胞的有丝分裂本身就是一个需氧过程,而且真核生物不能很好地防御强烈紫外线,只有在氧化大气圈形成的同时,臭氧层形成之后,地球才能适合真核生物的生存。地球氧化大气圈的形成主要得益于原核生物,特别是蓝藻的释氧作用。迄今为止,地球上最早的真核生物的证据来自澳大利亚北部距今 27 亿~25 亿年的沉积岩石中,它是以真核生物所特有的生物标记物——甾烷的形式从岩石中分离出来;而最早的保存了形态学方面证据可能是产于加拿大冈福林特组(Gunflint Formation)燧石层中的某些球状化石,这些化石具有类似萌发管或原生质的突起,年龄约为 19 亿年。另外,一些保存在中国北方中元古代串岭沟组(年龄为 18 亿~17 亿年)的大型球状疑源类化石(图 1 - 8 - 3)(直径约 100μm)是早期真核生物的可靠证据。这些化石同时间接表明,地球在 20 亿年左右已经具有一定氧含量的大气圈。

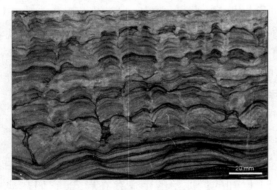

图 1 - 8 - 2　天津蓟县中元古界团山子组
(距今约 16 亿年)的叠层石
(据童金南,2007)
深色与浅色交互的纹层为生物沉积构造

图 1 - 8 - 3　天津蓟县中元古界串岭沟组
(距今 18 亿~17 亿年)的单细胞真核生物化石
(据阎玉忠等,1985)

从现有资料来看,地球上比较可信的早期真核多细胞藻类化石来自距今12亿~10亿年的加拿大萨莫塞特岛(Somerset Island)的硅化石灰岩,它们的形态与现生红毛藻类(bangiphyte)极为相似。在中元古代晚期,产于中国山西永济汝阳群(距今12亿~10亿年)中的两类微体化石:水幽沟藻(Shuiyouspheridium)和塔潘藻(Tappania),是迄今为止世界上发现的最古老的大型带刺疑源类(图1-8-4)。

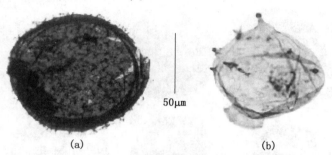

50μm

(a)　　　　　　(b)

图1-8-4　山西永济汝阳群(距今10亿~12亿年)大型带刺的单细胞真核生物化石(据童金南等,2007)
(a)水幽沟藻;(b)塔盘藻
显示真核生物在该时期已经具有复杂的细胞骨架

进入新元古代(距今10亿~5.4亿年),真核生物的多样性有了明显提高,一些重要的化石库相继被发现。如北美史匹次卑尔根岛(Spitsbergen Island)的新元古代地层中(距今约7.5亿年)(斯瓦伯耶里组"Svanbergfjellet Formation")用浸泡法获得的数种微米级绿藻化石表明绿藻在该时期已经分化。

新元古代晚期,即马瑞诺冰期(Mari - noan Glaciation)(相当于中国的南沱冰期)至寒武纪底界,真核生物在以下三个方面具有明显特色:首先,最引人注目的是后生动物的大辐射,如5.6亿年左右的埃迪卡拉动物群、白海动物群,以及接近寒武纪和前寒武纪界线附近的遗迹化石和虫管化石大量发现于世界各地。其次,带刺的大型疑源类化石具有一次较大的形态分异,所描述的种属已超过50个,这些化石的产出时代大多紧邻马瑞诺冰期,主要保存在冰期之后的第一个海侵沉积序列中,之后,大部分生物属种随着埃迪卡拉动物群的辐射而灭绝。第三,多细胞藻类在冰期之后演化迅速,在该时期具有一次大的适应辐射。中国扬子地台新元古代陡山沱期的"瓮安生物群"、"庙河生物群"和"蓝田植物群"是大冰期之后、"寒武纪动物大爆发"前夕真核生物的代表,这些陡山沱期生物群包含了现生多细胞藻类中的三大门类——绿藻、红藻和褐藻,带刺的大型疑源类,以及后生动物和动物胚胎化石(图1-8-5),它是地球早期生命多细胞化、组织化、性分化和生物多样性的见证。

3.后生动物的出现与寒武纪生物大爆发

后生动物的出现是生物演化史上重要的飞跃,所谓后生动物是除原生动物以外的所有多细胞动物门类的总称,其特征是体躯由大量形态有分化、机能有分工的细胞构成。由真后生动物构成的动物界(不包括海绵)通常被划分为双胚层动物、原口动物和后口动物3个亚界。寒武纪大爆发经历了爆发的前奏—序幕—主幕3个阶段,其中后两个阶段处于早寒武世初期(依次以小壳化石的首次辐射和澄江动物群爆发为代表),另一个则发生在"寒武前夜"(即前寒武纪末期),以埃迪卡拉动物群为代表。这次独特的三幕式大爆发分步完成了动物形态演化谱系树(简写为TOA)的成型(舒德干,2009)。已有化石证据显示,动物树的3大主体或3个亚界的起源及其早期辐射分别发生于寒武纪大爆发这3个主要阶段。澄江化石库中发现的

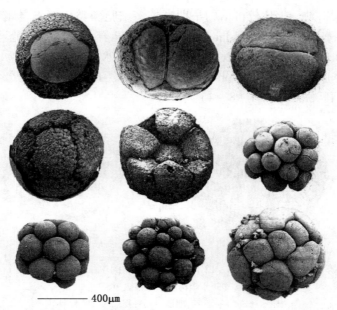

图 1 – 8 – 5　贵州瓮安新元古代陡山沱组磷酸盐化动物胚胎化石(据童金南等,2007)
显示动物的受精卵从1个细胞开始,以 2^n 的增长方式进行细胞分裂

早期后口动物亚界涵盖了该亚界中所有 6 大分支(棘皮类、半索类、头索类、尾索类、脊椎类和绝灭了的古虫类)的原始类群,澄江动物群时代标志着寒武纪大爆发的顶峰,完成了动物树框架的成型,从而宣告了寒武纪大爆发的基本终结。

1)埃迪卡拉动物群——后生动物的适应辐射

后生动物的第一次适应辐射发生在距今约 5.6 亿年前,它是以类型多样和形态奇特的软躯体无脊椎动物的印痕化石为代表,这些化石统称为"埃迪卡拉动物群"(Ediacaran Fauna)。埃迪卡拉动物群首次发现于澳大利亚中南部的埃迪卡拉地区的庞德砂岩中,自 20 世纪 40 年代以来,在世界许多地区时代相同的地层中都发现了类似的动物化石。它们是一些无硬骨骼的奇特动物,与现代生存的所有动物都显著不同,不能很好地纳入现生的动物分类系统之中,它们的生存时间相对较短(不到两千万年),是快速出现又快速灭绝了的独特动物类型,部分学者认为,埃迪卡拉动物群是动物早期起源和进化中的"试探"(图 1 – 8 –6)。与埃迪卡拉动物群时代相近的碳酸盐岩中,还产出一些管状化石,它们大多被解释为后生动物的栖居管,管体为有机质或已经具有初步的生物矿化,最具代表性的类型是克劳德管(Cloudina)。

2)小壳动物群——寒武纪生物爆发的序幕

震旦纪末期出现了具外壳的多门类海生无脊椎动物,称小壳动物群,在寒武纪初极为繁盛。其特征是个体微小(1 ~ 2mm),主要有软舌螺、单板类、腕足类、腹足类及分类位置不明的棱管壳等,以 Circotheca、Siphogonuchites 等为代表。小壳动物群处于一个特殊的阶段,它是继震旦纪晚期的埃迪卡拉动物群之后首次出现的带壳生物,动物界从无壳到有壳的演化是生物进化史上的又一次飞跃。

3)澄江动物群——寒武纪生物大爆发的典型代表

"寒武纪大爆发"的第二幕是以距今约 5.3 亿年的"澄江动物群"(Chengjiang Fauna)为代表,澄江动物群是 1984 年首次发现于云南省澄江县抚仙湖畔的帽天山,该化石动物群是以特殊埋藏的方式保存在早寒武世的页岩中,自 1984 年发现以来,被描述的化石动物已达 120 种,

图1-8-6　发现于澳大利亚南部埃迪卡拉地区大约5.6亿年前的庞德(Pound)石英砂岩中的形态多样而
奇特的动物印痕化石复原图(据张昀,1998)

1—*Cyclomedusa radiata*(似水母类);2—*Charniodiscus opposites*(似海鳃类);3—*Rangea langa*(似海鳃类);

4—*Tribranchidium heraldicum*(分类位置不明);5—*Dickinsonia minima*(分类位置不明);

6—*Spinther alaskensis*(分类位置不明);7—*Spriggina floundersi*(分类位置不明)

分属于海绵动物、腔肠动物、鳃曳动物、叶足动物、腕足动物、软体动物、节肢动物、棘皮动物和
脊索动物等10多个动物门以及一些分类位置不明的奇异类群(图1-8-7)。此外,还有多种
共生的海藻。澄江动物群如实地再现了5.3亿年前海洋动物群的真实面貌,各种各样的动物
在"寒武纪大爆发"时期快速起源和演化,现在生活在地球上的各个动物门类几乎都在早寒武
世不到两千万年间相继出现。澄江动物群中生物体造型的分异度和悬殊度都很大,真可谓
"创造门类的时代"。

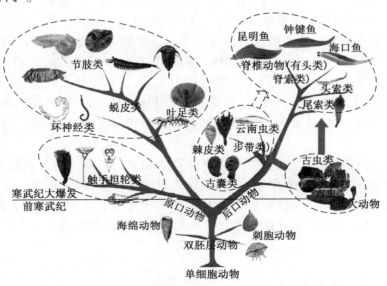

图1-8-7　寒武纪大爆发谱系树(5.3亿年前)(据童金南等,2007)

是什么原因使得早期寒武纪世界能够激发这样的生命"爆发"？长期以来这是古生物学研究中的一大难题。古生物学家为此做出了大量的努力，或许是因为大气中积累了足够的有利于呼吸作用的氧；全球环境变化有利于后生动物的生存；海洋化学物质的变化积累了大量的磷酸盐，使得软体动物有可能演化出保护性的骨骼；生态学理论及其相互捕食关系的理论对此也作出了解释。"寒武纪大爆发"是真实存在的，是动物进化史上的"里程碑"事件，为显生宙乃至现今动物的进化建立了最基础的框架。尽管科学家们对"寒武纪大爆发"的机制提出过很多假设，但目前还没有一个清晰的、证据确凿的和令人信服的解释，"寒武纪大爆发"仍然还是一个未解之谜。

4. 动植物从水生到陆生的分支演化概况

在志留纪和志留纪以前的植物都是低等的菌藻类，完全生活在水中，无器官的分化。志留纪末期至早、中泥盆世，地壳上陆地面积增大，植物界由水域扩展到陆地。此时植物体逐渐有了茎、叶的分化，出现了原始的输导系统维管束，茎表皮角质化及具气孔等，这些特征使植物能够适应陆地较干燥的环境并不断演化发展，生存空间不断向陆地内部延伸。具有叶子的植物在中泥盆世大量出现。晚泥盆世已出现显花植物的古老代表。化石资料表明，担负起首先登陆使命的是裸蕨植物。裸蕨纲属于蕨类植物门中一类早已绝灭的原始类型，植物体矮小，草本或木本，大多高不到1m，少数可高至2m。最早的裸蕨化石叫顶囊蕨，产于欧洲和北美大陆的晚志留世至早泥盆世沉积物中。研究最为详细的是产于苏格兰瑞尼村早泥盆世硅质岩中的瑞尼蕨，这是一种50cm高的矮小草本植物体。但是瑞尼蕨还不能完全脱离水环境以适应更为干旱环境的生活，其表皮内的皮层很厚，木质部和韧皮部厚度不到整个茎的1/5，这些特征说明瑞尼蕨生活在很湿润的环境，或者营半水生生活，植物体的假根部泡在水中，上部的茎露出水面。类似的化石还有带蕨和工蕨，它们都是早泥盆世出现的半水生的原始陆生植物。

后生动物的演化经历了侧生动物到真后生动物的发展过程(图1-8-8)，而真后生动物又经历了原口动物到后口动物的演化过程。"鱼形"化石在奥陶纪(约5亿年)就有无颌类化石碎片的记录。有颌类最早出现于中志留世，它的出现是脊椎动物进化史上的一件大事，它标志着脊椎动物已能够有效地捕食。脊椎动物从海生到陆上水生大约从志留纪晚期开始。总鳍鱼类中的骨鳞鱼是四足动物的祖先。具明显的从总鳍鱼类向两栖类过渡性质的化石发现于晚泥盆世地层中。完全摆脱水生变成陆生，从两栖类演化到爬行类。爬行动物在胚胎发育过程中产生一种纤维质厚膜，称为羊膜，它包裹整个胚胎，形成羊膜囊，其中充满羊水，使胚胎悬浮在液体环境中，能防止干燥和机械损伤。羊膜卵的出现使四足动物征服陆地成为可能，并向各种不同的栖居地纵深分布和演变发展，是脊椎动物进化史上又一件大事。

具有恒温特点的鸟类出现，标志了脊椎动物演化史上出现的一个飞跃，恒温使动物的新陈代谢过程在一个恒定的温度下进行，动物体机能进一步提高，也进一步摆脱了动物体对环境的依赖。胎生、哺乳功能的诞生是脊椎动物演化史上又一次重大飞跃，它们是哺乳动物主要特征，具有高脑容量并能直立行走的人类的最终出现使得动物在分支演化上到达顶峰。

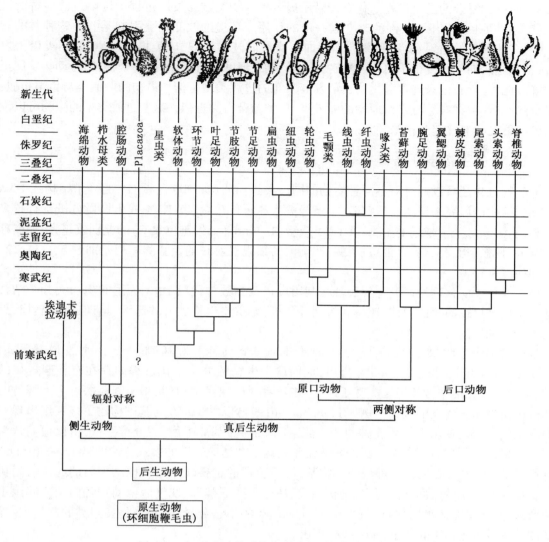

图1-8-8 后生动物系统发生略图(据孙跃武,2006)

第二节　生物进化的证据

　　自然界中的生物种类极其繁多,形态各异,且生活方式多样。尽管如此,所有的生物都是由共同的祖先经过漫长时间和环境的变化,从低等到高等,由简单到复杂逐渐进化而成的。那么有哪些证据说明生物是从简单、低级类别不断进化到复杂、高级类别呢?

一、化石记录是生物进化的直接历史证据

　　不同地质时期发现的生物化石的种类和其表现出来的演化系列证实了生物进化。地史早期的生物化石种类少而简单,晚期的化石种类多而复杂,这现象充分展现了生物界由低级到高

级、由简单到复杂的进化过程。化石记录还揭示出生物类群在发展过程中逐渐过渡演替的现象，除内在原因外，环境条件的改变起一定的作用。环境的改变还会引起某些生物种类的衰亡，另一些种类的出现、发展和繁荣。例如石炭纪时气候温湿，蕨类植物繁盛，两栖类极为发育，二叠纪后期气候变得干热，蕨类植物及两栖类衰退，中生代种子植物繁盛，爬行动物发展至高峰。此外，化石记录连接起生物类群发展中间的过渡类型。例如最初的两栖类与鱼类相似，最早的爬行类与两栖类接近，原始的哺乳类、鸟类与爬行类近似。这些过渡类型的生物可以说明各类群之间有一定的亲缘关系。

二、分子生物学证据

生物进化还可以通过对不同种生物的同一种蛋白质（如细胞色素 C）的分子结构或 DNA 分子的结构的研究来证实。研究表明：亲缘关系越近的生物，其 DNA 或蛋白质分子具有越多的相同性；亲缘关系越远的生物，其 DNA 或蛋白质分子（如细胞色素 C）的差别就越大，如黑猩猩与人、猕猴、狗、马、鸡、金枪鱼、果蝇、螺旋菌的细胞色素 C 的氨基酸序列差别是 0、1、11、12、13、21、27、45。

当前分子演化理论研究主要表现在利用现代及少数古代以 DNA 为主的生物大分子结合地层中记录讨论演化的模式、速率和机制，同时研究重要生物类群的起源、早期适应辐射和灭绝等重大理论问题。

一般来说，此类研究是以分子钟（molecular clock）为基础。分子钟假说最早由 Zuckerkandle 和 Pauling 于 1965 年提出，他们认为生物的分子进化过程中存在有普遍规律的钟，即分子进化速率近于恒定。基于此，一些学者利用现代生物的 DNA 资料探讨令人瞩目的寒武纪初生命大爆发的现象。例如 Philippe 等（1994）以 [18] SrDNA 为基础构建了寒武纪出现并有现生代表的生物门类的系统树，由于所建的系统树在基部不稳定、分辨率低，所以他们认为这一结果支持了化石记录所反映的寒武纪生物爆发式适应辐射的模式。然而，Wray 等（1996）利用包括 [18] SrDNA 在内的 7 种现代生物基因，所获得的主要现生无脊椎动物门的起源时间比化石记录所指示的时间要早得多，他们指出，从分子数据推算，现代后生动物各门类应起源于前寒武纪，而早寒武世的化石记录只反映了各门类的生态分异度，并非是各门类的起始点，类似的结论最近也由 Bromham 等（1998）得出。

可以预见，随着化石 DNA 序列的增多，人们将可直接应用化石 DNA 序列测试分子钟理论。反过来经过现代、古代材料修改后的分子演化模式，对于了解生物的演化和灭绝将起很大的作用。Lambert 等 2002 年研究了南极一种企鹅 Pigoscelis adeliae 7000 年来的骨骼标本，成功地从 96 个骨骼材料中获得了线粒体多变 I 区序列。结合标本的精确同位素测年资料，他们计算得到企鹅线粒体多变 I 区序列每位点的进化速率比传统采用间接谱系估算法所得进化速率高出 2～7 倍。

三、比较解剖学上的证据

比较解剖学是用比较的方法研究各种不同生物的器官位置、结构及其起源的学科。比较研究不同生物的器官结构，能更好地了解生物的系统发育过程和彼此间的关系。例如有的学者根据骨骼的结构认为爬行动物中的恐龙类与鸟类很接近，提出恐龙类与鸟类有亲缘关系。比较解剖学的方法主要有两种，即同源器官和同功器官。

同源器官（homologous organ）：指不同生物的器官功能不同，形态各异，但起源和内部结构基本一致。如人的上肢、马的前肢、蝙蝠的膜状翼、鸟的翅膀、鲸的鳍状胸肢等,虽在外形和功能上有很大的差别,但内部结构基本上相同,这种器官的一致性表明是来源于共同的祖先,在发展过程中,由于适应不同环境,原来的器官产生了不同的变异以适应于不同的功能,而使形态有所不同。

同功器官(analogous organ):指不同的生物具有结构和来源不同而机能相似的器官。如鸟的翼和昆虫的翅,虽然都适应于飞翔,但其来源和结构极不相同,说明具同功器官的生物并非从同一祖先而来,而是因器官行使相同的机能,在发展过程中形成了相似的形态。

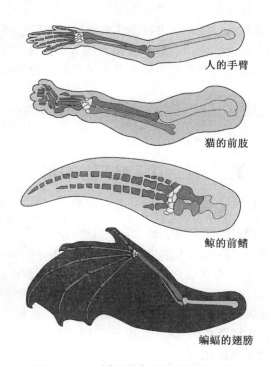

人的手臂

猫的前肢

鲸的前鳍

蝙蝠的翅膀

图 1 - 8 - 9　同源器官内部结构的比较

在运用比较解剖学方法追溯生物的亲缘关系时,首先要判断性状的发生是同源的还是同功的,一般情况,在不同生物中,同源器官越多,则相似的程度越大,彼此间的亲缘关系就越近。

四、胚胎学上的证据

胚胎学是研究生物在个体发育中胚胎的发生及其演变规律的学科。个体发育是生物个体从生命开始到成年的演变过程。胚胎学的研究表明,各类多细胞动物在其胚胎发育的早期多具相似之处,胚胎期后,才出现越来越大的差别。说明生物界有同一起源,标志着各类群之间的亲缘关系。德国学者赫克尔(E. H. Haeckel)提出了生物发生律(law of biogenesis)或重演律(law of recapitulation),认为生物发展史可分为两个相互紧密联系的部分,即个体发育(ontogeny)和系统发生(phylogeny),而且个体发育史是系统发育史的简单而迅速的重演。如青蛙的个体发育由受精卵开始,经囊胚、原肠胚、三胚层、无腿蝌蚪、有腿蝌蚪至成体蛙,反映了在系统发育过程中经历单细胞动物、两胚层动物、三胚层动物、低等脊椎动物、鱼类动物,发展到两栖动物的基本过程。生物发生律对了解各动物类群的亲缘关系及其发展线索极为重要,因此在确定许多动物的亲缘关系和分类位置时,常可由胚胎发育提供一定的依据。

五、生物地理学证据

生物地理学（biaogeography）是研究物种地理分布的科学，也正是生物地理学最早为 Darwin 提出的物种形成和生物进化理论提供了证据。例如，一些岛屿上生长着其他地方所没有的独特的动物和植物，它们的许多特征与相邻岛屿及相邻大陆（洲）的生物很接近。而在地球上自然环境基本相同的不同地区的岛屿，却栖息着和生长着完全不相同的生物种群。科学家们发现，南美洲热带动物与南美洲沙漠的动物很相似，但与非洲热带动物差异却很大。另外，各种有袋哺乳动物如袋鼠仅仅居住在澳大利亚，而在世界其他地方少有分布。相反，在澳大利亚，胎生哺乳动物非常稀少。实际上并非胎生哺乳动物不能在澳大利亚生活与繁殖，近年来人们将兔子引入澳大利亚，它们很快在那里繁衍出很大的群体。如何分析和解释这些现象呢？生物地理学理论认为，由于自然的地理隔离产生了独特的动植物区系，地理隔离进一步造成了更重要的生殖隔离。

此外，生物进化的证据还体现于分子生物学等方面，在此不多叙述。

第三节　生物进化的形式

生物进化的现象在生物组织的不同层次上发生，从分子、个体、居群、种到种以上的高级分类群等。发生在种内个体和居群层次上的进化称为微观进化（microevolution）或小进化，种和种以上分类群的进化被定义为宏观进化（macroevolution）或大进化。小进化和大进化并不是两种不同的、基本无关的进化方式，它们的主要区别只是研究的领域或研究的途径不同而已。生物学家研究现生的生物居群和个体在短时间内的进化改变，就是小进化；生物学家和古生物学家在综合现代生物和古生物资料的基础上，来研究种和种以上的高级分类群在长时间（地质时间）内的进化现象，就是大进化。

小进化是进化的基础，而大进化中的进化革新事件在大多数情况下是小进化积累的结果。

一、微观进化

微观进化通常以现存的生物种群和个体为研究对象，研究其短期时间内的进化。

（一）居群——微观进化的基本单位

同一时期生活在同一地域的同种个体的集合称为居群（population）。一个居群常由于地理、环境因素的限制而与同种的其他居群相互隔离。被隔离居群的个体通常不与其他居群的个体交配繁殖，居群间也不发生基因交流。这种情况在孤立的岛屿、湖泊和山区里是常见的。但是，事实上居群之间并不总是完全隔离的，因为它们之间往往并不具有明显的边界。不同居群的分布范围会发生重叠，在重叠的区域两个居群的个体都会有，只是数量较少，大多数个体集中在居群中心，并在那里交配繁殖，因而，居群内的个体之间互交繁殖的概率显著大于不同居群个体之间互交繁殖的概率。

对于居群作为进化单位的关注带来了一个崭新的科学领域的出现，即群体遗传学（population genetics）。群体遗传学主要研究居群内广泛的遗传变异和群体遗传结构随着时间的改变。

（二）微观进化的原因与动力

微观进化的原因和动力主要归于遗传和变异两大因素的共同作用。

1. 遗传

遗传（heredity）是生物进化的基础。遗传物质是基因，基因具有自身复制的能力，能使物种在各个世代中保持自身的特性。每种个体有一定量的基因，一居群中所有个体的基因总和构成基因库。一个物种的基因库基本上是稳定的，所以物种的特征能世代遗传。比如，人生人，马生马，种瓜得瓜，种豆得豆，都是遗传现象。

遗传具有稳定性同时又具有可变性。某种生物如果许多世代都生活在相同的环境条件下，其遗传性就比较稳定；如果生活环境变了，生物的遗传性就失去了它的稳定性，就要改变，这就是遗传的可变性。在生物进化、物种形成的过程中，稳定性和可变性起着辩证的作用，二者缺少任何一方面都是不行的。可变性使生物能够适应新环境，产生新性状，稳定性则使新获得的性状能够积累，稳定下来，传给后代，形成新的物种。

在一个进行随机交配的大居群中，没有选择、没有突变、没有迁移和遗传漂变发生时，从一代到另一代，等位基因和基因型的频率都不会改变，居群基因库始终保持恒定。由于这一平衡规律是在 1908 年由英国数学家 G. H. Hardy 和德国医生 W. Weinberg 分别独立提出的，故称为 Hardy—Weinberg 平衡定律（Hardy—Weinberg equilibrium）。它是群体遗传学的理论基石，也是现代进化论的基础之一。

2. 变异

在自然居群中存在着大量的可遗传变异。既有连续的变异（例如人的身高是从最矮到最高连续变化的），也有不连续的变异（例如人的 ABO 血型等）；既有一般的形态学的变异，也有细胞学（如染色体数目、结构）和生理、生物化学（例如酶）的变异。只有某些濒临灭绝种的居群（例如猎豹）或长期近交的小居群的遗传多样性很小。

自然居群中保存大量的变异对居群是有利的，居群内控制表型的基因型越多，它所对应的表型范围就越宽，因而所能适应的环境条件就越多，这对居群的整体适应是有利的。

突变（gene mutation）和重组（gene recombination）是可遗传变异的重要来源。突变，是遗传材料的随机改变，可以产生新的等位基因。例如，一个核酸代替另一个核酸而产生基因突变。如果这种改变不影响由该 DNA 所编码的蛋白质功能发生改变，那么此突变就是无害的。如果这种改变影响了蛋白质的功能，突变就是有害的。突变的随机性很强，就像在黑暗中射击，你根本不知道结果会如何。只有极少数情况下，发生突变的基因能提高个体的繁殖成功率。

世代周期短的生物体，仅仅通过基因突变就可能发生迅速的进化。比如细菌，自然选择在仅仅几个小时或者几天之中就可以使居群中有利突变在后代中迅速成倍增长。

动物和植物的遗传变异则主要来自重组。有性生殖过程中的减数分裂和随机受精使等位基因发生交换和重组并传递给后代。虽然突变和重组是随机的，但是自然选择却不是随机的。比如，环境会选择性地增加有利于个体生存和繁殖的那些可遗传的变异。

（三）微观进化的机制

突变、遗传漂变、适应以及自然选择都能引起居群基因频率变化，它们是微观进化的主要机制。

1. 突变

突变(mutation)是指生物体的 DNA 发生改变。尽管突变的发生概率很低,但是因为每个个体具有数以千计的基因,每个居群又具有成千上万的个体,所以,全部突变累积的效应是显著的。经过相当长的一段时间以后,突变本身作为遗传变异的主要来源,充当自然选择的原材料,在进化中发挥着重要的作用。

2. 遗传漂变

由于偶然性所造成的小居群遗传结构改变的进化机制,就称为遗传漂变(genetic drift)。漂变在所有群体中均能出现,在大的群体中基因频率的变化较小,可以忽略不计;群体很小时,漂变的效应就很明显,就像扔硬币 10 次出现 7 次正面,3 次反面,是正常的(因为总次数少)。但如果扔 1000 次有 700 次正面的可能性就较小。

3. 适应

适应(adaptation)是生物界普遍存在的现象,也是生命特有的现象。一方面表现为生物各层次结构(大分子、细胞、组织、器官到由个体组成的居群等)与功能相适应,例如,鸟翅膀的结构是与它的飞翔功能相适应的。另一方面,具有这种结构的生物能够使它适应一定的环境条件并能很好地生存和延续,例如,鱼鳃的结构及其呼吸功能适合于鱼在水环境中生存,而陆地脊椎动物的肺及其呼吸功能适合于该动物在陆地环境中生存。

达尔文将生物对环境的适应和新种的起源密切联系在一起。假设某种动物生活在相对孤立的一些岛屿上,这些岛屿虽然过去是同一大陆,但是现在互相距离已经很远。以达尔文的观点分析,不同岛屿上的居群在形态上会发生分异,使每一个居群都能与其所处的环境相适应。经过几代之后,不同岛屿上的居群可能形成各自不同的新种。例如,加拉帕戈斯群岛上发生的适应进化,岛屿上现存的大多数种只与现存南美大陆上的种相似。对此的合理解释就是这个岛屿上的动物完全来自于南美大陆,后来生存在不同岛屿上的动物发生了不同的进化。达尔文预言,弄清这种适应性的产生是理解进化的关键,而他的自然选择的理论对适应进化(通过自然选择而获得适应进化的过程)做出了最好的解释。

适应除了能导致种的分化,使之产生一些新类型外,也必然导致种的繁荣和种分布范围的扩大。所以,从某种意义上讲,可以把生物的多样性看成是生物适应地球环境演变,并保持自身连续性所出现的一种适应状态或进化状态。

4. 自然选择

现代居群遗传学理论认为,当种群内存在突变和不同基因型的个体、突变影响表型和个体的适合度以及不同基因型个体之间适合度有差异时,自然就会对居群内的个体进行选择,产生"区分性繁殖"(differential reproduction)。自然选择(natural selection)是对随机变异(突变)的非随机淘汰与保存。选择作用于表型,如果突变不影响表型,不影响适合度,则选择不会发生。当一个个体产生了有利于生存的可遗传的变异时,决定这种变异的基因必然在群体里逐渐扩散,逐渐取代原有基因,才能形成新的生物类型。

区分自然选择有几种方法,其中一种是根据选择压力施加于变异曲线的段落把自然选择分成 3 种类型,即:稳定选择、定向选择和分裂选择等(图 1 - 8 - 10)。

(1)稳定选择(stabilizing selection):又称为正态化选择,如果居群与其所处的相对稳定的环境建立了相对稳定的适应关系,那么居群中最普通、最常见的表型的适合度显著地大于那些稀少、罕见、极端的表型。在这种情况下,选择的作用是剔除变异,保持居群遗传组成的均一和

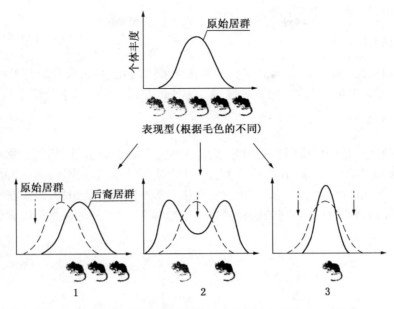

图 1 - 8 - 10　自然选择的 3 种基本类型 (据 Strickberger, 2002)

1—定向选择;2—分化选择;3—稳定选择;向下的大箭头象征了自然选择对特定表型的选择压力

稳定,这就是稳定选择。自然界中大多数自然选择属于这一类。例如,大多数人类新生儿的体重稳定在 3~4kg 之间,过轻或过重的婴儿死亡率都比较高。

(2)定向选择(directional selection):又称为前进性选择,是指在一定时间内,环境可能有一定的变化趋势,因而形成相对稳定的选择压,使得居群基因库组成定向变化。当环境改变或者是生物体迁移到新的环境中时,定向选择普遍存在。这种选择的结果会使变异范围趋于缩小,居群基因型组合趋向于纯合,表型极端化。例如,抗药性昆虫在居群中频率的增高,就是昆虫居群定向进化引起的。

(3)分裂选择(disruptive selection):在一个复杂的环境中,不同区域的环境有利于不同表型的生存,自然选择作用将造成居群内表型的分异,同时居群遗传组成向不同方向变化,最终有可能造成居群分裂,形成不同的亚居群,这就是分裂选择。例如美国卡兹基尔山有轻巧型和粗壮型两类狼。

在以上 3 种选择类型中,稳定选择通常普遍存在于能够很好地适应环境并能抵抗环境变化的居群中。在遇到一系列新的环境问题的挑战时,一个居群或者通过自然选择存活下来,适应新环境,或者就此灭绝。化石记录显示最常见的结果就是种的灭绝,能够度过危机存活下来的生物,往往发生改变形成了新种。

此外,还有一些其他类型自然选择,如平衡性选择、性选择,前者是指能使两个或几个不同质量性状在群体若干世代中的比例保持平衡的现象。这种选择常常导致群体中存在两种或两种以上不同类型的个体,这种现象称为多态现象。性选择是指造成许多雌雄异体的生物中与性别相关的体形、颜色、行为等方面差异的选择方式。通常有比较激烈的形式,也有比较缓和的形式。

由以上论述可知,并非所有生物进化的改变都是自然选择的结果。例如果蝇身上的刚毛数目的改变(因为刚毛的多寡并不影响果蝇的生存能力和繁育能力),自然选择并不起作用,其进化过程可能是随机的。但是适应的进化,即导致生物适合度提高和复杂的适应特征产生的进化主要是由于自然选择的结果。

二、宏观进化

生物的宏观进化(macroevolution)又称为宏进化或大进化,是研究种级与种级以上的分类单元在长时间(地质时间)尺度上的变化过程。物种是宏观进化的基本单位。

(一)物种的概念

什么是物种?这是个极难回答的问题,它既是理论问题,又是实际问题。物种的概念和定义一方面必须满足分类学要求,在生物分类实践中有实用性或可操作性;另一方面又要符合进化理论,体现时向性。而且,从形态、生理、遗传、生态等不同角度认识种,以及在空间和时间两个向度上认识种,必定会导致不同的物种概念。总的看来,对于种的概念可以大体归纳成两类(图1-8-11)。

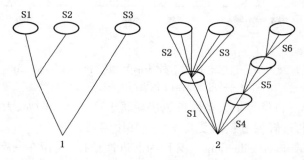

图1-8-11 物种的概念示意图(据张昀,1998)

1—非时向种概念:种 S1、S2 和 S3 是同时存在的种,它们之间存在生殖隔离,种间有明显的表型差异;

2—时向种概念:化石种 S1、S2 和 S3 是由分支事件产生的有时向的种,化石种 S4、S5 和

S6 代表一个种在时间向度上的连续进化改变,一个化石种相当于表型进化改变的一定的量

(1)非时向种 (the non - temporal species):在识别和区分现代生物种时,如果不考虑种在时间上的延续和进化,所涉及的种就是非时向的种。虽然因识别和区分种的依据不同还可细分成若干不同的种概念,但为了方便起见,在这里可以把现代生物种定义归纳合并为:"种是一群具有一定形态特征的生物个体,它们之间形态上的相似性明显大于它们和其他群体的相似性,它们在生态系统中占有一个生态位,并在生态系统中处于最佳适应状态,对于有性生殖的生物个体而言,群体中的个体之间可以相互交配而且与其他群体的个体有生殖隔离"。

(2)时向种 (the temporal species):如果分类对象不仅仅是现代生物,也包括地质历史时期生存过的生物,那么必须考虑到时间尺度,所涉及的种就是时向的种。因此,在研究地史时期生存过的生物时,古生物学家需要不同于现代生物学的种概念。这一种概念不仅要考虑化石生物的识别、鉴定和命名,还要追溯种之间的历史联系。我们可以简单地把这个化石种(fossil species)定义为:"在其生存时间内(多以百万年计的地质时间)所包含的所有生物个体,它们具有相同或类似的形态特征"。需要特别注意的是,在这一定义中的"其生存时间"包含了两个方面的不同含义:第一,当一个种随着时间而进化改变,其后裔的表型的进化改变达到可以明显区别于祖先时(图1-8-11中2:S4~S6);第二,当一个种发生分支产生两个新种时,种的生存时间就代表两个分支点(即分支进化事件)之间的生存时间(图1-8-11中2:S1~S3)。

(二)成种作用

成种作用(speciation)实质上就是种的进化并分化产生新种的过程。自然界的种有不同的进化模式,因此新种产生的途径也不尽相同。图1-8-12对种形成的两种模式进行了对比。如果种在进化过程中,由原先的一个种分化为两个不同的种,就是分支进化(cladogenesis)的模式,其结果是种的总数增加;但如果种 A 通过对变化环境的适应而改变很多并成为新的种 B,就是线系进化(phyletic evolution)的模式,在这种情况下,虽有新种的产生,但种的总数不变。从本质上讲,所有种的形成过程都可以看作是从种内的连续性发展到种间的间断性过程。

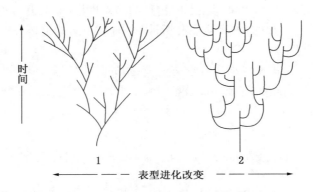

图 1-8-12　宏观进化形式图解之一:线系渐变形式与间断平衡形式(Eldredge et Could,1972)

1—线系渐变模式:各个线系的倾斜是大体均匀的,表明表型进化是匀速的、渐进的,进化改变主要由线系进化造成而与成种作用无关。成种作用(分支)本身只是改变进化方向。2—间断平衡模式:线系的显著倾斜和几乎不倾斜交替发生,表型进化是非匀速的,即在成种作用(分支)期间,表型进化加速(跳跃),在成种作用后保持长时间的相对稳定,表型的进化改变主要发生在相对较短的成种作用期间

分支进化比线系进化更普遍,而且只有分支型进化才可以通过增加种的数量来产生种的多样性。

(三)物种形成原因和机制

物种的形成一般是通过隔离实现的,隔离(isolation)是物种形成的一个极为重要的条件,因为只有隔离才能导致遗传物质交流的中断,使群体歧化不断加深,直至新种形成。

隔离是指在自然界中生物间彼此不能自由交配或交配后不能产生正常可育后代的现象。隔离的机制很复杂,大体上讲,如果以生物和非生物因素划分,可分为生物学的和非生物学的隔离;如果以受精产生合子为指标,又可分为合子前隔离以及合子后隔离(狭义的生殖隔离)。合子前的隔离多为生态的、行为的等原因;合子后的隔离,一般是遗传的或生理的原因。非生物学的隔离主要是环境、空间阻隔。

1. 合子前隔离

合子前隔离(prezygotic reproductive isolation mechanism)可以分为地理隔离、生态隔离、季节隔离、性别隔离和机械隔离等。

(1)地理(空间)隔离:造成生物地理上隔离的因素有多种,对于多数陆地生物而言,河流、湖泊、海洋、高山、沙漠和峡谷等均能构成阻隔;而对于水生生物而言,陆地以及不同温度、不同

盐度的水体等都能形成阻隔。地理隔离在物种形成中起着促进性状分歧的作用。分歧的程度与隔离时间的长短有一定的相关性,它往往是生殖隔离必要的先决条件。

(2)生态(生境)隔离:代表生存在同一地域内的不同生境的群体所发生的隔离。它只是在一定程度上表现了地理隔离。生态隔离大半由于不同种群所需要的食物和所习惯的气候条件有所差异而形成的。

(3)季节(时间)隔离:季节隔离又称时间隔离,是一种很有效的隔离机制。某些生物,例如某些高等脊椎动物的繁殖是连续性的,全年任何时间均可交配和生儿育女。然而,大多数动、植物,交配节令和开花季节只限于一年中的某一时期,这就使得一些种群因交配或开花的时期发生在不同的季节而引起隔离。

(4)性别(行为)隔离:性别隔离即在不同物种的雌雄性别间,相互吸引力微弱或缺乏而造成的隔离。性别隔离往往与行为隔离联系密切,因为两个隔离的群体在行为上的不同主要表现在交配行为(交配习性)上。

(5)机械(形态)隔离:机械隔离也称形态隔离,指的是生殖器或花器在形态上的差异而出现的隔离。隔离群之间不能交配,或不能授粉,因而阻止了杂交。这类结构性隔离主要见于具复杂花器结构的植物种类。

2. 合子后隔离

合子后隔离(postzygotic reproductive isolation mechanism)可分为配子或配子体隔离、杂种不活或者杂种不育。

配子或配子体隔离:指一个物种的精子或花粉管不能被吸引到达卵或胚珠内,或者它在另一个物种的生殖器内不易存活所产生的隔离。对于体外受精来讲,也意味着配子彼此不吸引、不亲和所产生的隔离,在行体内受精的动物中,精子进入体内后需要适宜的环境才能保持其活性和卵子相遇受精。在植物中,不同物种的花粉到达柱头后,大半不能萌芽;或即使能够萌发,花粉管生长也很缓慢,低于同一物种花粉管的生长速度;或因花粉管长度不够等,结果都不能实现受精。

杂种不活:杂种合子不能存活,或者在适应性上比亲本差。杂种的生活力很低,往往不能成活。杂种不成活的原因很多,如基因间的不协调、生长调节的失败等等。

杂种不育:杂种虽然能生存,但不能产生具有正常功能的性细胞。要使种间能够交流基因,还要求杂种是能育的。若杂种如果不能产生后代,其结果是基因还是不能交换。杂种不育的原因与亲本基因型间的特殊不协调有关,这种基因型不协调可以表现在性腺发育阶段,或减数分裂期间,或在此之后的配子体或配子发育时期。

(四)物种形成的方式

如果以种形成所需的时间和中间阶段的有无,可区分为渐进的种形成和骤变的种形成;如果根据物种形成的地理特性,可分为异地种形成、邻地种形成和同地种形成;如果考虑时间向量,特别是从系统学的观点来研究物种的形成,那么物种的形成还可分为继承式和分化式的物种形成方式。这些不同区分方式之间有的,是相互涵盖的,如继承式和分化式的物种形成方式,以及异地种形成方式多为渐进的物种形成方式,骤变的物种形成通常与地理隔离因素无关,可在同地形成,也可在异地或邻地形成。

1. 渐进式物种形成(渐变论)

这一物种形成方式是缓慢的,同时具备较完整的中间过程。新种主要通过线系进化产生,线系分支是线系进化的负效应,在进化中是次要的现象。新种以渐进的方式形成,进化是匀速的、缓慢的渐进式进化模式(phyletic gradualistic model)。适应进化是在自然选择作用下的线系进化。物种形成有以下几个途径。

(1)异地种形成、邻地种形成和同地种形成:异地种形成主要因地理的或其他隔离因素而被分隔为若干相互隔离的种群,其间基因交流大大减少或完全中断,经自然选择产生不同的适应,基因和基因频率定向地发生变化,形成地理亚种,最后导致生殖隔离而成新种。邻地种形成主要是由于初始种群分布的中心区之间基因交流很弱,种群间的遗传差异会随时间推移而增大,而逐步形成新种。同地物种形成主要是生态或行为的隔离,使同一分布区的种群间分化,产生新种。

(2)继承式和分化式物种形成:继承式物种形成指一个种在同一地区逐渐演变成另一个种,物种形成时间很长,可以看到逐渐演变的各个环节。分化式物种形成指一个物种在其分布范围内逐渐分化成地理亚种或生态亚种,并发展成两个以上的新种。

2. 突变式的物种形成(间断平衡论)

这一物种形成方式是快速的、跳跃式的、无中间过程的间断平衡模式(punctuated equilibria model)。骤变式物种形成可能通过遗传系统中特殊的遗传机制,例如转座子在同种或异种个体之间的转移;通过个体发育调控基因的突变;通过杂交、染色体结构变异,以及染色体组增加和减少等途径而实现。新种一旦形成就处于保守的或进化停滞状态,直到下一次种形成事件发生之前,表型上不会有明显变化。进化是跳跃与停滞相间,不存在匀速、平滑、渐进的进化(图1-8-12)。适应进化只能发生在种形成过程中,因为物种在其长期的稳定时期不发生表型的进化改变。

间断平衡理论较合理地解释了化石记录。按照传统的渐进进化观点,化石记录应当是一个循序渐进的完整连续过程。但事实并非这样,在连续的地层(即连续的时间内)中,新种往往是突然出现的,并找不到其祖先的任何痕迹。按照间断平衡理论,新种可以突然形成,迅速的突变是不易在地层中留下记录的;同时,大种群中的突变常因基因交流而消失,往往只有在小范围分布的种群中突变才能成功,所以许多中间类型的化石记录很难找到。

事实上,在长期的生命史中,这种突然的"跳跃性进化"现象并不少见。例如,我国云南早寒武世澄江动物群,既是世界上目前所发现的最为古老的、保存最为完整的带壳后生动物群,也是世界上公认的爆发性跃进进化动物群。该动物群包括海绵动物、腔肠动物、蠕虫动物、腕足动物、内肛动物、节肢动物、软体动物等无脊椎动物,以及脊索动物等。类似澄江动物群代表的"寒武纪大爆发"的进化现象,在生命史中至少还有"埃迪卡拉大爆发""三叠纪大爆发"等。因此,生物的进化并不总是缓慢进化,有时是跃进的,生物的进化也不总是连续性的、渐进的,而有时发生间断性飞跃。

(五)宏观进化的形式

生物进化总是按照一定的方式进行的,从化石记录来看,主要有趋异和辐射、趋同和并行以及特化等。

1. 趋异和辐射

生物在其进化过程中,由于适应不同的生态条件或地理条件而发生物种分化,由一个种分化为两个或两个以上的种,这种分化的过程称为分歧或趋异(vergence)。如果某一类群的趋异不是两个方向,而是向着各种不同的方向发展,适应各种不同的生活条件,这种多方向的趋异称为适应辐射(adaptive radiation)。爬行动物在中生代发展到极盛的时候,占领了各种生活领域,有生活在陆地上的各种恐龙,有在水中游泳的鱼龙和蛇颈龙以及空中飞翔的翼龙(图1-8-13)。由于适应了不同环境使它们的身体及四肢产生了不同的性状,这是古生物中适应辐射的突出实例。

图1-8-13 中生代爬行动物的适应辐射(据何心一,徐桂荣等,1993)
1—海中游泳的鱼龙;2—陆上食草的剑龙;3—陆上食肉的跃龙;4—空中飞翔的翼龙

2. 趋同和并行

趋同(convergence)是指一些类型不同、亲缘疏远的生物,由于适应相似的生活环境而在体形上变得相似,不对等的器官也因适应相同的功能而出现了相似的性状,例如中生代爬行动物中的鱼龙,现代哺乳类的海豚,因为向水中发展,营游泳生活,身体变得和鱼类相像;哺乳动物中的飞狐和蝙蝠,由于适应空中飞翔生活,身体变得与鸟类相似。趋同是亲缘疏远的生物适应相同环境的结果,只是一种表面现象,并不能形成进化谱系(图1-8-14)。

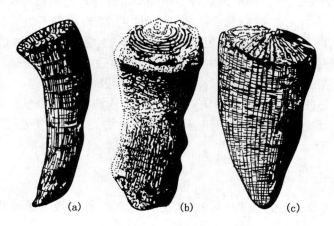

图1-8-14 趋同现象的实例(据何心一,徐桂荣等,1987)
(a)单体珊瑚(锥状);(b)李希霍芬贝(*Richthofenia*);(c)固着蛤类马尾蛤(*Hippuritella*)

不同类群而亲缘较近的生物,当其从共同的祖先产生后,由于进入不同的生活环境而发生了分歧。以后又发展到非常相似的环境中,它们的对等器官,因适应相似的环境而产生了相似的性状,这种现象称为平行进化(parallelism),与趋同不同。例如澳洲的有袋类与欧亚的有胎盘类起源于共同的哺乳类祖先,后来由于大陆的分离而平行演化。在欧亚产生狼、兔、熊等,在澳洲产生与欧亚类型相当的袋狼、袋兔、袋熊等等(图1-8-15)。

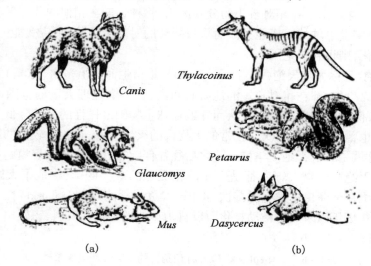

图1-8-15　哺乳动物的并行进化(据 E. D. Hansod,1981)

(a)有胎盘类;(b)有袋类

3. 特化

特化(specialization)是生物对某种生活条件特殊适应的结果,使它在形态和生理上发生局部的变异,其整个身体的组织结构和代谢水平并无变化。这种现象称为特化,例如哺乳动物的前肢,在特定的生活方式影响下,有的变为鳍状,适于游泳;有的变为翼状,适于飞翔;有的变为蹄状,适于奔驰。这些都不同于一般的前肢,属于特化类型。

4. 退化

退化(degeneration)又称为简化式进化,是生物复杂的结构转变为简单结构的进化方式,又称简单化。形态、生理上的退化表现在生物的大多数器官退化、个别器官比较发达,是生物对特殊环境的一种适应。简化式进化是一种与复化式进化相反的过程,因此也可以说是一种退步性的进化。

(六)生物的灭绝与复苏

人们对生物进化的研究,不仅认识了进化的辐射和灭绝现象,而且还发现有时辐射和灭绝的规模非常大,即在很短的时间里,大量新种几乎同时产生或者大批种又一起消失,这一现象被称为生物进化中的大爆发和集群灭绝(大灭绝)。

1. 生物的灭绝

生物灭绝可以分为常规灭绝和集群灭绝。

(1)常规灭绝:又称背景灭绝(background extinction)是指在各个时期不断发生的绝灭,它以一定的规模经常发生,表现为各分类群中部分物种的替代,即新种的产生和某些老种的消失。常规绝灭的原因可以归纳如下。一是物种的内在原因,物种在进化过程中,自身结构的高度特化大大限制了其自身的进一步发展。同时,小种群内的长期近交则导致了基因变异量降低,使后代不能适应新的不断变化的环境而"自然"绝灭。二是生存斗争,根据达尔文的"生存斗争"学说,食物链中上层物种与下层物种之间的竞争,是相互控制、相互依存、有限制的竞争;但一般说来,生存斗争导致绝灭的事件并不经常发生。三是隔离,在地理和空间上被隔离的物种容易绝灭。这是由于在相对较小的分布区内,物种长期在相似的环境条件下生存,缺乏竞争,逐渐失去对突发事件的应变能力。而且被隔离的时间越长,这种应变能力越弱。一旦受到剧烈的环境变化,则很容易绝灭。

(2)集群灭绝:又称大宗灭绝(mass extinction),是指生命史上多次(重复)发生的大范围、高速率的物种绝灭事件,即在相对较短的地质时间内,在一个地理大区的范围内,一些高级分类单元所属的大部分或全部物种消失,从而导致地球生物圈多样性的显著降低。

在生命史上也曾发生过许多次非正常的大规模的灭绝事件,在相对较短的地质时间内,许多物种消失了,这就是集群灭绝。集群灭绝之后往往伴随有其他生物大规模的适应辐射,即生物大爆发。集群灭绝和生物大爆发都是生命演化史上的重要变革,形成了大毁灭和大发展。已知大的集群灭绝在生命史中发生过多次,美国学者塞普科斯基(Sepkoski)在1982年统计了显生宙各时代近6亿年以来的海洋动物化石以科为单位的多样性资料,识别出5大灭绝事件,如表1-8-1和图1-8-16所示。

表1-8-1 Sepkoski(1982)识别出的5大集群灭绝事件

集群灭绝事件	距今年代,Ma	灭绝海洋动物科数
Ⅰ.晚奥陶世灭绝	439—440	22
Ⅱ.晚泥盆世灭绝	360—380	21
Ⅲ.晚二叠世灭绝	220—230	50
Ⅳ.晚三叠世灭绝	175—190	20
Ⅴ.晚白垩世灭绝	60—65	15

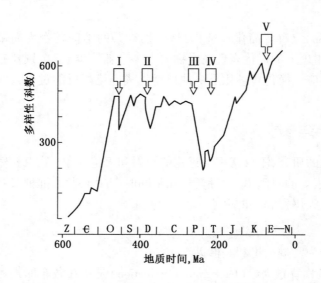

图1-8-16 根据Sepkoski(1982)的统计数据而做出的海洋动物科多样性的变化曲线(据张昀,1998)

从表1-8-1中可以看出晚二叠纪的生物危机最为严重,海洋动物的50个科在这一过程中灭绝了,它们差不多占当时海洋动物总科数的一半。如果以属和种为单位来统计则更为严重,约占海洋动物总数83%的属和96%的种都灭绝了,而只有4%的海洋动物物种延续到三叠纪。对集群灭绝现象的研究发现,历史上的生物大灭绝往往涉及的是生物分类上的高级分类群(科、目、纲,甚至门)中的大多数或全部种的灭绝。尽管有些处在同一高级分类级别下属的不同种,在形态结构和生存环境上已经相距很远,也都同样逃脱不了共同灭亡的命运。例如,地史上最早一次动物辐射产生的埃迪卡拉动物群在很短的时间内几乎全部灭绝,而今天的动物都属于寒武纪大爆发所产生的动物门类的后裔。

应该说明一点,即生物的大灭绝不一定代表着地球生命的危机,一些学者根据古生物统计资料的分析,在生物史上识别出大大小小约20多个灭绝峰。只有当集群灭绝导致生物圈相当大部分的种损失,致使全球大范围的生态系统受影响时,才构成生物圈的真正危机。实际上常规的区域性的灭绝现象在地史上时有发生,有时也达到相当的规模,例如,历史上曾先后发生过5次珊瑚礁生态系统的大灭绝事件,之后的地层中缺少或罕见珊瑚礁,大灭绝之后往往有一个长达800万年到2000万年的珊瑚礁生态位空虚的时期。

2. 生物的复苏与爆发

绝灭是生物与环境相互作用的结果,是生物不能适应剧烈变化的环境而付出的代价。群集灭绝导致大规模生物消亡,但并没有把地球上所有的生物种类都消灭,而总有一部分生物具有较强的抗灾变或躲避大灾变环境的能力。在事发后幸存下来,成为生物复苏(Biotic recovery)的源泉。它们包括幸存型、复活型和先驱型。幸存型是在大灭绝前早已生存,大灭绝时期未被全扼杀而继续生存的物种。复活型是在大灭绝期间迁移至避难所继续生存,在环境好转时又复现的物种。先驱型是在大灭绝前夜起源,对大灭绝环境有预适应能力,在生态和生理上具有特殊的残存机制,而成为后期大量新类群的祖先物种。先驱型物种是新时期生物复苏的主要源泉。我国发现的罗平生物群(Luoping biota)是生物复苏到辐射的典型代表,该生物群处于距今2.5亿年前二叠纪末期生物大绝灭之后,生命复苏到辐射的关键时期,是三叠纪海洋生态复苏最典型的代表,也是珍稀的三叠纪海洋生物化石库。罗平生物群位于云南省罗平县,记载了地球的一段生命复苏史和生命辐射史,也见证了远古海洋的沧桑变迁。罗平生物群生物门类的多样性,保存了比较完整的海生爬行类、棘皮类、甲壳类、双壳类、腹足类以及植物化石。该生物群列为第六批(2011年)国家地质公园之首。

有了生物进化图谱的分析方法并对照古生物化石的资料,人们很容易发现地球生命进化史上存在着一个十分引人注目的现象,那就是阶段性地出现种或种以上分类等级的生物类群快速大辐射现象,即进化大爆发现象(explosive evolution)。实际上,这一现象在达尔文时期就已注意到,并看成是"化石资料不全"造成的假象。100多年来,这一现象不仅被越来越多的证据所证实,并且人们发现这一现象在地球的生命史上多次发生。已知的地史时期重要的进化大爆发事件有:在大约6亿年前的震旦纪(如中国陡山沱期),不同类群的多细胞真核藻类在该时期的地层中突然大量出现;在大约5.6亿年前,澳大利亚埃迪卡拉动物群的骤然出现;动物进化史上最著名的一次生物大爆发现象发生在早寒武纪,即"寒武纪大爆发",这次动物种的快速辐射发生在大约5.3亿年前的寒武纪早期到中期(化石库发现于加拿大布尔吉斯页岩和中国澄江等地),现代的所有动物门类以及地史上已灭绝的多个门类动物的化石几乎都突然地同时出现在这一时期的地层之中;寒武纪以后,生物还发生过多次大大小小的种快速辐射现象,如奥陶纪末鱼类的大辐射,古近纪早期哺乳动物的辐射等。

3. 集群灭绝与生物大爆发的"周期性"更替现象

在分析进化中生物的大爆发和集群灭绝现象时,人们注意到两者表现出了一定的相互更替的特征,即生物在每次大的灭绝之后往往会跟随一次大辐射进化。例如,元古宙晚期至末期,蓝藻(大多以叠层石的形式保存在地层中)迅速衰落之后,多细胞生物迅速繁荣复苏;奥陶纪末无脊椎动物中的三叶虫、笔石、腕足动物和苔藓虫等共100多个科的动物灭绝后,鱼类等脊椎动物辐射发生;白垩纪晚期恐龙大灭绝后,古近纪早期哺乳动物辐射发生。似乎生物的集群灭绝,首先造成了短时间内生物种在高级分类单元范围中的"大面积"消失,导致地球生物圈多样性显著降低,继之发生新种的快速辐射复苏演化事件。

在地球的生命史上这种生物类群大更替和生态系统大改组的现象多次发生,对此有人尝试归纳出一个简单的周期时间段,有人提出中生代以来大约每隔3200万年发生一次大规模灭绝,也有人提出晚二叠世以来每隔2600万年发生一次集群灭绝。这是一个有争论的问题,但无论如何,人们由此获得了一种认识,即生物的历史发展具有阶段性的特点。

第四节　生物进化的特点和规律

进化论是生物学中最大的统一理论,进化论替代创世说是人类文明史上的里程碑事件,现代的进化理论是在达尔文学说的基础上发展而来。尽管自达尔文的《物种起源》问世以来,人们对他关于进化原因和机制的解释有许多争议,实际上,直到今天,我们对生物进化的原因、过程、方向以及生物与生物之间、生物与环境之间的协同进化过程仍有很多不了解的地方,但这并不影响进化理论在生物学乃至整个自然科学中的重要地位。

虽然生物进化理论还不够完美,随着学科的发展和研究手段的日新月异,它会得到进一步补充和完善。不论是现在还是将来,生物进化的基本规律并不会改变。

一、生物进化是一个进步性发展过程

生物化石记录已经证明,一切生物都起源于原始的单细胞祖先。以后在漫长的地质年代中,由于遗传、变异和自然选择,生物的体制日趋复杂和完善,分支类别越来越多。地层中的化石记录虽不完备,但足以说明自从生命在地球上出现以来,生物界经历了一个由少到多、由简单到复杂、由低级到高级的进化过程,这是一种上升的进步性的发展。同时生物发展是有阶段性的,这种阶段性进化是指生物由原核到真核,从单细胞到多细胞,多细胞生物又逐步改善其体制的发展过程。生物进化的分支发展是从少到多的分化进化,在分支发展过程中生物不断扩大其生活空间,向各种不同的生活领域发展其分支。就整个生物界来说,在其进化过程中,经历了三次重大的突破性的分支发展,最早的一次是从异养(以周围环境中的有机质为养料)到自养(本身含叶绿素,能进行光合作用合成有机养料)的发展,第二次是从两极(合成者和生产者)到三极(生产者、分解者和消费者)的发展,第三次是从水生到陆生的发展。

二、生物进化具有不可逆性

生物界是前进性发展的,生物进化历史又是新陈代谢的历史,旧类型不断死亡,新类型相继兴起;已演变的生物某一类型不可能恢复祖型,已灭亡的类型不可能重新出现,这就是生物进化的不可逆律(irreversible evolution)。例如脊椎动物中由水生的鱼类经过漫长的地质历史和许多演化阶段演化为陆生的哺乳类,哺乳类中如鲸类虽回到水中生活,却不可能恢复鱼类的呼吸器官——鳃,也没有鱼类的运动器官——鳍,鲸的前肢仅仅外貌像鳍,而其骨骼构造完全不同。

三、生物进化遵从相关律和重演律

环境条件变化使生物的某种器官发生变异而产生新的适应时,必然会有其他的器官随之变异,同时产生新的适应,这就是相关律。例如生活在非洲干旱地区的长颈鹿的祖先,由于长期采食高树上的叶子,颈部不断伸长,前肢也随之变长。

生物每个个体从其生命开始直到自然死亡都要经历一系列发育阶段,这个历程就是个体发育。系统发生是指生物类群的起源和进化历史,生物类群不论大小都有它们自己的起源和发展历史,系统发生与个体发育是密切相关的,生物总是在其个体发育的早期体现其祖先的特征,然后才体现其本身较进步的特征。因此可以说个体发育是系统发生的简短重演,这就是重演律(recapitulation)。

四、灭绝和辐射是生物进化的重要形式

种和种上分类群既有产生,又有灭绝。种在时间向度上的延续、辐射(分支)和灭绝构成了地球生物复杂的谱系关系。种以上的高级分类单元的出现往往与适应辐射紧密相关。在地球生命史中,经历了数次生物的大灭绝(或称集群灭绝)和复苏、大辐射(或称大爆发),大灭绝和大辐射发生的时间相对较短,在大灭绝之后往往出现生物复苏和大辐射现象。它们是地球历史上最为壮观的生物进化事件,其发生的过程和原因极为复杂,每次事件有共性也有差异,也吸引着当今几乎包括所有自然学科的优秀学者的广泛关注。

五、生物演化具有阶段性

生物演化过程其实就是生物多次辐射和灭绝的交替历史,就显生宙而言,生物界经历过六次大规模绝灭(寒武纪末、奥陶纪末、泥盆纪晚期、二叠纪末、三叠纪末、白垩纪末,表1-8-1),其中二叠纪末的绝灭最为剧烈(大约半数属绝灭,图1-8-16),有人认为前寒武纪末埃迪卡拉动物群的绝灭代表另一次最剧烈的绝灭。每次大规模绝灭以后,紧接着新门类的爆发式新生和辐射适应。新门类形成后有一长时期的稳定发展,是渐变演化期。这样,大规模绝灭和爆发式辐射适应造成生物演化的阶段性,这种阶段性成为地史上划分时代的基础。

六、生物与地球演化具有协同效应

在大的时间和空间尺度上,地球表面环境经历了一个有趋向性的、不可逆的和不重复的演变过程,地球上的生命自起源以来就与地球的岩石圈、水圈和大气圈的演化相互关联、相互作用、相互制约,它们共有一个协同演化(coevolution)或进化历史。这一特点和规律可以从本书第二篇地史学中阐述的内容得到证实,即在各大阶段晚期如元古代、早古生代、晚古生代以及中生代晚期,均出现大陆拼合或分离、海平面变化、岩浆作用、变质作用与生物圈演化等事件有规律的重叠,表现出协同演化的效应。

复习思考题

1. 生命起源的观点有哪些？你认为生命来自何方？
2. 如何理解"寒武纪生命大爆发"？
3. 简述地史时期生命的主要演化阶段。
4. 简述地史时期生物灭绝事件对生物演化的影响。
5. 什么是微观进化？影响小进化的主要因素有哪些？
6. 什么是宏观进化？生物进化的动力是什么？
7. 生物演化有哪些特点和规律？

拓 展 阅 读

童金南,殷鸿福. 2007. 古生物学. 北京:高等教育出版社.

孙跃武,刘鹏举. 2006. 古生物学导论,北京:地质出版社.

侯先光. 1999. 澄江动物群:5.3亿年前的海洋动物. 昆明:云南科学技术出版社.

季强等. 2004. 中国辽西中生代热河生物群. 北京:地质出版社.

戎嘉余.方宗杰. 2004. 生物大灭绝与复苏:来自华南古生代和三叠纪的证据. 合肥:中国科学技术大学出版社.

戎嘉余. 2014. 远古的灾难:生物大灭绝. 南京:江苏科学技术出版社.

汪啸风,等. 2008. 关岭生物群:世界上罕见的晚三叠世海生爬行动物和海百合化石公园. 北京:地质出版社.

张昀. 1998. 生物进化. 北京:北京大学出版社.

Allen K C, Briggs D E G. 1989. Evolution and the Fossil Record. London:Belhaven Press.

Donovan S K. 1989. Mass Extinctions:Processes and Evidence. London:Belhaven Press.

Hallam A. 1977. Patterns of Evolution as Illustrated by the Fossil Record. Amsterdam:Elsevier.

Stanley S M. 1979. Macroevolution—Pattern and Process. San Francisco:Freeman.

第九章
古生物与古环境、古气候、古地理

古生物的生活环境是指影响古生物生活的各种外界条件的总和,包括一切生物的和非生物的因素。古生物与古环境、古气候、古地理之间是紧密相关的,环境和气候从根本上决定着生物的生活习性和其分布状况,当然也决定了其地理分布情况;但是生物也并非完全被动地依附于环境和气候而生存。在长期的生存斗争中,包括人类在内的生物都在不同程度上获得了适应环境和气候的能力和潜力,同时也在影响着环境和气候。

研究古生物与古环境、古气候和古地理的关系具有重要的理论和现实意义。弄清古生物与古环境、古气候、古地理的关系及其规律,对于了解生物的进化规律和地史时期地球环境和气候的变迁具有重要的理论价值。当今社会、人口、环境和资源等全球性的问题正困扰着世界各国的和平与发展,通过对古生物与古环境、古气候的研究将有助于我们正确地处理好经济建设与环境保护的关系,维护整个地球的自然生态环境的平衡,以保证人类社会能够快速持续地向前发展。

第一节　古生物与古环境

一、海洋生物的环境分区

对于古生物学来说,由于绝大部分化石都保存在海相环境中,因此海洋生物环境就显得尤为重要。海洋环境内部的划分主要是根据水深及其他条件来进行的。首先可以划分为两大领域,即海洋的水体部分和海底部分。海洋水体内生活的生物主要是浮游和游泳生物。水体内根据阳光的透射程度可划分为上部的有光带和大约 200m 以下的无光带。海底环境内主要以底栖生物为主,根据深浅可进一步划分为大致相当于陆棚位置的滨海和浅海区,相当于大陆斜坡位置的半深海区和相当于深海底部的深海区。靠近海岸位于高潮线和低潮线之间的环境称为期间带。高潮线以上的部分称为潮上带,低潮线以下的部分称为潮下环境。

(一)滨海生物区

滨海生物区位于海岸附近的高潮线和正常浪基面之间,又称潮汐地带或潮间带。由于邻近大陆,常出现海湾潟湖、河口、三角洲、岛屿等,所以地形复杂。滨海生物区地处高能动荡的自然环境,经常有波浪和潮汐的作用,含盐度、温度和光线等环境因素昼夜变化很大,因此生物比较贫乏。滨海地带的生物为了适应这种动荡环境的需要,常具有坚硬的外骨骼(如厚壳的螺类或双壳类),或牢固地附着生长在岩石上(如牡蛎及藤壶等),有的生物在沉积物中营潜穴生活或在硬底上营钻孔生活,以躲避风浪的侵袭。

(二)浅海生物区

从潮汐地带向下至大陆架与大陆斜坡的交界处(正常浪基面至200m),海底地形比较平缓,水体不深。浅海区的上部(一般在50m以上)阳光充足,藻类繁盛。50 m以下的浅海区阳光减少,由于光照不足,极少有藻类生长,或完全没有藻类。由于浅海环境条件中含盐度变化不大,含氧量充足。深度只受季节的影响,上部偶受波浪的搅动,水层下部除受风暴外,基本保持稳定状态。因此浅海环境对绝大多数的生物生活都比较适合。这样浅海区生物的种类比滨海区生物的种类要多,也就是说浅海区生物的分异度比滨海区的要高。浅海区生物的丰度也比其他各区的要丰富,其中多为底栖爬行或底栖固着生物。它们中的大多数以水中悬浮的微生物或者从海底沉积物中摄取有机质为食。有的兼有以上两种摄食方式。在动物群中有以其他生物为捕食对象的肉食类,如头足类、棘皮动物的海星等。有专门以死亡的生物尸体为食的食腐动物,也有以藻类等植物为食的草食性动物。

(三)半深海或次深海生物区

从陆棚边缘至深海盆地的地区(200~1000m),即大陆斜坡地带,海水平静,温度、盐度比较稳定,含氧量稍低,常有浊流沉积。由于光线达不到水底,所以没有藻类生长,这样势必造成草食性生物的绝迹及肉食性动物的减少。底栖生物以食腐类生物为主,食腐生物以水层上部落下来的生物尸体为食,或在沉积物中寻找有机质碎屑为食。

(四)深海生物区

深海生物区是指大陆斜坡以下的深海底部(深度超过2000m区域),是一个黑暗、寒冷的深渊(2~10℃)。深海底沉积物由上部降落的碎屑物质组成,其中主要是一些远洋浮游生物的骨骼。沉积速率异常缓慢(每千年约数厘米),经常被底部浊流冲刷搅动而再沉积。经现代深海勘探证明,深海动物群的类别和面貌与半深海和浅海区的相似,但种群密度和群落构造有显著差别。其动物群的数量锐减,以能适应黑暗寒冷的深海环境为特征的特殊类型的生物为主。许多鱼类、甲壳类的眼睛消失,代之以细长的触角和鳍,常能发光发电。这些生物普遍缺乏易溶的碳酸钙骨骼,多以海底淤泥中的有机物为食,或以腐败的尸体或细菌为食。深海生物区的水层部分主要为浮游及游泳生物,大多数的游泳生物死亡后,其钙质骨骼一旦落入海底,就会被逐渐地溶解。只有一些硅质骨骼的放射虫可落入海底而得以保存。因此在某种程度上说,深海生物区的生物主要以浮游及游泳生物为主,因为底栖生物极为少见。

二、影响古生物生存的生态因素

环境中影响古生物生活的所有条件称为生态因素、生态因子,通常分为非生物因素和生物因素两大类。前者包括底质、温度、深度、光线、盐度、气体、海拔等;后者则是生物之间的各种关系。

生物对各种生态因素的适应能力即耐受性,都有一定的范围。生物在此范围内有其最适点,但生物趋向上、下限时,生活就受到抑制或减弱。由于各种环境中的生态因素不同,各个环境中生物的种类(即分异度)以及个体数目(即丰度)有很大的差异。根据生物对生态因素耐受性的大小,有广适性和狭适性之分。具体到各种生态因素,则有广盐和狭盐、广温和狭温生物等的区分。

(一)底质

底质是生物栖居所依附的环境物质。对动物来讲,底质起着活动基地、附着点、隐蔽所和营养物质来源等作用。底质一般分为硬底质和软底质。硬底质如岩石、各种贝壳和其他坚硬的物体;软底质为含有各种砂砾、细砂和淤泥的沉积物。不同的底质有不同的动植物群,如沿岸岩石及贝壳上附着有许多藻类及各种具有固着能力的无脊椎动物,在潮间带各种硬底质中还可见钻孔生物;在砂质软底中则以潜穴为主;泥质软底中常有丰富的软体动物和节肢动物的甲壳类。

(二)温度

温度是决定水域中生物的生存、繁殖和分布的最重要因素之一。温度主要来自阳光的照射,一方面它随着纬度及季节的变化而变化,另一方面又随水体深度的不同而改变,一般来说表层水体的温度变化较大,底层水体的温度较稳定。海水中仅在250~300m以上的水层才有季节性温度的变化,其下水层温度终年无大变化。另外,局部地区由于有大洋暖流通过,或因海底火山喷发或熔岩作用影响,可造成局部增温,有利于某些生物的生长和繁殖。陆地的温度除了受纬度的控制外,还受海拔高度的影响,一般温度随海拔高度的升高而降低。

此外,温度也控制着生物的分异度和分区,分异度是指在一定环境中生物种类的多少。一般来说,温度高的地区生物的种类越多,分异度也就越高;温度低的地区生物种类就少,生物的分异度也就越低,如极地的生物种类比热带生物种类明显减少。分异度最高的地方往往有生物礁,生物礁发育在温暖、清澈、盐度正常的热带、亚热带浅海环境里。现代生物礁的分布严格受纬度的控制,主要分布在南北纬28°之间的热带浅海。因此通过对地层中生物礁地理分布的研究,可指示地史时期热带的位置。温度控制生物群分区的现象十分明显,不同温度气候带中生物群的面貌是不同的。另外,由于生物所产的卵的孵化需要有一定的温度条件,因此温度又控制和影响着生物的繁殖。

(三)水深

海水深度的变化影响到其他一系列的环境因素,深度与压力呈正比,与光线透射度呈反比。在一定范围内海水的深度又与温度的变化有关。由于深度会影响光线的透射度,所以水深控制着各类生物特别是绿色植物的垂直分布。如藻类的分布下限是水深200m,在35~50m左右藻类最为丰富。另外,由于光线中不同波长的光其穿透海水的能力不同,造成不同类型的藻类在分布深度上的差异。如浅海近岸处生长蓝绿藻,在其下20~30m以褐藻最多,而红藻可分布在水深30~200m。水深控制着植物的垂直分布,因此势必影响其他以植物为食的草食性动物的分布,并最终影响到肉食性动物的分布。深度对海洋生物分布的控制可通过和深度有关的透光度、压力、盐分、温度、溶解氧及食物供应等对物种的分布施加影响。

(四)光线

光线与水深及水体的清澈度有关。与光照条件直接相关的是水底植物和浮游植物,根据水体中光照强度的强弱可分三带:(1)强光带,自水面至水深80m左右,本带内光线充足,植物能进行光合作用,因此浮游植物及浮游动物都很丰富;(2)弱光带,自80m以下至200m左右,此带内浮游植物已大量减少(但红藻和硅藻较发育);(3)无光带,在200m以下,此带为黑

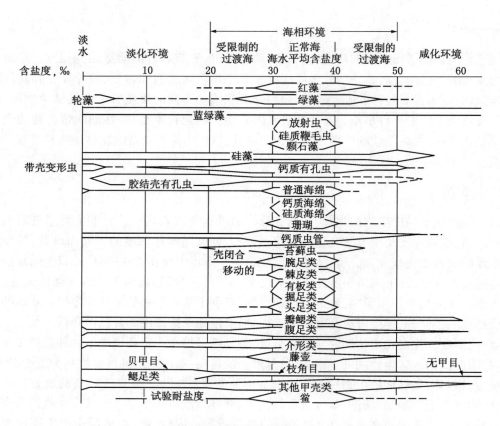

图 1-9-1 主要无脊椎动物和藻类化石分布与含盐度的关系
(转引自全秋琦,王治平,1993)

暗区,植物绝迹,动物较稀少而特殊。因此地层中海生藻类化石的存在是浅海环境的重要标志。对于陆生生物来说,有的动植物喜欢阴湿的环境,而有的则喜爱在阳光充足的地方生活。

(五)盐度

一般来说,正常海水的含盐度为 35‰,干旱地区海水的盐度高于此值,如红海北部可达 40‰。在河流入海口,由于淡水的注入,有的地区海水的盐度可降到 16‰,如黑海。正常盐度海水中生物种类多样,但当海水的盐度升高或降低时,便出现海水的咸化或淡化,这都会引起生物在种类和数量上的变更,常表现为生物种类贫乏。只能适应正常盐度海水生活的生物称为窄盐性生物,如大多数的造礁珊瑚、具铰纲的腕足动物、头足动物及棘皮动物等。能够适应盐度变化范围较宽的生物称为广盐性生物,如双壳类、腹足类及苔藓动物等。各种无脊椎动物和藻类植物与海水含盐量的关系如图 1-9-2 所示。

(六)气体

海水中主要气体有氧、氮、二氧化碳,此外还有硫化氢、甲烷和氨等。后三种气体对大多数生物是有害的,在滞流的深水及闭塞的海湾中,由于死亡生物大量聚集,在腐烂过程中产生大量的硫化氢等有害气体,对底栖生物的生长极为不利,只在上部水层中可有浮游或游泳生物生活。现代海洋中缺氧海区的典型例子是黑海。在地史时期的海相沉积中,也出现过缺氧的还原环境,如华南志留纪早期形成的黑色笔石页岩,岩石中有机质含量高,而且常见还原矿物黄铁矿,生物化石主要为浮游型的笔石类。对于陆生生物来说,大气中各种有害气体(如 SO_2)也会危及它们的生存。

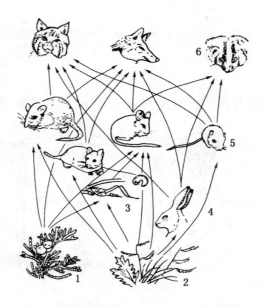

图 1－9－2　食物网简化图(转引自武汉大学等,1978)
1—桧树;2—草本植物;3—节肢动物;4—兔;5—啮齿动物;6—食肉兽类

(七)海拔

在同一纬度地区,海拔的高低也会造成生物(特别是植物)的分布和分带现象。高原地区由于寒冷、缺氧、植被稀少等因素的影响,导致动植物种类的减少。随着海拔的逐渐降低,气候由干冷转向温湿,植物由针叶、细叶类向阔叶类转化,同时植物种类也逐渐增多。如现代青藏高原地区主要为一些草本植物和细叶的红柳灌木丛,缺乏高大的乔木。

(八)生物因素

生物之间存在着相互依赖、影响、共生和竞争的关系等。有人将相互有利的生物之间的关系称为共生(mutualism);只对其中一方有利的称为共栖(commensalism);对一方有利,而对另一方有害的称为寄生。在所有这些关系中,食物链的关系最为重要,如草原上有羊的地方常招来狼群。羊吃草、狼吃羊,由此构成一种食物链的关系。在这种食物链的关系中只要其中一个环节发生变化,就会影响到一系列与之有关的生物,如狼的存在,一方面威胁到羊的生存;但如果没有狼,羊就会肆意繁殖,毁坏草地,最终危及自身生存。故从某种程度上说"狼吃羊又有利于羊群的繁衍"。自然界的这种食物链法则很难用人类的道德准则来加以评判和衡量。在古生物化石的研究中,同一岩层中的各种化石,在未弄清楚它们之间的关系之前,可统称为伴生生物。图 1－9－2 表示的是一个简化了的食物网关系。

三、古生物的生活方式

各种生物在长期历史发展过程中,由于适应周围环境的结果,形成各种不同的生活方式。

生活方式(mode of life)又称生态类型,是指生物为适应生存条件而具有的习性(habitat)和行为(behavior),其中主要的如摄食方式、居住类型、活动方式和营养类型等。

(一)活动方式

古生物的活动方式是指狭义的生活方式,按照生活场所古生物可分为水生生物和陆生生物,它们的活动方式有较大的区别。

1. 水生生物

水生生物的活动方式多种多样,但主要可以分为以下几种类型(图1-9-3)。

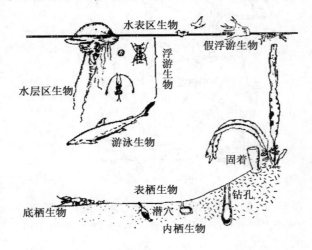

图1-9-3　海洋生物活动方式(据孙跃武等,2006)

(1)底栖生物:指生活在水层底部,经常离不开基底的生物。底栖生物活动方式又可以分为四类:①固着底栖,身体完全固着在水底生活的生物,多数生物的身体一端固着在水底,另一端向上延伸,外形常成锥状、柱状,如珊瑚和海绵等,这类生物能很好地指示环境;②移动底栖,这类生物生活在水底,但身体可在水底作不同程度的移动,个体常呈两侧对称,如有些双壳类;③孔栖,这类生物在水底岩石或贝壳上钻孔,身体栖居孔中,如有些双壳类和海绵类;④埋栖,该类生物把身体隐藏在水底的砂土和淤泥中生活。这种动物的外壳多薄而且微透明,有些动物体往往生有细长的水管露出泥砂层之上,进行水的循环,获取水中的微生物等有机物质,如某些双壳类和低等腕足动物。孔栖和埋栖生物的实体化石不易保存,但在岩石中常留下遗迹化石栖孔和潜穴。

(2)游泳生物:游泳生物具有游泳器官,能主动游泳,动物身体常呈流线型,两侧对称,运动、捕食和感觉器官较发达,如无脊椎动物中的头足类(包括鹦鹉螺类、菊石和箭石等)和脊椎动物中的大多数鱼类及鲸类。

(3)浮游生物:浮游生物没有真正的游泳器官,常随波逐流,被动地漂浮在水中,浮游生物的身体一般呈辐射对称,个体微小,骨骼不发育或质轻,壳常多刺以增大表面积,便于浮游。浮游生物可分为浮游植物和浮游动物两大类。前者包括硅藻、沟鞭藻和颗石藻等;后者包括原生动物的抱球虫类及放射虫类。许多无脊椎动物如海绵动物、腔肠动物及软体动物等的幼虫、大型的水母以及已绝灭的大部分笔石类均营漂浮生活。此外某些生物往往附着在水草、树干或其他游泳生物的身体上,营被动的水中漂浮生活,称为假浮游生物。

（4）假浮游生物：往往起源于某些底栖生物，特别是底栖固着生物，往往附着在水中的藻类、木材或游泳生物的身体上，营被动的漂浮生活，因此称为假浮游生物。它们在生活期间可以被带到很远的地方，如某些海百合，一部分笔石（树形笔石类）和某些体形较小、密度较轻的双壳类动物。现代的腕足动物 *Eunoa* 就是固着在藻类上营假浮游生活的，一些个体微小的无铰纲腕足动物，如 *Patellina*、*Leptobolus* 和笔石一起被发现于黑色页岩中，被认为是营假浮游生活的。

2. 陆生生物

陆生生物的生活环境包括陆地、河流、湖泊和沼泽等。它们的生活方式与海生生物的生活方式有类似之处。有底栖固着的各类植物及菌类；有底栖活动（包括爬行、行走和蠕动）的各类四足动物及昆虫、蚯蚓等无脊椎动物，其中有些生物可以在陆地上穴居；河湖中有游泳的鱼类、虾，浮游的藻类及小动物等；有空中飞翔的鸟类及昆虫等。

（二）营养类型

生物的营养方式有光合作用、吸收和摄食三种。光合作用是植物获取营养的主要方式。微生物（细菌和真菌）则靠吸收取得养料。吸收养料的关键是扩大接触面积。微生物形体小，接触面的比值大。如真菌长有菌丝也是扩大吸收面积的适应形态。动物以摄食为生。摄食的关键在于活动，通常动物具有发育程度不等的感觉、运动、消化和排泄系统。动物细胞没有细胞壁，提高了代谢水平，也利于动物活动。

藻类和高等植物能自身产生营养物，属自养生物；而动物则为异养生物。营自养的还有光合细菌。某些细菌能在光线透过但缺氧的环境中，合成有机物。介于自养和异养之间的化学合成细菌，不是从日光取得能量，而是通过氧化简单无机物，把氮逐渐转化为硝酸盐等取得能量，进行细胞合成，常称之为化能自养生物。

异养生物以植物或动物的有机物为食物。根据食物的大小，生物可区分为微食性和显食性两大类：

1. 微食性生物

这类生物摄食细小的有机颗粒或微小生物个体（浮游生物）。按其取食方式，分为若干类型：

（1）悬食生物（滤食生物）：以悬浮于水体中的微小食物为食，通常借助于鞭毛、纤毛、附肢（如节肢动物）、鳃（双壳类）和触手等将食物送入口中；有一大批海生生物如海绵、腔肠动物、苔藓动物和腕足动物等，它们吸收海水，并过滤其中的有机物质为食。

（2）碎食生物：以沉落在水底沉积物表面的有机质薄膜为食，借助口器（腹足类）、水管（双壳类）、步足（棘皮动物）等移动取得食物。

（3）泥食生物：不加选择地大量吞食水底泥沙中的有机物。这类生物（如一些环节动物和海参）对泥沙进行了大量的再沉积和破坏活动，产生了生物扰动构造，并排泄了大量粪粒。

2. 显食性生物

这类生物根据食物的种类不同分为植食动物、肉食动物、腐食动物（食死亡遗体）、杂食动物和寄生生物。

广义的生物生活方式还包括生物如何生殖以及生物骨骼的生长类型等。研究古代生物，特别是研究已灭绝的门类的生活方式，了解其形态在生活时所起的功能是一个重要方法，其原理是建立在生物的形态必须和其生活环境相适应的基础上。目前,功能形态学的研究越来越受到古生物学家的重视。

四、古生物之间的生态关系

从生态学的观点来看,生物之间的关系可归纳为生死对抗和合作共生两大类型(图1-9-4),即敌对关系和共生关系,地史时期生物之间的关系也是如此,以下分别叙述。

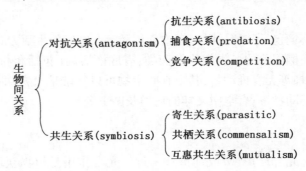

图1-9-4　生物间的关系图

(一)抗生关系(相克关系)

抗生关系指一种生物受到另一种生物的危害,而施加危害的生物本身毫无影响,这种关系在化石中不易表现出来。但在生物界却确实存在,典型例子如"红潮"现象。有些藻类如硅藻等过快的繁殖而产生有害物质,使成千上万的鱼群及底栖动物由于水层底部污染或氧气不足而大量死亡。抗生现象还包括由于细菌造成传染病而死亡等。

(二)捕食关系

捕食关系是指一种生物以捕食另一类生物为生,但它本身又成为其他生物的食物。这种关系组成了捕食者食物链。这种关系在现代生物环境中较为普遍,但在化石记录中保存的证据很少。

捕食关系其实时刻存在,但能够保存为化石的仅仅是那些"不成功"的捕食证据或被吃后残留的痕迹,或被捕捉又逃亡的幸存者留下的伤痕。真正成功的捕食,由于已被完全吃掉,无法保存为化石。化石中见有双壳类、腕足类壳体上被捕食动物牙齿咬伤的痕迹或被食肉的腹足动物、海绵动物捕食留下的钻孔。例如美国纽约泥盆系中保存有正在抓住双壳类的海星与双壳类共同保存为化石的现象以及被食肉动物咬伤的石炭纪长身贝类等。

(三)竞争关系

这种关系是生物群落中的自然现象,有些生物互相之间依赖关系并不明显,但是即便是同种个体之间常常由于对食物、光线和空间位置等需要都在不断地竞争,彼此之间低水平的互相影响,互相制约,有时甚至两败俱伤。

在化石状态下,竞争明显地表现在底栖动物对固着基地的竞争,具体表现为在不大的面积上同种个体的稠密和拥挤。许多个体彼此争夺有利的一小段地区,特别是底栖动物幼年期固着在成年个体上,成年期个体尚未死亡,其上及周围新生个体又来固着,形成"自然簇"。如现代和古代的牡蛎滩、贻贝簇，石炭纪簇状生长的腕足类如米氏贝（*Meekella*）、泥盆纪的 *Cyrtospirifer* 和石炭纪的 *Choristites* 等，由于许多个体密集在一起往往影响一些个体正常生长，引起啄部扭曲或石燕的一翼短于另一个翼，而每个个体的啄部向下方中心聚生，显示出原来的生长状态，表明个体之间对固着地点的争夺。又如现代和古代的滨海藤壶（*Balanus*）也是在很小的面积上（贝壳、岩石）密集生长，个体之间互相拥挤生长，造成外形不规则。

（四）寄生关系

寄生关系是指两种生物共同在一起，一种生物从另一种生物直接获得营养，并对另一种生物具有危害性。寄生现象在现代生物中相当普遍，如有人说"鸟类不仅是鸟类而已，而且还是会飞的动物园"，鸟类身上的寄生的小动物多得惊人，其羽毛被虱和螨当作食物，它们的皮又被某些蝇吃，另外，跳蚤、虱子、蚊子等寄生生物从体外吸它们的血液，而原生动物在体内破坏它们的红细胞，因此，鸟类身体的每一个器官内都有寄生虫。

由于寄生者和寄主一生紧密地生活在一起，因此，在化石中还会同时保存下来，有的学者研究发现蠕虫类寄生于海百合腕上的现象等（图 1 – 9 – 5）。不过寄生还是共栖，有时难于判断。

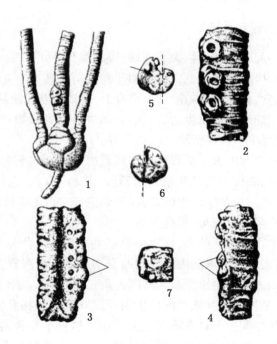

图 1 – 9 – 5　海百合腕上的蠕虫寄生现象（据杨式溥，1993）
1—中间腕上寄生孔；2—三个寄生孔；3—步带沟旁边的寄生孔；
4—由于寄生而腕变形；5、6、7—寄生孔切面

（五）共栖关系（偏利关系）

共栖关系指一种生物从共生的另一种生物得到好处，而对后者并无显著的影响。它是一种偏利的共生关系，往往是生物的一方供另一方作定居地点，因此又可称为宿生关系，如喇叭

珊瑚固着于腕足类壳体上,龙介虫可固着于双壳类壳上(图1-9-6),腕足类固着于海百合上等。共栖现象不仅表现为不同门类之间,也可表现在同类生物不同物种之间。

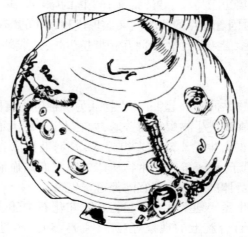

图 1-9-6　侏罗纪海扇上的表生动物(据 V. A. Zakharov,1966)
表生动物有小型牡蛎、蠕虫虫管龙介和蟠龙介等

(六)互惠共生关系(双利关系)

互惠共生指共生在一起的两种生物关系密切,彼此都有好处可得,相互间协作得很好的一种关系。这种关系在现代生物中较多见。植物和动物之间互惠共生关系最典型例子是昆虫传播花粉:昆虫到植物处觅食,植物把花粉洒到昆虫身上,昆虫带着花粉从一朵花到另一朵花,不知不觉地完成授粉任务。如现代鄂州生活的犀牛和犀牛鸟二者形影不离,犀牛鸟依靠犀牛身上的各种寄生虫生活,而犀牛则需要清除这些虫子等。

化石中最为明显的互惠共生关系是现代和古代造礁珊瑚同虫黄藻的关系,虫黄藻生长在共生型珊瑚骨骼中,利用珊瑚排出的氮和磷作为营养,并利用 CO_2 进行光合作用以及得到固着地点和保护,而珊瑚则利用虫黄藻产生的氧,在珊瑚生长和钙化中排出 CO_2。虫黄藻的共生动物除珊瑚以外可能还有某些双壳类、层孔虫等。

研究一个群落中的生物间相互关系,特别是确定生物共生组合关系是建立一个群落的雏形,生物相互依赖的程度表示着在群落内部种间的密切程度。在恢复古群落时可以根据彼此之间相互关系来研究它们之间的生境关系和种间关系。例如研究礁体中造礁珊瑚同虫黄藻的互惠共生关系,表示二者是彼此相互依赖的共生组合。双方紧密相互依赖,互相得到好处,这在地史时期动植物二者共生演化上具有重大意义。在自然界十分普遍的捕食与被捕食关系、寄生者与寄主之间的关系和两种生物的共栖关系则是一方依赖另一方的共生组合,比上述一类关系密切程度稍差,仅对一方有利,而另一方牺牲或受影响不大。更低一级的共同生活在一起可以是互不依赖的关系,例如具有相同或相近的生活习惯和营养水平的几种生物共同生活在一起,彼此在居住地或营养资源方面也有竞争,但彼此并无直接的依赖关系。这些共同生活在一起的生物,在生态学上是一种初级或原始的合作关系。但在一个生态单位中,对各种生物都有利于生存。在恢复地史时期各种化石生物共生关系时还应当特别注意区别它们是否属于自然生活的共生关系或者是非自然的、次生的,例如,由于搬运、埋藏、保存等作用造成的次生的"共生"关系。

五、古群落与古生态系

从生态学角度来说,生态系的界限并不严格,凡是具有相对独立的物质与能量转换循环的综合体系,大到整个海洋,小至一个湖泊或池塘,都可以看作独立的生态系。在一个生态系中,一种生物以另一种生物为食,所构成的链状关系称为食物链(food chain)。每条食物链以植物开始,以不被其他肉食动物吞食的动物为止。一种生物常吃多种生物,一种生物又常被多种生物所吞食,这种关系多呈网状,称为食物网(food web)。在生态系中生命的和非生命的因素总是处在不停的相互作用过程中,各种物质和能量在不断地运行、调整和循环以维持整个生态系统的动态平衡。一般来说,要实现一个生态系统的整体运行和物质循环,其内部必须具有以下四种基本的组成部分:

(1)非生物的物质和能量,包括无机物、水、气体和日光能等。日光是生物能量的来源。

(2)生产者,也叫自养生物,主要是指植物。植物通过光合作用,同时吸收水土中的无机盐和水及空气中的 CO_2 等来合成植物淀粉和植物蛋白,贮存在植物体中。植物的这种生产作用一方面维持了自身的生长和繁殖,另一方面也为其他草食性和杂食性的动物提供了食物来源。

(3)消费者,也称异养生物,主要是指动物。根据这些动物在食物链中所占位置的不同,可分为初级消费者、次级消费者和高级消费者。初级消费者主要是指草食性的动物,也包括食浮游植物的水生动物。次级消费者则以初级消费者为食。高级消费者则主要是指一些大型的肉食动物,包括一些猛禽。但高级消费者不一定必须以次级消费者为食,它可以跨越某个环节直接以初级消费者为食,反映出生态系中食物和能量流动的交叉性和复杂性。此外寄生生物通常也归入消费者行列。

(4)还原者或分解者,主要是指微生物。这些微生物的作用主要是将植物体中复杂的有机物分解为简单的无机物并释放到无机环境中去,以供植物的再次吸收利用。还原者是生态系统中不可缺少的重要组成部分。

生态系统最简单的例子是池塘(图 1-9-7)。在池塘这样一个生态系统中自养生物或生产者是其他各种有机体赖以生存的基础。自养生物产生的物质和能量经过初级消费者、次级消费者到高级消费者,但整个生态系统的全部有机体最终将供给分解者所分解。

一个生态系可以有一个或更多的群落组成。现代生态学中群落(community)的含义是指"在一定的地域内许多具有直接或间接联系的生物种的集合体"。R. G. Johnson(1964)认为它具有以下特征:①在一定的地理区域内,生活在同一环境中的许多种群,构成一个群落或集合体;②这些种群彼此相互依赖,互相作用,因此形成一个具有独特成分、结构和功能的生物系统;③一个群落中具有该群落中特征性的种,以区别于其他群落;④一个群落有其特殊的营养结构,可以了解生物在营养结构中如何使用能量及生物各自所处的营养结构中的位置。一个生物群落中包括许多种群,因此也包括许多小生境或生态位(ecologic niches),因为每个种群在群落中可以各自居住在它们适应的生态环境之中,但它们又彼此有着联系。

一个群落中某一物种所有个体的总和构成一个居群(population),群落是由居群所组成的。一个群落中往往存在着为该群落所特有的种,该种在其他群落中缺失或少见,可以用来作为该群落的标志,该物种就被称为该群落的特征种(characteristic species)。群落中个体数量最多的种,即竞争能力强、最适合于该环境的种称为优势种(dominant species)。而次要种是指群落中个体数量不多的种。介于次要种与优势种之间的种称为亚优势种,此外,一个群落的组

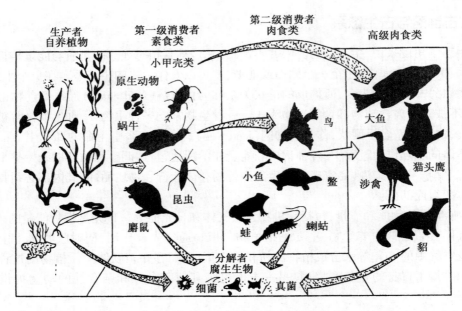

图 1 − 9 − 7　池塘食物网(据 Ferb,1970)

成中还有机会种、平衡种等。

古群落(化石群落)(fossil community)并不完全和现代群落相同,在根据化石组合恢复古代群落时,应当考虑埋藏和保存作用对它们的影响。化石群落中很少保存软躯体的生物,由于保存的不完备性,化石群落只能保存一部分生活群落的成员,其中也有可能有来自不同群落的化石混合,在化石群落中往往只有少数例子可以阐明生物之间的相互关系,如寄生、捕食、互惠共生等现象,因为这些现象很难保存下来。

由化石群落所组成的具有相对独立的物质与能量转换循环的综合体系为古生态系。对古生态系的研究较为复杂,需要对不同生态环境的群落的综合分析和研究后才能恢复。

六、古生态环境的分析方法

古生态环境与古生物之间的互相作用、互相影响的关系使得我们有可能通过对古生物化石的研究来分析和推断古生物生活环境的特征。古环境的研究可以通过沉积学、地球化学和古生物学等不同的方法来进行。古生态环境的分析方法很多,这些方法包括指相化石法、形态功能分析法和系统的群落古生态分析法等。

(一)指相化石法

所谓指相化石是指能够反映某种特定的环境条件的化石。如造礁珊瑚只分布在温暖、清澈、正常盐度的浅海环境中,所以如果在地层中发现了大量的造礁珊瑚,就可以用来推断这种特殊的环境条件。再如舌形贝(Lingula)一般生活在浅海潮间带环境。

(二)形态功能分析法

解释古代生物的生活方式,除利用现代生物进行将今论古对比外,还可以利用形态功能分析的方法。所谓形态功能分析法就是深入地研究化石的基本构造,力求阐明这些构造的功能,并据此重塑古代生物的生活方式。形态功能分析的原理建立在生物的器官构造必须和外界生存条件相适应的基础上。在生物进化过程中,功能对器官和构造的变化起着重要的作用。生物的形态和生理同环境相适应是在生物长期进化过程中受到外界环境条件不断的作用和影响迫使生物不断地改变自身而形成的。如穿山甲、旱獭等穴居生物由于长期适应地下挖洞生活,使其四肢具有强健的爪子,而鱼类等由于长期适应游泳生活,则使其身体呈流线型并具有一些与游泳生活相适应的器官系统。再如生活在浅水动荡环境中的生物,其壳体一般较厚,因为厚壳有利于保护自己,而壳薄、纤细的生物(如笔石等)则多适应于相对静水的环境中。

(三)群落古生态分析方法

群落古生态分析法主要是根据群落的生态组合类型来分析古环境,并根据不同生态类型的群落在纵向上的演替来分析推断古环境的演化过程。

在古生态研究过程中,将对应于群落的生存环境单位称为小生境(biotope)或生态位(niche)。无论是潮间带、浅海、半深海、深海还是生物礁体系中,均有与之相对应的生物群落。反过来,在古生态研究中我们可以通过对地史时期生物化石群落的分析来推断其生存环境。但必须注意,由于古生物化石保存的不完整性,古生物群落只是原生物群落的一部分,大部分不具硬体的生物一般难以保存下来。同时,研究古生物群落时,还必须考虑生物化石的原地性。在没有弄清原地性的情况下,将在同一地点、同一层位上采集到的一群化石统称为化石组合,而不管其是否经过改造和搬运。在群落的古生态研究中,必须考虑到生物埋藏的原地性。群落的古生态研究一般包括以下几个步骤和内容。

(1)地层描述及化石统计。应对被研究的地层进行详细实测描述工作,详细收集地层中各类资料,如成分、结构、沉积构造与自生矿物等。尽可能多地采集古生物化石,对化石产出的层位和岩性进行登记和描述,包括对生物化石特别是化石群的野外保存状态、个体完整程度以及各类化石的百分比等等。

(2)化石群的埋藏学分析。对每一层位上的化石组合进行解剖,识别出原地埋藏的化石和异地理藏的化石。辨别原地埋藏和异地埋藏的主要标志有以下四点:①原地埋藏的生物化石往往保存较完整,表面细微构造往往未遭破坏,关节及铰合衔接构造没有脱落,表面无磨损现象。异地埋藏的化石群,个体保存多不完整,硬体的各部分经搬运后常遭磨损。原地埋藏的化石个体大小极不一致,包含有不同生长发育阶段的个体。异地埋藏的化石个体由于在搬运过程中的分选作用,常常个体大小较一致。此外生物保持原来生活时的状态为原地埋藏,异地埋藏的生物不保持其原来的生长状态。②遗迹化石大多为原地埋藏,除粪化石及蛋化石等可能为异地埋藏外,其他如足印、钻孔及潜穴等由于其铭刻在沉积物表面或内部,不能被搬运,故均为原地埋藏。③确定内生动物和表生动物在群落中的比例。内生动物大多是食泥动物,表生动物大多属滤食性动物。在一个群落中,二者的相对比例主要和沉积物的颗粒粗细有关。内生动物居住在较细粒的泥砂质沉积物中,水动力往往较弱。表生滤食性动物居住在搅动性强烈、颗粒较粗的沉积物中。内生动物因为居住在沉积物内部,大多为原地埋藏,一般壳上不会被钻孔,不会被其他生物包被或附生,一般双壳相联结,不会被破坏。而表生动物的埋藏情况则相反,根据表生动物被附生和包被周围的部分,有时可以很好地指示表生动物原来的位置。④化石的生态类型与其沉积环境的一致性分析,原地埋藏的化石群所反映出来的生态特征与其围岩所反映出来的沉积环境相一致。异地埋藏的化石群所反映出来的生态特征常与围岩所反映出来的沉积环境相矛盾,或几种不同生态环境下生活的生物化石保存在一起。⑤不同时代的化石保存在一起时,老的化石应该属于异地埋藏。这种情况往往是由于保存在老地层中的化石被重新风化剥蚀出来而后再次沉积到新地层中所造成的。

(3)丰度和分异度的统计。在确定原地埋藏和异地埋藏之后,就要对原地埋藏的化石进行群落的丰度和分异度的统计。所谓丰度是指群落中各个物种中个体数量的百分比;分异度是指群落中物种数量的多少,即物种的多样性情况。每种生物在群落中所占的百分比可以用直方图来表示。

(4)化石群落的描述。描述化石群落主要包括如下三个方面:①群落的命名。通过对群落的丰度的统计来确定群落中的优势种、次要种和特征种。并对各个群落进行命名,群落常以其优势种的名称来命名。②群落的组成和结构。一个群落应包括不同生态类型的化石类别,化石的遗体和遗迹(类别)的数量和相互比例关系,必要时应加以附表及图件说明。通过对群落的分异度的统计,可以确定群落中种群的数量,根据各种群的生态习性来进一步弄清各群落中的营养结构及群落内部能量的流动情况。必须指出,由于古生物化石保存的不完整性,构成古生物群落的化石往往只是原来群落的一部分。③群落中化石生态位的分析。群落中的化石类别都有其相应的生态位置,占据不同的小生境,这些小生境就构成群落的外貌。④群落综合分析。群落的时代、典型产地,群落的地理分布和环境特征分析。

(5)群落演替及环境演化分析。根据群落在被研究的地层剖面上的垂直分布及群落类型自下而上的演替,就可以推断沉积环境从早期到晚期的变化情况。其中生物的生活习性是指示环境的一个标志,底栖生物、浮游生物、游泳生物、遗迹化石类型、孢粉类型等都可以用来指示不同的生活环境;分异度是指示生态环境的一个标志,分异度高,也就是说种群的数量多,则说明该环境适合多种生物的生长,其环境应该较优越。分异度越低,说明其环境只适合少数物种的生活,其环境条件相对较动荡多变。

(四)沉积学方法

沉积学方法主要是通过对地层中保留的物理标志如沉积物的颜色、结构、沉积构造,岩矿标志如沉积岩的岩性特征、结构组分、自生矿物以及地球化学等标志等的分析与研究来恢复生态环境(详见第二篇第三章)。

第二节　古生物与古气候

古气候学是研究地质时期气候形成的原因、过程、分布及其变化规律的学科,即根据物质成分、沉积岩结构特点和生物,按一定的理论和方法推断各地质时代的气候。古气候学的研究与地质学、古生物学、地球化学、同位素化学、大气物理学和天文学等密切相关。地质学(特别是古生物学)向古气候学提供有机界和无机界的古气候作用的物质记录,气候学向它提供现代大气运动的原理、概念与方法。古气候学是全球气候变化研究的一个重要方面,其主要因子是温度(temperature)和湿度(humidity),其基本任务是通过研究地史时期的气候变化规律,预测外来气候变化趋势。古气候学的研究内容很多,涉及很多相关学科领域,这里主要介绍古生物资料在古气候研究方面的作用。

一、生物的分异度与气候

分异度最明显的变化是具有从赤道向两极由高向低的变化梯度(表1-9-1)。热带生物最为丰富,温带动、植物种类较少,而南、北极最为贫瘠。这不但从生物总体来说是这样,而且从每一个主要分类单位(纲、目、科、属、种)内部来说也是这样。

表1-9-1　现代各气候带生物分异度(种数)(据殷鸿福,1988)

		热带	亚热带	温带		寒带	
				暖温带	温带	亚寒带	寒带
有孔虫	浮游	24	20	18		8	5
	底栖	46.1		24.2		17.2	
珊瑚(大洋洲)		60(属数)		1(属数)		0	
腹足		550		200		100	
双壳(亚洲)		1037		415		46	
虾类(中国)		290	96	54	22		
爬行动物(俄罗斯)				47.5~27.3		7.9~2.4	0
鸟类(北美)		1100		195		56	
哺乳动物(北美)		70		35		15	
藻类(中国)		990	372	221			
植物		5000		2900		117	222

北美陆生鸟类和哺乳类,都是随纬度的降低而分异度增高,如鸟类从40个种增加到660种,哺乳动物由20个种增加到130个种,植物界也有类似的情况。中、南美热带雨林1ha(公顷)面积有40~100个不同的种,北美东部落叶林带只有10~30个种,加拿大北部针叶林带,仅有1~5个种。除纬度外,海拔高度、湿度和水深等也影响生物的分异度。

一般来说,用植物化石来判断古气候是比较可靠的,其次是底栖固着的无脊椎动物。脊椎动物小型两栖类、爬行类由于有冬眠的习性,在较冷的气候条件下还能生存。而大型的爬行类如鳄,绝大多数分布在热带和亚热带,只有很少的代表分布在温带。所以,丰富的大型爬行类化石的存在,标志着温暖的气候。无脊椎腔肠动物的造礁珊瑚几乎全部生活在热带,它们不能生活在低于16~17℃的条件下,一般在25~30℃的条件下,个体丰度及分异度最大。地球赤道两侧热带和亚热带的浅海,广泛分布着珊瑚礁。

二、生物的演化事件与古气候

在整个生物发展史中,生物无论在门、纲、目、科、属、种的数量上和内容上都有巨大的变化。有时生物在短时间内大量辐射演化,产生许多新的类群;有时又大量的绝灭。对于生物界的这种兴衰变化事实,地质、古生物学家虽早已认识,但对其兴衰变化的原因却有不同的意见,至今仍没有统一的结论。

(一)生物辐射与古气候

生物的辐射演化被认为与古气候的波动有关。地史上第一次大规模保存为化石的生物群是著名的埃迪卡拉生物群,虽然它是一个不具硬壳的裸露生物群,但已包含许多门类,现已知这个生物群广布于全世界。从其产生的时间和层位上看,正处于新元古代主要冰期(南沱冰期)结束以后,气候转暖时期。而气候的转暖常为生物的发展和演化提供了良好的气候条件。

生物演化的里程碑之一是能分泌钙质壳的生物——小壳化石群的首次大量出现,其时代恰好在新元古代末次冰期(罗圈冰期)之后。其原因是,寒武纪最早期全球气温(包括海水温度)回升转暖,原来溶解在海水中的碳酸钙因温度的升高由不饱和变成饱和,甚至过饱和状态,为生物钙质壳的形成创造了外在的物质条件。

(二)生物灭绝与古气候

地史上第二个重要冰期发生在奥陶纪末—志留纪初,关于这次冰期对生物演化的影响最近已做过不少工作。这个冰期的冰碛物主要分布于北非,包括 3~4 个亚冰期,其中最主要的是赫南特期(Hirnantia,动物群时期)。从研究较好的三个门类(笔石、牙形类、腕足动物)来看都有重要的变化。据 Stanlek(1984)统计,奥陶纪末大约总共毁灭了海洋生物的一百个科,而且主要集中在热带地区。

晚泥盆世弗拉斯期和法门期之间也是一次重要的生物变革期,泥盆纪时繁盛的四射珊瑚、层孔虫、海绵等造礁生物大量绝灭,腕足类也有重大损失。值得注意的是这些绝灭没有影响到 Malvino - Kafrica 生物区,这个生物区缺少造礁生物及其他暖水物种,被认为是冷水型的。显然这是因为全球气候变冷时,它们能适应较低温度造成的。另一个值得注意的现象是,在 Appalachia 生物区(暖水型)中,当其他生物大量衰亡时,硅质海绵的种类却在增加,当其他生物再度繁盛时,硅质海绵的种类却又衰减下去。这个现象的产生在今天看来是因多数的硅质海绵是适应冷水生活的。硅质海绵的这种盛衰变化说明了弗拉斯期和法门期之间气候上有降温事件发生。

此外,有的古生物学家认为北美晚更新世大型哺乳动物的大量绝灭与气候变化有关,当时夏天气候变得更为炎热和干旱,冬天更为寒冷。气候改变引起草地成分改变,使小型动物的竞争加剧,合适的栖居地减少,再加上大型哺乳类繁殖能力较低等原因,促使了它们的绝灭。

三、生物的形态结构与气候之间关系

生物的形态、结构和大小与气候之间有密切的关系,因此,可以利用地层中的化石形态、结构、大小等特征与气候关系来反推古气候的演变情况。

(一)叶片形态分析——叶相学(foliar physiognomy)

自从 1915 年 Bailey 和 Shmott 提出植物的叶缘类型和气候之间存在着一定的联系以来,许多植物学家、古植物学家都指出植物的叶相特征和气候条件的关系是非常密切的。主要包括下列几方面:(1)叶级(叶片面积的大小);(2)叶缘;(3)叶脉的密度;(4)滴水尖;(5)叶型;(6)主要叶脉类型;(7)叶片质地;(8)叶基形态等各方面的特征。下面对几个重要的方面叙述如下:

1. 叶级

叶片大小可分六级:鳞叶(leptophyll, < 25 mm^2)、微叶(nanophyll, 25 ~ 225 mm^2)、小叶(microphyll, 225 ~ 2025 mm^2)、中叶(mesophyll, 2025 ~ 18225 mm^2)、大叶(macrophyll, 18225 ~ 164025 mm^2)、巨叶(megaphyll, >164025 mm^2)。Raunkiar(1934)首次讨论了叶的大小与气候的关系,他强调了降水量对叶子大小的影响。当降水量减小时,叶的大小也随之减小,在热带

低地,具有大叶的植物的百分比达到最大值,而在较干旱的环境中则叶面积减小。Dilcher (1973)指出叶子大小还与温度有关,一般来说,随着纬度的增高,具大型叶的种比例逐渐减少,而具小型叶的种比例逐渐增高(表1-9-2)。

表1-9-2　现代植被的叶级谱(据孙跃武等,2006)

植被类型	鳞叶,%	微叶,%	小叶,%	中叶,%	大叶,%	巨叶,%
热带雨林(巴西)	2.3	3.2	15.1	68.3	11	0
热带雨林(非洲,赤道)	0	0	9	64	27	0
亚热带常绿阔叶林(浙江)	0	4.1	53.3	37.1	5.4	0
温带山地针叶林(长白山)	6.5	13.0	39.5	31.8	8.8	0

2. 叶缘

叶缘是用于古气候分析的一个十分重要的特征。通过对一个植物群中具全缘叶种的统计,不仅可以推测它所处的气候类型,还可以近似地求得当年的年均温和年较差。在气候的指示方面,Wolfe(1979)指出,在热带雨林中具全缘叶的种所占比例大于或等于75%,在副热带雨林地区,为57%~75%,在亚热带雨林地区为40%~50%,温带雨林则为10%~35%。一般来说随着年均温的增加,具全缘叶的种所占比例也增加;而随着年较差的增大,具全缘叶的种所占比例反而减少(图1-9-8)。

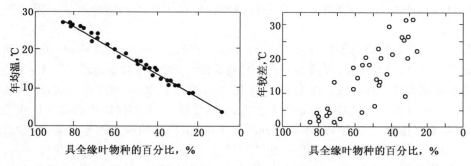

图1-9-8　现代植被中全缘叶的种数百分比与年均温和年较差的关系(据孙跃武等,2006)

3. 叶脉密度

叶脉密度是指单位面积叶脉的数量,不同种叶脉密度随环境条件的不同而变化。总的来说,热带雨林中叶脉的密度较小,网眼较小,分叉的盲脉较少;在温带的情况相反,叶脉密度较大,网眼较大,分叉的盲脉较多。

4. 滴水尖

滴水尖是植物对降雨量非常大的一种适应,是热带雨林植物的显著特点之一,因为有了滴水尖,由于水的表面张力作用,可以把叶面上的水迅速地排放掉,不致使叶子因水渍面腐烂。所以在热带雨林带以外,具滴水尖叶子的植物是很少的。Schwarzbach(1963)记述,巴拿马低地(热带)具有滴水尖叶子的植物占整个植物群的76%,而在温带它仅占9%。

5. 其他叶相特征

单叶和复叶,羽状脉和掌状脉的相对比例在热带和温带植被中也有一定的区别。复叶和羽状脉在热带较常见,而单叶和掌状脉在温带地区所占比例往往较高。叶子其他特征,如叶片质地、气孔、表皮毛等也能指示气候，旱生植物的叶子有时变成针形或鳞片状，表面常形成角质层或蜡层，气孔不发育或深陷，有些茎叶上发育有稠密毛层；另一些旱生植物叶子则发生肉质化，成为贮水组织。湿生植物的叶子大而薄，光滑，角质层薄。中生植物的叶扁平、宽阔，角质层发育微弱，没有浓密的毛层，气孔主要在叶的下表面。

近年来，国内外广泛应用叶相分析的方法利用植物大化石来定量分析（LMA，CLAMP）新生代以来的各种气候因子。

（二）植物的年轮与气候——树木气候学（dendroclimatology）

年轮是树木横切面上呈现的许多同心环，是次生木质部结构的特征之一。形成层的活动受季节影响，一年中气候条件不同，形成层活动有盛有衰，所以形成的细胞有大有小，细胞壁有厚有薄，排列有紧有疏，这样不同季节所形成的次生木质部，无论形态和结构都有着差异，因而出现年轮。年轮每一环包括一个早材和一个晚材，代表一年中所形成的木质部。早材是在每年生长季节早期所形成的次生木质部，由于气候逐渐寒冷，形成层活动减弱，以至于停止，所形成的细胞较少而壁厚，材质显得紧密。由于气候变化是逐渐进行的，本年内早材与晚材之间无截然界线，但今年的晚材与来年的早材界线却是分明的，这个界线即为年轮线。它表明树木每年生长交替的转折点，即形成层由休眠转为活动的转折点。因此，在四季分明的温带地区和有干湿雨季的热带、亚热带一些地区，树木年轮十分清楚，而在一年四季气候变化不大的地区（如热带雨林带）便无明显的年轮。根据年轮的剖面特征可以推测当地以往一段时期的气候变化。

从石炭—二叠纪植物的器官分析，它们还缺少完善的防止水分蒸发的表皮层，木质部分和厚壁细胞均不发育，没有年轮，多数为乔木。由此推断，当时的气候既温暖又潮湿，大约相当于现今的热带和亚热带雨林地区。然而，在约 3 亿年前的南半球，景观却不是这样，从地层中采到的植物化石是以舌羊齿（Glossopteris）为主，属于旱生植物，大都是矮小的灌木状或类似草本的类型，树叶紧密排列，而且坚厚，木质部分具有年轮，植物群的种类相当单调，数量贫乏。由此推断，石炭纪、二叠纪南半球的气候可能既寒冷又干燥。格陵兰等地位于北极圈内，气候寒冷，常年冰雪覆盖。在距今 1000 万年前的地层中，发现了像木兰、棕榈等常绿乔木的植物化石，这些植物现今仅见于热带。这说明格陵兰等地在 1000 万年前属热带气候。

（三）动物个体大小与气候的关系——伯格曼定理

新生代哺乳动物的大小与气候的关系长期以来一直为人们所注意。Bergmann（1847）的研究结论认为，气候越寒冷，动物的个体越大，后人称之为伯格曼定理（Bergmann's Rule）。因为当一个动物的身体增大时，其体积（代表热量的产生）要比它的皮肤面积（代表热量释放）增长得更迅速。因此，在较冷的气候里，个体长得较大是有优越性的。最好的例子是北美和欧亚大陆小型哺乳类，包括现生的和化石的食肉类，特别明显的是美洲的美洲狮和欧亚的红狐。

在实际研究中，由于整副骨架很难找到，甚至能直接指示个体大小的肢骨、颅骨和颌骨也很少见。因此，通常用切齿（M_1 和 D^4）的最大长度来作为个体大小的指示。它的好处是牙齿易保存为化石，根据牙齿能准确地鉴定出动物的属种。而温度一般用纬度来代替。Klein（1986）曾按这方法研究了南非黑背豺个体大小和新生代气候变化的关系。根据南非晚更新世黑背豺的材料，推算纬度每向南一度，豺的下切齿平均长度大约增加 0.08mm。在赤道上，切齿的长度大约为 16.70 mm,南非产豺化石的地方为 33.5°S,因此其下切齿长应为 16.70 + 33.5 × 0.08 = 19.38(mm),而实际上化石产地的下切齿长度为 20.58mm,比理论值长了 1.3 mm。Klein 对此解释说:化石产地的温度相当于纬度再向南 14°,即 47.5°S 的位置,该地年均温为 12℃,化石产地现在年均温为 17℃,约低 5℃,这说明从晚更新世到现在,化石产地的年均温上升了 5℃,气候变暖了。

脊椎动物的大小与气温之间的关系实际上是很复杂的,有些动物并不遵守 Bergmann 定理,它们的下切齿长度(代表个体大小)随纬度的升高反而变短。

四、不同气候条件下常见生物的发育特征

不同的气候条件下有不同的生物,每一种特定的生物与特定的气候关系密切,同理,特定的古气候下应该发育有特定的生物或生物组合。以下主要介绍几种常见生物发育程度与气候间关系。

(一)叠层石及常见藻类

叠层石是典型生物成因的沉积构造,它是蓝绿藻(蓝细菌)与碳酸钙或碳酸镁钙相互作用的结果,一般代表炎热气候下的潮上、潮间或潮下带环境。钙质藻类在热带—亚热带浅海最为发育。钙质绿藻几乎全分布于热带,只有 *Dasycladaceans* 的几个种分布于温带。*Corallina* 藻分布广,可从热带到极区,可能在温带十分丰富,成为主要的造丘的生物。有些属如 *Mesophyllum*、*Lithothamnium* 是冷水型的。浮游藻类分布很广,而 Cocoolithophoridae 在热带最为丰富。*Diatoms* 在温带北极,特别是在深部冷水上涌的地方最为丰富。这些藻类可以作为深海钻孔古温度研究的工具。

(二)有孔虫

有孔虫作为一个类群来说,其所适应的生活温度可以变化很大,它在温度超过 40℃ 的热带潟湖、潮池(tide pool)及温度接近 -2℃ 的高纬地区海水结冰的地方都能生存,但对一个单独的种来说,其生活温度还是很窄的。浮游有孔虫的分布明显地受气候带的控制。可以见到有孔虫在赤道下沉现象(equatorial submergence),即生活在高纬度表层水的有孔虫,在热带生活在深水中。有孔虫的某些形态特征与温度有关。O. L. Bandy(1960)和 D. B. Erickson(1959)分别研究了现代有孔虫 *Neogloboquadrina pachyderma* 的卷旋方向与生活温度的关系。他们发现当温度低于 9℃ 时,主要为左旋;温度高于 15℃ 时,主要为右旋;温度在 10~15℃,既有左旋,也有右旋。有人曾研究了南太平洋 *Neogloboquadrina pachyderma* 的分布,在南纬 52° 以南时左旋壳占 90% 以上,南纬 48°~52° 之间时左旋壳占 50%~90%,而在南纬 48° 以北接近亚热带的地方左旋壳只占 50% 以下。有孔虫的某些其他形态特征也与温度有关,例如 *Globorotalia trumcatulinoides*,它在热带为锥状,而在寒冷气候为盘状。*Neogloboquadrina pachyderma* 最后一圈的房室在规则情况下有 4~5 个。而在温度较低的条件下,最后一个房室小于倒数第二个房室。浮游有孔虫外壁的孔隙度也与温度有关,热带的孔隙度较大,冷水的孔隙度较小。有孔虫个体的大小与温度的关系表明,冷水中的个体大,因为它们成熟速度慢,达到最终大小晚,而生活在热带的有孔虫个体较小。

(三)珊瑚

造礁珊瑚几乎全部为热带生活,它们不能忍受低于 16~17℃ 的温度。造礁珊瑚在 25~

29℃时个体的丰度和分异度最大,但很少能在超过40℃温度条件下生活。非造礁珊瑚的生活温度范围较大,可从1℃到28℃。

(四)腕足动物

腕足动物分布与温度关系不密切,从两极到热带都有(图1-9-9)。现代具铰纲及钙质无铰纲生活在温带。舌形贝类大部分限于热带及亚热带,但其他地方也有。腕足类的温度分布大概在地质时期也不是一成不变的,例如具铰腕足类过去在热带浅海中就很普遍。有些形态特征与温度有关,具铰腕足类疹壳的密度就随温度的增加而增加,生活在南极地区冷水中的腕足类壳较薄,壳刺较少。这可能因为冷水中 $CaCO_3$ 溶解度较大,而不易形成钙质壳的缘故。

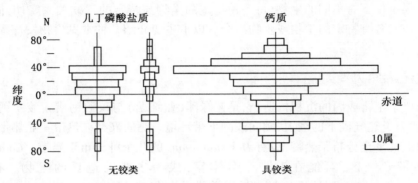

图1-9-9　现代腕足类的纬度分布(据孙跃武等,2006)

(五)软体动物

软体动物少数类群的温度限制较严,多数为广温生物。某些形态特征与温度有关,北极地区的软体动物个体较小(一般 <1cm),没有或几乎没有纹饰(特别是刺),双壳较薄且具明显的生长线,而热带的软体动物则具有较大的、有纹饰的、厚重的壳。

与上述一般趋势相反,有些软体动物其最大个体反而在其温度范围较冷的一端,这是因为在寒冷的气候中成熟较晚,个体生长有较长的时间,故能长成较大的个体。

(六)脊椎动物

在脊椎动物中,哺乳类和鸟类较少用来确定温度能力,因为它们是温血动物,有控制体温的能力,有毛、羽、脂肪层来保护热量不致散失,因而它们可生活在极冷的寒带低温中,如企鹅、北极熊等。陆生脊椎动物中的两栖类和爬行类与哺乳类、鸟类不同,它们是变温动物,其体温受周围环境温度强烈的影响,而缺乏控制调节能力,因此其生存也就受周围环境温度的严格限制。小型两栖类和爬行类,由于它们有冬眠的习性,所以在较冷的气候条件下还能生存,而大型的爬行类,如鳄,绝大多数分布在热带及亚热带,只有很少的代表(如扬子鳄)分布在温带。所以,丰富的大型爬行类化石的存在标志着温暖的气候。

(七)植物

植物受气候的影响比动物更明显,因此对古气候的研究更有意义。不同类型的植物其生活气候环境是不同的,例如:桦科、杨柳科植物生活在温带,而双扇蕨科及樟科等生活在热带、亚热带潮湿气候区,仙人掌科则生活在热带、亚热带干旱气候区。对于新生代以来的植物大化石和孢粉化石,通常使用化石名单利用共存原理来定量分析气候因子。

第三节　古生物与古地理

古生物的分布不仅与古环境和古气候密切相关,而且与一定的古地理因素有着重要关系,古生物在时间和空间上的分布状况是古生物地理学研究的内容。古生物地理学的基本任务是查明地史时期动植物的空间和时间分布规律,探讨其分布的内因和外因。目前,国际和国内对古生物地理学的基本理论,如区系划分的原则、各时代区系的划分、起源、迁移、散播等问题有不同的看法,但古生物地理学理论基本成熟。下面主要介绍现代生物地理分布的控制因素和古生物地理区划的基本理论。

一、现代生物地理分布的控制因素

现代生物地理分布的控制因素主要包括温度—纬度的控制、隔离和洋流,其次包括深度和两极性因素等,在此主要介绍前三种因素。

(一)温度—纬度

纬度对生物分布的影响,主要是通过温度来实现的。温度对生物分布最重要的是三项:最适温度决定生物能否正常产卵发育和繁殖(生物的丰度);最高温度和最低温度是生物大量死亡的极限温度,通常最适温度与最高温度比较接近而和最低温度相差较远。最低温度限制分布的例子,如牡蛎14~15℃以下,一般不能产卵,共成体又是固着的,因此这条温度线对其分布起限制作用。一些海生门类能忍受的最高温度为:鱼类(35~38℃),甲壳类(38~42℃),头足类(36℃),双壳类(36~38℃),腹足类(36~38℃),珊瑚(36~40℃),藻类(35~40℃)。

由于温度和纬度的控制,世界海洋一般分五个主要温度区:即热带区、两个极区和两个温带—近极区(即暖温带与冷温带区),各主要温度区并不完全以纬度线来划分。根据大陆外形,海洋底部地形及寒流和暖流分布各有不同,各主要温度区之间的界线也不规则。

(二)隔离

隔离是控制生物分布和形成新种的重要因素之一,主要包括生态隔离和地理隔离。

生态隔离和生物的生活方式和生活环境密切相关。现代海洋可划分为三个生态区,即海洋生态区(包括漂浮、游泳和底栖三个亚区)、沿岸生态区和泥沙岸生态区。沿岸生态区主要为大型海藻和少量底栖动物(钻孔者为主),泥沙岸生态区为大量底栖动物(穴居者为主)和藻类。现代大陆分七种主要生态区:苔原、针叶林、落叶林、草地、沙漠、高原和热带雨林。

地理隔离对生物的分布等具有十分重要的影响,常为两大地理区(或分区)的界线,其中海陆隔离是最明显的。对陆生生物而言,大洋是其最大的天然屏障;对海生生物而言,大陆是不可跨越的。

(三)洋流

洋流是地球表面热环境的主要调节者。洋流可以分为暖流和寒流。若洋流的水温比到达海区的水温高,则称为暖流;若洋流的水温比到达海区的水温低,则称为寒流。一般由低纬度流向高纬度的洋流为暖流,由高纬度流向低纬度的洋流为寒流。

全球海洋表层洋流构成了分别以副热带海区和副极地海区为中心的大洋环流。中低纬度海区北半球呈顺时针、南半球为逆时针;中高纬度海区北半球呈逆时针、南半球为顺时针(图1-9-10)。

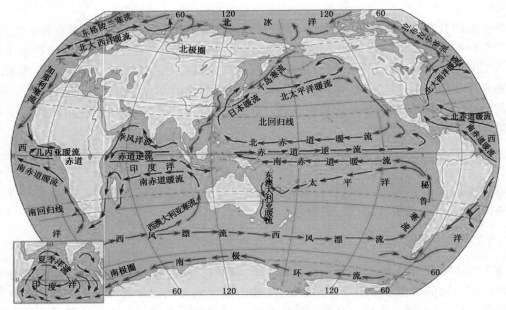

图1-9-10 全球洋流分布

洋流与纬度的影响互相加强可使相同生物群落沿等温线——等纬线分布,造成明显的纬向区系,例如现代环南极区,在环南极洋流影响下造成以磷虾为特征的南方浮游生物区系(冷水区系)。在侏罗、白垩纪,劳亚和冈瓦纳两大陆之间被海水隔开,形成一个环赤道洋流,它对形成环赤道纬向生物区系有密切关系。

洋流还能造成不同区系的混生。例如美国东北海岸的缅因湾,由于有墨西哥湾暖流的一支及拉布拉多寒流的一支经 Cape Sable 进入,在这里既有热带种箭虫(*Sagitta serratodentata*)、锉哲镖水蚤(*Rhincalanus helicina*),也有冷水种如哲镖水蚤(*Calanus hyperboreus*),琥螺(*Limacina helicina*)等,但是,对于具空壳的浮游生物,应排除其死后壳随洋流散布所造成的偏差。

二、古生物地理的研究方法

关于古生物地理区系不同级别的划分,最有说服力的研究方法一般是数学统计或分析方法。本书介绍两种常用的方法,一是分异度统计法,二是聚类分析法。

(一)分异度统计法

分异度是指在一定环境下种、属或其他分类阶元的数量。如果数量多,就称为分异度高;反之,则称为分异度低。基本方法是:选择某时代的若干个主要门类(3~4个至7~8个),搜集已正式出版的文献,以属或种为单位(各纪不一致,一般底栖生物到属,浮游生物和植物到种),按地区进行统计;所划分的地区以全国地层区划的小区为准。由于小区数目过多,在有把握的情况下,根据名单的相似情况合并许多小区为一个,或按分区进行统计。这样,统计的地区一般为 30 ~ 40 个。最后剔除那些没有该类化石记录的地区,再将明显相似的地区加以合并,而筛选出可供比较的地区为十几个。统计分为两步:第一步是按地区或属种作卡片(或剖面资料登记表),第二步是根据这些卡片或表,将各门类以属种为横行,以地区为纵列制成分布统计表。再通过以下步骤进行生物区系划分。

(1)统计数据表对于某个地区某个时代生物群的总貌有一个大致的定量了解。

(2)通过对同一时期不同温度—纬度生物区系的分异度的比较,初步形成大区域地史上不同温度—纬度带分异度比差的定量概念;然后比较不同类别生物分异度百分比,对照现代情况,可以帮助判断它们的古温度—古纬度位置,从而划分生物区系。

(3)对一个区系的地方小分子进行分异度百分比统计,可以帮助判断该区系的级别(反映隔离程度),从而帮助追溯其古板块位置。对不同区系间的分异度的比较也可以帮助判断它们的隔离程度和区系级别。

(4)对同一生物地理省内不同生物相(底栖、浮游等)的分异度对比,可帮助划分生态区。

(二)聚类分析法

聚类分析的方法很多,一般选定的样本就是地层分区,变量就是某属种的有无,常称为二态聚类分析。判断地区间生物的相似性和差异性常用大琢系数 Otc。

$$Otc = \frac{C}{\sqrt{N_1 N_2}}$$

式中,C 为两个地层分区的共有种数;N_1 为一个分区的特有种数;N_2 为另一个分区的特有种数。Otc 值越大,相似性越高,其中的生物为同一个生物区系的可能性也越高。

三、古生物地理区系的划分

古生物地理区系的划分就是应用现代生物地理学的方法对地史时期古生物的分布进行地理划分。迄今为止,生物地理学有三大流派,一是生态的生物地理学,这一流派根据生态环境因素(温度、地形、雨量、地貌等)划分古生物区系。二是系谱的生物地理学,是在生物地理分区的基础上,重点研究其形成原因或历史—生物演化史与地质演化史及其相互关系。目前这一方向比较突出的是隔离分化生物地理学。三是分类的或一般的生物地理学,分类的生物地理区划一般不考虑生物相,气候带和地理阻隔是主要因素,在海洋区系中,主要的气候因素首先是被纬度所决定的水温,其次是洋流。阻隔因素主要是大陆和深水大洋。在陆地区系中,主要的气候因素是温度、雨量以及高大的山脉等。本书采用第三种流派。

(一)一级区——大区

大区(realm)是全球一级的划分,据以区分的类群级别通常为科(底栖)、属(漂游)一级。一般全球大区数为 2、3 个至 6、7 个,其数量取决于当时气候带分异和海陆阻隔的程度。显生宙以来,一、二级区的数目有增加的趋势。早古生代的一些时期,由于各大陆及其边缘区集中在赤道附近,其区划数目较少,有时全球只有两个大区。志留纪以后,大陆及边缘海在高、中、低纬度区均有,生物大区常分为三个,即北方(或西伯利亚)大区、特提斯大区及冈瓦纳大区,分别代表南、北温带和寒带及赤道热带和亚热带生物区系,有的纪还可再分出一些大区。二叠纪以后,太平洋板块出现从而导致巨大的经向阻隔也常形成大区。现代大陆分布较分散,通常分为六、七个大区(图1-9-11、图1-9-12)。

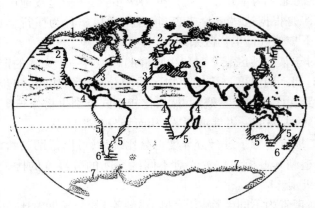

图1-9-11 现代大洋底栖生物分区(据Ross等,1974)
1—北极大区;2—北方大区;3—北暖温大区;4—热带大区;5—南暖温大区;6—南方大区;7—南极大区

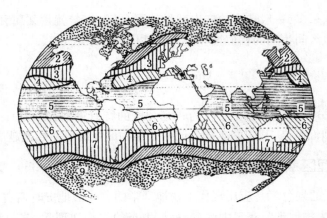

图1-9-12 现代大洋浮游生物分区(据Ross等,1974)
1—北极大区;2—亚北极大区;3—北过渡大区;4—北亚热带大区;5—热带大区;6—南亚热带大区;
7—南过渡大区;8—亚南极大区;9—南极大区

赵锡文(1985)提出建立或划分生物大区的五个条件:(1)独特的生物群;(2)地理或温—纬阻隔;(3)有系统代替(生物在不同地区被近亲生物所替代,如华南虎与印度虎的互相替代)和生态代替(生物在不同地方被趋同生物所替代,如旧大陆的狼与澳洲的袋狼的互相替代)现象;(4)有足够大的面积以容纳足够多样的生态环境;(5)有与古板块活动、古地理变迁相协调的生物群发生发展历史。这些原则也适用于区、省的划分。

在我国,使用聚类分析法,大区间的相似系数一般在0.1以下;少数时代及门类在0.1~0.2间(早泥盆世腕足类,晚泥盆世珊瑚,密西西比亚纪植物,早—中三叠世,古近纪)。相似系数越过0.2的一般不宜划分为不同的大区。

(二)二级区——区

区(region)是大区的再分,以科、属(底栖)或属和一些种的组合(漂游)为特征,反映主要的地理阻隔或重大的气候纬度差异。也有人认为各时期海陆分布所造成的洋流特点可决定生物区的分布和数目,具体有以下几种情况。

（1）同一大区内的两个板块或小板块群各自形成单独的生物地区,例如奥陶纪北美区和西伯利亚区、中国区与波罗的区;又如晚古生代至三叠纪的华夏区。它们反映主要的地理阻隔。

（2）同一大区内两个气候—纬度带各自组成一个生物地理区。例如三叠纪时冈瓦纳南方区与冈瓦纳特提斯区、劳亚大陆北部与中部区,它们反映重大的气候—纬度差异。

我国地史时期中,因多半属于一个大区,在大区内很难再分出区,故大区之下直接分省。

(三)三级区——省

省(province)是生物地理区的再分,以种或属(少数)为特征。相当于一个小板块(扬子、华北等)、几个十分邻近的小板块(如冈念、羌塘、滇西)或一个大板块的一部分,位于一个气候带内。通常包含从中心(漂游)到边缘(底栖)的一套生态区。

我国各时代生物聚类分析的结果,大部分省间相似率小于或近于0.2,少数在0.2～0.25之间,个别在0.25～0.3之间。相似率超过0.3的两区,一般不再分为两省。

(四)四级区——亚省或小区

亚省或小区(subprovince)是省的再分,如我国奥陶纪华北生物省可以分为华北亚省、祁连亚省;南方生物省分为扬子亚省、珠江亚省。

(五)五级区——地方中心

地方中心(endemic center)是亚省(小区)的再分。也有人以本区特有类别(地方性分子)所占的百分比为标准。Kauffman(1973)以白垩纪双壳类为例,提出了如下标准:大区的地方性属在75%以上,区的地方性属在54%～75%,省的地方性属在25%～50%,亚省的地方性属在10%～25%,地方中心的地方性属在5%～10%。现代生物地理区系中采用这一原则的也有,但是计算时需要首先排除全球性和大区性分布的属(一般占25%左右)。

复习思考题

1. 简述生物的生活方式。
2. 简述影响生物分布的主要环境分区和影响因素。
3. 简述形态功能分析的基本原理和分析方法。
4. 简述生态系统的组成成分。
5. 如何恢复古生态环境?有哪些步骤?
6. 古生物与古气候之间有何关系?如何利用生物形态结构分析古气候?
7. 古生物与古地理之间有何关系?如何进行生物古地理区划分?

拓 展 阅 读

何心一,徐桂荣,等.1993.古生物学教程.北京:地质出版社.

孙跃武,刘鹏举.2006.古生物学导论.北京:地质出版社.

童金南,殷鸿福.2007.古生物学.北京:高等教育出版社.

肖传桃,龚丽,梁文君.2014.川西地区中二叠统—中三叠统古生态研究.地球科学进展(7):
  819-827.

肖传桃,夷晓伟,李梦,等.2011.藏北安多东巧地区晚侏罗世生物礁古生态学研究.沉积学报,
  29(4):752-760.

杨式溥.1993.古生态学:原理与方法.北京:地质出版社.

殷鸿福,等.1988.中国古生物地理学.武汉:中国地质大学出版社.

Dodd J R , Stanton R J. 1990. Paleoecology: concepts and Application. Second edition. New
  York: John Wiley.

Xiao Chuantao,et al. 2011. Palaeoecology of Early Ordovician Reefs in the Yichang Area, Hubei: A
  Correlation of Organic Reefs Between Early Ordovician and Jurassic. Acta Geologica Sinica.

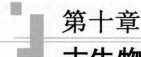

第十章
古生物学研究方法和意义

由前面的章节可知,古生物学涉及的门类很多,既有微体古生物内容,又有宏体古生物内容,因此,要进行古生物学的研究,必须了解和掌握古生物学研究的基本方法和步骤。古生物学的应用领域非常广,如通过古生物学的研究可以恢复古生态环境,可以进行地层划分与对比,可以确定地质年代并建立地质年代表,可以进行大地构造研究以及各类矿产资源的研究等。

第一节　古生物学的研究方法

古生物学的研究一般包括化石标本或样品的采集,标本的处理和观察,标本的鉴定和描述,标本的照相、制图、复原等步骤。

一、化石标本和样品的采集

标本采集是研究工作关键性第一步。野外采集标本等工作应根据研究任务来确定。如果研究任务是某一区域生物地层工作,则要求对研究区进行全面的踏勘,了解区域内地层发育、出露、化石产出、地层上下接触关系等情况,而后选择有代表性的剖面进行实际测量,按层记录地层的岩性和采集化石标本。所采集的化石,要求在野外现场按顺序编号,填写标签,包装好。

如果是进行古生态研究,除了对地层进行常规测量外,应着重收集反映古生物生态特征方面的资料,例如,古生物群落中物种的分异度和个体的丰度、生物生长形式、生物之间关系(互惠共生、共栖等),化石定向排列,磨损、破碎程度,化石在地层中产生、保存和分布特点,遗迹化石以及围岩的沉积构造,沉积物组成和颗粒大小,沉积环境标志物(如黄铁矿、海绿石等)等,并采集用于化学分析的化石和围岩标本。

大化石采集的关键是使用合理的物理化学方法将化石完整地从围岩中分离开来。野外采集必须根据化石围岩的特点,利用合理的提取方法,尽可能地不破坏化石的完整性及其装饰和结构。对于一些比较脆弱的化石或具有比较精细装饰和构造的化石,野外采集时通常要连同一部分围岩一起切取下来,室内进一步分离和修理,对于一些比较坚硬的碳酸盐岩,必要时可用化学方法溶蚀围岩,以获取化石。

微体化石的采集通常是将埋藏它们的沉积物一起按化石样品采集,回到实验室进行处理才能将微体化石标本分离出来。对微体化石样品的采集,必须了解各类化石的保存特点、有利岩性,以提高采样效率和准确性。各类生物的生活方式和生活环境不同,有利于它们保存的岩性也不同。例如钙质生物通常较容易从碳酸盐岩中获得;游泳和浮游生物则主要产于深水灰岩、页岩和硅质岩中。采样间距主要根据工作目的和岩性特点来确定；采样量取决于所采化石的类别和岩性，采样数量通常为处理化石时所需数量的 5 ~ 10 倍。样品可采自地表露头、钻井或海底、湖底的松软沉积物中，但力图要采集新鲜样品，明显的风化作用不利于样品的采集，尤其要防止样品的污染。

二、标本的处理和观察

野外采回的化石标本，需要经过室内外处理方可研究。

为观察实体化石的内部形态一般需磨制薄片。先将标本切成小方块，放在磨片机上磨薄，再用树胶粘在载玻片上。有些化石还可用连续切面了解其内部形态。交代作用形成的化石或压型植物化石，可用撕片法处理。先将化石切光面放在可溶解其基质的酸中（硅酸盐基质用氢氟酸，碳酸盐用盐酸）。基质溶解后，化石细微形态呈现起伏不平状态。再在光面上涂以丙酮和一层醋酸盐胶膜。丙酮软化胶膜，于是化石形态慢慢嵌入部分被溶解的胶膜中，显示各种微细形态印痕。干后撕下胶膜，如同薄片一样，各种微细形态都能清晰显示。

从岩石中分离微体化石，可用机械破碎、用水浸泡或用高温加热再骤冷，使化石与围岩分开。也可用酸（盐酸、醋酸、草酸、氢氟酸等）或碱，将化石从围岩中分离出来。微体化石从围岩中分离出来以后，若化石表面仍有少量泥沙附着，又不宜用细针剔除，可用超声波清洗仪，利用超声波的颤动，使附着物从化石表面脱落。

通常从岩石中分离出来的微体化石，要在实体显微镜下进行挑样或观察。20 世纪 50 年代以来，人们利用放大率高达数十万倍、百万倍的透射电子显微镜或扫描电子显微镜对超微化石或微细形态进行观察，取得了很大的成效。扫描电子显微镜的优点是能对实体标本（镀上一层很薄的金属膜）直接进行扫描观察，所得图像立体感很强。还可利用 X 光射线法，对化石内部形态进行研究，或寻找隐藏在岩石中的化石。用红外光、紫外光照相可使一些化石（如碳质的笔石、几丁虫）由不透明变为透明，显示其详细形态。另外，还可用电子探针、荧光光谱仪、质谱仪对化石进行化学成分、矿物组成、同位素等的分析。

三、标本的鉴定和记述

化石从岩石中揭露和分离出来后，就可进行研究。首先要根据化石特征进行分类、鉴定。在鉴定过程中，要查阅国内外有关的古生物文献，对照前人已有的化石标本或图片资料，给所采集的标本定名，确定其归属。有代表性的标本进行特征描述、度量。如果查阅了国内外所有的古生物文献资料，确定所采集的标本是新的属种，则要根据有关生物命名法规赋予标本以新的名称。

四、标本的照相、制图和复原

化石标本的特征单靠文字是很难描述清楚的，而一张清晰的照相图片，却能充分显示其主要特征。为此要对所描记的模式标本进行照相或采用扫描电镜照相。20 世纪 40 年代问世的全息照相（holography），已开始应用于古生物标本的拍摄。全息照片显示的不是平面图像，而是三维空间的立体图像。

为了清晰说明某些化石形态特征的细节，可绘制各种线条图加以说明。

大型的脊椎动物化石和部分植物化石，身体各部分往往分离保存，为了对化石生物整体了解，需要利用零散的化石标本，根据比较解剖学知识对化石进行复原，对脊椎动物和人类化石甚至要恢复其外表的软体组织特征。

第二节　古生物学的研究意义

古生物学是地球科学重要的基础学科之一,研究的对象是地史时期的生物,因此它与地质学和生物学都有着极为密切的关系,三者相互促进,不断发展。因此古生物学的研究对于地质学和生物学都具有重要的理论和实践意义。

一、建立地层系统和地质年代表

在地质历史时代中,生物的发展演化是整个地球发展演化最重要的方面之一。随着时间的推移,生物界的发展从低级到高级,从简单到复杂。不同类别、不同属种生物的出现,有着一定的先后次序。在演化过程中,生物或演化为更高级的门类、属种,或灭绝而不再重新出现。这种不可逆的生物发展演化过程,大都记录在从老到新的地层(成层的岩石)中。在不同地质历史时期所形成的地层内,保存着不同的化石类群或组合,即在某一地质时期的地层中,有着某一地质时期所特有的化石,这就是史密斯(W. Smith)的"生物层序律"。

地层系统和地质年代表的建立主要根据古生物的发展阶段(表1-10-1)。以无脊椎动物和藻类为主、低级脊椎动物无颌类及高等植物的裸蕨类出现的阶段,称为古生代早期。以海洋无脊椎动物为主,脊椎动物在海洋飞速发展并向陆地侵进,以及植物占领陆地并得到快速发展的阶段,称为古生代晚期。爬行动物的恐龙类盛极一时,裸子植物大发展,鸟类、哺乳类及被子植物出现的阶段,称为中生代。哺乳类和被子植物大发展的阶段,称为新生代,人类出现于新生代末期。代以下分纪,纪以下分世,世以下分期。一般说来,代是用动物或植物的某些纲或目的演化阶段加以划分的,如节肢动物门的三叶虫纲、棘皮动物门的海蕾纲等均限于古生代。纪是利用动植物的某些科或属以及植物的属或种的出现或绝灭来划分的,世是根据动物的亚科或属以及植物属种划分的,期的划分一般用化石带。必须指出,地质年代是对应地层系统表而建立的。

二、划分与对比地层

古生物资料是进行地层划分、对比的首要依据。地层工作的首要任务是主要采用古生物学方法确定地层的相对地质年代并进行地层对比(图1-10-1)。能据以确定地层地质年代的化石称为标准化石(index fossil, guide fossil)。标准化石应具备:时代分布短、地理分布广、形态特征明显、个体数量多等条件。运用标准化石划分和对比地层时,还应注意下列三点:

(1)对于标准化石的概念,不能单纯理解为某些个别的属种,只要符合上述标准化石条件,即使是科或目,都可以成为标准化石。一般来说,地层单位分得越细,标准化石所属分类级别就越低。

(2)在理论上,生物是随着时间而在不断地发展进化的,每种古生物都有可能具有划分地层的意义。在实践上,化石对于划分地层的作用,完全取决于人们对古生物研究的程度和认识水平的提高。如有些化石,过去认为它们存在的时间较短,曾把它们作为划分较小年代地层单位的依据,但是随着研究的深入,发现它们存在的时间要较原来知道的时间为长,因而也就改变了它们在划分地层上的意义。

表 1 – 10 – 1　地质年代与生物演化对比表

宙	代	纪	世	代号	距今大约年代 Ma	主要生物进化			
						动物		植物	
显生宙	新生代	第四纪	全新世	Q	0.0117	人类出现		现代植物时代	
			更新世						
		新近纪	上新世	N	2.58	哺乳动物时代	古猿出现	被子植物时代	草原面积扩大
			中新世		5.333				
		古近纪	渐新世	E	23.03				
			始新世		33.9		灵长类出现		被子植物繁盛
			古新世		56.0				
	中生代	白垩纪		K₁—K₂	66.0	爬行动物时代	★鸟类出现 恐龙繁盛	裸子植物时代	★被子植物出现
		侏罗纪		J₁—J₃	~145.0				裸子植物繁盛
		三叠纪		T₁—T₃	201.3 0.2		恐龙、哺乳类出现		
	古生代	二叠纪		P₁—P₃	252.17±0.06	两栖动物时代	★爬行类出现 两栖类繁盛	孢子植物时代	裸子植物出现
		石炭纪		C₁—C₂	298.9±0.15				
		泥盆纪		D₁—D₃	358.9±0.4	鱼类时代	陆生无脊椎动物发展和两栖类出现		小规模森林出现
		志留纪		S₁—S₄	419.2±3.2		★		小型森林出现
		奥陶纪		O₁—O₃	443.8±1.5	海生无脊椎动物时代	带壳动物爆发		陆生裸蕨植物
		寒武纪		᠋Є₁—Є₄	485.4±1.9		★软躯体动物爆发		
					541.0±1.0				
元古宙	新元古代	震旦纪		Z₁—Z₂	635	低等无脊椎动物出现		高级蓝藻出现	
		南华纪		NH₁—NH₂	780				
	中元古代			Pt	1000			海生藻类出现	
	古元古代				1600				
					2500				
太古宙	新太古代			Ar	2800	原核生物(细菌、蓝藻)出现			
	中太古代				3200				
	古太古代				3600				
	始太古代				4000	(原始生命蛋白质出现)			

注:1.★指全球生物集群灭绝事件;
　　2.地质年代划分方案和同位素年龄值均参照国际年代地层(地质年代)表(2015)。

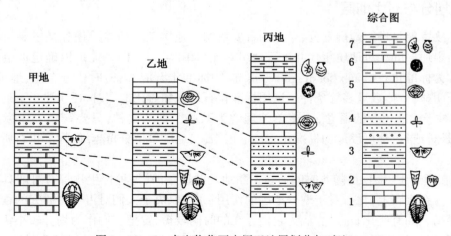

图 1 – 10 – 1　古生物化石应用于地层划分与对比

（3）某一类生物从发生到绝灭，都要经历兴起、繁盛、衰落三个阶段，地理分布范围也存在从局部、广布到缩小的过程。在分布广的繁荣时期，易于保存化石。某类生物在其发生时期和临近绝灭时期保存下来的化石，分别称为某类生物的"先驱"（forerunner）和"孑遗"。很明显，这种"先驱"和"孑遗"所代表的地质时代与标准化石代表的时代是有所不同的。"先驱"和"孑遗"所生存的时代，分别早于或晚于标准化石的时代。

用化石对比划分地层主要有以下3种方法：

（1）标准化石法：古生物学家把演化时限短、地理分布广、保存好、特征明显、数量多因而易于在地层中发现的化石称为标准化石。应用标准化石对比地层，简单易行，最为方便。

（2）种系演化法：根据生物的谱系演化关系能确切地证实地层层位和时代，例如石炭纪和二叠纪可应用蜓类的演化，寒武纪应用三叶虫的演化，中生代应用菊石的演化等这些较成功的研究方法。

（3）生态地层学法：研究化石群落和环境的关系，在地层划分对比中考虑化石群落在时间空间上的变化，可以克服由于相变和化石保存等原因所造成的地层对比的困难。

三、重建古地理和古气候

古生物和现代生物一样，其空间位置多种多样，因此，阐明某个地质时期各种古生物的生活环境，就可以推断该时期地表的海陆分布、海岸线的位置以及湖泊、河流、沼泽的范围等等。例如珊瑚、腕足动物、菊石，海胆、蜓等都是海生动物，其化石分布范围属于古海洋；舌形贝、牡蛎和介形虫的某些属种生活在滨海近岸地带，可根据这些化石的分布推测海岸线的位置；陆生植物和昆虫、淡水生活的叶肢介等，其化石分布的地区为古陆或湖泊、沼泽和河流。可见古生物学资料是恢复古地理环境的重要依据（详见第一篇第九章）。

相是指能够反映沉积环境的岩石特征和古生物及其生活环境的化石特征的总和。例如，黑色笔石页岩相代表较深的滞流水还原环境。只根据生物化石特征确定的相称为生物相。生物对环境的适应性有广狭之分，狭生性生物只能生存在特定的环境中，对环境条件的变化十分敏感，例如，造礁珊瑚限于水温18℃以上的温暖清洁、阳光充足的浅海，是狭生性生物，所以造礁珊瑚化石能指示温暖浅海的环境；猛犸象则指示寒冷环境。这种能明确指示某种沉积环境的化石称为"指相化石"。化石同时也能指示古气候，植物常按照气候—纬度分布。例如，石炭—二叠纪我国大部分地区分布着华夏植物群，说明当时处于温热（可能属热带、亚热带）气候条件下，冈瓦纳大陆二叠纪的舌羊齿植物群代表寒冷气候。此外，从岩石中化石的保存状态还可得到古水流的方向。

四、在古生态学中的应用

通过对古生物的形态和功能的分析可以进行古生态学研究，古生态学是研究地史时期生物之间及生物与其生活环境之间相互关系的科学。其研究目的在于阐明古生物群落的生活习性、生活方式和居住环境，揭示地史时期生物与其环境之间的辩证统一关系，恢复古生态环境，进行地层对比、层位确定等，为地质学服务（详见第一篇第九章）；从生物与环境的关系角度，论证生物的发展进化规律。

五、解释地质构造问题

对地层中生物组合面貌在纵向或横向上变化的研究，有助于对地壳运动的解释。例如现代的造礁珊瑚,在海水深20～40m的较浅水区内繁殖最快,深度超过90m时就不能生存,向上越出水面,生长就停止。很明显,只有海底连续下沉,珊瑚礁才能连续地生长。因此,珊瑚礁岩层的厚度可以用作研究地壳沉降幅度的依据。又如,我国喜马拉雅山希夏邦马峰北坡海拔5900m处新近纪末期的黄色砂岩里,曾找到 *Quercus semicarpifolia*(高山栎)和 *Quercus pannosa*(黄背栎)化石,这种植物现今仍然生长在喜马拉雅山南坡干湿交替的常绿阔叶林中,生长地区的海拔大致在2500m左右,与化石地点的高差达3400m之多。由此可以看出,希夏邦马地区从新近纪末期以来的200多万年期间,已上升达3000m左右,这是运用化石研究地壳上升幅度的很好例证。

古生物对于研究岩石变形也有很大的意义。在研究岩石变形的应力和应变中,确定"应变椭球"的长轴和短轴以及长轴定向是很重要的。在这方面运用变形的化石去测定应变椭球的这些要素,比用变形岩石中的结核、鲕粒、砾石等去测量要方便和准确。这是因为化石容易发现,其原始外形可精确获知,特别是呈印模方式保存下来的化石,其变形与围岩相同,化石体的变形容易与未变形的化石比较,可以通过计算恢复其变形前的状态,从而为地质构造变动的研究提供可靠的信息(图1-10-2)。

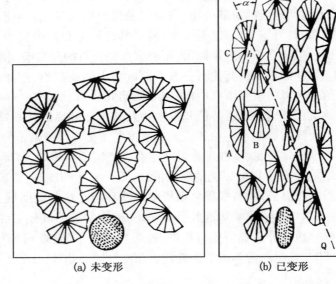

(a) 未变形　　　　　　　(b) 已变形

图1-10-2　腕足动物壳体的变形效应(据 Raup 和 Stanley,1971,1978)

六、验证大陆漂移

20世纪初,魏格纳(A. Wegener)收集了多方面的证据,推论北美和欧亚、南美和非洲曾在地质时期拼接在一起,提出大陆漂移学说。北美与欧亚大陆曾拼接成为劳亚大陆(Laurasia),隔古地中海(Tethys)与南方的南极洲、澳大利亚、印度、非洲及南美拼合而成的冈瓦纳(Gondwana)大陆相望。劳亚大陆和冈瓦纳大陆主要在中生代时解体,各大陆向它们现在的位置移动。大陆漂移的观点,得到古生物学很多佐证。淡水爬行动物 *Mesosaurus*(中龙)见于南美和非洲早二叠世地层中,这类动物不可能游入大洋。冈瓦纳大陆在石炭纪至三叠纪时有广泛的冰川沉积,植物群比较贫乏,但其特征植物 *Glossopteris*(舌羊齿)具有叶质粗、角质层厚等特点,却广布于大陆的各个陆块上。非海相化石 *Lystrosaurus*(水龙兽)不仅发现于非洲和印度,而且在南极洲也有化石发现,证明冈瓦纳大陆确实存在(图 1 – 10 – 3)。*Lystrosaurus* 也曾发现于其他陆块,很可能冈瓦纳大陆的范围比过去设想的要大,也可能当时非洲与劳亚大陆也有一定的联系。板块构造和地体学说兴起后,使一度被固定论所反对、几乎销声匿迹的大陆漂移学说得到了复苏和发展,而古生物学又为板块和地体学说的建立提供了很多的证据。

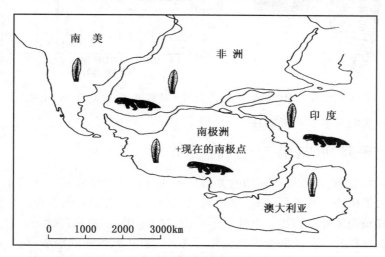

图 1 – 10 – 3　大陆漂移—化石证据(据 Colbert,1973)

七、用于古天文学(历史天文学)的研究

生物生活条件的周期变化,引起生物的生理和形态的周期变化,是为生长节律(growth rhythm)。对各地质时代化石生长节律的研究,能为地球物理学和天文学提供有价值的资料。很多生物的骨骼都表现明显的日、月、年等周期,例如珊瑚的生长纹代表一天的周期。1963 年韦尔斯(J. W. Wells)、1965 年斯克鲁顿(C. T. Scrutton)对现代、石炭纪、泥盆纪珊瑚外壁的生长纹进行研究,发现现代珊瑚一年约有 360 条生长纹,而石炭纪一年有 385～390 条生长纹,泥盆纪有 385～410 条生长纹,由此推断泥盆纪和石炭纪一年的天数要比现代多。这一研究成果与天文学家的推算结论完全吻合(图 1 – 10 – 4)。天文学通过对月掩星、日食、月食的长期观察等推断地球每 10 万年日长增加 2s 的结论。这说明地球自转速度在逐渐变慢。天文学公认地球公转的时间在整个地质时期中变化不大。由于每年天数减少,每天的时间长度必然增加。利用古生物骨骼的生长周期特征,还可推算地质时代中一个月的天数和一天有多少小时。据计算,寒武纪每天为 20.8h、泥盆纪 21.6h、石炭纪 21.8h、三叠纪 22.4h、白垩纪 23.5h。现代一天 24h。

许多海洋生物在生理上与月球运转或潮汐周期有联系。对古代月周期的研究,可提供月、地系统演变史的资料。

根据化石生长线的研究得知,地球自转周期变慢的速度是不均匀的。石炭纪到白垩纪变慢速度很小,而白垩纪以后明显增强。其原因或许是白垩纪以后板块的分离引起浅海区的扩大,从而增强了潮汐对地球的摩擦。

另外,在了解各地质时代每年天数变化的基础上,可利用化石生长线得知每年的天数,反过来确定其地质时代,这种方法要比用放射性衰变法测定年代方便,因为它没有化学变化和实

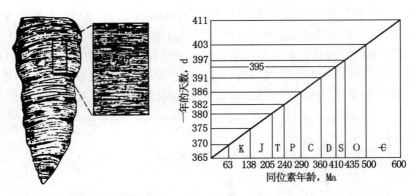

图 1-10-4　珊瑚的生长纹,示化石生长节律(据 J. W. Wells, 1963)

验室测定误差带来的麻烦和不准确性。

八、在矿产研究中的应用

古生物与元素分布、矿产等有密切的关系。有些沉积岩和沉积矿产本身就是生物直接形成的。如煤由大量植物不断堆积埋藏、变质而成;石油、油页岩的形成也直接与生物有关;硅藻土是由大量的硅藻壳体堆积而成。近代电子显微镜的应用,发现在各地质时代的地层中都有大量的超微化石存在。有些碳酸盐岩超微化石含量简直达到惊人的地步,在 1cm³ 样品中竟可达到 1000 万个个体。在已发现的碳酸盐岩油田中,生物礁油田所占比例很大。近年来不少学者纷纷研究油田与生物礁的关系。在沉积岩和沉积矿产的形成过程中,细菌在许多方面影响沉积作用,它是一个重要的地质作用因素,也是地壳地球化学循环的一个重要环节。动植物的有机体还富集某些成矿元素如铜、钴、铀、钒、锌、银等。现代海水的铜含量仅有 0.001%,但不少软体动物和甲壳动物能大量地浓缩铜。古代含有浓缩矿物元素的古生物大量死亡、堆积、埋葬,就有可能形成重要含矿层。

复习思考题

1. 为什么古生物化石可以用于进行地层划分与对比?
2. 如何开展古生态学分析?
3. 古生物化石资料用于古生物地理学的理论基础是什么?
4. 当代古生物学的主要研究方向有哪些?
5. 古生物化石资料能否用于大地构造分析? 为什么?

拓 展 阅 读

杜远生,童金南.1998.古生物地史学概论.武汉:中国地质大学出版社.

古生物学基础理论丛书编委会.1983. 中国古生物地理区系. 北京:科学出版社.

范方显.2007.古生物学教程.东营:中国石油大学出版社.

何心一,徐桂荣,等.1987.古生物学教程.北京:地质出版社.

童金南,殷鸿福.2007.古生物学. 北京:高等教育出版社.

朱才伐.2010.古生物学简明教程.北京:石油工业出版社.

曾勇,胡斌,林明月.2007.古生物地层学.徐州:中国矿业大学出版社.

武汉地质学院古生物研究室.1980.古生物学教程.北京:地质出版社.

张永辂,刘冠邦,边立曾,等.1988.古生物学:上、下册.北京:地质出版社.

Briggs J C. 1995. Global Biogeography. Amsterdam:Elsevier.

Dodd J R,Stanton R J. 1990. Paleoecology:concepts and Application. Second edition. New York:
John Wiley.

Doyle P,Bennett M R,Baxter A N. 1994. The Key to Earth History. Chichester:John Wiley.

Foot M,Miller A I. 2013. 古生物学原理. 3 版. 樊隽轩,等,译. 北京:科学出版社.

Hammer O,Harper D A T. 2006. Paleontological Data Analysis. Malden:Blackwell Publishing.

Harries P J. 2008. High – Resolution Approaches in Stratigraphic Paleontology. Springer.

Raup D M,Stanley S M. 1978. Principles of Paleontology. Second edition. San Francisco:
Freeman.

下篇 地 史 学

　　我们居住的地球已经历了46亿年的演化历程,在这漫长的地质时间里,其生物圈、大气圈、水圈和岩石圈均随着时间而发生一系列的变化,且各圈层之间相互作用并不断地重塑地球的表层。生物不断从低级向高级演化,且经历了多次灭绝、复苏和辐射演化。沉积古地理格局和大地构造格局发生了多次阶段性的变化,形成了具有韵律性明显的多套沉积地层及岩浆岩组合。全球大陆经历过几次联合和分离,在这个漫长的地质过程中形成了大量的含油气及含煤大型盆地。那么在这漫长的地史时期中,生物圈、水圈和大气圈以及岩石圈究竟是如何演化的?在各阶段它们表现出什么样的特征?等等这些都是地史学要阐述的内容。

第一章
地史学的内容、地位和发展简史

　　地史学是一门综合性很强的学科,其主要任务是运用古生物学、岩石学和构造地质学等知识阐述生物演化史、地层形成史、沉积古地理和构造古地理演化史。地史学的形成与发展得益于地质学史上三次重大的学术争鸣事件——即水成论与火成论之争、均变论与灾变论之争以及固定论与活动论之争,并随着这三次大的学术争鸣而逐渐成熟和完善。

第一节　地史学的研究内容与任务

　　地史学(historical geology,又称历史地质学)是研究地球地质历史及其发展规律的一门学科,是一门理论性、历史性和综合性相当强,但又密切联系实际的学科。其研究内容包括地球岩石圈、水圈、大气圈、生物圈的形成、演化历史以及地球内、外不同圈层间相互作用和耦合的关系等。
　　地史学研究的内容和任务是随着人类科学技术的进步以及对地球认识的深化而不断发展的,就目前来看,可概括为以下三个部分:(1)地表层状岩石的形成顺序、地层的划分对比、地质时代的确定和地层系统的建立,即地层学研究内容;(2)地层形成的古地理条件及其时空分布特征、地史中海平面升降和古气候与古环境演变历史,即沉积古地理学研究内容;(3)研究地层的沉积和岩浆岩石组合时空分布特征、动植物群生物区系性质以及古地磁研究指示的古纬度位置,再造古大陆古海洋分布格局,探讨古板块漂移分合历史、岩石圈构造演化和地球动力学之间的关系,即历史大地构造学研究内容。总的说来,地史学研究的内容和任务都与时间有联系,可概括为地层形成史、沉积演化史和构造活动史三个方面。

值得指出的是,地史学研究的内容涉及地壳形成、生命起源和演化、海陆变迁、冰川消长、板块分合以及地内外不同圈层间相互关系等领域,具有重要的理论学术意义。另一方面,人类生存依赖的矿产资源开发、生态环境保护和自然灾害预防等一系列国计民生重大课题,也都与地球不同圈层的演变历史密切相关。由此可见地史学是从事地球科学研究和开展生产实践所必须具备的基础专业知识,也是一门重要的专业基础课程。

第二节　地史学在地质科学中的地位

在地质科学中有两门综合性的学科,即是普通地质学及地史学。这两门学科所研究的内容与对象既有相似性又有明显的不同点,前者是研究地壳构成的物质及各种地质作用的一般性问题,而后者则是更进一步研究这些问题,它不单是在空间上研究其作用,而且从时间上研究这些地质作用的发展,且企图重建古老时代中的各地质作用及其关系,故地史学与普通地质学是有密切连续性关系的。

除普通地质学以外还有几门学科与地史学相密切关联。如古生物学,它是地史学关系最密切的基础课之一,因为地史学研究方法中最可靠的是古生物学方法,所以凡欲学习地史学,必须先有古生物学的基础。在地史学以后更进一步联系着的学科即是中国区域大地构造学,如果说地史学是一般性地论述地壳的发展史,那么中国区域大地构造学则是详细深入地分析某区域的发展史及其构造演变史。以上三门课程是同一系列相联系的,所以关系最密切。此外,地史学与许多地质课程诸如构造地质学、岩石学、矿物学、地球物理学及地球化学等均有较多的联系;它更是石油天然气地质学的最直接的基础课之一,石油天然气地质学中有关油气形成的自然条件,尤其是油藏形成及其分布的规律以及含油气盆地类型等章节均需引用地史学的基本理论和基础知识。

第三节　地史学的发展简史

地史学的形成和发展经历了较长时间,大致可以分为以下几个阶段。

一、地史学基本思想的萌芽阶段

地史学的知识,人类历史上很早就有记载。诗经中就有"高岸为谷,深谷为陵"来阐明沧桑变迁。例如中国东晋道学家葛洪(284—364)的《神仙传》中就有"东海三为桑田"这种朴素的唯物主义自然观。中唐时期的颜真卿（709—785）、北宋的沈括（1031—1095）、南宋的朱熹（1130—1200），欧洲古希腊时代的亚里士多德（Aristotle，公元前384—前322）和16世纪意大利的达·芬奇（Leonardo da Vinci，1452—1519）等都有过精辟的见解。如北宋沈括在所著"梦溪笔谈"中曾论述："山崖之间往往衔蚌壳石子如鸟卵者，横亘石壁如带，此乃昔之海滨，今东距海已逾千里，所谓大陆者皆浊泥所淹耳"。总的来说，当时的一些见解，没有形成系统的地质科学。

西欧地区自17世纪中期起，个别地史学概念也逐渐形成。丹麦医生斯坦诺（N. Steno，1638-1686）根据意大利北部山脉的野外观察，于1669年提出：年代较老的地层在下，年代较新的地层叠覆在上。这就是后来著名的地层叠覆律（Law of Superposition）。德国萨克森矿业学院教授维尔纳（A. G. Werner，1749—1817）是地质学研究史中水成论学派的创始人，他总结出研究地层顺序的方法，建立起萨克森地区的地层系统，实际上提出了建立全球性地层系统的概念。火成论学派的领导人苏格兰地质学家郝屯（J. Hutton，1726—1797），则最早指明岩浆岩脉与被侵入围岩之间的侵入接触（烘烤）关系，首次阐明了角度不整合现象的地史学意义，晚年还提出了地质作用和产物之间相互关系在现代和地史中原则上不变的思想，开创了将今论古的现实主义（Actualism）研究方法。

二、近代地史学的建立阶段

对地史学第一个做出贡献的首推英国工程师史密斯（W. Smith，1769—1839），斯氏曾是土地测量员，工作中常遇到古生物化石，他发现：不同岩层中的生物化石各不相同。因此，他提出了不同地区含有相同生物化石的地层应属同一时代的思想，这就是后来受到一致推崇的化石层序律（Law of Faunal Succession）。史密斯（1796）的重要发现开创了生物—地层学研究方法，首先在欧洲得到广泛传播。至19世纪70年代，古生代以来的纪（系）已经全部建立，这标志着以地层学为主体的狭义地史学已经形成一个独立学科。

第二个对地史学乃至地质学做出重要贡献者是法国古脊椎动物学家居维叶（G. Cuvier，1769-1832），他敏锐地观察到巴黎盆地新生代地层中存在古生物群面貌的突然变化，提出了地史中存在过全球性大灾变的论断，成为地质学研究中灾变论（Catastrophism）学派的创始人。作为达尔文好友的英国地质学家莱伊尔（C. Lyell，1797—1875）则继承、发展了郝屯的将今论古现实主义学术思想，主张生物界和非生物界在一切变革过程中自然法则始终一致，成为均变论（Uniformitarianism）学派的代表。

19世纪70年代到20世纪初期，地质学研究已经扩展到全球各地。不同地区间沉积环境不同、岩相类型各异，促进了人们对岩相横向变化的认识。瑞士地质学家格莱斯利（A. Gressly，1838）首先使用相（facies）术语，德国人瓦尔特（J. Walther，1894）接着提出了岩相类型在时空分布上存在内在联系的相对比定律——瓦尔特相律，为沉积古地理学的发展奠定了基础。英国生物学家华莱士（A. R. Wallace，1875）通过全球脊椎动物空间分布规律的研究，提出了动物地理分区概念，为地史中古生物地理的研究提供了范例。

1889年，俄国地质学家卡宾斯基（A. M. Карпинский）编制了欧俄部分不同时代古地理图，开创了研究地壳升降运动的历史构造学研究方法。他还对以俄罗斯地区为实例的地台学说的建立做出了贡献。美国人丹纳（J. Dana，1873）则以北美阿巴拉契亚山脉为依据，首先提出了地槽（geosyncline）术语。

20世纪初期，法籍德国学者奥格（E. Haug，1900）认识到地壳上构造性质活动的地槽和稳定的地台间存在着重要差别,并在1907年发表了涉及全球范围地质发展史的近代地史学教科书。奥地利学者修斯(Suess E,1909)在总结全球地质构造和古地理发展时,已使用了特提斯海(Tethys)、冈瓦纳古陆(Gondwana)和劳亚古陆(Laurasia)等术语,并区分出硅铝质(sial)和硅镁质(sima)两种地壳类型。

自从地壳构造演化理论问世以来,很快就出现了海洋和大陆位置固定论(Fixism)与活动论(Mobilism)的重大争论。前者主张大陆和海洋自形成以来,外形轮廓和地理位置基本未变;后者则主张地史中的海洋和大陆无论是相互间或与古地磁极间都发生过大规模的位移。德国青年气象学家魏格纳(A. L. Wegener,1915),在综合当时地球物理、地质、古生物和古气候多学科研究成果的基础上,首先创立了较系统的大陆漂移理论,是地球科学领域中的一项重要进展。

由此可见,上述与广义地史学有关的多学科研究成果大量涌现,标志着近代地史学学科体系在20世纪早期已经建立。

三、现代地史学形成和变革阶段

世界各国经历了第一次世界大战(1914—1918)和第二次世界大战(1939—1945)的困扰后,20世纪50年代尚处于恢复时期。20世纪60年代随着人类整体科学技术水平的提高以及当时两大社会制度阵营的对立,各国对矿产资源的需求日益增加,促进了地质工作和地球科学的繁荣。新技术方法和边缘学科的出现,把地球科学推上了新的阶段。例如古地磁、海洋地质、海底地球物理研究的进展,有力地促进了大陆漂移、海底扩张和地壳消减概念的发展,导致了20世纪60年代晚期板块构造(Plate Tectonics)学说的诞生,并在70年代带动众多学科综合渗透。

20世纪80年代中期以后,在地质学基础理论研究方面,已经出现了探讨地球系统内外不同圈层(固态圈——岩石圈、地幔和地核,流态圈——水圈和气圈,生物圈以及宇宙圈)演化历史及其相互作用关系的高层次发展趋势,这些课题也正是地史学当前研究面临的主要内容,如大陆动力学(continental dynamics)思路和理论正在不断形成过程中,相信在不远的将来,大陆动力学说将会给地史学中的历史大地构造学增添新的内容,并掀起一场地学革命。

复习思考题

1. 什么是地史学?
2. 地史学的研究内容有哪些?
3. 简述地史学的发展历史。

拓 展 阅 读

杜远生,童金南. 2008. 古生物地史学概论. 武汉:中国地质大学出版社.
刘本培,全秋琦. 1996. 地史学教程. 北京:地质出版社.
Wicander R,Monroe J S, 2000. Historical Geology. 3rd Edition. Pacific Grove(CA):Brooks/Cole.

第二章
地层学原理和方法

　　地层学是地质学中一门重要的基础学科分支,其核心内容和任务是研究层状岩石形成的先后顺序、地质年代及其时空分布规律,最终建立地质学研究的时间坐标,经典的地层学分支包括年代地层学、岩石地层学和生物地层学。随着研究对象的不断扩展,研究方法、手段的不断引进和更新,地层学的研究对象、内容和任务也在不断地扩充和加码。现代地层学认为,地层学是以地层的属性作为研究对象,而地层属性则有百余种之多,因此,地层学又诞生了许多新的分支,其含义得到了明显扩充,现代地层学的内涵现在发展为"是指研究层状岩石及相关地质体形成的先后顺序、地质年代、时空分布规律及其物理化学性质和形成环境条件的地质学基础学科"。那么,地层学又是如何研究地层的呢? 又有哪些重要分支呢? 各分支学科之间有何关系呢? 这些都是本章要回答的问题。

第一节　地层划分与对比的依据

　　地层学(stratigraphy)是研究地层的分支学科,即是指研究层状岩石先后顺序、地质年代、时空分布规律的科学,一切研究地质现象和地质作用过程的自然科学都是建立在地层学的基础之上,因此地层学是地质科学的重要基础学科。地层学的研究对象是地质历史中形成的岩层。岩层是地层的基本组成单元,也是地层学研究的基本对象。在长期的地质演化历史中,这些岩层被地质过程赋予许多特征,即物质属性。这些物质属性包括岩层的物理属性(如岩性特征、磁性特征、电性特征、地震特征)、生物属性(生物类别、丰度、分异性、生态特征、分子化石特征等)、化学属性(地球化学特征、同位素年龄等)、宏观属性(接触关系、旋回特征、事件特征、变形和变质特征、岩层组构特征等)。地层的物质属性正是划分地层和建立地层单位的依据。根据不同的物质属性,可以划分不同的地层单位系统。岩层有多少种能够用于划分的属性,地层就有多少种类的划分,这就是地层划分的多重性。与之对应,可以根据地层划分的多重性确定多重的地层单位(表2-2-1,图2-2-1)。虽然地层划分和地层单位具有多重性。但重要的和常用的地层划分主要包括岩石地层、生物地层和年代地层划分。同时只有岩石地层和年代地层才能形成全球和区域一致的、完整连续的地层系统,即多重地层单位、两套相对独立的地层系统。

　　地层的生物属性具有双重的含义,一是生物属性,二是年代属性,这两种属性常常混淆。地层的生物属性是指地层中含有的生物化石特征,由此建立的是生物地层单位(生物带);生物的年代属性是指这些生物化石具有的时间(年代)特征,由此建立的是年代地层单位(时带)。

表 2-2-1　地层的多重物质属性和多重地层单位（据杜远生等，2008）

物 质 属 性	地 层 单 位
岩性特征	岩石地层单位
接触关系	不整合界定地层单位
生物特征	生物地层单位
生态特征	生态地层单位
分子化石特征	分子地层单位
磁性特征	磁性地层单位
电性特征	测井地层单位
地震特征	地震地层单位
地球化学特征	化学地层单位
生物的时代属性	年代地层单位
同位素年龄	
旋回特征	旋回地层单位、层序地层单位
事件特征	事件地层单位
变形和变质特征	构造地层单位
岩层组构特征	非史密斯地层单位
数学特征	定量地层单位
古气候特征	气候地层单位

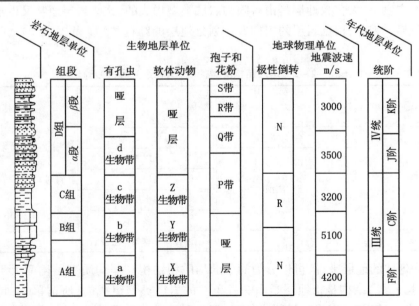

图 2-2-1　多重地层划分和多重地层单位示意图（据 Hedberg，1976）

一、岩石学特征

地层的岩石学特征是认识地层最重要的内容和划分地层最重要的基础。它包括组成地层岩石的颜色、矿物组分或结构组分、结构、组构和沉积构造等。在岩石地层划分中,首要考虑的是组成地层的岩石特征。岩性相同或大致相同的连续岩层可以划分为一个岩石地层单位,岩性不同的地层体应该划分为不同的岩石地层单位。

二、地质时间

在地质演化过程中的时间(年龄)和顺序包含两方面含义:其一是指各地质事件发生的先后顺序,称为相对地质年代;其二是指各地质事件发生的距今年龄,由于主要是运用同位素技术,称为同位素地质年龄(绝对地质年代)。这两方面结合,才构成对地质事件及地球、地壳演变时代的完整认识,地质年代表正是在此基础上建立起来的。

三、生物学特征

地层的生物学特征也是地层划分的重要依据,地层的生物学特征主要包括地层中所含的生物化石组分(类别),以及生物化石的含量、生物化石的保存状态、生物化石之间及生物化石和围岩之间的相互关系等。地层中所含的生物化石在认识地层和地层划分中至少具有两方面的意义:一是年代学的意义,地层中所含的生物化石类别不同,可以反映地层形成的时代不同;二是环境学的意义,地层中所含的生物化石类别、含量、保存状态及相互关系的变化可以反映它们形成环境的差别。

四、地层结构

地层结构是近年来地层学的一个新概念。它是指组成地层时岩层在时空上的组构方式。大量的研究工作表明,大多数地层是由有限的岩层类型构成的,这些岩层通常又以规律的组合方式组构在一起。因此,根据岩层的组构方式划分地层的结构类型(表2-2-2)可作为地层划分的依据。

表2-2-2 地层结构类型简表(据杜远生等,1998)

地层 结构	层 状 地 层		非层状地层
简单型	均质型	均一式	斜列式、叠积式、嵌入式等
	非均质型	互层式	
		夹层式	
		有序多层式	
		无序多层式	
复合型	上述各简单型结构之复合		

对于层状延伸的地层来说,可以分为简单的均质型结构和非均质型结构两大类和若干小类。均质型(均一式)结构是指地层是由一种单一的岩层类型组成的,所谓单一,是指岩层的组分相同,结构、组构和沉积构造相同或相似,颜色和层厚相近等。互层式结构是指地层由两种岩层类型规则或不规则交互而成,如砂岩和页岩的交互、石灰岩和白云岩的交互等。夹层式结构是指组成地层的岩层以一种岩层类型为主,间夹另一种岩层类型,如地层总体为泥岩岩层,内夹有少量砂岩岩层等。有序多层式结构是指地层由三种或三种以上的岩层类型组成,这些岩层以有规律的组合方式组构在一起。最具代表性的如上一章所述的各种旋回沉积序列,

也就是现代地层学中强调的地层的基本层序。基本层序是指由一定的岩层类型以一定的规律组合而成的地层序列，其实质就是上述的旋回沉积序列。无序多层式结构是指地层由多种岩层类型组成，但并没有一定的组合规律，它们是由非旋回沉积作用形成的。

对于非层状延伸的地层，由于地层的侧向变化大，应该从三维的角度去认识地层的结构。表2-2-2中的斜列式结构是指组成地层的岩层以斜列的方式排列，如生物礁前缘斜坡倒石堆形成的地层。叠积式结构是指一些丘状或块状的岩层在垂向上叠加而成的地层结构，典型的如连续垂向加积的生物礁形成的地层结构。嵌入式结构是指地层总体以某一种岩层为主，内夹一些非层状或丘状、透镜状岩层，典型的如台地碳酸盐岩组成的地层中夹有小型生物礁岩层。

上述地层结构可以单独出现，也可以以不同的方式组合形成复合式结构，如均一式结构中夹有序多层式结构，互层式结构中夹均一式结构，无序多层式结构中夹有序多层式结构等。

地层结构是认识地层和划分地层的重要依据。一个岩石地层单位除具有一定的岩石特征外，还应该具备一定的地层结构。不同的地层单位在地层结构上也应有所差别。

五、地层的接触关系

地层的接触关系是地层的重要物质属性之一，它反映不同性质的地壳运动，在识别地层结构、反映地史时期各种地质作用发生的时间和特点、了解矿产形成分布规律、划分地层单位中具有重要作用。地层接触关系可分为整合接触与不整合接触两大类。整合接触包括连续和小间断两种类型。不整合接触包括平行不整合、角度不整合和非整合。

（一）整合接触

1. 连续

在沉积盆地中，如果沉积作用不断进行，形成的地层就是连续的。连续沉积的地层之间为整合接触，它是地层中最常见的，其反映了沉积区持续下降接受沉积的过程。整合接触的上、下地层时代连续、产状一致，岩性常常逐渐过渡。

2. 小间断

小间断是指沉积过程中曾经有一段时间沉积作用停止，但没有发生明显的大陆侵蚀作用，之后又接受沉积，造成新、老地层之间的间断。沉积作用中断或沉积环境变迁都可造成沉积间断。小间断一般可以作为地层基本层序之间的分隔面，小间断与平行不整合的区别是后者缺失地层往往超过一个化石带。小间断的间断面上、下地层的岩性有时变化不明显，所以在传统地层学中被归入整合接触。

（二）不整合接触

如果沉积区上升变为剥蚀区，导致沉积间断，并使先成的地层遭受风化剥蚀，待该区再次下降形成新的沉积后，新、老两套地层之间就隔着一个大陆侵蚀面、时代不连续。时代不连续的上、下地层之间的接触关系即不整合。不整合反映一个地区的地壳在不断运动的过程中，运动状态发生了明显的变化，所以不整合是地史阶段划分及地层划分对比的重要标志，对于构造发育史的研究有重要意义。

1. 平行不整合（假整合）

平行不整合或假整合的新、老两套地层的时代不连续，但产状一致，具有不规则侵蚀和暴露标志的分隔面(古风化壳),它代表了早期地层整体上升,遭受风化、剥蚀,而后地壳下降又接受沉积的演化历史。缺少明显侵蚀面的平行不整合较难鉴别,也称似整合。似整合可以通过化石研究或同位素年龄测定来判别。

2.角度不整合

如果下伏地层沉积后,沉积区发生了褶皱运动,使下伏地层褶皱变形,待该区再次下降接受沉积时,上覆较新地层与下伏地层不但时代不连续产状也不一致,这种接触关系即角度不整合,如我国北方新元古界青白口群与寒武系之间的接触关系。角度不整合是分隔地层单位的重要界面。

3.非整合

强烈的构造运动常伴有岩浆活动和变质作用,导致沉积岩与岩浆岩或变质岩相接触,即非整合(也称异岩不整合),人们常把它归入角度不整合。沉积岩与岩浆岩之间的接触关系可分为侵入接触和沉积接触,它们反映不同的岩浆作用特点及作用时间。

(1)侵入接触:指侵入体与围岩之间的接触关系,即地层形成以后被岩浆侵入,造成岩浆岩体切割、穿插围岩(图2-2-2)。

(2)沉积接触:指先成的岩浆岩体露出地表遭受风化剥蚀,之后地壳下降,在岩浆岩体之上又形成沉积岩,造成上覆沉积岩与下伏岩体之间的沉积接触(图2-2-2)。

识别不整合一般采取野外勘察、地质填图、地层对比等方法。其识别标志主要有:

(1)地层自然记录不连续、有间断或缺失,如生物化石种群突变;岩性及岩石类型和岩相突变;上下两套岩层的变质程度不同;岩石的地球物理性质突变等(图2-2-3)。

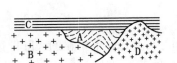

图2-2-2　侵入接触与沉积接触(据布兰,1977)
花岗岩 B 与地层 A 为侵入接触,与地层 C 为沉积接触;
花岗岩 D 与地层 A、C 均为侵入接触

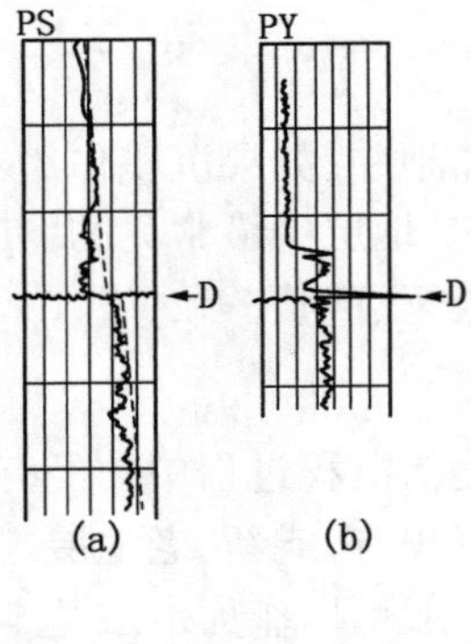

图2-2-3　测井曲线揭示的不整合(据 O. Serra,1972)
(a)黏土层基线移动揭示不整合;(b)放射性高峰揭示不整合

(2)侵蚀及古陆表面的证据。

(3)构造特征,例如上下地层的产状、褶皱等构造特征、构造线走向等不一致。

在油田,主要通过地层对比发现不整合,经对比发现哪一地区的地层有缺失,说明其上下地层可能是不整合接触(断层造成的地层缺失往往是局部的)。图2-2-4表明在杏5井缺失了姚家组下部。

六、其他属性

除上述常用的几大物质属性之外,地层还包括许多其他的物质属性,如地层的地震属性、

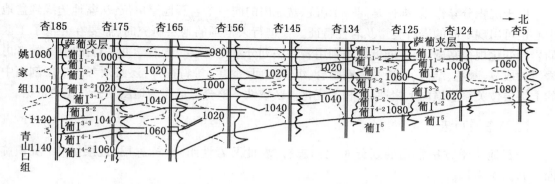

图 2-2-4　地层对比发现不整合(据大庆油田科学研究设计院,1977,有改动)

磁性特征、电阻率和自然电位、矿物特征、地球化学特征和生态特征等,它们均可以作为地层划分的依据,用于建立不同的地层单位。

地层划分的结果是建立地层单位。由于地层划分的依据不同或划分地层所依据的物质属性不同,所建立的地层单位也不一样。依据地层的岩石学特征及地层结构、厚度和体态、接触关系等建立的地层单位是岩石地层单位;依据地层的时间属性(如生物地层所反映的时间、地层的同位素年龄等)所划分的地层单位是年代地层单位;依据地层的生物或生态特征建立的地层单位是生物地层单位或生态地层单位;依据地层的磁性特征建立的地层单位是磁性地层单位;依据地层的地球化学特征建立的地层单位是化学地层单位等。

第二节　地层划分与对比的方法

地层划分是根据地层不同的物质属性将地层组织成不同的地层单位。地层对比是在不同地区的地层进行空间上延伸和对比。地层划分和对比所遵循的主要原则之一是地层的物质属性相当的原则。由于地层的属性或划分依据不同,所划分的地层单位也不一致。所以不同地层单位的对比就应该依据建立这些地层单位物质属性的一致性。地层对比应遵循的第二个原则是不同地区或不同地层单位的地层对比不一致的原则。由于地层单位不同,或者说地层对比的属性不同,对比的界线就不可能一致。如岩石地层单位的对比主要是依据岩性和地层结构的对比,因此对比的界线和年代地层界线或时间界线就不可能一致。只有以严格的时间属性进行的地层对比才具有时间对比意义。地层对比主要有以下一些方法。

一、岩石地层学方法

岩土地层学方法是指根据岩性或岩性组合特征划分对比地层的方法。

(一)基本原理

在一定的范围内,同一地层由于沉积条件相同或相似,可表现为相同或相似的岩石组合,所以可根据岩石特征划分和对比地层。例如岩性相同或大致相同的连续岩层可划分为一个基本岩石地层单位。岩石地层单位的界线应尽可能地划在岩性变化处(最好是岩性突变处)。岩石地层对比就是将一定范围内不同地点的岩石地层单位进行比较,横向求同。

由于沉积分异作用,即使是同一个沉积盆地内的同一个岩石地层单位,从盆地边缘到盆地中心也可出现不同的岩石类型及岩性特征。在进行大范围的地层研究时,需要在弄清了工区的岩性变化规律基础上,才能更好地利用岩性法划分对比地层。岩石学方法对比地层,除考虑岩石的成分、颜色、结构、构造及岩石组合、沉积旋回(韵律)等特征外,还必须考虑地层剖面中的上下层位关系及横向上岩性、岩相的变化。区域性不整合也可作为地层划分对比的依据。

(二)主要方法

岩石地层学方法常用的划分对比标志有:岩性及岩性组合、标志层、地层结构(沉积旋回)、接触关系等。

1.根据岩性及岩性组合划分对比地层

在地层剖面上沉积岩岩性的垂向变化意味着古地理环境随时间的推移而改变。在一定的范围内相应的层段是同一盆地相同环境的沉积,所以具有相似的岩性及岩石组合,因此可根据岩性特征划分对比地层。

图2-2-5为蓟县、昌平新元古界青白口群剖面。蓟县剖面地层发育较齐全、构造简单、化石丰富、厚度大,为我国北方中—新元古界的典型剖面。据岩性特征其青白口群可分为页岩为主的下马岭组、砂岩为主的龙山组和泥灰岩为主的景儿峪组,龙山组又进一步分为下部的砂岩段和上部的页岩夹砂岩段。昌平剖面距蓟县不远,与蓟县剖面对比,可作同样的划分。由于蓟县、昌平两剖面青白口群的沉积环境及距物源区的远近不完全相同,所以两剖面的岩性有差异,但是在弄清其岩性变化规律的基础上,可以追踪对比。实践证明这种划分不仅适合于蓟县、昌平两地,在整个北京西山和冀东一带都可对比。

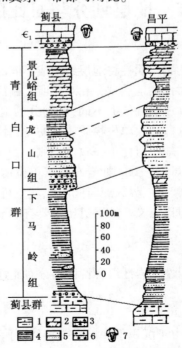

图2-2-5 蓟县、昌平新元古界划分对比(据傅英祺,1994,有改动)

*龙山组在《中国地层典》中更名为骆驼岭组;

1—硅质灰岩、白云岩;2—泥灰岩;3—角砾灰岩;4—页岩;5—砂岩;6—角砾岩;7—三叶虫

随着物源区剥蚀作用的不断进行,母岩的岩性发生变化,导致沉积区沉积物的矿物成分随之变化。如锆英石、磷灰石、电气石、金红石、钛铁矿等重矿物在不同层位有不同的组合和含量。由于抗风化能力弱的不稳定物质在搬运过程中易遭破坏,因此,稳定与不稳定重矿物之比可反映母岩区的远近。同一物源区同一层位的重矿物组合和含量相似或有一定的变化规律。所以,在同一物源的情况下,重矿物组合及各种重矿物含量的变化规律可作为地层划分、对比的依据。如松辽盆地某井的泉头组第三段和第四段界线不易确定,对该井岩心取样作矿物成分分析后,依其矿物成分及含量变化趋势,即可将两段分开(泉四段锆石的含量为 56.8% ~ 86.4%,远多于泉三段;磁铁矿的含量为 6.2% ~18.6%,远少于泉三段)。

多物源的小型陆相盆地,一个沉积区往往受多个沉积物源的影响,重矿物成分及其含量变化规律不明显,一般不用重矿物法。

2. 利用标志层划分对比地层

标志层是地层剖面中的一些特殊的层位,它们具有特征明显、容易识别、厚度不大、在区域地层中分布较稳定等特点。常见的标志层主要有碎屑岩中夹有的致密薄层石灰岩、稳定泥岩、油页岩或化石层;碳酸盐岩剖面中某些石膏夹层或泥岩夹层;冲积沉积中的煤层、古土壤层、火山灰等;含有特殊矿物的地层;上、下层段间某种特征(地层水矿化度、放射性物质含量等)的差异。这些标志层总体上可分为两种类型:一是穿时性的标志层,如煤层等,二是等时性的标志层,如火山灰层等。穿时性的标志层只能用于岩石地层单位的对比,等时性的标志层则可用于年代地层单位的对比。上述常见的标志层在测井曲线上也具有明显响应,特征明显、易于识别,成为良好的电性标志层,在常用测井曲线进行地层对比的生产实践中具有重要意义。如松辽盆地嫩江组第二段底部厚约 2 ~ 10m、富含白色大个体介形虫和金黄色叶肢介的褐黑色油页岩,在全盆地稳定分布,其岩性及测井曲线的特征都非常明显,几乎可用于整个松辽盆地的地层划分对比(图 2 - 2 - 6)。

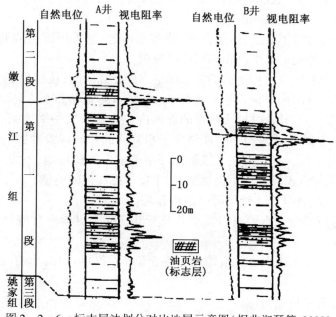

图 2 - 2 - 6 标志层法划分对比地层示意图(据曲淑琴等,2009)

选择标志层首先要研究地层剖面中稳定沉积层的分布规律,弄清其分布范围。一般来说稳定沉积层多是盆地均匀下沉、水域最广时期较深水环境下形成的，因为此时的沉积物分布范围最广，岩性和厚度较稳定，如湖泊沉积的黑色页岩等。

当剖面中存在几个岩性相似的标志层时，更要了解标志层的特征及分布范围和相变情况，弄清标志层在空间的变化规律。根据分布范围、稳定程度及特征明显性，标志层可分为不同的级别。一级标志层在整个沉积盆地都有分布，如松辽盆地嫩二段底部的油页岩（图 2-2-6），几乎可用于全盆地的地层划分与对比；二级标志层（辅助标志层）分布于盆地内的某些地区，只能用于局部地区的地层划分与对比。

3. 根据地层结构划分对比地层

地层结构有互层式、夹层式和有序多层式。多种岩层规律组合而成的有序多层式地层结构可构成各种旋回序列。成因上有联系的、地层的岩性或岩石组合按一定的生成顺序在剖面上规律叠覆的现象称为沉积旋回。这种规律叠覆可以在岩石的颜色、岩性、结构、构造等各方面表现出来。沉积旋回形成的原因很多，主要有地壳升降等构造环境改变、海（湖）平面升降、气候变化、沉积物来源及其供应速率改变等，可以表现为水进和水退的旋回序列。沉积盆地水面相对上升，水体分布范围扩大，称为水进（如海侵），水进过程中形成的沉积称为水进序列。水进序列的特点是：从沉积盆地某一点来看，岩性的纵向变化反映了水体变深的过程，从空间分布来看新沉积地层的分布范围超过了下伏较老地层的分布范围，这种现象称为超覆（transgression）。新地层超过老地层分布范围的地带称为超覆区。在超覆区内越来越新的沉积地层依次向陆地方向扩展，逐渐超越下面的较老地层，新地层可直接覆盖于盆地周缘的剥蚀面上，其间缺失部分地层，这种接触关系称为超覆不整合。研究超覆不整合对于寻找地层圈闭油气藏有重要意义。沉积盆地水面相对下降，水体分布范围缩小，称为水退（如海退）。水退过程中形成的沉积称为水退序列。水退序列的特点是：从沉积盆地的某一点来看，岩性的纵向变化反映了水体变浅的过程，在空间展布上新沉积地层的分布范围小于下伏地层的范围，这种现象称为退覆（regression）。较新地层未覆盖的地区称为退覆区。如果一个水进旋回紧接一个水退旋回，就构成一个完整沉积旋回。

陆相盆地中，岩性常常不稳定，而地壳升、降和水体进、退等原因造成的沉积旋回（韵律）比较稳定，因此在陆相地层研究中沉积旋回倍受重视。

地壳运动是不均衡的，每次构造运动或水体进退的持续时间、位移幅度、影响范围不同，而且总体上升或下降及水体进、退的背景下还有小规模的升降运动和水体进退，因此在地层剖面上沉积旋回常表现出不同的级次，即大幅度的旋回内包含若干次一级旋回。利用沉积旋回划分对比地层时应从大到小逐级进行。不同级次沉积旋回的控制因素和影响范围不同，用于地层划分对比的范围也不同，一般来说，一级旋回可用于整个沉积盆地，二级旋回可用于盆地内二级构造范围内。因此沉积旋回法对比地层时，主要考虑旋回的类型。

沉积旋回（韵律）法划分对比地层的一般步骤是：

（1）首先综合分析推断岩石的成因类型并分析其横向和纵向变化规律，确定研究区的岩石共生序列和相序；

（2）按岩石成因类型的纵向变化规律划分各个剖面（各井）的沉积旋回，确定旋回类型和旋回组合；

（3）以旋回组合为单位进行对比。

沉积旋回法对比地层并非不同剖面的旋回与旋回之间一一对比，更不是砂对砂、泥对泥的简单对比，只要各剖面的一系列沉积旋回组合相似，即使旋回数目、厚度、岩性不同，也可认为它们的层位相当。图2-2-7是一个沉积盆地的横剖面图,该盆地经历了早期海退、后期海侵的复杂历史。从几个剖面对比可见,虽然在相同的时间间隔内,各剖面的旋回数目和岩性都不同,但其旋回类型一致。按旋回类型该剖面可分为两个岩石地层单位,下部由水退型半旋回构成,上部由水进型半旋回构成,二者之间的界面大致为一个"等时面"。

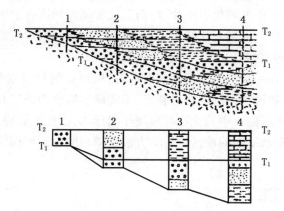

图2-2-7 沉积旋回法划分对比地层(据李亚美,1985)

T_1T_1,T_2T_2—等时面;1,2,3,4—地层剖面

岩石学方法划分对比地层应注意:岩石学方法进行的地层对比不是时间对比,即使是同一岩石地层单位,其形成的时间也并非到处一致。

由于同一时期不同地区有不同的沉积环境,形成不同的岩石特征,而不同时期不同沉积盆地可以有相似的沉积环境,形成相似的岩石特征。所以岩石学方法通常适用于同一沉积盆地小范围的岩石地层对比。水体未曾连通的不同沉积盆地的地层,即使岩性相近,也不能用岩石学方法对比。

岩石学方法对比地层要综合考虑组成地层的岩石特征和岩石组合、地层结构及厚度、接触关系等等。同时也要注意上下层位的岩石特点及不同地点的岩性及其相变规律。要从地层的成因分析入手,弄清地层的成因、沉积相特征及其变化规律。图2-2-8所示的甲、乙、丙、丁四剖面属于同一河流相沉积旋回,它们在横向上有显著的变化。四剖面对比可见,从甲地到丁地旋回下部均为河床亚相,上部均为河漫亚相,但越往西该沉积旋回的河床亚相越发育。

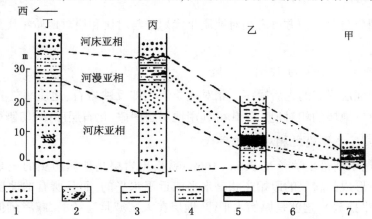

图2-2-8 同一河流沉积旋回对比图(据武汉地院地史教研室,1973,有改动)

1—砂砾岩;2—具斜层理砂岩;3—砂质页岩;4—粉砂质页岩;5—煤;6—地层对比线;7—煤层对比线

不同时代的相似环境,会形成相似的岩性,所以相似的岩性不一定是同时形成的。所以工作中要特别注意识别同相异期的地层,以免把不同时代、岩性相似的地层当作同一层位,甚至误把穿时的岩相界面当作等时的地层界线。如20世纪七八十年代,辽河油田井下古潜山油气藏的地层研究,仅仅依靠碳酸盐岩的岩性特点,将地层都划归中、新元古界,直到90年代中期,从古潜山地层的岩石薄片中见到化石碎片,经研究证实曙光地区古潜山带存在古元古界,重新确定了古潜山的地层层序。地层对比结论的重大更正,导致区域构造的重新解释,经钻探有的井获工业油流(孙镇城等,1998)。

任何地层单位都是在一定的时间间隔内形成的,所以任何地层划分对比都不能摆脱时间的限制。岩石学方法只能说明地层的相对新老,不能确切地说明地层时代,所以在岩石地层划分的基础上,必须寻找地层剖面中的化石等地质年代标志,以便大致确定各岩石地层单位的形成时间,尤其是在构造变动复杂的地区岩石学方法必须与同位素地层学、生物地层学等方法结合起来。

二、年代地层学方法

年代地层学方法是指根据地层的年龄属性来划分对比地层的方法。

(一)基本原理

年代地层划分对比是论证不同地区相应地层的地质年龄及它们在年代地层表中所处的位置是否相当。虽然岩石地层对比、生物地层对比都要考虑地层的形成时间,但是不同地点同一岩石地层单位的形成时间只是大致相当,同一生物地层单位的形成时间也不一定完全等时。而不同地区同一年代地层单位应严格等时。由于年代地层单位的界线就是地质年代的时间界面,因而年代地层单位的界面是一切地质工作参考和对比的标准。不同地区的沉积环境不同,所以同一时期不同地区的地层千差万别。对比依据的特征不同,地层界线就不可能一致。地层对比最客观的标准是地质年代。所以人们常常把时间对比作为地层对比的同义词。实际上,只有以严格的时间属性进行的地层对比才是真正的时间对比。

(二)主要方法

年代地层划分与对比的方法有相对地质年代划分与对比和绝对地质年代划分与对比两大类型。

1. 相对地质年代划分与对比

地层层序即地层形成的先后顺序。相对地质年代即反映岩石、地质事件先后顺序及地层层序的时间单位。地层的相对地质年代可利用地层层序律、化石层序律、切割律等方法。

1)根据地层层序律确定相对地质年代

早在17世纪中期丹麦学者N. Steno(1669)就指出岩层是地质历史的记录。他认为在一定地质时期内所形成的岩层的原始产状是水平或近于水平的,而且所有的地层都是平行于这个水平面的(水平摆放),这就是原始水平律;地层在大区域是连续的,或者延伸到一定的距离逐渐尖灭(侧向连续),这就是原始侧向连续律;先形成的地层位于下部,后形成的地层位于上部,即地层的原始层序应当是新地层叠覆于老地层之上,这就是地层层序律(也称叠覆律)。

根据地层层序律未经强烈构造变动、未发生倒转或逆掩断层的情况下,地层保持正常层序——下老上新。构造运动常常导致岩层倾斜、直立、断裂,甚至倒转,改变了原有的地层层序。所以地质工作者首先要根据觅序性标志确定研究区正常的地层层序。

自然界常见倾斜岩层,在未发生倒转或被逆掩断层复杂化的情况下,沿着岩层倾向观察,地层的时代应越来越新。在自然露头中,很少见到连续、规则、完整的地层剖面,一个地区的地层层序通常是经过不同地点的多个地层剖面观察、整理,综合而成的。在图2-2-9中,具有不同岩性和接触关系的地层,分别出露于几个山坡上,经过追索、拼接、整理成柱状剖面,其中地层1是变质岩,其与上覆地层2为不整合接触。层2至层7都是依岩性变化划分的,层8与其他层之间的关系还不清楚(因有断层分割),它可能比2~7层都新(有待其邻区地层的观察验证)。

图2-2-9 根据自然露头确定地层层序(据王鸿祯等,1980)

2)根据化石层序律确定相对地质年代

地层层序律只能确定岩层的相对新老关系,而不能解决地层的时代归属和不同地区地层的时代对比问题,因此古生物学在这方面起了十分重要的作用,根据进化原理,生物由简单到复杂、由低级到高级不断发展进化,其进化过程不可逆,所以不同时代的地层含有不同的化石群,同一时代的地层,含有同时代的化石或化石组合,这就是化石层序律(生物层序律)。

值得指出的是,生物地层学方法同时也是年代地层学对比的常用和实际采用的方法。生物演化的规律决定了生物地层学对于建立地层时空格架的可靠性。以生物演化为基础建立的地质年代表可以确定地质事件的时序。目前使用的年代地层系统,特别是显生宙以来的年代地层单元主要是依生物地层学方法建立的。虽然生物迁移、扩散、环境变迁及化石采集等因素的影响,对比的结果常有一定的误差,生物带之间的界面也可局部穿时,但是利用化石划分的地层界线是以生物演化阶段为依据,因此可大致反映地史发展的自然阶段。一般来说,用浮游生物化石较用底栖固着生物化石在时间对比上更为准确。

3)根据切割律和包含原理确定相对地质年代

构造运动和岩浆活动,可使不同岩层、岩体之间出现断裂或切割穿插关系,利用地质体之间的切割关系可确定地质体及地质事件的先后顺序,不同地质体呈切割穿插接触时,被切割的地质体时代较老,这个规律称切割律,切割律适用于各种规模的地质体,小如岩石薄片,大至山系。显然,在同一构造环境的一定范围内,老地层包含的岩脉、岩墙类型及期次比新地层更多、更复杂。当一种岩石中包含另一种岩石时,包含在大岩体中的小岩石碎块的年龄必然老于大岩体,此即包含原理。例如,砂岩中花岗岩砾石的年龄老于砂岩;如果花岗岩侵入到砂泥沉积岩中,花岗岩侵入体附近被冲碎的砂泥岩碎块包裹于花岗岩中成为俘虏体,由此可知花岗岩的年龄新于砂泥岩。

2. 绝对地质年代的划分与对比

根据地层的相对地质年龄可知地层在剖面中的相对顺序和位置,及各地史阶段地壳演化的主要进程和发生的事件。但是相对地质年代不能确定各地史阶段起、止的确切年代和延续时间及岩石形成的具体年代。一些老地层往往缺乏有效的化石资料,加之其形成后经历了多次构造变动、岩浆活动及变质作用,在这种情况下利用化石或单纯利用叠覆律、切割律等方法都难以确定地层时代的新老。1896 年,具有天然放射性的铀被法国物理学家贝克尔(H. Becquel,1852—1908)发现,随后英国物理学家卢瑟福(L. Rutherford,1871—1937)于1903 年提出放射性元素的原子会蜕变,即自行分裂为另外的原子,并在以后的实验中得到证实。利用岩石矿物中的放射性同位素及其衰变产物的数量比借助仪器测算出的岩石矿物的年龄称同位素地质年龄(绝对地质年龄)。那么和这种矿物同时形成的岩石的年龄就可以确定了。

同位素年龄测定法的出现,使人类对地球的形成时间及各种地质作用进行的时间和地壳发展过程中各个阶段的起、止年代和延续的具体时间及岩石、地层的具体年龄有所了解,使人们能够用定量和纪年的方法来研究地壳发展各阶段的进程。如白垩纪始于距今约 145.5 Ma前,结束于距今约 65.5 Ma。同位素年龄可以为年代地层系统提供年龄标定数据,也称为地质测时学或纪年学。

放射性元素是不稳定的,它以恒定的速率(不受温度、压力等条件影响),衰变为非放射性的子体同位素,同时释放能量。如放射性铀(^{238}U)经衰变,成为非放射性的铅(^{206}Pb),又如铷(^{87}Rb)变为锶(^{87}Sr)、钾(^{40}K)变为氩(^{40}Ar)等。若岩石矿物中某一种放射性元素,开始有 N_0个原子,因衰变剩下 N 个,产生新元素的原子数 $D = N_0 - N$,如果测出矿物岩石中已知放射性元素 N 及其衰变产物 D,则岩石形成的年龄(t)可按下面的公式算出:

$$t = \frac{1}{\lambda}\ln\left(1 + \frac{D}{N}\right)$$

式中,λ 为衰变常数,可根据半衰期算出。半衰期是指同位素的原子数衰减一半所经历的时间。同位素年龄有三种:利用未变质的岩石或矿物测定的年龄为原生年龄,它代表岩石、矿物的生成时间,一般可代表地层形成的年龄;第二种是变质年龄,也称再生年龄,它代表最早的一次变质作用时间,对震旦纪以前的变质岩来说,确定其最早的变质时间很重要。第三种是改造年龄,它代表后期的地质作用对变质岩再改造的时间,改造年龄为研究区域地质发展史提供了资料,但是它对确定岩石形成和变质的年龄起到干扰作用。在应用同位素年龄资料时,应注意分析是哪种年龄。

常用的同位素年龄测定法有钍铀铅法、铷锶法、钾氩法、放射性碳法、裂变径迹法等(表 2 - 2 - 3),各种方法各有利弊,工作中应根据所测样品合理选择,如更新世以来的含碳岩石用 ^{14}C 测定法效果较好。

20 世纪 90 年代以后,随着锆石 U - Pb 同位素测年技术的进步,单颗粒锆石同位素稀释—热电离质谱法(ID - TIMS)和锆石微区原位 U - Pb 同位素定年技术(SHRIMP、LA-ICP-MS)相继在国内外得到推广与应用,并且其应用领域仍在进一步扩展中,现在已经成为最受欢迎的同位素测年的方法。

表 2 – 2 – 3　用于测定地质年代的放射性元素(据 Steven M. Stanley,1989)

母体同位素	子体同位素	半衰期,a	有效范围	测定对象
铷(^{87}Rb)	(锶^{87}Sr)	500×10^8		云母、钾长石、海绿石
铀(^{238}U)	(铅^{206}Pb)	45.1×10^8	T_0—10^8a	
铀(^{235}U)	(铅^{207}Pb)	7.13×10^8		晶质铀矿、锆石、独居石、黑色页岩
钍(^{232}Th)	(铅^{208}Pb)	139×10^8		
钾(^{14}K)	(氩^{40}Ar)	14.7×10^8	T_0—10^4a	云母、钾长石、角闪石、海绿石
碳(^{14}C)	(氮^{14}N)	5692	50000a 至今	有机碳、化石骨骼
钐(^{150}Sm)	(钕^{144}Nd)			
氩(^{40}Ar)	(氩^{39}Ar)			云母、钾长石、角闪石、海绿石

注:表中 T_0 为地球年龄,约 46×10^8a。

三、生物地层学方法

用生物化石或其组合来划分对比地层的方法就是生物地层学方法。

(一)基本原理

生物地层学方法的理论依据是生物演化的进步性、统一性、阶段性、不可逆性等基本规律和生物层序律,Smith 称其为"用化石鉴定地层"。这一原理可概括为:含有相同化石或含有同时代化石的地层是同时形成的。不同时代的地层含有不同的化石(图 2 – 2 – 10)。

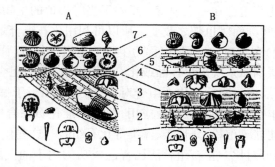

图 2 – 2 – 10　利用化石及其层序划分对比地层示意图(据 Moore,Lalicker,Fischer,1952)

生物学方法以生物演化阶段作为地层划分的依据。由于生物演化阶段大致反映地史发展的自然阶段,因此生物学方法不仅用于生物地层对比,也可近似于地层的年代对比。生物进化的不可逆性决定了生物地层学对于建立地层时空格架的可靠性。目前使用的年代地层系统,特别是寒武纪以来的地层单位主要是利用生物学方法建立和识别的。

尽管不同生物地理区的地层可有不同的化石,但是通过对过渡区混生生物群的研究可以弄清不同化石的对应关系。如图 2 – 2 – 11 中 A、C 两地层含有不同的化石,难以直接对比,但是通过 A、C 两地之间的过渡地区 B 点的混生生物群研究,可以确定不同化石的层位关系。所以对不同

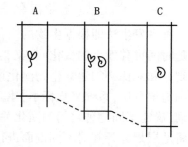

图 2 – 2 – 11　通过混生生物群划分
对比含不同化石的地层示意图
(据曲淑琴,2009)

生物地理区、含有不同化石的地层也可利用化石进行对比。通过滨海带或海陆交互沉积的海、陆相地层中生物化石"共生"(在同一层中)或"交互"(在不同层中)的研究,可实现海相与陆相地层之间的对比。

(二)主要方法

生物地层学方法主要包括标准化石法、化石组合法、生物演化法和统计法等。

1. 标准化石法

利用地层中的标准化石进行地层划分对比的方法,具有经济、简便易行的特点。标准化石是那些演化迅速、扩散速度快、地理分布广、数量多、特征明显、容易寻找的化石,例如正笔石类、菊石类等。标准化石演化迅速,因而生存时间短,在地层中垂直分布时限短,可以较精确地进行地层划分和等时对比;扩散速度快、地理分布广,有利于进行远距离的等时性地层对比;数量多、特征明显、容易寻找,有利于区域上的延伸和对比。我国山东下寒武统有 *Redlichia chinensis*(中华雷氏虫);中寒武统下部有 *Bailiella*(毕雷氏虫)、上部有 *Damesella*(德氏虫);上寒武统底部有 *Blackwelderia*(蝴蝶虫属)、上部有 *Tsinania*(济南虫)。该区寒武系的三个统主要就是根据这些化石划分的。它不但适用于整个华北地区的寒武系划分与对比,而且还适用于更大区域的寒武系划分对比。一些演化快的浮游生物化石往往可用于洲际地层的划分与对比。

2. 化石组合法

化石组合法就是对地层中所有的化石进行系统研究、综合分析,根据生物共生组合及其变化情况划分对比地层。化石组合在一定程度上反映了当时当地的生物群面貌。不同时代由于自然地理环境的改变,生物群面貌也随之改变。所以可利用化石组合划分、对比地层。利用化石组合(生物群总体面貌)划分对比地层,也称为生物共生组合分析(详见本章第三节)。油田常常选择发育较好的地层剖面系统采集样品或化石,建立标准化石组合,以此作为地层划分对比的标准,新井发现化石后通过与标准化石组合对比,确定其相当于哪一层位,这在缺少标准化石而其他生物化石较丰富的地层中被广泛应用,若与标准化石综合应用能很好地划分对比地层。各含油气盆地都建立了孢粉、介形类、藻类等化石组合。这些化石组合不仅用于地层划分对比,也用于油层的划分对比。化石组合法已普遍成功的用于油气勘探和开发之中。化石组合法划分的地层界限不仅能够客观地反映地质历史的自然分期,而且能克服个别生物在特殊环境中的穿时现象造成的地层对比错误,所以也用于年代地层单位的对比。

3. 种系发生法(生物演化法)

种系发生法即根据生物的演化特点(如种系发生关系及某些生物在形态、器官、构造等方面随时间推移发生的变化)和某类生物的兴衰演变来划分对比地层。利用种系发生法进行地层划分和对比必须建立生物演化谱系,建立生物演化谱系首先应该选择化石丰富的地区进行详细地层分层,系统采集标本,建立化石某些演化特征在剖面中的各种变化和互相过渡的关系系列,确定不同物种之间的演化关系和物种之间的形成和灭绝顺序,总结演化趋向和规律,据此将地层划分开并对不同剖面进行对比。例如,在松辽盆地白垩系的孢粉组合中被子植物花粉的数量和种类在纵向上都表现出明显的变化规律(图 2 - 2 - 12)。又如,利用三叶虫的演化特点划分寒武纪地层,多节、多刺、小尾是早寒武世三叶虫的演化特点,不论是亚洲、北美还是西欧的地层,只要其中所含的三叶虫化石具备上述特点,就可确定它们形成于早寒武世。又如,蜓的副隔壁是由蜂巢层演化而来的,所以具有副隔壁的蜓所在的地层层位较新。根据种系发生法进行地层划分对比,提高了对标准化石可靠性的认识,防止了由于先驱和孑遗化石所造成的误差。

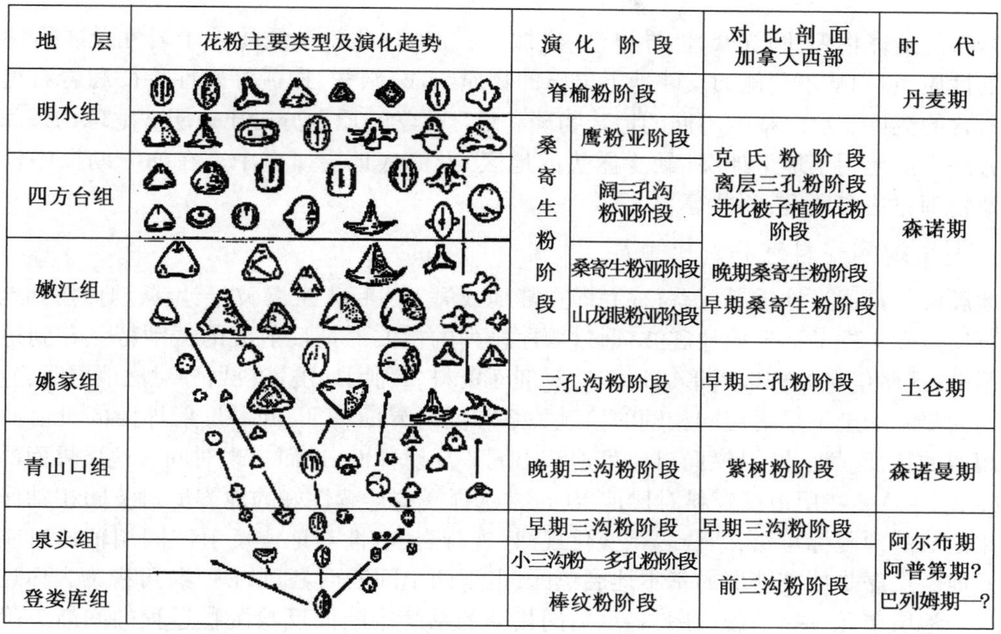

地 层	花粉主要类型及演化趋势	演 化 阶 段		对 比 剖 面 加拿大西部	时 代
明水组		脊榆粉阶段			丹麦期
四方台组		桑寄生粉阶段	鹰粉亚阶段	克氏粉阶段 离层三孔沟粉阶段 进化被子植物花粉阶段	森诺期
			阔三孔沟粉亚阶段		
嫩江组			桑寄生粉亚阶段	晚期桑寄生粉阶段	
			山龙眼粉亚阶段	早期桑寄生粉阶段	
姚家组		三孔沟粉阶段		早期三孔粉阶段	土仑期
青山口组		晚期三沟粉阶段		紫树粉阶段	森诺曼期
泉头组		早期三沟粉阶段		早期三沟粉阶段	阿尔布期 阿普第期? 巴列姆期—?
		小三沟粉—多孔粉阶段		前三沟粉阶段	
登娄库组		棒纹粉阶段			

图 2－2－12 松辽盆地白垩系被子植物花粉的数量和种类在纵向上的变化规律(据高瑞祺等,1994)

4. 统 计 法

统计法是根据两个区域各个地层单元中所含化石群之间的百分含量相似量的比较,建立地层对比关系的方法。应用百分统计法划分对比地层,首先要选择地层发育较齐全的剖面(标准剖面)逐层、系统地采集化石,详细鉴定和描述,并编制出该地层剖面各层位的详细化石目录,以此作为划分对比地层的标准;然后将未知剖面所含的化石与标准剖面进行对比,进而确定未知剖面相当于标准剖面的哪一层位,如果一个剖面中的一层与标准剖面某层相同种属的百分比最高,则认为该层与标准剖面的某层相当。莱伊尔曾用百分统计法编制新生代地层表。百分统计法常用于微体化石,例如对未知剖面进行孢粉分析,统计其孢粉组合、孢粉谱、绘制孢粉图式,然后与标准剖面各个层位对比,从而确定未知剖面的层位。如图 2－2－13 所示,A 为标准剖面,B 为未知剖面。研究表明未知剖面中的化石属、种与标准剖面层位 1、2、3、4、5 相同的分别是 4%、20%、15%、6% 和 3%;其余 52% 为该剖面所特有(地方性属、种,因为两剖面所处的环境不同)。从百分含量来看,未知剖面的化石与标准剖面层位 2 相同的属、种最多,其次是层位 3,据此推断该未知剖面相当于标准剖面层位 2 的可能性最大(也不排除部分相当于层位 3)。值得指出的是,统计学方法不适合于远距离的地层划分对比。

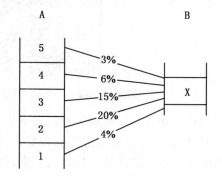

图 2－2－13 利用统计法将研究剖面与标准剖面已知层序对比

四、地球物理与地球化学方法

（一）地球物理方法

岩石的地球物理性质（弹性、导电性、磁性等）和地球化学性质受控于岩性及岩石中所含流体的性质，它们从不同侧面反映地下岩石的物质组成、结构、构造等岩性特征和岩石组合及其中所含的流体。反之根据不同的地球物理和地球化学性质划分对比地层。地球物理和地球化学方法广泛地用于地下地层（缺少露头的地区）及海底地层研究中。在油气勘探中较常用的地球物理方法有地震、测井等。

1. 利用地震资料划分对比地层

地震资料是通过地震勘探获得的，即在陆地或海上进行人工爆破，产生振动传播到地下引起岩石质点发生振动而形成地震波，通过顺序排列的检波器把反射波的振动特点和到达时间记录下来，这些信息处理以后形成地震反射剖面资料。利用地震资料划分对比地层时，应根据地震剖面显示的上下反射层同相轴的接触关系和反射界面特征，同一反射界面的反射波有相同或相似的特征。据此，沿横向对比可追踪出同一反射界面，进而实现对同一地质界面的对比（图2-2-14）。在用地震资料对比地层时，常选择一些连续性好的地震反射波同相轴作为划分对比地层的地震标志层，结合岩相变化规律，进行岩、电性与地震反射波同相轴的对应关系分析。地震层序是地震地层的基本地层单元，上下两个间断面之间的地层，可视为大体连续沉积的一个地层单元——地震层序，各反射同相轴的系统中断面反映沉积过程的间断。确定地层层序的顶、底界面是地震地层划分对比的关键。在没有钻井或钻井资料很少的地区，地震反射波组追踪是地层划分对比的有效方法。

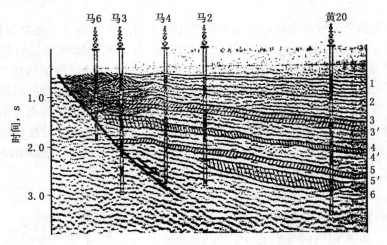

图2-2-14　苏北高邮凹陷西南HJ-3测线地震剖面（据徐怀大等，1990）

地震划分对比地层步骤首先是建立基干剖面网络，选择一些典型剖面建立全区基干地震剖面网，拟定划分地震地层的方案，通过典型剖面向外推演；然后根据划分标志对选出的典型剖面进行地震层序顶底界面的识别；最后进行剖面对比闭合。

2. 用测井资料划分对比地层

测井曲线能够提供全井段的连续记录，油田地质研究的大量资料来自测井，尤其是在勘探程度较高的地区,由于测井资料垂向分辨率高,因此可以进行高精度的地层单元的研究。划分对比地层常用的是视电阻率曲线、自然电位曲线、微电极曲线、双侧向曲线等。测井曲线能够反映地层中岩石粒度、分选系数、泥质含量、矿物和元素组成的变化,利用测井曲线距离测井坐标基线的距离即测井曲线幅度可以对地层研究和划分对比。各种测井曲线对不同岩性反映的敏感程度不等(如自然伽马测井曲线划分对比碳酸盐岩地层效果较好),即地层的不同岩石类型在测井曲线形态上有不同的响应,应具体情况具体分析,综合应用多种方法。在测井地层对比中常用的测井曲线形态要素是曲线的几何形式、曲线的光滑程度、曲线的上下接触关系等。

由于不同层位可能有相似的岩性和相似的测井曲线特征,所以不应仅仅根据某一段曲线的形态进行对比,而应综合考虑曲线的变化规律(同时考虑邻层的曲线特征)。在对较大的地层单位对比时,通常要考虑曲线的大幅度变化和组合关系,对较小的地层单位对比时,主要考虑曲线的特殊形态、厚度、组合变化和电性变化规律。

利用测井曲线划分对比地层,必须首先弄清各层位测井曲线的形态特征,选择适合的比例尺和测井曲线类型,在此基础上选择地质和测井资料均齐全的典型井,研究该井岩性组合与测井曲线间的对应关系,由大到小划分各级地层单元。通过典型井再选取一系列资料全面的井建立连井骨架剖面,确定测井标志层,用标志层控制层位,再根据岩性相似、曲线形态相近的原则进行地层对比(图2-2-15),例如,松辽盆地嫩二段底部的油页岩在视电阻率曲线上表现为一明显的尖峰,其形态独特、容易辨认,据此即可确定松辽盆地嫩二段的底界。需要注意的是这些工作完成后还要对骨架剖面上的共用井进行闭合,并落实各地层单元的深度。

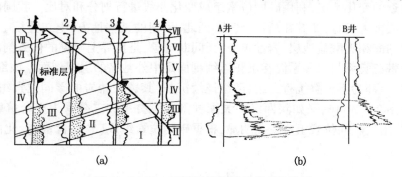

图2-2-15 根据测井曲线划分对比地层
(a)据王文中等,1986;(b)转引安延恺,1985

同一构造单元内的沉积往往受相同构造运动周期、相同海平面或湖平面升降周期的控制,反映在沉积层序上表现为相同旋回性质,这些均可反映在测井曲线上。因此根据测井曲线划分对比地层,也应考虑沉积旋回,首先弄清楚旋回的分布范围、分出级次,然后根据沉积旋回的类型和旋回纵向上的特征及其在平面上的变化规律逐级进行对比。这种旋回对比方法特别适用于地层厚度横向变化大的地区。

(二)地球化学方法

地球化学方法主要是对岩层中的主要元素、微量元素及它们的同位素等化学元素,作半定量或定量分析,然后根据化学元素的含量变化及不同层位的比例关系划分对比地层。

由于不同时期地形、气候、沉积介质和生物作用等沉积环境因素的变化,不同层位地层的岩石及生物化石中化学元素的种类和数量各不相同。在一定的范围内同一层位化学元素的种类和数量有一定的分布规律,据此可划分对比地层。

同位素年龄测定法是研究地层中的稳定同位素,利用稳定同位素组成在地层中的变化规律进行地层划分和对比,探讨地史中发生的重大事件及其相对地质年代的方法称为稳定同位素地层学。稳定同位素地层学的研究对象是地层中的稳定同位素,如氧、硫、碳、锶的稳定同位素,目前主要是研究$^{34}S/^{32}S$、$^{13}C/^{12}C$及$^{18}O/^{16}O$。上述各对同位素之比分别用$\delta^{18}O$、$\delta^{34}S$和$\delta^{13}C$表示。其表达式为:

$$\delta = \left[(R_{样品} - R_{标准}) / R_{标准} \right] \times 1000‰$$

式中,$R_{样品}$和$R_{标准}$分别代表样品及标准样品的同一对同位素之比;当δ值为正值时,表示样品比"标准"富集重同位素;为负值时,表示样品比"标准"富集轻同位素。

　　氧同位素地层学目前主要是研究新生代海相地层中的有孔虫、钙质超微化石及碳酸盐岩中氧同位素组成在全球气候影响下的变化规律。其主要原理是:在冰期含氧同位素的水冻结成冰,海水中$\delta^{18}O$含量相对升高,这一时期沉积的碳酸盐岩和钙质生物壳也都相对富集$\delta^{18}O$;反之,在间冰期大量的$\delta^{18}O$从融化的冰雪中释放,海水及其沉淀的碳酸盐岩和生物壳中$\delta^{18}O$相对减少。资料表明,年轻的深海沉积物中有孔虫壳中氧同位素组成的变化规律可以作为地层划分对比的标志。在氧同位素组成变化曲线上,以相邻的$\delta^{18}O$最大值和最小值的中间位置作为分界线,可以把该曲线划分为若干阶段;氧同位素组成的变化不受地理位置影响;用不同方法相互验证、补充可以确定同位素变化在地质年代表上的位置。

　　碳同位素地层学主要是研究海相碳酸盐岩的碳同位素组成在剖面上的变化,特别是在大的地层界线附近的变化情况,利用碳同位素组成变化曲线进行划分和对比。我国南方二叠纪、三叠纪沉积地层极为发育,尤其在浙江、江西、湖北、贵州的某些地方,上二叠统上部与下三叠统下部为连续的海相碳酸盐地层,岩性单一,无间断现象,是世界上罕见的优秀剖面。其中,浙江长兴煤山一带三叠系与二叠系海相沉积连续剖面是中外驰名的层型剖面。该剖面下部为上二叠统长兴组,上部为下三叠统青龙组,两组连续沉积,其碳酸盐岩的碳同位素组成在剖面上的变化情况见图2-2-16,又如陕西汉中吴家坪剖面三叠系和二叠系为整合接触,岩性变化不明显,但界线附近碳同位素组成变化明显,根据碳同位素组成($\delta^{13}C$含量)变化曲线,可将二者划分开。

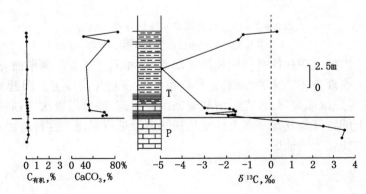

图2-2-16　浙江长兴煤山三叠系与二叠系交界地层的碳同位素组成变化(据吴瑞棠等,1989,有改动)

　　分子地层学是近年来新兴的分支,主要是利用地质体中的各类分子化石来划分、对比地层。分子化石在地球科学乃至环境科学中有着广泛的应用,但不管是哪类分子化石(古

DNA、古蛋白、地质类脂物等），其地层学应用的主要原理实际上是依据分子化石的生物源信息和其离开生物体后发生的一系列转化途径来实现的。在各类年代学框架下，由以上两方面的信息所揭示的各类生物事件和环境事件则成了区域性乃至全球性地层对比的主要依据。图2-2-17为浙江长兴煤山二叠系—三叠系界线附近的分子化石变化趋势，其中各类分子的变化趋势具有较好的一致性，可以将长兴组顶部和殷坑组底部划分为明显的3层。

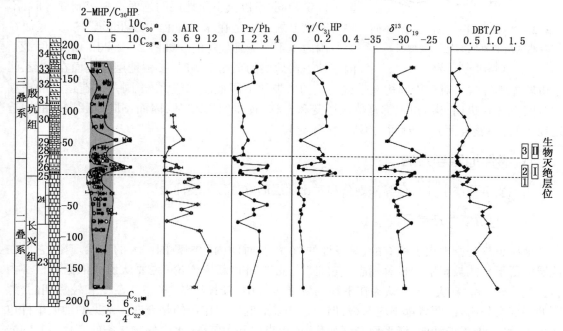

图2-2-17 浙江长兴煤山二叠系—三叠系界线附近的分子化石变化趋势（据谢树成等，2007）

五、构造运动面（不整合）方法

利用地层中的不整合面进行地层对比是一种常用的方法。由于不整合界面代表一次区域性的地壳运动，所以有较大的分布范围，因此可以用来作为地层对比的界线。如果不同地区的地层为连续可追索的不整合界面所限定，这些地层是可以对比的。不整合界面可以作为一个等时面，但紧邻该面上下的地层是不等时的。一般来讲，不整合面之下的地层或经历不同程度的变形，或经受不同程度的侵蚀，因此该地层的顶面一般不是等时面。不整合面之上的地层是在海侵过程中形成的，该地层的底面（海侵面）也是不等时的。所以，构造运动面的对比一般只能用于岩石地层单位的对比，在应用于年代地层单位对比时应特别谨慎。

一些沉积间断时间较长的不整合面上常有底砾岩、铝质岩、铁质岩，它们有标志层的作用，是地层划分的极好界线。构造运动引起的古地理、古构造等自然地理环境的巨大变化，不仅造成沉积岩性的变化，同时也可造成生物界的变革，因此，大规模的不整合与生物界的变化往往吻合，与生物演化阶段相一致。大规模的不整合面常常代表区域性的构造运动，有较大的分布范围。如果不同地区的地层为同一个可追索的不整合面所限定，这些地层的层位就大致相当。例如，我国东南地区泥盆系和下古生界之间普遍存在角度不整合，这一不整合代表早古生代后期至泥盆系沉积之前发生的一次强烈的构造运动，它是地史阶段划分的自然界线，是该地区地层划分对比的重要标志。又如华北—东北南部地区石炭系含煤岩系直接覆盖在奥陶系厚层石

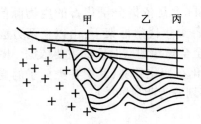

图 2-2-18 同一地壳运动在不同
地区造成不同的地层接触关系
（据曲淑琴，2009）

灰岩之上，二者间接触面不平整，岩性和化石明显不连续，是地层划分对比的良好标志。

另外，同一次构造运动在不同地区的表现形式不同，所以在不同地区表现为不同的地层接触关系。由于不整合面是大陆侵蚀面，侵蚀作用进行的程度和时间长短，在不同地区不一定相同，所以其下伏地层的顶面不一定到处等时；不整合面之上的地层是在水进过程中逐步形成的，其底面在大范围内也不可能到处等时。如图 2-2-18 所示，甲、乙、丙三地下伏地层的顶面不等时，上覆地层的底面在甲、乙两地也明显不等时。对于不同构造带或同一构造带的不同地段来说，由于同一构造运动的高潮在时间、空间（纵向、横向）上都是依次递变和迁移、逐步"波及"的，因而不同地区出现的构造运动界面（不整合面），在时间上不等时（穿时）。

六、事件地层学方法

用地质事件或事件组合等来划分和对比地层的方法称为事件地层方法。

（一）地质事件及常见类型

地质事件是指地史上稀有的、突发性的、在短暂时间内影响范围广大的自然现象，它能在地层中留下了能被识别的显著标志。它是"突变论"和"新灾变论"主要认识的依据和核心内容，"突变论"和"新灾变论"认为在事物的发展过程中，较长期的、平稳的渐变和较短期的、急剧的突变交替出现，两者都不应忽视，但对事物发展起决定作用的是突变。常见的地质事件包括火山喷发、地磁极转向、海平面升降变化、冰川事件和大气圈、水圈的物化条件变化引起的岩石圈和生物圈的明显改变、外星撞击地球等。

1. 生物突变事件

生物突变事件是划分重大地史阶段、进行地层对比的基本依据；人们对许多非生物事件的认识，都是通过生物绝灭或生物演化系列的突变而得到启发的。研究表明：整个生物演化史，阶段性地被大规模的绝灭事件打断，使生物界面貌不断更新，例如三叠纪与二叠纪之交、古近纪与白垩纪之交等。生物突变事件不重复、不可逆，具有较高的时间确定性，在地层学中倍受关注。

2. 海平面升降事件

地史时期水圈和大气圈的许多事件都不同程度地表现在海平面变化上。大规模的高海平面期与气候温暖期和构造活跃期大体同步（图 2-2-19）。

Vail 等人（1977）根据大量地震地层及各方面资料和前人研究成果，建立的全球性海平面相对变化周期曲线，为大区域、洲际以至全球性对比提供了参考标准。如白垩纪中晚期的海平面变化事件，在西非、阿拉伯、欧洲以至北美西部，都可对比，尽管各地的水深不同，但是水进、水退的趋势相同（图 2-2-20）。海平面变化事件在完善地质年代表的工作中，发挥了重要作用。

3. 冰川事件

地史时期出现过多次大规模冰川。它代表大区域甚至全球性降温。冰川可形成独特的冰碛层，造成自然地理环境突变、生物群变革，所以冰川事件可作为地层对比及地质阶段划分的重要标志。

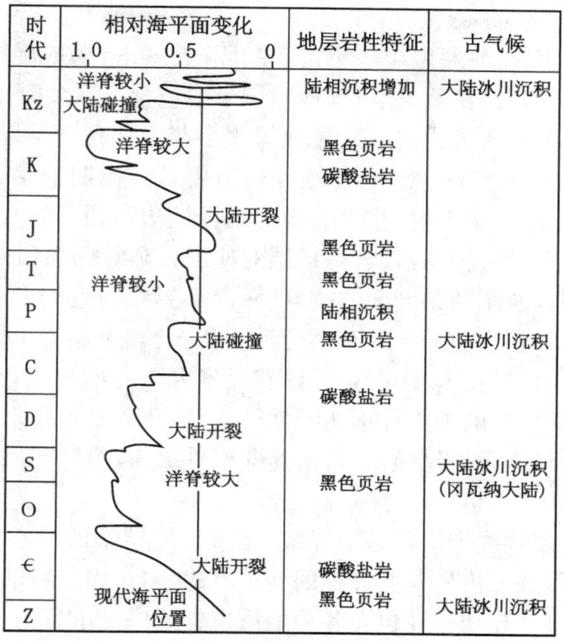

时代	相对海平面变化 1.0 0.5 0	地层岩性特征	古气候
Kz	洋脊较小 大陆碰撞	陆相沉积增加	大陆冰川沉积
K	洋脊较大	黑色页岩 碳酸盐岩	
J	大陆开裂		
T		黑色页岩	
P	洋脊较小	黑色页岩 陆相沉积	
C	大陆碰撞	黑色页岩	大陆冰川沉积
D		碳酸盐岩	
S	大陆开裂 洋脊较大	黑色页岩	大陆冰川沉积 (冈瓦纳大陆)
O			
€	大陆开裂	碳酸盐岩	
Z	现代海平面位置	黑色页岩	大陆冰川沉积

图 2-2-19　震旦纪以来全球海平面变化与沉积和构造事件的关系(转引自杜远生等,1998)

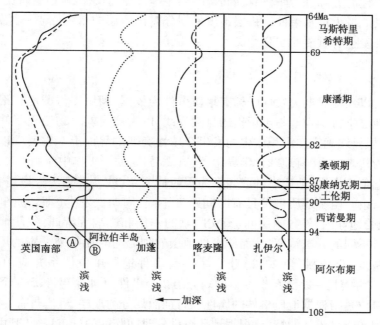

图 2-2-20　白垩纪中晚期海平面变化事件的洲际对比(转引自吴瑞棠等,1998)

奥陶纪末的冰川事件见于北非、南美和欧洲某些地区,但是它对沉积环境及生物变革的影响遍布全球。在冰川活动顶峰期,海洋中大量的水汇聚到大陆冰盖中,使全球海平面下降,造成许多地区奥陶与志留系间的不整合,一些海域变浅,形成了浅海沉积,其上下为冰期前后深水缺氧环境的黑色页岩。冰川事件与奥陶纪末的生物绝灭几乎同步。冰川迅速消长使海水深度、温度、盐度、底流及含氧条件等急剧变化,导致生物界巨大变革。

4. 宇宙事件

宇宙事件又称地外事件,它是发生于宇宙间的陨击、彗击、超新星爆发及小行星撞击等事件的总称。研究表明:在岩石、矿物、化石等地质记录中包含了许多天体运动的信息,如现代冰川纹泥沉积及寒武纪以前变质沉积岩中的显微层理多与太阳黑子活动有关,黄土中的 $CaCO_3$ 含量、磁化率、Fe_2O_3/FeO 等参数的变化,与地球轨道要素的周期变化有关。宇宙事件具有极大的能量,它使地球各圈层发生大规模变化,成为划分地史阶段的重要依据。它波及范围广,具有全球性、瞬时性和等时性,极易辨认,是地层对比最精确的标志和自然界线。

湘西北杨家坪和鄂西峡东两条剖面的震旦、寒武系界线附近均发育一层厚几厘米至几十厘米的白色黏土层,该黏土层之下普遍有小壳动物化石,黏土层之上则未发现。地化分析表明,这一黏土层上的碳同位素及 Ir、Os、Au 等稀有元素含量有明显变化,这是外星撞击事件引起的,它直接造成了小壳生物的绝灭。中扬子地区震旦、寒武系界线附近已识别出大洋缺氧事件、浊流事件、生物灭绝事件及外星撞击事件,这些事件成为震旦、寒武系界线划分的极好标志(郭成贤、肖传桃等,1999)。

地质事件造成的地层界线即事件地层界线,是事件地层学的核心。它具有反映地质事件的特殊标志,代表有机界和无机界演变过程的变革点,是岩系中独特的自然分界面。由于各种地质作用的相互联系,事件界线往往包含各种地质事件造成的丰富内容。

许多地方性事件,如风暴、洪水、浊流、地震、火山喷发等,虽然历时短,但能量大,其沉积物厚度常常占地层柱的大部分,并有独特的岩性、层序等特征,对于区域地层对比、盆地分析等研究都有重要意义。特大洪水事件沉积层不仅是划分对比地层的重要标志,对沿海平原乃至海区的淡水资源开发也有重要的实际意义。

(二)事件地层单位体系

事件地层学以地史时期突发性的稀有地质事件为依据,利用事件的地层记录进行地层划分对比。事件地层学特别强调易于识别的自然界线,以大规模的生物绝灭事件和沉积事件为标志,把年代地层界线确定在沉积或生物发生全球性突变的界面上。它通常以一个面或一个极薄的特定层为代表,并伴有地球化学异常,其直观易认,便于工作中应用。

从时间概念角度来讲,地质事件或表现为瞬时性变革,或者表现为一段过程,或者是一个过程的开始或结束。由于地质事件具有时间跨度不同、周期性发生(即地质事件相对集中和定期发生)以及受地球内、外各圈层间、天文因素的作用和影响等特征,致使地质事件在时间上和空间上具有不同的分布特征,从而给事件地层的划分与对比带来一定的困难。为了提高地层学研究的精度,肖传桃等(2010)建立了一套事件地层单位体系并应用到中扬子台地(图2-2-21)。将震旦—寒武系事件集群划分出2个事件面、4个事件带、3个事件组合。

事件地层单位是指根据地质事件的属性和特征而划分的地层单位,具有一定的时间跨度、一定的分布范围和较易辨认的特点,根据地质事件的时间跨度和分布特征,其由小到大分为事件面、事件层、事件带、事件组合和事件集群。

事件面(event surface)是指某一地质事件发生的初始面、结束面或两种地质事件之间的转换面及其地质记录所构成的单位,为时间跨度最小的事件地层单位,其时限最短,一般以ka(千年)到10ka为单位,如海泛事件面、转换事件面、生物灭绝事件面等。

事件层(event bed)是指某一突发性的短暂的地质事件及其地质记录所构成的层状地质体,往往表现为较薄的层,一般厚度为几十厘米,具有洲际性、全球性以及区域性分布特征,其

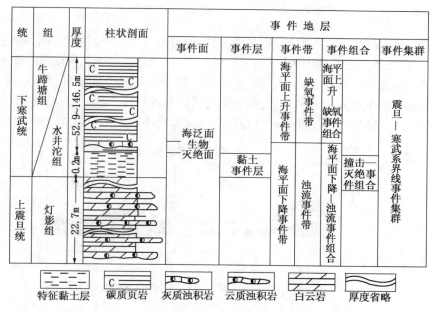

图 2-2-21 中扬子台地震旦—寒武系界线事件地层系统

时限一般为 10~100ka。如界线事件(撞击、火山)黏土层(如 Pre €/€ 之间、P/T 之间以及 K/Ez 之间)等。

事件带(event zone)是指某一地质事件及其地质记录所构成的沉积地质体。可以是全球性、区域性和地方性地层单位,其分布范围取决于地质事件的影响范围,其时限一般为 100ka~10Ma,如地磁极性事件带、火山事件带、生物灭绝事件带等。

事件组合(event association)是指在成因上有联系的两个或两个以上的地质事件及其相互作用的地质记录所构成的地层体,该类地层单位一般表现区域性或地方性分布特征,也可以是洲际性地层单位,其时限跨度较大,一般为 10ka~10Ma。如缺氧事件、有机碳峰值事件可构成海平面上升—缺氧—有机碳峰值事件组合;重力流、浊流事件以及不整合等事件往往与海平面下降事件相伴,可构成海平面下降—重力流事件组合等。

事件集群(event gathering)是指在某一地质时间段内特别集中的各类地质事件及其地质记录所构成的地质体。该类地层单位往往跨越界、系、统、阶的界线或发育于其界线之上、下或发育于某个年代地层单位中,通常包括两个或两个以上的事件组合,其时限一般为 1~1000Ma或几千万年不等。该类地层单位的形成除了与地球本身阶段性演化特征相关联外,与地球以外天文因素等周期性变化也可能有着密切关系,如前寒武系界线事件集群、奥陶纪—志留纪之间的界线事件集群、二叠纪—三叠纪之间的界线事件集群、白垩纪—古近纪之间的界线事件集群等。

七、磁性地层学方法

磁性地层学(Magnetostratigraphy)是根据岩石层序中物质的磁学属性建立的极性单位进行地层划分对比的学科分支。它是在地层学和年代学的基础上,通过研究火山岩和沉积岩中所记录的地磁场和岩石单元磁场特征的磁极性变化,而逐步建立起来的一种新的地层学研究方法。

（一）基本原理

众所周知,地球存在着磁场,具有南北极之分,但是地磁极不是固定的,而是随着时间的推移在变动着。在地质历史时期中,地球磁场的极性方向变化是一种十分频繁的现象。在一定的地质时间里,地球磁场的极性是一定的,它的指向要么是与现今地磁场方向一致,称为正向的极性;要么是与现今地磁场方向相反,称为负向或反向的极性。地质时期地磁场的这种极性变化,就保存在该时期的含有铁磁性矿物组成的任何岩层中(图2-2-22)。

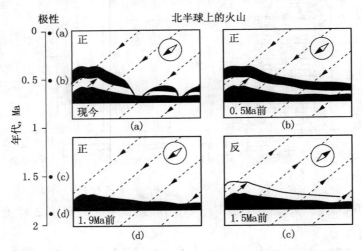

图2-2-22　地层剖面中极性倒转示意图(据P.J.怀利,1975)

当灼热的熔岩流从火山口喷出,熔岩沿山坡流动过程中逐渐冷却,当温度降到450℃(居里温度)时,磁性矿物原子的方向就按当时的磁力线固定下来。这样,磁性矿物的磁性就记录了熔岩冷却时地球磁场的方向。保留在岩石中的这种磁性,称为剩余磁性。以后只要岩石不再遭受重新熔化等强烈改造,岩石中的剩余磁性就可保持下来。沉积岩同样可以记录沉积物形成时的古地磁场情况,由于沉积岩中磁性矿物颗粒的排列,不但受古地磁场的影响,而且还受当时古水流的影响,所以沉积岩的磁化程度大约要比熔岩的磁化程度弱100倍。

（二）磁性地层单位及磁极性年代表

磁性地层单位是指在正常地层序列中,以其磁极性基本一致而组合在一起,并以此区别于相邻单位的岩石体。磁性地层单位通常由三种情况组成:(1)整个地层为单一的极性;(2)可由正向与负向的极性交替组成;(3)以正向极性为主又包含了次要的负向极性,或者以负向极性为主又包含了次要的正向极性。由于这种极性都具有客观的实体,又在同一磁场环境中形成,因此极性单位可以达到具有世界范围的参考价值。

磁性地层学使用的基本单位是时(或带)。通常,每个时(或带)是以自身所特有的极性为特征,它们之间的时空位置均以上限与下限来区分,这种界限被称为转换带,标志着两种相反极性符号的变化,时(或带)的延续时间是在$10^5 \sim 10^6$年。磁性地层极性单位的各个等级与时间跨度如表2-2-4所示。

建立地质时期地磁极性年代表是磁性地层学研究的重要任务之一。近年来,地质时期一个连续的地磁极性年代表,根据海洋磁异常的排号已经测制到M29的正向极性带,与之相对应的地质时代是中侏罗世卡洛期(即168Ma前)。

表2－2－4　磁性地层极性单位的等级及其时间跨度的划分

磁性地层极性单位	地质年代系列	年代地层系列	时间地层系列,a
极性巨带	巨时	巨时间带	$10^7 \sim 10^8$
超带	超时	超时间带	$10^6 \sim 10^7$
极性带	时	时间带	$10^5 \sim 10^6$
亚带	亚时	亚时间带	$10^4 \sim 10^5$
微带	微时	微时间带	$< 10^4$

地质时代中的偏极性超时,按时间从晚到早的顺序是 K—E—N(M)(白垩纪—古近纪—新近纪混合极性超时),K(N)(白垩纪正向极性超时),J—K(M)(侏罗纪—白垩纪混合极性超时),P—T(M)(二叠纪—三叠纪混合极性超时),C(M)(石炭纪混合极性超时)。至于古生代早期和前寒武纪的地磁极性年代表,因为研究程度太差,所以尚难断定它们的超时序列的时空位置。

不同学者整理过全球性地质事件与磁极性倒转之间相互关系(图2－2－23),可以看出地质历史中不同地质事件(构造旋回、造山运动、玄武岩大量喷发、海水进退等)之间大致存在一定的对应关系。

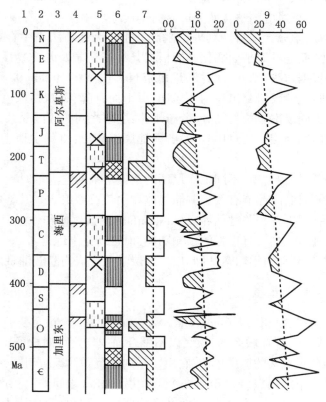

图2－2－23　古生代以来全球性地质事件与地磁性倒转的相互关系示意图

(据 Моловкий,1970;Щейнманн,1975;Vogt,1975)

1—地质年代表,Ma;2—纪;3—构造阶段;4—隆起期和主要褶皱期;

5—古地磁极性迅速位移期(虚线区)和暗色岩大量喷溢期(×);6—地磁场状态(较密的线纹代表较频繁的倒转);

7—同(6)用曲线表示;8—北美海侵面积变化曲线,%;9—世界各大陆海侵面积变化曲线,$10^8 km^2$

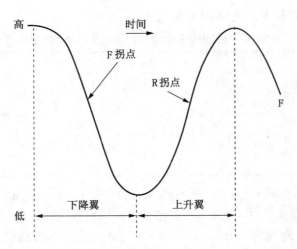

图2-2-24 全球海平面变化曲线要素(据 H. W. Posamentier 等,1991)

八、层序地层学方法

层序地层学(sequence stratigraphy)是20世纪80年代后期发展起来的一个地层学分支,是研究以不整合面或与之相对应的整合面为边界的年代地层格架中具有成因联系的、旋回岩性序列间相互关系的地层学分支学科。其理论基础就是认为地质历史中存在过全球(大区域)性的海平面升降变化,而这种海平面变化又能根据其沉积记录及各类物质界面识别出来。因此,层序地层学能够根据露头、钻井、测井和地震资料和全球(大区域)海平面升降,结合有关沉积环境和岩相古地理解释,研究出在构造运动、海平面升降、沉积物供应和气候等因素控制下,层序及层序内部不同级次单位的划分、分布规律;层序之间的成因联系、界面特征和相带分布;建立更精确的全球性地层年代对比、定量解释地层沉积史,更科学地进行油藏以及其他沉积矿产的钻前预测。

层序地层学在不同类型盆地,不同工作尺度的条件下都能建立等时地层格架,在统一对比格架中研究沉积体系和相,因此能有效预测储集体和油气成藏组合。其基本的方法是从岩石、地层的物理特征入手,识别各种关键性界面(key surface),其可操作性强,生产中易于应用;在建立了层序内部构成模式之后,有很强的预测功能,而且理论上综合考虑了构造、海平面变化、物源补给和古气候等各种动力学因素,因此层序地层学正在成为隐蔽油藏勘探中的有效工具。

(一)层序地层学基本概念

在层序地层学研究中,沉积层序(sedimentary sequence)是一个最重要的概念和基本单位,它是一套相对整一的、成因上存在联系的、顶底以不整合面或与之可对比的整合面为界的地层单元。层序是一个具有年代意义的地层单位,它由一系列的沉积体系域组成,一般认为,它是全球海平面变化曲线前一个下降拐点(F_1)至后一个下降拐点(F_2)之间的沉积产物(图2-2-24)。层序内部相对整合的地层形成于同一海平面升降旋回中,层序是由成因上有联系的多种沉积相在纵向和横向上的有序组合。层序本身不包括规模甚至时间的含义,但层序内所有岩层都是沉积在以层序边界年代所限定的地质时间间隔内,层序边界及内部地层的地质年代可以用生物地层和其他年代地层学的方法加以确定。海平面的变化可以通过层序研究在全球、区域不同尺度上识别。不同级别海平面变化周期对应相应级别的沉积层序,即海平面变化周期控制沉积层序(表2-2-5)。

表2-2-5 海平面变化周期、成因及其与层序的关系(据Vail,1977;Maill,1992)

周期级别	周期持续时间,Ma	周期的成因	层序
Ⅰ	>100	泛大陆的形成与解体	巨层序
Ⅱ	10~100	全球性板块运动或大洋中脊体积变化	超层序
Ⅲ	1~10	全球性大陆冰盖生长和消亡;洋中脊变化;构造挤压或板内应力调整	层序
Ⅳ	0.1~1	大陆冰盖生长与消亡或天文驱动力	体系域,准层序组
Ⅴ	0.01~0.1	米兰科维奇旋回或天文驱动力	准层序

沉积岸线坡折(depositional shoreline break):它位于海岸或滨海平原与海盆斜坡过渡的地带。在该处,朝陆方向的沉积面位于或接近基准面(即海平面),向海方向的沉积低于基准面,是沉积作用活动造成的地形坡折。

陆架坡折(shelf break)是大陆架与大陆斜坡之间的过渡地带,为陆架坡度改变的标志。从该处向陆侧倾角较缓,向海侧坡度较陡。

沉积体系域(sedimentary system tract)是指一系列同期沉积体系的集合体。根据不同沉积背景可分为Ⅰ型和Ⅱ型边界沉积体系域。

海泛面(marine flooding surface)是指有证据表明水深突然增加的新老地层间的界面,该界面通常是平整的,仅有米级的地形起伏。初次海泛面(first flooding surface)是指层序内部初次跨越陆架坡折点的海泛面,即响应于首次越过陆棚的第一个滨岸上超对应的界面;最大海泛面(maximum flooding surface,简称mfs)是指一个层序内最大海侵时形成的界面,是海侵体系域顶的顶界面,最大海泛面通常以凝缩段为典型沉积或与凝缩段共生。

凝缩段(condensed section,简称CS)时间上处于海侵体系域和高水位体系域之间的特定层位,空间上分布在陆棚中至外部、大陆坡和盆地部位。凝缩段是海侵达到最大范围时期(相当于mfs)的特殊地质记录。在陆源物质供应最少、沉积速率最低和海水相对最深的条件下,呈现沉积物厚度很薄的饥饿盆地状态(也称为饥饿段),其沉积速率一般小于1~10mm/ka,如图2-2-25(b)所示。在陆坡至盆地区以硅质、泥质远洋至半远洋沉积为主,在陆棚区则以瘤状灰岩、泥灰岩、磷块岩、锰矿层和富含海绿石等相对较深水沉积为特征。古生物化石在陆坡至盆地区以漂浮生物的聚集式密集保存为特征,如硅质岩中的放射虫和泥质岩中的笔石、竹节石、菊石等;在陆棚区则以密集的较深水生物遗迹化石、保存完整而丰富的原位底栖介壳化石为特征。地球物理性质上以泥质高、导电性差、放射性含量高为特征,在钻孔测井曲线中有明显反应(由于很薄的厚度中曲线呈密集状收缩,也称为密集段)。由此可见,凝缩段具有特殊的岩性界面、生物界面和地球物理界面,是一个比较容易识别的关键界面,对于划分不同体系域和指导沉积矿产寻找都有重要意义。但滨岸带和陆表海浅水区不具备凝缩段形成的条件。

（二）层序界面与层序内沉积体系域

Ⅰ型、Ⅱ型层序边界均为区域性不整合面,在层序的底部边界上具有特征的深切谷。Ⅰ型层序边界是在全球海平面下降速率大于沉积滨岸坡折带的盆地下降速率时产生的,即此时发生了较大规模的相对海平面下降,Ⅰ型层序下部为低水位体系域。Ⅰ型层序界面以河流回春作用,沉积相向盆地方向迁移,海岸上超点向下迁移以及与上覆地层相伴的陆上暴露和同时发

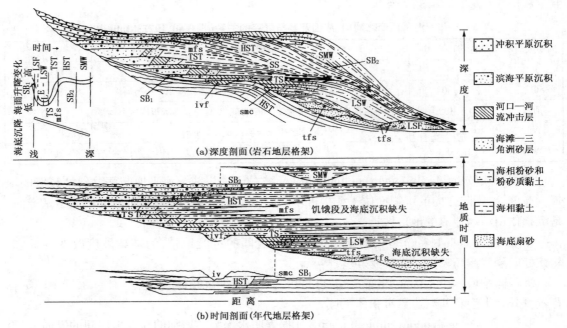

图 2-2-25　层序地层学的概念格架(据 Vail P R,1988;转引自魏家庸等,1991)

SMW—陆棚边缘楔(进积型沉积);HST—高水位体系域(加积—进积型沉积);SS—饥饿段(低速沉积及海底间断);TST—海侵体系域(退极—加积型沉积);ivf—深切谷充填物(河流沉积等);LSW—低水位楔(进积型沉积),包括早期(E)的斜坡扇和晚期(L)的低水位三角洲;LSF—低水位扇(海底扇);SB₂—Ⅱ型不整合(无严重的侵蚀现象);mfs—最大海泛面(位于饥饿段中部,上覆层的下超面);TS—海侵面(TST的底界,海相沉积与陆相沉积的界面,或称 ffs 最初海泛面);tfs—扇顶面;SB₁—Ⅰ型不整合,有明显的侵蚀现象,如深切河谷(iv)、海底峡谷(sine)等

生的陆上侵蚀作用为特征。Ⅰ型层序包括低位体系域(LST)、海侵体系域(TST)、高位体系域(HST)。

　　Ⅱ型层序边界是在全球海平面下降速率小于沉积滨岸坡折带的盆地下降速率时产生的,即此时未发生相对海平面下降。具有自沉积滨线坡折带向陆方向的陆上暴露,上覆地层的上超以及海岸上超的向下迁移等特征,Ⅰ型层序下部为陆架边缘体系域。Ⅱ型层序包括陆架边缘体系域(SMST)、海侵体系域和高位体系域。

　　低位体系域(lowstand systems tract,简称 LST)是在 F 和 R 点之间最大海平面下降及其后缓慢上升时期的沉积序列,其顶界是首次海泛面。由于海平面降至陆架坡折外侧,暴露陆棚上出现河流深切谷,大量陆源碎屑越过陆棚直接带至陆坡、盆地区,先后形成成分复杂的低水位扇和低水位楔。前者主要由内斜坡扇及海底扇组成,后者以粒度细的楔形斜坡沉积为主。

　　海侵体系域(transgressive systems tract,简称 TST)形成于海平面迅速上升时期。它是从低水位体系域之上的最初海泛面(first marine-flooding surface,简称 ffs)开始,内部以出现系列海侵事件为特征,顶部以出现最大海侵面(maximum flooding surface,简称 mfs)结束。海侵体系域代表了持续海侵阶段的特有沉积相组合,通常在垂向上呈现向上变深的缓慢沉积的退积型准层序组,在碎屑岩中以出现分选良好的滨岸带沉积为标志;在碳酸盐岩中往往呈现成层清晰、化石经过海浪筛选的特征;也包括深切河谷中后来充填的海相沉积物(图 2-2-25)。

　　高位体系域(highstand systems tract,简称 HST)是在全球海平面的高水位期沉积下来的体系域。高水位期一般指从 R 拐点之后的某一时刻开始,至 F 拐点之前某一时刻结束的时间间隔。该体系域的底是最大海侵面,顶界则是另一个不整合面,如图2-2-25(b)所示。高水位体系域代表海侵达到最大范围后相对静止再转化为开始海退的特殊阶段,垂向沉积相组合呈现向上变浅的进积型准层序组。在碎屑岩中可以分选较差的三角洲沉积为典型代表,底部下超面(downlap,surface)十分明显,如图2-2-25(a)所示;碳酸盐岩中经常呈现巨厚层至块状外貌,顶部出现白云岩和多种暴露标志。

陆架边缘体系域(shelf marine systems tract,简称SMST)为一楔状体,覆盖在Ⅱ类层序界面上,与低水位体系域同属最大海退阶段的沉积序列,仍因海退规模小,陆棚并未全部暴露,也未出现深切河谷和相应的低水位扇和楔。本体系域下界的特点是海岸平原或滨海—三角洲沉积覆于河流沉积之上,上界为一海侵面,与上覆的堆积型海侵体系成分开。陆架边缘体系域是一个或多个微弱前积到加积准层序组为特征。

准层序(parasequence)是由相对整合、成因上相关的层或层组所组成的序列,它们以海(湖)泛面和与之可以对比的面为界。准层序组(parasequence sets)则是由成因上相关的若干准层序所组成的地层序列,边界为一个重要的海泛面和与之可对比的面,其垂向上构成一个特征的叠加形式,准层序组可划分为进积、退积和加积准层序组三种类型(图2-2-26)。

根据沉积层序内部沉积体系域组合特征,可以区分出两种常见类型。各自的沉积体系域配置和关键界面的关系表示如图2-2-26所示。

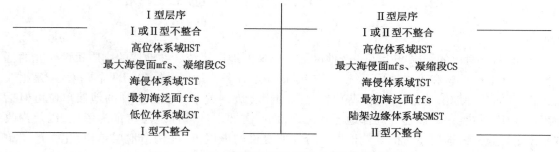

图2-2-26 沉积体系域配置和关键界面的关系图

由此可见,一个层序代表一次完整的海平面升降旋回,是一次海平面升降旋回的产物。而全球(大区域)性海平面升降旋回所形成的沉积层序及其关键界面(key surface)具有等时意义,可以根据一系列物质标志来划分、对比地层(视频2-2-1)。例如层序顶底的不整合面和层序内部沉积体系域间的最初海泛面、最大海侵面等,都可以通过具体的生物面(化石层位)、物理面(古喀斯特面、古土壤层、渗滤带、凝缩段、岩性变化、上超和下超、地层结构转换面等)和地球化学面(常量和稀土元素变化)予以识别和追踪。这种多学科交叉的综合研究对于沟通不同沉积相带间的地层对比具有极大的优越性,无疑对于解决上述存在问题、优化时间(年代)地层单位界线和全球(或大区域)对比方面具有良好前景和广阔前途。

视频2-2-1 层序地层

九、综合地层学方法

随着地层研究的深入,有人提出综合地层学(姚华舟等,1994)。综合地层学把系统科学的普遍原理与地层学的特殊原理结合起来,从整体上揭示地层学各种物质属性之间的关系和各地层分支学科之间的关系。综合地层学的研究内容包括地层的各种建造特征和改造特征及与之共存的有地层意义的侵入岩特征。综合地层学是在多重地层划分的基础上进行综合，其本质在于揭示各种地层划分的内部联系和主次关系，最大限度地利用各种地质资料，有效地选择多种地层方法，进行综合研究和相互验证，以便从整体上把握地层，解决地层的划分对比和成因问题。地层的各种物质成分和属性千差万别，但都是一定发展阶段的必然产物。它们相互联系相互依存，包含着系统科学的基本规律。综合地层学就是在这种思想的指导下进行地层研究，在内容上它包含了地层学的各个分支，这些分支不是无机地拼在一起，而是通过一定的时空格架联系起来。

就地层学在地质学中的位置和整个地质历史而言，地层学的基本目的和任务是研究表壳岩石在四维空间的分布规律，即地层体的时空规律，追索其区域性乃至全球范围的整体特征。从这一基本目的和任务来看，地层学的不同分支学科起着不同作用，处于不同的位置和层次。

综合地层学以岩石地层学为基础，以沉积地层学、火山地层学、磁性地层学和构造地层学等为基本层次，以生物地层学、同位素年龄地层学和年代地层学为主导层次，最大限度地利用包括地层的岩石组合、化石、变形、变质、物理化学属性和侵入地层中的岩脉及它们所反映的沉积与构造环境等各种地质资料解决地层问题。

第三节　经典地层单位及地层系统

地层划分对比的结果产生了一个地区甚至全球的地层系统。在地层的物质属性研究的基础上，建立地层单位和确立地层系统是地层学的中心任务。地层系统包括两个要素：一是组成地层序列的各种地层单位，二是这些单位之间的相互级别关系。多种多样的地层单位可概括为两大地层系统：一是以建立局部地层系统为目的、主要以区域性地层特征为依据，以及为改善、补充和验证该地层系统的其他地层学分支所提供的地层单位(构造地层单位、化学地层单位、生态地层单位等多重地层单位)，着重体现地层岩性、构造等固有特征的物质性地层单位系统；所有这些地层单位都是穿时的。二是以建立全球性年代地层系统为目的的年代地层单位系统，以及为完善和验证该系统服务的生物地层单位和磁性地层单位，这些地层单位之间的界面是等时的。因此，不是所有的地层单位都能形成完整的地层系统。目前最常用的是三套地层单位(岩石地层单位、年代地层单位和生物地层单位)(表2-2-6)，我们称之为经典地层单位。其中，时间地层单位系统是全球(或大区域)统一的、有强烈的时间概念，岩石地层单位和时间地层单位系统是依据不同原则建立起来的两个相互独立的地层单位系统。

表2-2-6　主要地层单位分类表(据全国地层委员会,2001)

地质年代单位	年代地层单位	岩石地层单位	生物地层单位
宙(eon)	宇(eonthem)		
代(era)	界(erathem)		延限带(range zone)
纪(period)	系(system)	群(group)	组合带(assemblage zone)
世(epoch)	统(series)	组(formation)	间隔带(interval zone)
期(age)	阶(stage)	段(member)	谱系带(lineage zone)
亚期(subage)	亚阶(substage)	层(bed)	顶峰带(abundance zone)

一、岩石地层单位

根据岩性或岩性组合特征建立的地层单位就是岩石地层单位。

(一)岩石地层单位系统

岩石地层单位是区域地质填图的基本单位,是一切地质学研究的基本要素。岩石地层单位以客观存在的岩性特征及岩性组合特征为主要依据划分地层单位。地层的基本层序、结构、厚度和体态、接触关系及磁性、电性等地球物理和地球化学特征等都可作为岩石地层单位的划分依据。地层的岩石学特征是客观存在的,所有地层工作都以岩石地层单位系统为基础。因此,在任何研究区划分岩石地层单位,建立从老到新的岩石地层单位系统,都是地层研究的首要步骤。

确定和建立岩石地层单位一直坚持着岩石学特征稳定的原则,其首要是岩性的稳定性,其次,要求地层结构的稳定性。一个岩石地层单位应由岩性相对一致或相近的岩层组成,或为一套岩性复杂的岩层,但可以和相对简单的相邻岩层相区别。

《中国地层指南及中国地层指南说明书》将岩石地层单位分为正式、非正式和特殊岩石地层单位三种。

1. 正式岩石地层单位

符合《中国地层指南及中国地层指南说明书》关于岩石地层划分和单位定义的规定,并按命名程序给予命名的为正式岩石地层单位,其岩性或岩石组合等特征在地层剖面上容易识别,纵、横向可以追索。正式岩石地层单位按级别分为群、组、段、层四级。

群(group) 是最高的一级岩石地层单位,为组的联合。群可由两个或两个以上具有相同或相似岩性(或岩性组合)岩相或变质程度特征的组组合而成。但是组并非都要归并为群,为编制小比例尺图件或更有效地在大范围内对地层进行对比并概括地层的发育特征才并组为群。一套厚度巨大、岩类复杂、未做深入研究的、因构造变动使原始层序暂时不能恢复的岩系,常常也称为一个群。有时多个群合并为超群,或一个群分为若干个亚群。群的顶、底界面常常是沉积间断或不整合,若其内划分了组,则为组的上下界,群内可以有平行不整合。

组(formation) 是正式岩石地层单位系统的基本单位。岩类或岩类组合相同、结构类似、岩色相近、整体变质程度和岩性一致、空间上有一定的延展性,并能据以填图的地层体。一个组可由一种岩石构成,也可由几种不同的岩石有规律地组合而成。组通常由一种基本层序构成,也可由有成因联系的二、三种基本层序构成。构成组的基本层序可以是旋回性的,也可是非旋回性的均质层或具随机夹层的地层。组的内部结构应有一致性,内部不分段的组只有一种结构类型,内部分段的组可有多种结构类型。一个组的建立,必须具备下列条件:顶、底界线明显,可以是不整合,也可是整合界线,但标志必须明确,以便追索和其他同行专家识别;组内不能有明显的不整合;在一定的区域内一个组的岩性、岩相基本稳定,分布范围过小不应建组。组的厚度没有一定的标准,一般是数米到数百米,在区域地质图(1∶5 万~1∶20 万)上一般可表示出来。有的组仅厚几米,也有的组厚达数千米。

群和组名称一般由地层发育区的地名和表示其级别的单位术语构成,如鞍山群、毛庄组等,用英文,如五通群为 Wutong Group、长兴石灰岩为 Changxing Limestone。非正式岩石地层单位的名称,单位术语第一字母不大写。

段(member) 是组内次一级的岩石地层单位,段常常以组内明显的岩性、结构、成因等特征的差别来划分,如太原组按沉积旋回分成三段。一个段由一种结构类型、成因有关的岩层组成。段总是组的一部分,不能脱离组而独立存在。但是组并非都要分段,有时仅仅把组的某个或某些间隔划分为段。段可以从一个组侧向进入另一个组,一个组侧向延伸于其他组组内的部分可以处理为其他组的一个段而另外命名。段的顶底界线也应明显,一般是标志明显的整合界线。

层(bed)是最小的一级岩石地层单位。它由特征明显不同于相邻岩层的地层构成,如页岩层、含油层、煤层等。层可以是一个单层,也可由几个紧挨在一起的岩性相似的单层联合构成。含矿层和标志层在地质图上应表示出来(若厚度太小可不受比例尺限制),层的厚度一般为一至几米厚。

2. 非正式岩石地层单位

非正式岩石地层单位是为某些特殊需要(更精细划分地层或研究具经济价值的岩石)而提出的无需命名的岩石体,一般只考虑实用目的而没有考虑岩石的一致性,如含水层、煤层、油砂等。另外,依据岩石形成方式、形状或其他非岩石特征所鉴别的岩石体,如滑移体等也属非正式岩石地层单位。

3. 特殊岩石地层单位

特殊岩石地层主要是岩石经受强烈的后期构造变动、变质作用和岩浆作用等影响之后形成的岩石体,其岩石特征受到明显改造和重组,或发生大幅度构造位移或推覆,原始地层顺序严重破坏,岩石特性、结构与构造部分或全部遭受明显的肢解,难以用正常岩石地层的研究方法进行划分与对比。常用的特殊岩石地层单位有岩群、岩组、杂岩、混杂岩、蛇绿岩、滑塌岩、构造岩等。特殊岩石地层单位的划分原则与正常岩石地层单位不同,其主要依据地层的岩性组合、变形和变质程度等。特殊岩石地层单位的顶底界线一般是断层界线,或受断层改造的不整合界线,一般分布在造山带或基底岩系中。

岩群相当于正常岩石地层单位的"群"。它是一般位于中高级变质岩区,或造山带的主体部位,因受复杂构造运动或强烈岩浆活动影响,发生区域混合岩化作用而形成的一套原始地层顺序难以恢复的变质岩石组合;岩组相当于正常岩石地层单位的"组",是岩群的进一步划分,岩组之间的接触关系是构造叠覆关系,不符合地层叠覆原理;杂岩是一套厚度巨大(常不见底)、由多种岩类(沉积岩、岩浆岩、变质岩)不规则混合或极为复杂的构造关系为特征的无等级的岩石复合体,其原始层序模糊不清,杂岩也可作为岩石学术语出现在正式岩石地层单位中,如分布于阴山地区的古、中太古界桑干杂岩等;混杂岩是在活动大陆边缘或陆内碰撞造山带内,各种不同类型(沉积岩、岩浆岩、变质岩)、不同时代的岩石体,因构造作用无规律混合堆积在一起的岩块集合体,并被包裹于破碎的基质之中,其沿构造边界中的缝合带分布,长达几十至数千千米,是一种岩浆岩—深水沉积岩的洋壳岩石组合体,是地球壳—幔层圈间相互作用的产物,有的岩块保留着原始的层序,可在其内建立低级别正式岩石地层单位;滑塌岩指先成的正常或特殊岩层或岩石体,因受构造、重力等作用的影响,产生滑移或崩塌而嵌入或掉入正在沉积的异地地层体中的部分,滑塌岩的形成时代一般都老于其围岩,滑塌岩内部可以有良好的地层层序;构造岩是指构造活动带或构造面上形成的具有特殊次生结构的岩石组合,是特殊地层中无级别的非正式地层单位,如构造角砾岩、糜棱岩等。

4. 岩石地层单位界线的确定及命名

岩石地层单位的界线应划在岩性突变处,也可人为地放在渐变带内,但是它必须体现岩性的变化。岩层间的关系常常很复杂,例如按一定的沉积韵律逐渐过渡、两种以上岩石类型互相交替过渡等。确定界线应以既能反映岩石类型的变化规律、又切实可行为原则而进行人为的划分,如由于钻井的塌陷,地下的地层一般将界线置于某种岩石类型出现的最高位置。如果地层中有标志层,由于标志层能很好地划分地层,其界线最好能划在标志层的顶或底。

正式岩石地层单位的名称一般由地理名称加上能说明其等级的合适的地层单位术语构成,如蓟县群、山西组等。岩石地层单位形成的时间可用时、时代或时期表示。

(二)岩石地层单位的性质

各级岩石地层单位都是依岩性,而不是依形成时间划分的,所以岩石地层单位有一定的岩石内容,没有严格的时间界限;因为岩性与其形成的环境条件(如古气候、古地理、物源等)密切相关,而环境条件在不同地区有明显的差别,所以岩石地层单位是地方性的。例如,同是早寒武世后期形成的地层,在华北为馒头组的钙质页岩夹泥质灰岩;在滇东则为龙王庙组的白云岩夹页岩、粉砂岩。在侧向加积的情况下,各岩相带的岩性界面随时间推移而侧向移动,导致岩石地层单位的界线穿越时间界线(即与时间界面斜交),这种现象称为穿时性。这种穿时性一般是由于水进或水退造成的。如华北地区三山子组白云岩在临汝属中寒武统张夏阶,向北层位逐渐升高,到曲阳三山子组上部已属下奥陶统(图2-2-27)。

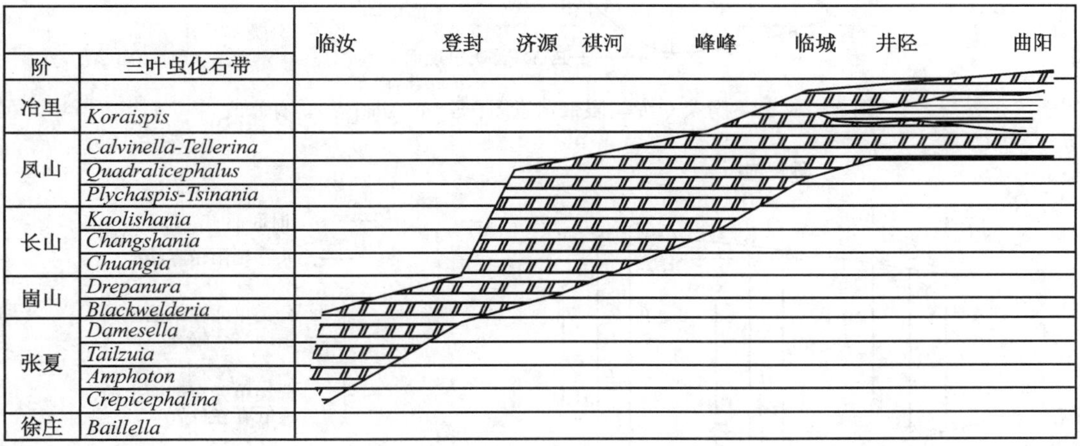

阶	三叶虫化石带	临汝	登封 济源 祺河	峰峰	临城 井陉	曲阳
冶里	*Koraispis*					
凤山	*Calvinella-Tellerina*					
	Quadralicephalus					
	Plychaspis-Tsinania					
长山	*Kaolishania*					
	Changshania					
	Chuangia					
崮山	*Drepanura*					
	Blackwelderia					
张夏	*Damesella*					
	Tailzuia					
	Amphoton					
	Crepicephalina					
徐庄	*Baillella*					

图2-2-27　三山子组的穿时性(据张守信,1981)

二、生物地层单位

(一)生物地层单位的类型

生物地层单位是指具有相同化石内容和分布特征的一种地层单位,主要是依据地层中的生物化石内容和特征划分的与相邻单位化石有区别的岩石地层体,其基本单位是生物地层带,简称生物带,是具有共同化石内容和化石分布特征的一种地质体,是生物地层单位的总称。生物带的顶底界面一般是一个特征性的生物地层面,称为生物面,界面上下的生物地层特征有重要而显著的变化,生物面既可以位于两个生物带之间,也可以出现于一个生物带的内部。生物带的时间和空间范围取决于定义该生物带的化石的时空分布特征。生物地层单位的划分可以依据不同的生物特征,因此有了多种不同类型的生物带,常用的生物带有延限带、间隔带、组合带、谱系带和富集带等。

延限带(range zone)是指任意生物分类单位在整个延续范围之内所代表的地层体,表示该生物分类单位从"发生"到"绝灭"所代表的地层,包括分类单位延限带和共存延限带两种。分类单位延限带表示一个分类单位,如一个科或一个属、一个种的整个分布范围内所形成的地层(图2-2-28),其界线指该分类单元的化石标本在每一个地方性剖面上已知产出的最大范围界线(生物面),如类三角蚌延限带,是指类三角蚌从出现直至绝灭的整个生存期间内所形成的地层;共存延限带是两个或多个特定分类单位延限带的共存部分所代表的地层体(图2-2-29),共存延限带下限是用来定义化石中延限较高的分类单元的最低存在生物面,上限是另一个延限较低的分类单元的最高存在生物面。

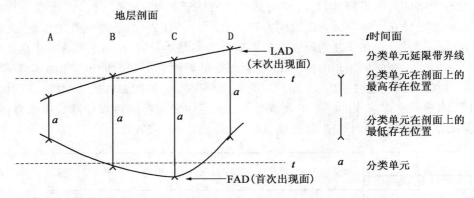

图2-2-28　分类单元延限带示意图(据 Salvador,1994,有修改)

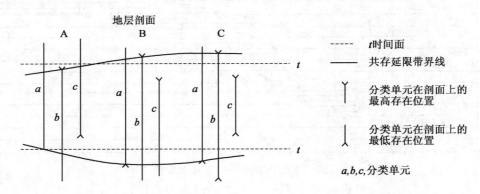

图2-2-29　共存延限带示意图(据 Salvador,1994,有修改)

间隔带(interval zone)是指两个特定生物面之间含化石的地层体(图2-2-30),该带不一定是某一个或某几个生物分类单位的分布范围,而是通过这些生物所确定的生物面来定义和识别的。这些生物界面通常是生物化石的最高和最低存在界面,这两种界面的组合限定的范围构成了间隔带。

组合带(assemblage zone)是三个及三个以上分类单位整体上构成一个独特的自然组合,并以此区别于相邻地层的生物组合(图2-2-31)。组合带的界线是标志该生物地层单位特有化石组合所存在范围的生物面,一般是凭经验选择分类单位来圈定组合带的界线的。确定某一地层剖面的某段地层是否归属于某一组合带时,并不需要所有分类单位都出现在该剖面上。组合带的名称取自化石组合中的两个或多个具有明显特征的分类单位,组合带多分布于局部地区,对于指示沉积环境有重要意义。

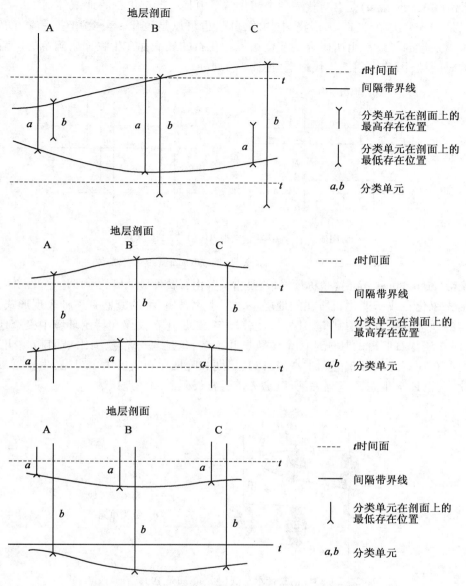

图 2 - 2 - 30　间隔带示意图(据 Salvador,1994,有修改)

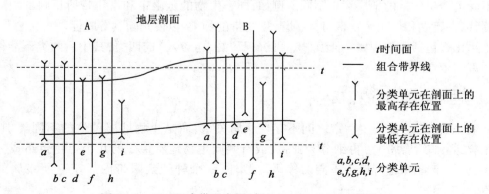

图 2 - 2 - 31　组合带示意图(据 Salvador,1994,有修改)

谱系带(lineage zone)是含有代表一个演化谱系中某一特定化石的地层体(图2-2-32)。它既可以是某一分类单位在一个谱系中的总延限,也可以是该化石分类单位后裔出现前的那段延限。谱系带的界线是由所研究的演化谱系中化石的最低存在生物面所确定的。谱系带具有较强的时间性,因此多用于年代地层"时带"的划分。

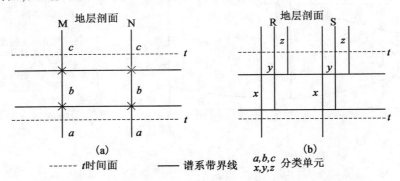

图2-2-32 谱系带示意图(据 Salvador,1994,有修改)

富集带(abundance zone)(也称顶峰带)是指某些化石属种最繁盛的一段地层(图2-2-33)。它不包括先驱化石或孑遗化石所在的地层。地层中化石属、种的繁盛有三种表现形式,一是化石在一定的地理分布范围中富集,其分布比较均匀;二是化石仅仅在特定环境中极窄地理范围内富集,而在该化石所占的其他地区个体数量并不多,仅地理分布范围比早期和晚期大;三是在特定时期在一定地理分布范围中富集,比其早期和晚期化石密度大。可见,生物富集不仅与生物演化有关,还与生态环境有关,所以富集带通常仅限于局部地区。

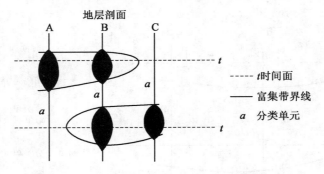

图2-2-33 富集带示意图(据 Salvador,1994,有修改)

不同类型生物带的地层意义不同。例如,同一生物的延限带和富集带所反映的地质时间不同,所以在建立和使用生物带时,应明确生物带的种类,以便判断其等时性。

生物化石包括原地埋藏、异地埋藏、再沉积和混入(渗入)的四类,其中后两类不能作为建立生物带的依据。

(二)生物地层单位的性质

一般来说,上述各种生物带之间不存在从属关系,而是生物地层单位的不同类别,但是有些生物带(如组合带)可再细分为亚带,或有共同生物地层特征的几个生物带组成一个超带。生物带、亚带和超带属于不同的等级。此外,一个种的延限带附属于它所隶属的属的延限带。

生物化石可显示地质演化的进程,能够指示相对地质年代,生物地层单位是根据所含化石来定义和说明的、客观存在的地层体;地层层序中未见化石的部分称为哑带,不能建立生物带。由于存在哑带,所以生物地层单位常常不连续,它不能形成独立的地层单位系统,只是为建立年代地层单位系统服务的过渡性环节。

依全球性广布的浮游生物化石划分的生物带可以是全球性的,底栖生物的分布受水深、地形等环境限制,因此依底栖生物化石划分的生物带一般是区域性的。

三、年代地层单位

年代地层单位是指特定的地质时间间隔内形成的层状或非层状的岩石体。形成年代地层单位的时间间隔称为地质年代单位。划分年代地层单位的目的首先是确定地层的时间关系,其次是建立一个既能用于局部地区,又能通用于全球,既无间断,又不重复的完整的全球标准年代地层表。

(一)年代地层单位的划分

年代地层划分即按形成时间把地层剖面划分为不同的地层单位,划分年代地层单位的目的是确定地层的时间关系。相同时间内各地所形成的岩石的厚度是不同的,所以同一年代地层单位与岩石厚度并无对应关系。年代地层单位的顶底界面是年代地层面(年代面),它在任何地方都属于同一时代,生物演化阶段、同位素年龄、古地磁特征等都是年代地层单位划分的重要依据。生物演化具有明显的规律性,生物演化是不可逆的,所以同一地史时期生物界的总体面貌基本上全球一致,而不同时期生物界的面貌不同,因此生物演化的阶段也可反映地质时间阶段。

按生物演化的阶段性,地质学家建立了宇、界、系、统、阶、亚阶等不同级别的年代地层单位(时间地层单位)。它们分别与地质年代单位宙、代、纪、世、期、亚期严格对应(表2-2-7,彩图2-2-1,彩图2-2-2)。年代地层单位之内的位置用指示位置的形容词来表示,如底、下、中、上、顶;而地质年代单位之内的位置则要用表示时间的形容词来表达,如早、中、晚。

彩图2-2-1 国际年代地层表
中文版(2022)

彩图2-2-2 国际年代地层表
英文版(2023)

(1)宇(Eonothem)是全球统一的、最大的年代地层单位,是一个宙的时期内形成的全部地层。宇是根据生物演化的最大阶段性即生命物质的存在方式划分的。由于地球早期的生命记录为原核细胞生物,之后生命记录为真核细胞,最后才发展为高级的具硬壳的后生生物,因此整个地质历史分为太古宙、元古宙和显生宙,与之对应的年代地层单位是太古宇、元古宇和显生宇。太古宙之前为地球演化的早期阶段,迄今未发现地质记录,称为冥古宙。太古宙(宇)和元古宙(宇)通称前寒武纪(系)。显生宇是有明显古生物遗体或遗迹化石的年代地层单位。

表 2－2－7　国际年代地层表（2023）

宇(宙)	界(代)	系(纪)	统(世)	阶(期)	年龄 Ma	GSSP
显生宇	新生界(代)	第四系	全新统(世)	梅加拉亚阶	0.0042	⋏
				诺斯格瑞比阶	0.0082	⋏
				格陵兰阶	0.0117	⋏
			更新统(世)	上阶	0.129	⋏
				千叶阶	0.774	⋏
				卡拉布里雅阶	1.80	⋏
				杰拉阶	2.58	⋏
		新近系(纪)	上新统(世)	皮亚琴察阶	3.600	⋏
				赞克勒阶	5.333	⋏
			中新统(世)	墨西拿阶	7.246	⋏
				托尔托纳阶	11.63	⋏
				塞拉瓦莱阶	13.82	⋏
				兰盖阶	15.97	
				波尔多阶	20.44	
				阿基坦阶	23.03	⋏
		古近系(纪)	渐新统(世)	夏特阶	27.82	
				吕伯尔阶	33.9	⋏
			始新统(世)	普利亚本阶	37.71	
				巴顿阶	41.2	
				卢泰特阶	47.8	⋏
				伊普里斯阶	56.0	⋏
			古新统(世)	坦尼特阶	59.2	⋏
				塞兰特阶	61.6	⋏
				丹麦阶	66.0	⋏
	中生界(代)	白垩系(纪)	上白垩统(晚白垩世)	马斯特里赫特阶	72.1±0.2	⋏
				坎潘阶	83.6±0.2	
				圣通阶	86.3±0.5	
				康尼亚克阶	89.8±0.3	
				土仑阶	93.9	⋏
				塞诺曼阶	100.5	⋏
			下白垩统(早白垩世)	阿尔布阶	~113.0	
				阿普特阶	~121.4	
				巴伦姆阶	125.77	⋏
				欧特里夫阶	~132.9	⋏
				瓦兰今阶	~139.8	
				贝利阿斯阶	~145.0	

宇(宙)	界(代)	系(纪)	统(世)	阶(期)	年龄 Ma	GSSP
					~145.0	
显生宇	中生界(代)	侏罗系(纪)	上侏罗统(晚侏罗世)	提塘阶	149.2±0.7	
				钦莫利阶	154.8±0.8	⋏
				牛津阶	161.5±1.0	
			中侏罗统(世)	卡洛夫阶	165.3±1.1	
				巴通阶	168.2±1.2	⋏
				巴柔阶	170.9±0.8	⋏
				阿林阶	174.7±0.8	⋏
			下侏罗统(早侏罗世)	托阿尔阶	184.2±0.3	⋏
				普林斯巴阶	192.9±0.3	⋏
				辛涅谬尔阶	199.5±0.3	⋏
				赫塘阶	201.4±0.2	⋏
		三叠系(纪)	上三叠统(晚三叠世)	瑞替阶	~208.5	
				诺利阶	~227	
				卡尼阶	~237	⋏
			中三叠统(世)	拉丁阶	~242	⋏
				安尼阶	247.2	
			下三叠统(早三叠世)	奥伦尼克阶	251.2	
				印度阶	251.902±0.0024	⋏
	古生界(代)	二叠系(纪)	乐平统(世)	长兴阶	254.14±0.07	⋏
				吴家坪阶	259.51±0.21	⋏
			瓜德鲁普统(世)	卡皮敦阶	264.28±0.16	⋏
				沃德阶	266.9±0.4	⋏
				罗德阶	273.01±0.14	⋏
			乌拉尔统(世)	空谷阶	283.5±0.6	
				亚丁斯克阶	290.1±0.26	
				萨克马尔阶	293.52±0.17	⋏
				阿瑟尔阶	298.9±0.15	⋏
		石炭系(纪)	宾夕法尼亚亚系 上	格舍尔阶	303.7±0.1	
				卡西莫夫阶	307.0±0.1	
			中	莫斯科阶	315.2±0.2	
			下	巴什基尔阶	323.2±0.4	⋏
			密西西比亚系 上	谢尔普霍夫阶	330.9±0.2	
			中	维宪阶	346.7±0.4	⋏
			下	杜内阶	358.9±0.4	⋏

宇(宙)	界(代)	系(纪)	统(世)	阶(期)	年龄Ma	GSSP
显生宇	古生界	泥盆系(纪)	上泥盆统(晚泥盆世)		358.9±0.4	
				法门阶		⋏
					372.2±1.6	
				弗拉阶		⋏
					382.7±1.6	
			中泥盆统(世)	吉维特阶		⋏
					387.7±0.8	
				艾菲尔阶		⋏
					393.3±1.2	
			下泥盆统(早泥盆世)	埃姆斯阶		⋏
					407.6±2.6	
				布拉格阶		⋏
					410.8±2.8	
				洛赫考夫阶		⋏
					419.2±3.2	
		志留系(纪)	普里道利统			⋏
					423.0±2.3	
			罗德洛统	卢德福特阶		⋏
					425.6±0.9	
				高斯特阶		⋏
					427.4±0.5	
			温洛克统	侯墨阶		⋏
					430.5±0.7	
				申伍德阶		⋏
					433.4±0.8	
生	生		兰多维列统	特列奇阶		⋏
					438.5±1.1	
				埃隆阶		⋏
					440.8±1.2	
				鲁丹阶		⋏
					443.8±1.5	
		奥陶系(纪)	上奥陶统(晚奥陶世)	赫南特阶		⋏
					445.2±1.4	
				凯迪阶		⋏
					453.0±0.7	
				桑比阶		⋏
					458.4±0.9	
			中奥陶统(世)	达瑞威尔阶		⋏
					467.3±1.1	
				大坪阶		⋏
					470.0±1.4	
宇	界		下奥陶统(早奥陶世)	弗洛阶		⋏
					477.7±1.4	
				特马豆克阶		⋏
					485.4±1.9	
		寒	芙蓉统	第十阶	~489.5	
				江山阶	~494	⋏
				排碧阶	~497	⋏
			苗岭统	古丈阶	~500.5	⋏
		武		鼓山阶	~504.5	⋏
				第五阶	~509	⋏
			第二统	第四阶	~514	
				第三阶	~521	
(宙)	(代)	系(纪)	纽芬兰统	第二阶	~529	
				幸运阶	538.8±0.2	⋏

宇(宙)	界(代)	系(纪)	年龄Ma	GSSP	GSSA
			538.8±0.2		
前寒武宇	新元古界(代)	埃迪卡拉系	~635	⋏	
		成冰系	~720		
		拉伸系	1000		🕐
	中元古界(代)	狭带系	1200		🕐
元		延展系	1400		🕐
古		盖层系	1600		🕐
宇	古元古界(代)	固结系	1800		🕐
		造山系	2050		🕐
		层侵系	2300		🕐
		成铁系	2500		🕐
	新太古界(代)		2800		🕐
太	中太古界(代)		3200		🕐
古	古太古界(代)		3600		🕐
宇	始太古界(代)		4000		🕐
系					
	冥古宇		~4600		🕐

注：所有全球年代地层单位均由其底界的全球界线层型剖面和点位（GSSP）界定，包括长期由全球标准地层年龄（GSSA）界定的太古宇和元古宇各单位。斜体字代表非正式名称或尚未命名单位的临时名称。图件及已批准GSSP的详情参见国际地层委员会官网。

年龄值仍在不断订；显生宇和埃迪卡拉系的单位不能由年龄界定，而只能由GSSP界定。显生宇中没有确定GSSP或精确年龄值的单位，则标注了近似年龄值（～）。

已批准的亚统/亚世简写为上/晚、中、下/早；第四系、古近系上部、白垩系、侏罗系、三叠系、二叠系、寒武系和前寒武系的年龄值由各分会提供；其他年龄值引自Gradstein等主编的《地质年代表2012》一书。

（2）界（Erathem）是全球统一的第二级年代地层单位，与地质时间单位"代"相对应，是一个代的时期内形成的全部地层。它是根据生物界发展的总体面貌及地壳演化的阶段性划分的。太古宙和元古宙中，界（代）的划分主要是依据地壳的演化阶段，太古宙分为始、古、中、新太古代，相应的年代地层单位为始、下（古）、中、上（新）太古界。元古宙分为古、中、新元古代，相应的年代地层单位为下（古）、中、上（新）元古界。显生宇（宙）中界（代）是根据生物界和地壳演化的重大阶段划分的，显生宙分为早古生代、晚古生代、中生代和新生代，与其对应的年代地层单位分别为下古生界、上古生界、中生界和新生界。早古生代生物界是以海洋无脊椎动物、裸蕨类植物为特色，地壳演化对应于加里东构造阶段；晚古生代生物界是以早期的鱼类、中晚期的两栖类脊椎动物、蕨类植物及新的海洋无脊椎动物为特色，地壳演化对应于海西构造阶段；中生代生物界是以爬行类、鸟类脊椎动物、裸子植物及新的海洋无脊椎动物为特色，地壳演化对应于阿尔卑斯构造阶段；新生代的生物界以被子植物、哺乳动物及更新的海洋无脊椎动物为特色，它对应于喜马拉雅构造阶段。

（3）系（System）是全球统一的第三级年代地层单位，与地质时间单位"纪"相对应，是一个纪的时期内形成的全部地层，系是界的一部分，是全球年代地层表的主要级别单位。系的时间跨度是它所含统或阶的时间跨度的总和。划分系（纪）主要是依据生物发展的阶段性。如泥盆纪以鱼类脊椎动物、裸蕨植物及有显著变革的无脊椎动物为特色。

（4）统（Series）是系内次一级的年代地层单位，与地质时间单位"世"对应，是一个世的时期内形成的全部地层。一个纪根据生物界面貌通常可分为若干个世，相应的一个系一般可分为若干统。世名通常是在纪的名称前加早、中、晚等字样，如早奥陶世、中奥陶世、晚奥陶世，两分的纪通常分早、晚两世；与世对应的统的名称通常是在系的名称前加下、中、上等字样，如下奥陶统、中奥陶统、上奥陶统；新生界（代）统（世）的名称较特殊，它们是按地层中现生生物的百分含量划分的。

（5）阶（Stage）是年代地层单位的基本单位，对应于地质年代单位的"期"。一般来说，阶是统的再分，也有的统只有一个阶。亚阶是阶的再分，与地质时间单位"亚期"对应。期的划分主要是根据科、属级生物的演化特征。如华北寒武系标准剖面主要是根据三叶虫动物群的演化特征建立了七个阶。根据底栖生物化石建的阶一般适用于一定的生物大区。因为底栖生物的分布受水深、地形等环境的控制及地理隔离的限制，如陆地和深海可阻碍浅海底栖生物的扩散，在长期互不交流的情况下各地的生物逐渐产生巨大差异，造成生物分区现象，因此不同生物大区可建立不同的阶。依据浮游生物化石（如笔石、菊石等）建的阶通常具有全球等时性。因为浮游生物在其生存的时间内，可以到处漂游，遍布全球。由于不同地区所处的构造背景、沉积环境、生物群特点等不尽相同，所以不同地区同一个统（世）分阶（分期）的数目不完全相同，综上所述阶的应用范围取决于建阶依据的生物类别。阶名一般取自地名。

（6）时带（Chronozone）是正式无级别的年代地层单位，它不是年代地层单位等级系列的一部分，其与地质年代单位"时"相对应。时带是某个特定的地层单位或地质特征的时间跨度内在世界任何地区所形成的岩石体，它可以是一个岩石地层单位，或是一个生物地层单位，或一个磁性地层单位，时带的名称取自它所依据的地层单位。

宇、界的地层符号用原拉丁文的前两个字母表示，宇的这两个拉丁字母都要正体大写，界的地层符号第一个字母正体大写，第二个字母正体小写；系的地层符号用原拉丁文的第一字母表示，而且字母大写；统的符号是在系的符号右下角加阿拉伯数字1、2或1、2、3表示，分别代表下统和上统，或下统、中统和上统；阶的符号是在统的代号的右上角注以该阶在统内所处位置的顺序号1、2、3、4等；群的符号是在相应的统或系或界的符号后加上群名汉语拼音第一个字母，或第一个字母后再加上最近的子音字母（小写斜体）；组的符号一般是在统的符号后加上组名汉语拼音第一个字母，如果一个地层单位之内组名第一个字母重复，后形成的组的名称为组所在的统名符号后加上组名汉语拼音的第一个字母和离第一个字母最近的子音字母（小写斜体）。

（二）年代地层单位的性质

年代（时间）地层单位以地层形成的时间，而不是依岩性划分的，所以有一定的形成时间，无固定的岩石内容。即不同地区同一年代地层单位可有不同的岩石内容，但形成时间是相同的。年代地层单位与地质年代单位严格对应。从理论上说各级年代地层单位都是全球性的，然而，由于目前年代地层对比的精度有限，地层划分越细，年代对比越困难。所以，通常只有较高级别的年代地层单位是全球性的，因为它们是根据生物演化阶段的总体面貌划分的。如早寒武世的三叶虫在我国和澳大利亚是莱氏虫亚目，在北美、西欧是小油栉虫亚目，它们都属莱氏虫目，均以多节、多刺、小尾为特征。这是早寒武世三叶虫的共同特征，体现了生物发展的相似水平和演化阶段。这种不受生物分区影响的生物群总体演化阶段的一致性，是统（世）及其以上年代地层单位（地质年代单位）建立的客观依据，所以统（世）及其以上的年代地层单位（地质年代单位）是全球性的。

无论哪一级年代地层单位都是按照地层形成的时间顺序划分的，地质测年技术的应用使年代地层单位的划分从相对顺序发展成为具有一定时限的地层单元，使地质时代的划分有了一定的尺度和依据。所以年代地层单位是一切地质工作参考和对比的标准。

四、层型与标准剖面

（一）层型定义

通过地层划分可以建立不同类型的地层单位。建立一个地层单位时必须遵循优先权法则，在该地层单位分布范围内选择一个典型剖面，作为该地层单位的地层模式剖面。国际地层分会仿造古生物命名法提出了层型的概念。层型（stratotype）是指一个已经命名的地层单位或地层界线的原始或后来被指定作为对比标准的地层剖面或界线。在一个特定的岩层层序内，它代表一个特定的间隔或一个特定的点。地层单位是多重的，代表地层单位含义的层型也是多重的，常用的层型有单位层型、界线层型和复合层型。单位层型是说明和识别一个地层单位的标准。单位层型的上下界线就是它的界线层型，界线层型是识别地质界线的一个特殊岩层序列中的一个特殊点（图2-2-34）。复合层型是一个以上分布在不同剖面上的地层间隔联合组成的单位层型，构成复合层型的任一间隔称为组分层型。岩石地层单位一般使用单位层型（群通常是复合层型），年代地层单位一般使用界线层型。

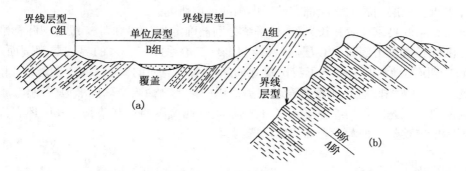

图2-2-34　层型示意图（转引刘本培等，1996）

（a）岩石地层单位的单位层型和界线层型；（b）年代地层单位的界线层型

（二）层型类型

为了精确地使用层型,现代地层学采用古生物命名法则中的概念和术语来描述层型,因此层型又分正层型、副层型、选层型、新层型和次层型等。正层型是指命名人在建立地层单位或地层界线所指定的原始层型;副层型命名人为了解释正层型所建立的一个补充层型;选层型命名人命名地层单位时没有指定层型,事后补充的原始层型;新层型原先的正层型被毁坏或无法接近,在层型所在地或地区重新指定的一个层型;次层型是为了扩展正副层型的概念或界线在别的地区所建立的参考用的派生层型,此层型也称参考剖面。

层型可以减小地层的不确定性,使地层划分、对比更加准确一致。地层单位开始建立就应该指定层型剖面。一个层型建立以后,原则上就不应变动和修正,若原有的层型破坏了,或后来发现原有层型是错误的,最好在典型地区之内,建立一个新层型。

（三）选择层型剖面的要求

层型剖面和层型点应该选择岩层连续出露、建立地层单位或地层划分的标志清楚、易于识别、无间断、无明显垂直相变的沉积层序,并具有一定的厚度;未遭受构造破坏或强烈的变质作用;具有保存完好、多样化和世界广布的化石;利于进行多学科综合研究,以提供各方面资料证据;地层路线交通方便,以便国际同行自由研究。

（四）全球界线层型剖面和层型点

20 世纪 70 年代以来国际地层委员会提出并逐渐完善用全球层型剖面和层型点(Global Stratotype Section and Point),简称界线层型(GSSP)。它是用来确定已建立的年代地层单位的界线剖面和点位,俗称"金钉子",是全球的标准,作为确定全球地质年代表中各等级年代地层单位界线的唯一标准。也就是说,一个年代地层单位的层型一旦确立,其顶、底界的年龄和域值(duration)就不可随意改动。

显生宇以下"系"的界线以同位素年龄值定义,称为全球标准地层年龄(Global Standard Stratigraphic Age),简称 GSSA。

我国地域辽阔,在漫长的地史时期跨越了不同纬度、不同生物地理区的不同板块,不仅广泛发育了类型齐全、连续完整的地层剖面,而且化石丰富、保存精美。从泥盆纪开始,我国开始出现大范围的非海相沉积,尤其是侏罗纪、白垩纪非海相沉积的研究在国际上处于领先地位。世界上许多重要地层问题的解决都有赖于中国的地层研究。

我国二叠系的吴家坪阶和长兴阶、乐平统分别被确定为"阶"和"统"级的国际标准年代地层单位。浙江长兴煤山剖面 27C 层底,被定为全球二叠系—三叠系的界线层型剖面点(金钉子)。2003 年国际地科联又批准了我国建立的寒武系最上面的"统"——"芙蓉统"和芙蓉统最下面的"阶"——"排碧阶"的底界全球层型。以中国地名命名全球标准地层单位,不仅体现了我国地质科学领先国际的综合研究实力,也是我国地质界的崇高荣誉。我国还有许多地层剖面被国际地层委员会推荐为全球层型候选剖面。

（五）标准剖面

一个地层单位通常有一个层型,距离层型剖面较远的地层,很难直接以层型剖面作为划分对比的标准,所以要建立地区性的标准剖面。标准剖面是层型剖面的延伸,它是根据层型在其他地区选定的、可作为某一地区地层对比标准的典型剖面。标准剖面应选在层序正常且齐全、化石丰富、研究详细、构造简单的地区。标准剖面应该选在适当的位置,有一定的代表性,以便对研究区有一定的控制作用。在大范围内,标准剖面往往是综合了几个不同剖面建立的,如我国寒武系的标准剖面由滇东和山东张夏等剖面综合而成。

五、国际地质年代表及中国区域年代地层表

资源和环境问题要求人类必须关注全球的变化,进行全球性的探索与对比,全球标准年代地层表和地质年代表就是全球科学家的共同语言。年代地层表是由地层组成的物质单位,地质年代表是地质时间单位,是联系漫长地质历史中各种地质事件的纽带。

任何地区的地层剖面都会缺失某些时代的地层,几乎没有一个地层是覆盖全球的,地层学家必须把全球各地局部出露的地层按地质时间顺序综合排列起来,才能形成完整的年代地层序列。经过全世界、特别是一些重要地区的地层划分、对比研究,19世纪末期建立了地质年代表,它使得地层学更加系统化和科学化,以后随着同位素年代学、事件地层学、古地磁学的发展和层型剖面的研究,使地质年代表得到了进一步完善和发展。合理而详细的地方性年代地层表的建立和研究有利于更加完善和充实全球年代地层表。而这种建立的全球统一标准便于研究相同时间间隔内生物的演化速率、演化趋向及古地理、古气候、古构造变化等各种地质问题。目前国际通用最新的地质年代表是国际地质科学联合会2016年公布的国际地层表(表2-2-7),2015年全国地层委员会也相应修订了2014年起草的中国区域年代地层表(表2-2-8)。

六、经典地层单位之间关系

岩石地层单位、年代地层单位和生物地层单位是按地层的不同特征和属性划分的不同类别的地层单位,都涉及了地壳的岩石,反映了地壳历史的不同方面。与年代地层单位相比,生物地层单位和岩石地层单位更具客观性,而划分年代地层的基础——时间,则属解释性特征,不同地层单位的界线不一定相互吻合。

(一)岩石地层单位与生物地层单位的关系

地壳中所有岩石体都可组成岩石地层单位,但是只有沉积作用形成的岩石体在沉积过程中曾有生物生存过,而其中仅一小部分保存为化石,称为生物地层研究的对象。

岩石地层单位和生物地层单位都在一定的地质时间内形成,都可反映沉积环境,但划分依据不同。不同时期可出现相似的沉积环境,所以相似的岩石类型或岩性特征可在地层序列中反复出现,几乎所有岩石地层单位界线都是斜穿等时面的。而化石随地质年代不同而各异,其特征在地层序列中不重复,生物地层单位指示的是相对地质年龄。由于沉积环境变化、化石保存和采集等因素的影响,侧向追索时,多数生物地层单位的界线也不是真正的等时面。但是生物地层单位的界线比岩石地层单位的界线更接近等时面。

一般来说,生物地层单位与岩石地层单位无一定对应关系,生物地层单位与岩石的厚度无关。二者的界线在局部地区可以吻合,一个生物地层单位有时可跨越几个低级别的岩石地层单位,一个组级岩石地层单位有时也可包括几个生物地层单位。岩石地层单位中的化石内容,在某些情况下,可作为特殊岩石特征,而不计其所有的年代意义。

表 2-2-8　中国区域年代地层表（地质年代表）表（据章森桂等，2014）

宇	界	系	统	阶	地质年龄 Ma
显生宇	新生界	第四系	全新统	未建阶	0.0117
			更新统	萨拉乌苏阶	0.126
				周口店阶	0.781
				泥河湾阶	2.5886
		新近系	上新统	麻则沟阶	3.6
				高庄阶	5.3
			中新统	保德阶	7.25
				灞河阶	11.6
				通古尔阶	15.0
				山旺阶	
				谢家阶	23.03
		古近系	渐新统	塔本布鲁克阶	28.39
				乌兰布拉格阶	33.80
			始新统	蔡家冲阶	38.87
				垣曲阶	42.67
				伊尔丁曼哈阶	
				阿山头阶	
				岭茶阶	55.8
			古新统	池江阶	61.7
				上湖阶	65.5
	中生界	白垩系	上白垩统	绥化阶	79.1
				松花江阶	88.1
				农安阶	99.6
			下白垩统	辽西阶	119
				热河阶	130
				冀北阶	145.5
		侏罗系	上侏罗统	未建阶	
			中侏罗统	玛纳斯阶	
				石河子阶	
			下侏罗统	硫磺沟阶	
				永丰阶	199.6
		三叠系	上三叠统	佩枯错阶	
				亚智梁阶	
			中三叠统	新铺阶	
				关刀阶	247.2
			下三叠统	巢湖阶	251.1
				印度阶	252.17
	中生界	二叠系	乐平统	长兴阶	254.14
				吴家坪阶	260.4
			阳新统	冷坞阶	
				孤峰阶	
				祥播阶	
				罗旬阶	
			船山统	隆林阶	
				紫松阶	299
		石炭系	上石炭统	逍遥阶	
				达拉阶	
				滑石板阶	
				罗苏阶	318.1
			下石炭统	德坞阶	
				维宪阶	
				杜内阶	359.58
		泥盆系	上泥盆统	邵东阶	
				阳朔阶	
				锡矿山阶	
				余天桥阶	385.3
			中泥盆统	东岗岭阶	
				应堂阶	397.5
				四排阶	
			下泥盆统	郁江阶	
				那高岭阶	
				莲花山阶	416.0

宇	界	系	统	阶	地质年龄 Ma
显生宇	古生界	志留系	普里多利统	未建阶	418.7
			拉德洛统	卢德福德阶	
				戈斯特阶	422.9
			文洛克统	侯默阶	
				申伍德阶(安康阶)	428.2
			兰多费里统	南塔梁阶	
				马蹄湾阶	
				埃隆阶(大中坝阶)	
				鲁丹阶(龙马溪阶)	443.8
		奥陶系	上奥陶统	赫南特阶	445.6
				钱塘江阶	
				艾家山阶	458.4
			中奥陶统	达瑞威尔阶	467.3
				大坪阶	470.0
			下奥陶统	益阳阶	477.7
				新厂阶	485.4
		寒武系	芙蓉统	牛车河阶	
				江山阶	
				排碧阶	
			第三统	古丈阶	497
				王村阶	
				台江阶	
			第二统	都匀阶	507
				南皋阶	521
			纽芬兰统	梅树村阶	
				晋宁阶	541.0
元古宇	新元古界	震旦系	上震旦统	灯影峡阶	550
			下震旦统	吊崖坡阶	580
				陈家园子阶	610
				九龙湾阶	635
		南华系	上南华统		660
			中南华统		725
			下南华统		780
		青白口系			1000
	古元古界	待建系			1400
		蓟县系			1600
		长城系			1800
		滹沱系			2300
		?			
太古宇	新太古界				2500
	中太古界				2800
					3200
	古太古界				3600
	始太古界				4000
	冥古界				4600

（二）岩石地层单位与年代地层单位的关系

为便于工作,在满足建组和制图要求的情况下,人们尽力使岩石地层单位的界线与年代地层单位的界线一致。但是岩性是随着沉积环境的变迁或沉积作用方式的改变而变化的。所以岩石地层单位的界面不可能到处等时,实际上,多数岩石地层单位与时间地层单位的界面不一致。在大洋、大湖的中心沉积物是纵向加积的,其形成的地层符合地层层序律,地层之间的岩性界面与时间界面完全一致。而三角洲、河流等沉积是侧向加积的。侧向加积使同一水平面上的沉积物并非同期形成。

综上所述,岩石地层单位与年代地层单位有明显的区别。其主要表现在:(1)岩石地层单位可以从任一时刻开始,也可在任一时间结束,岩石地层单位无固定的时间含义,接近一致的岩石类型或岩性特征可在地层序列中反复出现(与沉积环境有关)。(2)由于侧向加积作用,区域上岩石地层单位常常表现出穿时性,因此岩石地层单位与年代地层单位的界线常常不一致,年代地层单位是按着代表时间界面的生物演化阶段建立的,同一年代地层单位在全球应该到处等时,某一时间片段的年代地层单位在全球是唯一的。(3)时间地层单位无固定的岩石内容,而岩石地层单位有一定的岩石内容,如三山子组以白云岩为主,否则不能称为三山子组(图2-2-27)。

（三）年代地层单位与生物地层单位的关系

生物演化的阶段可以反映地质时间阶段,因此生物地层单位与年代地层单位的界线常常一致。但是由于环境的限制、保存状况的不同、发现化石的机遇不同和生物迁移等原因,生物地层单位的界线并非到处都等时。

生物地层单位是物质性的,而年代地层单位是时间性的。生物地层单位是指含有某化石的地层,而年代地层单位是指某生物生存的时间内形成的全部地层,并非仅指含有化石的地层。生物地层单位不连续,不能独成系统,生物地层单位是为年代地层系统服务的。❶

复习思考题

1. 地层学的概念是什么?
2. 什么叫地层叠覆律?
3. 什么叫生物层序律?
4. 简述地层对比和划分的概念。
5. 地层的分类系统有哪些?
6. 年代地层单位与地质年代单位的对应关系是什么?
7. 界线层型与单位层型的定义及区别是什么?
8. GSSP是什么? 它包含哪些内容?
9. 各个纪简写的符号是什么?

---

❶感兴趣的同学可在网上搜索观看英国广播公司(BBC)制作的视频《地球形成的故事(第1集):时光旅行》。

拓 展 阅 读

杜远生,童金南.2009.古生物地史学概论.武汉:中国地质大学出版社.

龚一鸣,张克信.2016.地层学基础与前沿.武汉:中国地质大学出版社.

刘本培,全秋琦.1996.地史学教程.北京:地质出版社.

Wicander R,Monroe J S.2000.Historical Geology.3rd ed.Pacific Grove(CA):Brooks/Cole.

第三章
沉积古地理学原理与方法

在漫长的地质历史时期中,在地球表层形成了大量的沉积岩地层,这些地层分布非常广,覆盖了陆地面积的约四分之三。不仅如此,地球表层中沉积岩地层的厚度变化很大,有的地方可达几十千米(如高加索地区),而且同一时期不同地区的地层其岩性各不相同,这些不同岩性的地层均代表不同古构造、古环境和古气候条件下不同沉积作用方式的产物。因此,根据不同地区地层的岩性、古生物、沉积构造等标志可以恢复该地区的古环境、古构造以及古气候等。那么地表如此多的沉积岩地层究竟是如何形成的? 其沉积作用的方式有哪些? 其形成的沉积古地理条件和环境有哪些? 又有什么方法可以分析其代表的沉积环境呢? 这些都是本章要回答的问题。

第一节　地层的沉积方式及环境

地层多为沉积形成,地层学的许多概念和原理都是通过对沉积作用的认识提出来的。了解沉积地层的形成方式和沉积环境,对于掌握各类地层单位的性质、不同地层单位的关系及地层划分对比等地层学的有关概念原理和岩相古地理研究有重要意义。

地层的沉积作用方式主要有纵、横向堆积作用、生物筑积作用、旋回沉积作用等。

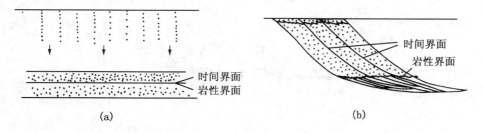

图 2-3-1　沉积地层的不同加积方式及时间界面与岩性界面的关系(据刘本培等,1996)
(a)垂向加积;(b)侧向加积

一、纵、横向堆积作用和生物筑积作用

(一)纵向堆积作用

纵向堆积(垂向加积)是指由于重力作用悬浮在水中的沉积物自上而下像雨滴一样自由降落,依次沉积在盆地底部,使地层逐层、水平地叠覆,形成所谓"千层糕式"地层。纵向堆积

作用形成的地层具有以下特征:地层时间界面水平或近水平,与岩性界面平行或基本平行,如图2-3-1(a)所示。在纵向堆积作用概念的指导下,产生了一系列传统地层学的原理和定律,如著名的地层三定律。现在的非水平地层都是后来构造作用改造形成的。

现代沉积研究表明,纵向堆积作用主要发生在悬浮沉积的情况下,如深湖及远洋悬浮沉积、火山灰沉积等,它们符合上述传统地层学原理。由于纵向堆积作用的范围有限,所以上述传统地层学原理的应用也必然受到限制。例如就局部地区或一个单层的纵向序列而言,叠覆原理是适用的,但在大范围的地层研究时则应慎重。

(二)横向堆积作用

横向堆积作用是指碎屑颗粒在搬运过程中沿水平方向移动,随着搬运介质的能量衰减而沉积下来,即沉积物是从一个点开始,沿着侧向逐层沉积形成的,如图2-3-1(b)所示。横向堆积作用是沉积地层形成的主要方式,如曲流河道的侧向加积、河流作用为主的三角洲沉积等。在曲流河的发展过程中,河道受侧向侵蚀向凹岸迁移,并在凸岸沉积、导致凸岸点沙坝向凹岸方向迁移,同时天然堤、洪泛平原等也随之迁移,造成沉积物的时间界面倾斜、与岩性界面有一定的角度,如图2-3-2(a)所示。河流作用为主的三角洲、海滩和障壁沙坝具有相似的进积作用过程。障壁沙坝在向海推进的过程中在潮间带和平均低潮线至波基面之间的潮下带主要沉积中、粗粒物质,至深水部位主要是黏土等细粒沉积,因此造成时间界面和岩性界面的不一致,如图2-3-2(b)所示。从更大范围来看,海平面的升降、沉积基底的构造升降等原因都能引起相对海平面的变化,从而造成海平面向大陆方向侵进或向海洋方向退却,从而导致地层向大陆方向超覆,或向海洋方向退覆。由于海侵、海退都是逐渐的,所以每个岩层的向海一端和向陆一端不可能同时形成。

横向堆积作用形成的地层具有以下特征:时间界面一般不水平,与岩性界面通常不一致或斜交,如图2-3-1(b)所示。对横向堆积作用的认识导致穿时普遍性原理的产生。穿时普遍性原理认为,所有横向堆积作用形成的地层都是穿时的。

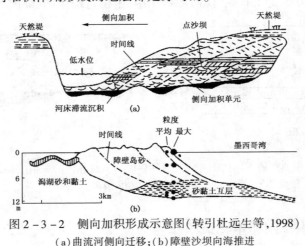

图2-3-2　侧向加积形成示意图(转引杜远生等,1998)
(a)曲流河侧向迁移;(b)障壁沙坝向海推进

(三)生物筑积作用

生物筑积作用是生物礁型地层形成的一种特殊方式,它是指造架生物原地筑积而形成地层的作用方式。造礁生物首先形成生物格架,之后再充填填隙物。生物筑积作用形成的地层一般呈丘状隆起,岩层多具块状构造。生物筑积作用主要受海平面变化、生物礁增长速率、沉积基底的构造沉降等因素控制。当海平面相对下降时,生物要正常生长,必然向深水区迁移,以保持适当的水深,造成生物礁向深水区侧向加积,如图2-3-3(a)所示;当海平面相对稳定时,生物要持续生长也必然向深水区迁移形成侧向加积,如图2-3-3(b)所示;上述两种情况形成的地层岩性界面和时间界面都是不一致的(具有穿时性),不符合传统的地层学原理。第三种情况下,海平面相对上升时,生物为了维持生存,就要向上生长,从而进行垂向加积,此时,地层的时间界面和岩性界面基本一致,基本符合传统的地层学原理。

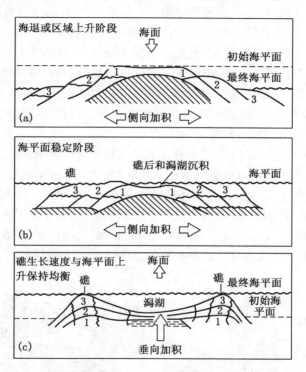

图2-3-3 生物礁形成的侧向加积和垂向加积示意图(据Langman,1981)
(a)、(b)侧向加积;(c)垂向加积

二、旋回沉积作用和非旋回沉积作用

沉积环境变迁或沉积方式改变都可导致地层的沉积单元发生有规律的叠覆形成沉积旋回,这就是旋回沉积作用。控制地层旋回沉积作用的因素主要是沉积盆地内的环境因素(如沉积环境中环境单元的变化所造成的环境水动力条件、物理化学条件、生物条件的变化),也包括沉积盆地的背景因素,如海平面变化、沉积物的物源性质、盆地基底的构造活动及古气候等。它们也是通过沉积基准面(海平面、湖平面等)的变化去影响沉积作用的。根据旋回作用形成的机理,可以将旋回沉积作用划分为3种不同的类型:一是沉积体自身作用为主的旋回沉积作用,如生物筑积作用;二是沉积背景相对稳定的条件下由于沉积盆地内环境单元的变迁形成的旋回沉积作用,如曲流河侧向迁移;三是由于突发性的事件导致沉积作用方式改变而形成的旋回沉积作用,如浊流作用形成的鲍马序列。不同的旋回沉积作用形成不同的旋回沉积序列。相反,不能够形成这种规律重复的沉积作用是非旋回沉积作用。旋回沉积作用形成的旋回沉积序列不仅是建立地层单位的重要基础,也是沉积相分析的重要依据。

三、沉积环境和相

沉积环境是一个具有独特的物理、化学和生物特征的自然地理单元,而沉积相则是特定的沉积环境及该环境中形成的岩石特征和生物特征的综合,即特定环境的物质表现。沉积环境在岩性特征上的表现即为岩性相,在生物特征上的表现即为生物相。

根据地层的各种特征推断地层的形成环境称为相分析。莱伊尔的现实主义原理是相分析的重要依据。但是,地质作用赖以进行的环境条件是随着时间的推移不断变化的,所以,运用现实主义原理进行相分析时,不可机械地套用现代模式。例如元古宙的碳酸盐湖坪叠层石广泛发育,而显生宙因食藻生物的出现,叠层石的分布范围和数量都明显下降。又如,从志留纪晚期开始陆地上才逐渐有植被覆盖,而有无植被覆盖对风化、剥蚀及沉积等作用有巨大影响,它必然反映到沉积相上。所以,运用现实主义原理进行相分析时,应遵循辩证和历史发展的规律进行现实类比分析,不仅要注意古、今地质作用的相似性,还要注意其差异性,而且距今年代越久远,差异越大。此外,还要考虑地质历史发展既有渐变过程,也有突变的可能,从而对地史时期的沉积环境条件做出正确的判断。

沉积相在横向(空间)或纵向上的变化称为相变。相变是有规律可循的。19世纪末,德国学者瓦尔特(1894)指出:只有那些彼此毗邻的相和相区,才能原生地重叠在一起,这就是著名的相序递变规律(瓦尔特定律),其大意是说相邻沉积相在纵向上的依次变化与横向上的依次变化是一致的,如陆相、滨海相、浅海相、深海相可以在平面上依次出现,在水平方向上紧密相邻的相可在垂向上依次叠覆出现(图2-3-4)。在沉积环境连续渐变的情况下,人们可以根据相序递变规律来推断相在横向和纵向上的变化。存在断层、板块俯冲等特殊情况时,相序会出现突变。

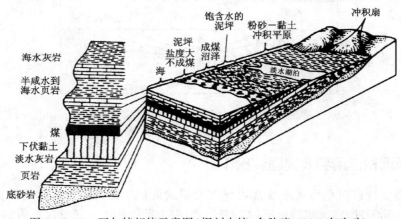

图2-3-4　瓦尔特相律示意图(据刘本培,全秋琦,1996,有改动)

第二节　沉积环境与沉积相的识别标志

特定沉积环境内独特的物理、化学和生物作用,也就形成了独特的沉积特征组合,把这些能够反映沉积环境条件的沉积特征称为相标志,归纳起来主要包括物理标志、古生物标志和地球化学标志三大类。

一、岩性标志

识别地层沉积环境的物理标志主要包括沉积物的矿物成分、颜色、结构和岩性组合及其旋回等。

(一)沉积物矿物成分

有些岩石类型可以指示这类岩石沉积时的水能量条件、水化学环境和气候特征。大规模、稳定的碳酸盐岩一般出现在温暖的滨浅海;长石杂砂岩、岩屑杂砂岩为未经远距离搬运、未经充分簸选的快速沉积;纯净的石英砂岩形成于海滩等高能环境;笔石页岩反映滞流还原海盆;鲕状灰岩形成于清净的动荡浅水环境;泥晶石灰岩形成于低能环境;冰碛岩反映寒冷气候;潮湿气候区常见褐铁矿、锰矿、铝土矿;冷湿气候区可有菱铁矿;石膏、岩盐等蒸发岩类矿物形成于干旱气候区盐度过饱和的潟湖、盐湖环境;海绿石、磷灰石主要形成于浅海环境,近海湖泊也可出现海绿石,但其总是与短暂的海水入侵有关,而且湖相海绿石具低铁、低钾、高铝等特点;黏土矿物中的高岭石一般形成于陆相酸性环境,而蒙脱石、水云母则多为海相碱性环境产物。

(二)沉积物颜色

颜色是岩石最直观、醒目的标志,沉积物颜色与其色素类型及多少有关,在岩石中具有含铁离子的矿物时,红色反映氧化条件,暗绿色反映相对还原条件;浅色的岩石含有机质低,多形成于浅水、动荡和氧化条件下;而静水或深水还原环境多形成暗色如黑色和灰色岩石,如沼泽和深海沉积等。

(三)沉积物结构

沉积物结构包括粒度、圆度、分选、定向性和支撑类型等。一般来说,粒度粗、圆度高、分选好、颗粒支撑的岩石反映较高能量的沉积条件,相反,粒度细、圆度低、杂基支撑的岩石形成于较低能的水体中。

(四)岩性组合及其旋回

单一岩性有时不能指示沉积环境.岩性组合及其旋回或韵律能确切地反映沉积环境。如一系列由粗变细的间断正韵律和二元结构是河流沉积的重要标志,鲍马序列是浊流沉积的重要标志。

二、沉积构造标志

沉积构造是指岩石各个组成部分的空间分布和排列方式,它是沉积物在沉积期或沉积后通过物理作用、化学作用和生物作用形成的。其中沉积期形成的构造称原生构造,如层理、波痕等流动成因构造。沉积后形成的构造,有的是在沉积物固结成岩之前形成的,如负荷构造、包卷层理等同生变形构造;有的是沉积物固结成岩以后产生的,如缝合线、叠锥等化学成因构造(表2-3-1)。

表 2 - 3 - 1　沉积岩构造的分类（据朱筱敏，2008）

成 因 类 型	沉积岩的构造类型
流动成因构造	波痕：流水波痕、浪成波痕、风成波痕、干涉波痕与改造波痕、孤立波痕、皱痕； 层理：水平层理、平行层理、交错层理、上攀沙纹层理、波状层理、压扁层理和透镜状层理、递变层理、韵律层理、块状层理； 流动侵蚀痕：槽模、沟模、刻蚀、冲刷－充填构造、叠覆递变构造
同生变形构造	层面变形构造：干裂和脱水收缩裂隙、撞出坑、雨痕及冰雹痕； 层内变形构造：负荷构造、砂球和砂枕构造、包卷层理、滑塌构造、泄水管和碟状构造、碎屑岩脉
生物成因构造	生物活动痕迹：停息迹、爬行迹、觅食迹、搜索迹、层位迹； 生物扰动构造：弱扰动、中等扰动、强扰动、极强扰动； 生长遗迹：叠层构造、植物根迹
化学成因构造	结核、缝合线、叠锥构造
其他成因构造	鸟眼构造、示顶底构造等

（一）层理构造

层理（bedding）是沉积岩中最普遍的一种原生构造，是指岩石性质沿垂向变化的一种层状构造，它可以通过矿物成分、结构、颜色的突变和渐变而显现出来。岩石因层理的存在而显出岩石的非均质性。

层理的基本术语如下（图 2 - 3 - 5）：

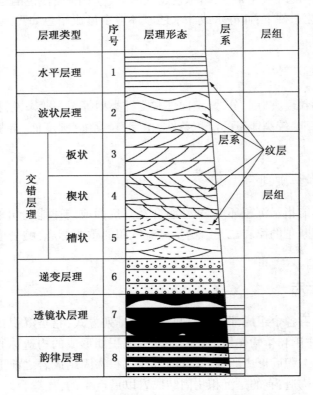

图 2 - 3 - 5　层理类型及有关术语（据冯增昭，1993）

纹层(lamina):组成层理的最基本的、最小的单位,纹层内没有任何肉眼可见的层,也称细层。

层系(set):由许多在成分、结构、厚度和产状上近似的同类型纹层组合而成。

层系组(coset):由两个或两个以上岩性(成分、结构)基本一致的相似层系或性质不同但成因上有联系的层系叠覆组成,其间没有明显间断,也称层组。

层(bed):组成沉积地层的基本单位。由成分基本一致的岩石组成,它是在较大区域内,在基本稳定的自然条件下沉积而成的。一个层可以包括一个或若干个纹层、层系或层系组。层没有限定的厚度,其厚度变化范围很大,为几厘米至几十米,通常是几厘米至几十厘米。按厚度划分为:块状层(>1m)、厚层(0.5~1m)、中层(0.1~0.5m)、薄层(0.1~0.01)、微细层或页状层(<0.01m)。

在沉积层序的描述中,按照层内组分和结构的性质把层理一般划分为4种类型:非均质层理、均质层理、递变层理和韵律层理。其次,在非均质层理中,再按照几何形态进一步分为水平、平行、波状、交错、压扁、透镜状层理等。

1. 水平层理和平行层理

特点是纹层呈直线状互相平行,并且平行于层面。

水平层理(horizontal bedding)主要产于泥质岩、粉砂岩以及泥晶灰岩中,是在比较弱的水动力条件下,由悬浮物沉积而成。出现在低能环境中,如深湖、潟湖、深海等环境。

平行层理(parallel bedding)主要产于砂岩中,是在较强的水动力条件下,高流态中由平坦的床沙迁移而成的。一般出现在急流或高能环境中,如河道、湖岸、海滩等环境。

2. 交错层理

交错层理(cross bedding)是由一系列斜交于层系界面的纹层组成的层理,又称斜层理。按层系厚度,交错层理可分为小型交错层理(<3cm)、中型交错层理(3~10cm)、大型交错层理(10~200cm)和特大型交错层理(>200cm)。根据层系与上下界面的形状和性质,通常可以将交错层理分为三种基本类型:板状、楔状和槽状交错层理(图2-3-6)。

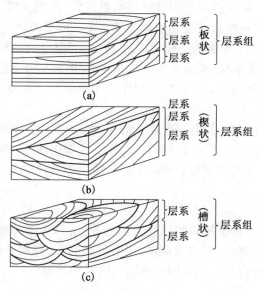

图2-3-6 交错层理基本类型(据曾允孚等,1986)

(a)板状交错层理;(b)楔状交错层理;(c)槽状交错层理

（1）板状交错层理（tabular cross bedding）：指纹层斜交于层系界面，层系之间的界面为平面而且彼此平行的交错层理。在河流沉积中，大型板状交错层理最为典型，常具如下特征：层系顶界具直脊波纹，底界有冲刷面；垂直水流方向显示平行沙纹，顺水流方向倾斜；纹层内常呈下粗上细的粒度变化，有的纹层向下收敛，呈切线状。

（2）楔状交错层理（wedge-shaped cross bedding）：指纹层斜交于层系界面，层系之间的界面为平面，而且彼此不平行，层系厚度变化明显呈楔形的交错层理。在垂直水流或平行水流方向层系间常彼此切割，纹层的倾向及倾角变化不定。常见于海、湖浅水地带和三角洲沉积区。

（3）槽状交错层理（trough cross bedding）：指纹层斜交于层系界面，层系底界为槽形冲刷面，纹层在顶部被切割的交错层理。在横切面上，层系界面呈槽状，纹层与之一致也呈槽状；在顺水流的纵剖面上，层系界面呈弧状，纹层向下倾方向收敛并与之斜交。顶层曲脊沙纹为重叠的花瓣状。大型槽状交错层理层系底界冲刷面明显，底部常有泥砾，多见于河流环境中。

（4）其他流水型交错层理。

①爬升波纹交错层理：也称上叠波纹交错层理，沙波迁移的产物。在沙波向前迁移的同时，有大量沉积物特别是悬浮物供给，沙波依顺流方向沿其背部向上爬升增长，使后一层爬叠在前一层系之上，形成具有爬升特点的交错层。

②羽状交错层理：一种特殊类型的交错层理。其特点是纹层平直或微向上弯曲，相邻斜层系的纹层倾向相反，延伸至层系界面且彼此呈锐角相交，呈羽毛状。常见于河流入湖、海的三角洲、潮坪沉积地带。这种羽状交错层理在海洋潮汐环境中具有代表性，通常称为潮汐层理。

③冲洗交错层理：也称低角度交错层理。当波浪破碎后继续向海岸传播，在海滩的滩面上产生向岸和离岸往复的冲洗作用而形成。其特点是层系界面和纹层平直，层系呈楔状以低角度相交，一般2°~10°，多向海倾斜。主要出现于前滨环境中。

④丘状交错层理：由一些大型的宽缓波状层系组成，外形上像隆起的圆丘状，向四周缓倾斜，又称为风暴交错层理。该层理主要是正常浪基面以下风暴浪的震荡作用形成的。

⑤压扁层理、波状层理和透镜状层理：这是在砂、泥沉积中的一种复合层理。这种复合层理的形成，说明环境有砂、泥供应，而且水流活动期与水流停滞期交替出现。主要发育在粉砂岩、泥质粉砂岩与泥岩、粉砂质泥岩互层的地层中。主要形成于潮下带、潮间带及深水砂泥沉积环境中。

⑥递变层理：又称粒序层理，具有粒度递变的一种特殊层理。其特点由底向上至顶部颗粒逐渐由粗变细，除了粒度变化外，没有任何内部纹层。主要由浊流、风暴流等形成。

⑦韵律层理：在成分、结构和颜色方面的不同的薄层做有规律地重复出现而组成的。

（二）层面构造

在岩层表面呈现出的各种不平坦的沉积构造痕迹，统称为层面构造。有的保存在岩石顶面上，如波痕、剥离线理、干裂纹、雨痕等；有的在岩层底面上，特别是砂岩底面的铸模构造，如槽痕、沟模等。层面构造可分为流动成因和暴露成因两种类型。

1. 波痕

波痕（ripple mark）是由风、水流或波浪等介质的运动，在沉积物表面所形成的一种波状起伏的层面构造。为了对波痕进行定量研究,需要了解各种波痕的要素(图2-3-7):(1)波长L,相邻波峰或波谷间的水平距离;(2)波高H,波峰与波谷之间的距离;(3)波痕指数L/H,波长与波高的比值,表示波痕相对高度及起伏情况;(4)不对称度$RSI = l_1/l_2$,缓坡水平投影与陡坡水平投影距离的比值,表示波痕的不对称度。波痕按照成因大致可以分为3种类型:浪成波痕、流水波痕和风成波痕(图2-3-8);也可根据不对称度分为对称波痕($RSI \approx 1$)和不对称波痕($RSI > 1$),其中流水和风成波痕为不对称波痕,浪成波痕有对称和不对称波痕。

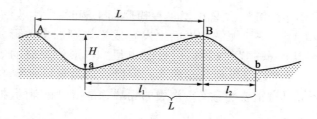

图2-3-7 组成波痕要素及流动方式示意图(据冯增昭,1993)

A,B—波峰;a,b—波谷;H—波高;L—波长;l_1、l_2—为缓坡和陡坡的水平投影距离

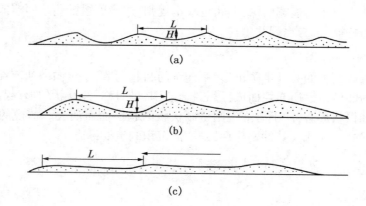

图2-3-8 不同类型波痕示意图(据冯增昭,1993)

(a)浪成波痕;(b)流水波痕;(c)风成波痕;L—波长;H—波高

(1)浪成波痕:一般由产生波浪的动荡水流形成,常见于海湖浅水地带,其特点是波峰尖锐,波谷圆滑,形状对称,不对称度近于1,波痕指数一般为4~13,多数为6~7。而拍岸浪的波痕指数可达20,并可呈不对称状,其陡坡朝向岸的方向。

(2)流水波痕:由定向流动的水流形成,见于河流和存在底流的海湖近岸地带。其特点是波峰、波谷均较圆滑,呈不对称状,不对称度大于2,波痕指数大于5,大都为8~15。对于波长大于60cm的大型流水波痕,波痕指数一般大于15,陡坡倾向指示水流方向。在海、湖滨岸,波峰走向大致平行岸的延伸方向,陡坡朝向陆地。

(3)风成波痕:由定向风形成,常见于沙漠及海、湖滨岸的沙丘沉积中。其特点呈极不对称状,不对称度比流水波痕更大,波痕指数也高,10~70,一般在15~20以上。波峰、波谷都较圆滑、开阔,但常常谷宽峰窄,陡坡倾向与风向一致。

研究波痕的意义在于:根据波痕类型可以了解岩石的形成条件;不对称波痕能指示介质的

流动方向;浪成波痕可指示岩层的顶底;海、湖波痕在平面上的分布有平行滨线的趋势。

2. 剥离线理构造

剥离线理构造是一种原生流水线理构造,主要出现在具有平行层理的砂岩中,沿层面剥开出现大致平行的线状沟或脊,镜下可见长形颗粒定向排列,常代表古流向,因为该构造是在层理剥开面上比较清楚,通常称为剥离线理构造。它是由沙粒在平坦底床上作连续迁移时所留下的痕迹,所以常与平行层理共生。

3. 泥裂

泥裂也称干裂,未固结的沉积物露出水面,受曝晒而干涸时,发生收缩所产生的裂缝。泥裂常见于黏土岩和碳酸盐岩中。泥裂在平面上发育成不规则的多边形,把岩石切割成多角形。泥裂在横剖面上,其形态常为"V"形,但有时也呈"U"形。泥裂的规模不一,裂缝上部宽度通常小于 $2\sim3cm$,深度几厘米到几十厘米。泥裂通常是潮坪或漫滩沉积物露出水面时形成的,对指示沉积环境具有重要的意义。泥裂的尖端总是指向底面的,据此可以指示地层的顶底面。

4. 雨痕及雹痕

由于雨滴或冰雹落到松软的泥质或沙质沉积物表面上所形成的圆形或椭圆形凹穴,凹穴边缘略微高起。冰雹痕较雨痕宽而深,形状也较不规则,边缘更粗糙些。雨痕或冰雹痕也代表沉积物露出水面的特征,常与泥裂共生在一起。

5. 槽模

槽模是分布在底面上的一种半圆锥形、不连续的凸起构造,是定向的浊流在尚未固结的软泥表面侵蚀冲刷的凹槽被砂质充填而成,形态特点是略呈对称、伸长状勺形,起伏明显,向上游一端具有圆滑的球根状形态,向下游一端则呈倾伏状渐趋层面而消失。槽模的出现说明当时的沉积环境中有强烈的底流及其冲刷作用,是浊流沉积的重要标志。

(三)碳酸盐岩中常见的其他沉积构造

1. 叠层石构造

叠层石构造也称叠层构造或叠层藻构造,简称叠层石。

叠层石由两种基本层组成:(1)富藻纹层,又称暗层,藻类组分含量多,有机质高,碳酸盐沉积物少,故色暗;(2)富碳酸盐纹层,又称亮层,藻类组分含量少,有机质少,故色浅。这两种基本层交互出现,即成叠层石构造。

2. 示顶底构造

在碳酸盐岩的孔隙中,如在鸟眼孔隙、生物体腔孔隙以及其他孔隙中,常见两种不同特征的充填物。在孔隙底部或下部主要为泥晶或粉晶方解石,色较暗;在孔隙顶部或上部为亮晶方解石,色浅,且多呈白色。二者界面平直,且同一岩层中的各个孔隙的类似界面都相互平行。

3. 鸟眼构造

鸟眼孔或雪花状、窗格状构造,主要产出于低能条件下所形成的泥晶、团粒、藻团粒等沉积碳酸盐纹层中。

4. 缝合线构造

缝合线构造占主导地位的成因说是压溶说。它的理论是:在压力作用下,颗粒接触的化学势(溶度积常数)升高,造成溶液中离子活化度的增大,形成浓度梯度,于是溶质离子就从浓度高的接触处扩散到浓度低的溶液所占据的孔隙中去,并使 $CaCO_3$ 沉淀在未应变的颗粒表面上。溶质的扩散速度是缓慢的,所以主要是通过溶解面进行,并为流动的液体所大量搬运。溶质迁移有两种方式,一是沿缝合线或从平行于线应力轴的面迁移,二是向缝合线周围的围岩中扩散。因此,造成缝合线周围岩石的孔隙度和渗透率明显降低。

5. 帐篷构造

这是一种碳酸盐潮坪环境形成的脊型背斜构造。这种构造具有柱状裂隙和极大的干裂状多角形断面,略呈不谐和的褶皱和类似尖顶状的褶皱或倒转岩层。此外,还有受压变低的 V 字形裂缝和伴生有角砾岩层的出现。

6. 硬地面构造

硬地面是同沉积的黏结层,是一种特殊类型的层面构造。硬地面形成于海底,它经常被固着的海底生物(如珊瑚、龙介、牡蛎、有孔虫类和海百合)所钙化,容易被多毛环节动物、瓣鳃类和海绵所钻孔。硬地面构造有两类:一类是光滑的、平坦的由于海蚀作用形成的面;另为不规则的、成棱角状的由于溶解作用形成的面(即溶蚀的硬地面)。第一种类型在浅海沉积物中很常见,浅海的波浪和水流能够移动鲕粒状或骨架状的砂岩跨过岩化的沉积物形成平坦的侵蚀面;第二种类型(溶蚀的硬地面)在深海沉积物中常见,在深海没有沉积时期,形成海底固结和溶解。

二、古生物标志

各种生物都生活在一定的环境中,不同环境中均有与环境物理化学因素相适应的生物组合、生态特征,反之根据生物化石可推断其生活环境。应用古生物是辨别海相、陆相、海陆过渡相的有效方法,如珊瑚、层孔虫、腕足动物、菊石、三叶虫、笔石等只能生活于海洋,而陆生植物、陆生脊椎动物、淡水软体动物等只能适应大陆环境。

(一)古生物对盐度的指示

有些生物对海水盐度要求严格,有的生物能适应较大的盐度变化,这种生物称为广盐度生物。狭盐度生物是判别水体盐度、区别海洋和非海洋环境的可靠标志。(1)正常海水生物组合,包括钙质红藻和绿藻、放射虫、硅质鞭毛虫、钙质有孔虫、钙质和硅质海绵、珊瑚、苔藓虫、腕足类、棘皮、软体动物中的头足类等;(2)半咸水生物组合,包括软体动物中的双壳类和腹足类、介形虫、腮足亚纲、胶结壳有孔虫、硅藻、蓝绿藻和蠕虫管等;(3)超咸水生物组合,一般与半咸水生物组合相似,但当盐度很高时,只有腮足亚纲中的无甲目、蓝绿藻和介形类存在;(4)淡水生物组合,主要是轮藻以及少数双壳类、介形虫、腮足亚纲的贝甲目、普通海绵、硅藻、蓝绿藻等。

(二)古生物对深度的指示

目前,恢复古代海洋深度还主要限于陆棚区,对远洋深海地区只能是相对地比较。在海水深度小于200m 的浅海范围内,海洋生物十分繁盛,200m 以下的深度范围生物逐渐减少。水体深度与生物门类分布关系大致可概括为:(1)0~50m,主要是大量藻类、底栖有孔虫、双壳类、腹足类、造礁珊瑚、灰质海绵及无铰纲腕足动物;(2)50~100m,因阳光难透入底部,故藻类少(红藻为主),但高级生物繁盛,底栖和浮游生物均有,如珊瑚、腕足、头足、棘皮动物等,且保存较好;(3)100~200m,生物逐渐减少,有苔藓虫、具铰纲腕足动物、海绵和海胆等;(4)大于200m,远洋底栖生物主要是海百合、硅质海绵,少数薄壳腕足类及细枝状的苔藓动物。

(三)古生物对气候的指示

有些生物对气候敏感,只能生活在特定的气候区,如造礁珊瑚、层孔虫及多数藻类都属喜暖生物,一般只生活在水温高于20℃的热带、亚热带浅水正常盐度(盐度35‰)海域;棕榈、樟树等常绿阔叶树,不显年轮,是热带气候的指示植物。银杏等落叶植物,年轮清晰,反映季节分明的温带气候(详见第一篇第九章)。

(四)古生物对底质的指示

沉积环境底质的坚硬程度可以通过研究底栖生物是固着还是移动的生活方式来加以判断。群体珊瑚、蠕虫管、有孔虫、腹足类、苔藓虫、红藻、腕足类等需要坚硬的底质加以固着。移动生物如掘足类、掘穴蛤、某些有孔虫以及一些移动生物组成的生物群,能证明底质是松软的,特别是当需要硬底或坚硬层的生物缺失的情况下,更能说明底质是松软的。

(五)古生物对海水浊度的指示

通过研究底栖生物的摄食类型,可以帮助确定是清水还是浊水。红藻和绿藻需要光线进行光合作用,因而多生活在清水环境,海绵、珊瑚、苔藓虫也常生存在清水环境中。食沉积物的生物,如蛇尾类、蛤、腹足类等,能忍受浊度较大的海水。少数生物如腕足类的舌形贝、掘穴蛤、介形虫及有孔虫等捕食型的移动生物能在迅速沉积的环境中生存。

此外,生物在未固结的沉积物表面活动留下的各种痕迹对于推断沉积环境有重要意义。一般来说,浅水区水动力较强,生物要挖较深的垂直潜穴来保护自己,而深水区水动力较弱,生物潜穴常常倾斜或水平。此外,还可以根据生物化石在地层中保存的完好程度来判断水动力强弱和搬运的远近。

上述各类相标志都有指相性,也有一定的局限性,相分析时应综合应用岩石、矿物、化石等各种不同标志互相补充验证。

三、地球化学标志

地球化学元素在古环境分析中的应用,主要包括元素地球化学和稳定同位素地球化学两个方面。

(一)元素地球化学对沉积环境的指示

1.古盐度的测定

古盐度的测定包括 B(硼)法、元素比值法、沉积磷酸盐法、自生铁矿物法等。

(1)硼法:Walker 和 Price(1963)证明了黏土中硼主要富集于伊利石中,并把硼、伊利石含量和古盐度联系起来,为盐度的定量计算奠定了基础。正常海水中 B 含量为 $(300 \sim 400) \times 10^{-6}$,小于 100×10^{-6} 为淡水环境,$(200 \sim 300) \times 10^{-6}$ 为半咸水,大于 400×10^{-6} 为超咸水环境。

(2)元素比值法:利用某些相关元素的比值,如 $w(B)/w(Ga)$、$w(Sr)/w(Ba)$ 等,可以帮助判断沉积时水体的古盐度。① $w(B)/w(Ga)$:B 主要吸附于黏土矿物中,活动性较强,在水中可长距离迁移,而 Ga 在风化作用形成的黏土矿中表现出明显富集,Ga 在淡水成因的岩石中较海洋条件下形成岩石为高。故用该比值所反映的盐度可区分海陆相地层,一些学者认为 $w(B)/w(Ga) < 1.5$ 为淡水相,5~6 为近岸相,大于 7 为海相。② $w(Sr)/w(Ba)$:Sr、Ba 化学性质十分相似,它们均可以形成可溶性重碳酸盐、氧化物和硫酸盐进入水溶液中,与 Sr 相比,Ba 的化合物溶解度要低,河水中携带的 Ba^{2+} 在与富含 SO_4^{2-} 相遇时易形成难溶的 $BaSO_4$,因而,多数近岸沉积物中富 Ba,而 Sr 的迁移能力高于 Ba,可迁移到大洋深处,在正常海中沉淀或形成蒸发岩矿物,加之碳酸盐矿物对 Sr 的捕获作用,一般认为 $w(Sr)/w(Ba)$ 在淡水沉积物常小于 1,而海水沉积物中大于 1。

(3)沉积磷酸盐法:由 Nelson(1967)提出,Nelson 根据美国现代河流和河口湾的资料发现了在沉积磷酸盐中 Ca 盐与 Fe 盐的相对比值与盐度有密切关系。其后许多学者又进行了较深入的研究。

2.氧化还原条件的标志

判断沉积环境的氧化还原条件主要是根据同生矿物组合,如对介质 Eh 值高低反应灵敏的 Fe、Mn 等变价元素的矿物组合。铁在海盆中沉积具有明显的规律性,随着 pH 值的增大,Eh 值的降低,铁矿物呈依次分布,铁的化合价也相应变化,因而可反映环境的地球化学相。

3.古水深标志

通常主要用古生态法和遗迹化石标志恢复盆地的古水深,但近年对现代沉积物元素地球化学的研究发现,元素的聚集和分散与水深度和离岸距离有一定关系。其原因主要是元素在沉积作用中所发生的机械分异作用、化学分异作用和生物、生物化学分异作用的结果。由滨岸向深海,Fe、Mn、P、Co、Ni、Ca、Zn、Y、Pb、Ba 增加,其中 Mn、Ni、Co、Cu 元素含量升高趋势特别显著。海洋沉积物中 Mn 的分布主要受 pH 值和 Eh 值的控制。一般随 pH 值增大,Eh 值降低,Mn^{2+} 逐渐从海水中沉淀出来。此外,沉积速率也影响着 Mn 的分布,沉积速率低,从海水中沉淀出来的 Mn 被陆源和生物成因的沉积物的稀释程度降低,故沉积物中 Mn 含量增高。Co 被一些学者作为定量估算古水深的标志元素。

(二)稳定同位素对沉积环境的指示

近些年来,运用同位素地球化学标志进行沉积环境分析越来越多地引起人们的注意,在确定古环境的古盐度、古水温等方面尤为突出。目前,应用较多的、效果也较好的是 O、C、S 同位素:(1)O 有三种同位素,即 ^{16}O、^{17}O、^{18}O,它们的相对丰度分别为 99.763%、0.0375%、0.1995%;(2)C 有两种同位素,即 ^{12}C、^{11}C,它们的相对丰度分别为 98.89% 和 1.11%;(3)S 有四种稳定同位素,即 ^{32}S、^{33}S、^{34}S、^{36}S,它们的相对丰度分别为 95.02%、0.75%、4.21%、0.02%。稳定同位素的相对丰度用 δ 表示,$\delta = \{[w(R_{样品}) - w(R_{标样})]/w(R_{标样})\} \times 1000‰$(碳同位素国际标样 PDB,即白垩系 PeeDee 层的箭石)。

1.古温度测定

许多研究表明,碳酸盐的 $\delta^{18}O$ 值随沉积温度升高而降低,Craig(1965)提出了用碳同位素计算古水温的经验公式:$t(℃) = 16.9 - 4.2(\delta C - \delta W) + 0.13(\delta C - \delta W)^2$。式中,$\delta C$ 为 25℃时碳酸盐与 100% 磷酸盐反应时产生的 CO_2 的 $\delta^{18}O$ 值;δW 为 25℃时所测试 $CaCO_3$ 样品形成时与海水平衡的 CO_2 的 $\delta^{18}O$。

2. 古气候分析

淡水中 $\delta^{18}O/\delta^{16}O$ 值低于海水,而且气温越低该比值越低。温带地区淡水中 $\delta^{18}O/\delta^{16}O$ 值较海水平均值低 7‰,高纬度区或高海拔区淡水中比值低 30‰,过去集中用有孔虫的氧同位素组成研究受冰川控制的海水同位素成分变化和海水温度的变化。

3. 古盐度测定

海水中,O、C 同位素量略高于淡水,主要由于水蒸发时 $\delta^{16}O$ 容易逸出,因而海水中 $\delta^{18}O/\delta^{16}O$ 值高,陆地淡水主要来自大气降水,故 $\delta^{18}O/\delta^{16}O$ 值低,海水与淡水氧、碳同位素成分的这一差别,也反映在沉积物中。Keith 等人(1964)在对数百个侏罗纪以来沉积的海相灰岩和淡水灰岩同位素测定的基础上提出了经验公式:$Z = 2.048(\delta^{13}C + 50) + 0.498(\delta^{18}O + 50)$。

值得指出的是,Z 值大于 120 时为海相灰岩;小于 120 时为淡水(湖相)灰岩。但由于成岩作用中同位素置换作用会使碳酸盐的原始同位素组成发生变化,特别是氧同位素随成岩及后期变化较明显,故在应用时应予以注意。

四、其他标志

不同岩相在横向上有一定的共生关系,所以相序即岩相组合序列,对于相分析也极为重要。如淡水湖泊相与河流、沼泽相共生,潟湖、沼泽相可与海相共生。除上述标志外,沉积相的横向和纵向变化、沉积体的几何形态等都可指示沉积环境。如海滩沉积体多为席状和带状;三角洲沉积体多为扇状。

第三节 沉积相和岩相古地理

一、常见的相

地表的沉积环境以海平面为准分为三大类:海平面以上的大陆环境、海陆之间的过渡环境和海平面以下的海洋环境,每大类环境中再分若干环境。

(一)大陆环境沉积

1. 山麓堆积

在高峻山区地势起伏悬殊,河道直、窄,水流急,当河流流出山口时,由于河床坡度急剧变缓,流速骤减,沉积物便迅速地在山麓地带堆积下来,形成巨厚的扇状(锥状)沉积体,称为洪积扇(洪积锥)或冲积扇(冲积锥)。其主要是分选和圆度不好,具块状构造的粗碎屑沉积(角砾为主)。由于处于氧化环境,多为紫红色,其中化石少见。若构造运动减弱、地势渐渐夷平则垂向上沉积物下粗上细,反之亦然。

2. 河流沉积

河流沉积主要是碎屑物质,河流可分为平原河流和山间河流,山间河流河道较直、流速大、切割深,主要保存河床粗碎屑沉积。山间河流在出山口常形成各种以粗碎屑为主的冲积扇。沉积物多呈紫红色、块状构造，无化石或含脊椎动物骨骼碎块（图2-3-9）。平原区河流流速低、河谷宽，河曲发育，主要有河道、沙坝和泛滥平原沉积。河道沉积底部为砾石层，其中砾石常具定向排列，为河流底部滞留沉积，整体呈透镜状分布，与下伏沉积层冲刷侵蚀接触。向上逐渐过渡为具大型板状或槽状交错层理的点沙坝沉积，以岩屑或长石石英杂砂岩为主，再向上逐渐变为小型交错层理和水平层理，颗粒粒度细。天然堤以细粉砂至粉砂岩为主，发育小型槽状交错层理及水平层理。泛滥平原沉积以粉砂质和泥质为主，发育均质层理或水平层理、泥裂和雨痕。洪水充溢天然堤形成的决口扇沉积，以粉砂岩为主，小型波纹交错层理发育，常见生物逃逸迹。当蛇曲发展促使河流改道，就会形成废弃河道和牛轭湖，牛轭湖最终被淤塞形成泥炭沼泽沉积，呈透镜状夹于河流沉积序列中。

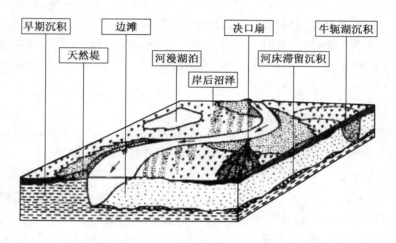

图2-3-9　曲流河沉积模式图（据Allen，1964）

3. 湖泊沉积

　　湖泊是陆地上的半封闭水体，是地形相对低洼的积水区，受气候影响较大，湖泊分类方法很多，常用的是按沉积物性质分，即分为以碎屑沉积为主的淡水湖泊和以化学沉积为主的盐湖两种类型。干旱气候区降雨量小于蒸发量，可形成以化学沉积为主的咸水湖，在湖泊干涸过程中，可出现石膏、岩盐等蒸发岩类。淡水湖泊形成于多雨的潮湿气候区，沉积物以细砂岩、粉砂岩及黏土岩为主。湖泊根据水深增加，水动力逐渐减弱，因此沉积物由滨湖经浅湖到深湖粒度逐渐变细，层理从交错层理逐渐变为水平层理，形成近同心的环带状分布（图2-3-10），滨岸砂砾带很窄，是区别于海相沉积的标志。淡水湖泊发育晚期可被植物生长充填，最后发展成为沼泽。地壳多次沉降和抬升可造成湖泊沉积的多旋回性。湖泊是一个从下向上由湖心细碎屑变为湖滨粗碎屑和河道沉积的序列，据沉积物特点一般将湖泊沉积分为湖湾、湖泊三角洲、滨湖、浅湖、深湖、湖泊重力流等亚相。

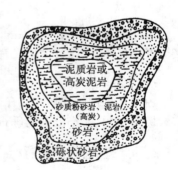

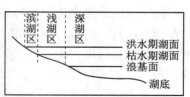

图2-3-10　理想的湖泊沉积模式（转引自刘本培，1997，有改动）

1）湖湾、三角洲沉积

湖湾是在滨浅湖地带，由于沙坝或沙嘴的生长，三角洲的突出或水下局部基岩的隆起而受到阻挡，形成的半封闭水域，这里主要以细粒的泥质岩为主，也可夹少量劣质油页岩和白云岩。

三角洲即河流入湖或入海的河口处，由于水流分散、流速降低、河流携带的碎屑物质在河口处堆积下来形成的尖顶朝向陆地的近三角形沉积体。三角洲沉积体常有顶积（三角洲平原）、前积（三角洲前缘）、底积（前三角洲）三层结构，顶积和前积层是以砂质沉积为主，底积层是以黏土沉积为主。

2）滨湖沉积

滨湖位于湖盆边缘，介于洪水期和枯水期岸线之间，属于氧化环境，水动力条件强，以砂岩、粉砂岩为主，其次可有砾岩和泥岩。在开阔的滨湖区若碎屑供应充足，可形成沙滩。其上可见湖浪带来的底栖生物碎片，有时可形成壳滩。若物源以泥为主，可形成泥滩或泥坪，主要是红、绿、灰及杂色的粉砂质泥，具季节韵律、水平层理、干裂、垂直潜穴及生物搅动等构造，可含植物化石。在陡峭的湖岸带可形成砾质湖滩。

3）浅湖沉积

浅湖位于枯水期水面以下至波基面以上。水介质波浪可影响底部，沉积物以黏土岩和粉砂岩为主，层理以水平和波状层理为主，底栖化石丰富、保存好。

4）半深湖、深湖沉积

半深湖位于波基面以下，处于弱氧化到弱还原环境，黏土岩沉积为主夹粉砂岩，黏土岩常含有机质，颜色深，层理以水平层理为主，小湖盆不易分出此亚相。

深湖位于湖盆最深处，为静水还原环境，主要是质纯、色暗、有机质丰富的泥、页岩，可有石灰岩、泥灰岩、油页岩，层理主要为水平层理和细水平纹层，常见浮游生物化石，如介形虫等。在湖泊深水区常有重力流沉积。

4. 沼泽相

沼泽常发育于潮湿气候区、水体停滞、喜湿性植物繁盛的滨湖和三角洲平原等低洼处。沼泽为低能环境，所以其主要发育暗色泥岩，夹煤层、煤线，砂和粉砂岩很少，没有砾岩。

5. 冰川沉积

由冰川裹挟的碎屑物质在搬运过程中或在冰融区堆积而成为冰积层，发育于寒冷气候区。多为棱角分明、大小混杂的砾石，砾石表面常具冰蚀擦痕。

（二）海陆过渡环境沉积

海陆之间的过渡地带最常见的沉积类型是三角洲。三角洲的形态及其结构受控于河流、波浪、潮汐等作用。浪控和潮控三角洲都属破坏性三角洲。在河流作用为主的情况下，泥沙在河口区的堆积速度大于海浪的破坏速度，形成的建设性三角洲属于河控三角洲，大河入海常形成河控三角洲，其平面形态呈鸟足状、朵状等。

在三角洲向海推进的过程中自下而上形成前三角洲、三角洲前缘、三角洲平原亚相等向上变浅的沉积序列。三角洲平原为三角洲的陆上部分，其范围从河流大量分叉至岸线之间的水上部分，主要的是分流河道和沼泽沉积。若把三角洲比作树叶，分流河道砂相当于叶脉，分流间的沼泽和湖泊沉积相当于叶肉,三角洲前缘砂相当于叶缘(图2-3-11)。三角洲前缘位于岸线以下,是河流与海水剧烈交锋的地带,沉积作用活跃,主要是分支河口沙坝和远沙坝,海洋作用较强(破坏性三角洲)的河口区发育三角洲前缘席状砂。前三角洲主要为波基面以下富含有机质的黏土、粉砂质黏土沉积。

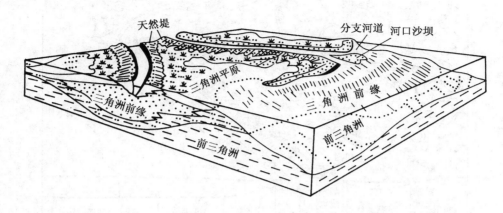

图2-3-11　现代三角洲立体模型(据何启祥,1978)

(三)海洋环境沉积

根据海水深度和海底地形,海洋环境由陆地向海洋方向可分为滨岸、浅海、半深海和深海等环境。

1. 海洋碳酸盐沉积

在缺少陆源碎屑的海洋环境常发育碳酸盐沉积。现代海相碳酸盐沉积主要发育于浅水台地、潮坪、深海等环境。浅海碳酸盐沉积可因滑坡等原因被搬运到深水处,形成浊积碳酸盐岩。浊积碳酸盐岩的主要特点是碎屑灰岩与深海泥晶灰岩组成韵律层。

2. 海洋陆源碎屑沉积

1)滨岸

滨岸带又称为海岸带,位于波基面与最高涨潮线之间,这一带地形分异明显,沉积作用极为活跃,主要为砂质沉积,在陡峻的沿岸地区可有小规模砾石沉积。根据有、无障壁地形,可分为障壁海岸和无障壁海岸两类。

(1)障壁海岸。

在障壁海岸带(图2-3-12)是陆地和外海之间存在阻挡波浪作用的障壁岛及海岸潟湖系统的海岸,障壁海岸与潮坪密切共生。在砂质海岸带,由于波浪作用,砂质平行海岸堆积形成水下沙坝,其露出水面即称障壁岛(也称堡岛、堤岛)。障壁岛外侧为正常海,内侧为潟湖。障壁岛是平行海岸高出水面的狭长砂体,主要由分选及磨圆好的中、细粒石英砂岩和粉砂岩构成。

潟湖是被障壁岛与广海隔绝或半隔绝的浅水盆地,通过潮汐通道与外海连通,其内波浪作用弱,潮汐作用为主,水体平静,主要沉积泥、粉砂等细碎屑和化学沉积。由于蒸发或淡水注入可引起水体盐度不正常,所以潟湖内生物化石分异度低。潮湿气候区,大量淡水注入可使潟湖淡化,随着河流注入沉积物的淤积,淡化潟湖逐渐沼泽化而成滨海沼泽。干旱气候区,蒸发量大于降雨量,潟湖可逐渐咸化。

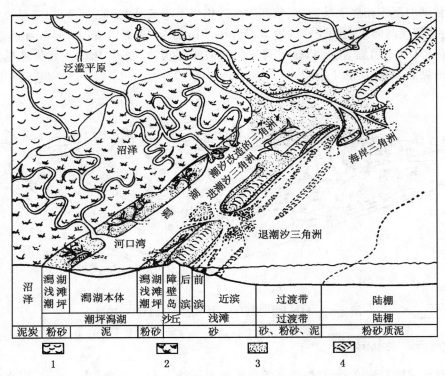

图 2-3-12　障壁海岸带沉积环境(据冯增昭,1993)
1—冲积平原;2—沼泽;3—砂;4—沿岸沙坝

潮坪常发育于潮汐作用明显、地形平缓的海岸带,如障壁岛内侧、潟湖沿岸等地。潮坪通常分为潮上、潮间和潮下带,构成潮坪的主要部分是潮间带,也称为潮间坪。潮间坪沉积物由海向陆粒度变细,低潮线附近发育沙坪、高潮线附近发育泥坪,二者间为砂泥混合坪。潮湿气候区潮上坪可发育沼泽,干旱气候区潮上发育盐坪。

(2)无障壁海岸。

无障壁海岸即海岸与广海之间无障壁岛等障壁地形,其波浪作用明显。按水动力状况和沉积特征,又可进一步分为砂或砾质高能海岸和粉砂淤泥质低能海岸两类。

2)浅海

浅海陆棚位于波基面至水深200m左右的地带,这里生物丰富,泥质沉积物中可有丰富的遗迹化石,砂岩成熟度高,缺乏暴露标志。浅海陆棚水动力条件复杂,由海流、正常的波浪、风暴引起的波浪、潮汐流及密度流等。根据风暴浪基面,分为内陆棚和外陆棚两个亚相。内陆棚位于风暴浪基面以上,其深度取决于海岸带的能量,一般为粉砂质砂和泥质粉砂,砂层厚,数量多,有时因强风暴形成风暴砂层,有时因生物搅动作用强烈,原生层理常被破坏。外陆棚位于风暴浪基面之下至大陆坡内边缘的浅海区。古代滨外陆棚发育黏土岩、粉砂岩和细砂岩,砾岩较少,有大量化学和生物化学沉积,如碳酸盐及部分铁、锰、铝、磷等沉积,碎屑成分成熟度高,常见海绿石、鲕绿泥石等自生矿物。

3)半深海和深海沉积

半深海的位置和深度相当于大陆斜坡,沉积物主要是泥,其次是浮游生物。其物源主要是陆源物质和海洋浮游生物,其次为冰川和海底火山喷发物。风暴浪搅动海底或重力滑动可使

· 272 ·

陆棚上的陆源粉砂沿海底搬运并沉积于半深海,洋流或等深流也可搬运粉砂并在陆坡和陆隆上堆积成透镜状粉砂质砂体。

深海沉积发育于大洋盆地,平均水深4km。沉积物主要是繁殖于上层水域的微体浮游生物骨骼堆积而成的有孔虫软泥、放射虫软泥、硅藻软泥等各种软泥和褐色黏土,另外还有底流、浊流、滑坡等作用形成的陆源沉积物,局部地区有化学和生物化学沉积的锰、铁、磷等,此外还有少量风吹尘及宇宙物质等。

深海常常发育由浊流形成的浊积岩。浊流沉积的主要特征是:浅水陆源碎屑沉积与深水页岩或泥灰岩组成韵律,在浊流成因的砂、砾岩之间夹有含深水生物化石的泥、页岩,可含异地埋藏的浅水生物化石;递变层理发育,有包卷层理等滑动和沉积物液化的证据;底部有冲刷充填等构造;发育鲍马序列(不一定完整)。

二、岩相古地理及岩相古地理图的编制

研究某一地区某一地质时期的地层分布及其沉积相类型,推断地史时期的沉积环境,恢复当时的古地理古气候等自然地理环境,即岩相古地理研究。用简明的图例将研究的成果表示在一定比例尺的地理底图上,就成为古地理图。地史时期完全相同的环境是不可再现的,只有通过对古代沉积物进行岩相分析而间接认识。在古地理图上用一定的符号表示其沉积类型,就成为岩相古地理图。

利用岩相古地理图可了解一个地区沿某一剖面线及全区的沉积环境和沉积类型的空间分布,推断地史时期的沉积区、剥蚀区、古地理、古气候和矿产的分布规律,根据沉积相共生组合规律可预测有利的含矿部位。

岩相古地理图有大、中、小各种比例尺。比例尺越小,图幅地理范围越大,比例尺越大,图幅地理范围越小。小比例尺图(1:300万~1:500万)一般用沉积类型和沉积组合编图,主要用于大区域沉积及构造背景分析,如本书各时代地层概述中的岩相古地理图。它主要表现大区域的海陆分布、海域性质、沉积组合及沉积相类型的空间分布和构造古地理等内容。一般以代或纪为成图单元。中比例尺图(1:50万~1:300万)一般用世或期时间单元编图,图件范围一般是一个沉积盆地。大比例尺(≤1:50万)制图单位为段、亚段或砂层组,图件范围一般是盆地内某一凹陷或地区。

编制岩相古地理图首先要根据地质情况、研究程度和研究任务选择适当的制图单位和比例尺,然后依点—线—面分析法逐步进行。首先对大量剖面点(多个露头或多口井)的地层进行划分对比和沉积相分析,根据相标志确定各单剖面中各个层位的沉积相,一些相标志不明显的层位可根据相序递变规律来推断。单剖面相分析的成果常用柱状剖面图表示,以直观地反映研究区沉积相的纵向变化;在单剖面相分析的基础上将某些剖面线上不同地点同一层位的沉积相类型进行比较,可了解同一层位在不同地点的相变情况,剖面线一般垂直主要沉积相带的展布方向,以便分析其控制因素和最大限度地展现地史时期地层岩性或沉积相的空间分布情况,再将各剖面线相分析的结果表示在平面图上。

复习思考题

1. 沉积组合及沉积相的概念是什么?
2. 什么是垂向加积作用和侧向加积作用?

3. 沉积组合及沉积相的概念是什么?

4. 岩相及生物相的概念是什么?

5. 沉积环境分为哪几种类型?

6. 沉积相的识别标志有哪些?

7. 什么叫相变?

拓 展 阅 读

陈建强,周洪瑞,王训练.2004.沉积学及古地理学教程.北京:地质出版社.

杜远生,童金南.2009.古生物地史学概论.武汉:中国地质大学出版社.

龚一鸣,张克信.2016.地层学基础与前沿.武汉:中国地质大学出版社.

李增学.2010.岩相古地理学.北京:地质出版社.

刘本培,全秋琦.1996.地史学教程.北京:地质出版社.

Wicander R,Monroe J S.2000. Historical Geology.3rd ed. Pacific Grove(CA):Brooks/Cole.

第四章
历史大地构造学原理与方法

在过去漫长的地史时期中,地壳或岩石圈的表层不断地发生水平或垂直运动,这种运动的发生通常是阶段性或周期性的,其大规模水平运动往往表现为大陆的分离和拼合,这种离合不仅会引起古地理和古气候的变化,而且会导致大地构造环境的变化,进而影响沉积物性质、结构、构造、几何形态和空间分布。通过对不同地区、不同时期的地层进行综合研究,确定其构造发展状态和过程,划分构造演化阶段和大地构造分区,恢复不同地区、不同块体之间的相互关系及演化过程称为历史构造分析,相应的学科称为历史大地构造学,该理论源于王鸿祯院士提出的大地构造活动论、大地构造单元论等。

大地构造学的理论派别较多,但概括起来可以归纳为两大类型,即固定论和活动论。固定论认为,地壳以升降运动为主,水平运动是因升降运动产生的,大陆和海洋的位置是永远固定不变的,即槽台理论。活动论认为,地壳的每一个板块都永恒地在上地幔软流层上漂移,并以水平运动为主,升降运动是由水平运动产生的,即板块构造理论。由于板块运动理论有大量的、有说服力的证据,目前,该理论在地学界较为流行。近年来,随着板块构造理论在大陆地壳中的应用,不断向着纵深方向发展,出现了大陆动力学等新的理论雏形。

第一节　历史大地构造分析的方法和内容

在进行历史构造分析时,我们需要了解各个构造单元在一定时期的活动性,需要了解它们基底的固结时间,即必须知道在什么时间由活动转入稳定。因此,必须研究各构造分区和各构造单元的沉积建造、岩相和地层厚度及其变化;研究它们的沉积建造、构造形态、地层接触关系、岩浆活动和变质作用等特点。这些研究内容构成历史大地构造学的一整套研究方法。

一、沉积建造分析法

沉积建造是在一定地质时期内形成的,能够反映其沉积过程主要构造背景的沉积岩共生综合体,也称为沉积组合。根据构造活动程度,可以把沉积组合划分为稳定型、过渡型和活动型三大类型。在不同的构造单元内有不同的沉积建造,在同一构造分区内,不同构造阶段上也有不同的沉积建造。

(一)活动类型沉积建造及特征

在大陆上,活动类型的构造背景主要包括强烈上升的高峻山系和巨大的陆缘火山活动,可形成巨厚的山麓山间粗碎屑(磨拉石)组合和大陆火山喷发——碎屑组合为其典型产物。在海洋中,大陆边缘的弧后海、弧间海、深海沟和远洋盆地为活动型的海洋背景,可以形成岛弧海岩屑杂砂岩——火山岩沉积组合、半深海至深海砂泥质复理石组合,以及包含超基性、基性岩和放射虫硅质岩的蛇绿岩组合。活动类型岩石组合包括以下类型:

(1)硬砂岩组合。包括硬砂岩、岩屑砂岩和长石砂岩。这些岩石都含有较多的不稳定组分,是在地形高差大、沉积速度快的活动构造环境中形成的。

(2)火山喷发—沉积组合。包括基性、超基性喷发和远洋深海硅质岩组成的蛇绿岩套和岛弧火山喷发等。前者是洋壳火山喷发建造(早期地槽火山喷发建造);后者是活动大陆边缘岛弧火山喷发建造(早期地槽火山喷发建造);后者是活动大陆边缘岛弧火山喷发建造(后期地槽火山喷发建造)。

(3)混杂岩组合。混杂岩是由时代不同、性质不同、大小悬殊的各种岩块组成的一种构造砾岩。蓝闪石片岩是一种高压低温变质岩,蓝晶石片岩是一种高温低压变质岩。上述混杂岩和变质岩是在活动大陆边缘形成的(即属地槽发展后期的建造类型)。

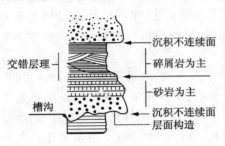

图2-4-1 复理石型岩层基本序列的垂向结构(据布兰,1977)

(4)复理石组合。复理石是在古代活动深海环境中形成的砂泥质浊积岩。现代弧后边缘海、海沟和大陆基等活动深海环境中,有厚度巨大的浊积岩。所以古代复理石是古代活动大陆边缘的沉积建造(地槽发展后期的沉积建造),反映活动强烈的构造环境(图2-4-1)。

(5)磨拉石组合。磨拉石组合是在地槽活动后期或大洋关闭时和活动大陆边缘强烈褶皱上升形成山系时,由山间盆地山前凹陷中的砾、砂、泥等碎屑物质堆积形成的,因此也是一种活动型沉积组合(图2-4-2)。

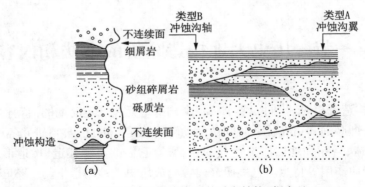

图2-4-2 磨拉石建造基本序列的垂向结构(据布兰,1977)

(二)稳定类型沉积建造

在大陆上,稳定类型的构造背景主要发育在广阔的准平原、内陆盆地及近海平原,相应的沉积组合是游移盆地湖泊碎屑组合、内陆盆地河湖泥质组合及近海盆地含煤碎屑组合。活动类型的构造背景可以强烈上升的高峻山系和巨大的陆缘火山活动带为代表,巨厚的山麓山间粗碎屑(磨拉石)组合和大陆火山喷发—碎屑组合为其典型产物。大陆边缘的弧后海、弧间海、深海沟和远洋盆地为活动型的海洋背景,其形成岛弧海岩屑杂砂岩—火山岩沉积组合、半深海至深海砂泥质复理石组合,以及包含超基性、基性岩和放射虫硅质岩的蛇绿岩组合。

（三）过渡型沉积建造

非补偿的边缘海、活动陆棚、大陆斜坡可以代表过渡型的构造背景，形成相应的过渡型沉积组合，如非补偿边缘海碳质、硅质组合，活动陆棚泥质碳酸盐沉积组合。此外，近海沉陷盆地碎屑泥质沉积组合和海陆交互相碎屑泥质沉积组合等也被认为属于陆相过渡型沉积组合（杜远生、童金南，1998）。

二、岩相及地层厚度分析法

地层的岩相和厚度与地壳的下降速度和幅度有直接关系。一般，地壳下降速度快，幅度大，地层厚度也大，但有时，地层厚度与地壳下降幅度并不一致。地壳的下降速度和沉积物沉积速度的变化还会导致岩相的变化。因此，从地层的岩相和厚度分析，可以了解地壳下降的速度、幅度，进而可了解地壳的活动程度。一般来说，地壳下降速度大，幅度大，代表地壳活动性强，相反，则表示地壳活动性弱，而稳定性强。地层的岩相、厚度与地壳下降速度、幅度之间的关系有以下三种情况：

（一）补偿沉积

沉积物的沉积速度等于地壳下降速度时的沉积作用，称为补偿沉积。在这种情况下，沉积环境不变，沉积相没有明显变化，地层厚度等于地壳下降幅度。如华北中元古界雾迷山组的白云岩是一套岩相变化不大的浅海白云岩沉积，其厚度与沉积地壳下降幅度大致相等。补偿沉积的地层厚度越大，说明地壳下降幅度的速度越大，地壳活动性越强。有些地槽沉积物岩相单调，厚度巨大，如复理石，就代表差异升降强烈的活动构造环境。相反，岩相单调，地层厚度不大，则代表地壳下降幅度不大的稳定环境。地台盖层中可找到许多这种地层实例，如华北中寒武统张夏组的石灰岩地层。

（二）非补偿沉积

沉积物的沉积速度小于地壳的下降速度，地层厚度小于地壳下降幅度，沉积环境发生变化，例如海侵，沉积相也会发生相应变化，这种沉积作用叫非补偿沉积。岩相缓慢渐变的地层代表较稳定的沉积环境，如滨海砂岩逐渐变成浅海泥页岩或石灰岩，属稳定型非补偿沉积。而滨海砂岩向上突然变成半深海或深海页岩，这种相变迅速的地层应当属活动型非补偿沉积，代表一种较活动的构造环境。

（三）超补偿沉积

沉积物的沉积速度大于地壳的下降速度，地层厚度大于地壳的下降幅度，沉积环境也会发生变化，例如海退，沉积相也随之变化，这种沉积作用叫超补偿沉积。岩相缓慢渐变的地层代表较稳定的构造环境，如浅海灰岩向上逐渐变为滨海砂岩。但岩相迅速变化的地层则可能代表活动的构造环境，如滨浅海砂岩、泥岩向上迅速变为粗碎屑砂砾岩，则可能代表活动构造环境。

由于地壳运动不可能长期保持等速，地层厚度只能代表形成这段地层的时间内不同速度的正负向地壳运动幅度的代数和。地层的厚度越大，代表的时间可能越长，所得的地壳下降幅度值也就越平均化。

岩相厚度分析法适用于浅海区，也选用于内陆大盆地沉积区，对于孤立的小湖盆，应用岩相厚度分析法要谨慎。在地质历史上，大多数地层是在浅海区沉积形成的，主要是补偿沉积。

现在的渤海可以作为很好的补偿沉积的实例,渤海面积有 82700km²,平均水深 21m,经计算大约只需要 1000 年就可能填平。按湖南省所经历的时间,它早就该填平了,但至今渤海仍然存在。这是因为渤海在接受沉积的同时,其基底地壳也在不断下降。钻探资料证实,渤海第四系厚 800～1000m 以上,第四系岩相均一,变化不大,表明第四纪渤海沉积环境变化不大,是一种补偿沉积状态。湖南省的基底地壳在第四纪的下降幅度在 800～1000m 以上,第四系岩相均一,变化不大,表明第四纪渤海沉积环境变化不大,是一种补偿沉积状态,渤海基底地壳在第四纪的下降幅度在 800～1000m。

三、沉积盆地类型分析法

沉积盆地的类型和特征与其所处的大地构造位置密切相关,大地构造状态决定了盆地的类型和特征。表 2-4-1 为不同大地构造背景的沉积盆地的类型(图 2-4-3)。不同类型的沉积盆地的沉积相及其时空组合不同。因此,通过了解盆地沉积物组分、沉积相、沉积体系及其时空关系、古水流分布格局等,可以恢复盆地的性质和类型,确定盆地的大地构造背景及其演化。不同的沉积盆地类型和沉积盆地组合,代表不同的大地构造背景和不同的构造阶段。如克拉通盆地主要分布于大陆板块内部以及大洋中的微板块、地块等构造背景下。被动大陆边缘盆地和活动大陆边缘盆地均分布于大陆板块边缘地带,前者形成于大地构造伸展期,后者形成于大地构造挤压期。大陆碰撞有关的盆地形成于岛弧与大陆板块、大陆板块与大陆板块碰撞的构造背景下,形成碰撞造山带。所以可以通过沉积盆地的性质、分布去恢复研究区的大地构造背景和所处的大地构造阶段。

表 2-4-1　沉积盆地的类型(据杜远生、童金南,1998)

伸展背景下的沉积盆地	裂谷及夭折裂谷盆地	陆内裂谷,大陆边缘裂谷,裂陷槽盆地
	被动大陆边缘盆地	大陆架,大陆坡,大陆隆
	大洋盆地	
	拗拉槽盆地,初始洋盆	
	洋岛,海山,海底高原(大西洋型)	
汇聚背景下的沉积盆地	弧后盆地,弧间盆地,海沟,弧前盆地,大洋盆地,洋岛,海山等(西太平洋型)	
转换或走滑背景下的沉积盆地	拉分盆地,走滑盆地	
大陆碰撞背景下的沉积盆地	A 型(陆—陆)碰撞有关的沉积盆地	陆间残余盆地,弧后残余盆地,前渊、周缘前陆盆地,弧后前陆盆地,背驮式盆地,山间断陷盆地,山前断陷盆地,缝合线盆地
	B 型(弧—陆)碰撞有关的沉积盆地	
克拉通盆地	内克拉通盆地,克拉通边缘盆地,克拉通内裂陷槽盆地	

四、构造运动、变质作用和岩浆活动分析法

(一)构造运动

构造运动是通过地层的变形表现出来的。如果地层褶皱强烈,呈紧闭状态线型延伸,甚至出现大型倒转褶皱,大型逆断层或推覆体,表明这套地层受过强大的水平挤压,当时地壳处于活动状态。相反,如果地层比较平缓或只有轻微舒缓褶皱,断层不太发育,只有为数不多的正断层,表明这套地层没有受过强大水平挤压,没经受过剧烈的构造运动,形成以后一直处于相对稳定的构造环境。

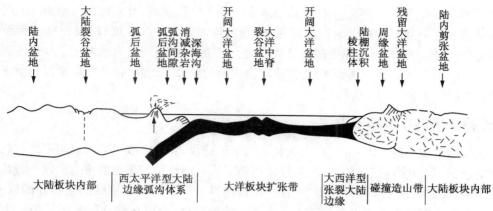

图 2 - 4 - 3　板块背景下部分沉积盆地分布示意图（据 Dickinson,1974）

此外,构造运动面是历史大地构造分析的重要内容。构造运动面,即不整合和间断面是地壳运动的直接记录。不整合,不论是平方不整合还是角度不整合,都是地壳抬升、遭受剥蚀的结果。角度不整合代表了早期形成的地层经过不同程度的变形,并通常伴有一定程度的变质改造,遭受剥蚀,而后再接受沉积。平行不整合反映早期形成的地层经整体抬升,遭受剥蚀,而后接受沉积。二者分别反映了造山运动和造陆运动的存在。沉积间断是指沉积过程中沉积作用停止,可能与沉积物的供给有关,也可能是地壳快速升降作用的结果。通过对间断和不整合的研究,也能了解某一地区地壳的构造升降历史。

(二)岩浆活动和变质作用

地层中岩浆岩越多,地层岩石变质越深越普遍,表明地层所经受的构造运动越强烈。如地台基底中含大量岩浆岩,变质深而普遍,说明基底岩系是在强烈普遍活动的构造环境中形成的。相反,地台的盖层岩系中很少有岩浆岩和变质现象,则表明是在稳定构造环境中形成的。

只有对一个地区的全部地层作全面分析,才能知道这一地区何时处于地槽活动状态,何时处于地台稳定状态,才能确定这一地区在构造分区中所处的位置。例如华北地台区的太古界厚度巨大,普遍变质较深,有大量岩浆岩;古元古界厚度巨大,普遍浅变质,有大量岩浆岩,褶皱和逆断层发育,与上覆地层角度不整合;而中—新元古界、古生界地层则厚度不大,几乎不变质,很少岩浆活动,表明华北地台区在距今 18 亿年前处于地槽活动状态,而距今 18 亿年后则处于地台稳定状态,从而确定了其地台区的构造位置。

又如,桂北—湘中地区,具有变质变形的下古生界,上覆地层则是不变质不变形的上古生界,因此确定其为加里东褶皱带。

第二节　板块构造学说简介

板块构造(plate tectonics)学说是现今流行的新全球构造学说,主要包括两部分基本内容,一是早期大陆漂移学说,以魏格纳(A. Wegener)为代表。另一部分内容是以海底扩张(seafloor spreading)和板块消减为主体的现代板块运动学说,以赫斯(H. H. Hess)和迪茨(R. S. Dietz)为代表。该学说是在 20 世纪 60 年代后期建立起来的一种全球构造学说,从 70 年代起,板块构造学说在国际上得到广泛传布,并已渗透到地质学各个学科领域,有人称为是地质学发展过程中的一次革命。80年代起随着研究的深化,逐渐发现需要进一步发展、修改原来较为单一的板块构造模式,使之能合理解释更多的复杂情况。同时,深部地质研究也发现了地球不同圈层间相互关系的不少新资料,影响到板块构造动力机制的解释。因此,板块构造学说当前正处于继续发展和酝酿新变革的历史阶段。

一、板块构造学说基本思想

板块构造学说归纳了大陆漂移、海底扩张的重要成果,及时吸收了当时对岩石圈和软流圈所获得的新认识,从全球整体的角度,系统地阐明了岩石圈活动与演化的重大问题。板块构造学说的基本思想是:在固体地球的上层,存在比较刚性的岩石圈及其下伏的较塑性的软流圈;地表附近较刚性的岩石圈可划分为若干大小不一的板块,它们可在塑性较强的软流圈上进行大规模的运移;海洋板块不断新生,又不断俯冲、消减到大陆板块之下;板块内部相对稳定,板块边缘则由于相邻板块的相互作用而成为构造活动性强烈的地带;板块之间的相互作用控制了岩石圈表层和内部的各种地质作用过程,同时也决定了全球岩石圈运动和演化的基本格局。

勒皮雄(Le Pichon,1968)首先将现在的岩石圈划分为太平洋、欧亚、印度洋、非洲、美洲和南极洲六大板块。以后其他学者的研究,一方面对现代板块的划分更趋详细,逐步补充一系列较小的板块,例如菲律宾板块、加勒比板块等;另一方面也注意结合地质发展史划分出现在已经拼合消失的古板块边界,例如西伯利亚板块、冈瓦纳板块、华北和扬子板块等。20世纪80年代以来环太平洋地区掀起研究地史中微板块热潮,已发展为地体(terrane)学说,是这种趋势的进一步发展。如果沿东西方向在地球外部作一切面,则可以看到现代岩石圈不同板块间的构造运动模式(图2-4-4)。东太平洋洋中脊是一个巨大的海底扩张带,也是两个洋壳板块间的离散型边界(divergence boundary)。新的洋壳沿此带不断增生,并使两侧早先形成的洋壳相应向外推进,这就是赫斯(H. Hess,1960)最早提出的海底扩张概念。现在由于海底古地磁和沉积物年龄的综合研究,已经测定东北太平洋地区的海底扩张速度在近4Ma内向洋中脊两侧各扩张增生120km,平均每年3cm,总的海底扩张速度为每年6cm。

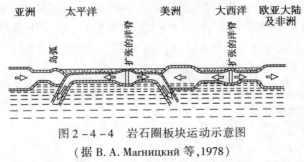

图2-4-4　岩石圈板块运动示意图

(据B. A. Магницкнй等,1978)

与洋中脊的洋壳增生相对立,太平洋东西两侧的海沟带,即经常发生地震的贝尼奥夫(Benioff)带,则是发生洋壳俯冲(subduction)和消减(consumption)的场所。这种俯冲就以地震学家Benioff的第一个字母为名,称为B式俯冲,代表洋壳板块与陆壳板块间的聚合型边界(convergence boundary)。以亚洲大陆东缘为例,自太平洋洋壳海域至陆棚海陆壳海域之间,存在典型的海沟—火山岛弧—弧后盆地(边缘海)构造格局,也可简称为沟—弧—盆体系。南美大陆西缘仅见海沟—火山山弧(安第斯山脉)构造格局,未见弧后盆地或边缘海。以上两种大陆边缘都属于主动大陆边缘类型。

现代阿尔卑斯—喜马拉雅山系中,古洋壳板块已全部俯冲消失,两个大陆板块直接碰撞(collision),继续俯冲的陆壳板块内部产生一系列逆冲断层,并导致硅铝壳明显增厚。由于这种陆壳内的逆冲现象最早由德国人安普菲雷尔(O. Ampferer,1906)提出,也称为 A 式俯冲。

大西洋洋中脊是另一个重要的海底扩张带或离散型板块边界,但大西洋东西两侧仅见大陆斜坡,未见火山岛弧和海沟存在,也未出现地壳俯冲和消减现象。大西洋两侧的大陆边缘就称为被动大陆边缘类型。

二、板块构造旋回与构造阶段

岩石圈板块的构造演化具有明显规律性的旋回现象,我们把这种全球性的构造旋回现象称为板块构造旋回。根据不同的构造旋回所占有的时间可以划分不同的构造阶段。作为一定时期构造事件的构造旋回和发生这些构造事件的构造阶段是相互对应的。板块构造旋回可以分为不同的级次,对全球的岩石圈板块来讲,大陆板块的离合旋回(威尔逊旋回)是一级旋回,而大陆边缘或造山带旋回为二级旋回(杜远生、童金南,1998)。

(一)板块构造旋回(威尔逊构造旋回)

从板块构造观点来看,洋壳盆地并非永恒存在,一般都经历了开裂、扩张、收缩和闭合的发展过程。板块学说认为,大陆板块和大洋盆地在地质历史时期并非一成不变和永恒存在的。大陆板块的分离导致大洋盆地的形成;大洋盆地的萎缩、封闭导致大陆板块的聚合;大陆板块之间的碰撞导致造山带的形成。加拿大地质学家威尔逊(1973)根据现代大陆和大洋的实例归纳了大陆板块离合和大洋盆地演化的发展旋回模式,即威尔逊旋回(图2-4-5)。

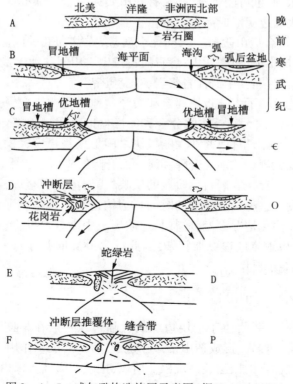

图2-4-5　威尔逊构造旋回示意图(据 Condie,1982)

（1）大洋胚胎期—陆内裂谷阶段。地幔热点使地幔物质熔化上升，使大陆地壳上隆、断裂、变薄，形成线形断陷盆地，即大陆裂谷，裂谷接受陆源碎屑沉积，也有喷出的火山岩。后期裂谷拓宽海侵，则可能有浅海碎屑岩和碳酸盐岩沉积。若气候干旱，则可能有蒸发岩发育，如东非大裂谷。

（2）大洋幼年期—陆间裂谷（微型大洋）阶段。大陆裂谷进一步拉张、拓宽，地壳进一步变薄，裂谷中央陆壳消失，洋壳出现，大陆裂谷变为大洋裂谷，海水侵入，形成微型大洋，如现代的红海—亚丁湾。沉积物由海陆过渡相至海相，诸如三角洲沉积、蒸发岩、海相碳酸盐岩、黏土岩和浊积岩等。这些沉积物与大陆裂谷沉积物叠加在一起，总厚可达数千米到上万米。通常有碱性玄武岩和流纹质岩石，缺乏中性安山质类岩石。

（3）大洋成年期—被动大陆边缘阶段。微型大洋海底不断扩张，形成广阔的大洋盆地。洋底是拉斑玄武岩和超基性岩，其上覆有远洋泥。大洋中央有大洋海岭及大洋裂谷，大洋玄武岩不断形成，海底不断扩张，大洋不断变宽。在大洋边缘，没有消减带，洋壳与陆壳连接在一起，大陆壳随海底扩张而不断向后漂移。大陆边缘有厚度很大的陆源碎屑沉积、浊流沉积，对应于冒地槽阶段沉积。该阶段又称为大西洋型大洋阶段。

（4）大洋衰退期—主动大陆边缘阶段。大西洋型大洋进一步发展，在大洋边缘形成俯冲带，太平洋型大洋形成。大洋板块的俯冲消减，形成海沟、岛弧或褶皱山系，大量安山质火山岩喷发、中酸性岩体的侵入，双变质带、混杂岩是这一活动构造带的特征，在这一构造带上岩石变形、褶皱、推覆构造和逆断层非常发育。海沟和弧后盆地中接受巨厚碎屑沉积和浊流沉积，含大量火山物质，对应于优地槽沉积物。该阶段又称为太平洋型大洋阶段。

（5）大洋残余期—有限洋盆阶段。大陆对接，大洋关闭，但仍有部分海盆残余，接受浅海—深海相的各种沉积物，也可能有蒸发岩，有安山质火山岩和深成花岗岩类形成，如现代地中海。残余海两边的大陆边缘形成高大山系。

（6）大洋遗痕期—拼合造山阶段。大陆完全对接，洋盆彻底关闭。由于大陆的挤压上升形成高大山系，如喜马拉雅山、冈底斯山、念青唐古拉山。山间盆地中接受粗碎屑磨拉石沉积。有大断裂带、蛇绿岩套、混杂岩、中酸性岩浆岩、双变质带等。

威尔逊旋回客观地反映了大陆板块离合和大洋盆地演化的历史，每个旋回的大致时限为$(1.5 \sim 2) \times 10^8 a$左右。一次大陆板块的分合和大洋盆地离闭过程都伴有板块内部及板块边缘规律性的沉积、生物和构造事件，并在大陆板块之间形成规模宏大的造山带。与此相对应，稳定的板块内部也出现大规模的地壳升降和海平面升降的旋回性变化。这种旋回性的变化规律是全球岩石圈演化史中存在客观自然阶段的反映，我们把这种全球性的构造作用旋回现象称为构造旋回。并把发生这种构造旋回的时间称为构造阶段。需要强调说明的是，地质历史时期的板块离合和洋盆演化情况多变，尤其是地质历史中微板块发育，微板块之间、微板块与板块之间的分裂、闭合和碰撞过程更加复杂，因此威尔逊旋回并非每一个造山带都能发育完整，在实际应用时切忌简单套用。

（二）大陆边缘（大陆造山带）旋回

与稳定的板块内部不一样，位于板块边缘的大陆边缘一般在早期强烈下降，接受大量沉积，在晚期褶皱上升、岩浆侵入、形成造山带。在这个过程中，沉积作用、岩浆活动、构造变动和成矿作用都存在某种规律性的巨型旋回现象。所以，把一个大陆边缘由开裂沉降、闭合褶皱隆升成山的这一过程称为大陆边缘旋回或造山带旋回。

地质历史时期地壳不同部分出现不同类型、不同时期、不同规律的大陆边缘旋回,其发展模式不尽相同,时限长短也有差别。从全球整体来看,与威尔逊旋回对应,大致每隔$(1.5 \sim 2) \times 10^8$a 左右总有一批大陆边缘大体同步地转化为造山带。因此不同的构造阶段形成不同的造山带。

(三)地史时期全球主要构造阶段的划分

构造旋回和构造阶段划分主要是根据全球性的威尔逊旋回或造山带旋回划分的。在一个旋回期,通常有一系列的洋盆相继闭合,形成造山带,这个时期即为一个构造阶段。构造旋回和构造阶段的命名一般采用经典造山带所在地命名。如早古生代后期在欧洲形成加里东造山带,该构造旋回和构造阶段称之为加里东构造旋回和加里东构造阶段;晚古生代形成海西(或华力西)造山带,中新生代形成阿尔卑斯造山带,相应的构造旋回和构造阶段分别称为海西(华力西)构造旋回和海西(华力西)构造阶段、阿尔卑斯构造旋回和阿尔卑斯构造阶段。在中国和东亚地区,中新生代岩石圈演化具一定的特殊性。故进一步细分为印支构造旋回和印支构造阶段(三叠纪)、燕山构造旋回和燕山构造阶段(侏罗纪—白垩纪)、喜马拉雅构造旋回和喜马拉雅构造阶段(新生代)。

三、板块构造学说对传统全球构造学说——槽台学说的解释

(一)槽台学说简介

槽台学说由于已有百余年研究历史,许多名词术语大量出现在地质文献之中。下面简要介绍槽台学说名词术语及其和板块构造间的大致对应关系。

(1)地台(platform):地壳上巨大的构造稳定区,术语来源于东欧俄罗斯平原。地台具有双层结构,即下部前古生代变质基底(basement)和上覆古生代开始的未变质沉积盖层(cover),其间明显的区域性角度不整合面所分割(图2-4-6)。地台上缺失沉积盖层、变质基底直接出露地表的部分称为地盾(shield);沉积盖层发育巨厚的断陷带称为裂陷槽(aulacogen)。

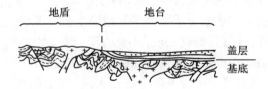

图2-4-6 地台的双层结构
(据Г. П. Леонов,1980 简化)

(2)地槽(geosyncline)和褶皱带(fold belt):地壳上垂直沉降接受巨厚海相沉积,最后又回返(反转,inversion)褶皱并上升成山系的巨型槽状凹陷带。以北美阿巴拉契亚山脉(J. D. Dana,1873)和南欧阿尔卑斯山脉(E. Suess, 1875)为典型代表。两者由于当前在大陆上的位置不同,区分为阿巴拉契亚陆缘型和地中海陆间型两种类型(Ch. Schuchert,1923)。

地槽两侧的稳定地块称为前陆(foreland)。地槽内部又可区分出次一级的地向斜(凹陷带)和地背斜(隆起带)。接近前陆的地槽外带不含大量火山岩,称为冒地槽(miogeosyncline);远离前陆的地槽内带含大量火山岩,称为优地槽(eugeosyncline)(图2-4-7)。

(3)地槽旋回:传统的地槽学说将地槽的发展过程分解为地壳下降和接受沉积(含基性火

山岩喷发）为主的早期阶段，以及回返褶皱、酸性岩浆侵入和山脉升起的晚期阶段。由于在上述过程中无论在沉积作用、岩浆活动、构造变动和成矿作用等方面，都存在一定规律性的巨型旋回现象。所以，把一个地槽发展的全过程称为地槽旋回。

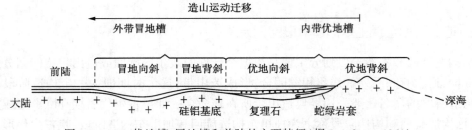

图2-4-7　优地槽、冒地槽和前陆的主要特征（据 J. Aulouin,1961）

由此可见，两种学说的主要区别在于指导学术思想的不同。传统的地槽学说主要强调垂直升降运动，而且重视现象描述而忽略动力机制分析。板块构造则以其鲜明的活动论学术思想，显然优于槽台学说，但并不能因此而抹杀后者在研究地壳构造发展史方面所积累的历史性成果。因此，在活动论学术思想指导下重新解释并继续使用槽台学说有关术语，是常见的现象。

（二）板块构造学说对传统槽台学说的解释

比较威尔逊大洋演化模式和地槽发展阶段，不难看出二者有许多相似之处。大陆裂谷沉积与地槽的下部陆源建造；大洋的蛇绿岩套与地槽下降阶段的基性—超基性火山岩建造，泥页岩建造；大西洋边缘的巨厚陆源碎屑和浊积岩与冒地槽沉积物；太平洋边缘的中酸性火山岩建造、浊积岩建造与地槽上升早期的中酸性火山岩建造、复理石建造；大洋关闭山系形成沉积的大量粗碎屑与地槽上升后期形成的磨拉石建造等有相似之处。另外在地形、构造和后期形成高大褶皱山系、岩浆活动、变质作用等方面也是相似的。因此，威尔逊的大洋演化模式实际上描绘了现代地槽的演化过程。

从上述对比，可以认为：大洋就是现代地槽，古生代以前形成的稳定大陆叫地台，面积较小、稳定性较差的陆块叫准地台或地块，古生代和古生代以后在大陆之间或大陆边缘形成的褶皱山系叫褶皱带或褶皱区，有的褶皱山系被夷平并接受了盖层沉积，这些地区又叫新地台。太古代，地球上地槽普遍存在，故有泛地槽之说，从板块理论看，太古代地球上只有活动的洋壳，几乎没有稳定大陆块，但活动性较强的微型古陆已出现，这就是古陆核。这些古陆核不断增生扩大，到古元古代后期，地球上终于出现了若干稳定大陆，就是现在世界各地的地台。经过古生代、中新生代的板块运动，这些稳定大陆边缘继续增生，形成各时代的褶皱山系，即新生大陆。因此，褶皱带有从陆向海变新的规律，或因大陆对接、大洋关闭、褶皱带有从中央向两侧由新变老的规律。

第三节　大陆内部古板块的恢复

大量海底钻探及古地磁年龄研究表明，现在洋盆的年龄一般不老于侏罗纪（168Ma）。这是由于洋壳海盆始终处于扩张增生和俯冲消减的循环过程所致，因此更古老的洋壳只能在地缝合线的蛇绿岩套或蛇绿混杂体中保存一些残迹。现在的大陆是漫长的地质历史时期中陆壳地块和洋壳海盆不断开裂以及多次拼合碰撞的复杂地质记录。所以,现代大陆尤其是造山带(即古大陆边缘及古洋盆)是地史中恢复古板块构造的主要研究对象。鉴于大陆区的悠久历史,恢复古板块构造与研究现代岩石圈板块构造相比,是一项更为复杂和困难的任务。需要运用多学科交叉渗透的学术思想和方法,才能获得成效。大陆内部古板块的恢复可概括为两个方面,即板块边界的识别和古板块活动的分析。

一、板块边界的识别

板块边界的识别是恢复古板块活动不可缺少的一个重要环节。板块边界地区代表已消失了的古海洋,因此,在板块边界地区往往留下了古板块活动的痕迹和古洋壳残片,最直接的证据就是地缝合线(suture)。地缝合线本身是巨大而复杂的地壳碰撞接合带,其两侧地块的地质发展史往往有重大的差异,沿地缝合带则断续分布有蛇绿岩套、混杂堆积、双变质带、深断裂带及岩浆岩组合等特殊的地质记录。

(一)蛇绿岩套的识别

蛇绿岩套是由代表洋壳组分的超基性—基性岩(橄榄岩、蛇纹岩、辉长岩)、枕状玄武岩和远洋沉积(放射虫硅质岩、软泥等)组成的"三位一体"共生组合体。其中的超基性—基性岩往往呈现冷侵入式构造侵位,代表板块碰撞时沿地缝合带挤上来的古洋壳残片。图2-4-8表示地史中蛇绿岩套的典型层序,与现代深海盆的洋壳结构可以很好对比。

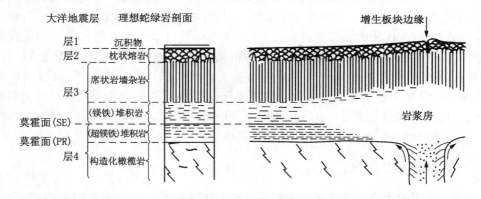

图2-4-8　理想蛇绿岩剖面及其成因模式图(转引自鲍佩声等,1982)

(二)混杂堆积的识别

混杂堆积是海沟、俯冲带的典型产物。其中既有被一系列逆冲断裂切碎和推覆上来的洋壳或陆壳构造残片(图2-4-9),又有因板块俯冲而刮下来的浊流、远洋沉积物以及浅水区崩塌下来的早先形成地层的外来岩块。这种堆积物由不同成因、不同时代、不同尺度的外来岩块和深海细粒沉积的基质混杂相处,也导致同一层位中不同时代的化石混杂共生。上述这些现象无法用地层学中的生物层序律解释,显然与混杂堆积的特殊构造成因机制有关。

(三)双变质带的识别

岛弧外侧因压力大温度低形成蓝闪石片岩高压低温变质带;岛弧内侧侵入岩体附近因温

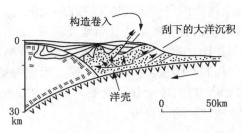

图 2 - 4 - 9　混杂堆积成因模式示意图(据 D. W. Scholl 等,1980)

度高压力小形成蓝晶石片岩或红柱石片岩,以至进一步生成混合片麻岩,这就是高温低压变质带,这两个变质带常相伴平行出现,且常和蛇绿岩套共生在一起,可以利用双变质带的相对位置判断古板块的运动方向及板块边界的相对位置,如日本的飞弹—三郡双变质带和领家、阿武隈—三波川双变质带。

(四)深断裂带的识别

两个板块碰撞接触界线,一定是一个又深又大的断裂带,它切割岩石圈,进入上地幔,长可达数百至数千千米,如我国的雅鲁藏布江深断裂带。

(五)岩浆岩组合的识别

岩石圈内各种岩浆组合也受到不同构造环境的密切控制。例如大洋型拉斑玄武岩具有一定的地球化学特征,仅见于洋壳海域;钙碱型安山岩、火山岩喷发是火山岛弧或安第斯式陆缘火山活动带的典型产物,一般出现在俯冲带附近,是寻找板块边界的重要标志之一;在稳定大陆板块内部则出现大面积的溢流玄武岩喷发;而拉张的裂谷中往往出现玄武岩和流纹岩共生的双峰模式。通过这些岩浆岩组合的空间分布格局,也能推测板块分布或地缝合线的位置。

此外,沉积组合类型的空间分布与当时的构造古地理格局有密切关系,所以可以利用陆表、陆棚海—边缘海—岛弧海沉积组合的有规律分布趋势,推测板块俯冲带或地缝合带的可能位置。两个现在相邻的地块如果在同一地质时期中具有明显不同的地层序列和古地理、古气候特征,很可能当时是两个互相分离的独立板块或微板块。

二、古大陆边缘的识别

在板块缝合线和大陆板块之间即为板块的大陆边缘部分。现代海洋研究表明,大陆边缘可以分为两种类型:一是类似于大西洋的大陆边缘,该边缘没有洋壳俯冲带,所以不存在岛弧—海沟体系,这类大陆边缘称为被动大陆边缘(图 2 - 4 - 10)。

另一类类似于太平洋的大陆边缘,该边缘具有洋壳俯冲带,洋壳俯冲形成岛弧—海沟体系(西太平洋)或大陆火山弧—海沟体系(东太平洋)(图 2 - 4 - 11)。从沉积上讲,大陆边缘既不同于大陆板块内部的稳定克拉通盆地,也不同于大洋盆地的深水细粒沉积和伴生有洋壳残余。被动大陆边缘除沿岸地区外,陆棚浅海、陆坡—陆隆的深水沉积和海底浊积扇发育,而活动大陆边缘岛弧火山岩及共生的海沟深水浊积岩发育。从构造变形上看,大陆边缘变形程度也介于大陆克拉通和古缝合带之间。

三、古板块活动的分析

地史时期不同的板块处于不同的古纬度,并在不断的运动之中,但板块运动和变化并不是

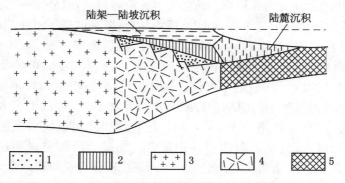

图 2 - 4 - 10　大西洋型大陆边缘沉积剖面示意图(据金性春,1985)

1—大陆裂谷阶段的粗碎屑沉积;2—闭塞海湾相沉积;3—大陆型地壳;4—过渡型地壳;5—大洋型地壳

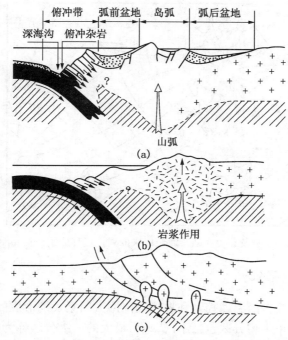

图 2 - 4 - 11　活动大陆边缘剖面示意图(据杜远生、童金南,1988)

(a)西太平洋型 B 式俯冲;(b)安第斯型 B 式俯冲;(c)阿尔卑斯型 A 式俯冲

无规律可循的,我们可以根据各个板块在不同时期中所保留的各种地质记录来分析古板块的活动情况,一般而言,古板块活动的分析包括以下几个方面。

(一)古地磁分析

岩石中的磁性矿物由于受到岩石形成时地磁场的磁化影响,在岩石内保留了可以指示当时地磁方向的磁偏角(D)和磁倾角(I)等剩余磁性。只要采取退磁措施消除以后地壳运动对原有剩余磁性的叠加影响,恢复岩石形成时的磁化方向,就可运用以下公式计算出古纬度 λ:

$$\tan I = 2\tan\lambda \qquad (例如 I = 49°,则 \lambda = 30°)$$

根据采样点位置,可以确定古板块当时的古纬度,通过同一板块不同时期的古地磁古纬度分析,可以推断板块的运动方向和距离。例如古地磁资料表明:班公错—怒江断裂带以西的冈念喜马拉雅地块石炭纪时处于高纬度,和印度板块相近;以东的扬子板块当时属低纬度,而现在这两个板块相接在一起,说明石炭纪两板块相隔甚远,后来不断靠近,最后碰撞在一起,形成了班公错—怒江地缝合线。通过古地磁研究也可计算出古磁极的位置。由于一般假定古磁极与地球自转轴(地理极)的平均位置大体接近,所以根据磁偏角和古磁极可以恢复古板块的方位。对不同板块不同时期的古磁极进行系统研究,可以得出各个板块不同时期古磁极的变化轨迹,即极移轨迹。图2-4-12是欧洲和北美板块寒武纪以来古磁极位置连续变迁的轨迹,可以看出,这两条曲线并不重合。如果地质历史时期这两个大陆的相对位置未发生位移,那么这两条曲线应是重合的。两条线不重合说明这两个大陆在地史时期曾发生过较大的相对位移,如果假设两大陆间曾在早古生代有一个古大西洋相隔,则这种极移曲线的偏离可以消除。

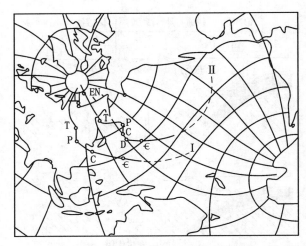

图2-4-12　欧洲及北美大陆寒武纪以来的磁性迁移曲线(据 Runcorn,1962)

(二)古生物地理区系分析

古生物地理分区主要指因温度控制和地理隔离两大因素长期形成的生物分类和演化体系具重要区别的地理区划。生物分区包括不同级别,最大的一级分区称为生物大区,二级分区称为生物区,更次级的为生物省和生态区。温度控制对陆生生物来说主要受气候带制约,有时也与地形高低所反映的垂直气候分带有关。海生生物则主要受与纬度高低有关的海水温度及不规则海流分布范围的影响。地理隔离对陆生生物来说主要是海洋隔离,对海洋生物来说既有大陆、地峡的陆地隔离因素,还有广阔洋盆的深海隔离。相对来说,地理隔离对生物分区的影响更为重要,这是因为地理隔离可导致生物间基因无法交流,形成一些差别较大,甚至很大的生物类群。

大陆板块之间均为大洋、海沟分隔,是陆生生物和海生底栖生物地理隔离的一个重要障碍。以现代陆生生物为例,亚洲和大洋洲之间存在著名的华莱士线,该线西侧分布的巽他动物群有狐、猴、獏、鹿等,属亚洲大陆南部的东洋界大区。该线东侧出现的有袋类、极乐鸟等特殊动物群已属大洋洲界大区(图2-4-13),与巽他动物群分布区之间现存在很狭窄的较深海峡。这两类动物群分布区界线正好与亚洲大陆板块和澳大利亚板块的界线一致。地史研究证明这两个板块新生代一直为深海峡所隔,并且曾经相隔较远,不可能发生生物的交流,因而导致华莱士线两侧生物群面貌的巨大差异。应该指出,华莱士线附近的苏拉威西岛已发现两个动物群有混生现象。板块构造的研究则证实该岛原来是由不同大陆分裂出来的两个微型板块重新拼合而成,同样反映出古生物分区与板块构造间的密切关系。

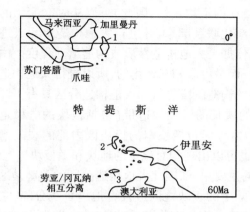 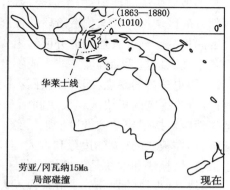

图 2-4-13　华莱士线与板块构造关系示意图(据杜远生,童金南,1998)

1—苏拉威西岛西部;2—苏拉威西岛东部;3—帝汶岛

(三)古气候分析

古气候是指地史时期各种气候要素如降雨量、气温、风力和风向等的综合。古气候分析主要研究古气候的各种生物和沉积标志,确定生物化石、矿物或岩石与气候(干湿、热冷)的关系,恢复不同地区不同时期的古气候。

一般情况下,在热带海洋环境中可形成生物礁、鲕粒滩、叠层石等特殊的沉积物,风暴沉积发育(尤其在纬度 50°~20°之间),伴生有造礁珊瑚、钙质海绵、层孔虫等。炎热、蒸发量很大的浅海环境中可出现石膏、石盐,甚至钾盐沉积,伴生有泥裂、晶痕及红色沉积层。温暖潮湿的陆地上可出现丰富的煤及大量植物化石。相比之下,寒冷的海洋环境内缺乏上述沉积,在大陆冰川附近的海域,冰海沉积发育,如具明显"落石构造"的冰筏沉积发育。碳酸盐岩沉积中多缺乏颗粒(生物碎屑、鲕粒、团粒等),菊花石(六水碳钙石)为其特征矿物。生物贫乏,多为一些冷水的典型分子,如石炭纪—二叠纪冷水型四射珊瑚主要为一些体壁较厚的单带型单体分子。

地质历史时期不同的板块处于不同的古纬度,其古气候环境不一样。由于板块之间的相对运动,以前纬度差别很大的两个板块今天相撞在一起,必然出现气候条件差异很大的沉积物及生物群彼此相邻,这为寻找板块边界提供了重要依据,例如,中国西部冈念喜马拉雅地块(属冈瓦纳大陆)石炭纪时处在高纬度的寒冷气候,冰水沉积普遍。海相生物为 *Eurydesma*(宽铰蛤)冷水动物群,所见珊瑚也为体壁厚、缺乏鳞板的小型单体,如 *Cyathaxonia*(杯轴珊瑚)、*Amplexus*(包珊瑚)等。陆相为寒冷气候的灌木—草本植物群——舌羊齿(*Glossopteris*)植物群。而其东侧的扬子板块当时处在低纬度热带区,出现有风暴沉积、鲕粒及膏盐沉积,海相生物繁盛,以造礁型复体珊瑚、苔藓虫、钙质海绵为特征。陆相植物主要为高大的石松、节蕨和科达类。其中鳞木可达 30~40m 长,树干不显年轮,显现了热带森林景观。如今,这两类隶属于两种纬度差别极大气候条件下的沉积物和生物群沿班公错—怒江断裂彼此相邻,说明这条断裂带是板块边界,即地缝合线。

第四节　大地构造分区和中国古板块的划分

在漫长的地质历史时期中，由于地壳构造活动的不均一性，因此，可以从时空演化的角度将地壳各部分的区域性分异与构造阶段的发展演化联系起来，并进行大地构造单元或进行大地构造分区的划分。划分大地构造分区的主要依据是大地构造性质或构造活动程度。由于地壳演化中各个地区构造活动程度并非一成不变，而是可以相互转化的，所以进行大地构造分区时，必须具有历史分析的观点，即应该按照不同的构造阶段进行。大地构造分区具有不同的级别：一级分区分为稳定的板块区和板块间活动的狭长的活动构造带（包括板块的非稳定大陆边缘和地壳消减对接带或叠接带）两类；二级构造分区包括稳定的板块区内部的裂陷槽和陆内的碰撞带，而在板块间（大陆边缘和古大洋）也可以出现相对稳定的地块和微板块等。

由于板块、微板块和地块是大地构造分区的主要单元，因此大地构造分区的关键是这些块体，尤其是板块、微板块的划分。一般来说。大陆上的板块之间应发育地缝合线分隔，它以蛇绿岩套、混杂堆积、高压变质、超岩石圈断裂为特征。除此之外，不同板块的古生物、古地理、古气候等均有明显的差异。相邻板块上的生物群由于长期的地理隔离、基因无法交流，生物群面貌差异很大，决非一般生态环境分异所致的生物群差异所能比拟。不同的板块在地质时期由于古纬度不一样，其古气候和古地理也必须有明显差异，这也是识别划分古板块的重要标志。

根据地缝合线的分布以及古生物、古地理、古气候分析，可将我国古大陆分为不同的古板块，它们以若干古缝合线相分隔，这些古缝合线包括：准噶尔松辽地块北界的鄂尔济斯—卡拉美里线、贺根山线；华北—塔里木板块北部边界的艾比湖—居延海至索伦—西拉木伦线；分隔华北—塔里木板块、柴达木板块、秦岭微板块、扬子板块的修沟—玛沁—勉略线、北祁连线、丹凤—信阳线；扬子板块、义敦微板块、昌都—思茅微板块、东南亚板块、羌地微板块、冈底斯微板块、印度板块之间的甘孜—理塘线、金沙江—藤条河线、澜沧江—昌宁—孟连线、班公错—怒江线及雅鲁藏布江线；分隔扬子板块与华夏板块、南海板块的江绍—钦防线和琼州海峡线等（视频2-4-1）。

视频2-4-1　大陆漂移

第五节　大陆动力学概况

大陆动力学（continental dynamics）是继"板块构造学说"之后固体地球科学中新兴的大地构造学说，尽管该学说还处于探索和发展阶段，但它是未来大地构造特别是大陆动力地质学的发展方向。

大陆动力学是研究地球大尺度或整体运动的各种力学过程、力源作用和介质的力学性质与动力机制的一门边缘学科。它既不同于仅体现运动学作用导致的地质构造样式，也不同于仅体现物质的地球化学组成，它是以物理学的基本理论为依托，以数学和计算技术为工具，以实验和观测为主要手段，以高分辨率海量数据采集为基础，并广泛引入和应用现代高新技术，而且是基于其自身的特殊科学体系而发展与前进的一门学科。为了完善其研究体系，必须体现学科交叉,即与物理学、力学、数学、信息科学以及地球化学和地质学相结合,以研究深部物质在力源作用下的分异、调整与运动的物理—力学—化学过程和物质组成及其对浅表层过程的运动学响应和对地表派生现象之间的作用与关联。

地球内部物质在力源作用下重新分异、调整和运动,必须有力系对物质的作用。大陆动力学中的作用力是第一位的,而它又必须涉及介质和空间结构,且包括浅表层过程、深层过程、动力机制与它们之间的耦合响应。地球固体介质内部发生的力学现象多种多样,形式复杂,内容丰富,且受到多种要素的制约。地球动力学的任务就是分析这些现象,并透过这些现象寻求其力源机理,提取这些现象出现的时空关系和变化异常与规律,以资预期它们的发展势态。为此,必须理解推动和支撑这些现象呈现的力源体系和地球圈(层)介质的力学属性。

近代大陆岩石圈流变学、地震反射剖面及大陆科学钻探的成果揭示,不同于简单的大洋刚性块体,大陆岩石圈是一个不均一、不连续、具多层结构和复杂流变学特征的复合体。最新的研究还表明,大陆地壳没有一个共同的成因和起源,它是由不同物质组成的不同块体拼贴而成,具有大范围变化的构造和热历史,流体和熔融体对其作用又改变了大陆岩石圈流变学的结构;因此大陆流变学结构和演化过程十分复杂,人们越来越发现运用经典的板块理论很难解释大陆地质,具有复杂流变特征的大陆岩石圈使板块构造理论"登陆(解决大陆动力地质问题)"受到很大的阻力(许志琴等,2008)。

1989年3月,美国地球科学家为首提出了1990—2020年为期30年的具有科学导向的"大陆动力学"研究计划,提出大陆动力学科学挑战的基本科学问题。这些问题包括:大陆的特征是什么?大陆如何分裂、分离、重新固结?哪些作用控制着大陆的组成和生长?为什么大陆会保存下来?在大陆变形中出现怎样的物理过程?大陆与板块系统及整个地球系统如何相互作用?岩浆在哪里生成,当它们通过地壳上升是如何演变的?大量的热液又是沿着什么通道堆积成矿以及怎样捕获深埋资源的有效信息?来自板块运动和地幔的作用力是怎样同地壳变形、火山活动和地震现象耦合?大陆中的哪些动力学相互作用控制了沉积盆地的形成?大陆动力学研究要阐明的问题都涉及了从上地壳到地球的深部,从千年时间尺度到几十亿年时间尺度,从地球表面的几千米到数百千米的范围。这是一个以建立大陆动力学新理论体系为最终目的的新历史阶段的庞大科研计划,是固体地球科学未来发展方向。

复习思考题

1. 什么是历史大地构造学?
2. 历史大地构造的分析方法有哪些?
3. 补偿、非补偿及超补偿的差别?
4. 磨拉石与复理石的区别?
5. 什么是地槽?什么是地台?
6. 什么是板块构造?
7. Wilson 旋回可分为哪几个阶段?
8. 板块边界分为哪几种类型?
9. 古板块构造的识别标志是什么?

拓 展 阅 读

杜远生,童金南.2009.古生物地史学概论.武汉:中国地质大学出版社.

刘本培,全秋琦.1996.地史学教程.北京:地质出版社.

王鸿祯.1982.历史大地构造学及其研究方法//中国地质学会构造地质专业委员会.构造地质学进展.北京:科学出版社.

王鸿祯,杨森楠,刘本培.1990.中国及邻区构造古地理和生物古地理.武汉:中国地质大学出版社.

许靖华.1985.大地构造与沉积作用.北京:地质出版社.

Wicander R, Monroe J S. 2000. Historical Geology. 3rd ed. Pacific Grove(CA):Brooks/Cole.

第五章
前寒武纪地史

"前寒武纪"(Precambrian)指的是从寒武纪以前至地球上最早的地质时期之间的时间,它不是一个正式的地质年代单位,而是泛指一段漫长的时间间隔,"前寒武系"则代表这段时间范围内形成的所有地层。

作为太阳系的一员,地球的形成和演化经历了复杂而漫长的历程,其形成年龄和太阳系其他成员大体同时。近年对月岩和陨石的研究表明,月岩最古老的年龄可达4400~4600Ma左右,地球上大多数陨石的年龄也在4500~4600Ma之间。所以地月体系和太阳系大体形成于4600Ma左右。现在已知地球最老地质记录(如格陵兰西部、南极恩比地、南非林波波等地的变质岩)的年龄为3800Ma左右,可视为地质历史的真正开始。从4600Ma至3800Ma之间的8亿年左右为地球形成的天文时期。天文时期地球演化细节还不清楚,只能根据月球、太阳系其他行星作为类比来推测。寒武纪(541Ma)以前的时间通常称为前寒武纪。前寒武纪分为冥古宙、太古宙和元古宙。前寒武纪的内部时代划分、命名及时限如表2-5-1和表2-5-2所示。

表2-5-1　国际前寒武系年代地层表(据国际地层委员会,2016)

	宇(宙)	界(代)	系(纪)	年龄,Ma	代号	
					系	界
前寒武系	元古宇(宙) PT	新元古界(代)	埃迪卡拉系(纪)	541 635	NP₃	NP
			成冰系(纪)	720	NP₂	
			拉伸系(纪)	1000	NP₁	
		中元古界(代)	狭带系(纪)	1200	MP₃	MP
			延展系(纪)	1400	MP₂	
			盖层系(纪)	1600	MP₁	
		古元古界(代)	固结系(纪)	1800	PP₄	PP
			造山系(纪)	2050	PP₃	
			层侵系(纪)	2300	PP₂	
			成铁系(纪)	2500	PP₁	
	太古宇(宙) AR	新太古界(代)		2800		NA
		中太古界(代)		3200		MA
		古太古界(代)		3600		PA
		始太古界(代)		4000		EA
	冥古宇(宙)			4600		

表 2-5-2　中国前寒武系年代地层表(据中国地层委员会,2015)

宇(宙)	界(代)	系(纪)	统(世)	年龄,Ma
元古宇(宙) PT	新元古界(代) Pt₃	震旦系(纪)Z (埃迪卡拉系)	上震旦统(世)Z₂	541 / 580
			下震旦统(世)Z₁	635
		南华系(纪)Nh	上南华统(世)Nh₃	660
			中南华统(世)Nh₂	725
			下南华统(世)Nh₁	780
		青白口系(纪)Qb		1000
	中元古界(代) Pt₂	待建系(纪)		1400
		蓟县系(纪)Jx		1600
		长城系(纪)Ch		1800
	古元古界(代)Pt₁	滹沱系(纪)Ht		2300
				2500
太古宇(宙) AR	新太古界(代)Ar₄			2800
	中太古界(代)Ar₃			3200
	古太古界(代)Ar₂			3600
	始太古界(代)Ar₁			4000
	冥古界(代)			4600

在长达约33亿年漫长前寒武纪地史时期中,生物演化经历了化学演化、原核生物、真核生物和无壳后生动物以及带壳后生生物演化阶段。全球古大陆的演化经历至少有三次超大陆的汇聚和裂解,包括18.5亿年的哥伦比亚超大陆、11亿年的罗迪尼亚超大陆以及5亿年的潘诺西亚大陆的汇聚和裂解。但一般认为潘诺西亚大陆(Pannotia)是个理论上的史前超大陆,形成于6亿年前的泛非造山作用,并在5亿4000万年前的前寒武纪分裂,但还未经证实。一般认为,中国古板块的形成主要发生于前寒武纪,它们是通过陆核、原地台、地台等不同阶段形成的。在这漫长的地史阶段中地球各圈层都经历了重要的演变,由最早期的生命逐渐进化为高等生物,全球各稳定的大陆板块也相继形成,并形成了铁、铀、金等多种矿产。因此,研究前寒武纪地史不仅对认识地球早期有机界和无机界的演化历史具有重要的理论意义,而且对国民经济建设也有重要的经济意义。❶

第一节　中国前寒武纪生物面貌

生命起源和生物进化大致经历了化学演化阶段、原核生物阶段、真核生物阶段、无壳后生生物阶段(裸露动物群)和带壳后生生物阶段。地球上最早的生命记录包括格陵兰3800Ma的地层中发现的碳氢化合物、西澳大利亚3400~3500Ma的地层中发现的丝状和链状细胞体以及南非1950~2000Ma的地层中发现的微古植物和叠层石等。

---

❶ 感兴趣的同学可在网上搜索观看视频《地球成长史/地球的起源/从宇宙大爆炸开始》。

一、微古植物(疑源类)

微古植物又称为疑源类,是低等藻类的总称,大部分应属于原生生物界。太古宙已发现了一些原始的单细胞菌、藻类植物化石。元古宙是藻类繁盛的时代,大量微古植物化石发现于元古宙,特别是晚元古代和震旦纪地层中。包括蓝绿藻、褐藻、绿藻等的微古植物组合具有一定的地层划分对比意义。我国华北中、新元古界下部长城群和南口群(>1400Ma)中,以形态简单、个体小,直径在10μm以下的微古植物占优势,如 *Leiominuscula*(光面小球藻);中部蓟县群(>1000Ma)中,微古植物个体直径以 10～50μm 为主,如 *Aperatopsosphera umishanensis*(雾迷山糙面球形藻)、*Quadratimorpha*(方形藻)、*Polynucella biconcentrica*(双核藻)等,上部青白口群(>800Ma)以及华南震旦系(>600Ma)中微古植物个体直径可达 50～100μm,如 *Trematosphaerim*(穴面球形藻)、*Trachysphaeridium*(粗面球形藻)、*Pseudozonophaera*(拟环球形藻)、*Laminarites antiguissimus*(古片藻)等(图 2 - 5 - 1)。

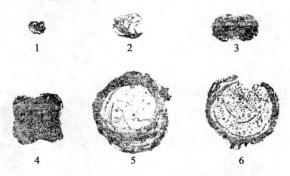

图 2 - 5 - 1　前寒武纪微古植物化石
1—*Liominuscula pellucent*(薄壁光面小球藻),×720;2—*Liopsophosphaera*(光球藻),×540;3—*Polynucella biconcentrica*(双核藻),×720;4—*Quadratimzorpha ordinata*(规则方形藻),×720;5—*Trachsphaeridium rude*(显著粗面球形藻),×540;6—*Pseudozonosphaera*(拟环球形藻),×540

此外,一些大型肉眼可见的藻类化石发现于晚元古代地层中,如 *Chuaria*(乔尔藻,直径0.5～2.5mm 的球形单细胞藻类)、*Vendotaenia*(文德带藻,多细胞的褐藻类)等。

二、叠层石

叠层石是太古宙和元古宙具有标志性的一种微生物岩类型,是蓝藻类生命活动形成的生物沉积体。叠层石是由蓝藻(主要的建造者)和细菌及其他真核藻类及真菌等共同形成的。它不是单一的群体,而是微生物组成的生态群落。叠层石的层是由微古植物生长层和沉积层交互而成的。叠层石形态结构既受形成叠层石的生物控制,又受生态因素和形成环境的影响。藻叠层石在我国分布较广,多见于华北板块和扬子板块的元古宇。其中 2000—700Ma 是叠层石最繁盛的时期,其分布最广,形态各异,是划分对比元古宇的重要标志之一。在 2000—1700Ma之间,叠层石以 *Gruneria*(格鲁纳叠层石)和 *Kussiella*(喀什叠层石)为常见。在 1600—1200Ma,以*Conophyton*(锥状叠层石)、*Pseudogymnosolen*(假裸枝叠层石)为主。自 1200—1000 Ma 则多见*Baicalia*(贝加尔叠层石),1000—800 Ma 则多产 *Gymnosolen*(裸枝叠层石)及 *Linel*(林奈叠层石)等。这种分布特征只是一种极粗略的趋势,叠层石的形成与建造叠层石的藻类演化及沉积环境都有密切关系,实际应用时要有所区别(图 2 - 5 - 2)。

三、埃迪卡拉(Ediacara)动物群

埃迪卡拉(Ediacara)动物群是指无壳的后生动物群,出现于新元古代后期震旦纪全球性冰期之后,典型代表是产于澳大利亚南部埃迪卡拉山庞德石英砂岩(年龄值为630Ma)中,故通称埃迪卡拉(Ediacara)动物群。除澳大利亚以外,西南非洲、英国、乌克兰、俄罗斯北部、瑞典、西伯利亚北部也有该动物群的报道。中国鄂西、陕南、淮南、辽南及黑龙江等许多地区也发现了该动物群的分子。它的出现标志着后生动物的真正出现,生物界完成了从植物到动物的演化过程,是生物演化史上的一个重要飞跃。据研究有动物化石20多种,包括腔肠类、环节类、节肢类以及一些分类位置不明的生物(图2-5-3)。

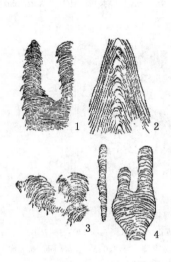

图2-5-2　元古宙叠层石(纵断面)

1—Kussiella(喀什叠层石);2—Conophyton(锥状叠层石);

3—Baicallia(贝加尔叠层石);

4—Gymnosolen(裸枝叠层石)

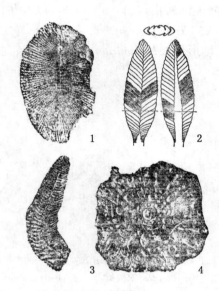

图2-5-3　埃迪卡拉动物群化石代表

1—Dickinsonia costata(环节蠕虫印痕);2—Spriggina floundersi(环节动物叶痕,三叶虫祖先);3—Glaessnerina longa(海鳃印痕);4—Mawsonites spiggi(水母印痕)

第二节　中国古大陆的形成史

中国古大陆是指华北板块、扬子板块和塔里木板块,它们主要形成于前寒武纪中。

一、华北板块的形成史

(一)太古宙——陆核的形成期

我国最老的太古宙地层主要发育于华北地区,分布于内蒙古乌拉山、燕山、冀东、辽宁、吉林南部、吕梁山区、五台山、太行山、鲁中以及豫西、淮南地区(图2-5-4)。目前已知的中国

最老岩石是冀东—辽宁地区石英岩，其同位素年龄值为3800Ma，其次是冀东曹庄迁西群（$^{38}Ar/^{40}Ar$法测年龄值为3600 Ma）。

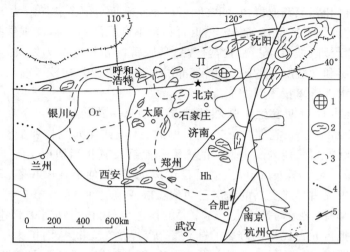

图2-5-4 华北地区太古宇分布图（据刘本培、全秋琦，1996）

Or—鄂尔多斯陆核；JI—冀辽陆核；Hh—河淮陆核

1—古太古界出露区；2—太古宇出露区及岩层片麻理；3—陆核轮廓；4—中朝地台界线及推测界线；5—后期平移断裂

华北板块的太古宇可分为始太古界、古太古界、中太古界和新太古界（表2-5-3）。始—古太古界主要分布在北部，呈东西向排列，由西向东包括内蒙古阴山山脉的集宁群、冀东迁西群、辽东下鞍山群等，以冀东地区研究最为详细。冀东始—古太古界迁西群主要由各种麻粒岩、辉石斜长片麻岩、斜长角闪岩组成，夹有辉石磁铁石英岩，厚度3000m，恢复其原岩为超基性、基性、中性、酸性火山岩为主，夹一些分异不好的碎屑岩类及多层硅铁质沉积，变质程度为高级变质麻粒岩相。

中—新太古界在华北地区分布较广，以山西太行山、五台山地区的中—新太古界研究最详细，自下而上分为阜平群和龙泉关群，两者呈角度不整合接触。岩性以各种片麻岩为主夹一定数量的角闪岩、大理岩及薄层磁铁石英岩，普遍混合岩化，变质程度高，为角闪岩相。原岩为基性、中酸性火山岩、火山碎屑岩、硬砂岩、粉砂岩、凝灰质粉砂岩及碳酸盐岩，厚度可达10000m，其变质年龄为2800—2500Ma。

在太古宙末期（2600—2500Ma）发生了强烈的构造运动——阜平运动，该运动使上述地层褶皱变质，伴随大规模的花岗岩侵入，使地层产生强烈而复杂的褶皱，并遭受绿片岩相—角闪石相的区域变质作用和局部的混合岩化作用。扩大了古太古代结晶基底的范围，增加了稳定程度。其结果导致硅铝质地壳的巨大增长，把分散的古陆核连接起来，构成大型的原始大陆型（硅铝质）地壳。

（二）古元古代——原地台形成期

华北古板块定型的重要时期是古元古代。华北地区古元古代地层以山西五台山区发育良好，研究也最详细，自下而上分为五台群和滹沱群。五台群不整合于太古宇之上，为一套巨厚（厚度7000m）的中、低变质的变质岩系，由两个不整合面将其分为三个亚群。下亚群为角闪岩相，中亚群为绿片岩相，上亚群为次绿片岩相。整个群以发育从拉斑玄武岩系列—钙碱系列的火山沉积旋回和上亚群深水沉积为特征，反映了绿岩带的性质。它们与花岗质岩石一起，构成了古元古代的花岗—绿岩区。2300—2200Ma的五台运动使五台群褶皱,形成了华北大陆板块的雏形。其上不整合覆有较稳定沉积类型的滹沱群,滹沱群总厚度10000m。自下而上分为豆村亚群、东冶亚群和郭家寨亚群,它们之间皆以不整合面分隔。滹沱群为一套遭受次绿片岩相区域变质作用的沉积岩系,由碎屑岩、黏土岩和含丰富叠层石的富镁碳酸盐岩组成,碎屑岩及碳酸盐岩中交错层理、波痕、泥裂、食盐假晶、鸟眼等沉积构造极为发育。岩浆作用急剧减少,并出现红色地层和含叠层石的碳酸盐岩,都说明当时构造背景较以前稳定,地壳活动性明显减弱,大气圈及水圈含氧量逐渐增加。

华北地区古元古代后期发生了强烈的地壳运动——吕梁运动。吕梁运动有两幕:Ⅰ幕(主幕)发生在1800Ma左右,它使古元古代后期的主体地层(如豆村亚群、东冶亚群)遭受褶皱、区域变质和广泛的岩浆侵入。Ⅰ幕后的郭家寨亚群及其相当地层实际上已是山前和山间盆地的磨拉石堆积。大约于1800Ma发生了吕梁运动Ⅱ幕,使上述磨拉石沉积也发生褶皱隆起和变质,上覆的中元古界或更新的地层已属似盖层或盖层性质的沉积。

华北地区发生的吕梁运动是一次极为重要的构造事件,该运动对华北地区的岩石圈构造发展意义重大,它把古元古代初期分裂的陆核重新"焊接"起来,从而扩大了硅铝质陆壳的范围,增加了地壳的厚度,提高了稳定程度,形成了华北板块的原型——原地台。从此,华北地区进入了一个相对稳定发展的新阶段,华北稳定的大陆板块基本定型。

表 2 - 5 - 3   五台山、太行山上太古界、古元古界剖面

地层划分			主要岩性	厚度 m	变质作用、构造变动、岩浆活动、同位素年龄
中元古界高于庄组			白云岩	731	未变质,辉绿岩,12.5亿年
古元古界	滹沱群	郭家寨亚群	下部紫红色板岩,中部长石石英砂岩,上部变质砾岩	890	轻微变质,少量基性火山岩,较紧闭的同斜倒转褶皱,17.60亿年
		东冶亚群	以结晶白云岩为主,含叠层石,夹板岩、石英岩、基性火山岩	5050	
		豆村亚群	由下而上,变质砾岩,长石石英岩、千枚岩、大理岩	2300	
	五台群		上、下部黑云斜长片麻岩、黑云变粒岩、角闪片岩,中部绢云片岩,夹石英岩、大理岩	13150	中等变质、大量的中基性和中酸性火山岩、强烈褶皱,22.4亿年
中—新太古界	龙泉关群		斜长片麻岩、变粒岩夹大理岩(分布局限)	5000	混合岩化较弱,少量酸性侵入岩,中基性火山岩
	阜平群		斜长片麻岩、角闪岩为主,夹大理岩、磁铁石英岩	13000	中—深变质,肠状褶曲,混合岩化、花岗岩化强烈,基性火山岩,基性及超基性侵入岩,23.6亿年

注:波浪线表示角度不整合。

(三)中—新元古代——似盖层和似盖层形成期

华北板块中、新元古代有三个沉积区(图 2 - 5 - 5):(1)北边的燕辽海区,呈北东东向展布,向西可能与阴山海区相连,在中元古代时强烈下降,堆积了近万米的沉积物,为大陆板块上的裂陷槽;(2)华北板块西南部的豫西陆棚浅海,往南与秦岭海槽相邻;(3)东部的河淮海区,

呈北东向展布,从中元古代开始下降接受沉积,至震旦纪强烈下沉。

地处燕山期的蓟县地区中—新元古代地层发育完整,研究最详细。中—新元古界组成一巨型沉积旋回,剖面总厚近10000m。根据沉积特征、接触关系、叠层石和微古植物组合特征及同位素年龄,将其划分为3个群12个组。中元古界为长城群和蓟县群,新元古界为青白口群。

长城群下限年龄为1800Ma,以角度不整合覆于太古宇之上。底部具明显的风化壳,包括5个组,分别组成2个沉积旋回。常州沟组、串岭沟组和团山子组组成第一个沉积旋回,常州沟组底部为一套分选较差、成熟度低的含长石砂、砾岩,内发育交错层理、泥裂、波痕。代表河流相沉积,向上逐渐变为分选较好、成分较纯的滨海相砂岩。串岭沟组为灰绿色至暗灰色页岩,代表潮下至浅海环境沉积。团山子组为砂质白云岩,内含叠层石,具泥裂、波痕、石盐假晶等暴露标志,代表滨海环境的沉积。第二个旋回包括大红峪组和高于庄组,两者在大范围内呈明显超覆,说明沉积区扩大。大红峪组以钙质砂岩为主,夹火山岩和火山角砾岩,砂岩中具有大型板状交错层理和波痕,为滨海沉积。高于庄组主要为含硅质和锰质白云岩,内具燧石条带,顶部有冲刷面、交错层理,代表了滨浅海环境沉积。高于庄期是中元古代最大的一次海侵期,海侵范围向南、北大范围扩展。

表 2－5－4　河北蓟县中—新元古界剖面

地层			岩性描述	厚度 m	沉积旋回		生物化石		同位素年龄 Ma
					小	大	微古植物	叠层石	
下寒武统			上部为石灰岩,下部为角砾岩						
中—新元古界	青白口群	景儿峪组	灰绿、蛋青色泥质灰岩	112	6	Ⅲ	古光球藻,蓟县穴面球形藻,巢面球形藻	印卓尔叠层石,裸子叠层石,卡塔尔叠层石,林耐尔叠层石	8.53
		龙山组	中下部为黄绿色海绿石砂岩夹页岩,上部为黄绿、紫红色页岩夹砂岩	118					
		下马岭组	黄绿、灰黑、灰白色页岩底部具不稳定砾岩、砂岩	177	5				
	蓟县群	铁岭组	下部为含锰白云岩,上部为叠层石灰岩	325	4	Ⅱ	双核藻,雾迷山糙面球形藻,方形藻,疣面拟球藻	蓟县叠层石,铁岭叠层石,贝加尔叠层石	10.00
		洪水庄组	灰绿及黑色页岩为主,上部夹砂岩	131					
		雾迷山组	含燧石条带白云岩及沥青质白云岩	3416	3				
		杨庄组	紫红色泥质白云岩夹膏盐,底部具砾岩	715					14.00
	长城群	高于庄组	白云岩为白云质灰岩为主,底部具含砾砂岩	1543	2	Ⅰ	光面小球藻,网球藻	格鲁纳叠层石,下营叠层石,喀什叠层石,锥叠层石	
		大红峪组	石英砂岩为主,夹安山岩玄武岩,上部含藻白云岩	408					
		团山子组	灰、深灰色白云岩	522	1				

地层			岩性描述	厚度 m	沉积旋回		生物化石		同位素年龄 Ma
					小	大	微古植物	叠层石	
中—新元古界	长城群	串岭沟组	黑色粉砂质页岩,底部夹砂岩	889	1	I	光面小球藻,网球藻	格鲁纳叠层石,下营叠层石,喀什叠层石,锥叠层石	18.00
		常州沟组	石英砂岩,具底砾岩	859					
	太古宇		片麻岩、混合岩						

华北地区蓟县群包括四个组,构成两个沉积旋回。下部旋回由杨庄组和雾迷山组构成。杨庄组为红色泥质白云岩,含食盐假晶,代表滨浅海、潟湖沉积。雾迷山组为硅质白云岩,厚度巨大,叠层石发育,代表一种海水进退频繁的滨浅海沉积。上部旋回由洪水庄组和铁岭组构成,洪水庄组为黑色碳质页岩,含黄铁矿,厚度小,水平层理发育,为静水滞流环境的沉积。铁岭组为白云岩及白云质灰岩,叠层石发育,属潮间带环境。整个中元古界沉积物厚度巨大,夹少量火山岩,相变明显,但未遭受区域变质,为稳定板块发展早期阶段的裂陷槽沉积,与典型的盖层沉积有一定的差别,因此称为似盖层沉积。铁岭组沉积后,华北大陆板块海域整体抬升为陆,在湿热气候条件下,发育了富铁风化壳,局部可见微型喀斯特地貌和古土壤。这次抬升约发生于中元古代末期(1000Ma),称为芹峪抬升。

在新元古代,华北板块沉积范围较小,主要分布于东部,以青白口群为代表。其厚度小,且无火山物质,属真正的稳定型盖层沉积。青白口群分为三组。下部下马岭组页岩分布局限,中部龙山组为超覆于下伏不同层位上的含海绿石纯石英砂岩,上部景儿峪组为薄板状泥灰岩及灰岩,属浅海沉积类型。根据同位素年龄资料,青白口群时限为1000—780Ma之间。大约780Ma华北地区又一次抬升,并遭受长期的风化剥蚀,从而华北地区主体缺乏780—541Ma期间的震旦纪地层,使青白口群与寒武系平行不整合接触,这次抬升称为蓟县运动。

在中—新元古代时期,华北板块南北两侧均为非稳定的大陆边缘地区。华北板块北部的阴山—大青山地区中、新元古界的渣尔泰群、什那干群和白云鄂博群为中、新元古代的被动大陆边缘沉积。华北板块南部的豫西—陕南地区,古元古代秦岭群为中、深变质碎屑岩及碳酸盐岩系。中、新元古界为熊耳群、宽坪群的火山岩和变质碎屑岩地层,代表南部活动的大陆边缘沉积。

二、扬子板块的形成史

四川盆地基本上是扬子板块的核心部分,其基底地层未出露。因此主要通过盆地周围出露的基底地层推测板块的早期形成和演化。近年来,在四川盆地周边测得一批较老的年龄数据,如盆地西北部陕西勉县—略阳一带鱼洞子群片麻岩中获得2600Ma的年龄值;东北缘的湖北武当群获得大于2200Ma的年龄值;西南缘川西康定群获得大于2200Ma的年龄值及四川会理、西昌及云南米易等地的河口群的1700—1900Ma的变质年龄值等。同时盆地内部的基底航磁资料与周边古老地层有相似的异常。表明扬子地区的核部存在中太古界—古元古界的变质基底。该变质基底形成了扬子板块的雏形。

在中—新元古代时期,扬子板块上发育一套似盖层沉积,其主要为碳酸盐岩、碎屑岩及火山岩沉积,如滇东、川西一带的昆阳群、会理群,鄂西的神农架群、马槽园组等。该套浅变质的沉积岩系厚度巨大,但变质较浅。扬子板块西部的川西会理、会泽地区中、新元古界会理群,其下部为变质细碎屑岩和中基性、碱性火山岩。原岩是裂谷盆地的沉积岩和海底喷发的火山熔岩,厚逾5000m;中部以白云岩和碳质板岩为常见,含著名的东川式铜矿层,厚约3500m;上部天宝山组为中酸性火山岩,其顶、底均为角度不整合,分别代表晋宁运动早、晚两幕。在云南滇中地区与会理群相当的昆阳群,厚度较小,碳酸盐岩比例增多,其中、下部也夹中基性火山岩,属于大陆板块活动较弱的裂谷盆地沉积。因此,整个扬子地区中、新元古界具有似盖层特征,均未达到稳定状态。晋宁运动使板块内部再次褶皱变质,元古宙地层与上覆震旦系呈角度不整合接触。至此才使扬子地区最终固结成为相对稳定的大型板块。

在扬子板块边缘的区域,其中、新元古界多以活动类型的火山岩和深海沉积为主,在扬子古板块西侧,中、新元古代地层以盐边群为代表。是一套巨厚的变质火山—沉积岩系,其中包括具枕状构造的玄武岩、基性、超基性岩以及深海硅质岩和复理石沉积,具蛇绿岩套特征,代表西侧为活动大陆边缘岛弧区和俯冲带的构造背景。该区受中元古代末(约1000Ma)和新元古代后期(850—780Ma)发生的晋宁运动的影响而褶皱隆升,在扬子古板块东南缘及下扬子地区,包括湘黔桂交境一带经湘西北向东延至赣北、皖南、浙西等地,古元古代的地层发育不好,中、新元古界大面积出露。中、新元古界间普遍存在一个明显的不整合面,黔东北的梵净山群和桂北(环江、罗城一带)的四堡群时代属中元古代。以巨厚的砂泥质复理石与多层细碧岩、辉绿岩及层状超基性岩、纹层状硅质岩硬砂岩等组成蛇绿岩套,说明中元古代黔东北和桂北存在岛弧环境,中元古代末期的四堡运动(相当于晋宁运动第Ⅰ幕)使以上地层褶皱、变质。

在四堡运动之后,扬子古板块陆壳增大,具有岛弧带向外迁移的趋势。黔东新元古界板溪群是一套变质的碎屑岩,为稳定的陆棚浅海碎屑沉积,厚度较小(1000m)。往南至湘黔地区,板溪群厚度达3000~6000m,为含凝灰质复理石碎屑沉积,代表弧后边缘海沉积。而桂北地区新元古界丹洲群为含具枕状构造基性火山岩的复理石沉积,表明新元古代该区仍为岛弧构造环境。新元古代后期(850—780Ma)发生晋宁运动第Ⅰ幕,使湘黔地区的板溪群遭受褶皱、区域变质和花岗岩侵入。不整合其上的震旦系已为稳定类型沉积。

由上述内容可知,扬子古板块雏形在古元古代就已存在。中—新元古代时发生多次构造变动,围绕着扬子古板块逐渐增生,新元古代后期(850—780Ma)的晋宁运动后,扬子古板块西侧、东南缘及下扬子地区与扬子古板块一起构成了稳定区,从而形成了稳定的扬子大陆板块。

三、其他板块的形成史

除了华北板块、扬子板块之外,中国的其他板块,如塔里木板块、华夏板块等也于元古宙时期相继形成。

塔里木板块主体为塔里木盆地,盆地周缘已发现变质的元古宙地层。如盆地的东北缘库鲁克塔格出露元古宇变质碎屑岩和碳酸盐岩地层;南缘昆仑山、阿尔金山北侧也发育元古宙的火山—沉积地层。古元古代晚期的兴地运动(相当于吕梁运动)使塔里木原始板块开始形成。中、新元古代板块又趋于活动,其南北两侧发育陆缘裂陷槽。如西北缘阿克苏地区发育长城纪的蛇绿岩及元古宙的蓝闪石片岩,到新元古代后期,塔里木板块形成,震旦纪进入新的发展阶段。

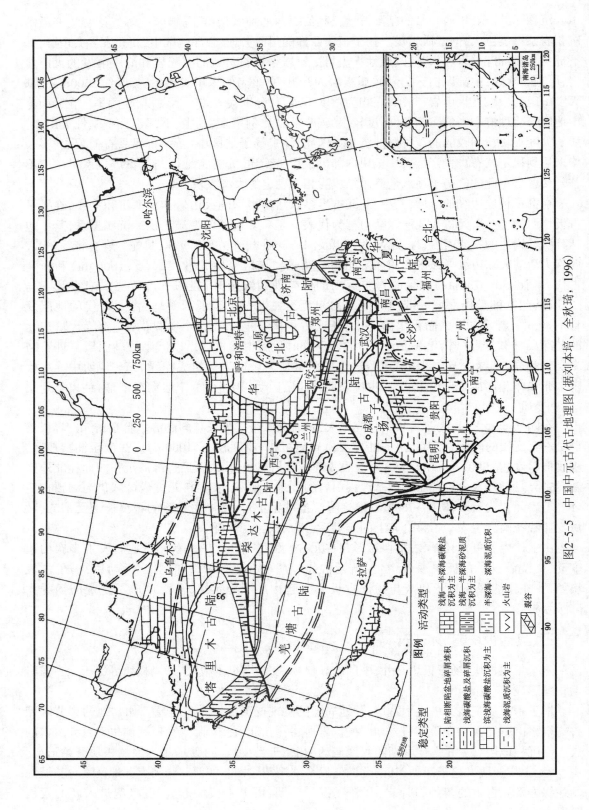

图2-5-5　中国中元古代古地理图 (据刘本培、全秋琦，1996)

图例

稳定类型

- 陆相断陷盆地碎屑堆积
- 浅海碳酸盐及碎屑沉积
- 滨浅海碳酸盐沉积为主
- 浅海泥质沉积为主

活动类型

- 浅海—半深海碳酸盐沉积为主
- 浅海—半深海砂泥质沉积为主
- 半深海、深海泥质沉积
- 火山岩
- 裂谷

关于华夏板块的存在与否一直有不同认识，分歧的关键在于对板块基底的认识。浙闽粤地区广泛分布的建鸥群、陈蔡群变质岩可能代表该板块古元古代的褶皱变质基底，并包括中、新元古代的似盖层沉积。推测新元古代后期华夏板块已经形成，华夏板块与扬子板块的界线大致沿绍兴—江山—武夷山西麓—云开西麓一带。至于其他板块和微板块，由于没有准确的地层证据，尚难以确定，位于青藏地区的冈底斯、藏南江孜、保山等板块或微板块可能仍与冈瓦纳板块为一体尚未分离出来。

第三节　中国南华纪—震旦纪地层和古地理特征

"震旦"是印度佛经中对中国的古称，Richthofen(1871)首次将其用于地层专名，其最初含义是指下古生界—元古宇之间的大套碳酸盐岩地层。Grabau(1922)重新厘定震旦系含义为"寒武系之下，五台群或泰山群变质岩系之上的一套未变质的岩系"，其标准剖面为天津蓟县剖面。1924年李四光在长江三峡东部建立完整的震旦系剖面，时间为850—600Ma。研究表明华北蓟县剖面为代表的北方"震旦系"实际为中、新元古代地层，因此目前不再作为震旦纪地层。

国际地层委员会(2000)公布的成冰纪和新元古Ⅲ纪，相当于中国的震旦纪。与此对应，中国地层委员会(2001)将原来的震旦系划分为南华系和新的震旦系，分别相当于原来的下震旦统和上震旦统。

南华纪—震旦纪在地史发展中处于一个特定的阶段，这个时期地球上所有的大型稳定板块都已形成，板块上具有特殊的生物组合和沉积类型。南华纪晚期全球性气候变冷，发育大陆冰盖，形成了"雪球地球"。从生物演化来看，震旦纪的裸露动物群代表了地球上高等后生动物的出现。板块内部的沉积均为稳定类型的盖层。从这个意义上看，震旦纪更接近于古生代。但就总体来看，化石的分布和保存程度均差，还不足以生物化石建阶和分带，与寒武纪以后有重要的不同。因此，可以把震旦纪看成从元古宙到古生代的过渡阶段。

中国的南华系—震旦系在扬子板块分布广泛，在板块内部主要为稳定的盖层沉积，局部裂陷槽内也有火山活动。在板块边缘主要为不同类型的大陆边缘沉积。

一、扬子板块及其边缘南华纪—震旦纪地层和古地理特征

扬子板块经晋宁运动形成以后，南华系—震旦系稳定盖层沉积范围扩大，活动的沉积发育于板块周缘的大陆边缘地区(图2-5-6)。

（一）扬子板块南华—震旦纪地层序列及古地理

南华—震旦系在扬子板块发育较好，自西向东可以分为扬子西部区、上扬子区和下扬子区，各区沉积特征略有差异。上扬子区震旦系以鄂西一带发育较好，研究程度最高。峡东南华—震旦系最早由李四光和赵亚曾(1924)建立。该剖面包括南华系莲沱组和南沱组，震旦系陡山沱组和灯影组。灯影组顶部天柱山段含大量小壳化石，应属下寒武统。南华—震旦系层型剖面位于湖北西部的西陵峡。具体剖面如下：

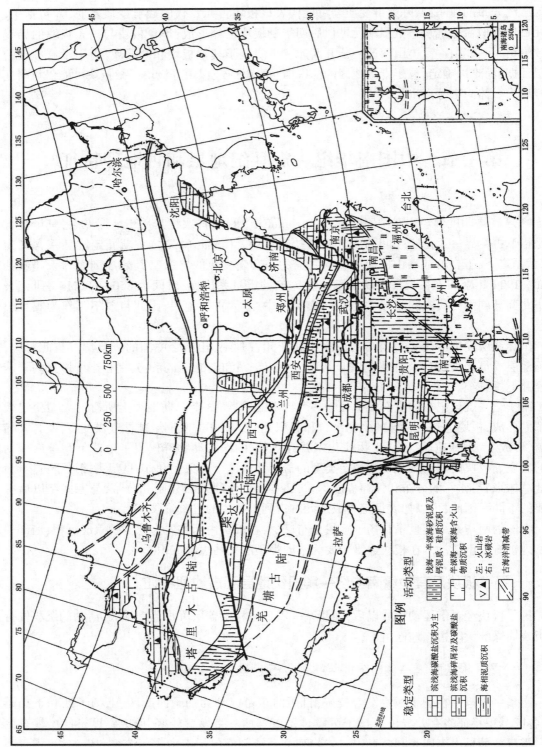

图2-5-6 中国震旦纪古地理图 (据刘本培、全秋琦，1996)

稳定类型 **图例** **活动类型**

滨浅海碳酸盐沉积为主

滨浅海碎屑岩及碳酸盐沉积

海相泥质沉积

浅海—半深海砂泥质及钙泥质、硅质沉积

半深海—深海含火山物质沉积

左: 火山岩 右: 冰碛岩

古海洋消减带

北回归线

塔 里 木 古 陆

羌 塘 古 陆

柴 达 木 中 陆

上覆地层:下寒武统水井沱组黑色页岩,含三叶虫。
------------------------------平行不整合------------------------------
震旦系:

灯影组:灰白色硅质白云岩、鲕状白云岩、内碎屑白云岩。含美丽微线虫(*Micronemaitesformosus*)、圆管螺(*Circothaeca*)、文德带藻(*Vendotaenia*)等化石。 670m

陡山沱组:灰色至灰黑色薄至中厚层泥质灰岩和泥质白云岩夹黑色页岩,下部富含石膏假晶及磷、锰。含宜昌瘤面球形藻(*Lophosphaeridium ichangense*)、古拟念珠藻(*Nostocomorphaprisca*)及少量海绵骨针。 231m
------------------------------平行不整合------------------------------
南华系:

南沱组:灰绿色冰碛踩岩。含坚密光球藻(*Leiopsophosphaera densa*)、厚带藻(*Taeniatum crassum*)等。 60m
------------------------------平行不整合------------------------------
莲沱组:紫红色凝灰岩、凝灰质砂岩、长石石英砂岩,底部具底砾岩。含郝台达穴面球形藻(*Trematosphaeridium holtedahlii*)、厚带藻相似种(*Taeniatum cf. crassum*)等。 102m
～～～～～～～～～～～～～～～角度不整合～～～～～～～～～～～～～～～～

下伏地层:崆岭群。

本区南华系与下伏地层古元古界崆岭群为角度不整合接触,莲沱组和南沱组分别为粗碎屑岩和冰成碎屑—泥质岩沉积。莲沱组岩性以紫红色长石石英砂岩、凝灰质砂岩为特征,底部砾石具叠瓦状构造,砂岩具水流不对称波痕,多具板状交错层理,其下部碎屑物质分选差,并含多量长石,反映堆积速度较快,碎屑物质未经远距离搬运。故推测是干旱条件下的河流相沉积。上部粒度变细,为河口湾—水下三角洲沉积。南沱组为灰紫色至紫红色砂泥质杂砾岩,砾石成分复杂,颗粒无分选,具块状层理或水流交错层理。砾石的磨蚀和压裂特征明显,其上有冰川擦痕、刻痕、磨光面等痕迹,代表大陆冰川和近岸冰海沉积。莲沱组和南沱组之间为平行不整合接触,代表了莲沱期末相当于川西澄江运动的一次地壳抬升。

震旦系陡山沱组和灯影组,均以碳酸盐岩为主。陡山沱组岩石呈灰—灰黑色中—薄层状白云岩,夹黑色页岩,普遍含黄铁矿、燧石。含有三射式钙质海绵骨针和单轴硅质海绵骨针,反映了一种较深水滞流沉积特征。灯影组下部白云岩发育内碎屑,具鲕粒结构,多见交错层理,代表高能富氧的碳酸盐台地边缘浅滩沉积。中部夹暗色沥青灰岩及硅质灰岩,含丰富的*Vendotaenia*(文德带藻)。上部中—厚层白云岩内含*Sinotubulites*(震旦虫管)及个别*Circotheca*(圆管螺),具鸟眼构造及藻席(层纹石),代表碳酸盐潮坪及潟湖环境,为干燥气候条件下的沉积。

在扬子板块西部区的滇中—川西一带,南华纪时存在著名的南北向苏雄裂陷带。在成都西南的甘洛小相岭一带,南华系不整合于元古宙变质岩系之上。下部苏雄组以大陆喷发酸性火山岩为主;中部开建桥组为各种凝灰岩、凝灰质角砾岩以及含大量火山碎屑的陆相砾岩与砂岩;上部列古六组是含火山灰、砂的冰川湖泊沉积。整个南华系局部厚度大于5000m,向东、西两侧厚度迅速减小至尖灭。根据岩石化学资料分析,苏雄组火山岩系是以钙碱性—碱性英安—流纹岩类和少量玄武岩—安山岩类为特征。开建桥组则包括两种截然不同的火山岩,即富硅、碱(尤其富钾)、贫钙的钙碱性—碱性流纹岩和少量的碱性玄武岩兼而有之,具有"双峰式"火山岩的特点。均为陆相成因,属于夭折的大陆裂谷产物。由该区向南,开建桥组逐渐变为陆相粗碎屑紫红色砾砂岩夹少量火山喷发岩,称为澄江组,局部厚达3000m,横向变化显著,也属大陆裂谷沉积,澄江组之上为南沱组大陆型冰碛层所覆。

扬子板块西部区的震旦系和上扬子区相似,其分布广泛并形成广泛的超覆,以岩相稳定的碳酸盐沉积为主。说明南沱期以后,随着古气候的转暖,冰川融化,海平面上升,形成了上扬子陆表海。在川南地区灯影期出现了蒸发海盆,形成巨厚的盐类沉积。根据灯影组层序分析灯影期海水进退频繁,各区灯影组保存的最高层位不同。在凹陷中与寒武系为连续沉积,在相对隆起区则有不同程度的间断。

江汉盆地以东、郯庐断裂东南、江绍断裂西北为下扬子区(包括湘鄂赣交界、赣西北、苏皖、浙西北等地)。该区南华系下部在赣西北称为硐门组,岩性和峡东莲沱组类似,但细粒沉积增多,且多发育与潮汐作用有关的沉积构造,为河流—滨岸浅水碎屑岩沉积。在皖南对应的地层为休宁组,以碎屑岩为主,局部有少量火山岩楔入。浙西北相当的地层为志棠组,其韵律性构造明显。下扬子区南华系上部普遍为冰积岩,在赣西北及浙西北已确定有两个冰积层位。和峡东南沱组大陆冰川沉积不同的是,下扬子区以冰海沉积为主,部分为海洋型冰筏沉积,包括冰缘水下重力流沉积。与上扬子区不同,下扬子区震旦系以暗色硅质岩、硅质页岩及碳质页岩发育为特征,代表深水、静水、还原的沉积环境。

(二)扬子板块大陆边缘南华—震旦纪地史特征

在南华—震旦纪时期,扬子板块周缘存在不同的大陆边缘类型,具有复杂的演化历史。扬子板块和华夏板块之间的九岭—雪峰山以东,武夷山—云开大山以西,为分隔扬子板块和华夏板块的复杂大陆边缘(图2-5-5),它由湘桂裂陷海盆和华夏板块西缘的岛弧海组成。湘桂裂陷海盆南段的黔、桂、湘交界地区至雪峰山一带,南华系形成一个巨大楔状体。底部长安组整合于丹洲群之上,为一套含砾板岩、粉砂质板岩及砾质砂岩,偶夹不规则的板岩、砂岩,厚达千余米。所含砾石成分复杂,无定向,稀疏散布并偶见落石构造。一般认为是一套冰水(冰筏海洋)沉积,也有人认为是一套大陆斜坡重力流沉积。中部富禄组以灰绿色砂岩及页岩为主,夹黑色页岩,含火山物质。上部为南沱组(也称泗里口组)冰成含砾板岩、含砾砂质板岩及含砾泥质白云岩,砾石多呈落石特征。因此南华系存在有两个冰期以及一个间冰期。震旦系陡山沱组和老堡组主要为一套黑色、灰黑色碳质页岩、硅质页岩及薄层硅质岩,含磷结核,具水平纹层,厚度很小,代表一种非补偿的较深水缺氧环境。从湘黔边境到湘赣边境,震旦系由西向东由以白云岩为主到以暗色硅质岩为主,厚度急剧减小,过渡现象十分清晰。

在湘赣边境至闽西之间,震旦系厚达4000余米,总体为一套砂泥质复理石沉积。南华系夹火山岩沉积,震旦系夹多层硅质岩。由于后期构造运动影响产生区域变质,难以进行准确的地层划分和对比。南华系的复理石可能代表闽西、湘赣等岛群附近岛弧海的补偿充填产物,岛弧的俯冲方向是自西向东的。说明南华纪扬子板块和华夏板块之间,西侧扬子板块东部为被动大陆边缘,而东侧华夏板块西部为活动大陆边缘。震旦纪湘赣闽粤一带均以深水细粒碎屑岩和硅质岩沉积为主,说明此时两板块之间又有分离的趋势,这种分离一直持续到早古生代。

扬子板块的北部大陆边缘为南秦岭地区,南华系耀岭河群为一套变质的中基性、碱性火山熔岩、火山碎屑岩夹碎屑岩及大理岩,厚可达2000m,与震旦系呈不整合接触。震旦系为稳定型碎屑岩和碳酸盐岩沉积,总体特点与扬子板块相似。下部陡山沱组为碎屑岩和白云岩,上部灯影组为白云岩,厚1200~2000m,含微古植物及其他藻类化石。表明南华纪时期扬子板块北缘为活动的裂陷槽,震旦纪与扬子板块拼合为一体。扬子板块西缘川西—滇西南华—震旦纪地层不甚发育,推测也应存在大陆边缘的沉积。

二、华北板块及其边缘南华—震旦纪地层和古地理特征

华北板块自青白口期末抬升以来,一直处于剥蚀状态,称为华北古陆(图2-5-6)。南华—震旦系仅在其东缘辽南、胶东、苏北、淮南和南缘的豫西及西缘贺兰山一带出露。

在东部辽东半岛复县一带,南华—震旦系总厚大于3000m。其下与青白口(细河)群间为沉积间断,其上与下寒武统为平行不整合。南华系为石英砂岩、杂色粉砂岩及页岩,微古植物群丰富,其特征可与扬子板块下统相比。震旦系以碳酸盐沉积为主,为灰白至紫红色白云岩及泥质灰岩组成,含多种叠层石及类红藻,与扬子板块上统所产的组合面貌不尽相同。从整个层序来看,辽东南华—震旦系整体均成一个大的海侵旋回,海域向南延伸至胶东、徐淮地区,称为胶辽徐淮海,向东则与朝鲜中部海域相连。该海域南段的皖北淮南地区的南华—震旦系,其层序、化石和辽东地区相似。总的来看,胶辽、徐淮地区南华—震旦系厚度巨大,下统不太发育,无冰碛岩,代表了强烈凹陷,但又有大量沉积物补偿充填,而大致保持了滨、浅海环境的沉积类型。

华北板块南缘及西缘,自豫西至龙首山—贺兰山一带,震旦系发育不全。在豫西宜阳、汝阳以东,南华系黄莲垛组与下伏地层汝阳群呈平行不整合接触。其岩性为砂砾、砂岩与白云岩互层,上部为硅质岩。震旦系下部董家组由砂砾岩、页岩、碳酸盐岩组成。与上部的罗圈组呈平行不整合接触。罗圈组为一套冰碛岩,厚度变化大,横向上由数十米至数千米,下部为暗紫色、暗绿色泥砾岩,砾石成分复杂,表面有凹面、压坑、擦痕等,底部基岩表面可见冰溜面,属于山岳冰川形成的冰碛岩。上部为紫红色和灰绿色砂页岩,已具层理,非冰期沉积。罗圈组和下寒武统辛集组为平行不整合接触。根据同位素年龄测定资料,罗圈组冰碛岩属震旦系,不同于南沱组冰碛岩层位。由此可见,南华—震旦纪可能存在多期冰川活动。

华北板块周缘的大陆边缘震旦系也有不同程度的发育,在板块南部边缘的北秦岭地区,二朗坪群、丹凤群可能包括一部分南华—震旦纪地层,其以岛弧型火山岩沉积为特征,代表华北板块南部的活动大陆边缘沉积。在板块北缘的黑龙江鸡西地区,麻山群部分包括了南华—震旦纪地层,代表板块北部大陆边缘的沉积。

三、塔里木板块南华—震旦纪地层和古地理特征

南华—震旦纪时期塔里木板块主体也处于古陆状态(图2-5-6),其东北缘的库鲁克塔格山一带震旦系发育较全,厚约6000m。其总体为火山岩、浊积岩,含多层杂砾岩、冰碛层,由多个平行不整合所分割,代表板块边缘强烈沉降的补偿海沉积特征。南华系下部为杂砾岩及粗碎屑沉积为主,其间夹有火山岩和冰积岩;上部以砂岩、粉砂岩沉积为主,内夹砾岩,常见水平层理,代表较深水的浅海沉积。顶部为冰碛砾岩、砂岩和板岩,与南沱组冰期相当。南华系与震旦系之间以平行不整合面相隔。震旦系下部以砂岩、粉砂岩为主,具递变层理和鲍马序列,底模构造发育,复理石韵律发育,总体为一套较深水的浊流沉积。中部以碳酸盐沉积为主,上部为冰碛杂砾岩,可与豫西罗圈组冰碛岩对比。其上与下寒武统含磷层平行不整合接触。与扬子板块和华北板块不同,该区的冰碛岩发育最全,反映有三个冰期和两个间冰期。

塔里木板块西北缘的柯坪地区南华系下部缺失,最低层位为相当于南沱期的冰碛组,震旦系下部为细碎屑泥质沉积,含丰富的微古植物。上部为碳酸盐沉积,产大量叠层石,相当于板

块上稳定的陆表海沉积,顶部也为相当于豫西罗圈组的冰碛岩。

南华—震旦纪时期中国古大陆总体由华北板块、扬子板块、华夏板块、塔里木板块等组成,青藏及川滇西部的板块和微板块群一部分属于扬子板块(如古生代的昌都—思茅、羌塘微板块),一部分属于冈瓦纳板块(如古生代以后的藏南、冈底斯、保山等微板块)。

第四节　前寒武纪的矿产资源

前寒武纪地层中有丰富的矿产。相当太古宇和古元古界中的碧玉铁质岩建造(即条带状铁矿)是全世界最重要的铁矿类型,如我国的鞍山式铁矿。在北美、苏联、印度、非洲及世界很多地区皆有分布,常常形成巨大的铁矿床,占世界铁矿总储量的60%以上。元古宙地层中的沉积变质矿产也很重要,如我国苏北、大别山等地的东海式磷矿、东北地区的巨型菱镁矿床等;与碎屑岩有关的含金、铀的变质砾岩具有特别大的价值,如加拿大的铀矿床、非洲的含金和铀砾岩,巴西、芬兰以及我国滹沱群中都有这类重要矿床。

此外含铜砂岩型铜矿储量也很大,如加丹加和罗德西亚的铜矿等。变质非金属矿产,如白云母、金云母、石墨、金刚石及刚玉等矿床在前寒武纪变质岩系中也很丰富。

中—新元古代和震旦纪地层蕴藏有多种沉积矿产,如我国北方赋存于串岭沟组中的鲕状赤铁矿型的宣龙式铁矿、高于庄组及铁岭组中的沉积锰矿;南方相当莲沱组中的江口式铁矿、陡山沱组中的开阳式磷矿以及灯影组的油、气等矿产。

此外,还有许多与前寒武纪多次岩浆活动有关的多金属及稀有分散元素等矿产,如金、铜、镍、铁、铬、铌、钽等。

复习思考题

1. 前寒武纪的基本特征是什么? 如何划分?

2. 简述地球圈层的起源和演化。

3. 生物是如何起源的?

4. 生物是何时起源的?

5. 前寒武纪生物界的面貌是怎样的?

6. 简述 Ediacara 动物群(包括出现的时代、有哪些生物、意义等)。

7. 简述华北板块形成史。

8. 简述吕梁运动发生的时间、影响及意义。

9. 简述天津蓟县剖面特征。

10. 简述晋宁运动发生的时间、影响及意义。

11. 简述扬子板块震旦纪地层特征。

12. 前寒武纪的矿产资源有哪些?

拓 展 阅 读

杜远生,童金南.2009.古生物地史学概论.武汉:中国地质大学出版社.

刘本培,全秋琦.1996.地史学教程.北京:地质出版社.

马杏垣,白瑾,索书田,等.1987.中国前寒武纪构造格架及研究方法.北京:地质出版社.

欧阳自远,等.1994.堆积的地球及其初始不均一性.地球科学进展,9(3):1-5.

Wicander R,Monroe J S.2000. Historical Geology . 3rd ed. Pacific Grove(CA):Brooks/Cole.

第六章
早古生代地史

早古生代包括寒武纪、奥陶纪和志留纪,早古生代三个纪命名均来自英国,"寒武"出自英国威尔士西部的寒武山,"奥陶"、"志留"为威尔士地区古代两个民族的名称。早古生代时限为距今 541~419.2Ma,延续时间约 122Ma,包括寒武纪(Cambrian)(541~485.4Ma)、奥陶纪(Ordovician)(485.4~443.8Ma)和志留纪(Silurian)(443.8~419.2Ma)。按国际上 2016 年划分方案,寒武纪内部四分,分为纽芬兰世、第二世、第三世和芙蓉世。奥陶纪内部三分,分为早奥陶世、中奥陶世和晚奥陶世。志留纪内部四分,分为兰多维列世、温洛克世、罗德洛世和普里道利世。

早古生代以海生无脊椎动物的显著繁盛和化石的大量保存为特点。虽然震旦纪已有了后生动物,但无脊椎动物大量保存为化石则是从寒武纪开始。因此,从寒武纪起,分统、分阶才有了严格的古生物学依据和确切的时代含义。

早古生代处于加里东构造阶段,继承了震旦纪的古地理格局。当时北半球的北美、俄罗斯、西伯利亚、哈萨克斯坦、华北和扬子等块体为独立板块,分布于赤道附近。受加里东构造运动影响,加里东后期古大西洋闭合使北美板块与俄罗斯板块对接拼合形成劳俄大陆。南半球的大陆可能已经形成一个统一的整体。在中国扬子板块与华夏板块之间经历多次构造运动,于志留纪末最终拼合转化为造山带,而柴达木、秦岭微板块与华北板块碰撞,也使华北板块规模扩大。

早古生代的沉积类型复杂多样,华北地区寒武纪早期含膏盐、石盐假晶的紫红色泥质、钙泥质岩广泛分布。西伯利亚板块、俄罗斯板块奥陶纪红色沉积及含膏盐沉积等代表了干旱、炎热的氧化条件。奥陶纪晚期以北非为中心广泛分布于冈瓦纳大陆西部的大陆冰盖沉积,说明南方大陆处于南纬高纬度地区。

第一节　早古生代的生物界

早古生代是显生宙第一个重要时期,该时期的生物以海生无脊椎动物空前繁盛为特征,几乎所有的海生无脊椎动物门类都已出现,并得到了相当程度的发展。因此,早古生代又称海生无脊椎动物的时代。其中以三叶虫、笔石、头足类、腕足类及珊瑚等最为重要。寒武纪晚期已出现了原始脊椎动物无颌类(甲胄鱼类),志留纪时除无颌类外,可能已有了原始鱼类(盾皮鱼类)的出现。植物方面早古生代仍然是海生藻类繁盛的时期,但志留纪晚期已有了陆生(或半陆生)的裸蕨类植物。淡水的原始脊椎动物和陆生植物的出现是生物发展史中十分重要的事件。

一、生物面貌

（一）小壳动物群

小壳动物群是个体微小（1～2mm），具外壳的多门类海生无脊椎动物，包括软舌螺、单板类、腹足类、腕足类及分类位置不明的棱管壳等。代表分子有 *Circotheca*（圆管螺）、*Shiphogonuchites*（棱管壳）等。小壳动物群始见于震旦纪末期，寒武纪初期大量繁盛。它是继埃迪卡拉动物群之后生物界又一次质的飞跃，完成了从无壳到有壳的演化历程。从地层学角度看，小壳动物群是划分前寒武纪和寒武纪界线的最好标志，目前国内外多数地质学者倾向以小壳化石大量繁盛为寒武系底界的标志。

（二）澄江动物群

我国云南澄江及晋宁地区寒武系底部发现一无壳和具壳化石混生带，包括三叶虫、水母、蠕虫类、甲壳纲及分类位置不明的节肢动物、腕足类、藻类及鱼形动物等，该生物群是继小壳化石出现之后很快出现的一个动物群，称为澄江动物群。其意义在于它是寒武纪初期生物大爆发的典型代表。

澄江生物群是由侯先光等于 20 世纪 80 年代发现的位于我国云南澄江帽天山附近保存完整的寒武纪早期（距今 5.4 亿年）古生物化石群。澄江动物群化石共 120 余种，分属海绵动物、腔肠动物、线形动物、鳃曳动物、动吻动物、叶足动物、腕足动物、软体动物、节肢动物、脊索动物等 10 多个动物门以及一些分类位置不明的奇异类群❶。澄江动物群比著名的加拿大吉尔吉斯页岩动物群早 10Ma 年，它充分展示出寒武纪早期生物的多样性，为揭示生物演化"寒武纪大爆发"的奥秘提供了极珍贵的直接证据，因此被誉为 20 世纪最惊人的科学发现之一。澄江生物群的研究和发现，不仅为寒武纪生命大爆发这一非线性突发性演化提供了科学事实，同时对达尔文渐变式进化理论产生了重大的挑战。2012 年澄江化石地正式列入《世界遗产名录》。

（三）三叶虫

三叶虫是寒武纪地层中数量最多、最重要的化石，寒武纪地层划分和对比基本上是根据三叶虫化石来进行的。我国寒武纪三叶虫十分丰富，已经过较详细的研究。

第二世的三叶虫一般以头大、眼叶大、尾小、胸节多、头鞍长、锥形、鞍沟明显为特征。其中以莱得利基虫最为发育。代表分子有 *Redlichia*（莱得利基虫）、*Palaeolenus*（古油栉虫）等；还有头尾等大，个体较小，营浮游生活的古盘虫亚目，如 *Hupeidiscas*（湖北盘虫）。第三世以褶颊虫目的大量出现为标志，初期常见宽阔的固定颊，头鞍截锥形，具平直的眼脊和较小的尾板，如 *Shantungaspis*（山东盾壳虫）。中后期与芙蓉世初期的三叶虫特征相近，尾板宽大，尾刺发育，如 *Damesella*（德氏虫）、*Blackwelderia*（蝴蝶虫）及 *Drepanura*（蝙蝠虫）等。芙蓉世中晚期常出现一些头鞍特殊的属，如 *Ptychaspis*（褶盾虫）等。第三世和芙蓉世还广泛分布有营浮游生活的球接子类，这一类头尾等大，头甲和尾甲凸出似球形，是重要的标准化石，如 *Ptychagnostus*（皱纹球接子）和 *Pseudagnostus*（假球接子）等。

奥陶纪三叶虫以栉虫亚目、斜视虫亚目和三瘤虫亚目最为重要，栉虫亚目开始于寒武纪，

---

❶ 感兴趣的同学可在网上搜索观看视频《澄江动物群》。

在奥陶纪大量发展。大多数头鞍前端扩大呈倒梯形、梨形等，面线前支在头鞍前会合，胸节一般八节，如 *Asaphellus*（小栉虫，普遍见于世界各地早奥陶世初期特马豆克阶）、*Tungtzuella*（小桐梓虫，O_1）、*Eoisotelus*（古等称虫，O_1）等。斜视虫亚目是一些特殊类型，如头鞍特化的隐头虫类、*Calymensun*（隐头形虫，O_2）。三瘤虫亚目具有饰边和长的颊刺，头部呈三瘤状，如 *Nankinolithus*（南京三瘤虫，O_3）。

志留纪时，三叶虫开始衰退，仅镜眼虫目较为重要。较常见的有 *Encrinuroides*（似彗星虫）、*Coronocephelus*（王冠虫）等。志留纪末三叶虫大量绝灭，极少数延续至晚古生代。

（四）笔石

笔石动物于寒盛纪中期出现，奥陶纪开始大量发展，演化迅速，分布很广，是奥陶系、志留系最重要的标准化石，根据笔石化石带可以把奥陶—志留纪地层进行世界性对比。

早奥陶世初期（特马豆克期）主要是树形笔石，其中以反称笔石科最为重要，如：*Anisograptus*（反称笔石，三个原始枝，各正分若干次）、*Clonograptus*（枝笔石，二个原始枝，再正分枝达八、九级之多）等，这个阶段的笔石可以反称笔石动物群为代表。此外，树笔石科的个别种，也具有较大的地层意义，如 *Dictyonema flabelliforme*（扇形网格笔石）为世界性的特马豆克期的种。

中奥陶世正笔石类无轴亚目的均分笔石动物群大量发展，胞管形状一般为直管状，生活方式为漂浮，演化方向为笔石枝数目的减少，如 *Dichograptus*（均分笔石）、*Tetragraptus*（四笔石）、*Didymograptus*（对笔石）等。

晚奥陶世为笔石胞管的内弯时期，笔石枝继续减少和向上攀合以叉笔石动物群和双笔石动物群的同时发展为特征。其中叉笔石动物群最为突出，如 *Dicellograptus*（叉笔石，两枝上斜）、*Dicranograptus*（双头笔石，始部攀合为单枝）以及 *Nemagragtus*（丝笔石）、*Tangyagraptus*（棠垭笔石）等。丝笔石和棠垭笔石具有两个主枝和一些次生枝，表现为笔石枝增多的"复杂化"。

志留纪的笔石主要有双笔石类和新发展的单笔石类，但以单笔石动物群最为重要。早期双笔石类仍然很繁盛，如 *Glyptograptus persculptus*（雕刻雕笔石，兰多维列世初）、*Cephalograptus*（头笔石，兰多维列世）等。兰多维列世，新兴的单笔石类开始出现并繁盛，如胞管直管状的 *Pristiograptus cyphas*（曲背锯笔石）、外弯状的 *Monograptus sedgwichi*（薛氏单笔石）、外卷状的 *Streptograptus*（卷笔石）以及分离状胞管的 *Rastrites*（耙笔石）等。笔石体形状多种多样，有直的、弯的、盘旋状的以至螺旋状者（图 2-6-1）。

温洛克世以弓笔石类为特征，其特点是笔石枝出现了幼枝，如 *Cyrtograptus*（弓笔石）。此外还有单笔石类，如 *Monograptus riccartonensis*（瑞卡屯单笔石）等。

罗德洛世的笔石胞管又多简单的直管状，如 *Pristiograptus nilssoni*（尼氏锯笔石）等，末期正笔石衰退，大量绝灭，极少数残留到早泥盆世。

（五）腕足类

寒武纪腕足类以具几丁质类的无铰钢为主，如 *Acrothele*（乳房贝）、*Obolella*（小圆货贝）等。芙蓉世开始出现了有铰钢，如 *Eoorthis*（始正形贝）。

奥陶纪腕足类已脱离了寒武纪的原始状态，有铰纲大量发展，皆具有坚硬厚实的灰质外壳。主要有正形贝类：如 *Orthis*（正形贝，O_1）；*Hirnantia*（赫南特贝，O_3）、共凸贝类：*Yangtzeella*

(扬子贝,O_2)和扭月贝类等。

志留纪腕足类除正形贝类、扭月贝类外,还有内部构造比较复杂的具有中隔壁和匙板的五房贝类:如 *Pentamerus*(五房贝,华南 S_1 上部)。并且还开始出现具螺旋状腕骨(指向侧方)的石燕贝类:如 *Eospirifer*(始石燕,$S—D_1$)、*Howellella*(郝韦尔石燕,$S—D_2$)等。以及具螺旋状腕骨指向背方的无洞贝类:如 *Zygospiraella*(轭螺贝,S_{1-2})、*Atrypa*(无洞贝,$S—D$)等。

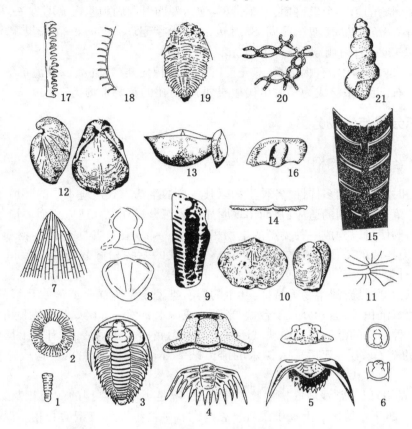

图 2-6-1　早古生代化石图（据全秋琦、王治平,1993）

1—*Circotheca*(圆管螺);2—*Coscinocyathus*(筛杯);3—*Redlichia*(莱得利基虫);4—*Damesella*(德氏虫);5—*Drepanura*(蝙蝠虫);6—*Pseudagnostus*(假球接子);7—*Dictyonema*(网格笔石);8—*Eoisotelus*(古等称虫);9—*Armenoceras*(阿门角石);10—*Yangtzeella*(扬子贝);11—*Nemagraptus*(丝笔石);12—*Pentamerus*(五房贝);13—*Tuvaella*(图瓦贝);14—*Didymograptus*(对笔石);15—*Sinoceras*(中国角石);16—*Nankinolithus*(南京三瘤虫);17—*Monograptus*(单笔石);18—*Rastrites*(耙笔石);19—*Coronocephalus*(王冠虫);20—*Halysites*(链珊瑚);21—*Hormotoma*(链房螺)

(六)头足类

头足类从寒武纪晚期开始出现,早古生代主要为缝合线简单的鹦鹉螺类。奥陶纪是鹦鹉螺重要发展时期,壳体大,壳内体管构造复杂化,以直壳类型为主。

华北为北方型头足类,以珠角石目为主,体管大,膨胀呈节珠状,底栖半游泳型,如 *Actinoceras*(珠角石)、*Manchuroceras*(满洲角石,O_1)、*Armenoceras*(阿门角石,O_1)等。

华南为南方型头足类,以内角石目为主,体管小,长而直,游泳型,如 *Sinoceras*(震旦角石)、*Sichuanoceras*(四川角石,华南 S_2)等。个别为盘旋壳,如 *Discoceras*(盘角石,O)。志留纪起鹦鹉螺类开始衰落。

（七）珊瑚

珊瑚最早出现于寒武纪，我国在早奥陶世发现床板珊瑚。晚奥陶世开始繁盛，主要为单带型的四射珊瑚和床板珊瑚，如 *Streptelasma*（扭心珊瑚）、*Agetolites*（阿盖特珊瑚，O_3）、*Plasmoporella*（似网膜珊瑚，O_3）。

志留纪是珊瑚的第一个繁盛期，以单带型、泡沫型四射珊瑚和床板珊瑚为主，并可造礁，此时代表分子有 *Cystiphyllum*（泡沫珊瑚，S_2）、*Stauria*（十字珊瑚）、*Favosites*（蜂巢珊瑚）、*Halysites*（链珊瑚）、*Heliolites*（日射珊瑚）等。

除此之外，早古生代还有腹足类、双壳类、苔藓虫、棘皮类、古怀类以及海绵等。尤其是微体古生物牙形石，近年来已成为早古生代地层划分、对比的重要生物类别。

二、生态分异与生物分区

（一）生态分异与生物相

由于地史时期环境的多样性，各种生物以其各自的生活方式适应不同的环境条件，致使生物对不同的环境产生不同的适应，从而出现明显的生态分异现象。适应相似环境条件、相似生活方式的生物群便可以构成一种类型的生物相（biofacies）。由于早古生代生物和环境的多样性，形成了地史早期的不同的生物相类型。早古生代的生物相可分为有浮游相、底栖相（壳相）和礁相三种类型。

浮游相以营漂浮、游泳生物为特征，共生的岩石类型常常为深水或静水环境的黑色页岩、硅质岩及复理石沉积等，通常分布于台盆、半深海或深水海槽区。例如晚奥陶世五峰组的笔石页岩相就是一种特殊的浮游相。在缺氧还原环境中无底栖生物生活，只有在上层水面生活着营漂浮生活的笔石，笔石死后落入深水的滞流缺氧环境，与暗色泥页岩构成这种特殊的浮游相。

底栖相（壳相）以正常浅海底栖生物如三叶虫、腕足类等和典型的浅海相灰岩、泥灰岩等为特征，通常分布于台地区。上扬子浅海早志留世石牛栏组即为典型的壳相。保存的生物有腕足类、珊瑚、海百合茎、苔藓虫、腹足、层孔虫等多种正常浅海底栖生物或生物碎屑，产出于石灰岩、泥灰岩、泥岩等岩石中。

礁相通常分布在台地边缘，呈条带状分布，以温暖、清澈的浅海底栖固着的造礁生物和纯净的石灰岩为特征。中扬子宜昌和松滋地区红花园组中发育有大量的瓶筐石和古钵海绵等形成的生物礁沉积。

（二）生物分区

早古生代时期由于生物产生了不同的生态分异现象，因此出现了不同的生物相，进而形成了不同的生物分区。

寒武纪全球依据三叶虫的分布特点划分出三个生物大区（图2-6-2），寒武纪早期最具代表性，因为此时三叶虫演化处于低级阶段，以单一的底栖生活方式为主。（1）亚澳生物大区，包括东亚、南亚、东南亚、西亚、澳洲和南极洲，以具 Redlichia 为代表。（2）北美—大西洋生物大区，包括北美、南美、西欧、西北欧和东欧，以发育 Qlenellus 为代表。（3）西伯利亚生物大区，包括西伯利亚、中亚、南欧和北非等地，生物群兼有上述两大区特点，也有一些独特的生物群。中国寒武纪早期以艾比湖—居延海—西拉木伦河一线为界,以北地区属西伯利亚大区,该线以南的广大地区占据了亚澳生物大区的主体,后者又可划分为南方生物区、塔里木生物区和华北生物区。

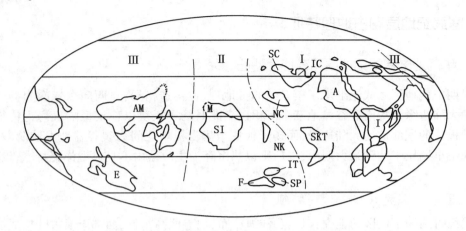

图2-6-2 世界寒武纪古生物地理分图区(据杨家骚,1990)

IC—印度支那半岛;AM—美洲;E—欧洲;SC—扬子区;NC—华北区;NK—北哈萨克斯坦;SI—西伯利亚;

SP—西班牙;F—法国;SKT—南哈萨克斯坦;I—印度;A—澳大利亚;IT—意大利;M—蒙古

奥陶纪由于海生无脊椎动物的出现和兴盛,依据不同生物类别所划分的生物古地理分区界线也不尽相同。中国奥陶纪地跨两个大区,分界线在额尔齐斯河—西拉木伦河。从头足类的研究来看,早奥陶世早期中国都处于一个区,晚期南北分异明显,华北区以珠角石类为主,扬子区以内角石—前环角石为主。

志留纪根据底栖珊瑚和腕足类划分出三个大区。(1)北方大区:包括北欧、北美和西伯利亚地区,我国艾比湖—居延海—西拉木伦河以北地区属北方大区,以含图瓦贝动物群为特点,珊瑚化石稀少。(2)南方大区包括南美和南非等地,以含单调的克拉克贝动物群和小型单体珊瑚为特点。(3)特提斯大区位于上述两大区间,我国大部分地区都属特提斯大区,以五房贝、珊瑚的繁盛、广泛分布为特点。

第二节 早古生代地层和古地理特征

早古生代属于加里东构造阶段,中国的古地理格局在早古生代是南华纪和震旦纪的继承和发展。华北板块主体自晚元古代开始的隆升一直持续到寒武纪早期,此后才整体下降接受海侵,形成寒武纪早期至中奥陶世的滨浅海沉积。受区域性构造挤压作用的影响,从中奥陶世又开始隆升,一直持续到晚古生代。华北板块南、北侧均为大洋环境,北侧古亚洲洋在加里东后期形成一条东西向褶皱带拼贴在华北板块北部。南侧古祁连和北秦岭洋消失,柴达木板块、秦岭微板块与华北板块对接碰撞。

华南地区由扬子板块和华夏板块组成,两大板块间为华南裂谷盆地,在早古生代扬子板块内部为相对稳定的滨浅海沉积环境。加里东运动后期主体上升,仅在川、滇一带形成狭窄海湾。扬子板块东南缘和华夏板块西北缘虽然特征不同,但都属被动大陆边缘类型,二者之间的华南裂谷盆地在加里东早期活动性较强,而在加里东中晚期经历了盆地消亡至造山作用阶段,形成华南加里东褶皱带。扬子板块北缘存在南秦岭裂谷,加里东末期东秦岭碰撞对接。中国其他地区为相对独立的板块和微板块。

一、寒武纪地层和古地理特征

(一)华南地区寒武纪地层和古地理特征

该时期华南地区寒武纪继承了震旦纪的古地理、古构造格局,自西向东依次为扬子板块、江南被动大陆边缘及华南裂谷盆地三个沉积区。此时扬子板块以稳定型陆表海为特征,其东部为扬子板块的东部被动大陆边缘,而扬子板块与华夏板块之间为裂谷盆地发展阶段。该盆地于寒武纪早期拉张达到最大规模,以后则以热沉降为主。盆内不具典型洋壳特点,没有形成大洋。

1. 扬子板块寒武系和古地理特征

寒武纪时期扬子地区的地壳较稳定,浅海广布,地势西高东低,西部康滇古陆构成蚀源区。地层具明显两分性:寒武纪扬子区海侵广泛,寒武系下部为泥砂质和碳酸盐沉积,化石丰富,上部以镁质碳酸盐沉积为主,化石稀少。

(1)滇东寒武系剖面。

寒武纪早期滇东浅海区沉积了较全的寒武系纽芬兰统和第二统,以砂泥质沉积为主,化石丰富,研究详细,是我国寒武系下部的标准剖面。

上覆岩系:中志留统。

--平行不整合--

第三统:

双龙潭组:石灰岩、泥灰岩夹页岩,产 *Solenoparia*(沟颊虫)、*Manchurielle*(小东北虫)。   200m

陡坡寺组:灰黄色、黄绿色页岩夹砂岩及薄层灰岩,产 *Kaotaia*(高台虫)、*Paragraulos*(副野营虫)。

100m

第二统:

龙王庙组:灰色泥质白云质灰岩夹页岩,产 *Redlichia chinensis*(中华莱德利基虫)、*Hoffetella*(小荷菲特虫)。   180m

沧浪铺组:砂岩、粉砂岩夹砂质页岩及页岩,产 *Palaeolenus*(古油栉虫)、*Redlichia mai*(马氏莱德利基虫)。

200m

筇竹寺组:黑色灰绿色页岩夹薄层粉砂岩,底部为含磷石英砂岩,产 *Eoredlichia*(始莱德利基虫)、*Yunnanocephalus*(云南头虫)。

纽芬兰统: 400m

梅树村组:磷块岩,产小壳动物化石。   20m

下伏地层:震旦系灯影组。

滇东晋宁梅树村剖面纽芬兰统与震旦系为连续沉积,且地层发育完整、化石丰富、研究程度较高,是震旦—寒武纪界限层型的候选剖面。该剖面仅发育纽芬兰统、第二统和第三统,纽芬兰统包括梅树村组,第二统包括筇竹寺组、沧浪铺组和龙王庙组,第三统包括陡坡寺组和双龙潭组。双龙潭组与上覆志留系呈平行不整合接触。

梅树村组主要是一套磷块岩,其内小壳化石可富集成生物碎屑层,发育波状、鱼骨状交错层理,顶部白云岩内含鸟眼构造,反映比较典型的滨海潮间—潮下带沉积。筇竹寺组下部黑色粉砂质、泥质沉积,含碳质及稀有元素,为海水流动不畅的弱氧化至还原环境,可能为潮下低能海湾,中上部以泥砂质沉积为主,含有三叶虫及澄江动物群等生物化石,环境已趋于正常浅海,总体代表持续海侵过程。沧浪铺组以砂页岩沉积为主,内含浪成波痕和交错层理,为滨海沉积。龙王庙组的白云岩为咸化海沉积。第三世的陡坡寺组和双龙潭组为浅海砂泥、碳酸盐沉积。陡坡寺组地层中含褶颊虫类三叶虫化石,大致可与毛庄组对比,时代属第三世初期。双龙潭组中含沟颊虫化石,是华北地台区徐庄组常见化石,时代大致相当于第三世中期。第三世后期滇东地区上升为陆。

自滇东往北,沿康滇古陆东侧的川西西昌、峨眉山一带的第二统和滇东基本相似。向东到川南、黔北地区碎屑岩减少,石灰岩增多,含古杯化石;再往东到川东、鄂西一带第二统以石灰岩为主,下部层位中含浮游三叶虫。可见第二世上扬子海盆西高东低,碎屑物质来源于康滇古陆。上扬子陆表海到第三世和芙蓉世普遍咸化,形成白云质灰岩、白云岩和石灰岩沉积,化石稀少,中上寒武统长期以来无法进一步划分。

(2)湖北宜昌寒武系剖面。

上覆地层:下奥陶统南津关组。

芙蓉统:

三游洞组:灰白色、灰褐色厚层细晶白云岩,砂屑、砾屑白云岩,白云质灰岩夹燧石层。产波状、半球状叠层石。　　　　　　　　　　　　　　　　　　　　　180m

第三统:

覃家庙组:浅灰—深灰色薄至中层状白云岩、泥质白云岩夹灰黄、黄褐色中层状长石石英砂岩,下部含石盐假晶和石膏假晶。化石稀少,产波状叠层石。　　　　　　　　205m

第二统:

石龙洞组:深灰色石灰岩及灰白色厚层至块状白云岩、灰质白云岩。化石稀少。　126m

天河板组:深灰色—灰褐色中层状泥质条带灰岩夹鲕状灰岩和豆状灰岩,并夹少量粉砂质页岩。产大古油栉虫(*Megapalaeolenus*)。　　　　　　　　　　　　64m

石牌组:黄绿、灰绿色砂质页岩、粉砂岩为主夹薄层灰岩和鲕状灰岩。产莱德利基虫(*Redlichia*)、古油栉虫(*Palaeolenus*)。　　　　　　　　　　　　　　157m

水井沱组:黑色碳质页岩、页岩为主夹薄层灰岩和灰岩透镜体。产湖北盘虫(*Hupeidiscus*)。　86m

纽芬兰统—震旦系灯影组。

湖北宜昌三峡剖面寒武系发育完整,第二统自下而上分为四组:水井沱组、石牌组、天河板组和石龙洞组。水井沱组为黑色碳质页岩夹薄层灰岩,含磷、稀有元素及黄铁矿,化石以浮游的盘虫类为主,推测为滞流还原环境。石牌组和天河板组为正常浅海的砂泥质和碳酸盐沉积,含较多底栖的古杯类。石龙洞组为厚层白云岩。第三统覃家庙组由薄—中层白云岩组成,波痕、交错层理、泥裂、食盐假晶发育(视频2-6-1至视频2-6-5)。芙蓉统三游洞组为厚层白云岩,其顶部归属奥陶系。从石龙洞组至第三、四统均为干旱的咸化海环境。

视频2-6-1　野外微课:覃家庙组一段1—石盐假晶

视频2-6-2　野外微课:覃家庙组一段2—石膏假晶

视频2-6-3　野外微课:覃家庙组三段1—竹叶状灰岩

视频2-6-4 野外微课:
覃家庙组三段2—竹叶状
灰岩成因

视频2-6-5 野外微课:
覃家庙组四段

(3)扬子板块的古地理特征。

寒武纪扬子区为稳定的陆棚海,地势西北高东南低,西部的康滇古陆始终存在,其范围不断扩大。纽芬兰统—第二统扬子区为向东倾斜的混积型缓坡。梅树村期在晚震旦世灯影期古地理基础上发展形成碳酸盐缓坡。筇竹寺期和沧浪铺期则是以陆源碎屑沉积为主,西北康滇古陆边缘的滇东、川西一带为砂砾岩,粉砂岩类白云质灰岩,向东陆源碎屑颗粒逐渐变细,至桂西、黔东及鄂中等地陆源碎屑减少,碳酸盐增多,此时物源区为西部的康滇古陆。龙王庙期为典型的碳酸盐缓坡,仅在古陆东缘的川西南—滇中地区含陆源碎屑,而在川、滇、黔、桂、鄂为大范围的潮下低能碳酸盐沉积。自第三世起,扬子区西部古陆不断扩大,形成纵贯西部边缘的康滇古陆,古地理由早期的缓坡发展成镶边型碳酸盐台地。由于西部古陆和东南部水下隆起影响形成半封闭海盆,加之气候炎热干旱,使海水盐度增高,主体发育一套化石稀少的白云岩沉积,在川西南、滇东北等地还有膏盐沉积(图2-6-3)。

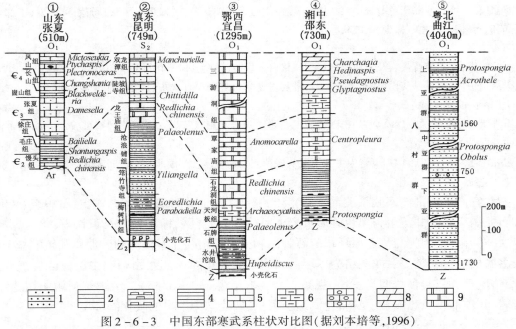

图2-6-3 中国东部寒武系柱状对比图(据刘本培等,1996)

1—砂岩;2—泥页岩;3—硅质岩;4—碳质页岩;5—石灰岩;6—泥质灰岩;7—竹叶状灰岩;8—泥灰岩;9—白云岩

下扬子区第二统沿巢县—句容—姜堰一带呈北东方向存在一个狭窄的碳酸盐潮坪相带,主要为白云岩和白云质灰岩,该带的南北两侧由碳酸盐缓坡进入陆坡深水盆地。第三统—芙蓉统主体为半局限台地白云岩沉积,南北两侧仍为陆坡较深水盆地。

2. 扬子板块大陆边缘的古地理特征

扬子板块大陆边缘包括桂西北、赣北、浙江及苏南等地,为一狭长的非补偿海盆,它呈北东向展布。纽芬兰统—第二统主要为黑色碳质、硅质页岩夹硅质层,水平纹层发育,含放射虫和海绵骨针,偶见浮游型三叶虫,局部夹磷结核、黄铁矿团块等,代表深水、缺氧的还原环境。第三统为深灰、灰黑色碳质页岩、页岩和石灰岩相,含漂浮型的球接子类及海绵骨针,芙蓉统主要为泥岩、泥质灰岩。第三统—芙蓉统寒武世江南区的还原条件大大减弱,但仍属非补偿海盆。整个寒武纪沉积厚度不超过800m。

华南裂谷盆地位于绍兴—江山—萍乡—南宁一线以南地区。华南区内大致以长汀—清远—玉林为界分为西北部的赣粤次深海盆地及东南部的闽粤浅海盆地。粤北曲江及赣南崇义等地寒武纪为砂泥质浊积岩,夹少量灰泥及凝灰质,含深水放射虫和海绵骨针,可能是华南裂谷盆地的主体。而在广东化州、福建永安等地,此期主要是一套砂岩、页岩、碳质页岩等。含磷、锰矿层,在广东郁南、台山、开平一带中寒武世出现紫红色含镁砂岩。闽粤浅海盆地为华夏板块西北部被动大陆边缘。

扬子板块的北部大陆边缘为南秦岭区,寒武纪以商丹古缝合线为界,南、北秦岭分别构成扬子和华北板块的大陆边缘,中间为秦岭洋所阻隔。南秦岭属扬子板块的被动大陆边缘,受板块边缘离散作用影响,第三、第四寒武世时期南秦岭裂陷形成大陆边缘裂谷盆地。盆地内沉积了二道桥组下部的火山岩。裂谷盆地以北,北秦岭活动大陆边缘以南的秦岭微板块为浅水碳酸盐台地沉积。

扬子板块西部大陆边缘寒武系保存很少,推测昌都—思茅、义敦、松潘—甘孜等晚古生代以后的微板块尚未与扬子板块分离,属扬子板块西部边缘的一部分。

(二)华北地区寒武纪地层和古地理特征

华北板块主体自新元古代后期抬升后一直遭受风化剥蚀,第二世开始接受海侵。寒武纪华北地区为稳定的陆表海碳酸盐沉积,其南缘以主动大陆边缘与秦岭洋毗邻。

1. 华北板块寒武系和古地理特征

本区范围包括西至阿拉善地区,南抵秦岭及淮阳山脉,北达延吉、长春、辽源、赤峰一线的广大地区。大致相当于大地构造分区中的华北地台区。区内寒武纪地层为广阔的浅海盆地沉积,化石丰富,岩相、厚度变化不大。第二统以紫色页岩为主;第三统下部以紫色页岩夹石灰岩为主,上部为鲕状灰岩及石灰岩;芙蓉统为竹叶状灰岩,薄层灰岩及页岩互层。

山东张夏地区的寒武系发育较全,研究较详,是华北寒武系的标准剖面。其地层划分如下:第二统仅发育馒头组,第三统包括毛庄组、徐庄组和张夏组,芙蓉统包括崮山组、长山组和凤山组。

(1)山东张夏寒武系剖面。

上覆岩系:下奥陶统

芙蓉统:

凤山组:薄层灰岩、泥质灰岩、竹叶状灰岩、白云质灰岩。产方头虫(*Quadraticephalus*)、褶盾虫(*Ptychaspis*)、泰勒氏虫(*Tellerina*)、卡尔文虫(*Calvinella*)。 114m

长山组:石灰岩、竹叶状灰岩、泥灰岩互层。产嵩里山虫(*Kaolishania*)、长山虫(*Changshania*)。 52m

崮山组:黄绿色页岩、薄层灰岩夹竹叶状灰岩。产蝙蝠虫(*Drepanura*)、蝴蝶虫(*Blackweldeia*)。 27m

第三统:

张夏组:灰黑中厚层状灰岩、鲕状灰岩夹薄层灰岩。产德氏虫(*Damesella*)、叉尾虫(*Dorypyge*)。 170m

徐庄组:暗紫色砂质页岩、交错层砂岩夹薄层灰岩。产毕雷氏虫(*Bailiella*)、柯赫氏虫(*Kochaspis*)。 50m

毛庄组:紫红色页岩夹鲕状灰岩。产褶颊虫(*Ptychoparia*)、山东壳虫(*Shantungaspis*)。 32m

第二统:

馒头组:紫红色页岩夹泥灰岩,底部有硅质灰岩。产中华莱德利基虫(*Redlichia chinensis*)。 70m

下伏地层:太古宙泰山群片麻岩。

张夏地区的寒武系总厚510m左右,以碳酸盐岩、紫红色页岩为主(图2-6-3),化石丰富,地层厚度与岩性横向变化不大,属稳定的浅海沉积类型。表明本区地壳在寒武纪时处于相对稳定的构造状态。

第二统馒头组与下伏前震旦系泰山群片麻岩呈角度不整合接触,岩性为紫红色钙质页岩夹泥质灰岩,泥裂、雨痕、岩盐假晶、波痕和鱼骨状交错层理等沉积构造发育,属于热气候条件下的滨浅海沉积。内含三叶虫中华莱德利基虫,相当于滇东龙王庙组,代表第二世晚期的沉积。

第三统毛庄组为紫色页岩夹石灰岩透镜体,顶、底部具鲕状灰岩,含褶颊类三叶虫*Shangtungaspis*等。褶颊类三叶虫的大量繁盛,以及第二统特有的莱得利基虫类三叶虫的大量绝灭,在生物发展上显示了一个新阶段的开始。徐庄组仍以紫色页岩为主,夹多层石灰岩,底部产有*Kochaspis*,上部产*Bailiella*等化石。毛庄组和徐庄组均为以紫色泥岩为主的陆源碎屑岩,自下向上碳酸盐含量增高,含丰富完整的三叶虫化石和腕足动物化石,反映本区在第二世晚期到第三世中期是一气候炎热干燥的滨海、亚浅海环境,地形平坦,水动力条件微弱,与现代障壁岛背后的滨浅海相似。徐庄组页岩呈暗紫色,沉积物中砂质含量明显增加,并有交错层砂岩出现,灰岩数量也有明显增多,反映第三世中期海水加深,地形局部趋于复杂。第三统上部张夏组以厚层状灰黑色灰岩与鲕状灰岩互层为特征,含德氏虫等三叶虫化石,但保存破碎,石灰岩中波痕、交错层理发育,代表典型的潮下高能环境沉积。

芙蓉统三个组的岩性基本相同,为石灰岩、泥质灰岩和竹叶状灰岩,含蝙蝠虫和蝴蝶虫等三叶虫化石。竹叶状灰岩是一种同生砾岩,为成岩过程中半固结的石灰岩遭受浪潮冲击、破碎、磨圆、再沉积而成的,具有风暴作用特点。张复地区寒武系代表基底遭受长期风化剥蚀夷平后,以碳酸盐沉积为主的陆表海环境,与动荡、强氧化的滨浅海相适应,发育了属种多、演化迅速、但个体很少完整保存的三叶虫动物群。

(2)华北板块的古地理特征。

纽芬兰世—第二世早期(梅树村期和筇竹寺期),华北板块仍处于古陆剥蚀状态。当时华北地区地形平坦,基本上是一准平原,板块边缘出露中—新元古界地层,中部则出露更老的地层。第二世中期(沧浪铺期),华北板块开始下降,海水从南侧秦岭洋向北海侵,淮南、豫西、陕北陇县和宁县贺兰山地区最早波及,沉积了滨浅海碎屑岩及含磷砂岩,称猴家山组或辛集组。沧浪铺晚期海水侵入到燕山、辽南地区,燕山地区为昌平组、府君山组和秦皇岛的府君山组,是含*Palaeolenus*的豹皮灰岩。在板块东部形成了鲁中五山组和辽东碱厂组,上述层位中含古油栉虫和其他第二世中期化石。而华北板块的其他广大地区则仍处于古陆剥蚀状态。第二世晚期(龙王庙期),太行山以东的广大地区普遍遭受海侵,馒头组沉积范围由东向西逐渐扩大到太行山、中条山一线和鄂尔多斯、阿拉善西缘及南缘。形成华北地台东部陆表海、地形平坦、水体平静、气候炎热、生物繁盛、普遍形成夹有石灰岩薄层的紫红色页岩。在区域上馒头组地层的岩性和厚度都很稳定,含丰富的三叶虫化石。第二世晚期太行山以西仍是一片古陆剥蚀区,馒头组页岩到太行山以西尖灭。

第三世早期(毛庄期),华北地台的沉积环境、古地理轮廓与早寒武世晚期类似,只是海侵范围向西扩大了一些,水体时有加深,且水动力条件稍有增强,沉积了一套夹鲕状灰岩的紫色页岩,普遍含丰富的褶颊虫类化石。在太行山以西毛庄组页岩相变为碎屑岩。第三世中期(徐庄期),浅海海域继续向西扩大,海水不断加深,吕梁山以东普遍形成暗紫色页岩,夹石灰岩,且向上石灰岩含量逐渐增多,含毕雷氏虫和柯赫氏虫等三叶虫化石。徐庄组页岩在吕梁山一带相变为石英砂岩,再向西过吕梁山之后尖灭。第三世晚期(张夏期),华北地台区几乎全部淹没,形成广阔的华北陆表海,只有东部胶辽地区、北部内蒙古阿拉善、南部淮阳地区还残存小片古陆。陆表海的地形平坦,由东向西逐渐升高;气候温暖、海水动荡、生物繁盛,沉积了广而稳定的石灰岩和鲕状灰岩。海水在太行山以西变浅,而且接近西部隆起区,张夏组下部向西到吕梁山一带相变成页岩、薄层砂质灰岩和碎屑岩。

芙蓉世华北板块的古地理格局发生了显著变化,南部淮南、豫西和晋南一带开始上升,水体变浅,形成以白云岩为主的滨海潮上带沉积(三山子组)。白云岩层位由南向北升高。北部燕辽地区相对下降,为滨浅海灰岩沉积。此时地形南高北低,与纽芬兰世—第二世的地形呈跷跷板式变化,这种地势特点一直持续到奥陶纪。

2.华北板块大陆边缘的古地理特征

该时期沿陕西商南—丹凤一带发育蛇绿岩套及丹凤群的岛弧火山岩、河南西峡—南召一带发育二郎坪群的弧后火山岩,体现了华北板块南部在寒武纪时期属于主动大陆边缘,主要展布于商丹缝合线以北。向西到甘肃天水一带也发育类似的含火山岩地层李子园群,其时代为寒武纪—志留纪兰德维列世。证明当时秦岭洋向北俯冲,在华北板块南缘形成了活动大陆边缘(图2-6-4)。华北板块北部寒武纪大陆边缘性质有待进一步研究。在传统上认为古老基底的内蒙古地轴中已报道年龄值在850—600Ma左右的蛇绿岩套及小壳动物群,推测寒武纪在地台北缘白云鄂博一带处于稳定大陆边缘状态,逐渐向活动型过渡。

华北板块的西南侧与柴达木古陆之间为古祁连洋,纽芬兰世—第二世时未接受沉积,第三世起祁连山南北坡都张裂成裂陷海槽。北祁连海槽中发育较深海含放射虫硅质岩、中基性火山岩及砂泥质复理石。

(三)其他地区寒武纪的古地理特征

1.塔里木板块及其大陆边缘

在寒武纪时期,塔里木板块内部为稳定类型沉积,以北部柯坪地区发育最好,其沉积特征和生物与扬子区相似,沉积厚度500~600m,主要为泥质、粉砂质及硅、镁碳酸盐沉积,底部含磷结核,中、下部产三叶虫 *Redlichia* 说明寒武纪塔里木板块与扬子板块关系密切。

该时期塔里木板块北部大陆边缘属于被动大陆边缘类型。板块西南大陆边缘的昆仑海槽研究程度较低。西昆仑寒武系为化石稀少、厚度巨大的砂泥质碳酸盐沉积,西昆仑与喀喇昆仑间有新元古代以来的蛇绿岩,代表原特提斯洋的消减带。

2.古亚洲洋

以艾比湖—居延海—西拉木伦河地缝合线为代表,古亚洲洋共分为三部分。主体为天山—西拉木伦洋,南侧为华北板块和塔里木板块北部大陆边缘,北侧为西伯利亚板块南部边缘,准噶尔为哈萨克斯坦板块的一部分,松辽是古亚洲洋中的中间陆块。

东北、兴蒙地区寒武纪特征与华北、塔里木板块有明显差异。在黑龙江伊春地区纽芬兰统—第二统为厚度300m以上的碳质泥砂质和碳酸盐沉积,含 *Kootenia* (库廷虫)、*Proerbia* (原

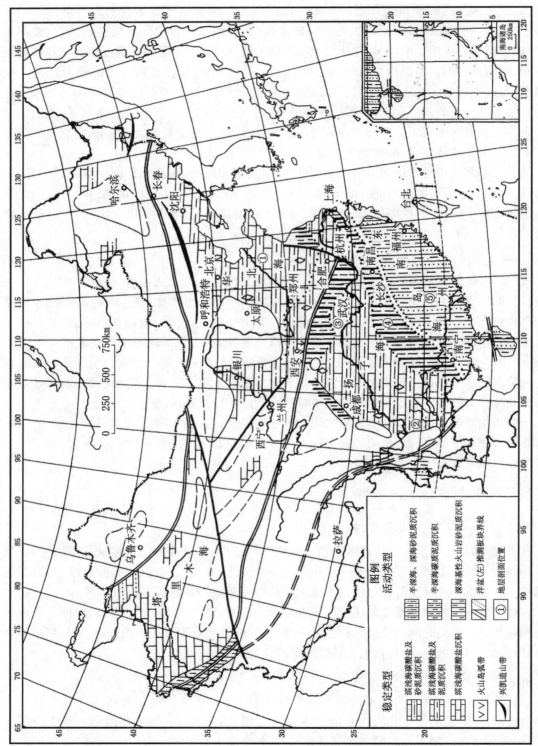

图 2-6-4　中国早寒武世古地理图（据刘本培等，1996）

叶尔伯虫),后者是西伯利亚常见分子。大兴安岭纽芬兰世—第二世中也有西伯利亚的古杯类。这一地区属西伯利亚生物大区,与华北、华南生物特征明显不同。

古亚洲洋西段的天山—西拉木伦洋寒武纪仍为大洋环境,在内蒙古中部的温都尔庙群是温都尔庙蛇绿岩套的组成部分,代表典型的洋壳。在大洋南、北两侧的生物,沉积特征均相差较大,也说明此时有大洋阻隔,限制了生物之间的交往。

3.古特提斯洋

寒武纪古特提斯洋的主洋盆在班公湖怒江古缝合线。缝合线以南的冈底斯、江孜地区属冈瓦纳板块的一部分。以北及以东的羌塘地区、昌都、思茅、松潘、甘孜地区尚未与扬子板块分离,可能为扬子板块西部一部分。滇西保山地区纽芬兰世—第三统为浅变质陆坡砂泥质、硅质浊流沉积,仅见海绵骨针和微古植物,与震旦系连续过渡;芙蓉统为砂泥夹钙质浅水沉积,含底栖及浮游混合型三叶虫,总厚度4000余米。藏南地区寒武系为一套透辉石石英片岩和含燧石结晶灰岩,与印度板块关系密切。

二、奥陶纪地层和古地理特征

中国奥陶系分布广泛,除台湾省外,均有奥陶系沉积。沉积类型及分区情况和寒武系基本相同。奥陶纪早期基本承袭了寒武纪的古地理、古构造特征;晚期则发生了变化,华北板块主体抬升,华南盆地规模的收缩加剧。

(一)华南地区奥陶纪地层和古地理特征

与寒武纪相似,奥陶纪华南地区自西向东依次为:扬子克拉通、江南被动大陆边缘及华南裂谷盆地三个沉积区。从奥陶纪起华南裂谷盆地逐渐萎缩,特别是中奥陶世以后,萎缩速率加剧,盆地中心向北西迁移,导致晚奥陶世的古地理格局发生明显变化。

1.扬子板块奥陶系和古地理特征

奥陶系的发育情况在扬子板块内部以上扬子地区发育较好,宜昌黄花场剖面最具代表性,是我国奥陶系的标准剖面。该剖面下奥陶统自下而上分为南津关组、分乡组、红花园组,中奥陶统大湾组、牯牛潭组,上奥陶统分为庙坡组、宝塔组、临湘组和五峰组。

宜昌剖面奥陶系总厚仅200余米,主要是石灰岩和页岩,化石丰富,代表稳定的滨、浅海相沉积。各组的岩性和生物特征明显。生物群除大量壳相化石外,还在一些层位中含有丰富的笔石,因此可以和国内、外进行较准确的对比。

(1)湖北宜昌奥陶系剖面:

上覆地层:下志留统。

上奥陶统:

五峰组:薄层黑色页岩,富含笔石,如四川叉笔石(*Dicellograptus szechuanensis*);顶部有一薄层灰岩(观音桥段),产小达尔曼虫(*Dalmanitina*)。   6m

临湘组:灰黄色瘤状泥灰岩(泥质灰岩)。产南京南京三瘤虫(*Nankinolithus nankinensis*)。   13m

宝塔组:灰白色、灰褐色网纹状灰岩。产中国震旦角石(*Sinoceras chinensis*)。   17m

庙坡组:黑色页岩与薄层泥质灰岩互层。产丝笔石(*Nemagraptus*)。   3~4m

中奥陶统:

牯牛潭组:灰色中层状泥质条带灰岩。产瓦氏长颈角石(*Dideroceras wahlenbergi*)。   25m

大湾组:下部为壳相灰岩。产扬子贝(*Yangizeella*),下部灰绿色页岩夹瘤状灰岩。产瑞典断笔石

（*Azygograptus suecicus*）。

下奥陶统：

红花园组：岩性以中—厚层亮晶砂屑、生物屑灰岩为主，夹2～3层黄褐色页岩，石灰岩中，由 *Calathium*、海绵、蓝绿藻等组成的礁群普遍发育，化石丰富。产满洲角石（*Manchuroceras*）、蛇卷螺（*Ophileta*）。40m

分乡组：下部以亮晶灰岩、内碎屑为主，上部薄层灰岩夹黄绿色页岩。产中国刺笔石（*Acanthograptus sinensis*）、桐梓虫（*Tungtzuella*）。50m

南津关组：厚层灰岩为主夹生物碎屑灰岩，鲕状灰岩、燧石灰岩和白云质灰岩。产指纹头虫（*Dactylocephalus*）、平滑小栉虫（*Asaphellus inflatus*）。140m

下伏地层：上寒武统三游洞组。

宜昌地区的奥陶系与寒武系连续沉积（图2-6-5），奥陶纪早期新的海侵开始。主要以含 *Dactylocephalus*（指纹头虫）、*Asaphellus*（小栉虫）等奥陶纪初期三叶虫的灰色厚层灰岩作为南津关组的开始，其下灰黑色含燧石的厚层白云岩，被归入晚寒武世三游洞组。根据牙形石的研究，确定寒武—奥陶系界线划在三游洞组顶部，距南津关组底界约10m左右之处。南津关组以含鲕粒及亮晶砂砾屑灰岩为主，内碎屑分选、磨圆较好，代表潮间至潮下高能带的产物，该组上段发育大型交错层理，有垂直或倾斜的生物钻孔，异地埋藏的腕足类、三叶虫、双壳类及海百合茎等碎屑，属于台地边缘浅滩相带（视频2-6-6至视频2-6-9）。

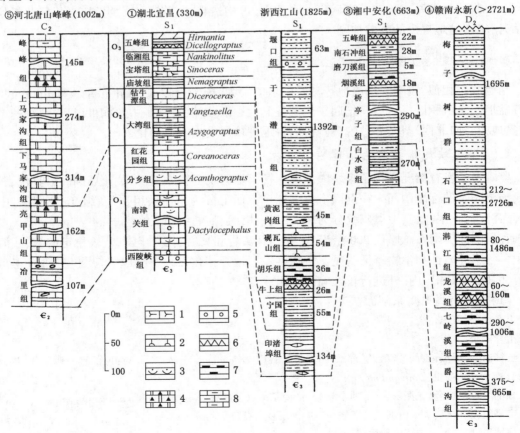

图2-6-5中国东部奥陶系柱状对比图（据刘本培等，1996）

1—收缩纹灰岩；2—网纹状灰岩；3—生物碎屑灰岩；4—角砾状白云岩；5—鲕状灰岩；6—硅质岩；

7—碳质页岩；8—竹叶状砾屑灰岩

· 324 ·

分乡组下部以亮晶灰岩为主,生物类别十分丰富,可形成生物骨架结构,内碎屑分选、磨圆好,反映为台地边缘礁或滩相。上部薄层灰岩夹黄绿色页岩,含笔石和完整保存的小型薄壳腕足类,说明水体逐渐变深,水动力逐渐减弱,为开阔台地相(视频2-6-10、视频2-6-11)。

红花园组以生物泥晶灰岩、泥晶砂屑灰岩为主,生物由 *Calathium*、海绵、蓝绿藻等组成的礁群普遍发育,反映了水体能量较强的生物礁相环境(视频2-6-12)。

大湾组底部也由一套亮晶灰岩组成,属台地边缘浅滩(视频2-6-13至视频2-6-15)。大湾组和牯牛潭组(视频2-6-16)为瘤状泥质灰岩夹页岩,发育水平层理,生物种类繁多,保存完整,底栖和浮游生物混生,说明为水能量较弱的浅海陆棚环境。庙坡组以黑色页岩为主,含丰富的笔石,底栖生物含量大大减少,代表半闭塞的陆棚边缘盆地。

宝塔组是一套典型的收缩纹灰岩,这种收缩纹不同于潮坪的干裂构造,而是成岩过程中由于上覆的负荷使胶体脱水形成的收缩裂纹,含 *Sinoceras chinensis*(中华震旦角石)等化石,反映

视频2-6-6 野外微课:
南津关组一段

视频2-6-7 野外微课:
南津关组二段

视频2-6-8 野外微课:
南津关组三段

视频2-6-9 野外微课:
南津关组四段

视频2-6-10 野外微课:
分乡组一段—颗粒灰岩

视频2-6-11 野外微课:
分乡组二段—叠层石
礁灰岩

视频2-6-12 野外微课:
红花园组

视频2-6-13 野外微课:
大湾组第一段

视频2-6-14 野外微课:
大湾组二段

视频2-6-15 野外微课:
大湾组第三段

视频2-6-16 野外微课:
牯牛潭组

较深的深水陆棚环境。临湘组的环境与宝塔组类似,属于深水陆棚相沉积,其中发育体管细小、气室较大擅长深水游泳的头足类。五峰组属于奥陶纪最大海平面上升阶段的凝缩段沉积,页岩段是较典型深水盆地的笔石页岩沉积;顶部观音桥段代表了高海平面阶段的沉积,属于深水浊流事件沉积(肖传桃等,1996;2006;高振中,2008)。

(2)扬子板块的古地理特征。

奥陶纪的海侵范围较大,随着早奥陶世海侵的开始,海水不断向西部的康滇古陆超覆,造成扬子区内部岩相变化显著。下、中奥陶统在扬子区分布很广,说明水区早、中奥陶世时海侵广泛。除康滇古陆、东面的江南古岛和北面的淮阳古陆外,皆受过海侵,普遍有海相沉积,但沉积物从西至东表现了规律性的相变:在板块西部康滇古陆以东的川西、滇东一带为滨岸相带,沉积了具潮汐层理的砂岩、页岩、钙质页岩,向古陆一侧碎屑增多、粒度变粗。由此向东,陆源碎屑逐渐减少,代之以碳酸盐沉积占主导,在黔北、川南一带以碳酸盐为主夹砂泥质的开放台地相带。再向东至鄂西一带(扬子北缘和东南缘)以碳酸盐沉积为主,夹泥质,生物碎屑、内碎屑、鲕粒等十分发育,形成台地边缘浅滩环境。进一步向东至下扬子区全部为碳酸盐沉积。这说明当时地形西高东低,海水西浅东深,康滇古陆为碎屑物供给来源。

晚奥陶世时期,由于海平面的上升,局部地区早期发育了受同生断裂控制的滞流盆地庙坡组沉积,其同时异相沉积物是大田坝组碳酸盐岩沉积(视频2-6-17),之后由于海平面进一步上升,形成了深水相宝塔组的收缩纹灰岩(视频2-6-18)和临湘组的瘤状灰岩沉积(视频2-6-19)。最新研究认为,由于海平面在五峰组沉积时期的最大上升,形成了典型的笔石页相凝缩段沉积,而且五峰组页岩段和观音桥段均为深海事件沉积,该时期扬子地区属于深水小洋盆(肖传桃等,1996;2006;高振中,2008),该观点有别于传统的浅海滞留盆地的观点。

视频2-6-17 野外微课:
大田坝组

视频2-6-18 野外微课:
宝塔组

视频2-6-19 野外微课:
临湘组

2. 扬子板块大陆边缘的古地理特征

在扬子板块东南大陆边缘,古地理格局呈北东—南西向带状分布,西部为湘桂次深海,东部为浙皖次深海。前者以湘中地区为代表,奥陶系是一套深灰至灰黑色含碳质、硅质的笔石页岩,厚度600m,代表一种非补偿滞流还原环境。后者以浙西为代表,早、中奥陶世也为滞流环境的笔石页岩相,晚奥陶世沉积了一套巨厚的浅水浊积岩,厚度逾千米。

早奥陶世时期华南裂谷盆地古地理格局与寒武纪相似,也由闽粤浅海相和赣粤桂次深海相两个大相带控制,但由于寒武纪末郁南运动影响,云开地区和粤东地区上升成陆,沿着两个古陆的周缘有规律地出现滨海、陆棚次级环境分布。中奥陶世以后,华南盆地加速萎缩,晚奥陶世为厚度较大的浊积岩充填,到奥陶纪末,整个华南区主体成陆,仅在钦防残余海槽继续沉积。

在扬子板块北部大陆边缘,其古地理格局与寒武纪相似,南秦岭裂谷盆地安康一带为洞河群的变质细碎屑岩和火山岩。裂谷以北的秦岭微板块(如淅川等地)仍以浅水碳酸盐岩为主,裂谷以南的镇坪—岚皋等地为斜坡相的泥质碳酸盐岩沉积。

在扬子板块西缘,早、中奥陶世是被动大陆边缘砂泥质浊积岩沉积,滇南金平地区晚奥陶世转化为浅海碳酸盐台地。

(二)华北地区奥陶纪地层和古地理特征

华北板块的奥陶系以碳酸盐沉积为主,下、中奥陶统发育齐全,岩相稳定;上奥陶统发育不全,仅在少数地区有分布。

1. 华北板块奥陶系和古地理

在板块内部,主要发育下奥陶统,中、上奥陶统大部缺失。河北唐山地区下奥陶统发育完整,化石丰富,研究程度高,是华北型奥陶系标准剖面。该剖面包括冶里组、亮甲山组、下马家沟组和上马家沟组。

华北地台下奥陶统广泛分布,并与下伏寒武系普遍连续沉积。早奥陶世早期华北陆表海逐步咸化,故下奥陶统下部以白云岩沉积为主,化石稀少,仅地台北部冶里组沉积期海水正常,形成含有丰富头足类化石的冶里组灰岩(图2-6-5)。后期华北海水恢复正常,陆表海扩大加深,形成马家沟灰岩对冶里亮甲山白云岩的超覆,化石丰富,头足类最多。中晚奥陶世华北地台区上升、海退,大部地区形成大陆,遭受剥蚀。中上奥陶统在华北地台上普遍缺失,仅在地台西缘见有中奥陶统发育。华北地台区下奥陶统的标准剖面在河北省唐山地区。

(1)唐山地区的奥陶系剖面。

上覆地层:中石炭统。

-------------------------------- 平行不整合 --------------------------------

中奥陶统:

上马家沟组:厚层状豹皮灰岩、灰岩,夹白云质灰岩。产阿门角石(*Armenoceras*)、灰角石(*Stereplasmoceras*)。

300m

下马家沟组:浅灰色中薄层状泥灰岩、白云质灰岩、豹皮灰岩,底部有角砾状灰岩。产古等称虫(*Eoisotelus*)、五顶角石(*Wutinoceras*)、多泡角石(*Polydesmia*) 250m

下奥陶统:

亮甲山组:上部厚层状燧石白云岩,不含化石,下部浅灰色豹皮灰岩、泥质灰岩和薄层灰岩。产朝鲜角石(*Coreanoceras*)、蛇卷螺(*Ophileta*)、满洲角石(*Manchuroceras*)。 160m

冶里组:灰色薄层泥质条带状灰岩夹竹叶状灰岩和黄绿色页岩。产网格笔石(*Dictyonema*)、均分笔石(*Dichograptus*)、小栉虫(*Asaphellus*)。 100m

下伏地层:寒武系芙蓉统。

冶里组与寒武系之间为连续沉积,岩性为厚层灰岩夹竹叶状灰岩及页岩,含有三叶虫、腕足类和树形笔石等底栖型生物,砾屑灰岩中的灰岩砾石表面无氧化圈,说明环境为潮下浅海,没有暴露出水面。时代属早奥陶世早期,大致相当英国的特马豆克阶。亮甲山组下部为石灰岩,含底栖的腕足类、腹足类、古杯和海绵等,仍为正常浅海环境,向上逐渐变为白云岩,且化石稀少,代表潮上蒸发环境。主要化石有 *Manchuroceras*(满洲角石)、*Coreanoceras*(朝鲜角石)、*Ophileta*(蛇卷螺)及古杯海绵等,其中大部见于扬子区红花园组中,大致相当阿仑尼格阶。上、下马家沟组都是由石灰岩、灰质白云岩、白云岩组成,上马家沟组局部出现膏溶角砾岩,均代表浅海—潮上环境。马家沟组下部为含 *Eoisotelus*(古等称虫)化石的薄层泥质灰岩;中上部主要为厚层纯质豹皮灰岩,以含珠角石类鹦鹉螺化石(如 *Armenoceras*)为特征,相当于兰维恩阶。

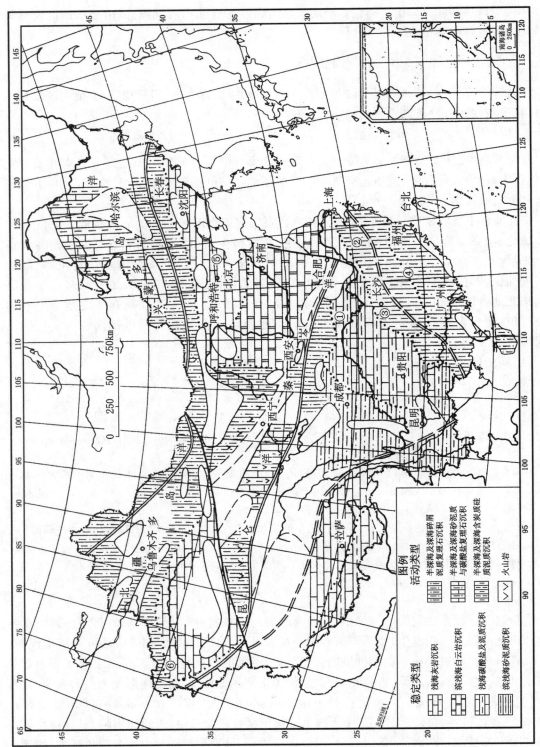

图 2-6-6 中国早奥陶世古地理图 (据刘本培等，1996)

图例

稳定类型

- 浅海灰岩沉积
- 滨浅海白云岩沉积
- 浅海碳酸盐及泥质沉积
- 滨浅海砂泥质沉积

活动类型

- 半深海及深海碎屑泥质复理石沉积
- 半深海及深海砂泥质与碳酸盐复理石沉积
- 半深海及深海含炭质硅质泥质沉积
- 火山岩

（2）华北板块的古地理特征。

华北地区奥陶系分布和寒武系基本相似，但更广泛，说明当时海侵的扩大，除西面的阿拉善古陆、东面的胶辽古陆和南面的淮阳古陆外，皆为海水所淹没，这是本区地史上海侵最大的时期。

早奥陶世冶里期华北板块以德州—石家庄—保德一线为界，华北地台区南缘的淮南、豫西等地寒武纪末期上升成陆（图2-6-6），早奥陶世早期仍处于古陆剥蚀状态，缺失冶里、亮甲山地层。淮南、豫西以北，德州—石家庄以南的地台南部地区，冶里期地壳缓慢上升，海水逐渐变浅、气候炎热干燥，海盆普遍咸化，沉积物以中厚层状的白云岩为主，化石稀少。南部环境主要是潮间—潮上蒸发环境，地层沉积厚度从北向南减薄，说明此时华北区地势北低南高。北部以正常浅海环境为主，多形成正常石灰岩沉积，水体动荡时形成竹叶状灰岩；海水平静时则形成薄层灰岩和黄绿色页岩，石灰岩和页岩中含丰富的海生无脊椎动物化石。亮甲山期华北地区南部继续抬升成陆上剥蚀区，而且由南而北的上升运动影响到北部地区，致使华北陆表海全部咸化。而代表潮间—潮上蒸发环境的白云岩向北迁移，在晋南和鲁西北一带形成膏盐沉积。因此华北地台区的下奥陶统下部以白云岩沉积为主，局部出现燧石白云岩，生物化石极为稀少。

中奥陶世华北地台区再次大规模整体下降，海侵范围扩大，下马家沟组向南、向西北方向超覆。明显超覆在淮南—豫西上寒武统凤山组白云岩之上，形成华北地台区寒武纪以来最大规模的海侵。当时，只有地台区北缘阿拉善地区、胶辽地区东部、淮南南部尚有零星古陆残存。早奥陶世晚期华北陆表海普遍较深，温暖正常的浅海中笔石动物、头足动物中的鹦鹉螺类和三叶虫等浅海生物大量繁盛，马家沟灰岩中保存了丰富的化石。

晚奥陶世早期华北地台整体上升，普遍海退，仅在太行山南段和辽东、鲁中、苏皖等地区残留小片咸化海水，沉积了华北中奥陶统下部的峰峰组和与之相当的阁庄组、八陡组。下部阁庄组以白云质灰岩、白云岩为主，厚数十米至百米左右；上部八陡组，主要为黑色厚层灰岩，厚数十米至百米以上，含头足类等化石。阁庄组可能为咸化海沉积，在晋东南等地的相当地层中具食盐及石膏假晶。八陡组分布更为局限，可能为正常浅海相沉积。晚奥陶世后期，华北地台区全部上升成陆。仅在西南缘的陕西铜川耀州区及宁夏固原一带有沉积，是一套含底栖珊瑚、腕足类、三叶虫、腹足类和海百合等正常浅海碳酸盐沉积，称背锅山组。华北古陆地形低平，缓慢上升，长期处于风化剥蚀状态，在奥陶系顶部形成古喀斯特、古风化壳和古侵蚀面，这一状态一直持续到中石炭世早期，才重新下降接受沉积，形成华北地台区广泛存在而又时间长久的沉积间断。

2. 华北板块大陆边缘的古地理特征

奥陶纪华北板块南部大陆边缘是活动型大陆边缘，发育了丹凤群岛弧型和二朗坪群边缘海型蛇绿岩。与此相对应，板块北缘从白乃庙至西拉木伦河一带见有早古生代的蛇绿岩套，代表奥陶纪古亚洲洋向南的俯冲消减带。南北两侧洋壳同时横向的俯冲作用与华北板块晚奥陶世整体抬升关系密切。

（三）其他地区奥陶纪的古地理特征

1. 塔里木板块

塔里木板块奥陶系以西北缘柯坪地区发育最好，厚数百米至千米左右。下—中奥陶统

（丘里塔格群）主要为石灰岩、泥灰岩和白云岩，含瓦氏长颈角石等化石；上奥陶统萨尔干塔格组黑色碳质页岩含 *Nemagraptus*（丝笔石）等化石（其底部应包括下奥陶统顶部地层）。坎岭组—其浪组主要为泥灰岩及石灰岩，上部含 *Sinoceras chinensis*（中华震旦角石）等；印干组为黑色粉砂岩、页岩及泥灰岩，产 *Dicellograptus*（叉笔石）等化石。柯坪地区奥陶系和扬子区类似，属板块内部稳定浅海沉积。板块北部边缘的西准噶尔地区奥陶纪属古亚洲洋，发育富含泥质的碎屑岩与火山碎屑岩。而在板块西南边缘也见有含中基性火山岩和石灰岩的砂泥质复理石沉积及蛇绿岩，反映昆仑洋向塔里木板块的俯冲作用。

2. 古亚洲洋

塔里木—华北地台以北的天山—内蒙古—兴安区是古亚洲洋（图 2 - 6 - 6），奥陶纪古亚洲洋主体转换到额尔齐斯河—居延海—西拉木伦河一带，此时洋壳板块向南北两侧的陆壳板块下俯冲，在大洋北部由于板块的俯冲，在新疆北部、内蒙古及东北地区构成西伯利亚板块南部复杂大陆边缘。如在新疆阿尔泰地区奥陶系是一套砂质板岩、火山岩、火山碎屑岩及碳酸盐，厚达数千米。中天山和南天山下奥陶统主要是海相砂、页岩。上奥陶统下部主要是碳酸盐岩，上部又以碎屑岩为主。总厚一两千米以上，含笔石、三叶虫、头足类及珊瑚等化石。北天山（及东、西准噶尔）、北山东部以及东北北部的大、小兴安岭地区奥陶系为巨厚（数千米）的火山—碎屑岩—石灰岩，属优地槽型沉积。

3. 古特提斯洋

奥陶纪在滇西保山、潞西地区为稳定浅海碎屑泥质夹碳酸盐沉积，中奥陶世有直角石类与珠角石类混生，晚奥陶世特殊的海林檎动物群，与扬子区有一定差异。在越南北部马江一带已发现早古生代蛇绿岩和蓝片岩，证明沿金沙江—红河—马江一线奥陶纪有一定规模的洋盆。

喜马拉雅地区奥陶系主要是稳定浅海的石灰岩沉积，厚 800 多米，称甲村群，含头足类、腕足类和三叶虫化石，但出现直角石类和珠角石类混生现象。甲村群之上还有厚 70m 的棕色页岩（红山组），与上覆下志留统整合接触，未见化石，其时代可能属上奥陶统。雅鲁藏布江以北冈底斯—念青唐古拉区，奥陶系仅见于察隅古琴及申扎一带，为滨浅海相碎屑岩及石灰岩，厚两三百米，产腕足类、头足类及三叶虫化石。

三、志留纪地层和古地理特征

在奥陶纪中后期，华北地区整体上升为陆，直到中石炭世初才下降接受沉积，因此缺失整个志留纪地层。中国的志留系除华北地区外，其他地区几乎均有分布，其中以中国南部发育较好。地层分区情况和寒武、奥陶系基本一致。志留纪处于加里东构造阶段的晚期，是构造运动相对活跃的时期，处于挤压构造体制之下，此时的古构造格局与古地理面貌发生了明显变化。板块内部稳定地区因受边缘造山运动的影响，沉积和古地理格局显著改变；板块之间碰撞拼合，如华北板块与柴达木地块，扬子板块与华夏板块等。

（一）华南地区志留纪的古地理特征

由于受加里东构造运动影响，志留纪是华南裂谷盆地萎缩、消亡的时期。扬子板块志留纪早期海域仅限于北部，晚期海退，海水仅残存于川滇及钦州防城残余海盆，其他地区均抬升成陆。由于地形高差加大，沉积物以碎屑物为主，海域不断退缩，陆地不断扩大，因此志留系上部层位常常缺失，志留纪后期华夏板块与扬子板块对接拼合形成统一的华南板块。

1.扬子板块的志留系和古地理

志留纪时扬子地区的西南部滇黔地区大部分上升成陆,与西部康滇古陆连为一体,向东与江南古陆彼此相通。上述古陆把北部扬子海盆与东南海槽隔开。扬子地区的志留系只在北部普遍发育,岩相、厚度在区域上有较大变化。湖北宜昌志留系发育较好,研究详细,是中国志留系对比的标准剖面。该区志留系包括兰多维列统龙马溪组、罗惹坪组和兰多维列统—温洛克统纱帽组。

（1）湖北宜昌志留系剖面。

上覆地层:中泥盆统。

------------------------------ 平行不整合 ------------------------------

温洛克统:

纱帽组:灰绿色砂岩和页岩互层。产王冠虫(*Coronocephalus*)、始石燕(*Eospirifer*)。 　　　500~600m

兰多维列统:

罗惹坪组:黄绿色砂页岩夹灰岩。产五房贝(*Pentamerus*)、始石燕(*Eospirifer*)。 　　　175m

龙马溪组:黑绿色页岩。产赛氏单笔石(*Monograptus sedgwiekii*)、耙笔石(*Rastrites*)、雕刻雕笔石(*Glyptograptus persculptus*)。 　　　750m

下伏地层:上奥陶统。

由于受晚奥陶世海退的影响,在扬子区奥陶系与志留系之间普遍形成一个不整合界面,但在宜昌地区龙马溪组与五峰组之间为连续沉积。龙马溪组下部100m厚的黑色页岩和硅质页岩内,包含了五个笔石化石带,笔石呈聚集式保存,属典型的笔石页岩相,代表滞流的浅海盆地(视频2-6-20)。上部黄绿色砂质页岩厚度较大,但只含三个笔石带,笔石分散保存。根据岩性变粗、颜色变浅及笔石的保存情况等,推测上部为弱还原环境,反映沉积速率加快,逐渐转化为补偿盆地(视频2-6-21)。罗惹坪组黄绿色砂页岩夹灰岩透镜体,产有大量的珊瑚、腕足类、三叶虫等底栖生物化石,代表正常浅海环境(视频2-6-22、视频2-6-23)。纱帽组是一套滨海相碎屑岩堆积。纱帽组自下而上砂岩含量增加,粒度变粗,交错层理发育,化石稀少,代表周围碎屑物质供应充分的超补偿海盆。罗德洛世后期,宜昌地区升出海面遭受剥蚀,与上覆中泥盆统云台观组石英砂岩呈平行不整合接触。

视频2-6-20　野外微课:
龙马溪组下部

视频2-6-21　野外微课:
龙马溪组中上部—波痕

视频2-6-22　野外微课:
罗惹坪组下部

视频2-6-23　野外微课:
罗惹坪组中部

（2）云南曲靖上志留统地层剖面。

上覆地层：下泥盆统。

普里道利—罗德洛统：

玉龙寺组：灰黑色钙质页岩夹薄层泥灰岩。含三叶虫和腕足类、头足类动物化石。 230m

妙高组：灰色、灰绿色页岩、钙质页岩夹灰色瘤状灰岩。产丁氏郝韦尔贝（*Howellella tingi*）和其他腕足类、头足类和牙形石等化石，数量丰富。 944m

关底组：褐红色、灰绿色泥页岩、钙质页岩为主，中下部夹薄层泥灰岩，上部夹砂岩、粉砂岩。产蜂巢珊瑚（*Favosites*）、侯氏珊瑚（*Holmophyllum*）。 609m

-- 平行不整合 --

下伏地层：寒武系第三统。

滇东志留系总厚一千多米。关底组为紫红色粉砂岩、粉砂质页岩夹黄绿色页岩、钙质页岩为主（图2-6-7），和川黔一带的回星哨组（上红层）大致相当，含头足类、腕足类、珊瑚、牙形石以及三叶虫化石，为滨、浅海相沉积。妙高组以瘤状灰岩为主，间夹黄绿色页岩、粉砂岩，含丰富的壳相化石，属志留纪晚期，为正常浅海相沉积。上覆玉龙寺组，其时代尚有不同的看法，生物群具有志留—泥盆过渡性质，可能应属泥盆系最底部。玉龙寺组以上的泥盆纪地层含鱼类化石，已属陆相淡水沉积，反映出志留纪末、泥盆纪初，由海至陆的逐步变迁过程。

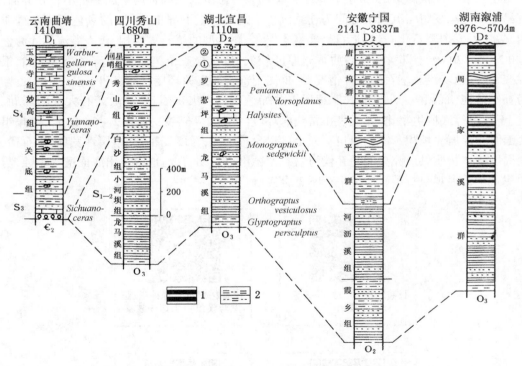

图2-6-7 中国东部志留系柱状对比图（转引自刘本培等,1996）

1—黑色页岩;2—粉砂岩及泥页岩;①—石屋子组;②—纱帽组

滇黔一带,兰多维列世大部处于古陆剥蚀区;温洛克世开始海侵;普里道利—罗德洛世扬子区大部已处于古陆状态时,滇东、可能还有黔西南一带仍然下降接受沉积,直至泥盆世初才逐步上升为陆。

（3）扬子板块的古地理特征。

奥陶纪末期至志留纪初期，由于东南华夏古陆上升向西扩大，江南古陆上升向南扩大，华南海域大大缩小，志留系发育区的范围也相应缩小。赣南、粤北一带上升较早，志留系全部缺失。赣南、粤北古陆向北可能与江南古陆的南延部分连成一体，把华南海域一分为二：西部是湘粤桂海盆，东部是皖浙海盆。湘粤桂地区的志留系全为笔石碎屑岩相，砂岩和页岩互层，形成厚度巨大的复理石层，除笔石外，很少见其他门类化石，反映一种海水深、高差大、构造活动性强的沉积环境。桂西南钦州、防城一带的志留系发育较全，可代华南裂谷盆地沉积。

志留纪扬子区龙马溪期由深水盆地演变为大陆斜坡环境，此时沉积范围限于扬子北部，扬子区南部是大范围的古陆。兰多维列世早期，龙马溪早期的古地理环境与五峰期相似，发育深水黑色页岩沉积，其中含大量微粒硫化铁和丰富的笔石化石，是典型的深水笔石页岩相。从龙马溪晚期开始，扬子区由大陆斜坡演变为陆棚浅海环境，反映了海平面进一步下降。兰多维列世后期，上扬子海盆逐渐填积，海水变浅，出现比较正常的浅海环境，底栖生物丰富，形成罗惹坪组黄绿色砂页岩和石灰岩夹层，含大量腕足、珊瑚和三叶虫等动物化石。在黔东北至川南一带，兰多维列世沉积与宜昌地区相似，但在相当于罗惹坪组下部的地层内碳酸盐沉积发育，各种生物十分繁盛，由四射珊瑚和床板珊瑚组成小型点礁，在贵州石阡一带称雷家屯组。

温洛克世，上扬子海盆继续变浅，海域也有退缩趋势，周围古陆剥蚀区保持了较大的地形高差，因此沉积区粗碎屑成分明显增加，形成温洛克世纱帽组的砂岩、页岩互层沉积。温洛克世末期，海水基本上退出上扬子地区，但地势仍然相对低凹。在黔东北至川南一带，温洛克统为秀山组和回星哨组，秀山组为正常浅海陆棚相，回星哨组是一套紫红色、灰绿色砂岩、粉砂岩及页岩，含有腹足类、双壳类和鱼类等化石，代表滨海相沉积。由此可见，至温洛克世晚期，扬子板块内部受扬子板块与华夏板块拼接的影响，主体环境逐渐上升而成为陆上剥蚀区。

向东南至江西修水流域，志留系发育完整，兰多维列统为笔石页岩相，代表深水盆地沉积。温洛克统为正常浅海相，罗德洛统为陆相。再向东至下扬子区，情况与修水地区相似。兰多维列世，海盆可能仍然较深，形成暗色笔石页岩相（高家边组）；温洛克世海水恢复正常，形成正常滨浅海砂泥岩相（坟头组）；罗德洛世海水大部分退出下扬子地区、局部地区发育含鱼化石紫红色陆相碎屑岩沉积物（茅山组）。皖南、江苏一带的志留系可以代表下扬子地区志留系发育的一般情况。

在扬子板块西缘的滇东一带，从寒武纪芙蓉世隆升成陆后直到志留纪温洛克世晚期才开始接受沉积。关底组以泥灰岩及页岩为主，含 *Sichunoceras*。其上妙高组岩性由黄绿、灰绿色页岩及瘤状泥灰岩、石灰岩所组成。再上为黑色页岩夹薄层瘤状泥灰岩组成的玉龙寺组，含腕足类、三叶虫和牙形石化石，与上覆下泥盆统地层整合接触，由此可见，罗德洛世—普里道利世滇东地区为扬子板块的沉降中心。华南地区晚志留世仅滇东和钦防地区有沉积，长江下游有过渡相沉积外，其他地区均上升成陆（图 2－6－8）。

扬子地区的志留系岩相的横向变化比较复杂，总的趋势是碎屑物质由北向南数量增加，粒度变粗，厚度减小，从贵州遵义往南逐渐尖灭。上述事实表明，志留纪时，江南古陆，尤其是滇黔古陆是上扬子海盆的主要沉积物供应区，海盆地势南高北低，沉积区与剥蚀区地形复杂，高差较大，这种古地理环境明显受广西运动的影响。普里道利世，上扬子海盆全部升起，形成大陆剥蚀区，因此上扬子地台区普遍缺失普里道利统。直到中泥盆世，川鄂地区才又下降接受沉积，形成中上志留统与中泥盆统的平行不整合接触关系。

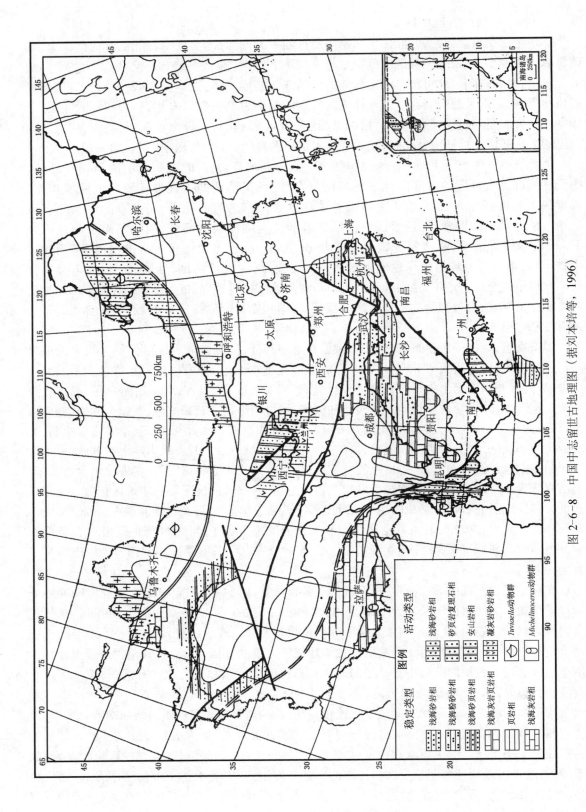

图 2-6-8 中国中志留世古地理图（据刘本培等，1996）

2. 扬子板块大陆边缘的古地理特征

在扬子板块东部大陆边缘,其志留系仅有下统,在湘中一带称周家溪群,主要为泥砂质类复理石沉积,厚度巨大。温洛克世以后江南区未接受沉积,较板块内部更早结束了沉积作用。

自中奥陶世起华南裂谷盆地萎缩加剧,变为残余盆地,到志留纪仅在钦防地区残留海水,其他地区已上升成陆。钦防地区志留系发育齐全,兰多维列统为含丰富笔石的页岩,温洛克统为泥质粉砂岩、页岩,罗德洛—普里道利统为泥质粉砂岩夹砂岩、页岩,属深水海槽复理石沉积组合,代表原特提斯洋的分支海。钦防海槽未受加里东运动影响。

综上所述,志留纪时,地壳运动强烈,隆起区上升显著,凹陷区为大量泥砂所堆积。后期发生剧烈而广泛的广西运动;使得除皖浙区外的大部分地区下古生界发生褶皱、变质、并上升为褶皱山系,至此就结束了早古生代的地质历史。

在扬子板块北部大陆边缘,南秦岭地区兰多维列世与奥陶纪相似,南秦岭裂谷盆地的安康、随州一带具玄武岩,兰多维列世晚期以后为笔石页岩相,厚度巨大,与泥盆系是平行不整合接触。裂谷盆地以北秦岭微板块仅见兰多维列—温洛克世复理石沉积,罗德洛—普里道利世地层缺失,反映受加里东晚期北秦岭造山运动的影响。西秦岭迭部地区,兰多维列—温洛克统以碎屑岩为主,内含笔石,罗德洛统为碎屑岩夹碳酸盐类,含珊瑚、腕足类及牙形石等化石。

扬子板块西缘构造环境比较复杂,活动性较强。在金沙江地区,志留系代表逐渐收缩变浅的裂陷海槽沉积特点,义敦地区为一套夹基性火山岩的较深水沉积,滇西墨江的志留系、泥盆系为深水连续沉积。

（二）华北板块及其大陆边缘志留纪古地理特征

在志留纪时期,华北板块主体仍为古陆剥蚀区,缺失志留系沉积,但大陆边缘地区志留系相当发育。

1. 华北板块的志留系和古地理特征

板块内部志留纪地层仅发现于板块西南宁夏同心地区,只有温洛克—罗德洛统。温洛克统照花井组,主要由石灰岩、泥灰岩构成,含大量造礁生物,厚仅100m左右,属稳定浅海沉积。罗德洛统旱峡群,为紫红色砂砾岩,厚度500m,代表西侧造山带山前的前陆盆地沉积。此外,在河南固始下石炭统灰岩砾石中还发现了志留纪珊瑚化石,表明此地应有志留系沉积。

2. 华北板块大陆边缘志留纪古地理特征

华北板块北缘的内蒙古地区,兰多维列统为中酸性火山岩夹砂泥质沉积,温洛克—罗德洛统为砂泥质复理石沉积,志留纪末属磨拉石建造。磨拉石建造与下伏地层间具明显的角度不整合,说明本区发生强烈的加里东运动,形成板块北缘的早古生代褶皱带。向东至西拉木伦河及吉林中部,仍然具有活动大陆边缘的性质。

华北板块南部的北秦岭地区没有志留系的记录,推测受加里东运动的影响已形成古陆或山地。西南部祁连山地区志留纪的研究程度较高,兰多维列统(小石户沟组和肮脏沟组)不整合于奥陶系之上,以杂色砂质页岩、粉砂岩、砂岩夹黑色页岩为主,厚3600m以上,含笔石化石,属笔石页岩相,部分地区发育中基性火山岩及火山碎屑岩。温洛克统(泉脑沟山组)为砂页岩夹石灰岩,含珊瑚、腕足类等化石,属壳相,厚千米以上。罗德洛统(旱峡群)为千米以上的杂色碎屑岩系。祁连山志留系三分性明显,复理石式韵律发育,属地槽型沉积。在东部中宁、中卫一带仅见有温洛克—罗德洛统,而且厚度很薄仅80m,二者厚度虽相差很大,但岩性基本能对比。志留纪末,北祁连山出于强烈的褶皱运动(祁连运动)而全部上升褶皱成山,同时伴随有岩浆的侵入和变质作用。泥盆系底部砾岩以明显的角度不整合覆于志留系之上。北祁连海槽在志留纪仍然为强烈坳陷区,沉积厚度达7000m,主要是砂泥质碎屑沉积,火山活动微弱,反映北祁连小洋盆逐渐抬升填满的过程。中祁连在志留纪一直为隆起带。南祁连海槽兰多维列—温洛克世仍处于张裂、下陷阶段,有海底火山活动和巨厚含火山碎屑和硅质的泥砂质沉积。温洛克世—罗德洛世海槽缩小,沉积了巨厚的硬砂岩。志留纪末,由于柴达木板块与华北板块的碰撞、挤压,南、北祁连海槽相继形成褶皱带,从而使柴达木板块和华北板块拼合成一个大陆。

(三)其他地区志留纪的古地理特征

1. 塔里木板块

塔里木板块的志留系主要分布于盆地的西缘和北缘,与扬子板块关系密切。柯坪地区的兰多维列统为含笔石及三叶虫的杂色碎屑岩,温洛克—罗德洛统为含中华棘鱼的紫红色砂岩和泥岩。塔里木北缘南天山一带志留纪厚度巨大,为中性火山碎屑岩、火山岩及沉积岩,代表活动的古构造环境。

2. 古亚洲洋

志留纪古亚洲洋北部的准噶尔—兴安地区各段活动性不同,西准噶尔兰多维列世的复理石、类复理石是洋壳大规模俯冲后残余盆地的产物。东准噶尔罗德洛世含 *Tuvaella*(图瓦贝)的紫色石灰岩,钙质砾岩、中酸性火山角砾岩等不整合于奥陶纪—志留纪温洛克世蛇绿岩套之上。再向东至兴安岭地区,志留纪海域范围与奥陶纪相似,均具有一定活动性。天山—西拉木伦洋志留纪仍然为大洋环境,其向华北板块俯冲形成沟—弧—盆体系。

在东准噶尔、内蒙古东北部、大兴安岭中段和小兴安岭北部等地均发现 *Tuvaella*(图瓦贝)动物群,该动物群分布在西伯利亚南部及蒙古西部的图瓦盆地,说明志留纪这些地区同属西伯利亚板块南缘。

3. 古特提斯洋

滇西保山地区志留纪主要为浅海泥质和碳酸盐沉积,为古特提斯洋中稳定的小型地块。藏南珠峰地区的志留系发育完整,兰多维列统为灰黄色石英岩,温洛克统是灰色页岩,含笔石 *Strepteratus*、*Orthograptus*。罗德洛统为灰色含泥质条带灰岩,内产丰富的头足类、牙形石,总厚度不足100m。向北至申札地区,石灰岩增多,厚度达250m。两地均属板块内部的稳定浅海沉积。在上述地区的角石类以 *Michelinoceras* 最为常见,与扬子区明显不同,证明当时冈瓦纳板块与扬子板块间有特提斯洋阻隔。

第三节　早古生代的古构造

一、全球古构造格局

在早古生代时期,全球范围内一些巨大稳定的地台区已经出现,这是自8亿~10亿年以来元古宙超大陆分裂、解体的结果。早古生代时一些活动的大洋区发展成褶皱带,反映地壳构造演化的一个巨大阶段,即早古生代(或称加里东)构造旋回。这个阶段的地史特征与前寒武纪有着显著的不同,表现在构造运动、古地理、沉积特征以及生物界等各个方面。

在元古宙末期,全球范围内出现了几个巨大的稳定地区(大陆板块的核心部分),即位于南半球的冈瓦纳(包括南美洲、非洲、印度、澳大利亚、南极洲),以及北半球的北美、俄罗斯、西伯利亚、哈萨克斯坦、华北和华南等古大陆板块。冈瓦纳大陆为规模较大的板块,北美、俄罗斯、西伯利亚及哈萨克斯坦板块关系相近,但各自独立发展,彼此间有古大洋相隔。俄罗斯与北美板块之间是古大西洋,俄罗斯与哈萨克斯坦—西伯利亚之间为古乌拉尔洋,西伯利亚与华北板块之间是古亚洲洋等。中国主要的一些板块、微板块正是处于上述两大板块群之间,一般称之为泛华夏陆块群,它们散布于原特提斯洋之中。

二、中国及邻区古构造格局

在该时期,泛华夏陆块群由华北、扬子、华夏、塔里木等几个分离的板块和微板块(如柴达木、羌塘、秦岭等)组成。准噶尔属哈萨克斯坦板块的一部分。青藏高原的保山、冈底斯、拉萨等微板块为冈瓦纳板块的一部分。华北板块、秦岭微板块与扬子板块间为古秦岭洋,扬子与华夏板块间为古华南洋,华北、塔里木板块以南。扬子板块西南的大洋是原特提斯洋主要分支。华北板块以北的新疆北部与内蒙古大部及东北地区为古亚洲洋。

秦岭地区早古生代处于复杂的构造格局下,大致沿北秦岭的信阳—丹凤—武山一线发育北秦岭古洋盆和活动大陆边缘,其标志为陕西商南—丹凤一带的蛇绿岩套及丹凤群的岛弧火山岩、二郎坪群的弧后火山岩等。南秦岭沿随县—安康—略阳一线为南秦岭裂谷盆地或初始洋盆,其标志为该带发育的早古生代的碱性火山岩、中基性火山岩(如随县的古城畈群、兰家畈群、陕南的洞河群、白水江群等)。上述两线之间为秦岭微板块,微板块内部下古生界以稳定的滨浅海沉积为主。志留纪时,由于秦岭微板块与华北板块的碰撞使北秦岭洋闭合,并形成北秦岭加里东造山带,南秦岭洋虽有所萎缩但终未闭合。

在柴达木微板块与华北板块西南缘之间为古祁连洋,元古宙后期,祁连山南北坡都张裂下陷成海槽。早古生代海槽中发育深海含放射虫硅质岩、中基性火山岩及砂泥质复理石。志留纪后期,由于柴达木板块与华北板块的碰撞、挤压,北祁连海槽相继闭合形成造山带,从而使柴达木板块和华北板块拼合成一个大陆。

在华南地区,扬子板块与华夏板块之间的古南华洋位于绍兴—江山—萍乡—南宁一线以南地区,为元古宙俯冲、消减残留的残余盆地,早古生代早期又有所分离形成华南裂谷,寒武纪—奥陶纪盆地内部以深水硅质岩、碳泥质岩、砂泥质浊积岩为主,奥陶纪后期该盆地逐渐闭合。并在该线以西形成志留纪的复理石沉积,志留纪后期复理石盆地也最终闭合形成南华造山带,仅广西钦州—防城一带形成残余海槽、扬子板块以西,由于早古生代地层出露较少,研究也较差。昌都—思茅、义敦、松潘—甘孜等地可能仍未与扬子板块分离,保山微板块为冈瓦纳板块的一部分。冈底斯—喜马拉雅地区早古生代以稳定的浅海沉积为主,也属冈瓦纳板块的一部分。原特提斯洋大致位于羌塘微板块和冈瓦纳板块之间,大致在班公湖—澜沧江一线。

在古中国北方地区,古亚洲洋以艾比湖—居延海—西拉木伦河地缝合线为代表,内蒙古中部的温都尔庙群蛇绿岩套代表典型的洋壳。南侧为华北板块和塔里木板块北部大陆边缘,北侧为西伯利亚板块南部边缘,准噶尔是其间哈萨克斯坦板块的一部分。奥陶纪古亚洲洋主体转换到额尔齐斯河—居延海—西拉木伦河一带,此时洋壳板块向南北两侧的陆壳板块下俯冲,在新疆北部、内蒙古及东北地区构成西伯利亚板块南部复杂大陆边缘。志留纪天山—西拉木伦洋仍然为大洋环境,其向华北板块俯冲形成活动大陆边缘。东准噶尔、内蒙古东北部、大兴安岭中段和小兴安岭北部等地均发现西伯利亚生物大区的 *Tuvaella* 动物群,说明志留纪这些地区仍属西伯利亚板块南缘。

早古生代时期华夏陆块群各板块和微板块主要分布在赤道—南半球中低纬度地区,各块体之间的排列、方向不同,并为规模不同的洋盆或裂谷盆地所分隔。早古生代后期,受加里东运动的影响,柴达木微板块、秦岭微板块与华北板块拼合使之范围扩大,华夏板块和扬子板块对接碰撞形成更大规模的华南板块。塔里木板块一直处于南、北纬低纬度地区附近。

第四节　早古生代的沉积矿产

早古生代时期,在我国形成了富的矿产资源,主要包括页岩气、沉积型金属矿产和非金属矿产等。

一、页岩气

上扬子地台早古生代发育两套厚度大、分布范围广、有机质含量高的页岩沉积,即寒武系牛蹄塘组页岩和奥陶系—志留系五峰组与龙马溪组页岩,且页岩的有机质丰度、类型、成熟度、页岩气类型和有机质转化率等相关参数与美国 Barnett 页岩类似或更有利。近年来在涪陵和长宁相继发现大型页岩气田,该地区未来在页岩气领域有望有更大的突破。

二、沉积型金属矿产

早古生代地层中有很多含矿层位。温暖潮湿气候条件下形成的沉积矿产:铁、锰、铝、磷等,在早古生代有广泛分布。如中亚地区寒武纪的磷、铁、锰、铝等矿产,西欧的锰矿,北美志留纪的铁矿,我国寒武纪纽芬兰世的磷矿,川滇一带早奥陶世后期的鲕状赤铁矿(宁南式铁矿),浙西寒武纪纽芬兰世的铁矿,祁连山寒武—奥陶纪的大型铁矿(镜铁山式铁矿)等。

三、沉积型非金属矿产

中国南方早古生代发育了一系列黑色岩系,如寒武系纽芬兰统、上奥陶统五峰组及志留系龙马溪组。寒武纪纽芬兰世早期的黑色岩系由黑色页岩、碳质页岩、碳硅质页岩、结核状磷块岩、粉砂质页岩等组成,厚度变化大,20~950m,但层位稳定,分布在浙江、安徽、江西、湖南、广西、湖北、贵州、四川、陕西等地。在这套黑色岩系内蕴藏着丰富的石煤、钒、磷、钡、多金属稀有元素富集层等矿产资源。

华南寒武系底部普遍含磷,以滇东、川中、黔西的浅海区成矿条件好,形成磷块岩大型矿床。河北邯郸式铁矿产于马家沟组富铁的碳酸盐岩地层中,山西等地马家沟组中富含石膏。华南、华北地区广泛分布的奥陶系碳酸盐岩可作为水泥、石灰、熔剂和建筑业的原材料等。

四、其他矿产

此外,山东及湖南等地芙蓉世含三叶虫灰岩可加工成精美的化石工艺品——燕子石雕,宝塔组含头足类的瘤状灰岩可用作工艺石材。长江三峡一带寒武纪第三世—芙蓉世地层经后期岩溶作用形成风景独特的旅游资源。

我国南方寒武系纽芬兰统底部常含石煤层,含碳量高者可作燃料,如在陕南镇坪地区寒武纪地层中发现有可采煤层。据研究,煤的形成可能和藻类繁盛有关。此外还有一些和早古生代岩浆活动有关的内生金属矿产。

复习思考题

1. 早古生代是如何划分的和命名的?
2. 从生物史、沉积史和构造史的角度来分析,早古生代的主要特征有哪些?
3. 简述寒武纪生命大爆发的依据。
4. 简述澄江动物群(包括出现的时代、有哪些生物、意义等)。
5. 简述寒武纪三叶虫的演化趋势。
6. 扬子板块寒武纪古地理有些特点?
7. 简述滇东寒武系地层剖面特征。
8. 华北板块寒武纪古地理特征有哪些?
9. 简述山东张夏寒武系地层剖面特征。
10. 简述扬子和华北板块奥陶纪古地理特征。
11. 简述宜昌黄花场奥陶系地层剖面特征。
12. 简述扬子和华夏板块志留纪古地理特征。
13. 早古生代的矿产资源有哪些?

拓 展 阅 读

陈均远,侯先光,等.1989.早寒武世带网状鳞片的蠕形海生动物.古生物学报,28(1):1-26.

陈旭,戎嘉余,等.1993.中国奥陶纪生物地层学研究的新进展.地层学杂志,17(2):89-99.

刘本培,全秋琦.1996.地史学教程.北京:地质出版社.

杜远生,童金南.2009.古生物地史学概论.武汉:中国地质大学出版社.

张文堂.1987.澄江动物群及其中的三叶虫.古生物学报,26(3):223-235.

Wicander R,Monroe J S.2000.Historical Geology.3rd ed.Pacific Grove(CA):Brooks/Cole.

第七章
晚古生代地史

晚古生代为加里东运动之后地史发展的一个新阶段,其时限为距今419.2—252.2Ma,延续时间约为167Ma,包括泥盆纪(Devonian)(419.2—358.9Ma)、石炭纪(Carboniferous)(358.9—298.9Ma)和二叠纪(Permian)(298.9—252.2Ma),按照国际上2016年的划分方案,泥盆纪分为早、中、晚泥盆世,石炭纪分为早、晚石炭世,二叠纪分为早、中、晚二叠世。

晚古生代的重要特点是全球的有机界和无机界较早古生代均有很大发展。有机界方面,海生无脊椎动物发生了重要变革,早古生代繁盛的笔石几乎灭绝,三叶虫大量减少,珊瑚、腕足类和䗴类占据重要位置;脊椎动物如鱼类、两栖类及原始爬行类逐渐征服大陆;陆生植物也开始大量繁盛,形成最早的森林。

在无机界方面,全球陆壳逐渐扩大,地形、气候和沉积环境趋于复杂。早古生代末期,由于一些褶皱的形成,稳定区扩大,一些古陆联合,形成了四大古陆:劳俄大陆、古西伯利亚大陆、古中国大陆和冈瓦纳大陆,在中国,广西运动使华夏板块与扬子板块碰撞形成了华南板块,祁连运动使柴达木、秦岭微板块与华北板块碰撞拼合,扩大了华北板块规模;晚古生代更大规模的板块运动,导致劳俄板块与西伯利亚板块、华北板块和西伯利亚板块与哈萨克斯坦板块、非洲板块与劳俄板块等的缝合,诸多古大洋消失;到晚古生代末期、各大陆汇聚而成的一巨型大陆块体——联合古大陆(Pangaea)基本形成,在中国,古亚洲洋闭合,华北—塔里木与西伯利亚—哈萨克斯坦拼合。沿昆仑、秦岭一线为界,出现南海北陆的局面;晚古生代沉积型多样化,除海相地层广泛发育外,陆相和海陆交互相地层也较发育;沉积矿产类型繁多,尤其是晚古生代植物的繁盛导致森林的形成,为油气和煤等矿产的形成创造了条件。

第一节　晚古生代的生物面貌

晚古生代生物界是海生无脊椎动物、脊椎动物、陆生植物并行发展的时代,这是和多种多样的地理环境分不开的,特别是陆地逐步扩大和生态环境变化,促使了动、植物成功征服了大陆。主要表现在:(1)脊椎动物相继发生重要进化并逐渐征服大陆;(2)陆生植物逐渐繁盛,反映了陆地的古地理景观;(3)海生无脊椎动物丰富多彩,生物类别发生重大改观(图2-7-1)。

一、海生无脊椎动物的演化

在海生无脊椎动物方面,晚古生代与早古生代显著不同。早古生代繁盛的笔石几乎完全绝灭,三叶虫、鹦鹉螺类大量减少,珊瑚、腕足类、䗴类和头足类占据重要位置,牙形石也十分重要。此外,苔藓虫、层孔虫、双壳类、腹足类等也较常见,晚古生代末,发生了重要的生物绝灭事件。

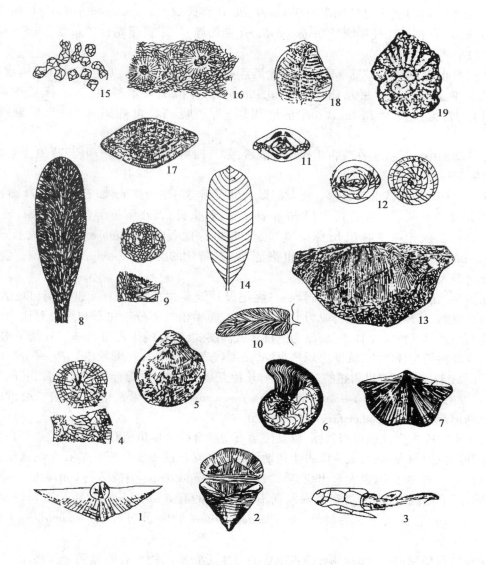

图2-7-1 晚古生代化石图(转引自全秋琦、王治平,1993)

1—*Euryspirifer*(阔石燕,D_1);2—*Culceola sandalina*(草履拖鞋珊瑚,D_{1-2});3—*Bothrolepis*(沟鳞鱼,D_{2-3});4—*Disphyllum*(分珊瑚,D),5—*Stringocephalus*(鸮头贝,D_3),6—*Manticoceras*(尖棱菊石,D_3);7—*Cyrtospirifer*(弓石燕,D_3);8—*Glossopteris*(舌羊齿,C_3—T_1);9—*Cystophrentis*(泡沫内沟珊瑚,C_1);10—*Neuropteris giganta*(大脉羊齿,C_2);11—*Fusulinella*(小纺锤蟆,C_2);12—*Pseudoschwagerina*(假希瓦格蟆,C_2);13—*Gigantoproductus*(大长身贝,C_1);14—*Gigantopteris*(大羽羊齿,P_2);15—*Hayasakaia*(早坂珊瑚,P_1);16—*Wentzellophyllum*(拟文采尔珊瑚,P_1);17—*Neoschwagerina*(新希瓦格蟆,P_1);18—*Leptodus*(蕉叶贝,P_2);19—*Pseudotirolites*(假提罗菊石,P_2)

珊瑚在晚古生代极度繁盛,其中的四射珊瑚种类繁多,构造复杂,出现了三次发展高潮。泥盆纪是四射珊瑚发展的第一个高潮期,以双带型、泡沫型珊瑚为主,特别是中泥盆世晚期和晚泥盆世早期更为繁盛,常形成珊瑚礁,主要代表有 *Disphyllum*(分珊瑚)、*Phillipsastraea*(费氏星珊瑚)、*Calceola*(拖鞋珊瑚)等。

石炭纪珊瑚分化为各种复杂的类型,早石炭世四射珊瑚的繁盛达到顶点,常形成珊瑚礁,三带型珊瑚大量出现,常见的珊瑚有 *Yuanophyllum*(袁氏珊瑚)、*Kueichouphyllum*(贵州珊瑚)、*Thysanophyllum*(拟泡沫柱珊瑚)、*Dibunophyllum*(棚珊瑚)。床板珊瑚也较重要,如 *Syringopora*(笛管珊瑚)等。

早二叠世珊瑚再度繁盛,形成古生代最后一次造礁期,主要以复体三带型构成礁体,常见的有 *Wentzelella*(文采尔珊瑚)、*Wentzellophyllum*(拟文采尔珊瑚)等。床板珊瑚仍占重要地位,常见代表为 *Hayasakaia*(早坂珊瑚)等。晚二叠世四射珊瑚、床板珊瑚急剧衰退。

腔肠动物中的层孔虫在晚古生代也较繁盛,常与四射珊瑚、床板珊瑚、苔藓虫等生物一起形成生物礁。

腕足类在晚古生代非常繁盛。泥盆纪以大量石燕类出现为特征,如 *Euryspirifer*(阔石燕)、*Cyrtospirifer*(弓石燕)等,穿孔贝类(*Stringocephalus*,鹗头贝)及小嘴贝类(*Yunnanella*,云南贝)也很发育。石炭纪—二叠纪长身贝类兴起,重要的化石如 *Gigantoproductus*(大长身贝)、*Dictyoclostus*(网格长身贝)等。晚二叠世腕足类出现特化的类型(*Leptodus*,蕉叶贝),是二叠纪后期腕足类大量衰减的征兆。

原生生物门中的有孔虫目在石炭—二叠纪极其繁盛,尤其是早石炭世晚期出现的鿪类,在晚石炭世到二叠纪迅速发展,成为上石炭统和二叠系很好的分带化石和地层对比的主要依据。晚石炭世早期鿪类个体小,旋壁为三层式或四层式,重要的代表如 *Fusulina*(纺锤鿪)。晚石炭世晚期鿪类个体增大,旋壁出现蜂巢层,主要代表如 *Triticites*(麦粒鿪)、*Pseudoschwagerina*(假希瓦格鿪)。早二叠世为鿪类的全盛期,其特点是个体大,拟旋脊和列孔发育,有的出现副隔壁,重要的化石代表如 *Misellina*(米氏鿪)、*Neoschwagerina*(新希瓦格鿪)。晚二叠世鿪类出现衰减和形态特化,如 *Codonofusiella*(喇叭鿪)。

头足类在晚古生代也相当繁盛,以具棱菊石型缝合线的棱角菊石最为重要,由于广泛的地理分布和层位上的准确性,成为晚古生代地层划分和对比的重要依据。菊石在泥盆纪初期已有化石代表。中、晚泥盆世大量出现,重要代表有:*Manticoceras*(尖棱菊石)、*Wocklumeria*(乌克曼菊石)。石炭纪的棱菊石类在我国发现不多,常见的有 *Gastrioceras*(腹棱菊石)。二叠纪以棱菊石类和齿菊石类共生为特征,如 *Pseudoholorites*(假海乐菊石)、*Pseudotirolites*(假提罗菊石)。

受板块运动和古纬度的影响,晚古生代的海生无脊椎动物具有明显的分区现象。在赤道附近是古特提斯区,代表低纬度热带、亚热带气候,与欧美—华夏植物区一致,包括我国大部分地区及北美东部、西欧、哈萨克斯坦等地。古特提斯区暖水生物群发育,常见珊瑚类、腕足类、层孔虫及苔藓虫、海绵类生物形成的生物礁。在我国新疆北部、东北北部和北亚地区,生物群面貌截然不同,泥盆纪发育小型单体珊瑚,二叠纪见 *Spiriferella*(小石燕)、*Monodiexodina*(单通道鿪)和乌拉尔菊石等,代表北方大区温凉气候条件的生物群,称之为北方生物大区。我国滇西、藏南和印度、澳大利亚、非洲、南美等地,缺乏造礁生物,发育小型单体珊瑚,如 *Lytvolasma*(厚壁珊瑚)、厚壳双壳类,如 *Eurydesma*(宽铰蛤),代表南方生物大区的冷水型生物群,称之为南方生物大区。

二叠纪末期的生物集群绝灭事件,是显生宙最为严重的一次生物绝灭。据统计有一半以上的科、77%~96%的种消失,古生代的三叶虫、鿪、四射珊瑚、床板珊瑚、棱角菊石类,部分腕足类和苔藓虫等生物绝灭。

二、脊椎动物的发展演化

脊椎动物以鱼类和两栖类的发展最为特征。泥盆纪鱼类特别繁盛,故泥盆纪也称为"鱼类时代"。尤其是淡水鱼大量出现,它们生活于内陆河流、湖泊或河口地区,体现了动物界征服大陆的进化过程。鱼类化石的大量出现是从早泥盆世开始的,早泥盆世鱼类为无颌类(甲胄鱼类)和原始的有颌类(盾皮鱼类),属低等鱼形动物。中、晚泥盆世除甲胄鱼和盾皮鱼外,出现了软骨鱼类(鲨鱼)和高等硬骨鱼类(硬鳞鱼类、肺鱼和总鳍鱼类),这些鱼类上下颌发生明显分化,如 *Bothrolepis*(沟鳞鱼)。

晚泥盆世时期,脊椎动物继续向陆地过渡,表现在鱼类开始向两栖类演化,种类繁多的鱼类中有一类总鳍鱼类,具有强大的肉鳍,能用肉鳍在泥滩上"爬行",并能用鳃和肺进行呼吸。一般认为,总鳍鱼可能是两栖类的祖先。泥盆纪末,甲胄鱼类绝灭,大部分盾皮鱼类也绝灭,高等鱼类(软骨鱼和硬骨鱼类)继续发展,并开始出现了原始的两栖类,如格陵兰东部上泥盆统顶部发现的长约1m的鱼石螈,为原始两栖类的代表。

石炭纪—二叠纪是两栖类发展的时代,这与当时森林沼泽广布的地理环境密切相关。两栖类在石炭纪时得到蓬勃发展,并占据统治地位,多生活于河湖、沼泽近水地带,可以始螈为代表。石炭纪晚期,原始爬行类(产于北美的林蜥)的出现,代表动物界进一步摆脱了对水体的依赖,可以向陆上广阔的生态领域进军。至二叠纪,爬行类有了进一步的发展,类型更加多样,其重要性也显著增加。世界上已知最早的属于爬行类的"羊膜卵"化石发现于下二叠统,这是脊椎动物进化史上又一重大事件。爬行类把卵产在陆地上,而不像它的祖先两栖类那样世世代代都必须返回水中产卵,从而完全摆脱对水体的依赖。发现于北美的异龙类和遍布世界各大洲的二齿兽类,另外还有适应水中生活的中龙等,这些生物因演化迅速、分布广泛,常成为二叠纪陆相地层中的重要化石及大陆漂移的重要证据。

三、陆生植物的繁盛与地理分异

晚古生代开始,生物开启了征服大陆的历程,这种现象不仅表现在动物界,也表现在植物界。同时,孢子植物得到了极大的发展。

晚志留世在滨海沼泽繁盛的陆生裸蕨类,早—中泥盆世得到了进一步发展,主要代表为 *Zosterophyllum*(工蕨)。早泥盆纪晚期—中泥盆世,开始出现具有根、茎、叶的分化的原始的石松类、节蕨类和真蕨类。晚泥盆世裸蕨类绝灭,节蕨类、石松类、真蕨类得以发展,原始裸子植物也开始出现,乔木植物占优势,并出现小规模森林。表明植物适应陆地环境的能力增加,标志着植物界演化史上的一次重大飞跃。

进入石炭纪,陆生植物进一步繁荣,地球上首次出现大规模森林,主要代表有石松、节蕨、真蕨、种子蕨和科达类等。晚石炭世,陆生植物的属种数量及所占空间领域均有重要发展,成为全球第一个重要成煤期。而且受古地理和古气候分异的影响,开始呈现明显的植物地理分区(图2-7-2)。近赤道的低纬度区为热带植物区,主要包括中国大部、日本、印尼的苏门答腊、中亚、欧洲及北美东部,其特征是木本多于草本,高大的石松、节蕨和科达类大量繁盛,树高林密,枝叶繁茂,形成热带森林景观,其中鳞木可高达30~40m,直径达2m,但树干不显年轮。北欧、北亚、西伯利亚及我国新疆准噶尔盆地及东北北部,称安加拉植物区(通古斯植物区),以草本较小的真蕨和种子蕨为主,木本植物具明显年轮,代表北温带气候,其代表有匙叶等。南方(热带区以南的广大地区)包括南非、南美、印度、澳洲及南极洲为冈瓦纳植物区(舌羊齿植物区),发育着以舌羊齿为代表的舌羊齿植物群,我国藏南地区已有发现,其特征是植物种类单调,反映了南半球中高纬度区较寒冷的气候。

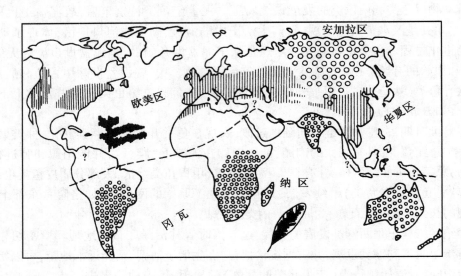

图2-7-2 石炭纪—二叠纪世界古植物分区图(转引自刘本培,全秋琦,1996)

在二叠纪时期,陆生植物的演化可分为明显的两个阶段。早—中二叠世与石炭纪植物面貌相似,但热带植物区分为两个植物区,即华夏植物区与欧美植物区。前者主要包括东亚、东南亚,又可分为北方亚区和南方亚区,以大羽羊齿和单网羊齿大量发育为特征,后者主要指欧洲和北美东部,完全不见大羽羊齿植物群的踪迹。植物区的分异反映了二叠纪古地理和古气候的复杂化。晚二叠世,裸子植物占主导地位,松、柏和苏铁类十分繁盛,接近中生代植物群面貌,显示出植物又出现一次重大变革,预示着中生代的来临。

第二节 晚古生代地层和古地理特征

在晚古生代时期,华南地区泥盆系、石炭系与二叠系发育齐全,而华北地区缺失泥盆系和下石炭统。该时期,中国古大陆的古地理格局较早古生代有重大改观。在中国北方,加里东后期的祁连运动,使得柴达木板块、秦岭微板块与华北板块对接碰撞,联合成为统一的华北大陆,自中奥陶世开始的隆升一直持续到早石炭世,晚石炭世才开始接受沉积。在中国南方,晚加里东期的广西运动,扬子板块和华夏板块的碰撞,形成了基本统一的华南大陆。泥盆纪之后,持续而有节奏的海侵使华南海域逐渐扩大,至二叠纪覆盖了华南绝大部分地区。扬子板块周缘的金沙江、南秦岭洋也陆续形成、使华南及邻区的古地理格局更加复杂。除华北、华南之外,其他板块和微板块仍处于独立的发展状态。

一、泥盆纪的地层和古地理

泥盆纪为晚古生代第一个时期,其古地理面貌仍受加里东构造运动的影响,与早古生代后期的挤压隆升不同,中国大部分地区(尤其是华南及邻区)处于伸展的构造体制下。中国主要的板块华北—柴达木和华南板块相隔不远且又独立发展。华南陆内裂陷槽、金沙江和南秦岭裂谷盆地相继形成，导致了华南板块及邻区复杂的古地理格局。分隔华北、塔里木和西伯利亚板块的古亚洲洋仍为一广阔的多岛洋。冈瓦纳板块与扬子板块及羌塘地块之间，泥盆纪很可能形成了古特提斯多岛洋。早古生代以库地蛇绿岩套为代表的古昆仑洋已经闭合。华北主体仍为剥蚀的古陆，中国的泥盆系根据其分布和沉积类型可分南、中、北三大部分，南部华南泥盆系位于昆仑—秦岭一线以南，出露完整，化石丰富，沉积类型多样；北部包括北天山、东西准噶尔、阿尔泰山、甘肃北山、内蒙古和东北北部广大地区，岩性主要为陆源碎屑沉积，伴随大量火山岩；中部塔里木—华北地台区，仅在边缘零星出露红色建造为主的沉积外，主体仍为剥蚀的古陆。

(一)华南板块泥盆纪地层和古地理特征

加里东运动之后，东南加里东造山带隆升，扬子板块主体上升为陆。因此，在泥盆纪初期，除桂东南钦(州)防(城)地区存在残余海槽和滇东一带见到陆相泥盆系与志留系连续过渡外，华南其他地区均为遭受剥蚀的古陆或山地。从早泥盆世开始，华南地区自西南滇黔桂逐渐向北东方向发生海侵。早泥盆世晚期开始，海盆中出现浅水碳酸盐台地(象州型)和条带状较深水硅、泥和泥灰质台槽(南丹型)的岩相及生物相分异；到中泥盆世，海侵达到中扬子地区的川东、鄂西、湘西北一带，形成中、上泥盆统的海陆交互相及滨浅海相沉积。下扬子地区仅见上泥盆统，总体以陆相沉积为主，但也发现海泛层。因此，华南泥盆系自西南向东北沉积类型有三种：西南海相、川鄂、湘赣海陆交互相、东南陆相。

1. 华南南部海相泥盆系

华南南部海相泥盆系出露齐全，类型复杂，是研究程度高的地区，以两种类型的沉积为主，分别是浅水相(象州型)和深水相(南丹型)。

浅水相(象州型)泥盆系在桂中地区发育最好，一直作为我国泥盆系的对比标准。该剖面分布在广西横县六景和象州大乐一带，包括下泥盆统莲花山组、那高岭组、郁江组和四排组，中泥盆统应堂组和东岗岭组，上泥盆统谷闭组和融县组，具体剖面如下(图2-7-3中②)：

上覆地层：下石炭统岩关阶。

——————————————间　　断——————————————

上泥盆统：

融县组：灰白色厚层到块状生物和生物屑灰岩、藻屑灰岩、白云质灰岩和白云岩。含腕足类 *Tenticospirifer*、*Yunnanella* 及牙形类 *Palmatolepis* 等。　　　　　　　　　　　　　　　300～850m

谷闭组：深灰至灰色中到薄层扁豆状灰岩、含硅质条带和团块泥晶灰岩及泥质条带灰岩，含珊瑚 *Temnophyllum* 和 *Manticoceras* 等。　　　　　　　　　　　　　　　　　　　　　76～97m

中泥盆统：

东岗岭组：上部深灰色薄层灰岩、硅质条带灰岩和硅质岩；中部灰色中厚层灰岩泥灰岩夹灰绿色薄层泥质页岩或二者互层；下部灰绿色薄层页岩夹灰色中薄层灰岩、泥质灰岩；内含腕足 *Stringocephalus*，珊瑚 *Hexagonaria*、*Temnophyllum* 和牙形类 *Palmatolepis disparilis* 等。　　　　　　　　129～907m

应堂组：上部灰绿色页岩夹泥灰岩；中部灰色中厚层泥灰岩、泥质灰岩夹厚层、硅质条带灰岩；下部灰绿色页岩夹灰色薄层灰岩或两者互层；内含大量生物化石，如腕足类 *Xenospinfer fongi*、*Indospirifer extensus*、珊瑚 *Caloeola* 及牙形类等。　　　　　　　　　　　　　　　　　　　150～436m

下泥盆统：

四排组：灰色中厚层到厚层状生物及生物屑灰岩、白云质灰岩、白云岩，内夹碎屑灰岩，内含珊瑚、层孔虫、腕足类化石，产牙形类 *Polygnathus costatus*、*Po. serotinus* 等。 40~920m

郁江组：上都深灰色中薄层硅质条带灰质白云岩、生物屑灰岩泥灰岩及白云岩；中部灰绿到灰黄色泥质页岩、粉砂岩夹灰色泥晶灰岩、泥灰岩，或二者互层；下部灰到灰绿色粉砂岩、粉砂质泥岩和泥岩，中央灰绿色细砂岩；内含腕足类 *Eurysprifer tonkinensis* 及珊瑚、三叶虫 *Phacops* 等。 200~1000m

那高岭组：上部灰绿色泥岩、粉砂岩、粉砂质泥岩；中部深灰色中厚层灰岩、泥灰岩和泥岩互层；下部灰绿到黄绿色细砂岩、粉砂岩、粉砂质泥岩及泥岩；内产腕足类 *Orientospirifer wangi*、*Howella*，及少量珊瑚类、双壳类化石。 100~1300m

莲花山组：上部紫红色泥质粉砂岩、粉砂质泥岩，夹疙瘩状含泥灰岩和含砂灰质白云岩，含鱼类 *YunnanoLepis*、双壳类和介形类化石；下部紫红色灰白色砂岩、粉砂岩，交错层理发育，底部为1m左右的砂砾岩，含鱼类化石及腕足类 *Lingula*、介形虫 *Leperditia* 等。 320~1000m

～～～～～～～～～～～～～角度不整合～～～～～～～～～～～～～

下伏地层：中寒武统浅变质岩。

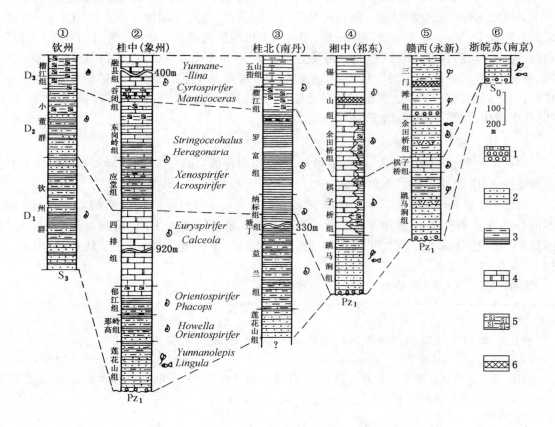

图 2-7-3 华南地区泥盆系柱状对比图（转引自刘本培、全秋琦，1996）

1—砾岩、砂砾岩；2—砂岩；3—粉砂岩、泥（页）岩；4—石灰岩、白云岩；5—硅质岩；6—赤铁矿

　　莲花山组与下伏中寒武统呈角度不整合接触，代表了早古生代后期的加里东运动。莲花山组反映干热气候条件下的河湖及滨岸沉积。那高岭组下部的海相碎屑代表了本区泥盆纪海侵的开始，中部的碳酸盐岩反映了海侵的进一步扩大，上部的碎屑岩反映出海平面的持续稳定

乃至海退。郁江组总体为碳酸盐岩,碎屑岩向上减少、粒度变细,反映了海平面上升过程中形成的海侵特征。四排组代表厚层碳酸盐台地沉积。从莲花山组至四排组总体代表一次明显的海平面升降旋回。

中泥盆统应堂组泥质沉积又趋增多,以滨浅海页岩、泥灰岩、泥质灰岩为主,表现为海侵的特征。东岗岭组下部由浅海相薄层泥灰岩、页岩向上变为台地相厚到巨厚层的生物碎屑灰岩,代表又一次明显的海平面升降旋回。东岗岭组上部由下向上为薄层灰岩到石灰岩夹硅质岩,代表一次新的海侵沉积。

上泥盆统谷闭组为碳酸盐台地沉积,表明海平面持续稳定至海退。因此东岗岭组上部到谷闭组代表第四次明显的海平面升降旋回。融县组总体为一明显海退过程,但下部以含生物灰岩为主,底具角砾灰岩,中部泥晶到粉晶灰岩,上部以白云质灰岩、白云岩为主,代表泥盆纪最后一次明显的海平面升降旋回。

桂中地区的"象州型"地层以台地碳酸盐为主。其沉积厚度巨大,常达数千米之巨。生物丰度高,分异性强,生物量巨大,尤其以腕足类、珊瑚、层孔虫、苔藓虫大量繁盛为特色,并有双壳类、腹足类、头足类、三叶虫、棘皮类、厚壳竹节石、介形虫、藻类等多门类化石。以层孔虫、复体四射珊瑚和层孔虫为主筑积而成的生物礁广泛分布,反映了"象州型"沉积形成于清洁浅水、动荡富氧的条件下。

深水相(南丹型)发育在滇黔桂地区,罗富剖面是桂西北泥盆系的标准剖面,呈北北东或北西向的条带分布,其发育明显受同沉积断裂控制,包括下泥盆统莲花山组、益兰组和塘丁组,中泥盆统纳标组和罗富组,上泥盆统响水洞组和代化组,具体剖面如下(图2-7-3中③):

上覆地层:下石炭统。

---平行不整合---

上泥盆统:

代化组:灰色灰岩及泥灰岩,含燧石结核。

响水洞组:灰黑色、黑色薄层硅质层及燧石结核。

中泥盆统:

罗富组:灰黑色泥岩与泥灰岩互层。

纳标组:黑色碳质泥岩。

下泥盆统:

塘丁组:浅灰色及黑色泥岩,碳质页岩。

益兰组:上部为暗绿色泥岩夹粉砂岩,下部为灰白色中层粉砂质泥岩及石英粉砂岩。

莲花山组:灰白色中层石英砂岩。

~~~~~~~~~~~~~~~~~~~~~~~~~~~~~~~~~角度不整合~~~~~~~~~~~~~~~~~~~~~~~~~~~~~~~~~

下伏地层:中寒武统浅变质岩。

罗富剖面下泥盆统莲花山组和益兰组以碎屑为主,内有腕足、珊瑚等浅水底栖生物,说明此时沉积分异还不明显。下统上部塘丁组为暗色泥岩,内仅有竹节石等浮游生物,说明同沉积断裂开始活动,沉积分异形成。中、上泥盆统均以黑色泥岩、泥灰岩和硅质岩为特色,内有菊石、竹节石及无眼的三叶虫化石。因此,所谓"南丹型"是一套暗色的含浮游生物的薄层泥岩、泥灰岩、泥晶灰岩和硅质岩,代表较深水、滞流缺氧的微型裂陷槽(台内断槽)环境,为加里东期后残余海槽所在(图2-7-4)。

华南南部海区泥盆纪的古地理演化总体以海侵超覆为特征,早泥盆世地层分布不广,仅在

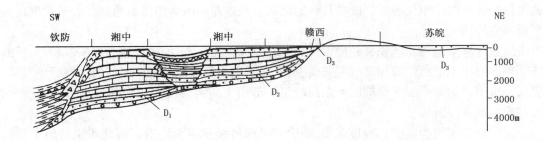

图 2 - 7 - 4　华南泥盆纪沉积剖面示意图

滇东和钦防海槽见到与上志留统连续沉积。早泥盆世中晚期,海侵进一步扩展,尤其在北东方向最为明显。早泥盆世后期海侵可达湘南一带。湘南地区下泥盆统已出现陆相和滨岸的沉积。中、晚泥盆世后期海侵范围更趋广泛(图 2 - 7 - 5)。中泥盆世由桂中向东北方向的海侵可达湘中及湘赣交界一带。湘中地区(图 2 - 7 - 3 中④)中泥盆统下部跳马涧组以河湖到滨岸碎屑相为主,内有植物和鱼类化石碎片。中统上部棋子桥组和上统余田桥组以滨浅海碳酸盐岩为主,内有大量腕足类、珊瑚、层孔虫、棘皮类、软体类化石。上统上部锡矿山组下部为石灰岩、泥灰岩及泥质岩,含著名的"宁乡式"鲕状赤铁矿。上部以砂岩、粉砂岩为主,反映泥盆纪末期因海退形成的进积特征。与黔桂相似,湘中地区也同样存在着台间海槽沉积,但规模较前者小,主要形成于棋子桥期和余田桥期。湘赣边境附近(图 2 - 7 - 3 中⑤)中、上泥盆统以碎屑岩沉积为主,内夹石灰岩、泥质灰岩及泥灰岩。生物既有海相生物腕足类、棘皮类、珊瑚等,也有陆生的植物和鱼类,反映海陆交互相的特征。上泥盆统上部的鲕状赤铁矿是华南泥盆纪重要的铁矿层。在南华海盆地东缘闽中一带,上泥盆统南靖群为厚达 2000m 的砾岩、角砾岩、砂岩等粗碎屑沉积,代表陆相活动类型沉积,可能和东南山地的抬升有关,为山前断陷盆地的磨拉石沉积。

2. 川东、鄂西及湘西北地区海陆交互相泥盆系

中扬子区的川东、鄂西及湘西北地区于中—晚泥盆世遭受海侵,发育中泥盆统上部到上泥盆统。中统云台观组为河流到滨海相的纯石英砂岩,含植物及鱼类化石,不整合在下古生界之上(视频 2 - 7 - 1)。上统下部黄家磴组为细砂岩、粉砂岩夹泥岩和泥灰岩,内有腕足 *Cyrtospirifer*(弓石燕)及植物化石碎片(视频 2 - 7 - 2);上部写经寺组下部以碳酸盐岩为主,夹鲕状赤铁矿、鲕绿泥石和菱铁矿,含腕足 *Yunnanella*(云南贝)、*Yunnanellina*(小云南贝)等,上部砂页岩以植物化石为主。总体川鄂浅海区中晚泥盆世以海陆交互沉积为主,晚泥盆世可能和华南海区及秦岭海槽均有连通。

视频2-7-1　野外微课:
云台观组

视频2-7-2　野外微课:
黄家磴组

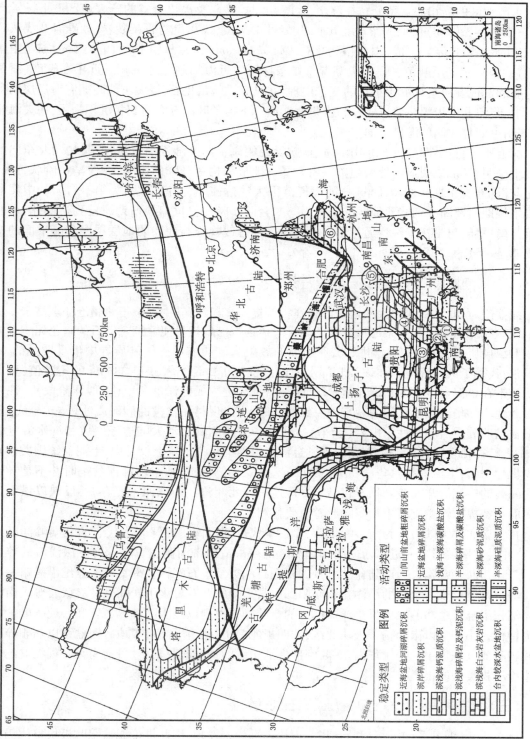

图2-7-5　中国晚泥盆世古地理图（转引自刘本培、全秋琦，1996）

稳定类型　　　图例　　　活动类型

近海盆地河湖碎屑沉积　　　　　　　山间山前盆地粗碎屑沉积

滨岸碎屑沉积　　　　　　　　　　　近海盆地碎屑沉积

滨浅海钙质泥质沉积　　　　　　　　浅海半深海碳酸盐沉积

浅浅海碎屑岩及钙泥质沉积　　　　　半深海碎屑及碳酸盐沉积

滨浅海白云岩灰岩沉积　　　　　　　半深海砂泥质沉积

台内较深水盆地沉积　　　　　　　　半深海硅质泥质沉积

3.东南一带的陆相泥盆系

东南地区的陆相泥盆系分布在苏南、皖南、浙西、赣北及福建全省的广大地区。下扬子地区(图2-7-3中⑥)仅见上泥盆统五通组,岩性由灰白、浅灰色的石英砂岩、砂砾岩及浅灰到黄灰色的粉砂岩、泥岩组成,内有植物化石 *Lepidophloeum*(斜方薄皮木)和鱼类 *Sinolepis*(中华棘鱼)、*Asterolepis*(星鳞鱼)等,代表潮湿气候条件下的近海河湖盆地沉积。近年在皖南、浙西等地陆续发现五通组具滨岸沉积的交错层理,并见有小腕足化石,说明可能晚期有海泛层的存在。中、晚泥盆世川鄂浅海进一步与南华海连通。下扬子区以近海河湖相沉积为主,中夹海相层,表明可能与北侧的海槽连通。

综上所述,自早泥盆世开始由滇东、钦防等处的海水向大陆逐渐侵进,尤其是向北东向的海侵十分明显,形成明显的地层超覆。由于受古地形和构造升降的影响,海侵呈台阶状特征。早泥盆世(布拉格期—埃姆斯早期)的海侵范围大致达桂北、湘南一线,为第一台阶。中泥盆世吉维特期遍及湘中到赣西地区的海侵为第二台阶。晚泥盆世弗拉斯期海侵到达湘北,可能淹没江南古陆,与中扬子区连通为第三台阶。这种海侵规程与前述的地层层序和海平面的变化规律是一致的。

(二)华南板块边缘泥盆纪古地理特征

泥盆纪时期,华南西部大陆边缘已存在古特提斯多岛洋,其主支位于北澜沧江至昌宁—孟连一线。在保山地块和思茅地块之间的昌宁—孟连带已发现早泥盆世含笔石的暗色泥质页岩和放射虫硅质岩,中—晚泥盆世则出现连续的放射虫硅质岩序列。硅质岩中出现明显的 Ce 负异常,代表了大洋环境。在该带北部永德铜厂发现了蛇绿岩并获得 385Ma 的年龄值,可以说明该带在早泥盆世进入初始洋盆阶段,晚泥盆世已进入成熟洋盆阶段(大西洋阶段)。往东在思茅地块和华南板块之间的哀牢山—红河一线,也出现早泥盆世的砂泥质浊积岩(墨江)和中泥盆世的硅质岩和基性火山岩(金平)。代表华南西侧的被动大陆边缘斜坡和深水海盆沉积,是古特提斯多岛洋的一个东侧分支。金沙江以西的昌都地块上仅见中、上泥盆统碳酸盐岩夹少量碎屑岩,上泥盆统具华南特有的 *Yunnannella* 动物群,反映金沙江泥盆纪时并不是导致生物隔离的广阔海洋。该动物群在昌宁—孟连一线北澜沧江线以西不复存在,反映以该线为代表的古特提斯洋主支对生物阻隔起着重要作用。

在华南北部大陆边缘为南秦岭地区,早古生代末期以南丹蛇绿岩为代表的北秦岭洋已经闭合,并沿北秦岭形成一近东西向的加里东造山带。造山带南侧发育半深海—深浅海的碎屑岩、泥质岩和碳酸盐岩,为前陆盆地背景的复理石和类复理石沉积。南秦岭泥盆纪沿勉略—巴山弧一带开裂形成一个新的小洋盆。略阳到康县一带发育双峰火山岩和碱性玄武岩等火山碎屑岩沉积组合。勉略—巴山弧小洋盆以北的秦岭微板块则以浅水陆棚碎屑岩和台地碳酸盐沉积为特色。小洋盆以南的扬子板块北缘,如四川龙门山、陕南下高川等地区泥盆系以陆棚碎屑岩和碳酸盐沉积为主。至于华南东部、南部大陆边缘的情况研究较少,目前尚无发现泥盆纪大陆边缘沉积类型的报道。

(三)华北板块及其大陆边缘泥盆纪古地理特征

迄今为止,泥盆系的沉积记录在华北板块内部尚未发现,因此推论泥盆纪时板块整体仍处于剥蚀古陆状态。泥盆纪柴达木地块和华北板块已经碰撞相连,其间形成的祁连加里东造山带山前和山间盆地中形成粗碎屑的磨拉石沉积。祁连山北侧甘肃走廊地区,下、中泥盆统雪山群为紫红色砂砾岩,产植物 *Drepanophycus*(镰蕨)及鱼类 *Bothriolepis*(沟鳞鱼)等化石。上泥盆统沙流水群为紫红色砂砾岩、粉砂岩和泥质粉砂岩,含 *Leptophloeum rhombicum* 等植物化石。沙流水群和雪山群呈角度不整合接触,反映祁连造山带的挤压、隆升过程仍在继续进行。柴达木北缘晚泥盆世早期耗牛山组为含 *Leptophloeum rhombicum* 的紫红色砂砾岩、砂岩和中酸性火山岩及火山碎屑岩;晚期阿木尼克组为紫红色砾岩和砂砾岩,代表祁连造山带南部的活动山前盆地沉积。

在华北板块西南缘,布尔汉布达一带仅见上泥盆统,其下部为紫红色、灰绿色安山岩和流纹岩及玄武岩夹砂岩和火山角砾岩,上部为紫红色粉砂岩、砂岩及底砾岩。更南到纳赤台为碎屑、火山岩及碳酸盐沉积,代表华北—柴达木板块南缘的活动型沉积。在华北南缘北秦岭蟒岭一带,零星分布中、上泥盆统变石英砂砾岩和片岩,此为秦岭加里东造山带山间盆地沉积。

在华北板块北部大陆边缘,泥盆系以碎屑岩碳酸盐沉积为主,如内蒙古珠斯楞海尔罕地区泥盆系主要为灰褐色到灰绿色砂岩、粉砂岩夹砾岩和生物灰岩,内有拖鞋珊瑚、六方珊瑚等海相化石,代表华北北缘的被动大陆边缘沉积。

(四)其他地区泥盆纪古地理特征

1. 塔里木板块及其大陆边缘

与华北板块相似,塔里木板块主体在泥盆纪呈古陆状态,根据古地磁资料,该板块当时处于北纬15°左右位置,长轴呈南北向延伸。板块仅在四周边缘地区有海陆交互和浅海沉积(图2-7-5)。以板块西北部的柯坪塔格为例,中泥盆统为砾岩和砂板岩,上泥盆统为紫红色砂岩、粉砂岩夹砾岩。内有植物和腕足类化石,为海陆交互相沉积。在柯坪北邻的南天山地区,上泥盆统中已有发现华南型 *Cyrtospirifer-Yunnanella* 腕足动物群的报道,启示了塔里木和华南地区间存在的较密切的生物区系亲缘关系。

目前,有关塔里木板块南北大陆边缘的研究程度较低。板块北部至艾比湖—居延海对接带之间,存在复杂的洋盆和地块间列格局。南天山地区已发现晚泥盆世放射虫硅质岩、枕状熔岩和超基性岩,证明为塔里木板块和中天山地块之间的一个洋盆,向北俯冲于中天山地块之下,向南至塔里木板块间则存在一个被动大陆边缘。

2. 古亚洲洋

泥盆纪时期,新疆北部、内蒙古和兴安岭地区仍为分隔华北—塔里木和西伯利亚板块之间的古亚洲多岛洋。在艾比湖—居延海—西拉木伦主支洋盆以北,属于西伯利亚板块南部复杂大陆边缘。

在古亚洲洋西段,北疆准噶尔地区泥盆系以发育大量火山岩、火山碎屑岩为特征,也夹有碳酸盐岩和放射虫硅质岩。显示了一系列火山岛弧和小洋盆相互间列的复杂构造格局。地层中所产的海生动物群以腕足类 *Paraspirifer*,*Leptaenopyxis*,珊瑚 *Syringaxon* 和三叶虫最为常见,古生物区系上和北美、欧洲比较接近,与华南和塔里木差异明显。新疆最北部的阿尔泰地区,主要见中、下泥盆统中酸性火山熔岩、凝灰岩、变质碎屑岩及大理岩,代表西伯利亚大陆南侧的活动大陆边缘。

在古亚洲洋的东段,内蒙古和东北北部包括松辽—佳木斯地块及大小兴安岭等地区,同样存在复杂的构造古地理格局。松辽—佳木斯可能为一独立系统,南北部都存在洋盆。哪一个代表泥盆纪时古亚洲洋主支,尚有不同认识。大兴安岭一带泥盆系以硬砂岩、硅质岩和中基性火山岩为主,含 *Nalivkinella profunda*(凹陷纳里夫金珊瑚)、*Platyclymenia*(阔隐头虫)等北方分子。内蒙古东乌珠穆沁旗泥盆系发育齐全,以长石砂岩、粉砂岩、泥岩为主,内有安山质凝灰岩及碳酸盐岩夹层,也含凹陷纳里夫金珊瑚等北方型分子,与西拉木伦带以南吉东密山地区出现 *Euryspirifer grabaui* 等南华型分子形成显著差别,反映西拉木伦一线为造成生物隔离的主支洋盆。

3. 冈瓦纳板块北部大陆边缘

位于冈马错—丁青以南的冈底斯—喜马拉雅地区,为冈瓦纳板块北部大陆边缘,泥盆系以稳定的陆棚浅海沉积为主。如珠峰北坡泥盆系石英砂岩、粉砂岩和泥岩沉积,下部夹灰岩。申扎一带则以碳酸盐岩为主,中部夹石英砂岩,内有腕足类、珊瑚、牙形石化石。由此可见该区由南向北碎屑岩减少,碳酸盐岩增加,为滨岸—陆棚浅海相沉积。该区所含的 *Ovatia*(长园贝)、*Cupularestrum*(桶嘴贝)动物群与华南及昌都的 *Yunnanella* 动物群形成显著区别,因此喜马拉雅—冈底斯地区为冈瓦纳北部大陆边缘的稳定型陆棚沉积。滇西昌宁—孟连带以西的保山、腾冲地区,下泥盆统以碎屑岩为主,中—上泥盆统以碳酸盐沉积为主。海生生物群以珊瑚为例,主要为世界性的生物分子,不含华南特有的动物群,其非海相的异甲类(*Heterostraci*)和华南的多鳃类也有重大差异。同样代表冈瓦纳板块北部边缘的稳定沉积类型。

二、石炭纪的地层和古地理

石炭纪,我国的古地理面貌是泥盆纪的继续和发展,华北—柴达木板块和华南板块相互对峙,期间的秦岭海槽(小洋盆)继续存在,华北地区自奥陶纪中后期发生海退上升为陆之后,至晚石炭世时才重新下降接受沉积。华南地区早石炭世海侵范围和泥盆纪相似,晚石炭世海侵范围扩大;华北板块西缘的古特提斯多岛洋进一步扩张发展;华北、塔里木和西伯利亚板块间的古亚洲洋内部发生了重要造山运动,导致晚石炭世古地理面貌发生重大变化。晚石炭世至早二叠世极地大冰盖几乎覆盖整个冈瓦纳大陆,随着极地冰盖的增长消融变化,海平面频繁地升降,海陆变迁明显。陆地森林的首次大规模出现,成为中国地史上第一个重要成煤时期。

(一)华南板块及其大陆边缘石炭纪地层和古地理特征

华南地区石炭系分布广泛,发育齐全。早石炭世的地层分布、岩相类型和晚泥盆世相似,地势和沉积分异明显。海相沉积主要分布在滇黔桂湘地区,华夏古陆西缘的浙西—江西大部—粤东地区主要为陆源冲积。与晚泥盆世不同,下扬子地区开始出现海相沉积。晚石炭世海侵范围明显扩大,普遍发育滨浅海相碳酸盐岩地层,岩性岩相较为单一。

1. 华南板块石炭系和古地理特征

华南板块石炭纪地层保存完好,不少地方保存有与泥盆纪和二叠纪连续沉积的剖面,如桂林南边村剖面已被确定为全球界线辅助层型剖面。黔东南独山一带的石炭系发育良好,是本区石炭纪经典研究地区,石炭系厚度达两千米以上,包括下石炭统莲花山组汤粑沟组、祥摆组、旧司组、上司组、摆佐组,上石炭统为滑石板组、达拉组和马平组,具体剖面如下(图2-7-6中②):

上覆地层:下二叠统梁山组。

-------------------------------- 平行不整合 --------------------------------

上石炭统—下二叠统:

马平组:灰色、灰白色厚层纯灰岩及藻球粒灰岩,上部产蜓 *Pseudoschwagerina*、*Sphaeroschwagerina*,下部产 *Triticites* 等。

270m

上石炭统：

滑石板组—达拉组：浅灰色灰岩、白云质灰岩及白云岩，产䗴 *Fusulina*、*Pseudostaffella* 及珊瑚、腕足等。

171m

---间　　断---

下石炭统：

摆佐组：以灰色白云岩、石灰岩为主，产腕足 *Condolina*（舟形贝）及珊瑚 *Koninckophylium*（康宁珊瑚）等。

323m

上司组：深灰色灰岩夹泥灰岩、砂岩和页岩，产珊瑚 *YuanophyLlum*、*Kueichouphyllum* 及腕足类 *Gigantoproductus* 等。

314m

祥摆组—旧司组：上部石灰岩夹页岩，产珊瑚 *Thysanophyllum*；下部为灰白色石英砂岩、黑色页岩夹煤层，产植物化石和腕足类。

237m

汤粑沟组：深灰色泥质灰岩、瘤状灰岩夹黄色石英砂岩及页岩，产珊瑚 *Pseudouralinia* 和腕足 *Eochoristites*。

172m

---间　　断---

下伏地层：上泥盆统革老河组。

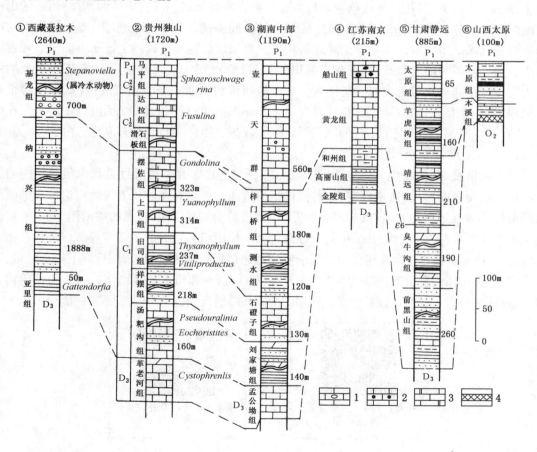

图 2-7-6　中国石炭系柱状对比图（转引自刘本培，金秋琦，1996）

1—豆状灰岩；2—鲕状灰岩；3—白云质灰岩；4—铝土矿（其他图例参见 2-7-3）

传统上将底界置于汤粑沟组之下的革老河组底部，顶界置于马平组顶部。与全球泥盆系—石炭系层型界线对比，革老河组应归属泥盆系。国际上石炭系—二叠系的分界一般置于 *Pseudoschwagerina* 带之底（位于马平组中部），因此马平组属于跨越石炭系—二叠系的穿时的岩石地层单位。

下石炭统为厚层泥晶灰岩夹砂页岩，含海相底栖生物化石，主体为滨岸—浅海陆棚沉积。汤粑沟组下部具脉状—透镜状层理，含藻球粒灰岩，为潮坪沉积环境，代表石炭纪海侵的开始。区域上旧司组分布范围大于汤粑沟组，摆佐组分布范围大于上司组，代表两次海侵超覆，与汤粑沟组一起构成了下石炭统三次较大的海侵。祥摆组为砂页岩夹煤层，为海水变浅的海退沉积，上石炭统的滑石板组、达拉组和马平组基本上由潮坪碳酸盐岩组成，为早石炭世晚期海侵的继续，汤粑沟组、祥摆组是该区所形成的第一个旋回，旧司组为页岩夹灰岩，为海水变浅的海退沉积，属滨浅海相和海陆交互相。旧司组、上司组、摆佐组、滑石板组、达拉组和马平组构成该区的第二个旋回。马平组顶部与上覆梁山组之间的平行不整合代表一次重要的海平面下降。

华南板块早石炭世早期（岩关阶）海侵范围与泥盆纪相似，以陆表海碳酸盐台地沉积类型为主，珊瑚、腕足类、层孔虫等底栖生物较发育。但在贵州朗岱、罗甸，广西河池、柳州一带出现北西向分布的硅质、泥质灰岩相带，反映较深水的台间海槽环境，为陆壳上微型张裂作用的产物。海盆北缘的黔中南地区发育滨海碎屑相带。贵阳以北仍为广阔的上扬子古陆。雪峰古陆以东的湖广一带为陆表海灰岩、泥灰岩沉积（刘家塘组）（图2-7-6中③），湖广海东缘的湘赣边境至广东陆丰一带为滨海碎屑沉积。更东的赣东和闽浙一带为陆相沉积（如华山岭组和珠藏坞组）。下扬子地区发育数米厚的含 *Pseudouralinia* 的石灰岩（金陵组）（图2-7-6中④）。在鄂西长阳、宜都、松滋一带，下部为粉砂岩、页岩，上部为石灰岩、白云岩，也含 *Pseudouralinia*，厚约十余米。

早石炭世晚期（大塘期）区内主要为碳酸盐沉积，生物以大型长身贝类和少量游泳的菊石为特征。海侵范围扩大，造成地层超覆，但台间海槽环境仍然存在。代表短暂海退形成的滨海沼泽成煤环境在区内均有表现，如滇东的万寿山组、黔南的祥摆组、广西的寺门组、湖广一带的测水组及江西境内的梓山组，其层位向东逐渐升高。梓山组为代表的滨海含煤沉积环境已接近海盆东缘，再向东则相变为陆相夹薄煤层的叶家塘组（浙西）和林地组（闽中）。下扬子地区，下部为滨浅海砂岩（高骊山组，视频2-7-3），中部为石灰岩（和州组，视频2-7-4），上部为白云岩（老虎洞白云岩），总厚度仅数十米。同层位的滨海碎屑沉积也见于鄂西长阳一带。

视频2-7-3　野外微课：
高丽山组

视频2-7-4　野外微课：
和州组

晚石炭世海侵范围进一步扩大，浙西、闽西和中扬子地区均被海水所覆，岩相相对稳定，均为碳酸盐沉积，在湖北松滋地区为大埔组（视频2-7-5）和黄龙组，一般厚200～400m。在湘粤桂和下扬子地区称为黄龙组(视频2-7-6)和船山组。滇黔桂一带仍处于沉降中心,厚度可超过800m。靠近雪峰古陆,上扬子古陆和康滇古陆的滨岸潮坪带,主要为含镁碳酸盐岩(白云岩),可夹少量碎屑沉积(图2-7-7)。

视频2-7-5 野外微课:
大埔组

视频2-7-6 野外微课:
黄龙组

2. 华南板块大陆边缘石炭纪古地理特征

石炭纪开始,华南板块周边普遍发现不同类型大陆边缘沉积,华南板块西部大陆边缘古特提斯多岛洋较泥盆纪有进一步发展,华南板块西侧的哀牢山—藤条河一线,早石炭世出现成熟裂谷型枕状玄武岩夹放射虫硅质岩,代表古特提斯多岛洋的东侧分支。更西的昌宁—孟连带主支洋盆中,南部孟连、曼信一带出露早石炭世洋脊、洋岛型火山岩及其火山碎屑浊积岩,也夹有放射虫硅质岩。这套火山岩系之上覆盖有大塘期晚期至早二叠世成分纯净、含属种单调的䗴类化石的碳酸盐岩,代表洋盆内海山碳酸盐台地特殊沉积类型。因此,昌宁—孟连带在石炭纪时已进入多岛洋发展的成熟期。

北部大陆边缘为南秦岭洋盆,其总体构造古地理格局与泥盆纪相似。秦岭中,南带以碳酸盐岩广布为特征,空间上厚度变化较大。南秦岭勉略蛇绿岩带的硅质岩中已发现早石炭世深水放射虫,证明存在结构复杂的构造古地理格局。

东部大陆边缘的闽东北福鼎—南溪一带,下石炭统为厚达数百米的碳质千枚岩、粉砂岩夹结晶灰岩透镜体,与闽中地区陆相至近海盆地粗碎屑沉积类型显然不同,可能代表华南大陆东侧大陆边缘狭窄的活动陆棚带,海侵直接来自东侧的古太平洋海域。

华南板块南缘海南岛中部五指山地区已发现岩关期 *Neospirifer*(新石燕)、*Fusella*(纺锤贝)等具冈瓦纳色彩的腕足类动物群,与华南大陆之间应存在一定的空间隔离。海南岛石炭纪时可能呈独立的地块状态,与华南大陆间的古海洋分隔带可能在琼州海峡一线。

(二)华北地区石炭纪地层和古地理特征

华北板块自奥陶纪晚期开始,一直处于隆起状态遭受缓慢剥蚀。早石炭世除大别山北麓出现较厚的近海和海陆交互含煤碎屑堆积以及辽东地区可能接受沉积之外,主体部分仍然是一个近乎准平原的低地,到晚石炭世开始缓慢沉降,普遍接受海陆交互相沉积。

1. 华北板块石炭系和古地理特征

华北板块内部石炭系仅发育上石炭统,以山西太原西山剖面研究最早最详,是华北地区的标准剖面,该剖面自下而上分为两个组:本溪组和太原组,具体剖面如下(图2-7-6中⑥)。

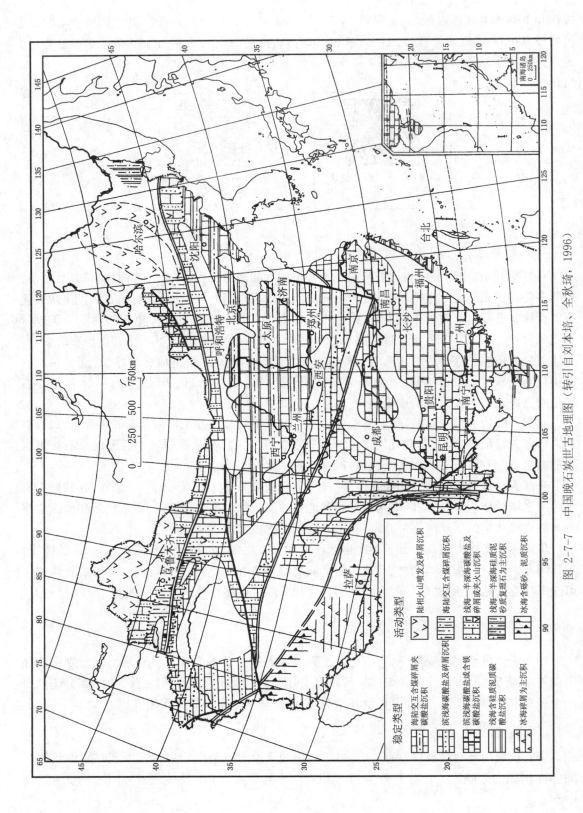

稳定类型

海陆交互含煤碎屑夹碳酸盐沉积

滨浅海碳酸盐及碎屑沉积或含煤碳酸盐沉积

滨浅海碳酸盐碳酸盐及碎屑沉积

浅海含硅质泥质碳酸盐沉积

冰海碎屑为主沉积

活动类型

陆相火山喷发及碎屑沉积

海陆交互含煤碎屑沉积

浅海—半深海碳酸盐及碎屑或夹火山沉积

浅海—半深海硅质泥砂质复理石为主沉积

冰海含砾砂、泥质沉积

图 2-7-7　中国晚石炭世古地理图（转引自刘本培、全秋琦，1996）

上覆地层:下二叠统山西组。

———————————————————————— 间　　断 ————————————————————————

上石炭统—下二叠统:

太原组:

第三段:底部七里沟砂岩为灰白色粗粒石英砂岩,中部黏土质黑色页岩、粉砂岩夹煤层,含植物 *Neuropteris* 等,顶部为东大窑灰岩,富含蜓 *Sphaeroschwagerina*、腕足 *Dictyoclostus taiyuanfuensis* 及牙形类 *Streptognathodus elegantulus*(雅致曲颚牙形石)等。

33m

第二段:底部为灰白色中粒—粗粒石英砂岩,中部为黑色砂质页岩、页岩及煤层,上部出现三层石灰岩,生物群面貌和第三段相似。

42m

第一段:下部晋祠砂岩为灰白色块状粗粒石英砂岩夹页岩,上部则以深灰页岩为主夹石灰岩(吴家峪石灰岩),顶部出现煤层,石灰岩中含 *Triticites*、*Marginifera*(围脊贝)和 *Martinia*(马丁贝)等,砂页岩中有 *Lepidodendron posthumi* 等。

20m

———————————————————————— 间　　断 ————————————————————————

上石炭统:

本溪组:下部为铁铝层,底部可见明显古风化壳。风化面上堆有局部分布的鸡窝状褐铁矿或赤铁矿(山西式铁矿),向上出现分布广泛的铝土岩,具鲕状或豆状结构(G 层铝土矿)。上部则为砂质页岩、黑色页岩、煤层和深灰色石灰岩。石灰岩中含蜓 *Fusulina*、*Fusulinella* 和牙形类 *Idiognathodus shanxiensis*(山西异颚牙形石)等。

7~36m

- 平行不整合 -

下伏地层:下奥陶统碳酸盐岩,顶部为起伏不平的灰黄色风化灰岩。

从整体上看,华北板块整个上石炭统厚度比较平均,仅百余米,表明当时华北地区地势平坦、地壳运动幅度和沉积速度都相对缓慢。本区自中奥陶世末期整体上升以后,经受长期风化剥蚀,直到晚石炭世早期海侵,铁铝等元素富集形成。本溪组下部是"山西式铁矿"和"铝土矿层",因此,上石炭统直接覆盖在下奥陶统侵蚀面之上。本溪组上部是含有薄煤层的砂页岩和蜓类灰岩,为滨海沼泽相至浅海相,因此和下部构成一个完整的沉积旋回。太原组为典型的海陆交互相含煤地层,包括三个沉积旋回,代表了三次海侵。每次旋回底部均以粗碎屑沉积开始,粗碎屑岩中含硅化木化石,发育大型板状、槽状或楔状交错层理,局部发育浪成交错层理,为平原河流至三角洲沉积相组合;中部变细,出现页岩及煤层;上部为石灰岩,含蜓类等海相底栖生物化石。反映陆相(平原河流至三角洲沉积组合)和海相(滨海沼泽至浅海)交替出现的环境。

在晚石炭世早期,本溪组岩性、厚度在空间上的变化有明显规律,反映古地理的分异。辽宁太子河流域本溪一带,本溪组厚达 160~300m,含海相灰岩多达 5~6 层,煤层可采。河北唐山厚约 80m,只含海相灰岩 3 层,薄煤 2 层。至山东中、西部厚约 40~65m,不含可采煤层。至山西太原,厚度减至 50m 以下,仅含海相灰岩一层,也不含重要煤层。太子河流域本溪组包含两个化石带,上部为 *Fusulina*—*Fusulinella* 带,下部为 *Eostaffella* 带。到河北唐山及山西太原一带,仅见上部化石带。由此可以证明,晚石炭世早期华北具有东北低西南高的地形。当时海水先到达东北的太子河流域,而后逐渐向华北推进。再往南至河北峰峰、河南焦作以及豫、皖大部地区,缺失本溪组沉积。但在苏北贾汪一带本溪组厚约 100m,石灰岩夹层厚达 50m,岩性和所含蜓、有孔虫化石与华南地区很相似,证明当时苏北一带的海侵来自南方,很可能与南秦岭海槽东延部分的古海域有关。

在晚石炭世晚期,华北南部海侵范围更加广泛,在皖北、豫南及鄂尔多斯一带均有明显的超覆。但北部的本溪、北京、大同以及鄂尔多斯东胜地区,却出现陆相含煤沉积区。与此同时,南北方向上海相灰岩夹层的数量和累积厚度也发生了"翘板式"变化。河北唐山仅有少数海相灰岩夹层,往南至晋东南沁水盆地和冀南磁县一带,太原组厚80~100m,石灰岩层数增多至6层,海相化石丰富。更南至皖北、淮南地区,石灰岩层数可达12层,累积共厚80m。由此可以看出,晚石炭世晚期华北已转变为北高南低的地势,海岸线也逐渐南移。太原组的含煤性一般以北纬34°30′~37°30′一带最好,正好是当时滨海沼泽环境最为广布的地段(图2-7-7)。

2. 华北板块大陆边缘石炭纪古地理特征

华北板块西缘的河西走廊地区,石炭系发育较全。自早石炭世至晚石炭世早期,海侵来自华北板块西南缘的古特提斯海域,与华北板块本部的陆表海并不沟通,沉积类型、岩石地层单位和地层厚度也有明显区别。整体以砂页岩为主,下部可夹薄层石膏(前黑山组、臭牛沟组);上部夹石灰岩、泥灰岩及煤层(榆树梁组、靖远组)。但自晚石炭世晚期起与华北陆表海直接沟通,沉积特征和岩石地层单位名称基本一致(图2-7-6中⑤)。

在华北板块北缘地区,吉中和西拉木伦河以南地区石炭系上、下两统都有出露,沉积类型以滨浅海碳酸盐岩夹薄层泥质岩为主,也夹火山岩。古生物化石属暖水型生物区系和华夏植物区。

华北板块南缘的北秦岭地区沿商丹缝合带石炭纪时出现小型走滑拉分盆地,其中出现由碎屑岩—薄层深水灰岩—板砂岩—含煤岩系和石膏的沉积序列。在陕南商南的韧性推覆剪切带中,也获得315Ma左右的黑云母变质年龄。都证明华北板块南缘由于相对华南板块作向西旋转,发生左行平移走滑运动,显示了板块边缘的复杂构造发展史。向南沿合作—礼县—山阳一线早石炭纪起出现粗碎屑重力流、泥质和硅质等深水沉积。

(三)其他地区石炭纪古地理特征

1. 塔里木板块

古地理资料反映该板块自早石炭世起迅速北移并作顺时针方向旋转,至晚石炭世晚期已达到北纬30°位置。本区石炭纪海侵范围扩大,仍以西北部柯坪地区发育最好,下统为滨浅海碎屑岩和石灰岩,产 *Kueichouphyllum*(贵州珊瑚)、*Striatifera*(细线贝),和华南地区同属热带类型。上统以碳酸盐岩为主,富含蜓类化石。在柯坪以北南天山托木尔峰南坡,上统下部碎屑岩中发现的植物化石 *Neuropteris*、*Pecopteris* 却属欧美区分子(陈福明等,1985),也反映与华南、华北板块华夏植物区之间存在海洋隔离。

2. 西伯利亚—蒙古板块南部大陆边缘

该大陆边缘可以分为东西两段。西段分隔西伯利亚和塔里木板块的北疆多岛洋,在石炭纪中期先后发生一系列重要的洋壳消减和板块碰撞事件,因在天山地区最为明显,称为天山运动。艾比湖—居延海对接带沿线为著名的北天山巴音沟蛇绿岩。根据所含放射虫化石,其时代为早石炭世至晚石炭世最早期,说明当时处于洋盆发展成年阶段。上覆的深水浊积岩物源主要来自岛弧火山喷发和半远洋沉积,其中已发现晚石炭世早期菊石,反映洋盆进入了衰退阶段,向南俯冲于中天山岛弧之下。再上出现晚石炭世晚期的灰绿色砂砾岩磨拉石沉积组合,标志着中天山岛弧和西伯利亚板块之间发生了拼贴碰撞。石炭纪末期北疆准噶尔和中、北天山地区多岛洋格局已经消失。准噶尔地区早石炭世已属安加拉植物区,产 *Angaropteridium*(安加拉叶)、*Noeggerathiopsis*(匙叶)。海相化石也以小型单体、无鳞板构造的珊瑚为主。石炭纪晚期安加拉植物群向南侵入中天山地区。南天山与塔里木板块之间的蛇绿混杂带迄今未见早石炭世后的放射虫硅质岩,推测早石炭世后洋盆已经闭合,但安加拉植物群直至早二叠世时仍未侵入塔里木板块,其间可能仍有海域隔离。

该大陆边缘东段分隔西伯利亚和华北板块之间的兴蒙多岛洋,也经历了较复杂的板块碰撞历史。内蒙古东乌珠穆沁旗以南贺根山蛇绿岩所代表的古洋盆闭合于晚泥盆世至早石炭世(郭胜哲等,1991)。同时沿西拉木伦带南北两侧石炭纪的陆生植物明确分属安加拉和华夏两大植物区系(黄本宏,1991),也支持西拉木伦带可能存在古亚洲洋残余洋盆的推论。

3. 冈瓦纳板块北部大陆边缘

该大陆边缘北部珠穆朗玛峰北麓石炭系也较完整,以浅海碎屑岩为主.厚达2600m。下统包括亚里组上部和纳兴组(后者可能包括上统下部)(图2-7-6中①)。上统基龙组由砂岩、粉砂岩和多层杂砾岩组成,产 *Stepanoviella*(斯切潘诺夫贝)等冷水生物群。杂砾岩的砾石大小不一,稀疏不均,表面具有擦痕、压坑。砾石成分有花岗岩、火山岩、石英岩、石灰岩和大理岩等,可能与冈瓦纳型海相及其再次改造的水下碎屑流沉积有关。近年研究表明,从喀喇昆仑、冈底斯到滇西腾冲一带,已多处发现杂砾岩和冷水动物群,证明上述地区当时都属冈瓦纳板块的北侧陆缘带。

三、二叠纪的地层和古地理特征

二叠纪是古生代最后一个纪,地层发育较全。该时期地壳运动又趋活跃,全球范围内一系列板块的碰撞导致地史中著名的联合古陆(Pangaea)在二叠纪末期基本形成。这种全球古构造、古地理环境的巨变,造成了陆相、潟湖相沉积类型的广泛发育,气候带的明显分异和生物界的重要变革。中国境内早二叠世仍有广泛的海侵,中二叠世末期构造活动加强,晚二叠世沿秦岭—昆仑山一线为界出现"南海北陆"对峙局面,这种情况一直延续到三叠纪。中国二叠纪地层分布广泛,发育完全,化石丰富,沉积类型多样。中国华北、华南二叠系发育较好,研究详细。华北二叠系以陆相为主,华南二叠纪以海相为主。

(一)华南地区二叠纪地层和古地理特征

华南地区石炭纪末期—早二叠世初期普遍海退。早二叠世早期开始新的海侵,中二叠世出现显著的岩相分异。中二叠世末期的上升运动遍及整个华南地区,使得晚二叠世广泛发育了陆相至海陆交互相含煤沉积,是南方最重要的成煤期。晚二叠世晚期再次发生新的海侵。

1. 华南板块二叠系和古地理特征

华南板块二叠纪遭受了晚古生代最大的海侵,使长期处于大陆状态的上扬子古陆沦为浅海,形成广布的碳酸盐沉积,与华北—柴达木板块的大陆面貌形成鲜明对比,华南海相二叠系以黔中地区贵阳龙里剖面为代表。该剖面自上而下包括下二叠统马平组上部、梁山组,中二叠世栖霞组和茅口组,上二叠统龙潭组、长兴组、大隆组,具体剖面如下(图2-7-8,②):

上覆地层:下三叠统。

————————————整　　合————————————

上二叠统:

大隆组:深灰、黄灰色燧石层、硅质页岩或硅质灰岩为主,常夹页岩,含菊石 *Pseudotirolites asiatica*。

0~10m

长兴组：灰、深灰色中至厚层状燧石灰岩，有时夹页岩及薄煤层，含 *Palaeofusulina*。 约120m

龙潭组：灰黑色页岩、砂岩及燧石灰岩互层，底部有凝灰质砂岩，含 *Gigantopteris*、*Leptodus*。 约350m

——————————————平行不整合——————————————

中二叠统：

茅口组：浅灰及白色中厚层至块状灰岩，含燧石结核及白云质斑块，含化石 *Neoschwagerina*、*Waagenophyllum*。 200m

栖霞组：深灰、灰黑色厚层状灰岩，含多量燧石结核，层间常夹碳质页岩，含化石 *Hayasakaia*、*Wentzellophyllum*、*Misellina* 等。 160m

梁山组：石英砂岩、页岩，局部夹薄煤层，顶部有时夹灰岩透镜体，底部夹铝土岩。含腕足类及植物化石。 14~64m

——————————————平行不整合——————————————

马平组上部：产 *Pseudoschwagerina* 石灰岩。 50m

下伏地层：上石炭统—下二叠统马平组。

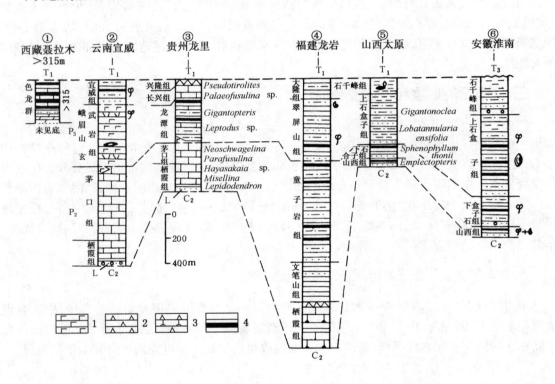

图2-7-8　中国二叠系柱状对比图（转引自刘本培、全秋琦，1996，有修改）

1—火山岩；2—硅质岩、硅质泥岩；3—硅质团块灰岩；4—煤层；其他图例参见图2-7-3、图2-7-6

马平组为跨越石炭纪、二叠纪的岩石地层单位，为潮坪碳酸盐岩，由向上变浅的沉积序列组成。梁山组与马平组之间是平行不整合，代表一次较大规模的海退（视频2-7-7）。梁山组以陆源碎屑沉积为主，局部夹薄煤层，时有海相灰岩透镜体，含腕足类及植物化石，属滨海沼泽环境。栖霞组是浅海碳酸盐沉积、内含大量燧石结核、丰富的䗴类及珊瑚化石，代表海侵扩大过程。茅口组为浅海相灰岩，具构造复杂的䗴类和大量造礁的复体珊瑚，反映热带—亚热带陆表海碳酸盐台地沉积环境，栖霞组灰岩灰黑色，有机质含量少，栖霞期的海水较茅口期的海水深,即茅口期地壳有所抬升。中二叠世末期,因构造隆升发生海退,导致地层缺失。龙潭组底部为凝灰质砂岩,反映火山喷发活动。龙潭组由砂页岩及石灰岩组成,夹煤层,含海相动物化石及植物化石,属海陆交互相沉积。长兴组以石灰岩为主,含蜓类等海相化石,代表龙潭组之后新的海侵,但规模较小。大隆组为地壳上升的硅质沉积,仅见浮游类型的菊石化石,代表滞流还原条件下的沉积,是滨海平静海湾潟湖的沉积。长兴组与大隆组在空间上可呈横向相变关系。

视频2-7-7 野外微课:
梁山组、栖霞组及不整合

华南板块早二叠世初期的大面积海退,主要发生在昆明、贵阳至江南古陆一线以北的上扬子地区。栖霞组底部有明显沉积间断(图2-7-8中②),普遍发育梁山组滨海—湖沼相陆源碎屑沉积,在川南一带,梁山组含菱铁矿、黄铁矿层,超覆于志留系之上。上述一线以南地区,沉积间断不明显,如黔西南的过渡层"龙吟组"和湘中等地碳酸盐岩地层整合接触。

中二叠世起岩相分异又趋加剧。在湘中、下扬子等地以当冲组或孤峰组为代表的硅质、泥质沉积,极少含底栖生物,而富含浮游的菊石类及放射虫,反映缺氧条件下较深的滞流静水环境。华南板块东部闽浙赣地区出现的近海碎屑含煤沉积(童子岩组)(图2-7-8中④)。华夏古陆开始抬升,成为古陆西侧含煤沉积的陆源碎屑供应区。

中二叠世华南板块构造活动明显增强。扬子西缘爆发了著名的峨眉地裂运动(图2-7-8中①),导致大量玄武岩喷发和全区海退,缺失茅口期顶部 Neamisellina(新米氏蜓)化石带的沉积,东部下扬子和东南区所发生的是东吴运动,导致大规模海退和华夏古陆上升。

晚二叠世早期以龙潭组近海沼泽沉积广泛发育为特征,自西向东可见由陆相过渡到海相的明显变化,反映了隆升运动所造成的显著的海退事件。在川西、滇东、黔西地区,为河流冲积平原相碎屑岩夹煤层(宣威组);东至贵阳、涪陵一线之间,为海陆过渡含煤碎屑岩夹海相碳酸盐岩(龙潭组);在上扬子海东部及北部,为生物碎屑灰岩和礁灰岩(吴家坪组)。在雪峰古陆以东显示出更大的活动性,自西北向东南存在显著的岩相厚度分带现象。湘赣—粤北一带为海陆交互含煤沉积,含重要的可采煤层;向东南至粤东、闽中一带,则以陆相为主,粒度变粗,不含重要煤层,代表华夏古陆边缘的沉积类型(图2-7-9)。

晚二叠世晚期(长兴期)华南地区再次发生海侵,但规模远较早二叠世小。康滇古陆东侧仍保持陆相含煤沉积类型,其余地区海相沉积出现两种类型:一是长兴组浅海碳酸盐沉积,含蜓类、腕足类、珊瑚等底栖生物,主要分布于上扬子浅海;另一类为大隆组硅质沉积,仅含假提罗菊石等浮游生物,代表较深水的非补偿环境。从总体上看,上述两种类型互为相变,有时可见上下关系。

综上所述,华南板块的晚二叠世沉积类型总体上呈现东西两侧古陆边缘粒度变粗,陆相和近海相沼泽相发育,中间部位以碳酸盐岩为主的对称格局,是一种双向陆源的局限陆表海类型。从华南二叠纪聚煤作用来看,不同地区含煤层位自东向西有从茅口期逐渐转移到长兴期的穿时现象。

2. 华南大陆边缘二叠纪古地理特征

在华南板块西南边缘,为著名的金沙江—藤条河缝合带,再西出现羌塘、昌都、思茅小地块。这些小地块二叠纪时出现暖水型动物群和华夏植物群,聚煤期层位和古地磁资料指示的赤道带古纬度都与华南板块相似,代表从华南板块边缘裂离漂移不远的小型地块群。因此,金沙江—藤条河缝合带代表古特提斯多岛洋北侧分支小洋盆性质,但该洋盆在二叠纪时仍处于拉张开裂状态,与华南板块西部上扬子区的峨眉地裂运动间存在密切关系。

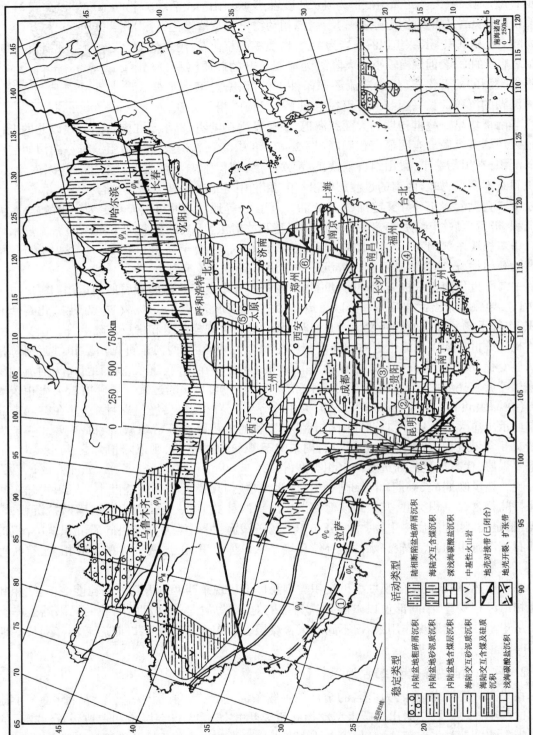

稳定类型

- 内陷盆地粗碎屑沉积
- 内陆盆地砂泥质沉积
- 内陆盆地含煤层沉积
- 海陆交互砂泥质沉积
- 海陆交互含煤及硅质沉积
- 浅海碳酸盐沉积

活动类型

- 陆相断陷盆地碎屑沉积
- 海陆交互含煤沉积
- 滨浅海碳酸盐沉积
- 中基性火山岩
- 地壳对接带（已闭合）
- 地壳开裂、扩张带

图 2-7-9 中国晚二叠世古地理图（转引自刘本培、全秋琦，1996）

华南板块西缘的滇西思茅地块西侧存在二叠纪火山岛弧带。更西在昌宁—孟连缝合带中已发现包括二叠纪洋岛型玄武岩、海山型碳酸盐岩和深海放射虫硅质岩的蛇绿岩混杂带,证明存在一个向东俯冲的消减带。鉴于该缝合带以西的保山地块在地层序列、古生物区和古地磁方面都具备亲冈瓦纳色彩,应代表古特提斯多岛洋主支部位。

在板块北缘的南秦岭地区二叠系分布局限于西秦岭南带文县—南坪一带,主要为深水相暗色泥质岩、石灰岩。在勉略带目前未见确凿的二叠纪地层,但考虑到勉略洋关闭尚需一定时间,推测当时勉略洋尚未关闭。在中秦岭陕西镇安—甘肃舟曲、迭部一线见二叠系浅海—台地相碳酸盐岩,为秦岭微板块的小型克拉通盆地沉积。

板块东缘地区由于现代海洋淹没无法直接追索,但台湾东部中央山脉出露一套变质片岩、结晶灰岩和基性火山碎屑岩(大南澳群)。在结晶灰岩中产 *Neoschwagerina* 等茅口期蜓类化石,具有海山碳酸盐台地的特征(马义璞,1993),与板块西缘的古特提斯洋盆颇为相似。古特提斯带是否绕过华南板块南缘到达环太平洋地区,值得进一步研究。

(二)华北地区二叠纪地层和古地理特征

自二叠纪起华北地区主体已基本脱离海洋环境,仅局部地区遭受短期海侵影响。因此,华北地区二叠系以陆相沉积为主。

1.华北板块二叠系和古地理特征

位于华北中部的山西太原地区二叠系发育最好,研究历史悠久,是公认的华北地区二叠系标准剖面。该剖面自下而上包括中—下二叠统太原组、山西组、下石盒子组,上二叠统上石盒子组和石千峰组,具体剖面如下(图2-7-8中⑤):

上覆地层:下三叠统刘家沟组。

————————————————————间 断————————————————————

上二叠统:

石千峰组:灰紫、灰白色长石砂岩与紫红色泥岩互层,夹淡水泥灰岩及石膏层,未见化石。　　约100m

上石盒子组:紫红、黄绿、杂色砂岩、泥岩为主,顶部夹燧石层,下部夹锰铁及铝土层;含化石 *GigantonocLea*、*Lobatannularia haianensis* 等。　　约300m

中二叠统:

下石盒子组:黄绿、灰绿色砂岩、页岩为主,夹杂色页岩,顶部有铝土质泥岩,下部有黑色页岩及不规则煤层,底部为灰绿色具交错层理中粒长石石英砂岩(骆驼脖砂岩);含植物化石 *Taeniopteris multinervis*、*Cathaysiopteris*。　　约170m

————————————————————间 断————————————————————

下二叠统:

山西组:深灰黑色页岩、砂岩和可采煤层互层夹钙质页岩,下部为灰白色厚层含砾石英砂岩(北岔沟砂岩,厚35m);富含植物化石 *Emplectopteris*、*Taeniopteris*、*Callipterdium* 等。　　约70m

————————————————————间 断————————————————————

太原组中上部(详见石炭纪部分)。

————————————————————间 断————————————————————

下伏地层:上石炭统太原组下部。

该剖面二叠系与石炭系整合接触,山西组下部为具交错层理的含砾石英砂岩,上部砂页岩中夹可采煤层,含丰富的植物化石,并有厚仅2.6m、含 *Lingula*(舌形贝)等化石的海相灰岩夹层,代表海退背景下的三角洲平原泥炭沼泽环境和热带潮湿气候条件。

中二叠统—上二叠统下部石盒子群(下石盒子组和上石盒子组)为一套岩性复杂的河、湖相沉积。下石盒子组以杂色泥页岩和中细粒砂岩为主,下部夹不规则煤层,是温暖湿热沼泽环境;上部不再出现煤层,开始出现紫红色岩层,但仍夹有铁锰及铝土层,属于河流和沼泽交替环境。上石盒子组以紫红、黄绿等杂色砂、页岩为主,属河湖相环境,石千峰组是一套紫红色岩系,偶含石膏,已是典型的干旱气候条件下的内陆河、湖沉积。二叠系自下而上地层厚度逐渐增大,砂岩粒度向上变粗,不稳定组分增多,岩层的颜色由灰黑色变为黄绿色再到杂色继而紫红色,最后变为红色,地层中由含煤丰富到不含煤煤层到变为含有石膏层,植物化石由多变少,反映了潮湿气候减弱,变得干旱,氧化环境增强。石盒子群厚度显著增大并出现长石石英砂岩,指示相邻陆源区的结晶岩、变质岩已暴露地表遭受剥蚀。

在山西组与太原组之间、与上覆地层下石盒子组之间、石千峰组与上覆地层下三叠统之间都有沉积间断,表明太原地区在二叠纪早期和后期都有短暂的地壳上升运动。

山西太原剖面反映了气候由潮湿逐渐转变为干旱,地形由近海三角洲平原沼泽逐渐转变为内陆盆地和构造分异逐渐增强的演变过程。早二叠世早期即山西组沉积期,华北及东北南部普遍为地势低平的潮湿气候环境,植物大量繁殖,成为重要的造煤时期。地层厚度一般在100～200m 左右,显示了稳定的构造环境。随着华北板块北部古陆的抬升,太原以北属陆相河湖沉积,最有利聚煤的近海泥炭沼泽环境迁移到华北中部一带;更南至豫西、两淮地区,该层位含多层海相灰岩。

石河子群沉积时期,普遍以杂色至紫红色内陆盆地河湖沉积为主,厚度增大,横向上变化显著,指示地势差异增强和气候渐趋干旱的过程(图2-7-9)。在黄河一线(北纬34°30′)以南的淮南、豫西等地(图2-7-8中⑥),石盒子群为灰色砂、页岩,含重要可采煤层,并常见富含 *Lingula* 的夹层,应为地势低洼的近海沼泽环境,且常遭受来自南侧秦岭洋的海泛影响。东部苏北、鲁中、冀东和辽东一带,为地势较低的内陆湖泊、沼泽环境,石盒子群下部有可采煤层。西部太行山以西的山西、鄂尔多斯盆地等地,为地势相对较高的内陆河流、湖泊环境,石盒子群为一套杂色的砂、泥页岩,含植物化石,但基本上不含可采煤层。晚二叠世晚期(石千峰组),整个华北广布一套红色碎屑岩系,为干旱气候下内陆盆地河湖沉积。

2. 华北板块大陆边缘二叠纪古地理特征

西拉木伦河一线以南的华北板块北缘带,可以吉林中部九台地区为代表。二叠系与石炭系为角度不整合接触,反映了华北板块北缘发生过板块挤压作用,与华北盆地北侧古陆的抬升有密切关系。下二叠统以厚度巨大的浅海碳酸岩盐、碎屑岩和大量中酸性火山岩为特征,古生物区系以特提斯暖水型蜓类、珊瑚为主,也有少量北方区冷温型分子单通道蜓类和安加拉羊齿。上二叠统平行不整合于中二叠统之上,以中酸性火山碎屑岩和黑色板岩为主,含海相和非海相双壳类等化石,已接近北方生物区面貌,代表陆相及残留海沉积。九台剖面总体上反映了华北板块与西伯利亚—蒙古板块间进一步接近拼合和海槽逐渐消失的演化过程。

在甘肃祁连山(走廊南山)西段,相当石千峰组的层位(肃组)为紫红色陆相碎屑沉积,局部绿色夹层中含安加拉和华夏植物群的混生(植物群)。说明二叠纪中期的晚海西运动已使华北—柴达木板块和西伯利亚—蒙古板块最终碰撞拼合,其间的北方海槽基本消失,从而促进了不同区系陆生植物的迁移和混合。

华北板块南部大陆边缘的中秦岭北缘,二叠纪裂陷海槽依然存在。以陕甘交界的凤县、徽成地区为代表,已发现厚达七千余米的二叠纪板岩和砾状灰岩(十里墩群),属于华北板块南缘裂陷带的深水盆地和斜坡相滑塌堆积。

(三)其他地区二叠纪地层和古地理特征

1. 北亚古大陆南缘

在早海西运动期之后,西伯利亚板块在西、东两段分别和哈萨克斯坦—伊宁板块、布列亚—松辽板块对接拼合。二叠纪起已经形成广袤的北亚古大陆。西段北疆地区二叠系以陆相为主,仅局部地区和层位有残留海域存在。

北亚古大陆南缘西段乌鲁木齐东郊的博格达山(属北天山范围)二叠纪地层发育齐全。下统称下芨芨槽群,以灰绿色粗碎屑岩夹泥岩、碳质页岩为代表,厚逾千米。下部见叠层石灰岩和 *Neospirifer*,代表该区海退的最后阶段,上部含安加拉植物群。下芨芨槽群横向上可迅速相变为一套杂色粗碎屑岩与火山岩。上统下部称上芨芨槽群,属内陆河湖碎屑及油页岩沉积,产安加拉植物群、古鳕鱼和淡水双壳类化石,最大厚度逾 5000m。晚二叠世晚期北天山已升起,沉积区已转移至准噶尔和吐鲁番盆地,称为下仓房沟群,属内陆河湖粗碎屑沉积类型,产安加拉植物群及二齿兽等动物化石,厚约 600～800m。准噶尔及吐鲁番地区从晚二叠世开始形成内陆盆地,并一直延续到中、新生代。

早、中二叠世时期的安加拉植物群已经越过艾比湖—居延海缝合带,向南达到伊宁地块。但塔里木板块北缘阿克苏附近已发现的同期植物群既没有安加拉区系分子,也缺乏华夏区系最标准的大羽羊齿类分子,总体面貌与欧美区系更为接近。结合阿克苏早二叠世地层中获得北纬28°古地磁资料,有理由推测塔里木地块当时不属于北亚古大陆,与华北板块(北纬19°)也相互分离。晚二叠世时该区植物群中已混入安加拉区分子,南天山带也不再遭受海侵,证明塔里木板块已经和北亚古大陆拼合相连。

北亚古大陆南缘东段西拉木伦缝合带北侧的内蒙古、黑龙江和吉林北部地区,早二叠世仍有较广海侵,生物群以冷温型 *Monodiexodina*、*Lytvolasma*、*Yakovlevia* 和安加拉植物分子为主。但在茅口期出现一些特提斯暖水分子混入,反映了北亚古大陆与华北—塔里木板块逐渐靠近和全球气候转暖趋势。晚二叠世起本区普遍海退,发育陆棚巨厚粗碎屑堆积和大规模中酸性火山喷发,富含安加拉植物群和淡水双壳类化石,可能反映华北—柴达木板块和北亚古大陆已经拼合相连,导致沿板块对接带的地形升高和古气候的重要变化。

2. 冈瓦纳板块北缘

在青藏高原北部龙木错—冈马错—双湖断裂带南侧日土多玛地区的早二叠世的霍尔巴错群中,发现 *Eurydesma*、*Lytvolasma*、*Costiferina*(粗肋贝)冷水动物群和冰海成因的含砾板岩,具有典型的冈瓦纳色彩。证明藏北西羌塘地区和雅鲁藏布江两侧的喜马拉雅(珠峰)和冈底斯(申扎、拉萨)地区都应属冈瓦纳板块范畴(图2-7-8中①),龙木错—冈马错—双湖断裂带可能代表古特提斯洋盆的地缝合线残迹。

滇西保山地块的早二叠世地层中也发现 *Oriocrassatella*(莺厚壳蛤)、*Glossopteris* 等冷温型生物群和冰海成因杂砾岩,该地块石炭系卧牛寺组玄武岩中已获得 34.2°古地磁数据,反映出冈瓦纳板块边缘独立小地块的特征。据此,昌宁—孟连缝合带及其北延的北澜沧江带应相当于古特提斯多岛洋的主支位置。

应当指出,古特提斯多岛洋南侧一系列亲冈瓦纳微地块自二叠纪中期起向北漂移,加上冈瓦纳大陆冰盖逐渐消融,原来的冷水和冷温型生物面貌开始减弱,呈现冷暖水生物混合现象。思茅地块与华南板块的拼合导致金沙江—藤条河小洋盆在晚二叠世闭合,但古特提斯多岛洋盆的演化直到三叠纪才结束,与新特提斯洋的扩张大体呈同步关系。

第三节　晚古生代中国及全球古构造特征

晚古生代的古板块构造在全球主要表现为联合古大陆(盘古大陆)的形成,在中国表现为古亚洲洋的不断萎缩消亡和古亚洲板块的形成历史。

一、晚古生代全球构造格局——联合古大陆(Pangaea)的形成

泥盆纪起到二叠纪(晚古生代)地史演化进入了海西构造阶段(华力西构造阶段),整个海西构造阶段地台不断扩大,地槽逐渐缩小并不断发展。联合古陆的形成是晚古生代地壳构造演化的趋势,其中主要事件是欧洲板块与西伯利亚板块的碰撞,乌拉尔山脉隆起;西伯利亚板块与中国板块的拼合,劳亚古陆的形成,北美与南美、非洲之间的大洋闭合。晚古生代早期,地球表面可以分为三个大陆板块群:北方大陆群(北半球),包括北美板块、俄罗斯板块、西伯利亚板块及哈萨克斯坦板块等;冈瓦纳大陆群(南半球),包括南美板块、非洲板块、南极洲板块、澳大利亚板块和印度板块,界于北方大陆群和冈瓦纳大陆群之间的华夏陆块群。中国的华北板块、华南板块、塔里木板块、羌塘板块及昌都—思茅微板块均为华夏陆块群的一部分;准噶尔属哈萨克斯坦板块的一部分,保山、冈底斯、拉萨等位于冈瓦纳大陆的边缘,尚未与冈瓦纳大陆分离。

泥盆纪起北半球北欧加里东洋消亡,北美板块和俄罗斯板块已经连接成一片大陆,为劳俄大陆,处于古赤道位置,但阿帕拉钦洋尚且存在,至泥盆纪晚期才趋于消亡。北亚的西伯利亚板块位于北纬40°~50°,东亚的华北板块、华南板块处于北半球中低纬度位置,北亚的西伯利亚板块和东亚的古中国大陆之间当时均由大洋阻隔。在南半球范围内,志留—泥盆纪冰碛层和冷水动物群广泛出现在南美、非洲和南极洲板块上,与古地磁资料指示它们位于高纬度带的结论相符合,互相间的位置也较靠近。但澳大利亚的沉积和生物群指示存在干旱炎热气候环境,应处于较低的古纬度位置,说明泥盆纪时冈瓦纳大陆尚未形成统一的整体。

石炭纪,劳俄大陆仍处于古赤道位置,北亚的西伯利亚板块向北移,位于北纬50°左右,古中国大陆仍为北半球中低纬度区。石炭纪是地壳发展史上重要的造山时期,在北半球,地壳上分布最广的晚古生代华力西—海西山系的雏形基本形成。乌拉尔洋的构造变动是由欧洲板块和西伯利亚板块之间的活动所引起;中亚—蒙古洋的构造变动则由西伯利亚板块和中国板块之间的活动所导致,中国西南部洋区的构造变动涉及中国板块、冈瓦纳大陆和辽阔的古地中海带之间的相互关系,情况更为复杂。在南半球,各板块于早石炭世晚期拼合,形成统一的冈瓦纳大陆(Gondwanalanel),并略向北移。

二叠纪的地壳运动是石炭纪古构造格局的延续和发展。二叠纪中期的强烈的构造变动在世界各地都有反映,发生的时间略有参差,导致华力西—海西山系褶皱形成。二叠纪晚期,北半球的各板块相互拼合,劳俄大陆与西伯利亚大陆并接,古乌拉尔洋消失,西伯利亚古陆与中国古陆拼接,古亚洲洋西段闭合,形成统一的劳亚大陆(Laurasia)。冈瓦纳大陆北移,因此劳

亚大陆与先期形成的冈瓦纳大陆逐步靠拢、碰撞，使得非洲板块和欧美板块间的阿巴拉契褶皱山系形成，其间的古特提斯洋西段闭合，最终形成南北对峙的统一大陆。这就是地质学上著名的联合古大陆（Pangaea）或称为泛大陆（图2-7-10）。

联合古大陆是海西构造阶段一系列构造变动的最后产物，预示着地壳构造发展达到一个新的阶段。石炭纪—二叠纪强烈的构造变动、海陆变迁、气候变化以及海域温度的变化，预示着中生代的来临。

图2-7-10 古生代泛大陆及其周围的活动带
（据 H. H. Reed 和 Janet Watson，1975）
黑点表示稳定区

二、中国及邻区古板块格局

生物古地理与古地磁资料表明，早古生代华夏陆块群与冈瓦纳大陆关系密切，并于早—中泥盆世开始与冈瓦纳大陆裂离。

加里东运动之后，柴达木地块、秦岭微板块和华北板块碰撞相连成为一整体，北秦岭和祁连洋消失。泥盆纪—石炭纪，沿南秦岭勉县—略阳一线裂陷形成南秦岭洋盆。二叠纪以后南秦岭洋逐渐闭合并于三叠纪碰撞形成南秦岭造山带。

华夏板块群包括中朝板块、华南板块和塔里木板块及其他诸多小的地块，如柴达木地块、秦岭地块、松潘甘孜地块、昌都—思茅地块、羌塘地块等。其中扬子板块与华夏板块在早古生代后期碰撞形成规模较大的华南板块。华南洋仅留下钦防海槽一隅，该海槽一直持续到早二叠世末期。晚古生代华南板块内部又发生两次显著的裂陷：泥盆纪—早石炭世和二叠纪中晚期，表现为华南板块内部浅水碳酸盐台地和深水盆地的相间。也有迹象（赣东北晚古生代放射虫硅质岩）表明晚古生代扬子板块和华夏板块又有张裂，但是否形成晚古生代洋盆和两个相互独立的板块尚有争议。

塔里木板块、华北板块与西伯利亚、哈萨克斯坦板块之间的古亚洲洋在晚古生代逐渐闭合消失。塔里木板块在晚泥盆世至晚石炭世之间快速北移至北纬30°左右，其北缘逐渐与哈萨克斯坦板块碰撞拼合，以致晚二叠世时安加拉植物群分子侵入该区。华北板块也于二叠纪后期逐渐与西伯利亚板块拼合，古亚洲洋最终消失。

华南板块西北缘的松潘甘孜地块为扬子板块的一部分，该区晚古生代地层以碳酸盐岩为主，在生物群和岩相上也与扬子板块相似。思茅—兰坪—昌都—羌塘一带在晚古生代期间可能是由微地块群组成的条带。它们在泥盆纪时由华南板块分离出来，形成金沙江—哀牢山初始洋盆，至晚石炭世—早二叠世形成开放洋盆。

晚古生代，班公湖—澜沧江（或昌宁—孟连）洋是分隔华夏陆块群与冈瓦纳陆块群的主洋盆。在我国境内冈瓦纳陆块群主要包括拉萨地块、冈底斯地块、保山地块等。它们在沉积特征和生物古地理特征上与冈瓦纳古陆有着极大的相似性。

第四节 晚古生代的矿产资源

我国晚古生代地层中与沉积有关的矿产较为丰富,分布也极广,主要包括以下几种。

(1)与不整合有关的沉积矿产:主要为铁、铝和耐火黏土,如华南泥盆系底部的赤铁矿和菱铁矿、滇黔地区大塘阶下部的大型铝土矿、华北石炭系本溪组底部的山西式铁矿和 G 层铝土矿等。随着海侵由南向北东推进,含矿层位逐渐升高。

(2)与较深水有关的沉积矿产:该类矿产主要为磷和锰,见于华南地区泥盆纪—石炭纪台间海槽沉积环境中及黔桂地区茅口组上部和湘粤地区当冲组。

(3)能源矿产:主要包括煤、石油和天然气。煤在我国石炭纪—二叠纪地层中分布极为广泛,主要含煤层位包括华南早石炭世上部地层、东南沿海茅口期地层、华南地区龙潭期地层、华北地区太原组及山西组等。新疆准噶尔盆地二叠系是找油的目的层之一,塔里木盆地塔中—巴麦地区东河塘组产有较丰富的油气资源,鄂尔多斯盆地石炭系—二叠系的烃源岩,四川盆地二叠系中产大量天然气。

(4)蒸发岩类矿产:早石炭世晚期的石膏矿产广泛分布于西起新疆喀什,经南天山、河西走廊至宁夏中部的狭长地带。冀陕等地石千峰组中也已发现石膏矿产。

(5)层控多金属矿产:在华南泥盆纪碳酸盐岩中常产层控型铅锌、钨、锡、锑、铀和黄铁矿矿床。此外,广泛分布的华南上古生界碳酸盐岩也是重要的冶炼、化工和建筑材料。

复习思考题

1.晚古生代是如何划分的?

2.从生物史、沉积史、构造史的角度来分析,晚古生代的主要特征有哪些?

3.简述我国泥盆纪古地理特征。

4.简述我国华南地区泥盆纪地层的沉积类型和特点。

5.简述我国石炭纪古地理特征。

6.简述黔南石炭系地层剖面特征。

7.简述山西太原石炭系地层剖面特征。

8.简述我国二叠纪古地理特征。

9.简述黔中二叠纪地层剖面特征。

10.简述山西太原二叠纪地层剖面特征。

11.联合大陆是怎么形成的?

12.晚古生代的矿产资源有哪些?

拓 展 阅 读

杜远生,童金南.2009.古生物地史学概论.武汉:中国地质大学出版社.

刘本培,全秋琦.1996.地史学教程.北京:地质出版社.

王成源.1987.论 *Cystophrentis* 带的时代.地层学杂志,11(2):120-125.

曾允孚,等.1992.华南泥盆纪沉积盆地类型和主要特征.沉积学报,10(3):104-113.

Wicander R,Monroe J S.2000.Historical Geology.3rd ed. Pacific Grove(CA):Brooks/Cole.

第八章
中生代地史

中生代距今 252.2—66Ma,延续时间为 186.2Ma,包括三个纪,由老至新分别为三叠纪(Triassic)(252.2—201.3Ma)、侏罗纪(Jurassic)(201.3—145.0Ma)和白垩纪(Cretaceous)(145.0—66Ma),按照国际上 2016 年的划分方案,三叠纪分为早、中、晚三叠世,侏罗纪分为早、中、晚侏罗世,白垩纪分为早、晚白垩世。

中生代生物界以陆生裸子植物、爬行动物(尤其是恐龙类)和海生无脊椎动物菊石类的繁荣为特征,所以中生代也称为裸子植物时代、爬行动物时代(恐龙时代)或菊石时代,另一特色是三叠纪出现了以罗平生物群❶为代表的生物复苏到爆发的生物演化事件。白垩纪末出现地史中著名的生物集群绝灭事件,陆地的恐龙类和海洋中菊石、微体化石等门类中都有明确记录。

中生代是全球构造活动性增加的时代,古地理、古气候发生巨变。三叠纪陆地面积继续扩大,陆相地层广泛发育,干旱气候带分布广袤,三叠纪中期联合古陆(Pangaea)达到了鼎盛时期,晚期联合古陆进入分裂解体阶段。侏罗纪、白垩纪全球气候总体上处于温暖状态,两极未出现冰盖,大西洋和印度洋加速开裂,不断扩张,形成地史中又一较大海侵时期;而特提斯洋渐趋消减萎缩。亚洲中、东部未遇海侵,以大陆湖盆成煤环境为主,成为地史上又一个重要的造煤时期。侏罗纪、白垩纪的地壳运动和火山活动都很强烈,尤以环太平洋东西两岸及其附近岛屿表现显著。

第一节 中生代的生物界面貌

在古生代末期的全球性生物绝灭事件之后,海生无脊椎动物中的菊石、箭石、六射珊瑚等兴起并繁盛,同时,脊椎动物中的爬行动物极度发展,它们广泛分布于陆地、天空和海洋环境中,特别是陆生恐龙类大量繁盛,成为大陆上的"统治者",龟、蛇、蜥蜴开始出现,脊椎动物中的鸟类、哺乳类也开始发展。植物界以裸子植物占优势,但被子植物在中生代后期也开始发展。中国东北淡水生物区热河生物群的发现和研究,为中生代后期淡水生物尤其是鸟类起源提供了丰富的资料。

近几年在我国三叠纪中期发现了罗平生物群(Luoping biota),该生物群处于距今 2.4 亿年前二叠纪末期生物大绝灭之后,生命复苏到辐射的关键时期,是三叠纪海洋生态复苏最典型的

---

❶ 感兴趣的同学可在网上搜索并观看视频《多彩贵州——关岭化石群国家地质公园》。

代表,也是珍稀的三叠纪海洋生物化石库。罗平生物群位于云南省罗平县,记载了地球的一段生命复苏史和生命辐射史,也见证了远古海洋的沧桑变迁。罗平生物群生物门类的多样性,保存了比较完整的海生爬行类、棘皮类、甲壳类、双壳类、腹足类以及植物化石。罗平生物群列为第六批(2011年)国家地质公园之首。罗平生物群处于二叠纪末期生物大绝灭之后,对探讨三叠纪海洋生物复苏、古海洋动物地理区系以及重塑当时的古环境均意义重大。此外,值得指出的是,我国东北地区热河动物群的发现和研究,为中生代后期淡水生物尤其是鸟类的起源提供丰富的资料,被誉为与澄江动物群并列的重大发现之一。

一、脊椎动物的发展演化

进入中生代,脊椎动物中的爬行类崛起,使中生代成为爬行动物的时代(图2-8-1)。三叠纪是新旧交替的过渡时期,早—中三叠世脊椎动物是晚二叠世类型的延续与发展,迷齿两栖类和爬行类中的二齿兽类十分繁盛,尤其是二齿兽类中的 *Lystrosaurus*(水龙兽)和 *Cynognathus*(犬颌兽)动物群更引人注目,它们分布于非洲、欧洲、亚洲、南美洲和北美洲,是举世瞩目的、重建联合大陆的重要证据之一。三叠纪蛙类和龟类最早代表也开始出现,哺乳类在中三叠世开始出现,但个体小,数量少。三叠纪中晚期出现的陆生恐龙类和返回海洋生活的恐龙类,很快分布于世界各地,标志着爬行动物进入一个新的演化阶段。

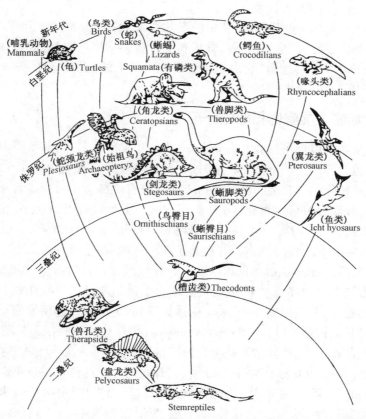

图2-8-1 中生代爬行动物概貌(转引自傅英祺、叶鹏遥、杨季楷,1994)

侏罗纪的脊椎动物已是典型的中生代面貌,陆地上恐龙类占绝对优势,陆生恐龙以蜥臀类的繁盛为特色,可以分为素食的蜥脚类和食肉的兽脚类。蜥脚类身体庞大笨重,头小尾长,在湖沼地区营"两栖"生活,四川盆地中发现的 Mamenchisaurus(马门溪龙)为其代表。兽脚类则前肢特化,后肢坚强,以便于捕捉猎物,牙齿锋利以利于撕咬,如 Szechuanosaurus(四川龙)。侏罗纪后期出现的 Stegosaurus(剑龙)是鸟臀类的代表。

侏罗纪晚期生物进化史上发生了个重要事件,即爬行动物演化成为鸟类。发现于德国侏罗纪晚期地层的 Archaeopteryx(始祖鸟)和我国辽宁省热河晚侏罗世地层中的 Confuciusornis(孔子鸟)等化石,被认为是鸟类的祖先。在我国辽西、蒙古、俄罗斯和朝鲜等地早白垩世地层中发现大量鸟类化石,包括 Sinornis(中国龙鸟)、Cathayornis(华夏鸟)、Boluochia(波罗赤鸟)及 Chaoyangia(朝阳鸟),其中朝阳鸟可作为现代鸟的直接祖先代表。飞翔的爬行动物发展于侏罗纪、白垩纪,主要为翼龙类和飞龙类,它们有适于飞行的不大的形体、加长的前肢。如我国新疆发现的 Dsungaripterus(准噶尔翼龙),两翼伸开长达 2m,滑翔能力强。

白垩纪陆生恐龙以鸟臀类的繁盛为特色,种类多,分布广。鸟臀类以食植物为主,两足行走,脚的三趾构造与现代鸟类相像,如 Psittacosaurus(鹦鹉嘴龙)、Anatosaurus(鸭嘴龙),还有甲龙以及在白垩纪后期才开始发展的角龙。蜥臀类在白垩纪仍继续发展,食肉的兽脚类突发演变,具有巨大的形体,牙齿锋利如刀,凶猛异常,如 Tyranosaurus(霸王龙)。

水生爬行动物在中生代称霸海洋。鱼龙类自三叠纪后期返回海洋生活,在侏罗纪、白垩纪成功地占据了海洋领域,它们具有鱼形身体,善于水中游泳但又用肺呼吸,可以 Ichthyosaurus(鱼龙)和 Mosasaurus(沧龙)为代表。

白垩纪末期无论是陆上的恐龙类、空中的飞龙类或海中的沧龙类均全部灭绝。❶

值得提出的是侏罗纪、白垩纪也是真骨鱼和全骨鱼类繁盛的时期,前者如 Lycoptera(狼鳍鱼),后者如 Sinamia(中华弓鳍鱼)。白垩纪还出现了最早的蛇和最早的灵长类,晚白垩世还出现了哺乳动物中的有胎盘类。

二、陆生植物的发展演化和地理分布

中生代的陆生植物以裸子植物中的苏铁、松柏、银杏类为主,真蕨类繁盛,并占有重要地位。晚白垩世是植物界的又一个重要变革时期,被子植物兴起、繁盛并占据了统治地位。

三叠纪以裸子植物的苏铁类和蕨类植物中的真蕨占优势。此时期随着陆地面积的扩大,地势高差的加剧,气候分带日趋明显。在中国境内晚三叠世以古天山(或古昆仑)—古秦岭—古大别山一线为界,南方以 Dictyophyllum(网脉蕨)—Clathropteris(格脉蕨)植物群(或称东京植物群,简称 D.—C. 植物群)为特征,代表热带、亚热带近海环境;北方以莲座蕨科的 Danaeopsis(拟丹尼蕨)—Bernoullia(贝尔瑙蕨)植物群(或称延长植物群,简称 D.—B. 植物群)为特征,代表温带潮湿内陆环境。至晚侏罗世、早白垩世植物分区界线明显北移,大致以阴山为界,北方银杏类很多,蕨类则以 Acanthopteris(刺蕨)和 Ruffordia(鲁福德蕨)植物群繁盛为特征,松柏类具展开状的披针形叶片,如 Cephalotaxopsis(拟粗榧),反映了温带潮湿气候特征。南方以银杏类极少、苏铁类多、小叶型真蕨类为特征,松柏类为鳞片状小叶紧贴在枝上,角质层也增厚,如 Brachyphyllum(短叶杉)等(图 2-8-2),反映为干旱的热带—亚热带气候。

白垩纪晚期被子植物繁盛并占据了统治地位,以栎、山毛榉、柳等为代表,被子植物的兴起,使一度极为繁盛的蕨类及原先占优势的苏铁、松柏、银杏等裸子植物衰落和退居次要地位。

---

❶ 感兴趣的同学可在网上搜索观看视频《恐龙灭绝》。

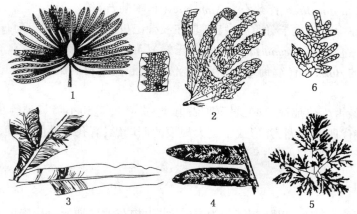

图 2 - 8 - 2　中生代植物化石(据杜远生、童金南,1998)

1—*Dictyophyllum*(网脉蕨,T₃);2—*Clathropteris*(格脉蕨,T₃);3—*Danaeopsis*(拟丹尼蕨,T₃);
4—*Bernoullia*(贝尔瑙蕨,T₃);5—*Ruffordia*(鲁福德蕨,K);6—*Brachyphyllum*(短叶杉,K₁)

三、无脊椎动物的演化和发展

　　中生代无脊椎动物十分繁盛,门类众多。海生无脊椎动物主要有软体动物中的菊石类、双壳类和箭石类、其次是六射珊瑚、腕足类、棘皮类、有孔虫、牙形石、腹足类等;淡水及陆生、淡水无脊椎动物以双壳类、介形类为主,其次是叶肢介、腹足类和昆虫等(图 2 - 8 - 3)。

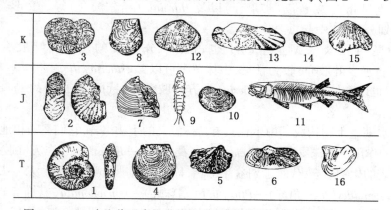

图 2 - 8 - 3　中生代无脊椎动物化石(转引自杜远生、童金南,1998)

1—*Ophiceras*(蛇菊石,T₁);2—*Hongkongites*(香港菊石,J₁);3—*Nipponites*(日本菊石,K₂);4—*Pseudoclaraia*(假克氏蛤,T₃);
5—*Myophoria*(褶脊蛤,T₃);6—*Burmesia*(缅甸蛤,T₃);7—*Trigonia*(三角蛤,J);8—*Inoceramus*(叠瓦蛤,K₂);
9—*Ephemeropsis*(类蜉蝣,J₃);10—*Eoestheria*(东方叶肢介,J₃);11—*Lycoptera*(狼鳍鱼,J₃);12—*Trigonioides*(类三角蚌,K₁);
13—*Plicatunio*(褶珠蚌,K₁);14—*Nippononaia*(富饰蚌,K₁);15—*Pseudohyria*(假嬉蚌,K₂);16—*Bakevella*(贝荚蛤,P - K)

(一)海生无脊椎动物

　　菊石类在中生代分布广、演化快,成为中生代海相地层中重要标准化石,可以进行海相地层分阶和国际地层对比的标准。三叠纪早期的菊石类具简单齿菊石式缝合线,壳面纹饰也简单,如 *Ophiceras*(蛇菊石),三叠纪后期为齿菊石式或菊石式缝合线,壳面具瘤、肋,如 *Paraceratites*(副齿菊石)。侏罗纪菊石具有复杂的菊石式缝合线,如 *Arietites*(白羊石)、*Hongkongites*(香港菊石)等。至白垩纪菊石类缝合线又趋简单,形状奇特,成不规则形状,直或

· 373 ·

螺旋状或旋绕状,如 *Baculites*(杆菊石)、*Nipponites*(日本菊石)等。

海相双壳类在中生代也十分重要,特别是在三叠纪更显繁盛,往往与菊石一起组成重要分阶组合。早—中三叠世有 *Pseudoclaraia*(假克氏蛤)、*Myophoria*(*Costatoria*)(褶脊蛤)等,晚三叠世以壳饰特殊的 *Burmesia*(缅甸蛤)为代表。侏罗纪三角蛤科、牡蛎科繁盛,白垩纪则以厚壳类型为特征。

腕足类已不像古生代那样繁盛,只剩下石燕类、穿孔贝类和小嘴贝类等少数类群,但数量众多,六射珊瑚替代四射珊瑚,并形成了更大规模的珊瑚礁;有孔虫再度繁盛,在造岩方面起重要作用。

(二)淡水湖生生物

在中国,侏罗纪、白垩纪以陆相沉积为主,淡水生物在地层划分对比中的重要性十分突出,主要为淡水双壳类、腹足类、鱼类、叶肢介、介形虫及昆虫类。

淡水双壳类我国常见的有:晚三叠世的 *Shanxiconcha*(陕西蚌)和 *Unio*(珠蚌),早侏罗世的 *Cuneopsis*(楔蚌),中—晚侏罗世在华南、青海、甘肃、新疆等地的体大壳厚的 *Lamprotula*(始丽蚌)、*Psilunio*(裸珠蚌),在华北、东北地区的薄壳 *Ferganoconcha*(费尔干蚌);早白垩世的 *Plicatunio*(褶珠蚌)、*Nippononaia*(富饰蚌),晚白垩世的 *Pseudohyria*(假嬉蚌)等。

介形类在中生代的湖沼中十分繁盛,我国侏罗纪—白垩纪陆相地层中发现较多。中侏罗世常见有 *Darwinula*(达尔文介)等,晚侏罗世常见有 *Lycopterocypris*(狼星介)。白垩纪常见的有 *Cypridea*(女星介)、*Candona*(玻璃介)以及 *Harbinia*(哈尔滨介)等。介形类分布很广,在油田钻孔地层划分、对比中起重要作用。

叶肢介和昆虫在淡水湖生生物中也占据十分重要的位置。叶肢介早侏罗世以 *Paleolimnadia*(古渔乡叶肢介)较为常见,中侏罗世可以 *Euestheria ziliujingensis*(自流井叶肢介)为代表,晚侏罗世以个体较大的 *Eosestheria*(东方叶肢介)为特征,昆虫中的 *Ephemeropsis*(类蜉蝣)在晚侏罗世大量繁盛。

上述的淡水湖生生物构成了中生代具有特殊意义的生物组合,它们在陆相地层划分对比中起着极其重要的作用。晚侏罗世以 *Ephemeropsis*(类蜉蝣)—*Eosestheria*(东方叶肢介)—*Lycoptera*(狼鳍鱼)为代表的生物组合,代表了湖盆浮游相,称为热河动物群,简称为 E. —E. —L. 动物群。早白垩世的 *Trigonioides*(类三角蚌)—*Plicatunio*(褶珠蚌)—*Nippononaia*(富饰蚌)为代表的生物组合,简称为 T. —P. —N. 动物群。晚白垩纪则以 *Pseudohyria*(假嬉蚌)等为代表。

第二节 中生代的地层和古地理特征

在时间上,中国的中生代可以明显地划分为两个阶段:三叠纪和侏罗—白垩纪。三叠纪时期,特别是早、中三叠世仍继承了古生代以来的以秦岭海槽为界所显示的"南海北陆"特征,受中、晚二叠世期间印支运动的影响,华南地区明显海退;侏罗纪、白垩纪则以贺兰山—龙门山—大雪山为界,东西两侧古构造、古地理特征明显不同,东部为陆相火山活动和拉张性盆地,西部为挤压性的山间盆地。

一、中国三叠纪地层和古地理

在空间上,我国三叠纪的古地理具有三分性特点:以秦岭—昆仑山为界,"南海北陆"十分注目。南部的海区以龙门山—康滇古陆为界,东侧为华南稳定浅海,西侧为活动的多岛洋盆地,北方仅祁连山和黑龙江部分地区有海水,北方大陆内存在着明显的地势分异:有山系高原和吐鲁番、北祁连、河西走廊等山间盆地,也出现鄂尔多斯、准噶尔等大型内陆盆地。第二是发展历史上有明显的二分性,尤其在华南地区,以印支运动为转折,早—中三叠世以浅海碳酸盐岩为主,晚三叠世以海陆交互相碎屑岩沉积占优势。

(一)华南地区三叠纪地层和古地理

我国南方早—中三叠世沉积期主要为海相沉积,晚三叠世为海陆交互相或陆相沉积,只有零星地区具有海相地层。三叠纪以华南地区海侵形成的浅海沉积最为广泛,黔南贞丰剖面化石丰富、研究详细、各组连续而完全,可作为华南地区代表性剖面,华南浅海区三叠系与二叠系呈连续或平行不整合接触。三叠系下统及中统普遍为海相地层;上统多数为海陆交互相或陆相,少数发育纯海相地层。黔南贞丰剖面自下而上包括下三叠统飞仙关组、永宁镇组,中三叠统关岭组和法郎组,上三叠统把南组、火把冲组和二桥组,具体剖面如下(图2-8-4中②):

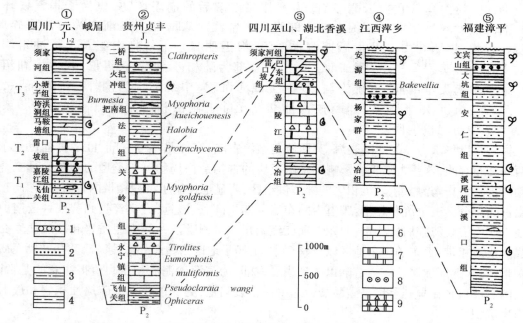

图2-8-4　中国东部三叠系柱状剖面对比图(据刘本培等,1986)

1—砾岩;2—砂岩;3—粉砂岩;4—泥质岩;5—煤层;6—泥灰岩、石灰岩;7—白云岩;8—绿豆岩;9—角砾状白云岩

上覆地层:中下侏罗统自流井群。

--平行不整合--

上三叠统:

二桥组:灰色中粗粒石英砂岩、含砾砂岩,上部砂质泥岩夹碳质页岩,含植物化石 Clathropteris(格脉蕨)及双壳类。

　　>300m

火把冲组:灰色砂岩、黑色页岩夹煤层,产双壳类 Yunnanophorus boulei(勃氏云南蛤)、腕足类 Lingula sp. 及大量植物化石。

　　　　　　　　　　　　　　　　　　　　　　　　　　　　　　　　　　　　　　　>700m

把南组:灰黄色砂页岩互层夹泥灰岩、碳质页岩及煤线,富产双壳类 *Myophoria*(*Costatoria*)*kueichouensis*(贵州褶脊蛤)。 >400m

中三叠统:

法郎组:灰色石灰岩和灰绿色砂页岩夹泥灰岩,富含双壳类 *Daonella*(鱼鳞蛤)、*Halobia*(海燕蛤)和菊石 *Protrachyceras*(前粗菊石)。 >1001m

关岭组:白云岩、盐溶角砾岩,下部含石灰岩、砂泥岩,底部为"绿豆岩",产双壳类 *Myophoria*(*C.*)*goldfussi*(古氏褶脊蛤)及腹足类等化石。 >1400m

下三叠统:

永宁镇组:灰绿色、紫色页岩,泥灰岩、石灰岩及白云岩,顶部为盐溶角砾岩,含菊石 *Tirolites*(提罗菊石),双壳类 *Eumorphotis*(真形蛤)。 约900m

飞仙关组:紫红色砂岩、泥岩为主,夹泥灰岩及含铜砂岩,下部产菊石 *Ophiceras*(蛇菊石)及双壳类 *Pseudoclaraia wangi*(王氏假克氏蛤),上部产双壳类 *Eumorphmotis multiformis*(多饰真形蛤)。 >800m

————————————————————间　　　断————————————————————

下伏地层:二叠系大隆组。

下统飞仙关组以紫红色砂泥岩为主,包括含铜砂岩等,含丰富的海生底栖双壳类,为炎热干燥气候下的滨、浅海碎屑岩相,代表海侵初期的沉积。永宁镇组下部为紫色页岩,上部为泥灰质和白云质碳酸盐岩,属浅海碎屑岩—石灰岩相。永宁镇组顶部及中统下部关岭组角砾状白云岩发育,为膏盐层溶解后的崩塌产物,应为干旱气候环境下的潮上蒸发环境。中三叠统上部法郎组为正常浅海碳酸盐岩逐渐变为滨浅海碎屑、泥质岩沉积,说明在中三叠世后期海水变浅,海退明显。上统把南组及火把冲组均为海陆交互相砂页岩夹煤层,顶部的二桥组已全部为陆相砂、页岩含煤层,代表了湖沼环境。纵观黔南贞丰剖面,下统为滨、浅海至浅海沉积;中统下部为潮坪—潟湖沉积,上部为正常浅海沉积;上统为极浅海、海陆交互至陆上湖沼和河流沉积。整个三叠系构成一个完整的沉积旋回。

早三叠世华南主体为一陆表海,其西侧是康滇古陆,东侧是华夏古陆,江南古陆以北东—南西向展布其间,这些古陆直接影响到华南板块的古构造格局和沉积类型的展布。早三叠世时康滇古陆为华南海盆主要沉积区的碎屑供给区,明显地控制了沉积相带的分布,自西向东到江南古陆可分为三个沉积相带:康滇古陆东缘—四川旺苍、威远、宜宾经贵州普安—云南沪西一线以西为滨浅海碎屑岩相带;向东至通江经南川—贵州黔西一线为泥质岩和碳酸盐岩交互组成的浅海相带;更东的川东地区以及整个中、下扬子地区为浅海—深浅海碳酸盐及钙泥质沉积相带,海水逐渐加深。江南古陆以东到华夏古陆,为滨海砂泥质相带。值得注意的是黔南、桂西的右江地区在早三叠世是碳酸盐台地中一个裂陷槽,为深水相火山碎屑浊积岩和放射虫硅质岩沉积。

华南地区在早三叠世后期及中三叠世早期仍为统一海盆,但由于西部龙门山—康滇古陆上升,北缘大巴山古陆的出现,以及南部黔南地区青岩生物礁带的阻隔,使扬子海盆成为半封闭状态,为潮上蒸发环境,白云岩及盐类沉积广布(图2-8-4中①、③)。江南古陆等剥蚀区进一步隆升,为其东部沉积区提供了大量岩屑,在中、下扬子地区形成了巴东组紫红色含铜砂岩,赣北、闽中等地也有滨浅海碎屑沉积(图2-8-4中④、⑤)。

中三叠世晚期,由于印支运动的影响,华南地区发生大规模海退(拉丁期大海退),大部分地方缺失该期沉积,沉积区显著缩小,仅在黔桂地区及龙门山前边缘有浅海灰岩和砂泥岩沉积,可以法郎组和雷口坡组为代表(图2-8-4中①、②)。中—下扬子、闽中地区为海陆交互相碎屑沉积,其余均成为剥蚀区。

晚三叠世,华南地区以江南古陆为主体的湘黔桂高地形成,并以此将华南分隔为东西两个滨海沉积区(图2-8-5)。西部的海湾在龙门山前及滇黔桂一带,早期的浅海碳酸盐及碎屑沉积中含双壳类 *Burmesia*(缅甸蛤)动物群,说明其海侵来自西边的特提斯洋,晚期则成为沉积范围较大的川滇近海盆地,形成了闻名的含 *Dictyophyllum—Chathropteris*(简称 *D.—C.*)植物群的须家河组(含煤)。湘黔桂高地以东的海湾为以安源组为代表的海陆交互相含煤沉积,其中含有 *Bakevelloides*(类贝荬蛤)为代表的动物群,说明该海槽的海侵来自东部的环太平洋海槽。值得注意的是此时闽西北地区出现一系列北北东向小型内陆新断陷盆地,其中的陆相酸性火山凝灰岩代表了中生代环太平洋火山带最早的记录。

(二)北方地区三叠纪地层和古地理

1.大型河湖盆地

二叠纪晚期华北板块、塔里木板块与西伯利亚—蒙古板块碰撞拼接,形成巨大的劳亚大陆的一部分——中国北方古陆。三叠纪我国的西北、华北和东北广大地域,广布着一些彼此隔离的内陆盆地。其中大型河湖盆地有华北西部的鄂尔多斯盆地和宁武—沁水盆地,西北地区的准噶尔盆地和塔里木盆地等;华北东部、东北地区以及西北的祁连山、天山等地,则零星分布小型山间盆地(图2-8-5)。

(1)鄂尔多斯盆地。

在大型河湖盆地中,鄂尔多斯盆地的三叠系发育良好,生物化石十分丰富,是中国北部陆相三叠系的标准剖面。鄂尔多斯盆地三叠系自下而上包括下三叠统刘家沟组、和尚沟组,中三叠统纸坊组、铜川组,上三叠统胡家村组、永坪组和瓦窑堡组,具体剖面如下:

上覆地层:下侏罗统延安组。

------------------------------平行不整合------------------------------

上三叠统延长群:

瓦窑堡组:灰、深灰色砂岩与泥岩互层夹煤层,含 *Neocalamites*(新芦木)、*Thinnfeldia* sp.(丁菲羊齿)、*Dannaeposis fecunda*(拟丹尼蕨)及鱼、介形类化石。 378m

永坪组:灰绿色中—细粒砂岩夹泥岩,砂岩含油,含 *Cladophlebis* sp.(枝脉蕨)。 188m

胡家村组:中上部为黄绿色砂泥岩夹油页岩,下部为黄绿色、黑色页岩、油页岩。含 *Cladophlebis ichiinensis*(枝脉蕨)、*Bernoullia zeilleri*(贝尔瑙蕨)及介形类化石。 547m

中三叠统:

铜川组:黄绿、灰绿色细、粉砂岩、泥岩,上部油页岩发育,含 *Danaeopsis fecunda*(拟丹尼蕨)、*Neocalamites carcinoides*(新芦木)、*Pleuromeia labita*(肋木)及鱼、介形类化石。 579m

纸坊组:紫红色砂泥岩互层。含 *Pleuromeia wuziwanensis*(肋木)、*Pterophyllum* sp.(侧羽叶)、*Shansisuchus*(山西鳄)及介形类等。 867m

------------------------------平行不整合------------------------------

下三叠统:

和尚沟组:棕红、紫红色泥岩为主,含 *Ceratodus heshaggouensis*(角齿鱼)、*Capitosauridae*(大头龙类)及叶肢介化石。 867m

刘家沟组:灰紫色交错层理砂岩夹砾岩、泥岩。 353m

下伏地层:上二叠统石千峰组。

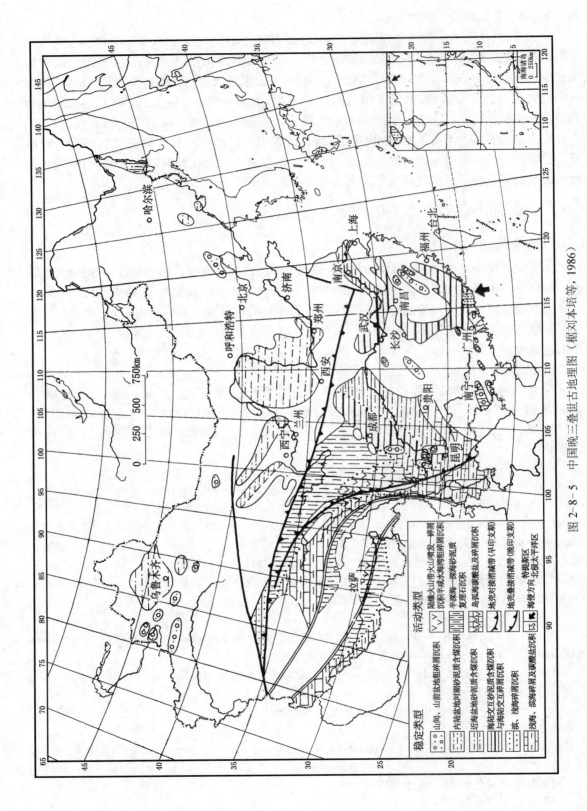

图 2-8-5 中国晚三叠世古地理图（据刘本培等，1986）

稳定类型

⊙⊙	山间、山前盆地粗碎屑沉积
⋮⋮	内陆盆地河湖砂泥质含煤沉积
⫴⫴	近海盆地河砂泥质含煤沉积
⫾⫾	海陆交互砂泥质含煤沉积
⦙⦙	海陆交互碎屑沉积
⣿	滨海、浅海碎屑及碳酸盐沉积

活动类型

∨∨	陆缘火山带火山喷发—碎屑沉积及半成水海湾粗碎屑沉积
⫴⫴	半深海—滨海的泥质复理石沉积
⫴⫴	岛弧海碳酸盐及碎屑沉积
∿∿	地壳对接消减带（早印支期）
∿∿	地壳叠接消减带（晚印支期）
◤	海侵方向 北极大平洋区

特提斯区

· 378 ·

刘家沟组、和尚沟组为紫红色砂泥质岩,砂岩中多具有交错层理,代表干旱气候下的河湖碎屑岩沉积组合。中统下部纸坊组仍属干旱气候下的紫红色河湖碎屑岩沉积,仅局部夹一些灰绿色夹层,在山西同时期的二马营组发现著名的肯氏兽动物群化石。中统上部铜川组及上统延长组统称延长群,以灰绿、黄绿色砂岩、页岩为主,下部夹黑色油页岩,顶部含煤层,富含 *D.* —*B.* 植物群,总厚度达 2000m,为温带半潮湿气候环境的大型坳陷盆地。从延长群开始鄂尔多斯盆地的轮廓比较明显,产鱼类及介形类化石,气候更加湿润,为潮湿的湖相沉积。延长群顶部与侏罗系间存在更显著的平行不整合,都可以视作印支运动对本区的影响。

早—中三叠世鄂尔多斯盆地继承了二叠纪近东西向的构造格局和稳定的沉积特点,所不同的是沉降速率有所加快。晚三叠世的鄂尔多斯盆地北缘和东缘经印支早期运动,差异升降明显,北缘形成了北高南低并向南倾斜幅度较大的斜坡,东缘受太平洋板块向华北板块北北西向俯冲影响向西迁移至太行山东侧一带,形成东高西低向西南倾斜的斜坡。鄂尔多斯盆地是印支构造旋回形成的前陆盆地,在晚三叠世鄂尔多斯盆地较现在盆地范围大,北缘为阴山隆起,西南缘及南缘可达祁连—秦岭隆起北侧,向东可分布到晋豫冀地区。大致界线位于大同—五台—石家庄—邯郸—济宁一线,在该线以东以北地区,地势较高,以隆升剥蚀为主。盆地的结构从整体来看,具有北高南低,沉积厚度北薄南厚,沉积物岩性北粗南细、西粗东细的特点。南缘铜川厚度两千多米,至北缘河套地区只有二百多米。盆地铜川组和延长群在北部岩性粗,常见含砾砂岩、砾岩,砂岩长石含量高常呈红色,以河流相沉积为主;盆地南部岩性逐渐变细,长石含量减少,油页岩层增多,岩层颜色变深,多为灰绿色,属湖相为主的沉积,同时也说明物源主要来自于北缘和西缘。坳陷中心偏向南部。盆地内东西分异也较明显,从西向东依次为:强烈沉降的近南北向大型沉降带,其中堆积了粗粒碎屑沉积物,向东为狭窄的南北向潜隆带,再向东为深水浊积岩广泛分布的坳陷。

另外,在盆地的西南部,下三叠统中夹有海相地层,含正海扇和翼蛤等海生生物化石,说明早三叠世盆地西南部仍与南部的祁连山海槽相连通,有短暂的海侵。盆地内旋回性较明显,自下而上划分为刘家沟组—和尚沟组、纸坊组—铜川组—胡家村组、永坪组—瓦窑堡组三个沉积旋回,每个旋回下部为粗碎屑沉积说明在每个旋回底部沉积时期盆地差异升降明显,地形高差大,上部沉积变细,说明盆地差异升降逐渐变弱,地形高差逐渐缩小。

(2)西北新疆准噶尔盆地。

我国祁连山及新疆地区都有三叠纪盆地,发育陆相地层,我国西北地区新疆北部准噶尔盆地的三叠系发育较好。盆地呈三角形,四周被海西期褶皱山系环绕,盆地北缘克拉玛依三叠系剖面研究最详细(表 2 - 8 - 1)。

克拉玛依的三叠系最厚约 1500m,分布广泛,含油远景好,所含植物化石与陕北相同,早三叠世新疆进入内陆环境,变为大陆型干旱气候,上仓房沟群属干燥气候条件下的河流相沉积;中—晚三叠世,盆地内以滨—浅湖相为主,盆地边缘发育洪冲积扇,生物繁茂,古气候也随之转为湿润,克拉玛依组属湿润的河湖相沉积;晚三叠世的黄山街组、郝家沟组为湖沼相沉积,气候湿润。

表 2-8-1　准噶尔盆地克拉玛依地区三叠系剖面

地　层		岩　性	化　石	厚度
上覆地层		下侏罗统:八道湾组		
上统	小泉沟群	郝家沟组:灰绿、灰褐色细粉砂岩,夹泥岩、煤线	含植物碎屑	0~120m
		黄山街组:灰黄色泥岩夹粉砂岩	新芦木(Necalamites) 楔蚌(Cuneopsis) 鱼	15~300m
中统		克拉玛依组:上部为灰绿色泥岩、砂岩夹砾岩,可分为5个砂层。下部为棕红色、灰绿色泥岩、砂岩互层,夹砾岩,可分为两个砂层	新芦木(Necalamites) 拟丹尼蕨(Danaeopsis) 丁菲羊齿(Thinnfeldia) 古鳕鱼(Palaeoniscus)	20~398m
下统	上仓房沟群	棕红色(为主)、灰绿色砾岩、砂岩、泥岩互层	稀少	10~710m
下伏地层		二叠系:乌尔禾群		

克拉玛依组下部地层,其所属时代曾经有过争议,现于其中采得拟丹尼蕨化石,故将其时代从原来的早三叠世改为中—晚三叠世。本区三叠系于克拉玛依等处已获工业油流。

准噶尔盆地南缘也有三叠纪陆相地层,下统称仓房沟群,产爬行类、介形虫及植物化石;中上统称小泉沟群,产鱼类及植物化石。塔里木盆地和吐鲁番盆地也都有陆相三叠纪地层,但从现有资料来看,其含油远景不及准噶尔盆地。吐鲁番盆地三叠系下统韭菜园组产水龙兽(Lystrosaurus)为主的脊椎动物群,完全可与南非中博弗特组(Middle Beaufort)水龙兽带对比,为联合古陆的存在提供了生物依据。

准噶尔盆地内三叠系下统下部产水龙兽动物群,与南半球同期的陆生爬行动物群可以对比,证明了古生代末期至中生代初期全球规模联合古陆的存在。

(3)西北新疆塔里木盆地。

新疆南部塔里木盆地受海西运动的影响,盆地周边褶皱升起,沿盆地周缘深断裂,出现了分割性断陷盆地,盆地中部台隆基本形成,以它为中轴,被明显地分割成北部和南部两大断陷区。其中以天山山前库车坳陷发育完整,沉积了下—中三叠统的粗碎屑岩及上三叠统的湖泊沼泽相含煤沉积,与下伏古生界呈假整合或不整合接触。下统为山麓相的粗碎屑磨拉石红层,中上统为含煤建造。其具体剖面如下:

上覆地层:下侏罗统阿合组。

--平行不整合--

上三叠统:

塔里奇克组:上部为灰绿色泥质粉砂岩与灰绿色、浅灰白色、灰黑色薄层,细粉—粗粒砂岩夹劣质煤层;含欣克苏铁衫等植物化石;中部为浅灰色、浅灰白色粗砂岩、砾状砂岩夹灰黑色泥质粉砂岩及煤层,含霍尔新芦木等植物化石;下部为灰白色、浅灰色、灰黄色厚层—块状粗砂岩和砾状砂岩,夹灰黑色碳质页岩和煤层,含柴达木枝脉蕨等植物化石。

177.1m

黄山街组:上部为灰绿色黄绿色厚层状粗砂岩,灰绿色薄层状细砂岩、粉砂岩,局部夹纹层状砂质泥岩,

灰黑色碳质页岩;中部为深灰绿色纹层砂质泥岩;下部为灰黑色、深灰绿色纹层碳质泥岩。　　　　　　　　299.2m

中三叠统:

克拉玛依组:上部为灰绿色砾岩和黄绿色砂岩互层,往上变为暗绿色粉砂岩、细砂岩、夹灰黑色碳质泥岩;中部为暗绿色、局部紫红色粉砂岩,灰绿色砾岩、砂岩互层,往下主要为紫红色砂质泥岩和砂岩,含植物化石菱形丁菲羊齿、多实丹蕨等;下部为灰褐色砾岩与紫红砂质泥岩互层夹砂岩、粉砂岩。　　　　　　　　885m

下三叠统:

俄霍布拉克群:上部为灰白色、浅灰紫色砾岩,含叶肢介化石;中部为浅紫红色砾岩、砾状砂岩互层,最顶部为灰绿色、灰白色砾岩;下部为灰绿色粉砂岩夹砂岩,灰白色砾岩和砾状砂岩交混。　　　　　　　　547.6m

---平行不整合---

下伏地层:二叠系。

三叠系俄霍布拉克群底界面与下伏地层呈假整合接触。以发育扇三角洲体系为特征,是一套灰色、褐灰色中—细砾岩,属于扇三角洲体系扇缘和扇中沉积。俄霍布拉克群底界总体反映一种近源快速地磨拉石堆积,是对快速坳陷的沉积构造反映。克拉玛依组和黄山街组下部主要为一套半深湖—深湖相沉积,表明强烈的坳陷使盆地内部出现前渊沉积带,从黄山街组晚期到塔里奇克组反映出三叠纪晚期特有的沉积特征,沉积物粒度变细,环境由半深湖—深湖向曲流河的泛滥平原沉积演化。

我国北部的陆相三叠系,东、西情况不同,除上述吕梁山以西大型盆地沉积外,以东很少见到三叠系,山西、河南虽有分布,但所在的盆地较小,说明三叠纪时我国北部升降运动的差异性,也指示了以陆相三叠系为找油目标的远景地区。

2. 小型山间盆地

在华北东部、东北地区,基本上是大片剥蚀高地,仅有局部地区的晚三叠世沉积纪录。东北吉林南部浑江地区,上三叠统小河口组为陆相含煤碎屑沉积,产 *D.—B.* 植物群。更往东的吉林汪清和黑龙江东宁一带,上三叠统含煤陆相地层中出现酸性火山岩和滨海相夹层,产 *D.—B.* 植物群,但是 *D.—C.* 植物群分子也占一定比例,显然与处于滨太平洋近海低地受到古太平洋暖流影响有关(米家榕等,1993)。

总之,中国北方古陆各盆地之间和盆地内部的岩相和厚度变化显著,但这些盆地三叠纪的历史大致都可以分为两个阶段:早三叠世—中三叠世早期为干燥气候下的河流、湖泊发展阶段,皆为红色的碎屑岩沉积,偶见石膏结核或夹层,含脊椎动物化石,表明继承了晚二叠世的干燥气候环境,当时地形起伏较大,以河流及湖泊沉积为主;中三叠世晚期—晚三叠世则为潮湿气候下的河流、湖泊、沼泽发展阶段,沉积物以灰绿色砂页岩为主,有些地区夹煤层、油页岩,富含植物化石,属湖泊、河流及沼泽相沉积。

(三)西南多岛洋的古地理格局

晚古生代时期,在我国西南地区形成的古特提斯多岛洋于中生代发生明显变化。早、中三叠世特提斯多岛洋的主支——澜沧江、昌宁—孟连洋已消减为残余洋盆,近年来在滇西南耿马、澜沧地区及藏东左贡地区发现残余洋盆型硅质岩、细粒碎屑岩沉积,其中的放射虫动物群具有较浓的地方性色彩;金沙江—哀牢山洋继续俯冲消减,并最终闭合;相反,甘孜—理塘洋、怒江洋和雅鲁藏布江洋迅速扩张,放射虫硅质岩和枕状玄武岩发育。这些洋盆之间的微板块古地理特征差别较大,中咱、羌塘、昌都微板块以浅海盆地为主,沉积了石灰岩和碎屑岩;怒江洋、雅鲁藏布江洋以北的冈底斯地区、腾冲—波密区为古陆;雅鲁藏布江洋以南的珠峰地区以石灰岩沉积为主,代表了冈瓦纳古陆北缘的浅海区,位于南半球(古纬度为29°S)。

中三叠世末发生具有划时代意义的印支运动。晚三叠世更加明显,西南多岛洋发生巨变。澜沧江、吕宁—孟连洋和金沙江—哀牢山洋完全封闭;甘孜—理塘洋由扩张转为俯冲消减,并最终闭合,中咱、羌塘、昌都、思茅地区连成一片,早期发育紫红色磨拉石沉积,晚期普遍为滨、浅海环境。冈底斯地区和腾冲—波密地区仍为古陆;雅鲁藏布江洋不断扩大,并造成生物区系的隔离,该洋南北地区生物群明显不同。

二、中国侏罗纪地层和古地理

三叠纪末期的印支运动导致古特提斯洋最终闭合,引起中国南方普遍海退和古中国大陆的形成。侏罗纪起古中国大陆主体处于陆地环境,结束了东部地区三叠纪前以秦岭为界的"南海北陆"古地理格局。受古太平洋和特提斯洋板块俯冲的影响,尤其是古太平洋板块与古亚洲大陆东缘之间的斜向俯冲,激发了兴安岭—太行山—武陵山一线东侧地域的强烈构造—岩浆活动,以小型断陷盆地为特征,与西侧的大型稳定内陆盆地和山脉间列形成鲜明对比,呈现了地壳构造活动性东西分异新格局。特提斯洋的迅速扩张和环太平洋带的活动,使古中国大陆西南缘和东缘仍为海洋环绕。

侏罗系盆地的发育过程明显地划分为两个阶段,早—中侏罗世是盆地的发生和发展阶段,大多数盆地属坳陷型或断陷型盆地,沉积类型以湖泊—沼泽—河流含煤建造为主;晚侏罗世则是处于盆地的萎缩、消亡阶段。基本上是处于挤压或隆起的应力场之中,在陆内和山前,以坳陷盆地为主,山间则发育了一些以抬升为主的断陷盆地,但不论哪种盆地都很快消亡,沉积了山麓冲积—沉积相为主的红色碎屑岩。

(一)中国东部小型断陷盆地

本区是中生代环太平洋沿岸火山活动带的一部分。地壳构造变动和岩浆活动强烈,发育许多以火山岩沉积为主的小型断陷盆地。本区在侏罗纪早、中期普遍发育含煤沉积,中、晚期以强烈火山喷发、岩浆侵入和构造变动为特征(图2-8-6)。本区侏罗纪盆地后期改造强烈,现存的多为残留盆地,其中面积较大的有二连盆地、漠河盆地、北票盆地。东北地区陆相侏罗系主要分布在构造活动强烈的大兴安岭与燕辽地区,海拉尔盆地只有下统,松辽盆地零星见到中统白城组、上统姚南组,二连盆地的侏罗系主要残存于后期白垩系断陷盆地中,冀北、辽西和大兴安岭东南部侏罗系中统和下统下部广泛分布,主要盆地有宣化—延庆盆地、滦平—承德盆地、北票—金羊盆地、万宝盆地等。上统在盆地内出露广泛。海相侏罗系主要分布于黑龙江东部龙爪沟地区。

1.冀北辽西地区

冀北辽西侏罗系综合剖面是该区地层的典型代表(图2-8-7中①),它是对若干小型断陷盆地综合研究的结果。冀北辽西地区侏罗系剖面,其岩性十分复杂,厚度巨大。自下而上以重要的不整合面将其归纳为三个火山喷发—沉积岩性组合,分别称为北票群、南岭群和热河群(狭义)。下侏罗统北票群包括兴隆沟组和北票组,中侏罗统南岭群包括蓝旗组和土城子组,上侏罗统为热河群下部,包括义县组和九佛堂组,具体剖面如下:

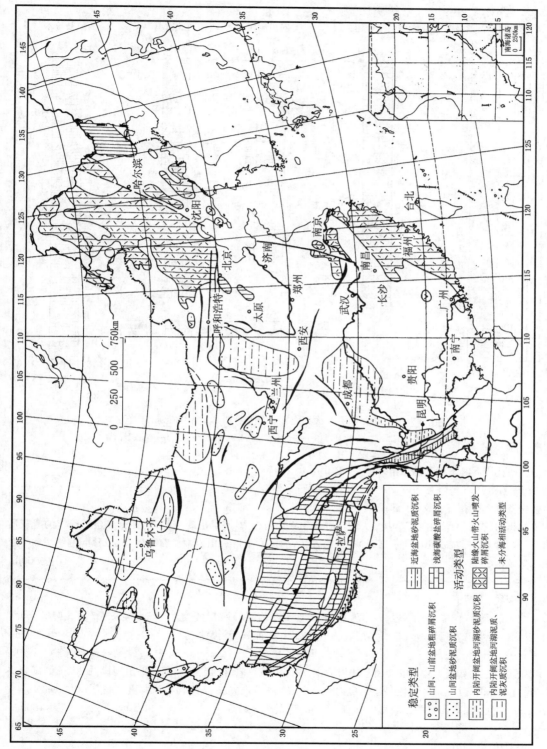

图 2-8-6　中国晚侏罗世古地理图（据刘本培等，1986）

稳定类型

山间、山前盆地粗碎屑沉积

山间盆地砂泥质沉积

内陆开阔盆地河湖砂泥质沉积

内陆开阔盆地河湖泥质、泥灰质沉积

活动类型

近海盆地砂泥质沉积

浅海碳酸盐碎屑沉积

陆缘火山带火山喷发碎屑沉积

未分海相活动类型

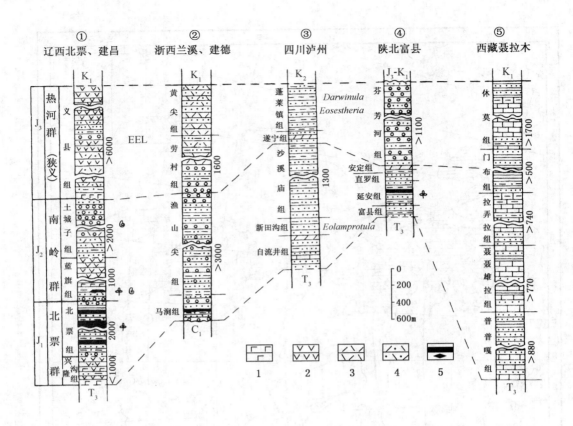

图 2-8-7　中国侏罗系柱状剖面对比图（据刘本培，1986，局部修改）
1—基性火山岩；2—中性火山岩；3—酸性火山岩；4—酸性凝灰岩；5—煤层、煤线

上覆地层：下白垩统九佛堂组。

------------------------------平行不整合------------------------------

上侏罗统：热河群（狭义）下部。

义县组（广义）：以安山岩、安山质火山角砾岩和集块岩为主，底部出现玄武岩，夹有多层不稳定的凝灰质页岩、砂岩，含 *Confuciusornis*（孔子鸟）和丰富的 EEL 动物群；下部火山岩中已获得（140±2）Ma 铷锶法和钾氩法平均年龄值。
　　　>6000m

~~~~~~~~~~~~~~~~~~~~~~~~~~~~~~角度不整合~~~~~~~~~~~~~~~~~~~~~~~~~~~~~~

中侏罗统：南岭群。

土城子组：紫红色复成分砾岩、砂岩为主，下部夹凝灰岩、粉砂岩、页岩，产 *Pseudoguapta*（假线叶肢介）等化石；上部砂岩中已发现风成沙丘型斜层理，砾石和砂粒表面具"沙漠漆皮"。
　　　>2000m

------------------------------平行不整合------------------------------

蓝旗组：玄武岩、安山岩及安山质集块岩为主，局部夹流纹岩、松脂岩，下部局部出现厚约200m的砾岩夹砂页岩，有时见薄煤层（近年有人另建海房沟组），产 *Euestheria ziliujingensis*（自流井真叶肢介）和 *Coniopteris - Phoenicopsis* 植物群，火山岩中已获得（158.1±8）Ma 钾氩法年龄值。
　　　1000m

~~~~~~~~~~~~~~~~~~~~~~~~~~~~~~角度不整合~~~~~~~~~~~~~~~~~~~~~~~~~~~~~~

下侏罗统：北票群。

北票组：黄褐、灰黑色砂页岩，可采煤层并夹砾岩，富产 *Coniopteris - Phoenicopsis* 植物群，并见 *Dictyopyllum* sp. 等较老分子。
　　　2000m

兴隆沟组：玄武岩、玄武安山岩、安山岩及安山质集块岩和角砾岩为主，局部见沉积夹层，火山岩中已获得(195±4)Ma钾氩法和铷锶法平均年龄值。 <1000m

---平行不整合--

下伏地层：上三叠统坤头波罗组。

下侏罗统北票群分布范围零星，其下部的火山岩代表了这一地区中生代最早的一次规模不大的基性、中基性火山喷发，反映断裂活动可深达上地幔，上部的含煤地层为湖沼环境下的产物，代表喷发期后的相对宁静阶段，地形高差不大，气候温暖潮湿。中侏罗统南岭群分布范围扩大，其下部的火山岩代表规模更大的火山喷发期，其成分以中性为主，也有少量玄武岩、流纹岩，说明岩浆分异复杂，构造活动增强，上部的沉积地层是又一次宁静期的产物，为山间河流及风成沙漠沉积，说明地形高差较大，地势也较高，气候炎热。中侏罗世末期构造活动加剧（燕山运动Ⅰ），火山喷发活动规模更大，造成上侏罗统热河群分布范围更广，以明显的区域性角度不整合覆盖于南岭群之上，同时大面积超覆到长期隆起的前古生代变质岩之上。热河群下部大规模分布的火山岩标志着地壳活动的高潮，在喷发的间隙及喷发期后以含煤及油页岩沉积的静水湖泊环境为主，含著名的 *Ephemeropsis*（类蜉蝣）、*Eosestheria*（东方叶肢介）、*Lycoptera*（狼鳍鱼）为代表的热河动物群（简称 *E.—E.—L.* 动物群），局部为河流沉积，说明当时冀北辽西地区地形平坦、气候潮湿。

2. 东部其他地区

中国东部地区火山带内侏罗系基本上可与上述冀北辽西剖面对比。早、中侏罗世火山喷发规模小，华北、华东在火山喷发间歇期和喷发期后均发育含煤沉积；东南地区早侏罗世普遍含煤，仅在香港、广东、湘南一带存在海相沉积，但从中侏罗世起普遍为红色沉积。晚侏罗世发生强烈火山喷发，广泛分布于大兴安岭、松辽、阴山及东南沿海一带，形成了规模巨大的兴安、东南沿海火山盆地区（图2-8-6）。东北区发育一系列小型断陷含煤盆地，这些盆地彼此分隔，但各自的沉积序列却十分相似，一般都是火山岩系—洪、冲积相粗碎屑堆积—湖相含煤碎屑堆积，反映出断陷盆地的构造演化具有同步性。松辽盆地断陷形成雏形，由一套暗色含煤碎屑岩夹中基性火山岩组成，分布不连续，局限于北北东向的小型断陷盆地中，沉积厚度变化大，由几十米到千余米。松辽盆地以东也有同期火山活动，但强度减弱，更东的完达山虎林龙爪沟地区，中、晚侏罗世发育海陆交互相含煤沉积，含 *Arctocephalites*（北极头菊石），表明北方区海侵来自北东方向。东南沿海火山盆区，晚侏罗世的强烈火山活动及地壳运动一直延续到早白垩世。浙西地区的建德群（图2-8-7中②）以酸性火山岩、凝灰岩、凝灰质砂岩、页岩为主，含 *E.—E.—L.* 动物群。

（二）中国西部大型稳定盆地

本区包括大兴安岭—太行山—武陵山以西的广大地区，与东部火山活动带有着重要的区别，是以大型稳定盆地与山脉间列为特征。主要盆地包括川滇盆地、鄂尔多斯盆地、准噶尔盆地、塔里木盆地、柴达木盆地、河西走廊盆地等（图2-8-6）。受古秦岭—古昆仑山的阻隔，南、北两侧盆地的沉积特征不尽相同。

1. 古秦岭—古昆仑以南的四川盆地

在古秦岭以南的四川盆地，可以川中剖面为代表（图2-8-7中③），川中地区的侏罗系在岩性及生物化石等方面有代表性，研究程度较高，该盆地侏罗系分布十分广泛，均

为陆相沉积,岩性以红色碎屑岩、黏土岩为主,故有红色盆地之称。现列出寇溪、建荣镇剖面如下:

上覆地层:下白垩统城墙崖群。

------------------------------------ 平行不整合 ------------------------------------

上侏罗统:

蓬莱镇组:灰紫色砂岩及棕红色泥岩,夹少量石灰岩。 700~850m

遂宁组:棕红色砂质泥岩夹粉砂岩,含石膏,偶见双壳类及介形类。 287~455m

中侏罗统;

沙溪庙组:紫红色泥岩与灰绿色砂岩,上部含石膏。含龟鳖、*Mamenchisaurus*(马门溪龙)、*Coniopteris*(锥叶蕨)。 1100~1900m

中—下侏罗统:

自流井组:紫红色泥岩、灰黑色页岩夹石灰岩及砂岩。富含双壳类化石,如 *Lamprotula* sp.(丽蚌)、*Cuneopsis johannisboehmi*(楔蚌)、*Pseudocadinia andersson*(假铰蚌)。 340~570m

------------------------------------ 平行不整合 ------------------------------------

下伏地层:上三叠统须家河组。

自流井组根据岩性及化石尚可分出六段,自下而上是:珍珠冲紫红色泥岩、东岳庙灰黑色页岩夹介壳灰岩段、鞍山紫红色泥岩段、大安寨紫红色泥岩夹石灰岩段及凉高山杂色砂泥岩段。由岩性及化石分析,本组为湖相沉积,气候特点是干燥和温暖交替出现,属过渡类型;从沙溪庙期开始的中晚侏罗世,盆地内普遍沉积棕红色、紫红色的砂岩和泥岩为主的一套红层,并含石膏,厚层状砂岩增多,属燥热气候下的河湖相沉积。

盆地内自流井组为内陆静水湖相沉积,川中地区位于湖盆中心,岩性多石灰岩夹层,并富含淡水双壳类化石;由川中向西至江油—天全一线出现明显的粗碎屑岩沉积,多硬砂岩及砾岩夹层,应是滨湖沉积;由川中向东至鄂西和向北至广元地区均相变为含煤沉积(川北称白田坝组);本组具备油气生成和转化条件,同时具有良好的储集和盖层条件,其中以东岳庙段和大安寨段生储条件最好,在一些地区已获工业油流。

中侏罗世沙溪庙期的盆地轮廓与自流井期基本一致(图2-8-8),而岩相变化特点大致从龙门山向川中、川东地区,由砂砾岩洪积相变为砂泥岩河湖相到湖相。

晚侏罗世遂宁期,四川盆地处于相对稳定时期,岩性岩相变化不大,以砖红、红色泥岩为主夹粉砂岩及石膏,属干燥炎热的内陆湖相为主的沉积环境;由于生物缺乏,不利于生油,但砂层具储油条件,川中地区本组地面油苗普遍,在个别构造上已获小量工业油流。蓬莱镇期的古地理特点与沙溪庙期相似,岩性西粗东细,显示出东部水体较深。

侏罗纪时,四川盆地范围广阔,向西南可能和滇中沉积盆地相连,向东包括了川东、鄂西,向南已达黔中一带,属于巨大的内陆沉积盆地(图2-8-9)。早期气候由温湿转向干燥,环境由湖沼演变为湖泊,但川西北及川东仍以湖沼环境为主,并有煤层的形成;中期气候趋向干燥,沼泽消失,以湖泊环境为主,湖生生物繁盛,其遗体常堆积成介壳灰岩层。晚期地势分异显著,气候更加干燥,广泛形成河湖相红色地层。

2. 古秦岭—古昆仑以北的盆地

古秦岭—古昆仑以北的盆地,包括鄂尔多斯盆地、塔里木盆地、准噶尔盆地、柴达木盆地、河西走廊盆地等。

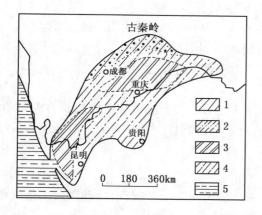

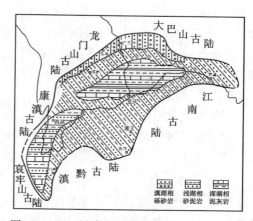

图 2-8-8　早、侏罗世川滇盆地岩相古地理略图
（据王鸿祯,1980）

1—滨湖砂砾岩相;2—浅湖砂泥岩相;3—湖心泥灰岩相;
4—沼泽含煤相(叠加);5—海陆交互碎屑岩相

图 2-8-9　川滇盆地中侏罗世岩相古地理图
（据地质矿产部,1982,有修改）

1）鄂尔多斯盆地

该盆地轮廓侏罗纪时与三叠纪近似,唯沉积范围稍有缩小,兹先列出盆地东部剖面如下:

上覆地层:下白垩统志丹群。

------------------------------平行不整合或角度不整合〰〰〰〰〰〰〰〰〰〰〰〰〰〰

上侏罗统:

芬芳河组:棕红色、紫灰色块状砾岩、巨砾岩夹少量砂岩。　　　　　　　　　　　　1174m

--平行不整合--

中侏罗统:

安定组:上部紫红、灰黄色泥灰岩,中部紫红、灰黄色砂泥岩互层,下部灰黑色页岩,油页岩夹泥灰岩。富含 *Darwinula*（达尔文介）、鱼化石碎片。　　　　　　　　　　　　　　　84m

直罗组:灰黄色粗砂岩、砾状砂岩、紫红色泥岩互层,泥岩顶面具冲刷面,砂岩多斜层理。含 *Coniopteris hymenophylloides*（锥叶蕨）、*Phoniocopsis angustifolia*（拟刺葵）、*Pseudocardinia sibirensis*（假铰蚌）。　　108m

--平行不整合--

延安组:上段(枣园段)为灰白色砂岩与黑色泥岩互层,含油页岩或夹煤层;下段(宝塔山段)为灰黄、灰白色中粗粒含长石砂岩夹含砾砂岩,砂岩多斜层理。含费尔干蚌—北亚蚌—土图蚬动物群和锥叶蕨—拟刺葵植物群化石。　　　　　　　　　　　　　　　　　　　　　　　　276m

下侏罗统:

富县组:灰绿、灰黑色泥岩、油页岩夹薄层砂岩及煤层,顶部出现紫色泥岩,含锥叶蕨—拟刺葵植物群。

　　　　　　　　　　　　　　　　　　　　　　　　　　　　　　　　　　　　142m

--平行不整合--

下伏地层:上三叠统延长群。

鄂尔多斯盆地的轮廓与晚三叠世相似,侏罗系虽三统齐备,但发育不全(图 2-8-7 中④)。下侏罗统富县组是湖相为主间以沼泽相的沉积,下部富县组分布不广;中统延安组宝塔山段至枣园段的岩性,是由粗至细的正旋回,是河流相转为湖相的沉积过程;延安组广泛发育,并且是重要的含油、含煤层位;直罗组从岩性及组合分析,具有河流沉积的二元结构特点,故应是河流相;安定组中泥灰岩、油页岩发育,富含介形类和鱼类化石,是典型的静水湖相沉积,安定组上部多次出现红层,说明气候渐趋干旱;上统芬芳河组仅见于盆地西缘南段

有零星出露,为干旱气候。鄂尔多斯盆地侏罗系相变显著,一般在边缘为河流相,向中心逐渐过渡到滨湖相、浅湖相、深湖相(图2-8-10)。其中滨湖相常发育有沼泽含煤沉积;深湖相泥灰岩、油页岩层,富含有机质,是重要的生油层;河流相、滨湖相沉积物颗粒粗,孔隙度高,为重要的储油层位。盆地西边贺兰山东侧一带侏罗系厚度达两千米以上,是较强烈的坳陷地带。

鄂尔多斯盆地早侏罗世气候湿润,有利于植物繁殖,和晚三叠世一起构成重要的造煤期;这种潮湿气候可能持续到侏罗纪中期;晚侏罗世地壳上升,沉积范围缩小,部分地区发育了红色河流相沉积,气候已转为干旱。

2)塔里木盆地

塔里木盆地侏罗系主要分布在盆地边缘和塔东北地区。塔中隆起、巴楚断隆及麦盖提斜坡地区缺失该时期沉积。库车坳陷侏罗系十分发育,地层齐全,剖面如下:

上覆地层:白垩系卡普沙良群。

----------平行不整合或整合接触----------

上侏罗统:

喀拉扎组:紫红、浅棕色厚层、块状含砾砂岩、砾岩夹砂岩。 9~92m

齐古组:暗棕色砂质泥岩夹灰白色石灰岩、灰蓝色钙质粉砂岩薄层,产介形虫、植物、腹足类等化石。 300~406m

中侏罗统:

恰克马克组:浅绿、紫红色砂质泥岩、粉砂岩夹砂岩,局部夹有深灰色、黑色油页岩,底部夹泥灰岩透镜体,产介形虫、叶肢介、脊椎动物化石。 100~128m

克孜勒努尔组:灰、灰绿色中、厚层粉砂岩、细砂岩夹黑色碳质页岩,下部夹薄煤层,产丰富的植物及瓣鳃类化石。 843m

下侏罗统:

阳霞组:灰白色厚层砂岩夹灰绿色砂质泥岩、灰黑色碳质页岩、煤层,产植物、瓣鳃类化石。 200~403m

阿合组:灰白色厚层、块状砂砾岩夹粉—粗砂岩、砾岩,产植物化石。 200~518m

----------平行不整合----------

下伏地层:三叠系塔里奇克组。

塔里木盆地侏罗纪沉积范围继三叠纪后,继续向南扩展沉积了一套富含有机质的河流、沼泽、湖泊相的砂岩、泥岩夹煤系地层,厚度达2000~3000m,受燕山运动的影响,晚侏罗世盆地内部有不同程度的抬升,气候由潮湿转为干旱,喀拉扎组沉积了一套红色粗碎屑岩。塔里木盆地上三叠统—中侏罗统的黑色泥岩、碳质泥岩夹煤层,富含有机质,是盆地中主要的生油层之一。

3)古秦岭—古昆仑以北其他盆地

古秦岭—古昆仑以北的盆地具有与塔里木盆地、鄂尔多斯盆地相似的特征,下侏罗统和中侏罗统下部为深色碎屑岩沉积,普遍含有重要的煤层,说明该区与华北、东北同属温带潮湿气候带。中侏罗统上部出现杂色层,至上侏罗统为含石膏的红层和砾岩,说明自中侏罗世晚期开始,气候干热化明显,到晚侏罗世,整个西部地区同处在干旱气候带。

(三)青藏特提斯洋

青藏地区侏罗纪的发展史,是以班公湖—怒江洋逐步闭合消失和雅鲁藏布江洋的进一步扩张为特征。

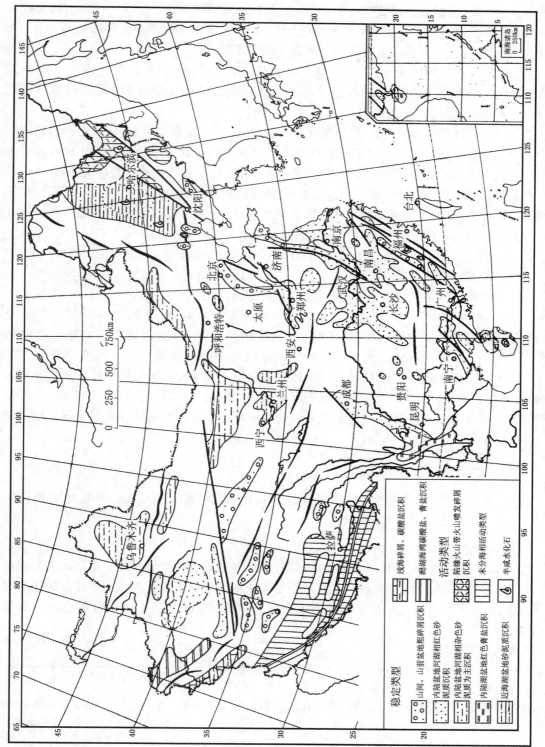

稳定类型
○ 山间、山前盆地粗碎屑沉积
∷ 内陆盆地河湖相杂色砂泥质沉积
≡ 内陆盆地河湖相红色砂泥质为主沉积
▦ 内陆湖盆地红色膏盐沉积
▥ 近海褶盆地砂泥质沉积

浅海碎屑、碳酸盐沉积
潟湖海湾碳酸盐、膏盐沉积

活动类型
陆缘火山带火山喷发碎屑沉积
未分海相活动类型
半咸水化石

图2-8-10　中国早白垩世晚期—晚白垩世古地理图（据刘本培等，1986）

在珠峰北坡的聂拉木、岗巴、定日地区,发育良好的侏罗系,连续完整的海相剖面可以珠峰北坡的聂拉木地区为代表(图2-8-7中⑤)。下统为灰、黄绿色砂岩夹石灰岩,中统为砂页岩及石灰岩,上统由石灰岩、生物灰岩和黑色页岩、粉砂岩组成,均含菊石、有孔虫、双壳类、海胆等化石,代表印度北部边缘地区陆棚浅海至大陆坡沉积环境。

雅鲁藏布江南岸的江孜、拉孜一带,侏罗系发育完整,以杂砂岩、黑色页岩、放射虫硅质岩和基性火山岩为主,常见复理石韵律或滑塌岩块,代表印度板块北缘被动大陆边缘自陆棚下部—陆坡—深海洋盆的沉积环境。

班公湖—怒江带的东巧地区,已发现侏罗系蛇绿岩套(包括席状岩墙、枕状玄武岩和放射虫硅质岩),其上被上侏罗统拉贡塘组的底砾岩不整合覆盖。证明由于冈底斯地块向北拼合增生于古亚洲大陆南侧,班公湖—怒江小洋盆晚侏罗纪起已经转化为地壳叠接缝合带。

班公湖—怒江带北侧的羌塘—唐古拉地区,印支运动后已成为古亚洲大陆的一部分,中侏罗统发育巨厚海相层,上侏罗统为海相至海陆交互相沉积(雁石坪群),陆相夹层所产始丽蚌淡水双壳动物群已与华南、西北地区一致。

三、中国白垩纪地层和古地理

中国白垩纪古构造格局与侏罗纪相似,但有所不同。仍以大兴安岭—太行山—武陵山一线为界,分为东西两侧。东侧的岩浆活动较晚侏罗世相对减弱,空间分布更向东移,白垩纪中、晚期出现了北北东方向的松辽、华北、江汉等重要含油盆地;西侧的大型稳定盆地白垩纪趋向萎缩,川滇地区最为明显。新特提斯洋内部的冈底斯地块已于侏罗纪晚期直接增生在古中国大陆南缘,以雅鲁藏布江为代表的新特提斯洋在白垩纪内经历了由成熟期至衰退期的转折,导致洋壳向北俯冲和冈底斯陆缘火山弧的出现。白垩纪海侵仍然局限于特提斯带和环太平洋带,但晚白垩世全球性大海侵的影响可以波及松辽盆地和塔里木盆地的西南缘(图2-8-10)。

(一)中国东部四大含油气盆地

白垩纪时期中国东部四大含油气盆地主要为松辽盆地、华北盆地、苏北盆地和江汉盆地。

1. 松辽盆地

燕山运动引起中国东部构造分异作用加强,古地理格局发生重大变化。中国东部形成松辽、华北、江汉及苏北四个大型盆地,驰名中外的大庆油田就位于松辽盆地。松辽盆地地跨黑吉辽三省,白垩系是盆地主要发育时期,发育较好,研究也最详细(图2-8-11中②),其详细剖面如下:

上覆地层:古近系依安组。

~~~~~~~~~~~~~~~~~~~角度不整合~~~~~~~~~~~~~~~~~~~

上白垩统:

明水组:上部为灰绿、棕红色泥岩、粉砂岩夹砾岩;下部为灰、灰黑色泥岩、粉砂岩。含 *Cypridea anoema*(女星介)、*Pseudohyria aralica*(假嬉蚌)。   200~400m

四方台组:灰绿、棕红色泥岩、粉砂岩,中下部夹泥砾。含 *Cyupridea apiculata*(女星介)、*Cuneopsis sakii*(楔蚌)、*Pseudohyria songhuaensis*(假嬉蚌)。   200~394m

~~~~~~~~~~~~~~~~~~~角度不整合~~~~~~~~~~~~~~~~~~~

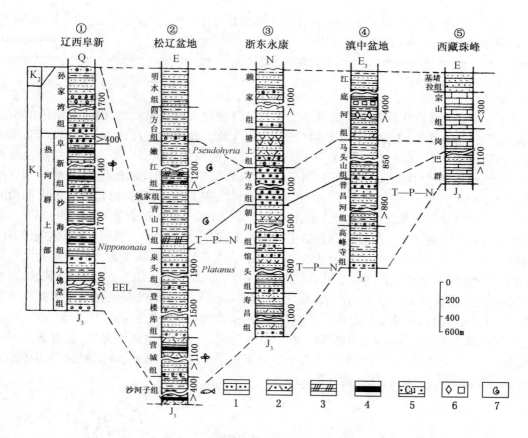

图 2 - 8 - 11　中国白垩系柱状剖面对比图（据刘本培，1986，部分修改）

1—砂质灰岩；2—火山角砾岩；3—油页岩；4—煤层；5—含铜砂岩；6—膏盐；7—咸水化石

嫩江组：灰绿、灰黑色泥岩、页岩、油页岩夹细砂岩，上部为棕红色泥岩。含 *Plicatounio cf. latiplicatus*（褶珠蚌）、*Sphaerium fulungchuanense*（球蚬）、*Halyestheria*（链叶肢介）、*Ilyocyprimorpha sungarinensis*（土形介）。

500～1000m

姚家组：棕红色泥岩夹灰绿色、灰白色粉砂岩。含 *Plicatounio heilongjiangensis*（褶珠蚌）、*Nemestheria divaricata*（线叶肢介）、*Cypridea infidelis*（女星介）。

80～140m

青山口组：灰黑色、灰绿色泥岩夹油页岩、泥灰岩。含 *Plicatounio*（褶珠蚌）、*Martinsonella paucisulcata*（顶饰蚌）、*Nemestheria lineate*（线叶肢介）、*Cypridea denhoicnensis*（女星介）。

350～550m

下白垩统：

泉头组：紫红色泥岩夹砂岩，上部夹灰绿色层，底部为砂砾岩。

700～1200m

------------------------------------平行不整合------------------------------------

登楼库组：灰褐、深灰、灰黑色砂岩，底部为砂砾岩。

1700m

〰〰〰〰〰〰〰〰〰〰〰〰〰〰〰角度不整合〰〰〰〰〰〰〰〰〰〰〰〰〰〰〰

营城组：由中酸性火山岩（以酸性火山岩为主）及火山碎屑岩组成，并夹正常碎屑沉积岩和不稳定的可采煤层。含 *Cypridea* sp.（女星介）、*Cratostracus* sp.（粗强壳叶肢介）、*Nilssonia densineruis*（尼尔桑）等。

250～960m

------------------------------------平行不整合------------------------------------

沙河子组：由灰白、灰黑色砂岩、泥岩、煤层及酸性凝灰岩组成。含费尔干蚌（*Ferganochocha*）、*Eosestheria*（东方叶肢介）、*Cypridea*（女星介）、*Lycoptera*（狼鳍鱼）及大量植物化石。

260～815m

火石岭组：中酸性火山岩、凝灰岩与砂、泥岩互层，夹数层不可采煤层。含尼尔桑（*Nilssonia sinersis*）、*Podozamites*（苏铁杉）拜拉（*Baiera cf. furcata*）等。　　　　　　　　　　　　　　　　100～550m

～～～～～～～～～～～～～～～～～～～角度不整合～～～～～～～～～～～～～～～～～～～～

下伏地层：侏罗系火山岩。

火石岭组、营城组。

松辽盆地是上叠在晚侏罗世断陷盆地之上的早白垩世大型坳陷盆地，由分隔断陷的小盆地形成统一的坳陷盆地，主轴为北北东向（图2－8－12）。盆地发展可分为三个阶段：充填阶段（J_3）、发展阶段（K_1）和萎缩阶段（K_2－E）。松辽盆地的白垩系主要由淡水湖泊相暗色或夹杂色的有机岩和碎屑岩组成。当时气候潮湿，生物极为繁盛，湖水时浅时深。火石岭组至登楼库组沉积范围狭窄，岩性变化较大，代表小型断陷盆地沉积类型，从泉头组起转化为大型坳陷盆地。松辽盆地的白垩系属于两个大的沉积旋回：火石岭组至嫩江组为第一个旋回；四方台组至明水组为第二个旋回。下白垩统是盆地主要沉积层，遍布全区，为一套巨厚的氧化条件下的河湖相碎屑岩沉积，化石稀少，总厚可达5000m以上。火石岭组、营城组为火山间歇喷发与湖沼相共同的产物，沙河子组是相对宁静的浅湖、沼泽含煤沉积。泉头组为棕红及灰绿色砂岩与泥岩互层，含介形类及 *T.—P.—N.* 动物群化石，登楼库组和泉头组属弱氧化和弱还原环境下的河湖相沉积，青山口组至嫩江组是以还原环境为主的湖相沉积，是主要的生、储油层段，青山口期至嫩江期是湖水最深时期，以深湖—半深湖黑色泥岩、页岩、油页岩为主，富含淡水双壳类、介形虫、叶肢介等化石。四方台组和明水组又出现了棕红色碎屑岩，为弱氧化和弱还原环境下的河湖相沉积。此时松辽湖盆开始萎缩。

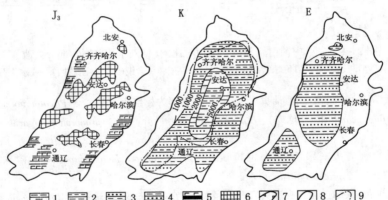

图2－8－12　松辽盆地晚侏罗世、白垩纪、古近纪发展阶段略图

1—深水湖相；2—半深水湖相；3—浅湖相；4—湖沼相；5—泥炭沼泽相（夹火山岩）；6—隆起剥蚀区；7—盆地边界；
8—下白垩统等厚线；9—上白垩统等厚线

2. 华北盆地

华北盆地经过侏罗纪末的燕山运动，沉积状况有了较大的变化，鄂尔多斯盆地北部和西缘甚至东南缘都出现了白垩系粗碎屑岩，在西缘和北部还可见到下白垩统上部地层超覆下部地层，但山西未见到下白垩统，推测为沉积缺失。可以认为，到早白垩世才形成了范围与鄂尔多斯盆地大致相当的孤立的内陆沉积区。早白垩世晚期，隆起区由山西扩大至鄂尔多斯盆地的大部分，下白垩统上部地层仅在北部和西部分布，而到晚白垩世，鄂尔多斯则全面隆起，此外，鄂尔多斯中生界的厚度分布是不对称的，它从三叠系的南厚北薄，转变为侏罗系和白垩系的西厚东薄，鄂尔多斯盆地以东，在济源一带见下白垩统，它与秦岭东西带上的小盆地一致，以红色粗碎屑岩为主。推测华北平原南部的白垩纪沉积盆地也进一步萎缩、分化，并在早白垩世末趋于消亡。

华北盆地的胶东地区胶莱盆地从下至上沉积了下白垩统青山组和上白垩统王氏组(图2-8-13),青山组分为三段,青一段为安山岩、安山质角砾岩、火山碎屑岩夹紫红色泥岩构成,青二段为凝灰岩、凝灰角砾岩、集块岩、砂砾岩、粉砂岩为主;青三段为凝灰质砂岩、粉砂岩、鞍山集块岩、安山岩、安山玄武岩及流纹岩。与下伏莱阳组为假整合和不整合接触,青山组总体为一套火山岩及火山碎屑岩沉积。上白垩统王氏组与下白垩统为不整合接触,从下向上沉积了王一段、王二段和王三段。王一段暗紫、棕红、灰绿色砂岩,粉砂岩夹砾岩,为河流相沉积;王二段为黄绿、紫红色页岩、砂页岩为主,夹粉砂岩,透镜状泥灰岩,属河流及浅湖相沉积;王三段为紫灰、暗紫灰色砾岩。砂岩、灰绿色泥岩等,是河流相及牛轭湖相沉积,逐渐盆地变浅,逐渐消亡。

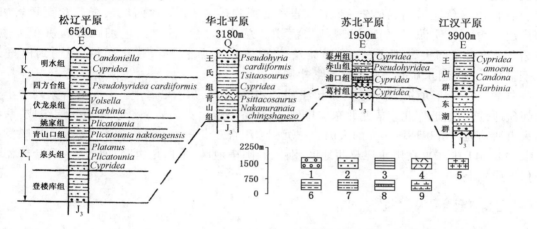

图2-8-13　中国东部四大含油盆地白垩系柱状对比图

1—砾岩;2—砂岩;3—页岩;4—粗面岩;5—流纹岩;6—泥岩;7—砂质泥岩;8—夹盐层;9—安山岩

3. 苏北盆地

苏北盆地的白垩系与华北盆地相似。白垩系在下扬子地区广泛分布,苏北盆地自下而上发育了下白垩统葛村组、上白垩统浦口组、赤山组和泰州组。葛村组主要是灰色灰绿色泥岩夹薄层砂岩,发育冲积扇—湖泊沉积体系。浦口组发育紫红色砂泥岩、含灰色、棕色粉细砂岩夹石膏层,底部为砾岩,含介形类及轮藻等化石,以苏北—南黄海为沉降中心发育广盆,从盆地边缘到中心分别发育冲积扇—冲积平原、湖(盐湖)沉积体系,气候干旱。赤山组沉积时气候更加干燥,盆地逐渐沙漠化,在其边缘区发育冲积扇(半干扇),盐湖面积大大缩小,盐湖与冲积扇之间形成了以风成沙丘为主的风沙沉积区。泰州组早期沉积了一套红色陆相碎屑岩地层,主要为棕红、灰白色细砂岩、含砾砂岩夹薄层黏土岩,为河流、三角洲、浅湖相;晚期为灰、灰黑、棕红、灰绿色黏土岩夹粉砂岩、砂岩,属浅湖、半深湖、深湖相。

4. 江汉盆地

江汉盆地位于扬子准地台的中部,沉积了总厚约3900m白垩纪地层,发育了两个构造层序。下白垩统仅发育在盆地西部宜昌的南津关、王家坝以及东部京山应城一带,发生强烈断陷,在早白垩世中期形成几个"槽盆式"凹陷,形成局限分布的单断箕状盆地,宜昌、应城地区断陷的前缘成为沉降中心所在位置,沉积的地层西厚东薄。自下而上依次沉积下白垩统石门组、五龙组。石门组以灰黄、褐红色厚层块砾岩为其主要岩性,夹紫红色泥质粉砂岩;五龙组以灰白、浅棕黄色中、细砂岩为主,夹细砾岩、泥质粉砂岩。下白垩统整体为红色粗碎屑岩沉积,以砂岩、砾岩为主,该期沉积为近源快速堆积的粗碎屑产物,并具有充填、超覆式沉积特点,属河湖相,物源来源于黄陵背斜,构成冲积扇扇根泥石流—扇中辫状河沉积体系。上白垩统发育于江汉盆地发展的全盛时期,盆地大范围不均一下陷,形成多个北西向展布的断—洼—斜坡相间分布的构造格局,自下而上地层划分为罗镜滩组、红花套组、跑马岗组。罗镜滩组盆内对应于渔洋组下段,由紫红、褐红、褐灰色厚层—块状砾岩组成,间夹棕红色粉砂岩透镜体,其分布范围较石门组广;红花套组盆内对应于渔洋组中段,在盆缘为色泽鲜艳的褐红、棕红色厚层—块状细粒石英砂岩,夹粉砂岩、砂质泥岩及薄层砾岩,向盆内逐渐过渡为棕红、紫红色粉砂岩夹泥岩;跑马岗组盆内对应于渔洋组上段,为棕红、灰白、灰绿色泥岩与粉砂岩,夹细砂岩和泥质粉砂岩,上部含两层灰绿色含铜页岩,顶部广泛发育石膏质泥岩,局部出现盐岩沉积。总体上白垩统以红色细碎屑岩沉积为主,砂岩夹泥岩,顶部夹膏岩层,含介形类及轮藻等化石,属浅湖—咸化湖相,说明到白垩纪末期盆地收缩,湖水咸化,才形成了膏盐层。

白垩纪岩浆活动移至郯(城)—庐(江)断裂以东地区,东南沿海地区分布着一系列中小型山间盆地,这些盆地作北东或北北东向排列,白垩系一般由火山岩和红色碎屑岩层组成,系大陆火山活动地区沉积环境多变的火山岩—沉积岩组合。浙东丽水群仍含相当数量火山喷发物(图2-8-11中③),在黑龙江鸡西地区、浙东和闽东地区,早白垩世晚期地层不整合覆盖于下伏地层之上。

(二)中国西部大型内陆盆地

在大兴安岭—太行山—武陵山以西的广大内陆内,又可以贺兰山—龙门山—横断山一线为界,东为北北东向大型内陆盆地,如鄂尔多斯、川滇盆地等;西为北西至北西西向大中型内陆盆地,如准噶尔、塔里木、柴达木和吐鲁番等盆地(图2-8-10),这些盆地一般都蕴藏油气资源。

1. 东侧盆地

白垩纪,贺兰山—龙门山—横断山一线东侧的盆地主要为川滇盆地和鄂尔多斯盆地。

(1)川滇盆地。

川滇盆地沉积了下白垩统和上白垩统地层,剖面如下:

上白垩统:

江底河组:红色泥岩为主,上下部夹杂色泥灰岩条带层,含铜及盐类沉积,化石主要保存在杂色层中,有叶肢介、介形虫、孢粉和鱼类。　　　　　　　　　　　　　　　　　　　　　　　　　　　　　　>2200m

马头山组:紫红暗紫色厚层砂岩为主,夹砂砾岩、泥岩,泥岩中富含双壳类化石。　　　　　　　<400m

------------------------平行不整合------------------------

下白垩统:

普昌河组:紫红至杂色泥岩为主,夹泥灰岩和泥质砂岩,局部地区含铜,化石极丰富,尤以双壳和介形类最多。　　　　　　　　　　　　　　　　　　　　　　　　　　　　　　　　　　　　　　>1300m

高峰寺组:浅灰、灰黄、灰绿色厚层石英砂岩,上部夹杂色砂质泥岩,底部出现砾岩,为主要含铜层位,化石稀少。　　　　　　　　　　　　　　　　　　　　　　　　　　　　　　　　　　　　　>900m

------------------------平行不整合------------------------

下伏地层:上侏罗统妥甸组。

川滇盆地其范围和侏罗纪大体相似,但已缩小。从剖面可见白垩系主要是一套红色地层,多为紫红色砾岩、砂岩,夹粉砂岩及泥灰岩,并常夹蒸发岩,属河湖相及微咸—盐湖相的沉积组合,是我国白垩纪亚热带、热带大、中型红色盆地沉积的代表(图2-8-11中④)。本区未见白垩纪构造—岩浆事件,仅四川盆地龙门山前晚白垩世晚期发生过褶皱变形(四川运动),代表相对稳定的内陆盆地类型。

(2)鄂尔多斯盆地。

由于燕山运动的影响,盆地内形成东部和西部两个具有相似沉积的河湖相区域,两沉积区中间为一近南北向的长形隆起分隔。东部称志丹群,西部称六盘山群。东部地层剖面如下:

上覆地层:古近系清水营组。

～～～～～～～～～～～～～～～～～～～角度不整合～～～～～～～～～～～～～～～～～～～

下白垩统志丹群:

泾川组:棕红色泥岩、粉砂岩,灰绿、灰白色细砾岩和灰白色泥灰岩。产鹦鹉嘴龙(*Psittacosaurus youngi*)、*Lycoptera woodwardi*(狼鳍鱼)、*Nakamuranaia chingshanensis*(中村蚌)、*Sphaerium shantungense*(球蚬)、*Yanjiestheriu*(延吉叶肢介)及*Cypridea*(女星介)。 178m

罗汉洞组:棕红色细砾岩、含砾长石砂岩、泥岩及粉砂岩不等厚互层,砂岩中巨型斜层理发育。

106~233m

环河组—华池组:下部为棕红色细砂岩夹泥岩,中部为棕红色细砂岩、杂色泥岩及泥岩互层,上部杂色泥页岩。*Lycoptera woodwardi*(狼鳍鱼)、*Sinamiazdansky*(中华弓鳍鱼)及*Cypridea*(女星介)。 330~540m

洛河组:紫红色中粗粒长石砂岩,具巨型斜层理。局部夹砾岩、含砾砂岩。*Darwinula*(达尔文介)、*Lycoptera* sp.(狼鳍鱼)。 130~350m

宜君组:灰红色砾岩。 0~65m

-------------------------------平行不整合或角度不整合～～～～～～～～～～～～～～

下伏地层:上侏罗统芬芳河组。

鄂尔多斯盆地的白垩系只有下统、缺失上统,表明白垩纪后期,鄂尔多斯盆地整体上升。宜君组和洛河组属山麓及河流相沉积,环河组—华池组主要是细碎屑岩类夹泥灰岩,含鱼及介形类化石,属湖相沉积,由罗汉洞组至泾川组又重复出现由河流相至湖相的沉积过程。湖盆中心偏于西部作南北方向延伸,此带岩性较细,多泥灰岩、石灰岩夹层,富含爬行、鱼、昆虫、双壳、介形等类化石,由湖盆中心向四周岩性逐渐变粗,至西缘六盘山群有山麓洪积相分布,厚度大,泥质沉积增多,含植物、双壳类及鱼类化石。这种相变情况说明盆地地形西陡东缓。盆地的南、北缘也有砾岩及砂砾岩的分布。从沉积岩层的颜色分析,虽多红层,但各处仍夹有暗色岩层,一些地区并有泥灰岩、油页岩及煤层之类夹层,故应是干旱、半干旱交替的气候环境。

2. 西侧盆地

西北地区的一些内陆盆地,以新疆北部的准噶尔盆地为代表,白垩系下统以灰绿色砂岩、泥岩为主,夹褐红色泥岩,含*Dsungaripterus*(准噶尔翼龙)及介形类等化石;上统为砖红色砂岩、泥岩、砾岩,含介形类化石。上统与下统之间未见明显间断。

塔里木盆地白垩系下统由一套红色粗碎屑岩为主,夹灰、绿色岩层,含介形类化石;上统为红层,但是在盆地的西南部沉积了一套砂泥岩、石灰岩和膏泥岩。受燕山运动影响,塔里木盆地从白垩纪开始东北部抬升,西部持续下沉,沉积厚度东薄西厚。下白垩统的沉积范围大于侏罗系,下白垩统除了假整合或不整合在侏罗系之上外,还普遍超覆在较老的地层之上,使原来互相分割的断陷得到一定程度的连通。早白垩世之后,盆地西部持续下降,以致古地中海海水由西向东侵入,形成海相上白垩统,其中暗色泥质岩和生物灰岩有一定的厚度,为盆地重要生油层之一。

秦岭—祁连山以北地区的河西走廊盆地,白垩系下统广泛发育杂色河湖碎屑沉积,但上统分布零星,大部已转化为剥蚀区。

西北地区的内陆盆地,均居于温湿气候逐渐变为干燥气候的湖相沉积。

(三)青藏特提斯洋古地理格局

西藏地区白垩纪仍有广泛海侵。班公错—怒江海域消减带已于侏罗纪晚期封闭,早白垩世在冈底斯微板块发现亚洲特有的淡水双壳类 $T. —P. —N.$ 动物群,证明已属北方大陆范畴,古亚洲大陆南缘已达以雅鲁藏市江带为代表的新特提斯洋北岸(图2-8-10)。

近年在雅鲁藏布江沿线已发现含白垩纪放射虫硅质岩的蛇绿岩套和混杂堆积,代表当时特提斯洋壳俯冲消减的海沟部位。北侧的冈底斯带晚白垩世至古近纪出现火山弧型安山岩、流纹岩喷发和岩浆侵入,代表火山岩浆弧部位;更北的藏北陆棚海域可代表陆壳基底上的弧背盆地。上述构造古地理格局证明,特提斯洋壳自白垩纪中期开始向北俯冲、消减,转化为太平洋型(安第斯式)主动大陆边缘(图2-8-14)。

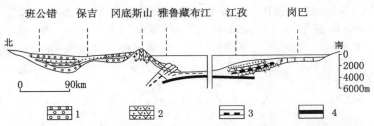

图2-8-14　晚白垩世西藏地区沉积示意剖面图(据刘训,1984)

1—陆相安山质火山碎屑岩;2—陆相砾岩及砂砾岩;3—硅质岩;4—洋壳

雅鲁藏布江南岸的江孜、拉孜一带,白垩系以杂砂岩、黑色页岩、放射虫硅质岩、基性火山岩为主,常见复理石韵律或滑塌岩块,代表印度板块北缘被动大陆边缘自陆棚下部至陆坡、深海洋盆的沉积纪录。

在珠峰北坡的聂拉木、岗巴、定日地区(图2-8-11中⑤),发育良好的白垩系岩,以石灰岩、生物碎屑灰岩和砂页岩为主,含有丰富的菊石、有孔虫、双壳类、海胆等化石,代表了印度北部边缘地区浅海大陆坡环境的沉积。

第三节　中生代中国及全球古构造特征

中生代的古板块构造在全球主要表现为联合古大陆(盘古大陆)的裂解过程,在中国表现为特提斯洋不断萎缩及青藏地区微板块的拼合历史。

一、联合古大陆的解体和新海洋的形成

晚古生代末至中生代初,地球上全部大陆联合在一起,形成一个统一的联合古大陆或盘古

大陆(Pangea)。特提斯洋为分割劳亚大陆与冈瓦纳大陆的巨型海湾,并向东开口通入太平洋。晚三叠世以前的地壳构造发展史是联合古陆逐渐增生、扩大和形成的阶段,晚三叠世以后进入联合古陆逐渐分裂、漂移,古印度洋、大西洋产生并不断扩大,古太平洋相应缩小的新阶段。泛大陆分裂大约开始于晚三叠世,此时北美与非洲、欧洲分离,出现了原始的北大西洋,但南美洲仍与非洲相连,冈瓦纳大陆还是一个整体;古地磁资料证明特提斯洋大致居于赤道附近,劳亚大陆位于北半球,冈瓦纳大陆大部分处于南半球,北极在西伯利亚一带。侏罗纪时大陆进一步分裂、漂移,冈瓦纳大陆于晚侏罗世开始破裂,南美与非洲分离,于晚侏罗世至白垩纪形成了南大西洋;澳洲、南极洲此时也与非洲、印度分开,出现了东印度洋;南美与北美也分裂了,墨西哥湾和加勒比海开始形成,此时南极已位于南极洲。白垩纪期间冈瓦纳大陆进一步解体,印度漂离非洲,形成了西印度洋,并出现了红海裂谷;新西兰漂离澳洲,塔斯曼海张开;大西洋则继续扩张,并逐渐接近现代轮廓;格陵兰此时已漂离了北美,出现了巴芬湾。北美和欧业大陆位于北半球,大体相似于现代的位置,南方各大陆大部分位于南半球,印度在侏罗—白垩纪位于南纬40°~27°。

二、中生代构造运动及其表现

中生代的构造运动有两期:第一期发生于三叠纪,特别是三叠纪中后期,在东南亚一带较明显,这次运动被称为印支运动,相当于欧洲的老西末利运动。法国地质学家 Fromager(1934)把印支半岛晚三叠世的两个造山幕命名为印支褶皱,黄汲清(1945)把中国境内三叠纪发生的地壳运动命名为印支运动。该运动正处于全球地壳演化的重大转折期,具有划时代的重大意义。在我国印支运动在扬子板块西缘、西北缘的三江、巴彦喀拉—松潘、秦岭地区表现最为强烈,形成规模宏大的印支褶皱带,岩浆侵入也有相当的规模,其同位素年龄为190~230Ma。印支运动使华南板块、羌塘微板块及三江地区的一些微板块与劳亚大陆拼合,并导致古亚洲大陆向南扩张。近年来的研究还表明,在扬子北缘的西秦岭和南缘的南盘江、右江地区,早—中三叠世还存在规模不等的深水盆地,直至印支运动才使得扬子板块与华北板块、越北古陆真正拼合。

除了上述地区外,在环太平洋地区的俄罗斯远东地区、日本列岛、印尼诸岛和北美科迪勒拉山脉及我国的那丹哈达地区,也受到印支运动的重要影响。

第二期构造运动发生于侏罗—白垩纪,在欧美有三次表现:侏罗纪和白垩纪之间的新西末利运动,早、晚白垩世之间的奥地利运动,白垩纪末期的拉拉米运动。在我国这一时期的运动统称为燕山运动(表2-8-2),燕山运动由翁文灏(1927)以燕山为标准地区而创名。燕山运动由三个主要构造幕组成,其中以第二期运动最为强烈,影响也最广。这些中生代的构造运动在世界许多地区都有表现,特别是在活动带中表现尤为强烈。

表2-8-2　中生代的地壳运动及构造阶段划分(转引自杜远生、童金南,1998)

构造阶段		地质时代	构造运动
喜马拉雅阶段		晚白垩世晚期(K_2^3)	
燕山阶段	晚期	早白垩世中期—晚白垩世中期(K_1^2—K_2^2)	燕山Ⅲ期运动
	中期	晚侏罗世—早白垩世早期(J_3—K_1^1)	燕山Ⅱ期运动
	早期	早侏罗世—中侏罗世期(J_1—J_2)	燕山Ⅰ期运动
印支阶段		晚三叠世(T_3)	印支运动

燕山运动为整个侏罗纪、白垩纪期间广泛发育于我国境内的重要构造运动,主要表现为褶皱断裂变动、岩浆喷发和侵入活动及部分地带的变质作用。经过燕山运动,中国境内的三条山系(兴安—内蒙古、昆仑山—秦岭、华南)多旋回造山作用最终完成,中国及邻区各陆块才完全焊为一个整体,成为巨大的、统一的欧亚大陆板块的一部分。

在不同的构造部位,燕山运动的强度和形式有着明显的差别。在大兴安岭—太行山以西地区,构造活动较弱,缺乏岩浆活动和地层褶皱。在大兴安岭—太行山以东地区,受太平洋板块与亚洲板块之间作用影响较大,构造活动较强,岩浆活动的高峰期为170~140Ma 和130~90Ma 两期,已经统一成为一体的中国东部大陆又开始了新的裂解分离过程。自白垩纪中期以来中国东部迭次拉张作用,具体表现为一些地区地壳变薄,地体破裂陷落,东北地区引张作用略早,晚白垩世—早白垩世发生大规模裂陷作用,形成大量断陷盆地群。盆地内广泛发育火山岩—沉积岩系,地层强烈变形褶皱,形成分布广泛的不整合接触关系,并且地层已发生不同程度的变质。那丹哈达和台湾地区形成非常发育的构造混杂岩。

研究表明,中生代期间环太平洋具有强烈的构造—岩浆活动,是太平洋板块与亚洲板块之间作用的结果。

三、青藏地区的板块拼合过程

中生代期间,青藏地区发生了一系列的板块拼合事件。在三叠纪晚期,羌塘微板块已经拼合到亚洲板块上,冈底斯微板块仍位于南半球,班公错—怒江洋位于赤道附近,珠峰地区(印度板块的北缘)位于南纬30°。侏罗纪冈底斯微板块迅速向北漂移,于侏罗纪末期与羌塘微板块拼合,班公错—怒江洋消失,而珠峰地区仍位于南半球,雅鲁藏布江洋成为特提斯洋的唯一通道。白垩纪雅鲁藏布江洋板块向北俯冲于冈底斯微板块下部,形成混杂堆积,但在白垩纪该洋盆一直没有闭合。

第四节　中生代的矿产资源

一、外生矿产

中生代沉积—层控矿产较为丰富,已知有煤、油页岩、石油、天然气、岩盐、卤水、石膏、铁、锰、铝土矿和含铜砂岩等十余种,以煤、石油、天然气、盐类、铁最为重要。

(一)煤

我国中生代以侏罗纪煤田分布最广,价值最大,多产于大型盆地的边缘及一些小型盆地中。晚三叠世中国南、北方均为聚煤期,华南是晚三叠世后期到早侏罗世,为海陆交替或近海环境,含煤丰富,煤质较好(如湘中、赣北地区安源群下部煤层)。华北、西北和东北地区晚三叠世广泛分布陆相含煤盆地,但含煤性较差。早、中侏罗世是我国重要成煤期之一,聚煤区主要分布在北方,可以辽西北票组、北京门头沟组、晋北大同组、陕北延安组以及新疆八道湾组和西山窑组为代表,都形成大型煤田。华南地区早侏罗世仍有含煤沉积,但规模及质量均不及晚三叠世。早白垩世早期,东北及华北北部广泛分布重要的含煤沉积,可以沙海组、阜新组、城子河组为代表。

（二）石油与天然气

我国中生代盆地中和沿海的大陆架地区有丰富的陆相和海相的油、气田。川中地区的嘉陵江组（T_1）、雷口坡组（T_2）、香溪群（T_3）是有名的天然气储集层。鄂尔多斯盆地、准噶尔盆地、塔里木盆地、柴达木盆地、河西走廊盆地都是我国重要油气产区。松辽盆地的青山口组—嫩江组是著名大庆油田的生油层和储油层，也是世界上有代表性的陆相夹过渡相大型油田。塔里木西南缘的英吉沙群代表浅海及滨海（潟湖）型重要油田。

（三）盐类矿产

—扬子浅海在早三叠世晚期至中三叠世初期普遍出现咸化潟湖环境，并有石膏矿产形成。在上扬子海盆的川中地区，还共生有盐岩和卤水，是寻找钾盐的远景区。华南晚白垩世红层中常有重要的岩盐矿产，如滇中的江底河组、湖南的衡阳群就是其中的代表。

沉积的铁、铜、铝土矿在我国多产于中生代陆相盆地中。

二、内生矿产

我国东部以及滇西、西藏地区的中生代内生矿产特别丰富。印支期在秦岭、三江、华南和长江下游地区，有与花岗岩有关的钨、锡以及其他金属矿产；三江及藏北地区，有与基性、超基性岩体有关的铜、镍及石棉等矿产。燕山期强烈的岩浆活动形成了举世闻名的环太平洋金属成矿带，燕山早期（170—140Ma）以钨、锡、钼、铋、铁、铜、铅、锌等矿产为主，燕山晚期（130—90Ma）以富产汞、锑、金等为特征。

复习思考题

1. 中生代是如何划分的？
2. 从生物史、沉积史、构造史的角度来分析，中生代的主要特征有哪些？
3. 简述中国三叠纪的古地理特征。
4. 简述我国黔西南贞丰三叠系地层剖面特征。
5. 简述印支运动发生的时间、影响及意义。
6. 简述鄂尔多斯盆地三叠系地层剖面特征。
7. 简述我国中国侏罗纪和白垩纪的古地理特征。
8. 简述冀北辽西侏罗系和白垩系地层剖面特征。
9. 简述松辽盆地白垩系地层剖面特征。
10. 简述燕山运动发生的时间、影响及意义。
11. 简述中生代的板块构造史。
12. 中生代的矿产资源有哪些？

拓 展 阅 读

杜远生,童金南.2009.古生物地史学概论.武汉:中国地质大学出版社.

刘本培,全秋琦.1996.地史学教程.北京:地质出版社.

侯连海,周忠和等.1995.侏罗纪鸟类化石在中国的首次发现.科学通报,40(8):726-729.

殷鸿福,徐道一,吴瑞堂.1988.地质演化突变观.武汉:中国地质大学出版社.

周明镇,刘玉海,孙艾玲,等.1979.脊椎动物的进化史.北京:科学出版社.

Sun G,Dilcher D L,Zheng S L,et al.1998. In search of the first flower: a Jurassic angiosperm, Archaefructus, Northeast China. Science,282 (5394):1692-1695.

Sun G,Dilcher D L,Wang H S,et al.2011. An eudicot of Early angiosperms China. Nature,471: 625-628.

Wicander R,Monroe J S.2000. Historical Geology. 3rd ed. Pacific Grove(CA):Brooks/Cole.

第九章
新生代地史

　　新生代是继古生代、中生代之后最新的一个时代,其延续时间约66Ma,包括古近纪(Paleogene,66—23.03Ma)、新近纪(Neogene,23.03—2.58Ma)和第四纪(Quaternaery,2.58Ma至今),古近纪内部进一步划分为3个世、新近纪划分为2个世、第四纪划分为2个世(详见本篇第二章地质年代表)。新生代古生物、古地理、古气候、古构造较中生代均发生了重要变化。新生代生物界以哺乳动物和被子植物大发展为特征,被称为哺乳动物时代或被子植物时代,其中第四纪由于人类的出现和发展,称为人类时代。古气候的重要事件是第四纪冰川的形成。古地理、古构造的重要变革发生在中国古大陆的西南缘和东南缘:在西南缘由于始新世晚期印度板块与古亚洲板块的最终对接碰撞,导致古近纪以来青藏高原的急剧抬升和喜马拉雅山世界屋脊的形成。在东南缘最重要的事件是大陆边缘裂陷和弧后扩张,并形成了许多规模大、沉积厚的盆地,如渤海湾盆地、东海盆地和南海盆地,它们蕴藏了我国重要的油气资源和沉积矿产。

第一节　新生代的生物面貌

　　新生代的生物界无论是动物还是植物都发展到一个新的阶段。脊椎动物的哺乳类空前大发展,取代了中生代十分繁盛的爬行类;无脊椎动物以双壳类、腹足类、介形类占主要地位,中生代海洋中繁盛的菊石、箭石等已经绝灭;植物界中被子植物全面发展,而中生代占统治地位的裸子植物则大量衰退。

一、脊椎动物

　　新生代新兴的哺乳类占据了地球上各个生态领域,尤其是有胎盘类的进化、辐射最为明显,如空中飞行的翼手类,水中游泳的鲸类以及陆地行走奔跑的食肉类、食草类等。无胎盘类的有袋类主要繁盛于与其他大陆隔绝的澳洲地区。新生代哺乳动物繁盛,发展迅速,并且具有明显的演化阶段性;第四纪以出现现代生物属种为特征,人类的出现和发展是第四纪生物界发展的重要事件(图2-9-1)。

(一)古近纪早期为古老的哺乳动物阶段

　　古近纪早期以古有蹄类和肉齿类等古老类型繁盛为特征,含有较多地方性的土著分子。古有蹄类是以植物为食的有蹄哺乳动物,它们从原始食虫类祖先演化而来,与现代哺乳动物没有直接系统关系。它们与后来的有蹄类(奇蹄类、偶蹄类)相比,一般个体较小,牙齿比较原

图 2 - 9 - 1　新生代脊椎动物(引自刘本培等,1996)

1—*Hipparion*(三趾马) , N ; 2—*Bemalambda pachyasteus*(肿骨阶齿兽) , E₁ ; 3—*Amynodon mongolinensis*(蒙古两栖犀) , E₂ ;

4—*Eotitanops*(始雷兽) , E₂ ; 5—*Ailuropoda melanoleuca*(大熊猫) , Q ; 6—*Megaloceros pachyosteus*(肿骨大角鹿) , Q₃ ;

7—*Bison*(野牛) , Q ; 8—*Coelodonta antiquitalis*(披毛犀) , Q ; 9—*Homo erectus pekingensis*(北京直立人) , Q₁

始,四肢和脚粗短,比较笨拙,包含几个平行进化的不同类别,如我国古新世的 *Bemalambda*(阶齿兽),个体大小如狼。早始新世的 *Coryphodon*(冠齿兽),体形笨重,短壮的四肢和宽阔的脚,不能迅速奔跑。此外,亚洲特有的 Anagalida(柴兽类)也是已灭绝的古老类型哺乳动物,它在古近纪早期很繁盛,个体与兔相近,我国华南有不少发现。Creodonts (肉齿类)捕食其他原始食草动物,一般构造原始,四肢比较短而粗,趾(指)具爪,但仍像蹄,如始新世的 *Hyaenodon*(鬣齿兽)等。

(二)古近纪中—晚期为古老的哺乳动物绝灭及现代哺乳动物祖先出现的阶段

古近纪中—晚期主要是奇蹄类的高度发展和肉食类的繁盛。进步的有蹄类(奇蹄类、偶蹄类)及肉食类中的裂脚类高度发展而替代古老类型的古有蹄类和肉齿类,是本阶段哺乳动物的重要特点。这些肉食类(犬、熊、浣熊、灵猫、鬣狗、猫等)是从晚始新世和早渐新世直到现代一直占优势的陆生肉食类,分布十分广泛。啮齿类、长鼻类和灵长类的发展使动物群更为丰富,现代哺乳动物的祖先已基本出现。本阶段是奇蹄类演化发展的极盛时期,演化速度快,分化门类多(包括马、雷兽、爪兽、犀等)。大部分奇蹄类(如雷兽、爪兽、蹄齿类及两栖犀)在古近纪末期灭绝,只有那些适应演化非常成功的奇蹄类(如马)才一直生存到现在。马的演化主要表现在体形的增大、脚趾的减少和齿的进化。早始新世的 *Hyracotherium*(始马)个体如犬,前脚四趾,后脚三趾,齿未特化。到渐新世的 *Miophippus*(中新马)个体可达羊大,脚的长度增加,前后肢的侧趾退化均变为三趾,所有趾都着地,但中趾比侧趾大得多。中新世马类开始适应草原生活,*Merychippus*(草原古马)体形开始增大。到中新世结束时,更为进化,仅中趾着地,如 *Hipparion*(三趾马)。到第四纪演化为单趾的 *Equus*(真马)(图 2 - 9 - 2)。雷兽类 (Brontotheriidae)最终出现于始新世早期,个体很小。到渐新世中期发展到繁盛顶峰时,个体笨重而巨大,肩高可达 2m 以上,但很快灭绝。两栖犀类(Amynodontidae)是已绝灭奇蹄类的另一代表,从晚始新世兴起的 *Amynodon*(两栖犀)一开始就是粗大而笨重的动物,四肢一般短而宽,前臼齿及门齿极端退化,到渐新世不久即灭绝。

(三)新近纪为现代哺乳动物形成阶段

新近纪主要是偶蹄类的大发展和长鼻类的迅速演化。偶蹄类一般每脚有 2 或 4 个趾,脚的中轴是在第三和第四趾上,多数具有反刍功能。偶蹄类与奇蹄类都于始新世兴起,但古近纪是奇蹄类的繁荣时期,而偶蹄类在新近纪大为繁盛。长鼻类自始新世的始祖象 (*Moeritherium*)、渐新世的古乳齿象(*Palaeomastodon*)、中新世的乳齿象类、上新世至更新世的剑齿象(*Stegodon*),演化成全新世的现代象——真象(*Elephas*)(图 2 - 9 - 2)。长鼻类的演化主要反映在齿及头骨方面。晚始新世至早渐新世的始祖象,个体大小如猪,没有巨大的门齿及长鼻,臼齿只有两个横脊,新近纪和更新世演化出不同的分支,门齿逐渐增大,臼齿的齿脊数不断增加,上新世以前齿脊数大都在 5 个以下,更新世多数在 10 个以上(最多达 30 个)。由于象的演化快,分布广(除澳洲外遍布全世界),具有重要的地层划分意义。本阶段肉食类继续发展,奇蹄类中的马及犀等在鉴定地层时代上仍比较重要。

新近纪随着各大陆的沟通,陆生哺乳动物趋同性逐渐明显。欧亚、北美、非洲的哺乳动物面貌大体一致,说明各大陆间有陆地相连,但是澳洲情况特殊,由于澳洲大陆一直为太平洋海水所隔绝,古近纪和新近纪时只发育了无胎盘类的有袋类和单孔类。

(四)第四纪为人类的进化和哺乳动物现代化完成阶段

第四纪动物群以出现大量现代属种为特色,由于大陆古地理、古气候的变化,本时期动物群又逐渐显露出南北分异。早更新世可以秦岭、淮河为界分为南、北两个动物群:北方(河北阳原)的泥河湾动物群,既有新近纪残留的 *Proboscidipparion*(长鼻三趾马),又有新出现的 *Bison*(野牛)、*Equus sanmeniensis*(三门马)等;南方(广西)的柳城动物群,其中既有残留的 *Stegodon preorientalis*(前东方剑齿象),又有新出现的 *Equus yunnanensis*(云南马)、*Gigantopithecus blacki*(步氏巨猿)等。虽然早更新世为南、北两个动物群,但南、北动物群中仍有一些共同属种,说明两个动物群之间仍有一定联系。更新世中期动物群特点是:有少量的新近纪残留分子和相当数量的现代类型,南、北动物群差别相当明显,代表北方的周口店动物群,含有 *Megaloceros pachyosteus*(肿骨大角鹿,俗称肿骨鹿)、*Hyaena sinensis*(中国缟鬣狗)和 *Coelodonta antiquitatis*(古披毛犀)等北方特有的类型;南方以万县盐井沟动物群为代表,包含有 *Ailuropoda melanoleuca*(大熊猫)及 *Stegodon orientalis*(东方剑齿象)等南方特有的属种。更新世晚期,以大量出现现生属种,但尚存有现在已灭绝的属种为特征:北方以萨拉乌苏动物群及丁村动物群为代表,包含有 *Megaloceros ordosianus*(鄂尔多斯大角鹿)、*Crocuta ultima*(最后斑

图 2-9-2　新生代化石代表属种(引自刘本培等,1996)

1—*Markalius innersus*(底视)(逆向麦卡球石),E_1^1;2—*Helicopantsphaera ampliaperta*(底视)(大孔螺球石),E_1^1;
3—*Candoniella albicans*(纯净小玻璃介),E—Q;4—*llyocypris* sp.(土星介),E—Q;5—*Ostrea* sp.(牡蛎),E—N 常见;
6—*Barbus breuicephalus*(短头鲃鱼),N;7—*Nummulites* sp.(货币虫),E;8—*Pecten cristatus*(冠毛海扇),E—N;
9—*Cinnamomum lanceolatum*(披针樟),E—N;10—*Sabalites nipponicus*(日本似沙巴桐),E;11—*Salix varians*(精美柳),N;
12—*Alnus kafersteinii*(克氏桤木),E—N;13—*Sequoia langidorffi*(朗氏红杉),E—N;14—*Viviparus* sp.(田螺),E—N;
15—*Corbicula* sp.(河蚬),Q;16—*Planorbis* sp.(扁卷螺),E—N

鬣狗)、*Bosprimigenius*(原始牛)及披毛犀等。南方仍以大熊猫—东方剑齿象动物群为特征,但产有智人化石。东北与华北在更新世早、中期动物十分相似,但更新世晚期东北地区出现 *Coelodonta antiquitatis*(古披毛犀)及 *Mammuthus primigenius*(普通猛犸象)动物群,这是代表典型的寒冷气候动物群。全新世动物群及其分布与现代十分接近,以不包含已灭绝属种为特征。一些更新世特有的属种,如 *Megaloceros*(大角鹿)、披毛犀和猛犸象均已绝灭,而犀及象等分布范围大为缩小,现在仅限于东南亚及非洲。

人类的出现是第四纪生物进化的重大事件,从猿到人的演化可分为三个阶段:

(1)南方古猿阶段,相当于旧石器早期的前一阶段,南方古猿能直立行走,其中一部分古猿制造和使用最原始的石器,进入了人类发展的最初阶段,即从猿到人的过渡阶段。

(2)直立人阶段,相当于旧石器早期的后一阶段,直立人(*Homo erectus*)四肢已与现代人基本相似,脑量增大,所制造和使用的石器仍很原始。直立人的年代大致相当于早更新世中、晚期至中更新世,其化石分布于亚、非、欧广大地区。我国云南元谋发现的 *Homo erectus yuanmonensis*(元谋人)、陕西蓝田发现的 *Homo erectus lantianensis*(蓝田人)以及周口店发现的 *Homo erectus pekingensis*(北京人)为直立人化石的典型代表。

(3)智人阶段,智人从脑量及直立行走的姿势已与现代人相近。智人化石表明,大约5万年以来,智人在体质方面进化很少,而文化方面则突飞猛进。早期智人(古人)不仅能制造更进步的石器,并能取火御寒,利用兽皮蔽体,相当于旧石器时代中期,以德国发现的 *Homo sapiens neanderthalensis*(尼安德特人)、我国广东韶关的马坝人和山西襄汾的丁村人为代表。晚期智人(新人)是现代人的直接祖先,不仅能制造复杂的石器,做衣服,并用骨、壳等制成装饰品,相当于旧石器时代晚期,以印度尼西亚爪哇岛及加里曼丹岛发现的克鲁马努人、我国北京周口店发现的山顶洞人和广西发现的柳江人为代表。

从猿到人的进化,主要表现在人体的直立行走、脑量的增大和不断改革劳动工具等方面,反映了劳动创造人的过程。

二、无脊椎动物

中生代末期,各种生态领域都有大量的生物类别绝灭或衰退,代之又有许多新生类别在新生代得到兴起和发展(图2-9-2)。在海生无脊椎动物中,中生代繁盛的菊石、箭石已于白垩纪末完全灭绝,原生动物中的有孔虫及放射虫极为繁盛,浅海以软体动物的双壳类及腹足类占统治地位,如 *Pecten*(海扇)、*Ostrea*(牡蛎)、*Fusus*(纺锤螺)、*Cerithium*(刺螺)等,并常与有孔虫、海胆及苔藓虫组成海相介壳灰岩。新近纪以来繁盛的六射珊瑚往往形成大型珊瑚礁。有孔虫可分底栖和浮游两类;底栖有孔虫如大型的 *Nummulites*(货币虫)等,在古近纪热带、亚热带海域分布很广,进化很快,特别是在古地中海区的古近系石灰岩中广布,往往形成特殊的货币虫灰岩,故在欧洲常称古近纪为货币虫纪。浮游有孔虫如 *Globigerina*(抱球虫)、*Globorotalia*(圆幅虫)等,一般个体很小,演化快,分布广,是重要的洲际对比化石。

在淡水无脊椎动物中,叶肢介为衰退,双壳类、腹足类、介形类以及昆虫则进一步发展。在不同时期,它们的组合面貌不同,在陆相地层划分、对比和沉积环境研究中有重要价值。常见淡水软体动物有腹足类 *Planorbis*(扁卷螺)、*Viviparus*(田螺)、*Radix*(萝卜螺)、双壳类的 *Lamprotula*(丽蚌)、*Corbicula*(河蚬)、*Cuneopsis*(楔蚌)等。介形类在新生代极为繁盛,是陆相地层划分、对比的重要门类之一,如 *Cypris*(金星介)、*Eucypris*(真星介)、*Candona*(玻璃介)、*Ilyocypris*(土星介)、*Limnocythere*(湖花介)及 *Candoniella*(小玻璃介)等。

三、植物界

新生代植物界以被子植物占统治地位。中国古近纪至新近纪植物群可以划分为两个发展阶段。古近纪木本植物发展阶段,以木本被子植物的乔木、灌木繁盛为主,如中国东北抚顺植物群(始新世)、云南景谷(渐新世)植物群中木本双子叶植物占有80%以上,此外,在古近纪植物群中古老类型的蕨类和裸子植物仍占一定数量。新近纪草本植物发展阶段,本阶段草本植物逐渐增多,植物组合比第一阶段复杂,大量现代种属出现,如山东山旺植物群、吉林敦化梨沟植物群等。草本植物的出现和草原的形成,是被子植物演化史上的一次飞跃,对哺乳动物的发展和分化起着极其重要的促进作用。古近纪和新近纪全球性气候分带性已十分清楚,季节性变化也非常明显,可分为三大植物地理区:泛北极植物区、热带植物区及南极植物区。热带植物区又可进一步分为次一级的古热带植物区(东半球)和新热带植物区(西半球)。中国跨越泛北极植物区和古热带植物区。泛北极植物区属温带型,包括北极区、北欧、北美和亚洲北部地区,以落叶乔、灌木为主,包括裸子植物的 *Taxodium*(落羽杉)、*Sequoia*(红杉)、*Glyptostrobus*(水松)、被子植物的 *Fagus*(山毛榉)、*Alnus*(桤木)、*Betula*(桦)、*Populus*(杨)和 *Salix*(柳),以及蕨类植物的石松、卷柏等。热带植物区属热带、亚热带型,包括西欧、俄罗斯中南部、南美及非洲、中国南部及东南亚等地,以常绿树为主,包括大型的裸子植物和蕨类植物,被子植物有喜热的 *Cinnamomum*(樟)、*Magnolia*(木兰)、*Sabalites*(似沙巴榈)等,本植物区的北界在新近纪有逐渐向南迁移的趋势,古近纪早、中期植物区北界达到阿拉斯加等北纬 70°左右地区,新近纪南移至北纬约 35°。南极植物地理区位于南纬 40°以南的南美大陆和大洋中许多岛屿以及南极洲大陆的周围岛屿。该区植物多为南半球特有类型,在该区的 1 600 种维管植物中有 1 200 种为该区特有,典型植物有山毛榉科的 *Nothofagus*(假山毛榉)、南美杉科及木本植物。

藻类植物在新生代也有重要发展,常成为地层划分对比的重要化石,海生浮游生物钙藻在古近纪至新近纪可划分出 40 多个化石带,如古新世初期的逆向麦卡球石(*Markalius liversus*)、中新世早期的大孔螺球石(*Helicopantosphaera ampliaperta*)等。淡水轮藻在陆相也很常见,如倍克轮藻(*Peckichara*)、栾青轮藻(*Hornichara*)等。

第二节　古近纪的地层和古地理特征

中国古近纪陆相地层分布广泛,海相沉积只局限于西藏南部、塔里木盆地西南缘、台湾和雷州半岛等地。中国陆相古近系以贺兰山–龙门山一线为界,分为东、西两大地区,由许多大小不同的沉积盆地和大型冲积平原构成,它们蕴藏了我国重要的油气资源。

一、中国东部的古近系

(一)中国东部大型近海断陷盆地的古近系

松辽平原、华北平原、苏北平原和江汉平原是中国东部邻近太平洋地区发育的中、新生代四大近海断陷型含油盆地。古近纪沉积了以陆相为主的地层,其中以华北平原渤海沿岸地区的古近系发育齐全,研究程度较高。

渤海湾盆地古近系发育较全,可作为近海盆地的代表:

上覆地层:中新统馆陶组。

ᚃᚃᚃᚃᚃᚃᚃᚃᚃᚃᚃ角度不整合ᚃᚃᚃᚃᚃᚃᚃᚃᚃᚃᚃ

渐新统:

东营组:发育粗砂岩、含砾砂岩、细砾岩夹灰色泥岩、灰绿色及紫红色泥岩,厚 600~800m。

沙河街组一段:底部发育砾岩、粗砂岩夹红色泥岩,中部发育灰色泥岩油页岩夹薄层石灰岩,上部发育砂岩夹灰色泥岩,发育土星介(*Ilyocyprimorpha*)组合。生油岩系。

始新统:

沙河街组二段:发育砾岩、含砾砂岩及砂岩夹紫红色泥岩,发育拱星介(*Camarolypris*)组合。

沙河街组三段:底部发育灰色、深灰色泥岩、油页岩,中上部发育细砂岩夹灰色泥岩及粗砂岩、含砾砂岩夹灰绿色泥岩,主要发育华北介(*Huabeinia*)组合。

～～～～～～～～～～～～～～～～～～～～～角度不整合～～～～～～～～～～～～～～～～～～～～～

沙河街组四段:底部发育红色砂岩与红色泥岩互层夹盐膏层,上部发育灰色泥岩、油页岩夹砂岩及薄层石灰岩。发育光滑南星介(*Austrocypris levis*)组合。

---平行不整合---

孔店组上部:红色砂岩和泥岩互层。

古新统:

孔店组中部为灰色泥岩、油页岩与中细砂岩互层。

孔店组底部:发育砾岩、含砾砂岩、粗砂岩夹紫红色泥岩。

～～～～～～～～～～～～～～～～～～～～～角度不整合～～～～～～～～～～～～～～～～～～～～～

下伏地层:中生界。

渤海沿岸地区古近系厚度达七八千米,以暗色砂泥岩沉积并夹有石膏、油页岩为主,属潮湿至半干旱性气候条件下的湖相沉积。本区古近系从下到上包括孔店组、沙河街组和东营组,可分出三个沉积旋回(图2-9-3、图2-9-4):孔三段至孔一段、沙四段至沙二段下部、沙二段上部至东一段。这三个旋回几乎均经历氧化浅湖—还原较浅湖—氧化浅湖的过程,气候上也可分出从干旱—湿润—干旱的变化规律。渤海沿岸地区古近系发育了三套成油组合(图2-9-5):(1)以孔店组第二段暗色泥岩为主要生油层,以孔一段砂质岩段为主要储集层,以沙四段泥岩为盖层的下部成油组合;(2)以沙河街组的沙四段上部至沙二段下部暗色泥岩为主要生油层,沙二段上部砂质岩为主要储集层,以沙一段泥岩为盖层的中部成油组合;(3)以沙河街组沙一段下部暗色泥岩为主要生油层,沙一段砂质岩类和碳酸盐岩段、东营组砂质岩段为主要储集区,东营组泥岩为盖层的上部成油组合。

松辽平原、苏北平原的古近系沉积特征与渤海沿岸地区古近系相似(图2-9-6),主要为还原条件下的暗色砂泥岩湖相沉积,含油地层发育。

江汉盆地地处江汉平原,面积约 $2.8 \times 10^4 km^2$,是一个在白垩纪初期下陷形成的内陆盐湖沉积。古近纪时盆地处于较干燥的亚热带气候条件控制之下,发育一套砂泥岩夹膏盐的湖相沉积,纵向上可以分出两个沉积旋回,两个旋回均反映了湖水从浅—深—浅,地球化学环境从氧化—还原—氧化的过程。在每一旋回的中部较深水还原环境中,有利于油气形成。

(二)中国东部中小型内陆断陷盆地的古近系

中国东部以陆相沉积为主的中小型盆地很多,如辽宁抚顺盆地、广东茂名盆地、广西百色盆地等,都是温暖潮湿的小型盆地,以含煤为特色,是我国重要的煤炭基地,但也含有丰富的泥质油源岩。古南岭以南的广东茂名、广西百色等盆地,代表另一种潮湿含煤盆地类型。茂名盆地早期仍处于干燥气候条件下,以红色碎屑沉积为主,局部尚可夹石膏层,中、后期气候明显转为潮湿,出现油页岩及煤层。由于在南宁地区见有咸水生物化石,如 *Bythocythere*(深海神介),很可能这类盆地是遭受过海泛影响的内陆盆地。辽宁抚顺盆地古近系发育较好,可作为中小型断陷盆地代表,其地层序列如下:

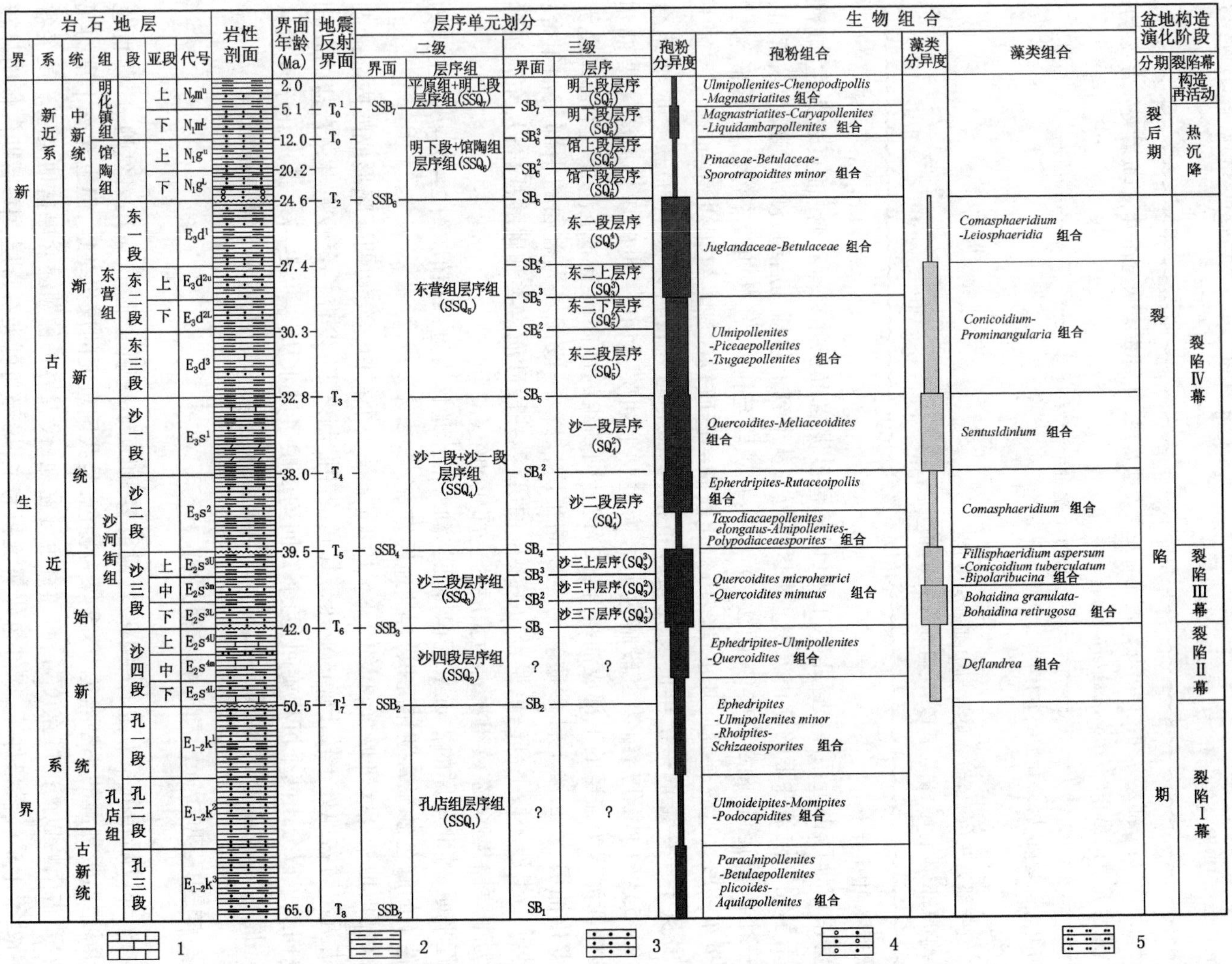

图 2-9-3 渤海湾盆地古近系综合地层划分与盆地演化简史 中的主要文字内容：

岩石地层（界/系/统/组/段/亚段/代号）

界	系	统	组	段	亚段	代号
新生界	新近系	中新统	明化镇组	明化镇	上	N_2m
					下	N_1m
			馆陶组			N_1g
	古近系	渐新统	东营组	东一段		E_3d^1
				东二段	上	E_3d^{2u}
					下	E_3d^{2l}
				东三段		E_3d^3
		始新统	沙河街组	沙一段		E_3s^1
				沙二段		E_3s^2
				沙三段	上	E_3s^{3u}
					中	E_3s^{3m}
					下	E_3s^{3l}
				沙四段	上	E_3s^{4u}
					中	E_3s^{4m}
					下	E_3s^{4l}
		古新统	孔店组	孔一段		$E_{1-2}k^1$
				孔二段		$E_{1-2}k^2$
				孔三段		$E_{1-2}k^3$

界面年龄（Ma）：2.0、5.1、12.0、20.2、24.6、27.4、30.3、32.8、38.0、39.5、42.0、50.5、65.0

地震反射界面：T_0^1、T_0、T_2、T_3、T_4、T_5、T_6、T_7、T_8

层序单元划分

二级 层序组（界面）：
- 平原组+明上段层序组（SSQ7）—— SSB7
- 明下段+馆陶组层序组（SSQ6）—— SSB6
- 东营组层序组（SSQ5）—— SSB5
- 沙二段+沙一段层序组（SSQ4）—— SSB4
- 沙三段层序组（SSQ3）—— SSB3
- 沙四段层序组（SSQ2）—— SSB2
- 孔店组层序组（SSQ1）—— SSB1

三级（界面）：
- 明上段层序（SQ7）/ 明下段层序（SQ6）—— SB_9
- 馆上段层序（SQ5）/ 馆下段层序（SQ4）—— SB_8^2、SB_8^1、SB_8
- 东一段层序（SQ3）—— SB_7^4
- 东二上层序（SQ2）—— SB_7^3
- 东二下层序（SQ2）—— SB_7^2
- 东三段层序（SQ1）—— SB_6
- 沙一段层序（SQ2）—— SB_4^1
- 沙二段层序（SQ2）—— SB_5
- 沙三上层序（SQ2）—— SB_4^3
- 沙三中层序（SQ2）—— SB_4^2
- 沙三下层序（SQ2）—— SB_3
- ?（SB2）
- ?（SB1）

孢粉组合（生物组合）
1. Ulmipollenites-Chenopodipollis-Magnastriatites 组合
2. Magnastriatites-Caryapollenites-Liquidambarpollenites 组合
3. Pinaceae-Betulaceae-Sporotrapoidites minor 组合
4. Juglandaceae-Betulaceae 组合
5. Ulmipollenites-Piceaepollenites-Tsugaepollenites 组合
6. Quercoidites-Meliaceoidites 组合
7. Ephedripites-Rutaceoipollis 组合
8. Taxodiaceaepollenites elongatus-Alnipollenites-Polypodiaceaesporites 组合
9. Quercoidites microhenrici-Quercoidites minuts 组合
10. Ephedripites-Ulmipollenites-Quercoidites 组合
11. Ephedripites-Ulmipollenites minor-Rhoipites-Schizaeosporites 组合
12. Ulmoideipites-Momipites-Podocarpidites 组合
13. Parvalnipollenites-Betulaepollenites plicoides-Aquilapollenites 组合

藻类组合
1. Comasphaeridium-Leiosphaeridia 组合
2. Conicoidium-Prominungularia 组合
3. Santusidinium 组合
4. Comasphaeridium 组合
5. Filisphaeridium aspersum-Conicoidium tuberculatum-Bipolaribucina 组合 / Bohaidina granulata-Bohaidina retirugosa 组合
6. Deflandrea 组合

盆地构造演化阶段（分期裂陷幕 / 构造再活动）
- 热沉降
- 裂后期
- 裂陷IV幕
- 裂陷III幕
- 裂陷II幕
- 裂陷I幕

图 2-9-3　渤海湾盆地古近系综合地层划分与盆地演化简史（据李思田等综合, 2005）

1—石灰岩；2—泥岩；3—砂岩；4—砂砾岩；5—粉砂岩

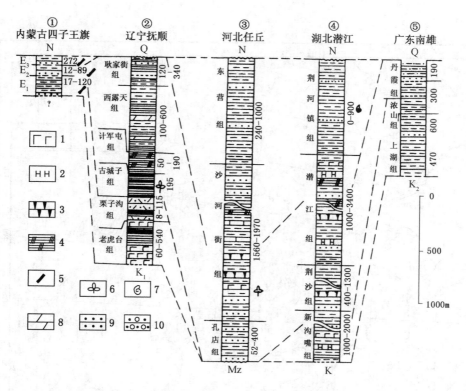

图 2-9-4 中国东部大型近海断陷盆地古近系柱状对比图(引自杜远生等,1998)

1—岩盐;2—石膏;3—油页岩;4—脊椎动物;5—植物;6—有孔虫;7—玄武岩;8—砂岩;9—砾岩;10—泥灰岩

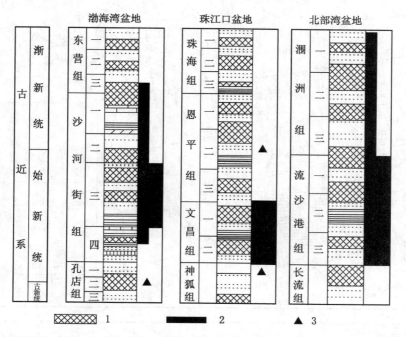

图 2-9-5 渤海湾、珠江口和北部湾盆地古近系生油岩系湖相地层剖面对比图(据刘传联等,2002)

1—好生油层;2—较好生油层;3—差或可能生油层

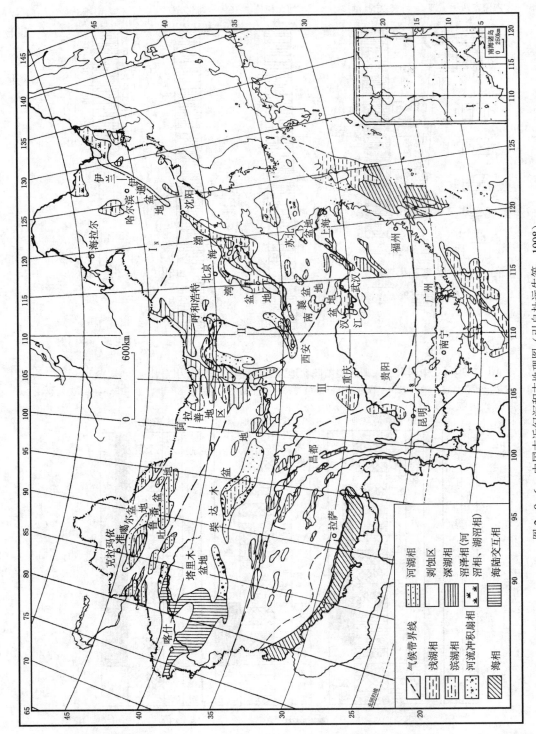

图 2-9-6　中国古近纪沉积古地理图（引自杜远生等，1998）

I—潮湿暖温带；II—半潮湿半干旱亚热带；III—干旱亚热带；I_N—潮湿亚热带、热带

上覆地层:第四系。

~~~~~~~~~~~~~~~~~~~~~角度不整合~~~~~~~~~~~~~~~~~~~~~

始新统:

耿家街组:局部发育,褐色页岩夹灰绿色泥岩。厚110～338m。

西露天组:灰绿色泥岩夹泥灰岩和褐色泥岩,可见水平层理和介形虫化石,厚120～530m。

计军屯组:下部灰黑色和灰色泥岩,夹有灰色薄层粉砂岩,发育水平层理,有机质含量较高,含鱼类、植物叶片等化石,上部为褐色油页岩,有机质含量非常高,发育水平层理和块状构造,厚80～157m。

古城子组:煤层夹黑色页岩、碳质页岩、琥珀、灰黑色砂岩和粉砂岩。含主要孢粉:*Alnipollenites spp.*、*Pistillipollenites megregorii*、*Quercoidites spp.* 等;昆虫化石:*Chironomus minimus*、*Eosciophila microtrichodis*、*Macrocera melanopoda*、*Sinobracon speciosus*、*Lycoria succinea*、*Eomyrex guchengziensis* 等。厚21～195m。

古新统:

栗子沟组:灰绿色凝灰岩为主,夹灰黑色、灰黄色薄层凝灰角砾岩和薄层凝灰质砂岩、黑色页岩及煤层。厚22～115m。

老虎台组:以灰黑色、灰绿色橄榄玄武岩为主,夹粗砂岩、页岩、碳质页岩及煤层等。厚56～500m。

-----------------------平行不整合或整合接触-----------------------

下伏地层:白垩系大峪组。

辽宁抚顺盆地是我国重要的煤炭基地之一,古近系抚顺群可进一步分为六个组,以暗色砂岩、页岩为主,煤层位于下部,底部为玄武岩夹煤层及砂页岩,不整合于古老变质岩或下白垩统之上,总厚达1000m,植物化石丰富,主要产于中部古城子组及计军屯组,属于常绿落叶、阔叶混交林组合面貌,反映潮湿的亚热带气候,时代为始新世;下部栗子沟组和老虎台组,据孢粉组合时代定为古新世。

（三）中国东部的海相古近系

中国东南沿海海岸线长达18000多千米,水深200m以内大陆架面积为一百多万平方千米。自北而南分布着东海、台湾海峡及台湾附近海域、珠江口、北部湾、莺歌海和琼东南等以新生代为主的沉积盆地。这一地区古近系、新近系十分发育,其中古近系以陆相为主,同时又发育有海陆交互相沉积为特色,暗色生油岩系发育,沉积物中含有丰富的有机质,具有广阔的含油远景。如莺琼盆地古近系崖成组,早期以陆相砂、泥岩沉积为主,晚期属海陆交互相,生油岩系厚度超过1000m。

台湾及其周围岛屿的古近系发育较全,为海相及海陆交互相沉积,属环太平洋海槽的半深海—浅海—滨海沼泽相沉积类型,以台湾西部为代表,始新统—渐新统是一套海相浅变质岩系,由石英砂岩、板岩和千枚岩组成,含货币虫(*Nummulites*)、盘环虫(*Discocyclina*)等有孔虫化石,最厚可达4000m,与更老的变质岩系共同组成中央山脉。渐新世后期发生褶皱运动,使中央山脉隆起,形成北东向延伸的线状紧密褶皱,并使岩层发生区域变质。

二、中国西部的古近系

中国西部的古近系有陆相和海相两种沉积,陆相盆地广泛分布,海相沉积则局限于喜马拉雅地区和塔里木西南缘(图2-9-6)。

中国西部的内陆盆地主要为一系列大型山间盆地,著名的有准噶尔盆地、吐鲁番盆地、柴达木盆地及塔里木盆地,多呈东西向及北西向排列,周围被高山和山脉环绕,古近系及新近系发育齐全,厚度巨大,沉积物多为干燥气候条件下的河湖相及山麓相红色碎屑岩,常具石膏和岩盐夹层或团块,含脊椎动物、腹足类、介形类及轮藻等,在湖相沉积中发育有良好的生油层。

(一)准噶尔盆地

准噶尔盆地位于天山与阿尔泰山之间,盆地南部古近系、新近系发育好,整合于上白垩统之上,地层序列如下:

新近系沙湾组:褐色砂泥岩夹砾岩。

------------------------------平行不整合或整合接触------------------------------

古近系:

安集海河组:紫红、灰绿、灰色泥岩夹泥灰岩、石灰岩和薄层砂岩及介壳薄层灰岩。含介形类 *Limnocythere dahangouensis* 等、腹足类、双壳类、脊椎动物等,植物化石有轮藻等。厚 120~782m。

紫泥泉子组:紫红色、褐红色砂质泥岩夹灰红色砂岩,底部为砾岩和石灰质砾岩的沉积层序。含介形虫 *Limnocythere*、*Eucypris* 等,植物化石轮藻等。厚 15~855m。

------------------------------平行不整合------------------------------

下伏地层:上白垩统东沟组。

古近系下部紫泥泉子组,为红色砂质泥岩、砂岩夹砾岩,产介形类及轮藻化石;上部安集海河组,为灰绿色泥岩夹砂砾岩及介壳灰岩,产偶蹄类 *Bothriodon*(沟齿兽),总厚 1600m,但向北逐渐减薄,到盆地北部厚度减至 400m。新近系在准噶尔盆地南缘称晶吉河群,包括下部沙湾组,为褐色砂泥岩夹砾岩;中部塔西河组,为砂泥岩夹介壳灰岩,产 *Trilophodon*(三棱齿象);上部独山子组,为砂泥岩夹砾岩,产三趾马化石,总厚 3000~5000m。这种巨厚的含粗碎屑堆积是新近纪时,由于天山强烈上升,而准噶尔盆地南缘强烈下陷而形成的山前类磨拉石堆积。

(二)柴达木盆地

柴达木盆地是我国西北地区的一个大型中、新生代沉积盆地,面积约 10 万平方千米。古近系在盆地西部凹陷中较发育,主要是一套湖相沉积砂、泥岩,具有良好的生油条件,其地层序列如下:

干柴沟组:分为下组和上组,岩性以灰色砾岩、砂岩和灰—深灰色泥岩为主,部分地区发育碳酸盐岩和膏盐岩。下组最大厚度为 600m,上组厚度较大,最大厚度为 2200m。

路乐河组:灰色、棕红色砂、砾岩与深灰色、褐色泥质岩互层。地层厚度整体北厚南薄,最大厚度位于狮子沟地层,为 1000m 左右。

~~~~~~~~~~~~~~~~~角度不整合~~~~~~~~~~~~~~~~~

下伏地层:白垩系犬牙沟群。

总体来讲,柴达木盆地古近系主要为一套河流至湖泊相沉积,路乐河组主要为一套氧化条件下的冲积扇及河流相粗碎屑物沉积,下干柴沟组主要为一套扇三角洲至辫状河三角洲沉积,上干柴沟组主要为浅湖相至半深湖相沉积,为盆地的凹陷时期,形成了暗色页岩为主的烃源岩。

(三)其他地区

塔里木盆地西南缘的古近系、新近系较特殊,古近系为海相、潟湖相沉积,以紫红色、杂色砂、泥岩夹石膏为主,局部含介壳灰岩,产有孔虫、双壳类、海胆等化石;新近系为潟湖相至陆相沉积,以褐红色碎屑岩为主,产有孔虫及介形类等化石;表明塔里木盆地西南缘的古近系、新近系是代表干燥气候条件下的闭塞海湾—潟湖相沉积,海水来自西南的特提斯海域。

西藏地区自白垩纪末至古近纪初,由于印度板块与亚洲板块碰撞聚合,古近系、新近系发育不全,分布零星,古近纪早期在喜马拉雅地区发育有残留海盆的海相沉积。古近系下部宗浦组厚 383m,以石灰岩为主夹页岩;上部遮普惹组厚 1285m,以石灰岩及泥、页岩为主,含 *Nummulites*(货币虫)、*Orbitolites*(圆片虫)等有孔虫及介形类、双壳类等化石,时代属古新世至始新世,代表稳定类型的浅海沉积,属特提斯海东段的残留海部分。始新世末,喜马拉雅地区隆起上升,海水退出,从此再未遭受海侵。随着喜马拉雅山区的不断隆起,在其南麓(印度、尼泊尔境内)形成长达数千米的山前凹陷,接受了新近纪至第四纪的巨厚陆相堆积,称锡瓦利克群,以砂、砾岩及泥岩为主的河湖碎屑岩沉积,含哺乳动物化石,为典型的山前凹陷式磨拉石建造。

第三节　新近纪的地层和古地理特征

新近纪中国东部古气候发生了显著变化,古近纪横贯中国东部广大范围的干旱、半干旱气候带消失,使中国东部基本为潮湿、半潮湿气候覆盖(图 2－9－7)。新近纪中国东部大陆裂谷盆地进入裂后热沉降坳陷期,盆地范围普遍扩大,地层厚度相对较小,构成古近纪主裂陷盆地之上的披盖式坳陷,古近系、新近系之间大多为不整合接触。在大陆板块内本阶段沉积特点主要表现在两个方面:广泛的褐煤层分布和沿海地区大范围的玄武岩喷发。

一、中国东部

由于中国东部新近纪基本为潮湿、半潮湿气候,在很多地区分布有褐煤层,如黑龙江北部孙吴地区孙吴组(N_1)、三江平原富锦组(N_{1-2})、渤海湾盆地东明凹陷的馆陶组(N_1)和明化镇组(N_2)、潜江凹陷广华寺组(N_1)和江西广昌头坡新近纪地层内等都见有褐煤或泥炭层,琼北长昌的长昌组(N_1)、云南开远小龙潭组(N_1)都含具工业价值的褐煤层,尤以小龙潭盆地新近系含煤地层剖面最为典型(图 2－9－8),中新统小龙潭组由白色黏土夹褐煤组成,上部多泥灰岩,下部多碎屑岩产 *Listriodon*(利齿猪)等哺乳动物化石,厚 300~400m。上新统河头组由灰色砂质黏土夹褐煤组成,厚 150m。

(一)孙吴地区

孙吴地区古近系—新近系发育零星,包括孙吴组,其地层序列如下:

上覆地层:上新世西山玄武岩。

～～～～～～～～～～～～～～不整合～～～～～～～～～～～～～～

新近系:

孙吴组:灰色、黄褐色、灰黄色弱胶结砂砾岩、砂岩夹灰绿色、灰色泥岩组成,局部砂砾岩为铁质胶结或含铁质结核,含铁高时构成孙吴式铁矿。含孢粉化石。厚 10~635m。

～～～～～～～～～～～～～～不整合～～～～～～～～～～～～～～

下伏地层:古近系。

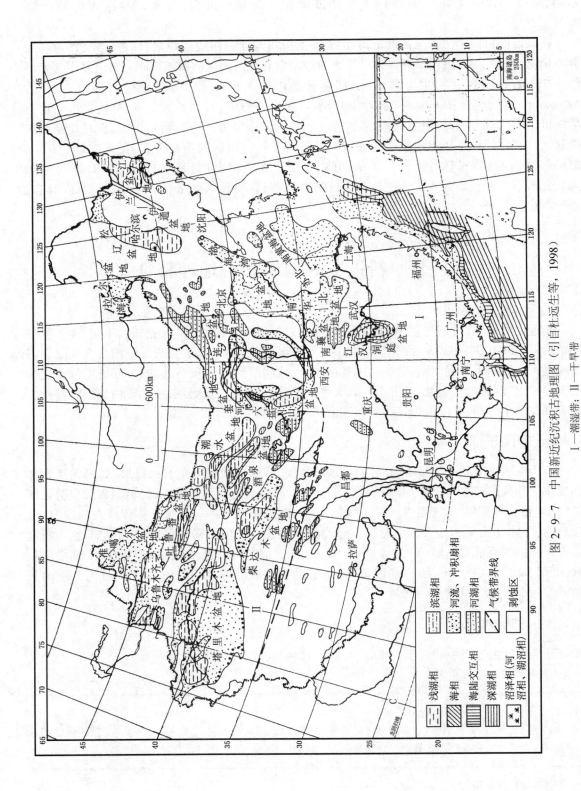

图 2-9-7 中国新近纪沉积古地理图（引自杜远生等，1998）

I—潮湿带；II—干旱带

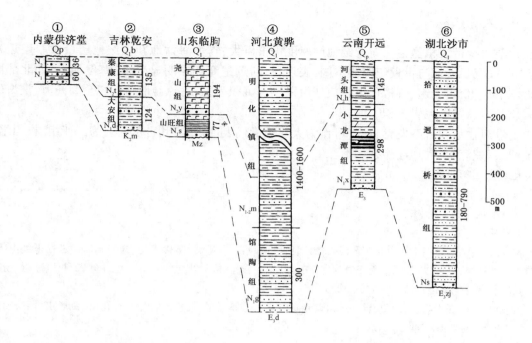

图2-9-8　中国东部新近系柱状对比图(引自杜远生等,2009)

乌云组:灰色、灰白色的砂质砾岩、含砾砂岩、粗砂岩、细砂岩、粉砂岩及灰黑色碳质页岩、浅褐色砂质页岩(泥岩)组成,上部夹多层褐煤。含植物化石。厚2~122m。

孙吴组是一套河湖相粗碎屑沉积建造,含有较多的孢粉化石,下伏乌云组是一套湖沼相粗碎屑岩含煤建造。

(二)渤海湾盆地

渤海湾盆地新近系自下而上为馆陶组、明化镇组,其地层序列如下:

上覆地层:第四系平原组。

〰〰〰〰〰〰〰〰〰〰〰〰〰〰〰角度不整合〰〰〰〰〰〰〰〰〰〰〰〰〰〰〰〰〰〰〰〰

新近系:

明化镇组:曲流河相的细砂岩沉积。杂色砂岩、泥岩为主,或两者互层。化石含量丰富。厚556~1100m。

馆陶组:杂色(灰白、灰绿、暗紫红等色)砂岩、泥岩为主,夹含砾砂岩、砾岩。厚79~956m。

------------------------------平行不整合-------------------------------

下伏地层:古近系东营组。

馆陶组是一套河湖相粗碎屑岩,以砾岩、砂岩为主。这个组也富集油藏的一个层位。明化镇组也是一套河湖相碎屑沉积建造,含有较多的化石。

二、沿海地区

新近纪时沿海地区的玄武岩喷发是突出现象。如东北的长白山区、渤海海峡的庙岛群岛、沿郯城—庐江深大断裂两侧、浙东嵊州、福建漳浦、台湾海峡中的澎湖群岛以及广东雷州半岛、海南岛北部等地,都有大片玄武岩流,其时代多属上新世。

三、大陆边缘

大陆边缘带沉积盆地在新近纪地层厚度仍很巨大,莺歌海盆地新近纪地层最大厚度近万米,本阶段沉积特征与古近纪明显不同,表现在:新近纪海相层明显变多,海侵加大,如北部湾新近纪下洋组、角尾组、灯楼角组和望楼组以浅海沉积为主,莺琼盆地新近纪全为浅海、滨海的白云质灰岩以及砂泥岩沉积。

莺歌海盆地新近系发育较好,可作为大陆边缘代表性盆地,其自下而上为三亚组、梅山组、黄流组、莺歌海组,其地层序列如下:

上覆地层:第四系。

---整合---

新近系:

上新统:

莺歌海组:从浅海—半深海相灰色泥岩,夹灰白色粉砂岩、砂砾岩,富含生物、介壳碎屑。岩性下细上粗,可分为上下两段,下段以灰、绿灰色泥岩为主,夹薄层粉砂岩;上段为灰色泥岩夹白色砂砾岩、灰质砂岩、粉砂岩。含较丰富的生物化石。总厚 576~1455m。

黄流组:灰色泥岩与砂质石灰岩、白云岩、砂质白垩不等厚互层,夹粉砂岩。产有孔虫、介形虫、钙质超微化石、孢粉等。厚 230~344m。

中新统:

梅山组:砂质灰岩,砂岩夹页岩,底部有生物灰岩及白云岩。产有孔虫、孢粉及钙质超微化石等。厚 208~424m。

三亚组:灰白色砂砾岩为主,顶部夹薄层杂色泥岩。厚 88~429m。

---假整合--

下伏地层:渐新统陵水组。

三亚组是一套滨浅海相碎屑岩,以灰白色砂砾岩为主。梅山组是一套浅海相碎屑岩及碳酸盐,属大陆架陆缘海环境,含有较多的化石。黄流组是滨浅海沉积环境,含有生物化石。莺歌海组为浅海—半深海的环境,含有较多的化石。

第四节　第四纪地史概况

第四纪由于印度板块继续向北俯冲,诱发青藏高原的急剧抬升及其周缘山系的进一步发展,形成中国西部高原、山系与盆地相间的地势;东部太平洋板块向西继续俯冲,导致中国东部拉张断陷的再次出现,形成一系列北北东向的沉积盆地、断块山脉和长白山等近期火山喷发;第四纪冰期和间冰期的交替,引起冰川型海平面升降,造成海岸线的明显摆动,也影响气候冷暖多变并形成了中国第四纪丰富多彩的古构造、古地理、古气候环境和多种沉积类型。

第四纪沉积物分布极广,除岩石裸露的陡峻山坡外,全球几乎到处被第四纪沉积物覆盖。第四纪沉积物大多未胶结,保存比较完整。第四纪沉积主要有冰川沉积、河流沉积、湖相沉积、风成沉积、洞穴沉积和海相沉积等。其次为冰水沉积、残积、坡积、洪积、生物沉积和火山沉积等。第四系在不同地区发育有不同的沉积类型,直接与其所处的古构造、古地理和古气候环境密切相关。

一、青藏高原迅速隆升及其影响

第四纪青藏高原的剧烈抬升和东部边缘海的显著下降，是造成我国现在西高东低地势的根本原因。❶由于青藏地区的强烈上升，在喜马拉雅山区及昆仑山、喀喇昆仑山区等地，发育有山岳冰川及冰川堆积（图2-9-9）。此外，高原内部相对平坦地区，也出现一些小型湖泊盆地。更新世早期主要是淡水湖盆，范围稍大；后期气候变干，湖水变咸，范围缩小，形成有经济价值的含硼盐矿床。

青藏高原周缘，由于山区上升，山前的盆地边缘形成粗碎屑的巨厚类磨拉石堆积。如天山北麓的准噶尔盆地南缘，下更新统西域组，以砾岩为主，厚达1350m；中更新统乌苏组，仍以砾石为主，厚30m；上更新统新疆组，砾石及砂质黏土，厚150m。塔里木盆地也有类似的巨厚粗碎屑堆积。这是当时山系急剧上升和盆地边缘强烈下陷的物质记录。

青藏高原的隆升不仅使我国西高东低的地势格局得以建立，也造成了我国大地形结构中三级地势阶梯和东南部湿润、半湿润、西北干旱和青藏高寒三大自然景观区的形成。总体来看，青藏高原的隆起对现代大气环流格局的构成、亚洲季风体系的建立、区域及全球气候的变化、沙漠黄土、高原冰雪、湖河水系及生态系统的发展、演化，以至人类的起源与进化都造成了深远的影响。因此，青藏高原在全球变化研究中具有非常重要的意义。

二、黄土高原堆积

中国黄土几乎连续覆盖了东经103°~113°、北纬34°~38°的广大地区。区内黄土发育完好，最厚可达百余米。黄土层中夹有多层古土壤，这为第四纪气候变化的研究提供了很好场所。一般认为黄土是冰碛物和冰水沉积中的粉砂颗粒被风吹扬，携带到冰川作用区外围堆积而成，黄土是冰期（干冷气候条件下）堆积的。间冰期（湿热气候条件下）成壤作用显著而形成古土壤。因此，黄土与古土壤的互层，是气候冷（干）、热（湿）变换的物质记录。

陕西洛川黄土剖面代表整个第四纪的堆积，地层自下而上划分为：下更新统午城组，以黄红色黄土为特征；中更新统离石组，为淡棕色黄土；上更新统马兰组，以黄灰色黄土为主，总厚约130m。

三、中国东部差异升降及南北分异

中国东部的松辽、华北、江汉平原，是第四纪的大面积沉降区，接受相邻上升山系剥蚀而来的物质充填，是差异升降的反映。如华北平原钻井揭示平原西部太行山麓为粗碎屑沉积，向东主要为河湖相砂泥质沉积，并部分夹玄武喷发岩，再东部还夹数层含海相化石层。华北第四系一般分为下更新统固安组；中更新统杨柳青组；上更新统欧庄组；全新统为河湖沉积夹泥炭，总厚300~400 m。

秦岭以南、青藏高原以东直至闽浙沿海，除江汉—南阳盆地外，只有零星分布的小型盆地。沉积类型以残积红土及其搬运再沉积为主，并有不少溶洞堆积。可能与地处石灰岩发育区、地壳持续不断上升及温热气候等具体环境有关。

---

❶ 感兴趣的同学可在网上搜索观看视频《地球的起源（第二季）第8集　珠穆朗玛峰》。

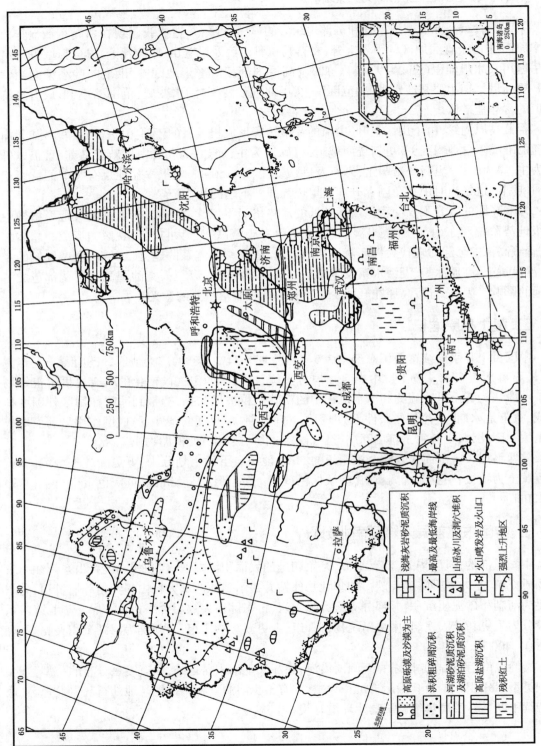

图 2-9-9　中国更新世新世古地理图（引自刘本培等，1996）

四、海平面升降和海陆变迁

第四纪时,地球气候出现过多次冷暖变化,240 万年以来至少经历了 24 个气候旋回。晚新生代冰期开始于距今 1400 万~1100 万年前,但在第四纪才出现冰期和间冰期的明显交替。冰期极盛时,北半球高纬地区形成大陆冰盖,格陵兰冰盖覆盖了格陵兰和冰岛,劳伦大冰盖掩埋了整个加拿大,并向南延伸至纽约、辛辛那提一带。欧洲将近一半被斯堪的纳维亚冰盖覆盖。西伯利亚冰盖则占据了西伯利亚北部地区。第四纪大冰川期是地球史上最近一次大冰川期。第四纪时欧洲阿尔卑斯山山岳冰川至少有 5 次扩张。在我国,据李四光研究,相应地出现了鄱阳、大姑、庐山与大理 4 个亚冰期。现代冰川覆盖总面积约为 $1630 \times 10^4 km^2$,占地球陆地总面积的 11%。我国的现代冰川主要分布于喜马拉雅山(北坡)、昆仑山、天山、祁连山和横断山脉的一些高峰区,总面积约 5.7 万多平方千米。

我国东、南部海岸在第四纪经历了剧烈的沧桑变化。第四纪冰期和间冰期更替引起海平面的强烈波动,海岸线进退可达数百千米。当间冰期海面升高时,东部海水西进可达白洋淀、洪泽湖和太湖,南部的雷州半岛可没入海底;冰期海平面下降最低时,约在现在海面以下 150m,渤海、黄海、东海及南海北部均为辽阔滨海平原,并可形成古土壤、风化壳及泥炭等,当时台湾与大陆直接相连,陆生动物自由来往。大约距今 1 万年左右,末次冰期消融后,海面逐渐到达现在的位置。近年来我国沿海各地第四系钻孔中,发现含有孔虫等化石的层位不少于 4~5 个,说明第四纪海水曾多次侵入大陆内部。

第五节　新生代中国及全球古构造特征

一、新生代全球构造发展史

新生代的构造发展是全球两大活动带之一的古地中海—喜马拉雅活动带逐渐封闭,形成了自阿尔卑斯至喜马拉雅一带最年轻最高峻的褶皱山系,并导致全球出现东半球大陆和西半球大陆地理格局;而另一个活动带——环太平洋活动带则不断褶皱上升,使大陆外缘逐渐向洋推移,造成太平洋日益缩减,大西洋及印度洋愈加扩张。因此,新生代构造阶段又称为喜马拉雅构造阶段或新阿尔卑斯构造阶段。

新生代的构造运动统称为喜马拉雅运动或新阿尔卑斯运动。可分为三期:第一期发生于古近纪始新世与渐新世之间,称喜马拉雅运动(狭义)或比利牛斯运动,构造运动最为强烈;第二期发生于古近纪与新近纪之间,西欧称撒夫运动,我国称茅山运动;第三期发生于第四纪,一般称作新构造运动。

新生代全球地壳的演化发展史就是特提斯海槽封闭,环太平洋活动带继续发展,大西洋、印度洋不断扩大,太平洋逐渐缩小,以及东、西两半球大陆形成的发展史。

(一)新生代的板块运动

白垩纪中后期到古近纪早期(约 100—50Ma),印度大陆和非洲大陆东北部向北移动,特提斯洋壳进一步向欧亚大陆之下俯冲消减;非洲和南美洲进一步分离,大西洋北段由南向北延伸扩大;环太平洋俯冲消减带进一步发展。

始新世至全新世(56Ma—现在),非洲和印度不断向北漂移,西部非洲北部边缘和欧洲南部边缘对接,东部印度北部边缘和亚洲南部边缘对接,特提斯海最后封闭,只有西部尚残留今天的地中海。同一时期,太平洋板块不断扩张和向东西两边大陆之下消减,且消减速度大于扩张速度,太平洋逐渐缩小。由于特提斯洋壳不断向欧洲大陆下俯冲,也由于特提斯海的最后关闭,形成著名的阿尔卑斯褶皱带。由于太平洋板块向两边大陆之下的俯冲活动,在亚洲东部边缘和美洲西部边缘形成一系列宏伟的褶皱山系。这一时期世界上发生的强大构造运动有特提斯东段的喜马拉雅运动、特提斯西段的比利牛斯(Pyrebean)运动和撒夫(Savic)运动。

(二)新生代褶皱带

中、新生代在全球范围内发育两个巨大的褶皱带,一个是东西走向的喜马拉雅—阿尔卑斯褶皱带,另一个是环太平洋褶皱带。

1. 阿尔卑斯褶皱带

阿尔卑斯褶皱带是中—新生代特提斯洋壳向南北大陆边缘俯冲挤压形成的。阿尔卑斯山系分南北两支。北支西起西班牙的比利牛斯山,向东经意大利北部和瑞士的阿尔卑斯山、捷克斯洛伐克和罗纳尼亚的喀尔巴阡山,直到黑海沿岸的大高加索山;南支西起非洲西北部的阿特拉斯山,向东经意大利的亚平宁山系、巴尔干半岛的狄那里克阿尔卑斯山脉,直到伊朗和阿富汗。北支山系发育由南向北倒转的推覆构造,南支山系则发育由北向南倒转的推覆构造。由于构造复杂,断裂带互相掩覆,组成山系的沉积岩已不在原来形成时的位置。阿尔卑斯北支山系可以划分出三个推覆构造:下部是海尔微推覆构造,中部是平宁推覆构造,上部是东阿尔卑斯推覆构造。

在阿尔卑斯海槽中,北部海尔带和南部平宁带的古近系发育较好,研究较详细。海尔带内,始新统中部以浅海碳酸盐岩相为主,上部变为碎屑岩;南部平宁带中,始新统上部是碎屑复理石沉积。上述资料说明,始新世中后期,阿尔卑斯海槽强烈上升,形成较大的地形高差。渐新世,南部平宁带已逐渐高出海平面,沉积间断,两侧形成山前凹陷。因此,阿尔卑斯海槽的渐新统以碎屑磨拉石为主。新近纪,阿尔卑斯褶皱带的各大山脉已出现雏形。中新世阿尔卑斯区仍有海侵,上新世初期,阿尔卑斯区发生强烈褶皱运动,喀尔巴阡山及其以东地区形成一系列海盆地,如里海、黑海和罗马尼亚的大吉湖盆,形成富含石油的上新统地层。沿阿尔卑斯北支山系的阿尔卑斯山、喀尔巴阡山、巴尔干和高加索等地和南支的亚平宁、希腊、塞浦路斯等地,都有蛇绿岩套出现,说明古地中海海槽的洋壳性质,正是由于古地中海大洋壳分别向欧洲大陆南缘和非洲大陆北缘的俯冲挤压,才形成阿尔卑斯褶皱带。

断块理论对阿尔卑斯褶皱带的形成过程提出新的解释,认为古近纪(始新世晚期—渐新世早期)是阿尔卑斯带的主要变质变形时期,同时产生碰撞型花岗岩,反映南北大陆的直接碰撞,洋盆基本关闭,但深水复理石继续在阿尔卑斯北侧的海尔带内沉积。渐新世晚期,海尔带内的复理石沉积褶皱升起,产生许多重力滑动作用成因的巨大"推覆体",在其北侧前缘凹陷中堆积了大量磨拉石沉积。新近纪,褶皱山系出现新的变形。复理石带逆冲到磨拉石带之上,而磨拉石的沉积作用一直持续到上新世才停止。第四纪,中阿尔卑斯山脉出现明显的冰川作用。至今阿尔卑斯山顶部仍有冰川活动。

2. 喜马拉雅褶皱带的形成及其对中国古大陆的影响

新生代以来的造山运动(约65Ma),称为喜马拉雅运动。因形成喜马拉雅山而得名,1945

年由黄汲清创用。有三个主要造山幕:第一幕发生在始新世末期到渐新世初期,海水从青藏高原全部退出,并伴随有强烈的褶皱、断裂及中性岩浆岩的侵入;第二幕,发生于中新世初期,有强烈褶皱、断裂、岩浆活动和变质作用等,形成大规模的逆冲断裂和推覆构造,导致地壳大幅度隆起和岩浆侵入;第三幕,从更新世至现在,主要表现为高原的急剧隆起,周围盆地的大幅度沉降,以及老断裂的继续活动,部分地区有第四纪火山喷发活动。古近—新近纪的喜马拉雅运动在亚洲大陆广泛发育,并形成了喜马拉雅褶皱带。

喜马拉雅褶皱也由南北两支山系组成,中间包括伊朗地块和西藏地块。北支自小亚细亚北部向东延伸接小高加索山,经伊朗北部的厄尔巴士山、帕米尔高原到西藏北部的喀喇昆仑山,再折向东南经横断山而到缅甸的印度洋沿岸,南支自爱琴海东岸到小亚细亚半岛南缘,再向东南经伊朗高原南部山系,绕过伊朗地块后经苏里曼山向东北到达帕米尔南部,转向东南经喜马拉雅山,在喜马拉雅山东端向南急转而进入缅甸的阿拉干山。喜马拉雅褶皱带西连阿尔卑斯褶皱带,向东延伸与中印半岛、马来半岛、印度尼西亚群岛连在一起。

由于冈底斯板块与印度板块分离,三叠纪中晚期在特提斯洋东段出现的喜马拉雅洋盆,白垩纪末基本闭合,东特提斯洋壳消失。古近纪初,现今喜马拉雅山地区仍继续有海侵,沉积了古新世和始新世的以浅海相为主的地层,这表明阿尔卑斯洋东段中生代末已经封闭,印度大陆和亚洲大陆已经靠拢,蛇绿岩套广泛分布的雅鲁藏布江一带,就是两个大陆(板块)的结合线;而喜马拉雅山区古新世和始新世的海侵则属于洋盆封闭后的残余海。始新世末喜马拉雅山地区隆起、上升,海水全部退出;新近纪中新世喜马拉雅山地区发生强烈的地壳运动,形成许多巨大的逆掩断层,伴有大规模花岗岩侵入,并在山系前缘形成典型的山前凹陷式磨拉石建造锡瓦利克群(Siwalic Growp)。至第四纪,随着印度板块不断向北俯冲,两个大陆板块叠加在一起,造成世界上硅铝质地壳极厚(厚达70km左右)的青藏高原,并使喜马拉雅山急剧上隆,短短的2Ma年竟上升2700~3400m,形成了世界上最高峻的山脉;山前凹陷也同时逐步上升,并不断向南推移,直至现今的印度恒河冲积平原一带。

喜马拉雅褶皱带对亚洲地理环境产生重大影响。西亚、中东、喜马拉雅、缅甸西部、马来西亚等地山脉及包括中国台湾岛在内的西太平洋岛弧均告形成,中印之间的古地中海消失。而对于中国来说,东西地势高差增大,季风环流加强,自然地理环境发生明显的区域分异:青藏隆起成为世界最高的高原,古近纪—新近纪的热带、亚热带环境被高寒荒漠取代;西北地区因内陆性不断增强而处于干旱环境;东部成为湿润季风区。其中,中国西部受到的影响最大。在剧烈的挤压作用下,喜马拉雅山脉和青藏高原迅速抬升,它们都是大型滑脱构造,在滑脱面之上发育了一系列的近东西走向的逆掩断层,其中较大的自南向北依次是喜马拉雅主前缘断层带、喜马拉雅山主边界断层带、喜马拉雅山主中央断层带、定日—洛扎断层带、雅鲁藏布江断层带、噶尔—纳木错断层带、班公错—怒江断层带、空喀拉—唐古拉温泉断层带和金沙江断层带等。这些逆掩断层之间形成巨大的褶皱断块山系,自南向北依次是喜马拉雅山脉、冈底斯山脉、念青唐古拉山脉、唐古拉山脉、可可西里山脉等;断层带本身则表现为山脉间和高原上的低地。

在青藏高原以北,同样出现了一系列的逆掩断层。与青藏高原不同的是,这些逆掩断层的倾向并不相同,因此并未形成像青藏高原那样的叠瓦构造,而是使两条倾向相对的断层之间的地块相对上升,两条倾向相背的断层之间的地块相对下降,从而形成盆岭相间的构造。如康西瓦—昆仑山断层带和塔里木南缘断层带之间的昆仑山地上升,塔里木南缘断层带和库尔勒—

乌恰断层带之间的塔里木盆地下降,库尔勒—乌恰断层带和伊林哈别尔尕—亚干断层带之间的天山山地上升,伊林哈别尔尕—亚干断层带和德尔布干—克拉麦里断层带之间的准噶尔盆地下降,柴达木南缘断层带和宗务隆山—青海湖南缘断层带之间的柴达木盆地下降,宗务隆山—青海湖南缘断层带和北祁连北缘断层带之间的祁连山地上升等。

在中国大陆中东部,在东西向的张裂作用下,原有的近南北向的断层如闽粤沿海断层带、郯城—庐江断层带、大兴安岭东侧断层带、太行山东侧断层带、武陵山—大明山断层带等均转变为张裂性的正断层,沿其中某些断层还有花岗岩侵入。同时,还出现了一些新的张裂断层,如汾渭断层带、大雪山东缘断层带等。

南海、东海、日本海也均在这一时期受东西向的张裂作用而大幅张开,成为西太平洋的边缘海。俄罗斯的贝加尔湖也是由在这一时期形成的地堑带积水而成的。

喜马拉雅褶皱带形成后,现代的中国地貌基本形成。在中国西部,喜马拉雅运动导致喜马拉雅山脉和青藏高原的迅速抬升,使后者成为"世界屋脊",并导致昆仑山、天山、阿尔金山、祁连山和阿尔泰山的抬升("活化"),以及塔里木盆地、准噶尔盆地、柴达木盆地的相对下降,新疆地区的"三山夹两盆"地貌就此形成。在中国东部,近东西向的张裂作用则使李四光提出的新华夏构造体系中的三大隆起带和三大沉降带之间的相对高差加大,其中第三隆起带东边的大兴安岭—太行山—巫山—雪峰山一线成为中国地貌第二级阶梯和第三级阶梯的分界线,而第三沉降带南段(即四川盆地)以西的横断山则连同祁连山、阿尔金山、昆仑山一起成为中国地貌第一级阶梯和第二级阶梯的分界线。这种三级台阶的地貌使黄河水系和长江水系最终得以全面形成。

同时,由于闽粤沿海正断层的张裂,海南岛和台湾岛与中国大陆分离,断裂带在第四纪冰期过后遭受海侵,分别形成琼州海峡和台湾海峡。

3. 环太平洋活动带

泛大洋在中、新生代经历了巨大的演变,使泛大洋缩小成现在的太平洋,同时在太平洋周围形成一个环太平洋活动带。现在的太平洋,实际上是因联合古陆解体和新海洋出现而缩小了的泛大洋部分。根据太平洋海底磁异常条带、夏威夷—天皇海山热点活动轨迹和古地磁资料,加上四周大陆边缘发生的地质事件综合分析,早白垩世古太平洋海底由四个板块组成,即库拉板块、法拉隆板块、太平洋板块和菲尼克斯板块。由于库拉板块向亚洲大陆东缘俯冲,形成太平洋西部边缘活动带,法库隆板块向北美大陆西缘俯冲,形成科迪勒拉山系,菲尼克斯板块向南美大陆西缘俯冲,形成安第斯褶皱山系。

1)太平洋西部边缘活动带

古近纪前期(60—35Ma),菲律宾板块从太平洋板块分出并继续向北北西方向运动,东北亚在多种地球动力学机制制约下又处于拉张环境中,渤海盆地、贝加尔湖和东海盆地都有明显的裂陷作用。始新世末期(35Ma),太平洋板块的俯冲方向突然从北北西向变为北西西向,洋盆内夏威夷—天皇海山链走向的转折便是极好的证明。中新世至上新世(24—5Ma),太平洋板块与亚洲大陆接近垂直俯冲,导致东亚岛弧形成和弧后扩张并形成弧后盆地,日本海、冲绳海沟迅速达到现在的规模,亚洲大陆东缘的沟—弧—盆体系至此才正式形成。弧后扩张作用减弱了太平洋板块俯冲对亚洲大陆的直接影响,中国东部裂陷作用减弱,晚第三纪出现大型坳陷盆地(松辽、华北、苏北、江汉等),不整合超覆在早三叠世裂谷盆地沉积物之上。第四纪,亚洲东缘的岛弧、海沟、弧后盆地构成的海—弧—盆体系继续存在,具有很强的构造活动性。例如,日本有 200 多处第四纪火山,亚洲地震也主要发生在这些弧沟地带。

2)太平洋东部边缘活动带

北美大陆西缘的科迪勒拉造山带,在中生代发生过两期重要构造—岩浆活动:晚侏罗世的内华达运动和白垩纪末期的拉拉米运动。内华达运动影响北美西部广大地区,造成地层褶皱、岩石变质和大规模的岩浆侵入。拉拉米运动不但使地层褶皱,而且产生一系列向西逆冲的断层,这种压应力场一直持续到始新世中期。渐新世(30Ma),法拉隆板块消亡,法拉隆—太平洋中脊也俯冲潜没于北美大陆之下。由于太平洋板块主要向北西西方向运动,与北美大陆接触部分出现了著名的圣安德烈斯右旋走滑断裂,切过北美洲西部边缘。新近纪以来,断层两盘错开约 500km,并发育了一系列拉张盆地。中新世,北美大陆的构造变动仍然以拉张作用为主,在北美西部形成盆岭相间的地貌特征。

(三)新生代的大陆

三叠纪初期全球大陆联合成一块统一的大陆,称为泛大陆。北半球的大陆称劳亚大陆,由现在的北美洲和欧亚大陆组成;南半球的大陆称作冈瓦纳大陆,包括现在的南美洲、非洲、印度、澳洲和南极洲。这些大陆的周围分布着一些活动带。中、新生代,泛大陆解体,各大陆块分别漂移到今天的位置。

1. 冈瓦纳大陆

古近纪,南方大陆业已解体,南美洲、非洲、印度、澳洲和南极洲互相分离,各自漂移,并逐渐接近现在的位置。古近纪的海相沉积主要分布在非洲的中、北部,以货币虫灰岩沉积为主。渐新世末期发生海退。古近纪末,非洲东部大陆裂谷开始形成,南北走向,裂谷中河流湖泊沉积广泛发育,裂谷北段有强烈火山活动,形成大量火山岩,东非大裂谷的活动一直持续到今天。阿拉伯半岛与非洲分裂形成红海和亚丁湾也是从古近纪末开始的。新近纪,海水几乎全部从南方大陆退出,南方各个大陆上都有陆相新近系地层。

2. 劳亚大陆

劳亚大陆由现在的北美洲和欧亚大陆组成。新生代,北美大陆大部分地区高出海面。古近纪至新近纪,东部大西洋沿岸和南部墨西哥湾沿岸一带发育海相沉积,以浅海碎屑岩和碳酸盐岩为主。墨西哥湾沿岸的海相古近系最厚可达 3500~5000m,富含有孔虫和双壳类化石,是重要含油岩系。第四纪,北方大陆上冰川沉积物分布广泛。

古近纪,欧亚大陆西部仍然经常遭受海侵,英法盆地、北德盆地、阿克维丹盆地和里海周围至乌拉尔山一带地区屡遭海侵,沉积物以滨浅海碎屑岩为主,里海一带有浅海相碳酸盐岩沉积。亚洲大部分地区古近纪仍处于古陆状态,中、北部发育陆相含煤地层,在我国渤海湾盆地和江汉盆地中,发育以湖泊相沉积为主的含油岩系。渐新世末期,欧洲地区普遍上升,海水逐渐后退,到新近纪上新世末期,全部上升为陆地。含三趾马化石的上新统地层在欧亚大陆上广泛分布,说明上新世欧亚大陆基本上没有发生海侵。

二、中国新生代古构造特征

新生代是地球岩石圈构造演化发生巨大变化的时期。印度板块在始新世晚期最终与亚洲板块对接碰撞,新特提斯洋盆消失,之后印度板块继续向北俯冲,导致青藏高原急剧抬升;古太平洋板块运动方向在始新世晚期也发生重要转折,运动方向由北北西变为北西西,从此开始古亚洲大陆东缘形成现代的沟—弧—盆体系,大陆内部出现活跃的弧后或陆内裂陷作用。因此我国新生代的地质演化既受控于印度板块与欧亚板块的相互作用,也与太平洋板块向欧亚板块俯冲引起壳幔深度结构变化有关,它们从宏观上控制了中国新生代构造演化的基本格局。

以贺兰山—龙门山一线为界,中国新生代可分为东、西两大部分。东、西两部分的构造格架及主要动力学机制具有明显差异。

(一)中国东部古近纪、新近纪古构造

中国东部古近纪、新近纪最为重要的地质事件是大规模的裂陷作用,在时间上可大致分为两大阶段:古近纪为主裂陷期,盆地沉降快,地层厚度大,一般为 700~4000m,新近纪为裂后热沉降期(坳陷期),地层厚度相对较小,一般从几百米到 2000m。裂陷作用形成盆地宽度几十千米至几百千米不等,内部为沟、垒相间的地堑式,依据大地构造位置又可分为两类:一类是陆块板内裂谷发育的类型,如渤海湾盆地、苏北盆地,另一类为大陆边缘裂谷盆地类型,主要分布于中国东、南部现在的大陆架地区,如东海盆地、莺琼盆地,这两类盆地古地理和沉积特征有显著差异。

新近纪中国东部大陆裂谷盆地进入裂后热沉降坳陷期,盆地范围普遍扩大,地层厚度相对较小,构成古近纪主裂陷盆地之上的披盖式坳陷,古近系、新近系之间大多为不整合接触。在大陆板块内,本阶段沉积特点主要表现在两个方面:广泛的褐煤层分布和沿海地区大范围的玄武岩喷发。中国东部新近纪基本由潮湿、半潮湿气候组成,在很多地区分布有褐煤层。新近纪时沿海地区的玄武岩喷发显著发育,如东北的长白山区、渤海海峡的庙岛群岛、沿郯城—庐江深大断裂两侧、浙东嵊州、福建漳浦、台湾海峡中的澎湖群岛以及广东雷州半岛、海南岛北部等地,都有大片玄武岩流,其时代多属上新世。

(二)中国西部古近纪、新近纪古构造

控制着中国西部大陆古地理、古构造的主导因素是印度板块与欧亚板块的碰撞和演化,它使得中国西部古近纪、新近纪整体处于挤压构造应力背景,盆地与山系相间,延伸方向近东西向,盆地边缘因相邻山系强烈上升而形成巨厚的磨拉石式粗碎屑堆积,这种古地理和古构造格局与中国东部有明显不同。

准噶尔盆地位于天山与阿尔泰山之间,盆地南部古近系、新近系发育良好,整合于上白垩统之上,为巨厚的含粗碎屑堆积。新近纪时,由于天山强烈上升,准噶尔盆地南缘强烈下陷而形成山前类磨拉石堆积。

塔里木盆地古近系、新近系的发育,同样说明相邻山系上升运动越来越强烈。昆仑山北部的盆地西南缘下陷尤为明显,古近系为海相泥质、灰质及膏盐沉积,称喀什海湾,最厚约1000m,海侵来自特提斯海域,但新近系陆相粗碎屑沉积总厚可达 6000m,属山前类磨拉石堆积。塔里木盆地北缘的库车地区下陷幅度也很大,古近系和新近系总厚达 4000~5000m,但整个盆地由边缘向内部厚度变薄,盆地内部差异升降不很明显。这种情况与准噶尔盆地相似,是邻近山系上升、山前盆地边缘下陷、差异升降运动越来越强烈的结果。

柴达木盆地古近系厚度较小,新近系出现厚度激增现象,盆地构造演化史与上述各盆地有相似之处。

中国西部古近系和新近系磨拉石沉积的规模和厚度从南往北出现有规律性变化:在喜马

拉雅山前分布最广,从克什米尔至阿萨姆,东西长约2500km,平均宽约20km都有分布,厚度达3000多米;昆仑山前从莎车之西至民丰以东,长1300km,宽50km的范围内磨拉石均有分布,厚达3000m;天山南麓的库车山前拗陷中长600km,最宽为70km的菱形地带中分布有厚2000m的磨拉石;天山北麓长400km,最宽处50km的范围内发育磨拉石,厚1800m;祁连山北麓长400km,40km宽的范围内分布的磨拉石,厚约1500m。根据磨拉石建造由南而北分布范围逐渐减小,厚度也逐渐减小的事实,进一步说明强大的水平压力来自南方,来自印度板块与亚洲板块的碰撞。

西藏南部地区,古近纪早—中期有海相沉积。但古近纪中期发生的印度板块和劳亚大陆碰撞,导致特提斯海域的最后封闭,此后不再有海侵波及,而发育陆相沉积。

雅鲁藏布江以北的仲巴县麦拉山口和拉萨以北的林周地区,发现古新世和始新世早期的有孔虫化石,表明古近纪的海侵波及劳亚大陆的南部边缘地带。

雅鲁藏布江缝合线北侧日喀则一带,存在一套磨拉石堆积(秋乌组),由紫红色砾岩、砂砾岩组成,不整合覆于冈底斯燕山期花岗闪长岩之上,产热带常绿型被子植物和淡水双壳类化石,时代属晚始新世。磨拉石沉积组合的出现标志着特提斯海域的最后封闭,与藏南地区始新世中期以后不再有海相层的事实相吻合。

新近纪喜马拉雅地区主要处于剥蚀状态,到后期才有零星盆地沉积。如希夏邦马峰北坡吉隆盆地,上新统卧马组不整合于侏罗系之上,为河湖碎屑沉积,厚580m。据上部含有 *Quercus*(高山栎)植物群,与现生植物群生长环境对比,推测当时海拔高度应在2500m左右。说明新近纪后期该区地壳逐渐上升已达一定高度。喜马拉雅南坡发育锡瓦利克群(Siwalic)的磨拉石堆积,也表明喜马拉雅地区强烈上升发生在新近纪至第四纪。从新近纪末,随着整个青藏高原地区的普遍强烈上隆和东部现代边缘海的形成,古长江、古黄河等水系也逐渐孕育发展,奠定了中国现在西高东低的地势轮廓。

第六节 新生代的矿产资源

中国新生代蕴藏着丰富的矿产资源,主要有石油、煤、油页岩及各种盐类等,具有重要经济价值。

一、石油

古近系和新近系是我国重要的含油岩系,无论海相、陆相或过渡相地层中都已发现有工业价值的石油资源。其中海相含油层位见于东海、南海和台湾中央山脉以西的古近纪地层中;陆相地层的含油层位分布则更为广泛,它在全国多数省份均有发现。就生油时代而言,主要可分为三个时期,不同时期聚油区又有差别(图2-9-10):晚古新世—早始新世,这一时期的含油层位主要发现于江汉、苏北和华北平原,如江汉盆地的新沟咀组,苏北盆地的阜宁群以及华北平原的孔店组,一般多形成中小型油气田;晚始新世—渐新世,主要分布于渤海湾(图2-9-5,图2-9-10)、江汉和南阳盆地,如华北地区渤海沿岸的沙河街组及东营组,江汉盆地的潜江组、南阳盆地的核桃园组,多形成大、中型油气田。晚渐新世—中新世,主要分布于西北地区,海相含油层位在台湾西部、塔里木西南部的喀什海湾和东海、南海地区。如柴达木盆地的油沙山组,酒泉盆地的白杨河组及准噶尔盆地的独山子组和塔里木盆地库车地区的吉迪组等,一般多形成小型或中型油气田。

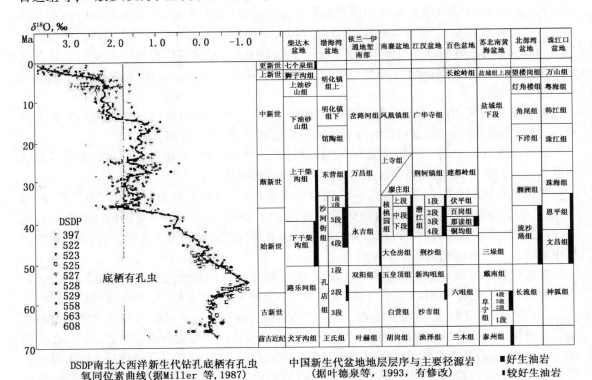

DSDP南北大西洋新生代钻孔底栖有孔虫
氧同位素曲线(据Miller 等,1987)

中国新生代盆地地层层序与主要径源岩
(据叶德泉等, 1993, 有修改)

■好生油岩
■较好生油岩

图2-9-10　中国新生代盆地地层层序与主要烃源岩分布层位

二、煤

古近纪和新近纪是全球重要的成煤时期之一,我国也不例外。古近纪的含煤层主要分布于秦岭以北,贺兰山—六盘山以东地带和南岭以南的珠江—右江地带。古近纪早期(古新世至早始新世)聚煤区主要分布在东北、鲁东一带,可以辽宁抚顺群下部为代表。晚期(晚始新世—渐新世)的聚煤区转移至河北、山西境内,也见于南岭以南的广东沿海和广西百色盆地一带。新近纪的含煤地层则主要见于云南和四川西部以及台湾地区和武夷山区等地区,不过各含煤盆地的规模及含煤性差异较大。

三、油页岩

我国古近系和新近系的许多含煤地层中都或多或少含有油页岩层,常与煤层成相变关系,往往在盆地边缘地带形成煤层而盆地中心则为油页岩层。据目前所知,在我国古近系和新近系中可供工业开采的油页岩矿层为数不多,主要含矿层位有抚顺的计军屯组和茂名的油柑窝组,其余油页岩厚度及开采规模较小,另外,在江汉、苏北及华北等大型盆地井下古近系中均发现有厚度可观的油页岩层,但目前无法开采。

四、膏盐类

我国古近系、新近系所含盐类矿产相当丰富,已发现的盐类矿产有石膏、岩盐、芒硝、天然碱和钾盐等。古近纪干旱气候带广布,膏盐产地较普遍。西起喀什海湾,南达滇西兰坪、思茅地区和广东三水盆地,东至江汉、衡阳等盆地都有膏盐矿床。山东大汶口附近还发现有钾盐存在。新近纪的盐类沉积仅见于西北柴达木、吐鲁番等盆地。第四纪青藏高原咸湖中含硼盐矿床也是我国西部的重要矿产资源。

复习思考题

1. 新生代是如何划分的?
2. 从生物史、沉积史、构造史的角度来分析,新生代的主要特征有哪些?
3. 简述中国东部古近纪和新近纪的古地理特征。
4. 简述中国西北部古近纪和新近纪的古地理特征。
5. 简述西藏古近纪和新近纪的古地理特征。
6. 简述中国第四纪的古地理特征。
7. 简述青藏高原的隆升机制及影响。

拓 展 阅 读

杜远生,童金南.2009.古生物地史学概论.武汉:中国地质大学出版社.

刘本培,全秋琦.1996.地史学教程.北京:地质出版社.

李思田,杨士恭,吴冲龙,等.1990.中国东部及邻区中新生代裂陷作用的大地构造背景//中国及邻区构造古地理和生物古地理.武汉:中国地质大学出版社.

王成善,赵治超,程学儒,等.1993.边缘陆块型火山岩的建立与大陆边缘涌动构造.成都地质学院学报,20(4):55-66.

Wicander R, Monroe J S. 2000. Historical Geology. 3rd ed. Pacific Grove(CA):Brooks/Cole.

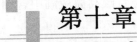

第十章
地史时期地球主要圈层重大地质事件

地球演化至今已经历了46亿年的历史,在这漫长的地质历史时期中,其生物圈、大气圈、水圈和岩石圈均发生了多次复杂的演变过程,且这些复杂的演变应具有明显的阶段性特征。在各演化阶段的内部,一般表现为地质现象量变的不断积累过程,而在各大演化阶段的末期,多表现为地质事件或者重大地质事件的集中发生。其中,在众多的地质事件中,有些可能是地球演化过程中正常规律性的地质事件,而有些则对地球的演化产生了重大影响。那么究竟哪些事件属于重大地质事件呢?它们对地球演化起着什么样的作用呢?这是本章要阐述的内容。

第一节　生物圈演化中的重大事件

生物圈在演化过程中出现很多演化事件,如生命的出现、生物爆发式辐射演化事件和大规模生物灭绝事件等。

一、地史早期生物事件

地球上所有生物及其生存和相互作用的环境构成了生物圈。由于生物圈和人类的关系密切,长期以来,众多的地质学家和生命科学家都对生物圈进行了研究,对生命的起源取得了重要进展。在生物圈演化过程中最引人注目的早期生物事件有如下四个。

(一)生命的出现

生命起源的历史可追溯到与生命有关的元素和化学分子的起源。在宇宙形成之初,约100亿年前产生了构成生命的基本元素:碳、氢、氧、硫、氮、磷等。在稍后的星系演化中,一些保存在星际尘埃和星云中的有机分子如氨基酸等在一定的条件下有可能聚合成像多肽一样的生物高分子,再经过遗传密码和若干前生物系统的演化,最终在地球上产生具有原始细胞结构的生命。这一系列演化事件极可能是在地球形成过程之中产生的。最早的生命存在的间接证据是格陵兰西部伊苏阿38亿年前太古宙沉积中的条带状含铁建造,通过化学化石的研究发现了碳氢化合物。在澳大利亚西部古太古代皮尔巴拉超群瓦拉乌纳群的硅质结核中,含化石岩石距今34亿—35亿年。它是一类保存了有机质壁结构的原核生物化石,大小只有几微米到几十微米,主要是一些丝状、似菌落放射集合体,以及单细胞球状体,可能代表了最早的菌藻类生物体。

(二)真核生物的出现

地球上最早的真核生物化石证据来自北澳大利亚距今27亿—25亿年的沉积岩中,它是以生物标记物——甾烷形式从岩石中分离出来的。而最早保持了形态学方面证据的可能是产自加拿大冈弗林特组（Gunflint Formation）燧石层的有芽状或萌发成管状的球形微生物，其同位素年龄值大约为19亿年。中国天津蓟县串岭沟组中元古代微植物化石是早期真核生物的可靠证据，其年龄值为17亿—18亿年。

（三）后生动物的出现与繁衍

最早的后生动物的可靠化石记录是从最早期的埃迪卡拉动物群（Ediacaran fauna）开始的，距今约5.6亿—6亿年前。也有认为早在距今8亿—10亿年以前就已存在，即存在前埃迪卡拉后生动物，但对这一提法至今争论颇多。

埃迪卡拉动物群最早于1947年发现于澳大利亚中南部的埃迪卡拉地区庞德石英岩中，后见于世界各地除南极之外的各大陆10多个国家20多个化石点，包括澳大利亚、纳米比亚、英国、瑞典、俄罗斯、伊朗、加拿大、美国、巴西、中国等都有发现，其时限为距今5.8亿—5.6亿年前，如 *Rangea*（伦吉虫）、*Dickinsonia*（狄氏虫）、*Mawsonites*（毛森海绵）等。对于埃迪卡拉动物群性质有两种解释：塞拉赫学派认为它们是一些无硬骨骼的、宏体的奇特动物，其中的后生动物不是印痕化石，而是由遗迹化石所代表。因此它们与现生所有动物都明显不同，不能很好地纳入现生的动物分类系统中，它们生存时间相对较短，不到两千万年，是快速出现又快速灭绝的独特动物类型，因此它们是大气圈含氧量较低的条件下后生动物早期进化中的一次试探，是一群演化上失败的门类。格拉斯纳学派认为，埃迪卡拉动物群完全是由软躯体后生动物的遗体和印痕化石，以及遗迹化石组成的，它们与寒武纪开始后出现的化石类型，甚至还有一些现生的种类，显然是有联系的。1995年美国麻省理工学院地质学家格罗茨格等人在纳米比亚纳玛群（包括文德期和寒武纪地层）文德期地层顶部发现了埃迪卡拉动物群，拉近了该动物群与寒武纪动物群之间的关系，支持了埃迪卡拉生物是某些寒武纪后生动物的祖先这一演化模式。

以多门类小壳化石的大量出现为特征，是确定显生宇底界的重要标志，是后生动物演化史中又一里程碑性的生物演化事件，它不仅开创了生物造岩，水圈、大气圈、生物圈和岩石圈中O_2、CO_2等的循环的新纪元，而且，使生物保存为化石的可能性大大提高，大量带壳后生动物的出现时间为显生宙的开始，即543Ma。

（四）寒武纪海洋生物大爆发

以距今约5.4亿年的"澄江动物群"为代表。该动物群是1984年首次发现于云南省澄江县抚仙湖畔的帽天山早寒武世玉案山组帽天山泥岩段，已被描述的化石动物有13个门类120余属161种，分属于海绵动物、腔肠动物、鳃曳动物、叶足动物、腕足动物、软体动物、节肢动物、棘皮动物、脊索动物等。此外，还有一些分类位置不明的奇异类群及一些海藻等，其中90%为软体动物。门类之多、数量之丰富，足以代表寒武纪大爆发时期动物快速起源和演化的典型生物进化事件案例，澄江动物群要比1909年在加拿大发现的布尔吉动物群早1500万年，是埃迪卡拉动物群与布尔吉动物群的中间过渡类型。澄江动物群的发现不仅对研究生物进化具有重要意义，同时也是对传统达尔文进化论的一次大震撼。

二、生物集群灭绝事件

生物集群绝灭是指在相对较短的地质时间内，在一个地理大区的范围内，出现大规模的生物灭绝，往往涉及一些高级分类单元，如科、目、纲级别上的灭绝。此外，一些生态和分类上无关的类群也往往近于同时灭绝。据统计,显生宙明显的生物集群绝灭有 15 次之多。重大集群绝灭有 5 次,即:奥陶纪—志留纪之交(444Ma)、晚泥盆世弗拉斯期—法门期之交(375Ma)、二叠纪—三叠纪之交(251Ma)、三叠纪侏罗纪之交(200Ma)和白垩纪—古近纪之交(66Ma),其中绝灭率最高的是二叠纪—三叠纪之交和白垩纪—古近纪之交。据美国学者塞普科斯基(Sepkoski)在 1982 年的统计,识别出在显生宙近 6 亿年以来海洋动物的五次大灭绝事件(图 2 – 10 – 1)。

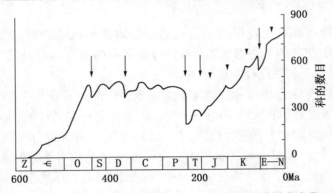

图 2 – 10 – 1　显生宙海生动物主要灭绝事件及分异度变化

(据 Raup 和 Sepkosi,1982)

箭头表示 5 次重大灭绝,三角代表较小灭绝

(一)奥陶纪—志留纪之交的生物集群绝灭

该绝灭发生于奥陶纪末期的阿什极尔期,大约有 100 个科的生物绝灭了。主要绝灭的生物门类和绝灭量为:三叶虫 21 科,鹦鹉螺类 13 科,具铰纲腕足类 12 科,海百合 10 科;在属种级别上绝灭率更高,如腕足类属的绝灭率为 60% ,种的绝灭率可达 85% ,笔石种的绝灭率则高达 87%。这次绝灭事件对低纬度热带地区生物的影响较大,对高纬度地区和深水区生物的影响较小。

(二)晚泥盆世弗拉斯期—法门期之交的生物集群绝灭

在本次绝灭事件中,受影响最强烈的生物类别主要有珊瑚(25 科)、具铰腕足类(17 科)、菊石(14 科)、海百合(13 科)、盾皮鱼类(12 科)、层孔虫(11 科,几乎全部绝灭)、三叶虫(8 科)、介形虫(10 科)。在属种级别上,绝灭率较高的生物类别是:层孔虫(几乎全部绝灭),竹节石(几乎全部绝灭),四射珊瑚的浅水种 (96%)、深水种(60% ~70%),浮游生物(90%),腕足类(86%),菊石(86%),三叶虫(57%)。

(三)二叠纪—三叠纪之交的生物绝灭

这是显生宙以来的最大集群绝灭事件。据统计,这次绝灭事件导致科数减少 52% ,物种数减少 90% 以上(Sepkosi,1982)。受影响最大的是海洋生物界,特别是底栖生物和窄盐性生物。绝灭的主要类别有:蜓目、四射珊瑚亚纲、床板珊瑚亚纲、始铰纲腕足类、喙壳纲、软舌螺纲、三叶虫纲、古介形类和海蕾纲。古腹足类、变口目和隐口目苔藓虫、具铰纲腕足类、海百合纲、蜥蜴类、两栖类、兽孔目爬行类也急剧衰落。

(四)三叠纪—侏罗纪之交的集群绝灭

发生于三叠纪末期的诺利克生物绝灭事件造成 60 个科的海洋生物绝灭,科的绝灭率为

20%。受影响的主要生物类别为牙形石类(全部绝灭)、菊石(31 科)、海生爬行类(7 科)、腹足类(6 科)、双壳类(6 科)和具铰纲腕足类(5 科),双壳类的属种绝灭率可达 42% 和 92%。陆生脊椎动物在这次绝灭事件中也受到很大影响。

(五)白垩纪—古近纪之交的集群绝灭

这是显生宙以来的第二大集群绝灭事件。据统计白垩纪末,生物圈有 2868 个属,新近纪初仅剩 1502 个属(Russell,1977)。其绝灭率为:淡水生物达 97%、海洋浮游微生物为 58%、海洋底栖生物为 51%、海洋游泳生物为 30%。受影响较大的生物类别是:恐龙(全部绝灭)、菊石(全部绝灭)、箭石(全部绝灭)、固着蛤类(全部绝灭)、头足类(17 科)、海绵类(15 科)、双壳类(12 科)、腹足类(11 科)、海胆类(8 科)、硬骨鱼类(6 科)。整个生物圈属的绝灭率达 52%,受影响最大的是陆地上的恐龙和海洋生物界的漂游生物,也包括一些底栖生物类别。

通过地史时期生物大灭绝和大辐射研究,可以发现每次大灭绝之后往往会跟随一次生物大复苏和辐射进化事件。例如奥陶纪末三叶虫、笔石、腕足动物、苔藓虫等一百多个科灭绝以后,鱼类等脊椎动物则辐射发生。地球生命史上这种生物类群大更替和生态系统大改组的现象多次发生,有人尝试归纳出一个周期时间段,如有人提出中生代以来大约每隔 3200 万年发生一次大灭绝,也有人提出晚二叠世以来每隔 2600 万年发生一次大灭绝。虽然这仍是一个有争议的问题,但对于生物进化具有阶段性这一特点则已取得了共识。

三、重大地史转折时期生物灭绝、复苏演化事件与地质事件关系

值得指出的是在重大地史转折时期,生物演化事件的级别和特点有别于其他时期,如在新元古代—寒武纪和二叠纪—三叠纪转折时期由于分别发生了最为壮观的生物辐射事件(寒武纪生物大爆发)和最具灾难性的生物灭绝事件(二叠纪末生物大灭绝),这两个转折时期被认为是地球生命演化史中两个最为关键的转折时段(图 2 - 10 - 2)。然而,最新的一些研究表明新元古代—寒武纪和二叠纪—三叠纪转折时期的地质与生物演化历史具有一定的相似性,许多新元古代—寒武纪之交发生的重大生物与地质事件在古生代—中生代之交重复发生,这些事件包括与地球深部地幔柱活动有关的地表大陆重组、大规模冰川的形成和消融、与地表和大气环境变化密切相关的 C、Sr、S 同位素波动,碳酸盐岩的异常沉积,以及生物的多次辐射和大规模灭绝等。这些事件的重复发生表明地球深部活动是地表环境发生急剧变化的主要动因,而地表环境的改变导致生物多样性发生剧变。进一步深入比较表明,这两个转折时期虽然发生重复性的重大生物、地质和地球化学异常事件,但具体形式、幅度和过程有明显差别。新元古代的 Rodinia 大陆在雪球事件以前就已经开始解体,而石炭纪至二叠纪的 Pangea 大陆在大冰期以后才开始裂解。

生物更替的水平比较表明,新元古代—寒武纪之交主要反映在埃迪卡拉生物群的集群灭绝和大量新的生物门类占领新的生态空间,是一级新的生态系统的形成过程;而二叠纪末生物大灭绝虽然造成大量生物灭绝、造礁作用和成煤作用停止,但主要反映在纲和目一级生物类群的灭绝与新生,大灭绝后,残存的生物在早三叠世晚期开始重新占领生态空间以及中三叠世早期罗平生物群(Luoping biota)的复苏辐射事件,其复苏时间也远远短于寒武纪早期的小壳动物发展阶段,是一种生态系统结构组成的重大变化,完成了从古生代动物群向现代动物群的转变。与生物大规模更替相伴生的两个关键转折时期的碳同位素等均发生了

彩图2-10-2

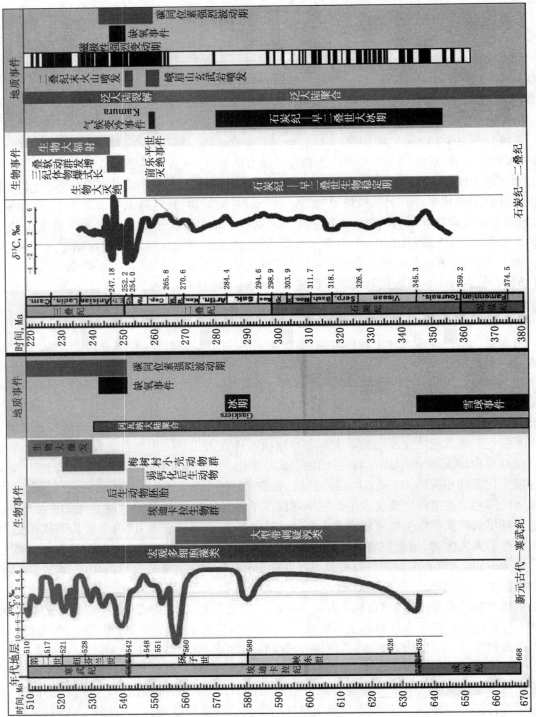

图 2 – 10 – 2　元古代—寒武纪和二叠纪—三叠纪转折时期事件（据沈树忠等，2010）

强烈波动,但波动的幅度和频率有所不同,说明当时的大气和海水介质条件和地质背景均存在明显差别。超级联合古陆、大规模的冰期形成和消融,C、Sr 和 S 等同位素的强烈波动以及生物多次大灭绝和辐射等重复发生在新元古代—寒武纪与二叠纪—三叠纪转折时期给我们带来了新的思考,从地球系统整体出发,开展从地球深部到地表过程的交叉合作研究对认识地球系统各个圈层的相互作用具有重要意义。

第二节　大气圈演化中的重大事件

在地史时期中,地球的大气圈经历了含氧量增加、气候变冷、气候变暖事件以及缺氧事件的过程。

一、含氧量增加事件

地史时期的特殊沉积组合(条带状含铁组合和碧玉铁质岩)可以反映大气圈和水圈中氧含量的变化。如特殊的硅铁沉积组合主要形成于 2600—1900Ma 阶段,它的出现可能显示了大气圈和水圈中氧含量的增加。从 1800Ma 前开始,最老的红层和鲕状赤铁矿出现,反映了大气中氧含量进一步增加的事件。距今约 700Ma 前出现大量卤化物和硫酸盐蒸发沉积,都是氧含量不断增加的体现。

二、气候变冷事件

地史时期三次著名的全球性或跨区域性的冰期事件分别发育于震旦纪—早寒武世、晚石炭世—早二叠世和第四纪。冰期事件的主要特征是:冰碛岩发育,大陆冰盖沉积分布范围较广,冷水碳酸盐岩发育,气候分带显著,全球平均温度大幅降低,大气中二氧化碳的分压较低。地史中三次著名的冰期事件的重现周期约为 290Ma 左右,这个数字与银河年,即太阳系围绕银河系中心暗体旋转一周的时间吻合较好,因此有人提出地球地史时期三次大冰期与太阳系在银河系运转有关(图 2 – 10 – 3)。

三、气候变暖事件

根据地球演化历史中多次热事件,其中,地球演化历史中至少出现过三次极端高温事件。其中一次在 14 亿—13 亿年期间(埃里克森,2010)。在大陆快速生成之后(约 27 亿年),劳伦古陆内部出现广泛的火山活动,从 14 亿年前持续到 13 亿年前。熔融岩浆在地表或者地下固结产生的红色宽阔花岗岩和流纹岩带在大陆上延伸数千千米,从加利福尼亚南部,穿越大陆内部,到达拉布拉多。劳伦系花岗岩和流纹岩就是因其体积而闻名的。这意味着大陆几乎伸展减薄到极点。

第二次全球尺度的极端高温,发生在 2.5 亿年前后。我国学者孙亚东等人(Sun 等,2012)最近在《科学》上发表了一个有关"2.5 亿年前地球出现致命高温"的研究成果,该研究通过大量实验测定,获得了 2.52 亿年前至 2.47 亿年前早三叠世的温度变化数据。他们发现,当时海洋表面温度高达 40℃,陆地温度可能达到 50 多摄氏度,是科学家认为地球演化历史中少有的致命高温,也是导致赤道低纬度区生态系坍塌、致使二叠纪末大灭绝后的早三叠世早期的死亡

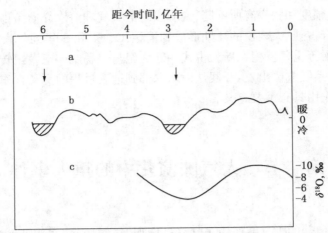

图 2-10-3 显生宙全球冰期事件与银河年(据杜远生等,2009)

a—银河年,按间隔 2.9 亿年,由目前反推点绘;b—全球平均温度变化(Frakes,1979);

c—北美淡水碳酸盐沉积 $\delta^{18}O$ 比值变化(Weber,1964)

区持续五百万年的"元凶"。他们的研究还发现,当时的赤道低纬度地区异常潮湿,但几乎没有生物生长。这种异常潮湿可能反映了海洋被大量蒸发的证据。不仅如此,他们的研究还发现,当时的陆地上没有森林和动物,仅有一些灌木和蕨类;海洋里没有鱼和海洋爬行类动物,只有一些贝壳类生物。这些都可能被看成是海洋大面积干枯的证明。出现这种极端高温绝不是太阳辐射热量的作用,而恰恰是地球内部的高温熔融波及地表,甚至在全球范围内地壳最薄的区域可能出现了地壳直接熔融(洋壳熔融)。

第三次高温事件是发生于古新世—始新世极热事件(PETM 事件),是发生在早新生代的一次极端碳循环扰动和全球变暖事件,主要表现为大气 CO_2 浓度快速增加和全球增温。研究显示该时期全球地表温度增加了 5～6℃,高低纬度间温度梯度减小,同时伴随有水循环加快及大规模生物灭绝、演替和迁徙现象。据估算,PETM 时期从地层释放到表生系统的 CO_2 总量同预期人类过去与未来燃烧化石燃料所产生的总量可对比。因此国际学术界将其视作预估今后可能发生的增温效应、环境效应和生态效应的重要基础。

四、缺氧事件

大量资料表明,地史中发生过大规模的缺氧事件,主要发生在寒武纪初期、奥陶纪—志留纪之交、晚泥盆世弗拉斯期—法门期之交、晚石炭世—早二叠世、二叠纪—三叠纪之交和三叠纪—侏罗纪之交,除了寒武纪初期和晚石炭世—早二叠世的缺氧事件外,其余四次缺氧事件分别与显生宙的四次生物集群绝灭事件的事件大体吻合。Berner 等(1989)根据有机碳和黄铁矿中的硫的埋藏和风化速率,估算出显生宙大气圈氧的演化水平,其中寒武纪初期、二叠纪—三叠纪之交和三叠纪—侏罗纪之交的缺氧事件与大气圈中的低氧水平基本一致。这表明大规模缺氧事件和地史时期生物的演化存在一定的成因联系。

第三节　水圈演化中的重大事件

水圈中的重大地质事件主要是海平面变化事件。对地球表层系统而言,固态水、液态水和盆地容积的消长、气候冷暖、干湿导致的海平面变化,是地球系统发生、演化的灵敏指示剂,它携带有水圈、大气圈、生物圈和岩石圈等地球流态圈和固态圈自身运动及相互作用的丰富信息。海平面变化与地球流态圈和固态圈的关系就像人体的血液循环和脉搏与人体的关系一样。海平面变化特征和规律不仅有重要的理论意义,而且与资源、环境、人类文明和可持续发展息息相关。地史时期水圈和大气圈的众多地质事件均不同程度地与海平面变化有关。不论是从整个地史时期和全球范围来看,还是从某一地史时期和区域范围来看,海平面变化在时间上具有明显的节律和级序结构,在成因上则表现出圈层耦合效应。显生宙两次最大规模的高海平面期发育于奥陶纪和白垩纪,与显生宙两次最大的气候温暖期和构造活动期大体同步(图2-10-4)。

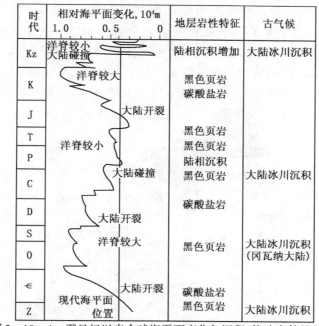

图 2 - 10 - 4　震旦纪以来全球海平面变化与沉积、构造事件的关系

(据龚一鸣等,1996)

液态水量和固态水量的消长和海洋盆地容积的变化是导致全球海平面变化的两个独立参数,两者的独立变化和相关变化构成海平面变化的复杂成因类型;至少从中元古代以来,随着地质时代变新,同级层序反映的海平面变化周期逐渐缩短,反映水圈加速发展、演化的特点,与地球自转速度随着地质时代变新而逐渐减慢形成鲜明对比。

第四节　岩石圈演化与超大型含煤及含油气盆地形成

在漫长的岩石圈形成和演化历程中,最引人注目的事件莫过于超级大陆的几次联合和分离事件。在长达40亿年岩石圈演化历史中,至少有四次超大陆的汇聚和裂解,包括18.5亿年前的哥伦比亚超大陆、11亿年前的罗迪尼亚超大陆、5亿年前的 潘诺西亚大陆和2亿年前的联合古大陆的汇聚和裂解。但一般认为潘诺西亚大陆(Pannotia)是个理论上的史前超大陆,是由 Ian W. D. Dalziel 在 1997 年提出,形成于6亿年前的泛非造山作用,并在540Ma 前的前寒武纪分裂,但还未经证实。因此,本书只介绍其他三个超级大陆即哥伦比亚超大陆(Columbia supercontinent)、罗迪尼亚超大陆(Rodinia supercontinent)和盘古大陆(Pangea supercontinent)的形成和分离情况。

一、哥伦比亚超大陆的形成与分离

哥伦比亚超大陆包含的 3 大陆块群分别称为 Ur、Nena 和 Atlantica (大西洋),其中 Ur 包括了大部分的印度、南非的卡拉哈里(Kalahari)、西澳的匹尔巴拉(Pilbara)、东南极沿岸区和南极被冰帽覆盖的部分地区。这些陆块群约在 3.0 Ga 时即已聚合,而在 1.5 Ga 前,印度的其他地区、南非的津巴布韦和东澳又汇聚到已存在的 Ur 陆块群中。第二个大陆块群称为 Nena,它是在 2.5 Ga 时由北美、西伯利亚和格陵兰所组成的北大陆,加上在 2.0 Ga 时由于波罗地大陆(Baltica)的拼贴和北美大陆边缘的生长而形成的大陆块群。第三个称为大西洋陆块群,它是在约 2.0 Ga 时由南美和西非所组成。上述 3 个大的陆块群,在 1.9 ~ 1.5 Ga 期间,通过造山带而使它们逐步靠拢,形成联而不合的哥伦比亚超大陆(图 2 - 10 - 5)。

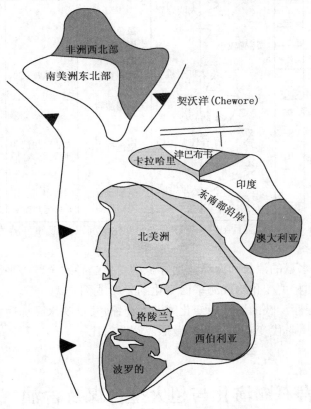

图 2 - 10 - 5　约 1.5Ga 哥伦比亚超大陆的复原图

(据 Rogers 等,2002)

哥伦比亚超大陆的裂开始于 1.6 ~ 1.4 Ga,在津巴布韦和中非之间的 Chewore 蛇绿岩的形成时间约为 1.4Ga,该蛇绿岩证明了津巴布韦北缘 Chewore 洋的存在。此外,在超大陆众多块体上 1.6 ~ 1.3Ga 的后造山(post-orogenic)和非造山(anorogenic)岩浆活动也是很强烈的。例如北美花岗岩—流纹岩地体(1.4Ga)、东印裂谷和边缘盆地中的不连续的花岗岩—流纹岩地体(1.5Ga)、北美北部和南波罗的大陆上的斜长岩—纹长二长岩—紫苏花岗岩—奥长环斑花岗岩深成侵入体（AMCG）（1.6~1.4Ma）、亚马孙的 Rondonian 含"锡"花岗岩（1.6~1.3Ga）、北美 Mackenzie 岩墙群（1.3 Ga）、西澳 Gnowangerup 岩墙群（1.3Ga）、格陵兰南部 Gardar 碱性岩套（1.3~1.2 Ga）和印度东北部的 Dalma 岩浆岩（1.6Ga）等。

综上所述，哥伦比亚超大陆至少有两个重要的碰撞带，一个界于北美西部（Nena 的一部分）和东印、西澳和东南极之间（Ur 的一部分）；另一个碰撞带位于北美南部（Nena 的一部分）和南美北部（Atlantica 的一部分）。哥伦比亚超大陆的裂解在 Ur 发生于 1.6~1.4Ga，而 Atlantica 与 Nena 裂解的时间尚不能确定，可能在 1.5Ga 左右。由于碰撞造山和裂解作用的穿时性，使哥伦比亚超大陆的历史显得十分复杂。

二、罗迪尼亚超大陆的形成与分离

罗迪尼亚超大陆（Rodinia）是一个 1.3~1.0Ga 通过格林威尔造山运动形成的新元古代超大陆，由麦克梅纳明（McMenamin）1990 年提出，哈夫曼（Hoffman）1991 年、戴尔齐尔（Dalziel）1992 年确认的超大陆，它以劳伦大陆为中心，东冈瓦纳大陆位于一侧，西伯利亚、波罗的地盾、巴西地盾和西非克拉通位于另一侧。卡拉哈里和刚果克拉通则分散在当时的莫桑比克洋中。90 年代中叶有人根据中国扬子、塔里木地台、澳大利亚以及加拿大西部元古宙裂谷系地层的对比，提出扬子地台当时位于劳伦大陆西侧澳大利亚与西伯利亚陆块之间。21 世纪有人根据新的古地磁资料将澳大利亚大陆移至低纬度。

新元古代大量岩浆流与火山爆发的证据在每个大陆都被发现，这些是罗迪尼亚大陆在 700Ma 前分裂的证据。早在 850~800Ma 前，一道断裂带在今日的澳洲大陆、南极洲东部、印度、刚果克拉通、喀拉哈里克拉通之间形成，之后在劳伦大陆、波罗地大陆、亚马孙克拉通、西非克拉通、圣法兰西斯科克拉通也形成断裂带，断裂后形成埃迪卡拉纪的阿达马斯托洋。

大约在 550Ma 前埃迪卡拉纪和寒武纪的分界，亚马孙克拉通、西非克拉通、圣法兰西斯科克拉通首先合并。这个构造阶段称作泛非造山运动，形成了在几亿年后都相当稳定的冈瓦那大陆。

三、盘古大陆的形成、分裂与超大型含煤盆地及含油气盆地形成

盘古大陆（Pangea）（联合古大陆）的形成始于新元古代晚期，定型于晚海西期—早印支期（250Ma 左右），由冈瓦纳大陆和劳亚大陆组成（图 2-10-6）。冈瓦纳大陆又名南方大陆，包括现代的南美洲、非洲、阿拉伯半岛、印度、中国的西藏、澳洲和南极洲；劳亚大陆又名北方大陆，包括现代的北美洲、欧洲和亚洲大部分。在新联合古陆的形成过程中有三次重要的板块拼贴、碰撞事件：志留纪末期，北美板块和俄罗斯板块碰撞，导致加里东洋的消失和劳俄大陆的形成；在中国则表现为华夏板块和扬子板块碰撞，导致东南海槽消失和华南板块的形成，华北板块和柴达木板块碰撞，导致祁连洋消失和华北板块进一步扩大。石炭纪晚期，北美板块和非洲板块碰撞、西伯利亚板块和哈萨克斯坦板块碰撞、海南—印支板块和华南板块碰撞，使原有的陆块面积进一步增大。二叠纪晚期西伯利亚板块、欧洲板块和华北板块碰撞，导致新联合古陆的形成。从图 2-10-6 可以看出，新联合古陆的形成史是离散小板块漂移、拼贴，分散陆块的对接、碰撞，劳亚大陆总体向北运动、旋转，冈瓦纳大陆总体上经历了由赤道向南，又由南向北的运动漂移过程。

上述联合古陆的形成与裂解过程极大地影响着盆地形成和能源资源聚集的条件，总体上说会聚阶段在联合古陆内部以挠曲类盆地占优势，裂解之后则以伸展类盆地占优势；会聚期形成了超大型含煤盆地及重要油气资源，裂解期则形成了一系列巨型的含油气系统。

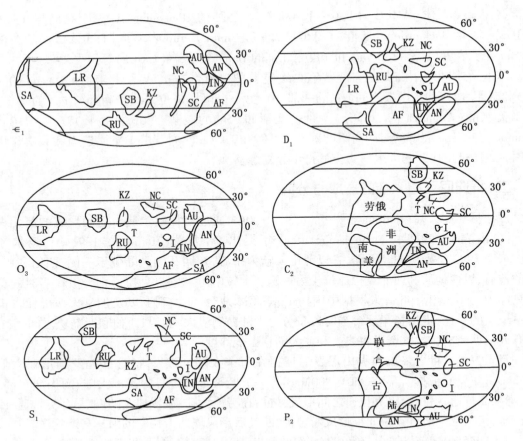

图 2－10－6　新联合古陆的形成史（据王鸿祯等，1966，1989；Scotese 等，1990）

冈瓦纳大陆：AN—南极洲，AU—澳大利亚，IN—印度，AF—非洲，SA—南美洲；劳亚大陆：LR—劳伦，RU—俄罗斯，
KZ—哈萨克斯坦，SB—西伯利亚，NC—华北，SC—华南，T—塔里木，I—印支

地史上面积最为巨大的聚煤盆地形成于石炭纪—二叠纪，在世界煤炭生产的历史上其重要性始终居于首位。在北美 Pennsylvanlan 时期的大型含煤盆地有阿巴拉契亚、伊利诺、密执安等，其中阿巴拉契亚属于资源量大于 5000×10^8 t 的超大型含煤盆地。在欧洲从英国、法国、德国、波兰到俄罗斯和乌克兰存在着巨大的石炭纪煤聚集带，其中顿涅茨和下莱茵—威斯特法伦为 $(2000 \sim 5000) \times 10^8$ t 级资源量的超大型含煤盆地。二叠纪最为巨大的聚煤盆地形成于俄罗斯和中国境内。俄罗斯的通古斯、泰梅尔和库兹涅茨均为大于 5000×10^8 t 级的超大型聚煤盆地。发育于西伯利亚地台之上的二叠纪通古斯盆地面积最大，逾 100×10^4 km^2。俄罗斯地台与乌拉尔造山带之间的彼乔拉前陆盆地为 $(2000 \sim 5000) \times 10^8$ t 级的含煤盆地，也含有重要的油气田。

新联合古陆的分裂，在时间上可分为初裂期（晚三叠世—侏罗纪）和速裂期（白垩纪—第四纪），在空间上西冈瓦纳大陆（包括南美洲和非洲）早于东冈瓦纳大陆（包括澳洲、南极洲、印度和西藏）。新联合大陆的分裂、漂移史就是现代海陆分布格局，大西洋、印度洋和北冰洋的形成史以及太平洋构造域的发展史、演变史（图 2－10－7）。新联合古陆于晚三叠世开始分裂，此时北美东海岸与非洲北海岸的断裂带几乎同步发育。冈瓦纳大陆内部在三叠纪末至侏罗纪初，大规模出现玄武岩喷发，使北美洲和非洲、欧洲分离，从而出现了大西洋的雏形——原始的北大西洋，至晚侏罗世、北美洲西移，使大西洋逐渐加宽；特提斯海东段的中南半岛于晚三叠世至早侏罗世向北与欧亚大陆发生碰撞，形成大片的印支褶皱带；亚洲东部出现滨太平洋火

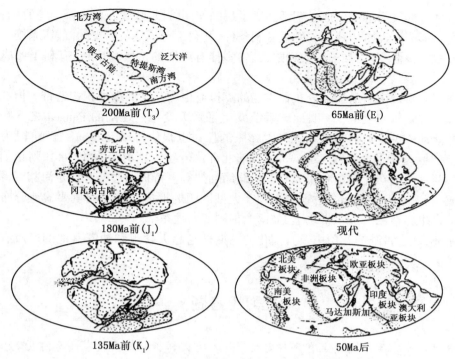

图 2 – 10 – 7　新联合古陆分裂过程复原图（据 Allegre，1983）

山岩、深成岩带等。白垩纪—古近纪，此时南美与非洲分离，南大西洋诞生；澳洲—南极洲与非洲—印度分开，印度洋开始孕育并与特提斯海相连。现代大陆和海洋的轮廓，在新近纪已基本奠定。然而，直至今天新联合古陆的分裂、漂移过程仍在继续。

联合古陆的裂解初期即晚侏罗世—早白垩世在世界上形成了规模巨大的油气聚集。Klemme（1994）指出：与晚侏罗世烃源岩有关的 14 个巨型含油气系统（mega-petroleum system）占了全球已发现的油气的 1/4（表 2 – 10 – 1）。众所周知，大油田形成首先要有丰富的烃源岩，晚侏罗世富集而形成巨大的生烃凹陷是在 Pangea 裂解期，特别是在其早期特有的地质背景下形成的。

表 2 – 10 – 1　世界上与晚侏罗世烃源岩有关的巨型含油气系统（据李思田，1997）

油气系统编号	所在油区或盆地名称	盆地演化序列
1	阿拉伯/伊朗盆地	P – R – S – F
2	西西伯利亚盆地	R – S
3	西北欧大陆架	R – S – R – S
4	墨西哥湾盆地	R – S – HS
5	阿姆河—塔吉克区	R – S – F
6	中里海区	R – S – F
7	也门区	P – R – S
8	Neuquen 盆地（阿根廷）	R – S – F
9	大巴布亚区	R – S – F
10	澳西北陆架（Barrow – Dampier 亚区）	R/S – R – S – HS
11	Grand Bank – Jeanne d'Arc 亚盆地	R – S – HS
12	Grand Bank – Scotia 陆架	R – S – HS
13	Vienna 盆地（奥地利）	复合型
14	Vulcan 地堑（澳西北陆架）	R/S – R – S – HS

注：R—裂谷；P—地台；S—坳陷；HS—半坳陷；F—前渊。

形成巨型含油气系统的盆地早期都经历了裂陷作用阶段,快速及深沉降与适宜的古地理、古气候配合是形成厚而富的烃源岩的最有利条件,并利于形成油气运聚的温、压系统。盆地演化的后阶段多为挠曲变形,如前陆或坳陷,其中多伴有后期的挤压和反转,有利于形成大型构造圈闭。

形成侏罗纪富烃源岩的盆地分布在古老的克拉通地区及其周缘加积构造带。但在如此广阔区域中都有裂陷作用发生,表明地球系统发生了重大变革。辽阔的 Pangea 之下有地幔上隆或地幔柱活动。关于地球的波动式有限膨胀的探讨也很值得以 Pangea 裂解阶段为目标进行剖析。上述巨型含油气系统 Gondwana 大陆北部沿着特提斯海最为集中,如阿拉伯—伊朗盆地、也门裂谷区、巴布亚盆地和澳大利亚西北缘陆架等。特提斯边缘有利于海相烃源岩及海相储层形成,其后造山期前陆式过程中有利于大型圈闭的形成。其他的重要盆地分布于劳亚大陆周缘的古生界造山—加积带之上,如西西伯利亚盆地东部。

综上所述,联合古陆演化历史及其演化的周期性与超大含煤和油气盆地的形成有着重要的联系。

复习思考题

1.地史时期生物圈演化史上有哪些重大事件? 重大转折时期生物事件有何表现? 生物的灭绝与复苏事件对人类的可持续发展有何参考意义?

2.地史时期大气圈演化史上有哪些重大事件? 它们对地球其他圈层有何影响?

3.地史时期水圈演化史上有哪些重大事件? 它们对地球有何影响?

4.地史时期岩石圈演化史上有哪些重大事件? 超大陆的汇聚和裂解对地球其他圈层有何影响? 其演化和地球资源形成有何关系?

拓 展 阅 读

杜远生,童金南.1998.古生物地史学概论.武汉:中国地质大学出版社.

郝守刚,马学平,董熙平,等.2000.生命的起源与演化:地球历史中的生命.北京:高等教育出版社.

侯先光,杨·伯格斯琼,王海峰,等.1999.澄江动物群:5.3亿年前的海洋动物.昆明:云南科技出版社.

康育义.1997.生命起源与进化.南京:南京大学出版社.

刘本培,全秋琦.1996.地史学教程.北京:地质出版社.

李思田.1997.联合古陆演化周期中超大型含煤盆地及含油气盆地的形成.地学前缘.

龚一鸣.1997.重大地史事件、节律及圈层耦合.地学前缘.

陆松年,等.2002.华北古大陆与哥伦比亚超大陆.地学前缘,9(4):225-233.

袁训来,肖书海,尹磊明,等.2001.陡山沱期生物群:早期动物辐射前夕的生命.合肥:中国科学技术大学出版社.

曾勇,胡斌,林明月.2007.古生物地层学.徐州:中国矿业大学出版社.

中国科学院综合计划局.2000.创新者的报告.北京:科学出版社.

参 考 文 献

布兰.1977.地史学和地层学研究方法.北京:地质出版社.

沉积构造与环境解释编著组.1984.沉积构造与环境解释.北京:科学出版社.

陈孟莪.1993.我国早期生命进化研究的进展和展望.地球科学进展,8(2):9-13.

邓巴等.1974.地层学原理.北京:地质出版社.

杜远生,童金南.1998.古生物地史学概论.武汉:中国地质大学出版社.

樊隽轩,彭善池,等.2015.国际地层委员会官网与《国际年代地层表》.地层学杂志,39(2):125-132.

范方显.1994.古生物学教程.东营:石油大学出版社.

方大钧,等.1979.古生物地层学.北京:地质出版社.

方邺森.1987.沉积岩石学教程.北京:地质出版社.

冯庆来,刘本培,叶玫.1996.中国南方古特提斯阶段的构造古地理格局.地质科技情报,15(3):
    1-6.

傅英祺,叶鹏遥,杨季楷,等.1981.古生物地史学简明教程.北京:地质出版社.

傅英祺,杨季楷.1987.地史学简明教程.北京:地质出版社.

傅英祺,叶鹏遥,杨季楷.1994.古生物地史学简明教程.北京:地质出版社.

傅英祺,等.1981.古生物地史学教程.北京:地质出版社.

高瑞祺,等.1994.松辽盆地白垩纪石油地层.北京:石油工业出版社.

龚一鸣,杜远生,冯庆来,等.1996.造山带沉积地质与圈层祸合.武汉:中国地质大学出版社.

郭双兴.1983.我国晚白垩世和第三纪植物地理区与生态环境的探讨//古生物学基础理论丛书
    编委会.中国古生物地理区系.北京:科学出版社.

赫德伯格 H D.1976.国际地层指南.北京:地质出版社.

何镜宇,孟祥化.1987.沉积岩和沉积模式及建造.北京:地质出版社.

何心一,徐桂荣.1987.古生物学教程.北京:地质出版社.

河北师范大学生物系.1975.生物进化论.北京:人民教育出版社.

侯先光,陈均远,路浩之.1989.云南澄江早寒武世节肢动物.古生物学报,28(1):42-57.

侯先光,杨·伯格斯琼,王海峰,等.1999.澄江动物群:5.3亿年前的海洋动物.昆明:云南科技
    出版社.

胡斌,王冠忠,齐永安.1997.痕迹学理论与应用.北京:中国矿业大学出版社.

金性春.1985.板块构造学基础.上海:上海科技出版社.

李明阁,孙镇城,等.1992.应用生态地层学观点改善地层对比.石油学报,13(2):245-251.

李思田,莫宣学,杨士慕,等.1987.中国东部及邻区环太平洋带中新生代盆地演化及动力学分
    析//李思田.中国东部及邻区中、新生代盆地演化及地球动力学背景.武汉:中国地质大学
    出版社.

李思田.1997.联合古陆演化周期中超大型含煤盆地及含油气盆地的形成.地学前缘(z2):
    299-304.

李亚美,夏德馨.1985.地史学,北京:地质出版社.

刘本培,冯庆来,方念乔,等.1993.滇西南昌宁—孟连带和澜沧江带古特提斯多岛洋构造演
    化.地球科学,19(5):529-539.

刘本培,全秋琦.1996.地史学教程.北京:地质出版社.

刘鸿允,等.1991.中国的震旦系.北京:地质出版社.

刘后一,陈淳,王幼于.1982.生物是怎样进化的.北京:中国青年出版社.

刘淑文,等.2000.陕西岐山"孙家沟组"海相叶肢介化石.古生物学报.

陆松年,等.2002.华北古大陆与哥伦比亚超大陆.地学前缘,9(4):225-233.

罗志立.1983.中国中新生代盆地构造和演化//罗志立.试论中国含油气盆地形成和分类.北京:科学出版社.

罗志立,单崇光.1989.板块构造与中国含油气盆地.武汉:中国地质大学出版社.

马杏垣,白瑾,索书田,等.1987.中国前寒武纪构造格架及研究方法.北京:地质出版社.

门凤岐,赵祥麟.1984.古生物学导论.北京:地质出版社.

倪丙荣.1998.地史学.北京:石油工业出版社.

齐文同.1990.事件地层学概论.北京:地质出版社.

齐永安,胡斌,张国成.2007.遗迹学在沉积环境分析和层序地层学研究中的应用.徐州:中国矿业大学出版社.

全国地层委员会.2001.中国地层指南及中国地层指南说明书:修订版.北京:地质出版社.

全秋琦,王治平.1993.简明地史学.武汉:中国地质大学出版社.

孙跃武,刘鹏举.2006.古生物学导论.北京:地质出版社.

孙镇城,等.1998.现代地层学在油气勘探中的应用.北京:石油工业出版社.

童金南,殷鸿福.2007.古生物学.北京:高等教育出版社.

童金南.1995.集群绝灭与生物复苏研究进展.地质科技情报,14(3):33-380.

王德发,陈建文.1996.中国中东部沉积盆地在中、新生代的沉积演化.地球科学,21(4):441-448.

王鸿祯,刘本培.1980.地史学教程.北京:地质出版社.

王鸿祯,杨巍然,刘本培,等.1990.中国及邻区构造古地理和生物古地理.武汉:中国地质大学出版社.

王开发,王宪曾.1983.孢粉学概论.北京:北京大学出版社.

王良忱,张金亮.1996.沉积环境和沉积相.北京:石油工业出版社.

王训练,等.1999a."自然界线"在地层学中的地位与作用.现代地质,13(2):253-254.

王训练,等.1999b.选择全球界线层型剖面点(GSSP)的一个重要参考标准.科学通报,44(18):2008-2016.

威尔格斯 C K,等.1991.层序地层学原理-海平面变化综合分析.北京:石油工业出版社.

魏巍,张顺,等.2014.松辽盆地北部泉头组嫩江组河流与湖泊—三角洲相地震沉积学特征.沉积学报,32(6):1153-1161.

吴崇编,薛叔浩.1992.中国含油气盆地沉积学.北京:石油工业出版社.

吴瑞棠,张守信.1989.现代地层学.武汉:中国地质大学出版社.

武汉大学,南京大学,北京师范大学.1978.普通动物学.北京:人民教育出版社.

武汉地质学院古生物教研室.1980.古生物学教程.北京:地质出版社.

武汉地质学院古生物教研室.1983.古生物学教程.北京:地质出版社.

夏树芳.1991.历史地质学.北京:地质出版社.

肖传桃.2007.古生物学与地史学概论.北京:石油工业出版社.

肖传桃,等.1995.新疆巴楚小海子地区小海子组内沉积间断的发现及其意义.石油勘探与开发,(3):54-57.

肖传桃,等.1996.湖北宜昌地区奥陶纪层序地层及扬子地区五峰组沉积环境的讨论.高校地质学报,(3):339-346.

肖传桃,刘丰.2010.事件地层单位的理论及实践.地球科学进展,25(3):290-296.

肖传桃,夷晓伟,李梦.2011.藏北安多东巧地区晚侏罗世生物礁古生态学研究.沉积学报,29(4):752-760.

谢树成,赖旭龙,等.2007.分子地层学的原理、方法及应用实例.地层学杂志,31(3):209-221.

谢树成,等.2011.地球生物学:生命与地球环境的相互作用和协同演化.北京:科学出版社.

邢裕盛,段承华,梁玉左.1985.中国晚前寒武纪古生物——地质专报(二)地层古生物第2号.北京:地质出版社.

杨式溥.1993.古生态学原理与方法.北京:地质出版社.

杨式溥,张建平,杨美芳.2004.中国遗迹化石.北京:科学出版社.

姚华舟,等.1994.综合地层学的系统层次结构.地层学杂志,18(4):241-247.

殷鸿福,徐道一,吴瑞棠.1988.地质演化突变观.武汉:中国地质大学出版社.

殷鸿福,等.1988.中国古生物地理学.武汉:中国地质大学出版社.

殷鸿福,谢树成,等.2009.谈地球生物学的重要意义.古生物学报,48(3).

云金表,庞庆山,方德庆.2002.大地构造学与中国区域地质.哈尔滨:哈尔滨工程大学出版社.

张守信.1989.理论地层学.北京:科学出版社.

张文堂.1987.澄江动物群及其中的三叶虫.古生物学报,26(3):223-2350.

张永辂,刘冠邦,边立曾等.1988.古生物学,北京:地质出版社.

赵澄林.2001.沉积岩石学.北京:石油工业出版社.

赵传本,魏得恩,等.1992.东北油气区下第三系磁性地层学研究.石油学报,13(2):226-230.

中国科学院南京地质古生物研究所.2000.中国地层研究二十年(1979-1999).合肥:中国科学技术大学出版社.

朱夏.1983.中国中新生代盆地构造和演化.北京:科学出版社.

朱筱敏.1998.层序地层学原理及应用.北京:石油工业出版社.

曾勇,胡斌,林明月.2007.古生物地层学.徐州:中国矿业大学出版社.

Benton M J. 2005. Vertebrate palaeontology. 3rd ed. Malden: Blackwell Publishing.

Buatois L, Mángano M G. 2011. Ichnology: Organism – substrate interactions in space and time. Cambridge: Cambridge University Press.

Ekdale A A, Bromley R G. Pemberton S G. 1984. Ichnology: the use of trace fossils in sedimentology and stratigraphy. SEPM Short Course.

Frey R. 1975. The study of trace fossils. Springer-Verlag Berlin Heidelberg,13(2):215-216.

Gerard J, Bromley R G. 2008. Ichnofabrics in clastic sediments: Applications to sedimentological core studies. Jean R F Gerard.

Gingras M K, Baniak G, Gordon J, et al. 2012. Porosity and permeability in bioturbated sediments. Developments in Sedimentology, 64:837-868.

Laporte L F. 1978. Evolution and the fossil record. San Francisco: W. H. Freeman.

Raup D M, Stanley S M. 1978. Principles of paleontology. San Francisco: W. H. Freeman.

Seilacher A. 2007. Trace fossil analysis. Springer-Verlag Berlin and Heidelberg GmbH & Co. KG.

Song Xiaodong, Richards P G. 1996. Seismological evidence for differential rotation of the earth's inner core. Nature, 382 (18):221 – 224.

Taylor A M, Goldring R. 1993. Description and analysis of bioturbation and ichnofabric. Journal of the Geological Society,150(1):141 – 148.

Wang Hongzhen, Shi Xiaoying. 1996. A scheme of the hierarchy for sequence stratigraphy. Journal of China University of Geosciences,7 (1): 1 – 12.

Wicander R,Monroe J S. 2013. Historical geology:Evolution of earth and life through time. Pacific Grove(CA):Brooks/Cole.